U0166382

"十三五"国家重点出版物出版规划项目

经济科学译丛

策略博弈

（第四版）

阿维纳什·迪克西特 （Avinash Dixit）

苏珊·斯克丝 （Susan Skeath）　　　著

戴维·赖利 （David Reiley）

王新荣　马牧野 等译

Games of Strategy

（Fourth Edition）

中国人民大学出版社
·北京·

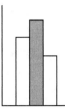

《经济科学译丛》总序

　　中国是一个文明古国，有着几千年的辉煌历史。近百年来，中国由盛而衰，一度成为世界上最贫穷、落后的国家之一。1949年中国共产党领导的革命，把中国从饥饿、贫困、被欺侮、被奴役的境地中解放出来。1978年以来的改革开放，使中国真正走上了通向繁荣富强的道路。

　　中国改革开放的目标是建立一个有效的社会主义市场经济体制，加速发展经济，提高人民生活水平。但是，要完成这一历史使命绝非易事，我们不仅需要从自己的实践中总结教训，也要从别人的实践中获取经验，还要用理论来指导我们的改革。市场经济虽然对我们这个共和国来说是全新的，但市场经济的运行在发达国家已有几百年的历史，市场经济的理论亦在不断发展完善，并形成了一个现代经济学理论体系。虽然许多经济学名著出自西方学者之手，研究的是西方国家的经济问题，但他们归纳出来的许多经济学理论反映的是人类社会的普遍行为，这些理论是全人类的共同财富。要想迅速稳定地改革和发展我国的经济，我们必须学习和借鉴世界各国包括西方国家在内的先进经济学的理论与知识。

　　本着这一目的，我们组织翻译了这套经济学教科书系列。这套译丛的特点是：第一，全面系统。除了经济学、宏观经济学、微观经济学等基本原理之外，这套译丛还包括了产业组织理论、国际经济学、发展经济学、货币金融学、财政学、劳动经济学、计量经济学等重要领域。第二，简明通俗。与经济学的经典名著不同，这套丛书都是国外大学通用的经济学教科书，大部分都已发行了几版或十几版。作者尽可能地用简明通俗的语言来阐述深奥的经济学原理，并附有案例与习题，对于初学者来说，更容易理解与掌握。

　　经济学是一门社会科学，许多基本原理的应用受各种不同的社会、政治或经济体制的影响，许多经济学理论是建立在一定的假设条件上的，假设条件不同，结论也就不一定成立。因此，正确理解和掌握经济分析的方法而不是生搬硬套某些不同条件下产生的结论，才是我们学习当代经济学的正确方法。

　　本套译丛于1995年春由中国人民大学出版社发起筹备并成立了由许多经济学专家学者组织的编辑委员会。中国留美经济学会的许多学者参与了原著的推荐工作。中国人民大学出版社向所有原著的出版社购买了翻译版权。北京大学、中国人民大学、复旦大学以及中国社会科学院的许多专家教授参与了翻译工作。前任策划编辑梁晶女士为本套译丛的出版做出了重要贡献，在此表示衷心的感谢。在中国经济体制转轨的历史时期，我们把这套译丛献给读者，希望为中国经济的深入改革与发展做出贡献。

《经济科学译丛》编辑委员会

中文版序

为什么要向中国人讲授博弈论呢？全世界除中国以外的其他地方显然应该从中国的历史和文献中汲取策略方面的智慧。的确，在美国的商业经济活动中，许多富有进取心的人士早已把《孙子兵法》作为他们的行动指南。孙子所著的另外一部作品——《三十六计》*，为策略的使用提供了更富有见地的阐述。该书对于战术有着如下指引：

● "暗度陈仓"——偷偷地沿着陈仓通道突破楚河汉界。（兵分两路向敌人发起进攻。第一路是直接进攻，它是公开的并且会受到敌人防备的一种进攻。第二路是间接进攻，是居心叵测的，使得敌人未曾预期到且在最后一刻导致其分兵抵抗，从而将其引向混乱和灾难。）

● "假痴不癫"——扮猪吃老虎。（假装是一个傻瓜、醉鬼，或者是一个疯子，制造出有关你意图和动机的混乱状态。蒙蔽你的对手使其开始低估你的能力，直到其过度自信且失去戒心，此时你就可以发起攻击了。）

书中还有找出有关敌人意图和计划的信息的策略。例如：

● "打草惊蛇"——通过拍打其周边的草丛来惊动蛇。（当你不能获知对手的策略时，可发起一场直接但是迅速的攻击，然后观察你的对手的反应。敌人的行为会显示出他们的策略。）

还存在一条有关调整价值的计谋：

● "连环计"——绝不要单纯地依赖某个策略。（重要的是，应该同时采用多个策略。在一个总的计划中保持不同的方案处于可运行状态，在这种情况下，倘若任何一个

---

* 原文如此，作者有误。《三十六计》不是由孙子所著。《三十六计》是根据我国古代卓越的军事思想和丰富的斗争经验总结而成的兵书。"三十六计"一语的出现，先于著书之年，语源可考自南朝宋将檀道济（？—公元436年）。据《南齐书·王敬则传》："檀公三十六策，走为上计，汝父子唯应走耳。"意为败局已定，无可挽回，唯有退却，方是上策。此语被后人赓相沿用，宋代惠洪《冷斋夜话》中有言："三十六计，走为上计。"及明末清初，引用此语的人更多。于是有心人采集群书，编撰成《三十六计》。但此书何时由何人所撰已难确考。——译者注

策略失败，你就仍然有其他一些储备策略可以使用。）

最后，把眼光放得长远一些也是重要的。例如：

● "李代桃僵"——用李子树取代桃树（丢掉芝麻捡西瓜。有时你必须放弃短期目标而追求长期目标。）

最后一句格言与策略思维的另外一个重要方面相联系。策略性互动很少像战争那样是零和博弈的，其中一定要有赢家和输家。更为普遍的是，博弈往往是非零和的，并且双方都能够在长期的持续合作中有所收获。所以，我们可以从《论语》中找出先贤所说的一条黄金法则："己所不欲，勿施于人。"孔子也承认下述策略的困难：

> 子贡曰："我不欲人之加诸我也，吾亦欲无加诸人。"
> 子曰："赐也，非尔所及也。"

所以，世界其他地方有许多东西都需要从中国丰富的策略思维宝库中学习。但是，我们认为，一部博弈论的中文译本也有其存在的理由。理论所要做的是将各种各样零散的例子整合成一种有着内在一致性的框架和形成一种分析方法。人们在掌握了某种理论后，就可以把成千上万的例子加以归类，并且能举一反三。现代博弈论就完全能够做到这一点，哪怕是包含在格言和谚语中的大量有关策略的丰富智慧，也能够通过博弈论语言加以表述和分析。我们希望本书将有助于中国读者整理他们先前的策略知识并且加深理解，以进一步改进他们运用策略的技巧。

根据在美国和其他地方所遇到的许多才华横溢的中国学生的杰出表现，我们相信中国会在博弈论领域里做出新的重要贡献。我们也希望本书能够作为一本入门教程为未来的学生和研究人员提供一个基本起点。我们非常感谢译者将本书翻译成中文，还要感谢中国人民大学出版社出版该书的中文译本。

阿维纳什·迪克西特
苏珊·斯克丝
戴维·赖利

第四版前言

我们编著的这本教科书是基于入门或基本水平的一年级或二年级大学生的策略博弈教学展开的。学生仅需具备高中数学的基础，而无须掌握策略博弈所涉及的经济学、政治科学、生物进化学等学科知识。我们的目标取得了超出预期的成功，现在存在很多类似的课程，但在 20 年前它们并不存在，而其中的一些课程的确是受我们的教科书所启发。诠释成功的一种更好的表现便是，竞争者和模仿者出现在市场当中。

然而，成功并不意味着自满，为了响应教师和学生在这些课程中的反馈以及我们自己使用的经验，我们持续改进每个新版本的教材。

第四版的主要创新涉及混合策略。在第三版中，我们用两章来讨论这个问题，分为简单和复杂两个主题。简单主题包括 2×2 博弈混合策略均衡的解及其意义；复杂主题涉及博弈中两个以上纯策略的一般混合理论，其中有的纯策略可能不会出现在均衡中。但是我们发现教师很少会用到后一章的内容。我们这一版将简单主题与复杂主题中的一些基本概念合并成有关混合策略的一章（第 7 章）。

我们改善并简化了博弈信息的处理方法（第 8 章）。我们增加了对廉价磋商的阐述和例证，厘清了利益同盟与真诚交流之间的关系。我们将信号传递和甄别的案例分析放在更靠前的章节，从而可以让读者更好地明白这个主题的重要性，并且为更正式的理论学习做好准备。

在后面的章节中，有些博弈的应用非常简单，不用画出博弈树或支付表就能阐释清楚。但是这样会弱化前面关于方法论的章节与后面关于应用的章节之间的联系。我们这一版对这些应用给出了更多的推理方法。

我们对习题集做了进一步的完善。与第三版一样，每一章的习题均分为两类：已解决的和未解决的。在大部分情况下，这两类习题集是相互呼应的：对于每道已解决的习题，都会相应地有一道未解决的习题。未解决的习题是已解决的习题的变体，让学生可以进一步练习。所有读者都可以在官网 wwnorton. com/studyspace/disciplines/economics. asp 上获得每一章中的已解决习题的答案。每一章中未解决习题的答案只有采用这本教材的教师可以查看。教师可以与出版社联系，获取教师专用的网站。在每个已解决和未解决习题集中，有两种类型的习题。一种习题旨在帮助学生复习和训练本章所使用的技术。另一种习题（也是我们觉得最有教育价值的）旨在帮助学生逐步学会构建博弈论模型，并用于分析问题。这种经验首先从已解决习题中获得，然后在对应的未解决习题中重复，这样会非常有助于培养学生的策略思考技能。

其他章节也大都做了更新、完善、重新组织以及合理化。最大的变化出现在有关如下内容的章节：囚徒困境（第 10 章）、集体行动（第 11 章）、进化博弈（第 12 章）以及投票（第 15 章）。我们删去了第三版的最后一章（市场与竞争），因为以我们的经验，没什么人会用到它。想要了解这部分内容的教师可以去看第三版。

我们对本书前几版的读者所提供的所有反馈意见和建议表示感谢；在前几版的前言中我们已对他们表示了感谢。很多教师在课堂上使用了本教材，还有些读者阅读了本书全文或部分内容。他们提出的真知灼见和建设性的意见使得本书的内容和写作更加完善。在第四版中，我们还受益于以下学者的广泛评论：Christopher Maxwell（波士顿大学），Alex Brown（得州农工大学），Jonathan Woon（匹兹堡大学），Klaus Becker（得州理工大学），Huanxing Yang（俄亥俄州立大学），Matthew Roelofs（西华盛顿大学），Debashis Pal（辛辛那提大学）。感谢你们！

阿维纳什·迪克西特

苏珊·斯克丝

戴维·赖利

目 录

第3部分　某些更为广拓的博弈与策略类型

第 4 部分　在特定策略情形下的应用

第 1 部分

导论与一般性原理

基本思想与范例

所有入门教材开篇都试图使读者相信该学科具有举足轻重的作用，从而赢得他们的关注。物理科学和工程学号称自己是现代科技直至现代生活的基础；社会科学探讨重大的政府管理问题——譬如民主和税收；当你为物理科学、社会科学以及工程学而心力交瘁的时候，人文科学则声称它们可以使你恢复活力。那么，策略博弈，即通常所谓的博弈论，在这些学科中又有何重要地位？你又为何应该学习博弈论呢？

我们将提供一个更切实际且更息息相关的学习动机。你随时都在博弈——跟你的父母、兄弟姐妹、朋友以及敌人，甚至跟你的教授。你可能已获得了大量的本能性技巧，而我们希望你能够将所掌握的技巧与本书所讨论的内容联系在一起。我们将以你的经验为基础，进行系统的整理，以便你提高策略技巧并运用自如。在你的一生中，你将有很多机会运用这些技巧，和你的老板、员工、爱人、孩子甚至陌生人进行这类博弈。

本学科覆盖了广泛的领域，类似的博弈在商业、政治、外交以及战争中经常进行——事实上，每当人们为达成协议或解决冲突而彼此互动时，博弈就发生了。洞悉这样的博弈，可丰富你对周遭世界的理解，并使你在纷繁世事中成为一个更优秀的参与人。理解策略博弈还有助于研究其他学科。经济学和商学课程业已大量运用博弈论思维。政治学、心理学和哲学也在利用博弈论来研究互动。生物学已深受进化博弈概念的影响，而这些概念也已被引入经济学中。心理学和哲学也与策略博弈的研究相互影响。可以说，除了那些只探讨完全无生命物体的学科之外，博弈论业已成为一门为诸多学科提供思维方法和分析技巧的学问。

1.1 何为策略博弈?

游戏（game）一词可能传达了这样一种印象，即该学科无足轻重——它涉及的似乎只是赌博和竞赛之类的琐事，而世界上却充满了诸多更重要的事情，比如战争和商业，以及你的教育、职业生涯和人际关系。实际上，策略博弈（game）并不只是一场"游戏"（game）；所有这些重要议题都是博弈的例证，而博弈论有助于我们进一步了解它们。我们不妨以赌博和体育比赛的例子作为开始。

绝大多数游戏包含不同程度的机会、技巧以及策略。通过抛硬币来决定"要么倍赚，要么输光"是一个纯机会的游戏，除非你在作弊或抛掷硬币方面有超越常人的技巧。百码赛跑是一个纯技巧的游戏，尽管其中也可能混入一些机会因素，例如，某些参赛选手出赛时运气就是那么背。

策略是另一种类型的技巧。在赛场上，它既是打好比赛所需的心理技巧的一部分，又是对将体能技巧发挥到何种程度的一种算计。例如，在网球方面，你可通过练习发球（一发要用力而平稳，二发则需要旋转击球）和回击（用力、低、平且准确）来提高自己的动作技巧。策略上的技巧就是要知道球该往哪里发（远球还是近球）或者回击到哪里（底线球还是斜线球）。在橄榄球比赛中，你可通过跟防、围跑以及接传球来提高动作技巧。了解敌我动作技巧的教练通过场外喊话，指导球队最大限度地发挥本队的技巧，利用敌队的弱势。教练的算计组成了策略。橄榄球比赛的体能竞技是队员在场上进行的；而策略博弈则是在场外的指挥中心由教练或助理们进行的。

百码赛跑要求尽可能发挥体能技巧，因为它不会向你提供观察对手并做出反应的机会，因而无策略的用武之地。而长跑则的确需要策略，比如你是否应当领跑来确定跑步节奏，离终点多远时开始加速以摆脱其他对手，等等。

策略思维在本质上是你与他人的互动，他人也同时在进行着类似的思考。在马拉松比赛中，你的对手基于对自身利益的考虑而试图阻止或诱导你领跑。在网球赛中，你的对手试图猜透你的发球或回击落点；在橄榄球比赛中，敌队的教练将考虑你方的战术而采取最有可能打败你方的战术。当然，正如你必须考虑到其他选手的想法一样，别人也在考虑你所考虑的东西。博弈论就是进行这样的互动决策分析的科学。

若你三思而后行——你明白自己的目标和偏好，以及行动的约束和限制，并根据自己的标准以一种谋略方式选择行动以期得到最好的结果——则可称你在理性地行动。博弈论为理性行动增加了一个维度，即与其他众多的理性决策者互动。换句话说，博弈论是关于互动情形下的理性行动的科学。

我们不能说博弈论可以教给你精于对抗的秘诀，或确保你永不失败。首先，你的对手一样可以读到本书，没有人可能永远获胜。其次，许多博弈都复杂而微妙，而且绝大多数现实情形包含了大量的特异性反应和机会元素，因此不能指望博弈论为你的行动选择提供万无一失的方法。它所能做的，仅仅是提供一些思考策略互动问题的一般原理。在你谋划一个成功的策略之前，你必须把这些博弈思想和一些具体的计算方法补充到你所处的场合中。高明的策略家常将博弈论和个人经验结合在一起，因此也可以说策略对局是科学，更是艺术。本书既会详述一般的科学思想，也会指出其局限性，并告诉你艺术性在何时更重要。

或许，你已经从经验和直觉中知晓了对局的艺术，即便如此，你还是会发现学习这门科学将大有裨益。这门科学综合了大量的一般原理，这些原理在不同背景和应用中是共通的。若没有这些一般原理，则在每一个新的需要策略思维的情形下，你的思考都必须从头来过。在面对新的应用领域时，这样做是尤为困难的，比如，你从与父母和兄弟姐妹的博弈中学习到对局的艺术，但现在你必须与生意场上的对手进行策略对抗。博弈论的一般原理为你提供了一个参照点。有了这样一个基础，你就可以更快、更自信地在思考中抓住此种状况的具体特征，在行动中加入艺术成分。

1.2 策略博弈的一些例子与故事

如前所述，本书将从一些简单的例子开始。其中大多数例子来自你生活中可能遭遇的情形，在这些情形中策略非常重要。我们将针对每个例子指出它关键的策略原理，并在随后各章节中详细讨论；而在每一个例子的结尾，我们将会告诉你可以从本书何处找到更详细的讨论。但请不要直接跳到详细讨论这些策略的章节。花点时间读完这些例子，可使你从整体上对策略和策略博弈有一个初步了解。

□ 1.2.1 回击到何处？

最高水平的网球赛，是以下顶尖高手之间令人难以忘怀的对战：约翰·麦肯罗（John McEnroe）对伊万·伦德尔（Ivan Lendl），皮特·桑普拉斯（Pete Sampras）对安德烈·阿加西（Andre Agassi），以及玛蒂娜·纳芙拉蒂洛娃（Martina Navratilova）对克里斯·埃弗特（Chris Evert）。[1] 回想 1983 年美国网球公开赛中埃弗特和纳芙拉蒂洛娃之间的决赛，站在网前的玛蒂娜·纳芙拉蒂洛娃将球打向站在底线的克里斯·埃弗特，而克里斯·埃弗特正要回击，她应当回击斜线球还是底线球？玛蒂娜·纳芙拉蒂洛娃应该预期短球而向前跑，还是应该预期穿越球而向另一边跑？

一般人的想法比较偏好短球。因为球越过网的距离较短，所以留给对手的反应时间较少。但这不意味着埃弗特应该次次都放短球。因为如果她这样做，玛蒂娜·纳芙拉蒂洛娃就可以轻松断定落球点并准备回击，因此放短球就不容易取胜。为了提高短球的成功率，克里斯·埃弗特会回击足够多的穿越球，让玛蒂娜·纳芙拉蒂洛娃每次都得猜测球的落点。

同样，在橄榄球比赛中，当攻方只差一码就达阵时，直接冲刺就是所谓的制胜一击（percentage play），这是最常用的方法，但攻方在这种情况下偶尔还是必须传球，以免正中守方下怀。

因此，在这种情况下，最重要的原则不是克里斯·埃弗特应该做什么，而是她不应该做什么：她不能每次都用同一招，或者招数太有规律性。如果她这样做，玛蒂娜·纳芙拉蒂洛娃就会特意防守某个角落，而克里斯·埃弗特的赢球机会就会下降。

杜绝有规律性地做一件事并不仅仅意味着避免在类似的情况下使用同一招数。克里斯·埃弗特甚至不能在放长球和短球两种招数之间机械地切换，因为玛蒂娜·纳芙拉蒂洛娃会观察到或识别出这种模式（pattern），或发现其他的规律。克里斯·埃弗特必须在每个特定的情况下随机地选择招数，以免被猜中。

包括电视上的体育评论员在内，大家都已熟知混合出招（mixing one's plays）的一般思想。但这一思想还有更丰富的内涵，需要做更深入的分析。为什么放短球是惯用招数？球员放短球的次数应该占 80%、90% 还是 99%？在重要赛事中，策略是否应有所改变？比如，在前述橄榄球达阵情形下，球员是否应在季度赛中传球而在超级杯赛中直

第 1 章

基本思想与范例

5

接冲刺？在实际比赛中，球员应如何混合其出招？如果存在第三种选择（吊高球），情况又会如何？我们将在第 7 章讨论并解答这些问题。

在电影《公主新娘》（*The Princess Bride*，1987）中，英雄韦斯特利（Westley）和恶棍维兹尼（Vizzini）之间的"斗智"（battle of wits）也反映了同样的思想。韦斯特利背着维兹尼往两杯酒的其中一杯里下毒，而维兹尼决定谁饮哪杯酒。维兹尼对韦斯特利可能会把毒药放进哪一杯酒里进行了大量的循环推断，但是所有的推断本身是互相矛盾的，因为韦斯特利可以预期维兹尼的逻辑并选择把毒药投入另一杯酒里。反推过来，如果韦斯特利依特定的逻辑或规律选择某一杯酒，维兹尼就可以预期到并饮用另外一杯，让韦斯特利饮用剩下的有毒的那一杯。因而，韦斯特利的策略必须随机或非规律化。

这一幕也揭示了某些其他道理。在影片中，维兹尼输掉了游戏和性命。但影片后来显示，韦斯特利在两杯酒里都下了毒；在之前几年，他已经对这种毒药有了免疫力，所以维兹尼实际上是在一个致命的信息劣势下玩这场游戏。参与人有时可以应对这样的不对称信息；第 8 章和第 13 章将考察人们在何时可以以及如何应对信息不对称。

□ 1.2.2　GPA 暗斗

假设你选了一门课程，课程成绩评定按某曲线分布进行。无论在绝对意义上你多么用功，都只有 40% 的学生可以得 A，40% 的学生可以得 B。因此，你必须不仅需要在绝对意义上努力，而且相对于其他同学（其实在这里用"同班敌人"可能更恰当些），你还得更用功才行。全部同学都知道这一点，并且在第一次课后你就组织大家开了个重要的会议，在会上全体同学皆同意大家都不要太用功。时间一周一周地过去了，你稍微努力一点点以获得好成绩的想法逐渐占了上风。毕竟，其他人并不能观察到你的用功程度，对你也没有实际的约束力，而提高成绩等级的好处是实实在在的。所以你到图书馆去的次数更多了，熬夜的时间也更长了。

麻烦在于，每个人都在这样做。相较于大家都遵守约定的情况，现在你的相对成绩并不会得到改善。唯一不同的结果是，所有同学用功的时间都比约定的时间要多。

这是囚徒困境（prisoners' dilemma）的例子。[2] 原本的故事是说，两个疑犯被隔离审讯并被要求认罪。其中的 A 被告知："如果另一个疑犯 B 不认罪，你认罪，你会被从轻发落；但如果 B 认罪，你最好也认罪，否则法庭将对你从重治罪。因此，不管 B 认不认罪，你都应该认罪。"同样，B 也听到同样的话，要求其认罪。面临这样的选择，A 和 B 都认罪了。但是，他们都不认罪对他们将是更有利的，因为警方并没有掌握真正有力的定罪证据。

你面临的情况与此类似。如果其他人都在混，你用功就可以取得更好的成绩；如果其他人也用功，你也只好用功，否则就会得到很糟糕的成绩。"囚徒"这个标签，贴到那些乖乖闭门用功的学生身上倒也是蛮合适的。

教授与学校之间有他们自己的囚徒困境。每位教授都可以通过在成绩评定上高抬贵手来吸引学生修他的课，每所学校也可以通过同样的方式使学生更易于获得好工作或者吸引更好的申请者。当然，如果大家都这样做，其实谁对谁都没有相对优势；唯一的结果是，学生成绩水涨船高，分数差距缩小，让人难以根据分数判别学生的能力。

人们常常认为每个博弈中均必有输有赢。囚徒困境却并非如此——所有参与人皆可能是输家。人们天天都在进行（并输掉）这样的博弈，受损的程度从轻微不便到潜在灾难皆有可能。运动场上的观众站起来可获得更佳的视野，但若大家都站起来，其实每个人的视野并不比大家都坐着时更佳。超级霸权国家试图制造更多的武器来威慑竞争对手，但若双方都这样做，武力平衡没有改变；结果只是双方都耗费了本来有更好用途的经济资源，并且战争一触即发的风险也提升了。此类博弈的所有参与人都面临着巨大的潜在代价，因此弄清楚如何达成并维系互利合作非常重要。整个第 10 章都将研讨这样的博弈。

正如囚徒困境是潜在的双输（lose-lose）博弈一样，现实中也存在双赢（win-win）博弈。国际贸易就是一个例子。若每个国家都生产其具有相对优势的产品，每个国家都会从这种国际分工中获得好处。但为了实现贸易的全部潜在利益，必须对如何划分这块馅饼成功地进行讨价还价（bargain）。这一点同样适用于其他需要议价的情况。我们将在第 17 章学习这些内容。

□ 1.2.3　"我们之所以未能参加考试，是因为我们的轮胎爆了"

以下这则故事在本科生的电子邮件中流传甚广。当然也许只是一个编造的故事。笔者也曾经从我们的学生那儿听到过这个故事。

> 两名交往甚密的学生在杜克大学修化学课。两人在小考、实验和期中考试中都表现甚优，成绩一直稳定在 A。在期末考试前的周末，他们非常自信，于是决定去参加弗吉尼亚大学的一场聚会。他们玩得太尽兴，结果周日这天睡过了头，返校太晚，来不及准备周一上午的化学期末考试。他们没有参加考试，而是向教授编造了一个悲伤的故事，说他们本已从弗吉尼亚大学往回赶，并安排好时间复习备考，但途中轮胎爆了。由于没有备用胎，他们只好整夜待在路边等待救援。现在他们实在太累了，请求教授允许他们第二天补考。教授想了想，同意了。

> 两人利用周一晚上好好准备了一番，胸有成竹地来参加周二上午的考试。教授将他们分别安排在不同的教室作答。第一道题目在考卷第一页，占了 10 分，非常简单。两人都写出了正确答案，心情舒畅地翻到第二页。第二页只有一个问题，占了 90 分。题目是："请问爆的是哪只轮胎？"

这个故事对今后参加聚会的学生有两大策略方面的重要教训。首先要意识到教授也可能是精明的博弈对象。他对学生的某些伎俩会心生疑窦并设法找出破绽。故事中的第二道考题就是针对学生的借口，教授用以找出他们的破绽的方法。两个学生应当事先想到这一点并备妥答案才行。参与人应当前瞻博弈中将来的行动，然后倒推出当前的最优行动，这是策略的一般原理。第 3 章将阐述这一原理。特别是在第 9 章，我们也会用到这个原理。

不过，学生要预见到教授的此类破解妙招似乎不大可能。毕竟，教授看穿学生借口的经验，远比学生制造借口的经验要老到得多。如果故事中的两个学生事先没有做好准备，他们能够独立地编造出相互一致的谎言吗？如果每人都随机地选择一只轮胎，那么两人选同一只轮胎的概率只有 25%。（为什么？）他们有没有更好的应对之策？

也许，你会认为副驾驶座一侧的轮胎最易爆，因为铁钉、碎玻璃更可能出现在路边而不是路中间，而这一侧的前轮会先遭遇它们。你也许认为这是一个不错的逻辑，但是这并不足以产生一个好答案。因为重要的不是候选项本身的逻辑，而是与你的朋友做出相同的选择。因此，你需要考虑你的朋友是否会使用同样的逻辑，跟你一样认为这个候选项比较好。但即便如此也无法结束推理过程。你的朋友会认为这个候选项对于你来说是明显较好的吗？等等。关键不在于某个候选项明显较好或合不合逻辑，而在于它对于对方来说是否为一个明显较好的候选项，双方又是否相信它对于对方来说是一个明显较好的候选项……换句话说，关键是在特定情况下对参与人做何选择的预期收敛（convergence of expectations）。参与人得以成功协调所依赖的这种共同预期策略称为聚点（focal point）。

所有此类博弈的结构本身并不能创造出这样的预期收敛。在有些博弈中，聚点可能因策略的机会因素或参与人共享的某些知识和经验而存在。例如，若因某种原因副驾驶座被称作"杜克位"，那么这两位杜克大学的学生很可能选择它而无须事前沟通。或者，若所有轿车的驾驶座都漆成橙色（为了安全，让迎面而来的车更容易看见），那么两位普林斯顿大学的学生很可能会选择该侧轮胎，因为橙色是普林斯顿大学的代表色。如果没有这些线索，双方根本不可能有协调的默契。

我们将在第4章更详细地讨论聚点。在本节结束之际，我们只想指出：当学生在教室中被问及这个问题时，有超过50%的学生选择驾驶座那一侧。他们通常说不出所以然，只是说那好像是一个明显较好的答案。

□ 1.2.4 教授为什么这样狠心？

许多教授都立有铁规，拒绝给予补考机会，拒绝接受迟交的作业和学年论文。学生们认为教授这样做简直就是铁石心肠，而策略分析则对此给出了完全相反的解释。绝大多数教授都颇为仁慈，也愿意给学生合理的喘息机会，并接受学生所有的合理借口。问题在于判断何为"合理"。要区分类似的借口是很困难的，要一一确认真相也是不大可能的。教授很清楚自己可以给学生一次方便，但他也清楚这样做很危险。一旦学生发现教授"心太软"，他们就会拖得更久，编造更荒唐的借口。截止日期将失去意义，考试也会因缓考和补考而被弄得一团糟。

避免危险的办法通常只有一个，那就是绝不越雷池半步。拒绝接受任何借口是接受所有借口之外的唯一可行方法。教授可通过事先约定"借口免谈"的策略，避免做出让步。

但是，一个慈悲为怀的教授如何坚持这样一个铁石心肠的约定？他必须找到某些方法来使其拒绝行为显得坚定可信。最简单的办法是拿管理办法或学校规定做挡箭牌。"我也想接受你的理由，但是学校不允许我接受。"这样既充当了好人，也使自己摆脱了无可选择只好破例的境况。当然，这些规则也可能是教授们集体订立的，而一旦制定，则个别教授就不能在任何特殊情况下破例。

如果学校没有这方面的规定，教授也可以自己来做这样一个承诺（commitment）。例如，一开课就明确而坚定地宣布政策。一旦有个别学生请求破例，教授就可以运用公平原则，即"如果我对你破例，那我就得对所有学生破例"。或者，教授也可以通过几次毫不让步建立起严厉的声誉。对于他来说，这可能不是令人愉快的事，也可能违背他的本意，但这在其漫长的教学生涯中是有好处的。如果一个教授被认为非常严厉，就没有学生想用借口搪塞他，而他也就减少了拒绝学生的不愉快。

我们将在第 9 章仔细地学习约定及相关的策略，比如威胁（threats）和许诺（promises）。

□ 1.2.5 处于危机边缘的室友与家人

假设你与几个同学同住在一套公寓房内，发现洗洁精、卫生纸、麦片、啤酒和其他用品已经快用完了。大家同意平摊费用，但去商店购买得花费时间，你是自己花时间去买呢，还是希望别人去买以便自己有更多的时间学习或休息？你是上街买肥皂，还是待在房子里看肥皂剧？[3]

在很多时候，这种等待博弈（waiting game）会僵持一段时间，直到有人受不了没有某种东西（通常是啤酒）而做出让步，花时间往商店跑一趟。这种等待博弈有时也导致室友间相互争吵，甚至翻脸。

可以从两个角度来看待这种博弈。其一，每个室友皆有两种选择：采购或等待。对你而言，最好的结果是其他人采购而你待在房里；最坏的结果是你去采购而其他人可以更好地利用时间。其二，如果大家都去采购（放学途中顺便购买，但彼此互不知晓），则可能产生不必要的重复购买，或者购买了太多的易腐品；如果没人去采购，则有可能带来严重不便甚至大麻烦，例如厕所的卫生纸刚好在紧急时刻用完了。

这很像美国年轻人过去常玩的懦夫博弈。两个年轻人各自驾车驶向对方，谁先扭转方向盘躲闪谁就是输家，而坚持直驶的人就是赢家。我们将在第 7、11、12 章进一步分析懦夫博弈。

同样情形的一个更有趣的动态视角被称为消耗战（war of attrition）。每个室友皆试图比别人等待更长时间，希望其他人先失去耐心。在这一过程中，风险在升级，因为一些重要物品可能会被用完，从而造成极大的不便甚至引起争执。每个人都任由风险被提升到各自忍耐的底线，忍耐力最差的人就输了。每个人都眼看着并任由情况发展到危险边缘，因此这种博弈中的这种策略被称为边缘政策*（brinkmanship）。这是懦夫博弈的一个动态版本，它包含的可能性更丰富、更有趣。

笔者之一（迪克西特）有幸在某个周六的晚宴上目睹了边缘政策博弈的一个精彩例子。在开饭前，客人们正在客厅等候，这时主人家 15 岁的女儿出现在门边说："爸，再见。"父亲问："你要去哪里？"女儿回答："外面。"在沉默了感觉漫长的数秒钟后，主人说："好吧，再见。"

在策略观察家看来，这一幕还可以以不同的情形上演。主人也许会问："跟谁出去？"而女儿可能回答："朋友们。"父亲可以拒绝让女儿出去，除非她说清楚究竟跟谁要去哪里。父女一方或双方可能在一连串对话后做出让步，也可能引发争执。

这对父亲和女儿来说都是一场危险的博弈。女儿可能会在客人面前遭到惩罚或责骂，而争吵也可能会败了客人和父亲整晚的兴致。因为不能确信对方是否会做出让步以及在何时做出让步，或者是否会出现不愉快场面，所以每个人都需要掂量这种僵持可以推进到哪种程度。若父亲极力逼问女儿，而女儿总是敷衍作答，爆发家庭战争的风险就增加了。

从这个方面看，父女之间的博弈正如工会和公司管理层进行的劳动合同谈判，或者

---

* 也有人称其为"冒险主义"，因此这类博弈也被称为"冒险主义博弈"。——译者注

又如两个超级大国之间蚕食对方全球势力范围的斗争。每一方都不完全明了对方的意图，每一方都一步步地窥探，而每一步窥探都提升了彼此间灾难的风险。故事中女儿试探着未知的自由之限度，而父亲也试探着了解自己权威的极限。

这是边缘政策的一个典型例子：一场提升彼此风险的博弈。这种博弈有两种结局。第一种结局是，某个参与人达到其承受风险的极限而做出让步。（故事中的父亲很快做出了让步。如果这位父亲一向家教甚严，则女儿根本不敢让这种场面发生。）第二种结局是，双方皆不让步，则双方担心的风险最终将爆发，争执（罢工或战争）产生。故事中主人家的不快以"愉快"告终，尽管父亲做出让步而女儿得逞，但总比来一场争吵要好得多。

我们将在第 9 章完整地分析边缘政策；在第 14 章，我们将考察它的一个特别重要的案例——1962 年的古巴导弹危机。

□ 1.2.6　约会博弈

在约会时，你总是想展示自己个性中最好的一面，掩盖糟糕的一面。当然，缺点不可能一辈子隐藏。随着关系的发展，你可以克服这些缺点，或者希望对方将你的优点和缺点一同接受。你也深知，若没有良好的第一印象，关系就不可能取得进展，因为你已没有第二次机会来发展彼此的关系。

当然，你也想了解对方的一切，包括优点和缺点。但是你也深知，如果对方跟你一样是个约会博弈的高手，他/她也会同样地展示最好的一面而隐藏最糟糕的一面。你会仔细思考所面临的情形，并力图发现哪些迹象代表了真正的高素质，哪些只是为了给对方良好的第一印象而伪装出来的。最邋遢的家伙在重要的约会场合也可以摇身变为绅士，但要整晚每个细节都流露出谦恭和礼貌却并非易事。鲜花是相对廉价的，赠送更贵重的礼物也许是值得的。倒不是因为内在价值方面的原因，而是因为它代表了一个人乐意为你奉献多少的可靠证明。礼物值多少"钱"在不同背景下有显著差异。对于一个千万富翁来说，一颗钻石可能比牺牲宝贵的时间来陪你或替你做事便宜得多。

你也应当意识到，你的约会对象同样会对你的行为传达出的信息甄别一番。因此你得采取能真正表明你具有高素质的行为，而不是那些谁都学得来的行为。探询、隐藏和发现对方内心深处的想法，不仅在初次约会时很重要，在整个关系发展的过程中都很重要。下面的故事说明了这一点。

> 一对青年男女，住在纽约，分别租有公寓。他们的关系已发展到同居的地步。女士向男士提议放弃他租来的公寓。这位男士是一名经济学家，他向女士说明了一条经济学原理：有较多的选择终归是比较好的。他们分手的概率很小，但是只要有分手的风险，则保留第二套廉租公寓就还是有用的。女士对这种说法非常反感，立刻结束了这段关系。

听了这个故事的经济学家说，这恰好证实了选择面越宽越好的原理，但策略思维提供了一种迥异但更有力的解释。女士无法确认男士对关系的忠诚度有多高，她的提议是发现真相的一种精明的策略机制。语言表达的爱总是很廉价的，因为每个人都可以说"我爱你"。如果男士用行动实践诺言，放弃了廉租房，这将是对爱情忠贞的有力证明。而他拒绝这样做实际上是给出了负面证明，女士结束这段关系的做法是明智的。

这些例子都试图唤醒你曾经历过的一些重要的博弈经验。在这些博弈中，关键的策略问题是对信息的操纵。传达关于你的正面信息的策略称为信号传递（signaling）；诱导对手传达关于他们私下的真正信息（无论正面还是负面）的策略称为甄别机制（screening devices）。女士要求放弃一套公寓的提议就是一种甄别机制，它将男士置于这样一种境地：要么放弃公寓，要么暴露出他缺乏诚意。我们将在第 8 章和第 13 章学习信息博弈，包括信号传递和信息甄别。

1.3 学习《策略博弈》的策略

我们用几个日常生活常见的策略运用的例子，来说明策略思维和策略博弈的基本概念。今后我们还会讲授很多类似的故事，以期当你面临真正的策略情形时可以发现它跟这些故事的相通之处，帮助你做出正确的决策。这是许多商学院采用的个案分析法，它是帮助你发掘并记住潜在的博弈论的有力工具。不过，每一个新的策略情形都组合了许多变量，要涵盖所有变量，需要列举无数个案例才行。

另一种方法是关注例子背后的一般原理，并构造策略行动的理论，即正式的博弈论。这样做的目的是：当你面临一个现实的策略情形时，可以辨认出哪些原理适用。这是学术性学科（比如经济学和政治科学）中经常使用的方法。这种方法的缺点是，理论表达非常抽象和数学化，缺乏足够的个案和例子，从而会使很多初学者难以理解和记忆理论，也不易做到理论联系实际。

不过，了解一些基本理论确有必要。它可让你更深刻地理解博弈，以及为什么会出现那样的博弈结果。相对于仅阅读某些案例和只知道怎样参与博弈，掌握一些基本理论对你将更有帮助。若知道为什么，你就可以看透那些新的未曾预期到的情形，而一个只知道"怎样"依葫芦画瓢的人却不能看透。世界跳棋冠军汤姆·威斯韦尔（Tom Wiswell）说得好："知道怎样去做的人可以打成平手，而了解为什么的人却可以赢得比赛。"[4] 但是也并非所有的博弈皆是如此。一些博弈对任何人都是绝路一条，无论这个人知识何等渊博。但是这句话包含了一条重要真理：知道为什么给人们带来的优势超过只知道怎样做所带来的优势。比如说，知道为什么可帮助你预见到某些绝路，从而一开始就避免身陷绝境。

因而，我们将采用一条中间路线，综合上述两种方法的长处——案例（怎样做）和理论（为什么）。我们将按照基本原理来组织专题，在第 3～7 章各章只讨论一条原理，这样你就无须自己从案例中推导原理。我们将使用形象的案例而不是抽象的方式来推导基本原理，所以每种思想的脉络都非常清晰。换句话说，我们的精力将放在理论学习上面，但我们将通过案例而不是抽象推演来学习理论。从第 8 章开始，我们将各理论应用到某些策略情形中。

当然，这种方法也需要某些妥协。最关键的是，每个案例都旨在阐释博弈论的某些基本观念和原理，因而我们抛弃了诸多与原理不相关的细节。如果某些案例看起来不太真实，请多多包涵。可以确定的是，我们抛弃那些细节肯定是有理由的。

请允许我们再啰唆几句。尽管这些旨在发展概念和理论框架的案例都经过精心挑选（甚至以牺牲某些现实性作为代价），但是，一旦理论建立起来，我们就会特别重视将其与实际相联系。本书通篇都用实际或经验证据来检验理论解释现实的能力。或好或坏的答案将给你谨慎使用博弈论的信心，激励你构建更好的理论。本书也会在适当的时候详细讨论在现实中制度是如何演进的，以解决博弈论所指出的问题。不妨留意一下第10章关于囚徒困境如何出现在现实中又如何得到解决的讨论，以及第11章对更为一般的集体行动问题所做的类似讨论。最后，第14章将考察在古巴导弹危机中边缘政策的运用。这种基于理论的案例分析，充分考虑现实细节，并进行详细的理论分析，已经成为不同领域如商学、政治科学和经济史中的常用教学方法。笔者希望通过对军事和外交上一段小插曲的原创研究，向你生动地介绍这种方法。

我们的方法是从个别案例推导出一般原理，而后与现实互相验证并运用于现实。为了一以贯之地应用这一方法，我们必须首先确定用以组织本书讨论的总的原则。我们将在第2章从不同策略问题（或概念）的若干重要方面来对博弈做出分类。每一个方面都将被区分为两种对立的纯类型（pure type）。例如，在行动顺序（order of moves）方面就包括两种类型：每个参与人依次行动（序贯博弈）和同时采取行动（同时行动博弈）。在现实中很少有博弈完全符合这种分类，绝大多数都融合了两种极端类型的某些特征。但考虑到各场博弈中所涉及的概念及其所涵盖的若干方面，以及每个方面中不同纯类型的融合方式，每场博弈都可归入我们的分类中。要决定在某一特定情形下如何行动，人们可以把他们从纯类型中学到的知识进行恰当的组合。

在第2章构建起总的框架之后，随后各章将在此基础上展开论述，针对博弈中每个参与人的策略选择和全部参与人的策略互动，发展出一些基本思想和原理。

【注释】

[1] 埃弗特在1975年美国网球公开赛上第一次获得冠军。纳芙拉蒂洛娃在1983年决赛中第一次获得冠军。

[2] 关于囚徒困境英文中撇号的位置存在争议。我们这里放置撇号的位置基于的事实是：任何囚徒困境中至少有两个囚徒并且囚徒们一起形成困境。

[3] 这个例子来自 Michael Grunwald 的"居家"（At Home）专栏，参见 "A Game of Chicken," in *Boston Globe Magazine*，April 28，1996。

[4] 引自 Victor Niederhoffer, *The Education of Speculator*（New York，Wiley，1997），p. 169。笔者感谢宾夕法尼亚大学的 Austin Jaffe 提醒我们注意这句格言。

第2章

如何思考策略博弈?

第1章给出了一些策略博弈和策略思维的例子。本章将试图用更具系统性和分析性的方法来阐明这门学科。我们挑选了博弈中的一些重要概念类别（或维度），每一个概念类别（或维度）都包含了一对对立类型。比如，就博弈时间这一维度来说，分别有严格依次行动（序贯行动）和同时采取行动（同时行动）。我们将考虑到对处于对立状态下的纯类型进行思考时暴露出的问题，除刚才所说的时间方面的问题外，还有如博弈只进行一次还是重复进行，以及参与人是否了解其他参与人等问题。

在第3～7章，我们将更详细地讨论各类博弈及博弈中的各个维度；在第8～17章，我们将说明在某些情景中如何应用这个分析。当然，绝大多数实际应用并非纯类型，而是不同类型的组合。此外，每个应用均可能涉及两三个相关类型，因此必须把我们从纯类型中得到的知识用合适的方式进行组合。我们会通过应用背景说明如何进行组合。

本章也将介绍一些分析中要用到的基础概念和术语，比如策略（strategies）、支付（payoffs）与均衡（equilibrium），对博弈论的应用做简要的讨论，并对全书架构提供一个总览。

2.1 决策与博弈

当某人（或团队、企业、政府）决定如何对付他人（或团队、企业、政府）的时候，他们的行动必然存在某些交叉效应（cross-effect）。一个人的行为势必会影响另一个人所获得的结果。当人们问乔治·皮克特（George Pickett，盖兹堡战役的指挥官）在美国内战中南方军失败的原因时，他回答说："我想这与北方军有关。"[1]

不过，行为互动要变成一场策略博弈，还需要一些因素，即参与人相互意识到这种交叉效应。如果你知道别人的行动会影响到你，你可以对他的行动做出反应，或先行一步预测对方将来的行动对自己产生的有利或不利的影响，甚至先下手为强改变其未来反应来增进自己的好处。如果你深知对方也了解你的行动将影响到他，那么你也就知道他将采取类似的行动。反之亦然。这种对交叉效应的相互认识，以及双方据此认识而采取的行动，则构成了策略中最有趣的部分。

策略博弈和决策是有区别的。**策略博弈**（strategic games），有时简称**博弈**（game）（因为我们不关心诸如纯机遇或纯技巧之类的博弈），是双方基于交叉效应意识的行为互动。**决策**（decisions）是无须考虑他人反应的场合下的选择行为。如果李将军（Robert E. Lee，他领导皮克特作战）料想到北方军在他的炮火下已无还手之力，他选择发动攻击就是一个决策；如果他意识到北方军正严阵以待，则选择发动攻击就成为致命的博弈的一个部分。简而言之，一场博弈需要有两个以上的参与人（player），每个参与人都对他人的行动做出反应（或者每个参与人都会考虑其他人会怎么反应），否则就不是博弈。

策略博弈在两个参与人正面交锋中最为突出，比如 20 世纪 50 年代至 80 年代的美苏军备竞赛，通用汽车和全美汽车工人联合会之间的工资谈判，坦帕湾海盗队和奥克兰侵略者队在超级杯赛上的火拼。相反，大量参与人之间的互动中似乎不会出现相互意识的问题。比如单个农夫的产出相对于全国或全世界的农产品产出来说只是沧海一粟，一个农夫决定多种或少种点庄稼对市场价格无甚影响，因此没有必要把农业生产当作策略博弈。这是经济学多年来的通行观点。少数巨无霸企业之间的对抗则适合看作博弈，如美国汽车市场曾一度被通用、福特和克莱斯勒所主宰。不过人们一般还是认为，市场供求是主导大多数经济互动行为的力量。

事实上，博弈论涵盖的范围更广。许多情形是以成千上万人参与的非个人市场开始的，最终演变成两个或几个人之间的互动。境况如此变迁的两大原因是：相互承诺（mutual commitment）和私人信息（private information）。

首先，考虑承诺。当你打算建造一栋房子时，你可以从本地数十家建筑商中挑选一家，而建筑商也可以从潜在的客户中进行选择。这显然是一个非个人市场。然而一旦双方达成协议，客户需要支付首付款，建筑商需要按房屋设计购买原材料。双方脱离了市场而被捆绑到一起，变成了双边关系。建筑商可以偷工减料或者拖拖拉拉，而客户可以推迟下一期付款。策略要素开始进入这种情形。他们当初在市场上订立的合同必须预见到每个人在博弈中的动机并详细写明与工程进度联系在一起的付款安排。此外，合同还需依现实情况随时做出修正，而这些调整又会带来新的策略要素。

其次，考虑私人信息。成千上万的农民为其机器、种子、化肥等寻求资金，也有许许多多的银行可以提供贷款，但这种借贷市场也不是非个人化的。有良好农作技能、愿意下更多功夫的农民，更有可能获得好收成并偿清贷款；低技能或者比较懒惰的农民，可能收成不佳而无力偿还贷款。违约风险显然因人而异。违约的并非所谓的"市场"这个整体，而是个体的借款人。因此每一家银行都必须将其与每一个借款人之间的关系看作一场单独的博弈，它会调查每个借款人的信用状况并要求有借款担保。借款的农民将设法让银行了解自己的信用，而银行也会寻求有效的方式来查证农民承诺的真实性。

同样，保险公司会下一些功夫来调查投保人的健康状况，或在火灾发生后核查是否有纵火迹象；雇主会评估员工的能力并监督其表现。更一般地，只要在交易中参与人拥有一定的影响交易结果的私人信息，则每一个双边交易都是一场策略博弈，即便由成千上万个类似交易组成的大型市场也是如此。

总之，当每个参与人都影响着行为互动的时候，无论其影响力是来自参与人本身的重要性，还是由于承诺或私人信息的缘故将关系范畴缩小到了其中重要的参与人，我们皆有必要将这样的行为互动看作策略博弈。此类情形通常是商业、政治甚至社交场合中的常见现象而非特例。从而，研习策略博弈对于分析上述议题的学科领域来说非常重要。

2.2　博弈分类

博弈在许多不同的背景下发生，因而有许多不同的特质值得研究。我们可以简单地将这些特质归为几个类别或维度。在各个类别或维度中，我们可以确定两种纯博弈，其他所有博弈均可视为这两种纯博弈的混合。我们通过几个问题来对博弈进行分类，这样做将有利于你思考现实中面临的博弈。

□ 2.2.1　博弈中各方是序贯行动还是同时行动？

下国际象棋的行动是序贯进行的：白棋先行，然后黑棋行，再白棋行，依此类推。相反，在石油开采权或广播频道竞标中，因为不知道竞争对手的标价，竞标者相当于同时写下各自的标价。大多数真实的博弈兼有这两种特征。厂商在研发新产品的竞赛中是同时行动的，但是每个厂商都对竞争对手的进展有或多或少的了解，并凭此做出反应。在美式橄榄球赛中，对抗双方的教练同时下达战术，但四分卫可以在观察到对方的阵势后改变战术，或要求暂停以便教练改变招数。

序贯行动（sequential moves）和**同时行动**（simultaneous moves）之间的区别很重要，因为这两种博弈需要不同的互动思维模式。在序贯行动博弈中，每个参与人都必须思考：如果我这样做，我的对手会怎样反应？你对未来结果的算计支配着你现在的行动。在同时行动博弈中，你得精明地猜测对手现在会如何行动；但你必须认识到，对手在进行其算计时也会猜测你现在会如何行动，同时他也知道你在进行着同样的思考……你们双方都必须在这个循环中找出自己的策略。

在随后的三章，我们将探讨两种纯博弈的情况。第3章将考察序贯行动博弈，在这类博弈中你必须着眼于未来而当下采取行动；第4章和第5章的主题是同时行动博弈，在这类博弈中你必须在"他认为我认为他认为……"的循环中寻找最佳策略。我们对每一种情况都会提供一些简单的思维工具——博弈树和支付表——并获得一些指导行动的简明规则。

研究序贯博弈也可以告诉我们，何时有先动优势，何时有后动优势。大致说来，这取决于博弈中承诺和灵活性的相对重要性。例如，在市场上对抗企业间的经济竞争博弈中，如果一家企业决心实施攻击性的竞争，因而吓退了对手，这就存在先动优势。然而，在政治争斗中，对某个问题抱着坚定立场的候选人可能会给对手留下明确的攻击点，这样的博弈具有后动优势。

了解如何平衡各种考虑因素，也有助于你寻找到方法去操控行动顺序以获得优势。这反过来又引出了威胁和承诺等策略行动，对这些内容我们将在第9章予以探讨。

□ 2.2.2　参与人的利益完全冲突还是具有某些一致之处？

在下棋或球赛等简单博弈中，既有赢家也有输家。一方所得就是另一方所失。同样，在赌博游戏中，也是一方所得即另一方所失，得失的总和为零。这种情形的博弈可称为**零和博弈**（zero-sum games）。更一般地，零和博弈的思想就是参与人的利益是完全冲突的。当参与人分割任何一定数量的利益时，这种冲突就会产生，无论这一利益是用什么单位加以度量的——码、美元、英亩或几勺冰激凌。由于可得到的利益并不总是恰好为零，我们经常用**常和博弈**（constant-sum games）这个术语代替零和博弈。本书有时会交替地使用这两个术语。

绝大多数经济博弈和社会博弈并非零和的。贸易或其他经济活动可以让每个人都从中获利。合作生产可以组合参与人的不同技能并产生协同效应，生产出比各方独立作业时更高的产量。不过各方的利益也并非完全一致；各方可以合作生产更大的饼，但如何分配这块饼的问题却可能导致冲突。

甚至像战争、罢工这类博弈也不是零和的。核战争是只有输家的最明显的例子，而这种看法也由来已久。公元前 280 年，伊庇鲁斯（Epirus）的国王皮洛士（Pyrrhus）在赫拉克里击败罗马，军队付出的沉重代价使他说出这样一句话："我们再次战胜，但我们也输掉了一切。"这也是俗语"皮洛士式胜利"（Pyrrhic victory）的由来。20 世纪 80 年代，企业接管（takeover）的狂潮达到极点，竞争对手之间竞相出价的争斗导致接管成本不断攀升，以致胜利者之所得常常类似于皮洛士式胜利。

现实中大多数博弈都存在竞争与合作的压力，如何处理竞争与合作的关系则常常成为博弈论分析中最有趣的部分。参与人知道，如果合作失败则对大家都没有好处，因此在划分领地和利益时，也会努力去化解冲突。战争或罢工中的单方面威胁，正是试图恐吓另一方接受其要求。

即便一个博弈对所有参与人来说都是常和的，但若存在三个（或更多的）参与人，我们就必须考虑其中两人联合起来对付第三人的可能性。这一可能使得对联盟（alliance 或 coalition）的研究成为必要。本书将在第 17 章考察并详释这些思想。

□ 2.2.3　博弈只进行一次还是重复进行？对手是否固定？

相对于多次互动博弈而言，一次博弈从某一方面来看更简单，但从另一方面来看却更加复杂。试想，在单次博弈（one-shot game）中，参与人不必担心对手在未来的博弈中进行报复，或担心别人听说此事后对他今后的行动有所提防，因此单次博弈中的行动更可能是不择手段或残酷无情的。例如，一家汽车修理厂更可能对过路车而不是常客狠狠敲上一笔。

在单次较量中，参与人彼此知之甚少。例如，他们的能力和优势何在，他们是否精于算计最优策略，是否存在可以利用的弱点，诸如此类。因此，在单次博弈中，严守秘密和出其不意是"好策略"的重要因素。

在持续关系的博弈中，考虑的重点正好相反。你有机会建立起个人声誉（强硬、公正、诚实、值得信赖等，视情况而定）以及进一步了解你的对手。参与人可以在博弈过程中通过对瓜分共同利益的合理安排（轮流当赢家）更好地促进双方利益，也可以在未来的博弈中对骗子进行惩罚（以眼还眼，以牙还牙）。在第 10 章中讨论囚徒困境时，我们将探讨这些可能性。

更一般地，短期表现为零和的博弈在长期中可能会存在共同的利益。例如，每支橄榄球队都希望赢得比赛，但是它们都意识到激烈的竞赛更能吸引观众的眼球，这在长期对所有球队都有利。这就是为什么它们会同意拟订这样一个方案：让战绩较差的球队优先选择较佳的球员以平衡各队战斗力的差异。在长跑比赛中，选手们常常发展出许多合作策略，比如几名选手可以通过轮流领跑承受风阻来互相帮助；在快到终点时，合作关系即告瓦解，选手们各自奋力冲刺。

对于人们在日常生活中的策略行动，存在一些有用的经验法则可供参考。在一场冲突与合作并存的博弈中，你常常想大获全胜并让对手灰飞烟灭，但又担心这样做不给对方留后路，会让自己表现得像 20 世纪 80 年代最坏的雅皮士。在这种情形下，你可能忽略了博弈的重复性或连续性。攻击性的策略可以带来短期的优势，但长期的副作用会令你代价更沉重。因此你应深入思考并找到合作的机会，并据此改变你的策略。面对人生的复杂博弈，你会发现仁慈、正直以及"己所不欲，勿施于人"的黄金法则并非仅是古老的处世箴言，也是很好的策略。

□ 2.2.4　参与人拥有完全或相同的信息吗？

在国际象棋对局中，双方均了解目前的战况以及过去的棋步，也均了解对方以赢棋为目标。不过此种情况并非常见，绝大多数博弈的参与人均面临一些信息限制。信息限制的来源有两类：其一，在博弈的每个行动点上，参与人可能无法获悉决策所需的全部信息。这类信息问题的出现是因为参与人对博弈中内部变量和外部变量的不确定性。例如，他可能会具有对外部环境——像周末天气或他想要购买的商品品质——的不确定性。我们称此情况为**外部不确定性**（external uncertainty）。或者他可能不确定他的对手先前或当前的准确行动，我们称此为**策略不确定性**（strategic uncertainty）。如果博弈既没有外部不确定性，又没有策略不确定性，我们称此博弈具有**完美信息**（perfect information），否则称此博弈具有**不完美信息**（imperfect information）。我们将在介绍完信息集的概念后，在第 6.3.1 小节给出完美信息的精准定义。接下来三章将处理博弈论中的不完美信息（不确定性）问题。在第 4 章我们将提出包括策略不确定性的同时行动博弈论，并在第 8 章及其附录中讨论在不确定条件下做出抉择的方法。

其二，当一个参与人比另一个参与人了解更多信息时，阴谋诡计就会产生。这类情况称为**不完全信息**（incomplete information），或者更恰当的称呼是**非对称信息**（asymmetric information）。在此种情形下，参与人会试图推测、隐藏，有时还会传递其私人信息，这些做法是博弈和策略的重要组成部分。在桥牌或扑克牌局中，每个玩家都只能部分了解别人手中的牌。各方的行动（例如桥牌对局中的叫牌与出牌，扑克对局中已出牌张数和下注高低）都可向对手传递某些信息。每个玩家都试图不按牌理出牌以误导对手（在桥牌对局中则是要设法与对家取得默契），然而在这样做的时候，必须意识到对手往往也熟知这一点，并会通过策略性思维来解读这些行动。

读者朋友们可能会认为，如果自己拥有信息优势，就应该尽可能保守秘密，但其实不然。比如说，你是一家制药企业的 CEO，贵公司正与对手竞争开发新药品。当贵公司的研究人员获得了巨大进展时，你应当让竞争对手知道这个事实，希望他们知难而退，而你未来就没有竞争对手了。在战争中，交战各方均希望保守其战术与部署的秘密；但在外交中，爱好和平的国家总希望其他国家理解其善意。

一个普适的原则是，人们应当有选择性地披露自己的信息——披露好的信息（即令对方的反应有利于你的那一类信息），严守坏的信息（即可能对自己不利的信息）。

还有一个问题值得深思。你的对手在策略博弈中是理性的，并且知道你也是理性的。他们很清楚你有时会虚张声势或者制造谎言。因此，他们不会平白无故地相信你对自己的进展或能力所做的宣告。除非证据确凿，或者你的行动可以有力地证明你宣告的信息，才能说服他们。这类由信息优势方（more-informed player）刻意采取的行动称为**信号**（signals），运用信号的策略称为**信号传递**（signaling）。反过来，信息劣势方（less-informed player）也可以制造出某些情形，让对手在该情形下如实地透露出其本身的某些信息。这种策略称为**甄别**（screening），其运用的方法称为**甄别机制**（screening devices）。甄别一词是作为筛选或分离的意思使用的，而不是隐藏信息的意思。

不妨回忆，在第1.2.6小节的约会博弈中，女士就是通过甄别机制来检验出男士对感情的忠诚度的。她提出让两人放弃两套廉租房中的一套，如果男士足够忠诚，他会通过放弃自己房子的行动，来传递对爱情忠贞不贰的信息。

现在我们可以明白了，当参与人拥有不同信息时，如何操纵信息本身就是一场博弈，甚至比后续的博弈更重要。这种信息博弈随处可见，在日常生活中扮演着很重要的角色。本书将在第8章和第13章对此类博弈进行更详细的讨论。

□ 2.2.5 博弈规则是固定的还是可人为操纵的？

国际象棋、扑克游戏或者体育竞赛的规则是既定的，无论这些规则看起来多么专断和古怪，所有参与人均必须遵守。但是，在商界、政坛以及日常生活的许多博弈中，参与人却或多或少可以自行拟订一套规则。比如，在家庭生活中，父母总是试图定出家规，而孩子们却总是设法改变或抗拒；在立法机关，法案的进程规则（包括修正案和主要提议的表决顺序）是固定的，但是议程安排这场博弈——决定哪一个修正案要先提出表决的博弈——却可以被人为操纵，而这也正是最能施展政治手腕和权力的场所。本书将在第15章讨论相关主题。

此类博弈本质上是订立规则的"赛前博弈"（pregame），你的策略手段必须在事前施展；而后续的博弈则比较机械化，你甚至可以交由他人全权代理。而如果你在浑然不知中错过了赛前博弈，你将会发现自己其实在比赛开始之前就已经输了。许多年来，众多的美国企业就是这样忽视外国企业的竞争力提升而最终付出了代价。石油大亨洛克菲勒是一个例外，他就是靠只参与自己可以制定规则的博弈而获得成功的。[2]

在讨论策略行动（strategic moves）（譬如威胁与承诺）时，改变规则与遵守规则的差异显得尤其重要。如何强化己方威胁和承诺的可信度，如何降低对方威胁的可信度，基本上与制定规则的赛前博弈密不可分，因为参与人必须在规则确定后的博弈中实现自己的威胁与承诺。本书第9章讨论的策略行动本质上就是一些用来操纵博弈规则的手段。

但是，若制定规则的赛前博弈是真正重要的博弈，那么赛前博弈的规则又是如何制定出来的呢？通常，这与参与人本身的能力有关。在商场角逐中，企业可以先下手为强来改变整个博弈，例如通过扩建厂房或扩张广告的行动，让自己在今后与对手的价格较量中赢得先机，但究竟哪一家企业可以做得更好，这得视企业可用于投资或广告的管理或组织资源而定。

当然,参与人有时可能并不了解对手的实力。这往往让赛前博弈成为一种不完全或不对称信息博弈,参与人必须使用更精妙的策略,有时还会产生出人意料的结果。我们将在后面的一些章节中讨论这些问题。

□ 2.2.6　合作协议是否具有强制力?

大多数策略互动都既有冲突也有共同利益,因此参与人应当坐到一起,达成该如何行动的协议,以在最大化总体利益中平衡共同利益及在分配所得中平衡相互冲突的利益。协议的谈判可能要经过几个回合才能达成一致:在暂时决议后,大家再看看是否有更好的提议;一直到没有任何一方可以提出更好的意见为止,最终协议才会达成。但是,即便过程结束了,在协议执行中还常常会出现新的问题。比如,所有参与人都必须遵守协议的条件,但若其他人都遵守条件,不遵守条件者往往可以得到更好的结果。但当每个参与人都怀疑其他人可能背信弃义时,坚持合作行为就未免太愚蠢了。

如果所有参与人都在协议生效后立即在大家的监督下采取行动,那么这种合作性质的协议有可能成功,不过这种立即实施的协议实在罕见。通常,参与人在达成协议后就各自分散并独自行动。如果他们的行动可以互相观察,或者可由第三方——比如法院——来强制执行协议,则协议仍有很大希望继续维持下去。

然而在很多情况下个体行为都不能被直接观察,也无法由外力加以强制约束。如果缺乏强制力,只有在遵守协议对所有人皆有利时协议才不会破裂。主权国家之间的博弈、具有私人信息的博弈、其他无法可依或者因太过琐碎或成本太高法律认为不值得介入的博弈皆属此类。事实上,这种集体行动的协议不具强制力的博弈,占策略互动中的绝大部分。

博弈论使用两个专门术语来区分协议具有强制力和不具有强制力的情况。若协议对参与人的行为具有强制力,则称此类博弈为**合作博弈**(cooperative game);若协议没有强制力,个体参与人可根据其利益采取行动,则称此类博弈为**非合作博弈**(noncooperative game)。这已是标准的学术术语。不幸的是,一些人望文生义,往往误以为前者必然产生合作结果而后者不会产生合作结果。事实上,个人行动与众人的利益也可以是兼容的,尤其在重复博弈中更是如此。两种博弈的主要区别在于,非合作博弈中的合作行为只有当其符合个体参与人的个人利益时才会发生。这种由非合作性行动产生的合作结果是博弈论最有趣的发现之一。本书将在第 10、11、12 章讨论这一思想。

本书坚持标准的用法,不过仍要强调合作性和非合作性两个术语指的是行为实施的方式——前者采取集体行动而后者采取个体行动——而与博弈的结果无关。

正如我们在前面已提及的,在现实中绝大多数博弈并没有充足的实施联合行动协议的外部强制力,因此本书以非合作博弈为主要分析对象。第 17 章对谈判的讨论,算是本书中的少数例外。

2.3　一些术语与背景假设

在分析策略博弈之前,需先确定组成一个完整博弈的主要元素:参与人的可行策略、拥有的信息及其目的。按照前面所讨论过的博弈的若干维度对不同博弈的前两个元素进行考察，我们会发现它们竟如此不同。但我们必须根据前面叙述的方式对不同博弈进行组合或构建。而后一个元素即参与人的目的最能引发新的思考。下面，我们将逐一讨论这些问题。

□ 2.3.1 策　　略

策略（strategies），简单地说就是参与人可采取的选择。但即使是这样一个基础概念也需要深入讨论和阐释。如果一场博弈只能同时采取一次行动，则每个参与人的策略正是单次采取的行动。但是在序贯行动博弈中，后行动者可根据其他人（或自己）先前采取的行动而做出反应。因此每个参与人必须制订出一个完整的行动计划，比如"若对方采取 A 行动，则我采取 X 行动；若对方采取 B 行动，则我选择 Y 行动"。这种完整的行动计划就组成了博弈中的策略。

有一个简单的方法可以检验某项策略是否完整：它是否规定了你博弈的所有细节，描述了你在各种可能情况下采取的行动。也就是说，若你把计划写下来留给其他人去执行，然后自己去度假，这个人也可以照章行事，宛如你本人亲临博弈现场一样，不会出现意料之外的情况打扰你的休假。

在本书第 3 章，我们将就一些特殊情况深入探讨并运用此检验方式，使它更清晰地呈现在我们眼前。而现在你只需要记住：策略就是一个完整的行动计划。

这一概念类似于区别于战术的战略。战略一词*常用于表示一个长期或大规模的行动计划，战术则指短期或较小规模的计划。例如，军队的将军会为战争或一场大规模战役制定战略，而小型战役或战斗则由下层军官因地制宜采取战术。但博弈论根本不使用战术这一术语。策略这一术语涵盖了所有情况，它既可指一个完整的行动计划，也可指一个特定的行动，如果这一单次行动就是我们所讨论的博弈全部的需要的话。

策略一词通常也可以用于描述一个人在相当长的时间跨度里所做的决策或一连串的选择，即使不存在有目的的博弈。因此，你也许已经有了某个生涯规划策略（career strategy）。当你开始赚到收入的时候，你会做出储蓄、投资和退休策略规划。这种用法下的策略和我们观念中的策略具有同等的含义——它是对不断演变的环境做出反应的持续行动计划。唯一的差异是此处讨论的策略，其处境（即博弈）、环境在不断改变——由于其他有目的的参与人的行动而不停地改变。

□ 2.3.2 支　　付

当被问及博弈中参与人的目的是什么时，绝大多数刚接触策略思维的新手认为是"赢得胜利"，但事实上答案并非如此简单。有些时候，获胜的"利润"（margins）很关键。比如在研发竞争中，倘若你的产品较竞争对手只有微小的优势，那么你的产品专利就面临着更大的竞争压力。也有些时候，参与人赢得的利益较小，输赢并不重要。更重要的是，只有极少数博弈是零和或非赢即输的，在大多数博弈中参与人之间既有共同利益，也有冲突。分析这类混合动机博弈要求更精明的算计而不是简单地以成败论英雄，我们还得比较合作与背叛的利益才行。

---

* 在英文中"策略"和"战略"都是 strategy。——译者注

为比较博弈的所有可能结果，我们赋予所有参与人的每一个可行选择的组合一个数值。这个和每一个可能的结果联系在一起的数值就是参与人在该结果下的**支付**（pay-off）。一般而言，对于参与人来说，更高的支付数值代表更好的结果。

在有些博弈中，支付只代表各种结果的好坏排序，最糟糕的结果标记为 1，次糟糕的标记为 2，依此类推，直到排列到最好的结果。而在另一些博弈中，支付数值是实际数字的表现，例如公司的收入、利润，电视台的收视率等。在这种情况下，如果我们在合理的误差范围内改变这些猜想，我们需要检验我们的分析结果，看它是否会发生显著的变化。

与支付有关的两个重要观点需要准确理解。其一，某一参与人的支付数值必须涵盖该博弈结果中他关心的一切事物。尤其需要指出的是，参与人不必是完全自利的，但利他倾向应已经包含在其支付数值中。其二，我们假设参与人在面临随机结果时，其获得的支付是把各种可能状态下的支付值依其概率加权计算出的平均值。因此，假设参与人在 A 结果下获得的支付为 0，在 B 结果下获得的支付为 100，则当 A 发生的概率为 75％、B 发生的概率为 25％时，其支付为 $0.75\times0+0.25\times100＝25$，我们称之为随机结果下的**期望支付**（expected payoff）。期望一词在概率论术语中有特别的含义，指的并不是预期可以得到的结果，而是数理、概率或统计意义上的期望。它指的是所有可能结果的平均值，其中每一个结果都以其发生概率作为求平均值时的权重。

上面第二点带来了一个潜在的难题。考虑一个赌钱的博弈，其支付就是金钱的数量。参看如下例子：若参与人有 75％ 的机会赚不到一分钱，有 25％ 的机会赚到 100 美元，依前例其期望支付为 25 美元。这相当于他在一场确定的可得到 25 美元的博弈中得到的支付。换句话说，用这种方式计算的期望支付 25 美元与确定获得 25 美元对于个人来说是无差异的。不过，绝大多数人都是风险规避的，宁愿获得确定的 25 美元而不是参与一场期望支付同样为 25 美元的赌局。

我们可以通过简单地修正支付的计算方法来克服这个难题。我们放弃用金钱数量加总表示支付，而代之以**非线性变尺度**（nonlinear rescaling）方法重新估算的数值。这就是所谓的预期效用方法，第 7 章附录将对此加以详细说明。而现在，读者只需要知道可以把人们对风险的不同态度纳入分析。预期效用方法并非完美无缺，却有极大用处，绝大多数博弈论都以预期效用分析为基础。本书也采用这个方法，但在第 7.5.3 节我们用一个简单的例子来指出这一方法中尚有待解决的难题。

☐ 2.3.3 理　　　性

每个参与人均以获取最大支付为目标。但是参与人达成其目标的能力如何？这个问题的关键不在于其他参与人追求其利益时会如何妨碍该参与人，毕竟这本来就是博弈的特性；关键在于，每个参与人能否计算出对自己最有利的策略，并在实际博弈中依计而行。

博弈论大多假设参与人精于算计并严格按照其最优策略行事，此所谓**理性行为**（rational behavior）假设。请注意理性一词的精确含义，它指的是每个参与人对所有可能结果（价值或支付）都有一套一致的排序标准来衡量哪个策略可以带来最大利益。因此，理性有两个重要的内涵：一个人对自己的利益完全了解，并能完美地计算出何种行动可以最大化其利益。

认识到理性行为概念不包括什么也是同等重要的。理性行为并不意味着参与人是自私的；一个参与人可能对其他人的福利评价甚高，并将他人福利纳入自己的支付考虑之中。理性行为也并不意味着参与人是只局限于短期的思考者。事实上，考虑将来的后果也是策略思维的一个重要环节，某些短期看来不太理性的行为其实有其长远的策略意义。更重要的是，理性也不代表参与人必须与其他参与人持有相同的价值体系，敏感的人、古怪的人、道德高尚的人，他们的价值体系各不相同，理性只是表示参与人自己有一套一致的价值体系，并严格遵循这个价值链。因此，当参与人（在序贯行动博弈中）分析其他参与人的反应或者（在同时行动博弈中）接连不断地推测其他参与人会如何推测时，他必须意识到其对手是根据其自身的价值体系决定其选择的。你不能将自己的价值体系或理性的衡量标准强加在他人身上，认为他们会在相同的情况下做出与你一样的行动。20 世纪 90 年代后期以及 2002 年至 2003 年，许多评论海湾冲突的"专家"推测萨达姆（Saddam Hussein）会做出让步，"因为他是理性的"；这些专家忽略了萨达姆的价值体系与西方国家和评论家的价值体系是迥异的。

通常，每个参与人并不真正了解其他参与人的价值体系，这是现实中许多博弈存在不完全或不对称信息的部分原因。在这类博弈中，试图了解对手的价值观，并试图隐藏或向对手传达自己的价值观就成了策略的重要部分。

博弈论假定所有参与人都是理性的。这个假设有多少合理性？博弈论运用这个假设的效果如何？在某种程度上，这个假设不完全真实。人们常常并不比别人更了解自己的价值体系，也不见得会事先逐一评估各种不同状况之优劣并铭记在心，除非他们已经面临必须做出选择的时候。因此，人们会发现，要一一细数自己与对手的各种选择可能带来的结果，并事先评价不同结果的优劣以决定最佳策略，实在是太困难了。即便他们都非常清楚自己的偏好，计算过程也会相当繁杂。实际生活中的大多数博弈非常复杂，而人们的算计能力也相当有限。比如在国际象棋之类的博弈中，众所周知，最优的策略只需要有限步骤的计算，但是因为数量太大，没有人能顺利完成这种计算，所以高明的棋招大部分还是一种艺术。

当参与人都是经常接触某一博弈的玩家时，理性假设才更贴近现实。他们得益于经历过或好或坏的结果，了解不同参与人不同的策略将如何影响结果，也知道自己技巧的高低。因此博弈的分析者可以预期他们在未经完整而精确计算下所做的选择会近似得到经过精确计算后的结果。我们可以将参与人视为一直做出最优决策的完美计算者（perfect calculator）。我们将在第 5 章提供一些实验证据，说明参与博弈的经验有助于参与人采取更理性的行动。

在计算自己完整的最优策略时，把同样精于算计的对手的反应考虑进去，这样做的好处就是不会犯下让对手有机可乘的错误。在许多现实情形中，你可能在某些方面有特别的知识，而对手在这方面的理性比较缺乏，则你可以发现对手的错误并修正你的策略。我们会讨论一点这样的算计，但在博弈中，算计通常也是艺术的一部分，很难将其标准化为一套可供遵循的规则。当然，你必须留心对手是否假装他的技巧或策略很差，故意卖个破绽，欲擒故纵，先给你点小甜头，等你提高赌注时才大举反攻。在这种情况下，参与人更安全的做法是把对手当作完全理性的，替对手想好他的最优策略。换句话说，人们的出招应着眼于对手的能力而不是缺陷。

□ 2.3.4　对规则的共同知识

我们假设参与人在某种程度上对博弈的规则有共同的认知。在卡通片《花生》中有这样一幕：露西居然认为高尔夫球赛的规则容许身体接触，所以在查理挥杆时给了他一拐子。在博弈论中我们不允许这样的情形发生。

对"某种程度"的界定是很重要的。我们在前面已经了解到直接博弈的规则是可以被操纵的。但这仅仅承认了在更深层次上进行了另外一场博弈，在这场博弈中，参与人选择其表层博弈的规则。于是我们要问：这场更深层次的博弈是否有固定规则？例如在议会中，制定议程的博弈遵循的是何种规则？答案也许是委员会主席们有权决定议程。那么委员会及委员会主席又是如何选出的？我们可以不断地追问下去。在某些基本层面上，这些规则由宪法、竞选技术或者一般的社会行为规范决定。我们要求所有参与人都了解基本博弈既定的规则，这是分析的重点。当然，这只是理想状况，在现实中我们也许难以进行更深层次的分析。

严格来说，博弈的规则包括：（1）参与人名单；（2）每个参与人的可行策略；（3）每个参与人在所有参与人所有可能策略组合下获得的支付；（4）每个参与人都是理性的最大化利益追求者的假设。

博弈论不适用于以下情形：某参与人不知道是否有其他人参与博弈，不知道其他参与人可以选择的所有行动，不知道其他参与人的价值体系，或不知道其他参与人是否有意识地追求最大利益。然而，在现实的策略互动中，许多参与人以出其不意的方式，做出对方未曾预料的行动，结果获得更大的好处。这在战争史上有很多鲜明的例子，比如1967年以色列先声夺人地在地面摧毁埃及的空军力量，1973年埃及出人意料地以坦克攻击苏伊士运河。

看起来，对博弈论的严格定义忽略了策略行为的重要方面，但事实上没这么糟糕。我们可以修正理论，让每个参与人把对手可能的各种各样的戏剧化的策略作为发生概率较小的事件考虑进去。当然，每个参与人都清楚自己的可行策略。这样，博弈就变成了非对称信息博弈，我们可以利用第8章提到的方法对此进行分析。

共同知识这一概念本身也需要更深入的解释。某个事实或某种情形 X 要成为 A 和 B 两个人的共同知识，则他们各自知道 X 是远远不够的。每个人还都应知道对方知道 X；否则，A 也许会误认为 B 不知道 X，而在博弈中依此错误的认知采取行动。但是，A 也必须知道 B 知道 A 知道 X，反之亦然，否则 A 可能会错误地认为 B 不知道 A 知道 X，而错误地试图利用 B 的弱点加以攻击。当然，这个原则并非到此为止。A 应当知道 B 知道 A 知道 B 知道 X……如此反复，直至无穷。哲学家对这种无穷回归及其悖论有许多有趣的讨论，但对于我们来说，了解参与人对博弈规则有共同认识即已足够。

□ 2.3.5　均　　衡

理性参与人的策略互动最终会产生什么结果？我们将在**均衡**（equilibrium）的框架下给出一般答案。均衡意味着每个参与人所采取的策略都是对其他参与人策略的最优反应。本书第3章到第7章将讨论博弈论中的均衡概念，并在后续章节加以应用。

均衡并不是指事物不再变化。在序贯行动博弈中，参与人的策略是行动和反应的完整计划，随着博弈进行的每一步，局势都会不断变化。均衡也不表示所有事情都臻至完美，所有参与人的理性策略互动有可能产生对所有人不利的结果，比如因徒困境。不过我们会发现，均衡的思想通常是分析进程中相当有用的描述工具和概念。我们将联系具体的均衡概念来详细讨论这一思想。我们也将考察如何修正和加强均衡概念，以弥补它的缺陷，使它适用于完全理性计算下产生的非合作行为。

正如博弈经验的积累可以促成个体参与人的理性行为一样，参与人在博弈中经历的试错过程与获得的非均衡结果也能帮助其找到导致最终均衡的决策。我们将在第5章考察这个问题。

定义一个均衡并不难，而寻找一个特定博弈的均衡（即博弈的解）则要困难得多。本书将求解很多简单的博弈，这些博弈只牵涉两三个参与人，每人只有两三种可行策略，或轮流行动，或同时行动。很多人认为这正是博弈论研究的局限性，并因此认为该理论对现实中更复杂的博弈毫无用武之地，但事实并非如此。

由于人类的计算速度和耐心非常有限，只能解出只有少数参与人及少数策略的简单博弈，但计算机的计算速度和长度非常可观。许多超出人脑计算能力的博弈对计算机来说是很轻松的。计算机的计算能力已经可以处理很多商业或政治上的复杂博弈。即使是在国际象棋这种过于复杂而无法完整求解的博弈中，计算机也已达到人类最佳棋手的能力。在第3章我们将更多地讨论国际象棋。

求解复杂博弈的计算机程序正越来越多地涌现。Mathematica及类似的程序包已经可以通过设定指令找出同时行动博弈中的混合策略均衡。由加州理工学院教授理查德·D. 麦凯尔维（Richard D. McKelvey）与明尼苏达大学教授安德鲁·麦克伦南（Andrew McLennan）共同领导的国家科学基金项目Gambit，正在创造一套综合指令，用以寻找序贯行动博弈和同时行动博弈、纯策略博弈与混合策略博弈，以及具有不同程度的不确定性和不完全信息下的博弈的均衡。我们将在后面几章再次提到这个项目。该项目的最大优点是其程序皆被公之于世，大家可轻易地在 www.gambit-project.org 上找到这些程序。

既然计算机可以帮助我们求解博弈，为什么本书还要详细地建立并求解一些简单的博弈呢？原因在于，了解这些概念是运用计算机求解的前提条件，练习一些简单的例题有助于加深对概念的理解。就像学习和使用算术的过程，首先得通过许多例题了解加减乘除的含义，掌握这些基本的概念后才能使用计算器或计算机进行复杂的运算。但是如果你不了解这些概念，就可能在使用计算器时出错，例如忽略了先乘除后加减的规则，就会错把 $3+4\times5=23$ 计算成 $(3+4)\times5=35$。

因此，了解概念和工具这第一步非常重要。没有这一步，就无法知道如何正确地构造博弈让计算机求解，也不可能检查计算机的解答是否合理，更不可能在察觉结果不合理时回头修改条件，直到条件和计算能准确地抓住所研究的策略。因此，请认真研读本书提供的实例并解答后面的习题，尤其是第3章到第7章的习题。

□ 2.3.6　动态与进化博弈

基于理性假设和均衡概念的博弈论非常有用，但我们并不能完全依赖这样的博弈论。当参与人是新手而或多或少缺乏进行计算并选择其最优策略的必要经验时，他们的策略选择和结果与以均衡概念为基础所预测的内容可能产生很大差异。

但是，努力做出好选择的观念也不能完全放弃，因为即便是计算能力很糟糕的参与人，也会为其利益而磨砺技巧，并从自己的经验和对他人的观察过程中逐步学习。我们应当允许这样一个动态过程，在此过程中先前被证明是较好的策略更可能在以后的出招中被采用。

对**进化博弈**（evolutionary game）的分析正是针对这一点。进化分析派生于生物学中的进化思想。动物的基因对其行为模式有重大的影响，某些行为在当前环境中显得较为成功，在这种意义上拥有这些行为模式的动物更易繁衍并将其基因遗传给后代。进化稳定状态（evolutionary stable state）就是在给定环境下经过数代进化过程的最终状况。

与生物进化类似，在博弈中可假设极大化自身利益的理性参与人无法自行选择策略，而是由一个特定的策略"硬件"或"程序"来规定。其他参与对手也被设定采取相同或相异的策略，然后他们在博弈中各自得到支付。较为优势的策略——被设定的能让参与人获得较高支付的策略——扩张得更快，而较劣势的策略将逐渐被淘汰。在生物界，这种优胜劣汰的机制通过基因遗传来进行。在商业和社会的策略博弈里，这套机制通常更可能是社会性或文化性的，例如观察和模仿、教育和学习、较成功的投资容易获得更多资金，等等。

进化过程的动态是研究的目标所在。进化过程是否会收敛到一个进化稳定状态？最终只有一个策略大获全胜，还是有若干不同策略共存？有趣的是，许多博弈中进化稳定极限（evolutionary stable limit）与理性算计的参与人达成的均衡状态是一样的。因此进化分析方法为我们采取均衡分析方法提供了有力的后盾。

进化博弈把很多生物学概念引入了博弈论；同样，博弈论也深刻地影响了生物学。生物学家已经发现与其他动物之间的策略互动是动物行为的重要部分。同种动物之间彼此争夺地盘和配偶，异种动物之间则交织成食物链，这些博弈的支付反过来影响着物种的繁衍和进化。正如博弈论在分析选择和动态时受益于从生物学中引入的一些思想一样，生物学也得益于从博弈论中引进的策略与支付的思想，这有助于分析动物之间的互动关系。这正是协同和共生的好例子。本书将在第 12 章对进化博弈的研究提供一个介绍。

□ 2.3.7 观察与实验

整个第 2.3 节关注的是如何思考博弈或如何分析策略互动。这正是博弈论的精髓。本书将以实例代替严谨的数学或定理推导，介绍初步的博弈论，虽然初步但理论的本质不变。所有理论必须从两个方面联系现实：现实应有助于建构理论，并可用于检验理论是否正确。

我们用两种方法来寻找策略互动的现实基础：（1）通过对其自然发生时的观察；（2）设计出一些实验以追踪某些条件带来的效果。我们将在适当的时候通过一些例子对这两种方式进行说明。

许多学者已在课堂上或在特别的实验环境中，通过自愿受试参与人来研究策略互动，也就是参与人行为以及博弈结果，其中包括拍卖、讨价还价、囚徒困境以及许多其他类型的博弈，而得到的结果也各有不同。有些理论得到了证实，比如在涉及买卖行为的实验博弈中，买卖双方通常很快可以达到经济理论上的均衡点。有些实验结果则与理论推测出入甚大，例如囚徒困境与讨价还价博弈的实验结果所导致的合作行为，比我们假设参与人自利、追求最大利益时所预期的更多，而拍卖市场实验则存在投标价过高的现象。

我们将在后续章节的若干地方介绍一些由观察和实验所获得的知识，讨论它们与理论之间的联系，并思考如何通过这些知识对理论进行重新诠释、扩展和修正。

2.4 博弈论的用处

本书开篇即已宣称博弈无处不在——无论是个人生活与工作，还是社会、政治、经济的运行；无论是体育赛事，还是其他正式活动；无论是战争中，还是和平时。因此，博弈论确实值得系统地学习。不过那只是泛泛之谈，若读者能更清楚地了解博弈论的实际用处，那么学习起来方向就更明确。我们在此列举出三个用处。

用处之一是解释。许多事件及其结果促使我们探询其发生的原因。在存在许多目标不同的决策者进行互动的情况下，博弈论为理解其局势提供了钥匙。举例来说，商战中的割喉式竞争（cutthroat competition）常常是对立双方陷入囚徒困境的结果。本书在适当的地方将提供一些实例，用博弈论分析这些事件的发展过程和成因。中间包括第14章从博弈论角度对古巴导弹危机进行的案例研究。

博弈论的后两个用处是从第一个用处自然地派生出来的。用处之二是预测（prediction）。在观察多个决策者的策略互动时，可用博弈预测他们将采取的行动以及结果。当然，在特定背景下的推测还有赖于细节信息，而我们将通过对应用中的类型广泛的博弈进行分析，让读者培养这种预测能力。

用处之三是提出建议或找出解决的办法：我们可以辅助参与人，告诉他们哪些策略可能获得良好的结果，哪些可能带来糟糕的结果。这类工作仍然是要依实际状况而定的，但我们可以传授给读者一些普遍的原则与技巧，并教他们如何将这些原则和技巧运用到普遍的情形之中。比如第7章会说明如何混合采取不同的行动，第9章将讨论如何使保证、威胁和承诺更令人信服，第10章将讨论克服囚徒困境的可选方式。

当然，理论本身并不能完美地发挥这三种功能。要解释一个结果，人们必须先正确理解参与人的行为和动机。如前所述，博弈论在大多时候都采用一套特殊的方法，即个体参与人理性选择和互动均衡的框架。现实中的参与人与互动性质不见得完全符合这种研究框架。但是，布丁的味道只有自己吃了才知道，理论的好坏唯有自己试了之后才明白。博弈论分析极大地深化了我们对诸多现象的理解，读者阅读本书后应能相信这一点。而今研究仍在深入，理论仍在改良，本书将给你打下基础，当新理论问世时，让你能更轻松地把握它们并从中受益。

在解释历史事件时，我们常常可以通过历史资料更清楚地了解参与人的动机与行为。而在试图预测或提出建议的时候，则需要猜测参与人行为背后的动机、可能获得的信息或面临的限制，甚至必须猜测到底有哪些参与人。更重要的是，若其他参与人缺乏算计能力，或其行踪根本就是随机化的，无迹可寻，那么基于博弈论分析而得出的建议可能就是错误的，因为运用博弈论进行分析时是假定参与人是理性的、极大化个人利益者而提出建议的。随着越来越多的参与人认识到策略互动的重要性，越来越多地使用策略思维或向专家请教，这种错误出现的概率会日益降低，但风险仍然存在

（即便如此，博弈论框架带来的系统性分析也可以纠正思考策略互动时的逻辑错误，有助于将这些错误发生的可能性降至最低）。此外，博弈论也可将许多不确定性和不完全信息（包括策略的可能性与对手的理性）纳入考虑。我们在后续章节中将提及一些相关的例子。

2.5 后续章节的结构

本章介绍了分析现实博弈问题时所做的思考，要理解或预测任何一个博弈的结果，都必须更深入细致地把握这些思想。本章也介绍了一些对这样的分析非常有用的基本概念。但是一口吃不成胖子，试图一次性掌握所有概念只会带来更多的混淆，从而对每个概念都不甚了解。因此以后我们将一次分析一个概念，以此逐步构建这座理论大厦，并发展分析这些概念的技巧。

在前几章，从第 3 章到第 7 章，我们将建构并阐释最重要的一些概念和技巧。我们将在第 3 章讨论纯序贯行动博弈并介绍用于分析和求解此类博弈的技术——博弈树和逆向推理。在第 4 章和第 5 章，我们将回到同时行动博弈并提出另一套相应的概念——支付表（payoff tables）、占优（dominance）和纳什均衡（Nash equilibrium）。这两章均关注参与人使用纯策略（pure strategies）的博弈。第 4 章将参与人严格限定于有限的纯策略集，第 5 章则分析具有连续型变量的策略。第 5 章还会讨论一些混合的经验例证、概念质疑及对纳什均衡的反驳。在第 6 章，我们将展现如何综合利用第 3 章至第 5 章介绍的方法对博弈加以研究。在第 7 章，我们将回到同时行动博弈，这些博弈要求使用随机的或混合的策略。我们会介绍 2×2 博弈中的基本思想，提出寻找混合策略纳什均衡的最基本技巧，并考察混合策略中的实证论据。

第 3 章到第 7 章提出的思想和技巧是最基础的部分：（1）用于分析序贯行动博弈的正确的前瞻推理方法（correct forward-looking reasoning）；（2）同时行动博弈的均衡策略，包括纯策略与混合策略。在掌握了这些概念和工具之后，我们就可以把它们运用到第 8 章至第 12 章广泛的博弈和策略的分析中去。

第 8 章将讨论参与人受制于不确定性或参与人具有非对称信息的博弈。我们将考察应对风险的策略，甚至是策略性地利用风险。我们也将学习用于操纵和诱导信息的信号传递和信息甄别等重要策略。我们提出在不确定性下纳什均衡的恰当推广，也就是贝叶斯纳什均衡，并且证明两种均衡之间的差异。在第 9 章，我们在考察参与人用于操纵博弈规则的策略的同时，继续考察参与人操纵规则的作用，亦即先发制人采取策略行动。这样的行动有三种，分别是承诺、威胁和许诺。对每一种情况，置信度（credibility）均是行动成功的关键，我们会提出一些让这些行动更加可信的方法。

在第 10 章，我们将转而研究最广为人知的博弈——囚徒困境。我们将讨论合作是否能够维持以及如何维持，尤其是在重复博弈或长期持续的关系中。然后，在第 11 章我们将转向众多而不是少数几个参与人进行策略互动的情况，讨论集体行动博弈。每个参与人的行动都会对其他参与人造成正面或负面的影响，而结果通常并非对整个社会有利。我们将说明这种结果的本质，并讨论一些可以导致较好结果的简单策略。

所有上述理论和应用均基于这样的假设，即博弈的参与人完全了解博弈的性质，并实施精心算计好的最符合其利益的策略。这种完全理性的假设有时要求太多的信息和计算能力，无法精确反映人们行动时的实际状况。因此第 12 章将从完全不同的角度考察博弈。在此，参与人并不精心算计也不追求最优策略。相反，每个参与人都会选择某一特定的策略，好像基因遗传决定似的。不同的人在不同的博弈中会有不同的策略，当这样的一群参与人相遇在一起并采取各自的策略时，哪个策略会表现得更好？假如较好的策略不断被继承或模仿从而成为众多参与人的最优策略，那么这个群体的结构会呈现什么模样？结论是这种进化动态过程通常恰恰垂青于那些会被理性的利益极大化者所采用的策略。因此，进化博弈论间接支持了我们在先前章节所讨论的最优策略选择与均衡。

在最后一部分——从第 13 章到第 17 章，我们将提出策略互动情形的具体应用。在这里我们必须用到来自先前章节的概念和方法。第 13 章将使用第 8 章提出的方法，去分析当个人和企业遇到其他拥有私人信息的个人和企业时必须使用的策略。我们将说明用来引出信息的甄别机制，比如，航空公司制定的具有不同限制的多重票价机制，用于甄别出商务乘客，他们比其他对出游价格更加敏感的乘客愿意支付的更多。当直接监督他们是困难的或者成本过高时，我们也将把该方法用于设计激励支付机制去促使员工努力工作。接着第 14 章使用第 9 章的思想去检验一个特别有趣的动态版本（即广为人知的边缘政策）。我们将说明边缘政策的性质并把它运用到对 1962 年古巴导弹危机的讨论中。第 15 章论述的是投票和选举。我们将考察现有的不同投票规则以及一些可能发生的悖论性（paradoxical）结果。另外，我们将同时研究各种选举中投票者和候选人可行的策略行为。

第 16 章和第 17 章将讨论有价经济资源的配置机制：第 16 章将研究拍卖机制，第 17 章将考察谈判。对拍卖的讨论重点关注在招投标双方制定最优策略过程中，信息和对风险的态度所起的作用。我们也趁机将理论运用到最新类型的拍卖——网上拍卖中。最后，第 17 章将探讨在合作和非合作背景下的谈判。

所有这些章节都提供了大量的学习内容，兴趣不同的读者应如何各取所需？第 3 章至第 7 章包含了全书的核心理论思想。第 9 章、第 10 章对一般的博弈与策略课程颇为重要。此外还有诸多可选的内容。比如，第 5.1 节、第 7.7 节、第 10.5 节和第 12.7 节考虑的是一些更高深的专题。这些章节对理工背景较强的读者较有吸引力，社会或人文学科中数理背景较弱的读者则可以忽略这些章节，并不会影响对后续篇章的理解。第 8 章针对一个重要的主题，即大多数现实博弈都涉及不完全或不对称信息，参与人对信息的操纵就成为许多策略博弈的重要方面，然而用于分析信息博弈的概念与技巧从来就比较复杂。因此读者可以仅仅选择实例，了解信号传递和信息甄别的基本思想而省略其他细节。然而由于这个主题的重要性，我们将这一章放在了第 3 部分的最前面。第 9 章和第 10 章对于理解现实世界非常重要，许多教师都会把它们包括在课程中，但第 10.5 节有些数学化，因而可以排除在外。第 11 章、第 12 章均考察有大量参与人的博弈。第 11 章的重点是社会互动；第 12 章的重点则是进化生物学。第 12 章的主题会让那些喜欢生物学的人兴趣盎然，但同样的主题也正在社会科学中浮现，具有社科背景的学生即便要跳过细节也最好能把握这些思想的要点。第 13 章对于研究商科与组织理论的学生尤为重要。第 14 章、第 15 章讨论的主题来自政治科学——分别是外交和选举。第 16 章和第 17 章的主题是经济学——拍卖和谈判。针对不同的受众，教师在讲授该课程时应有不同的侧重点，并依据不同的侧重点适当展开。

无论你来自数学、生物学、经济学、政治学或其他学科，还是来自历史学和社会学等领域，策略博弈的理论和例子都将启发你的智慧。无论你是传授还是学习策略博弈，都希望你能从中享受到乐趣。

2.6 总 结

策略博弈与个人决策行为的不同之处，在于参与人之间显著的策略互动。博弈可根据行动时序、参与人利益是否彼此冲突、博弈进行的次数、可获取信息的数量、规则类型以及协调行动的可能性等划分成各种类型。

了解博弈结构中的术语对于分析颇为重要。参与人选择不同的策略，导致不同的博弈结果，获得不同的支付。支付涵盖了对参与人有意义的所有考量，当结果是随机的或包含风险的时，则以期望值来计算支付。

博弈论假设所有参与人都具有理性或一致性的行为，并且都了解博弈中必须遵守的所有规则。当所有参与人采取的都是对他人策略的最优反应的策略时，均衡就会产生。有些类别的博弈允许从经验中学习，人们可以通过这些博弈对通向均衡的动态行为进行研究。对现实博弈状态下的行为进行研究，可以为理论的有效性提供更多的信息。

在不同的环境下，博弈论可以用于解释、预测或提出建议。尽管在这几方面都未能至臻完美，但理论仍在持续发展；而策略互动和策略思维的重要性也越来越广泛地为世人所了解和接受。

关键术语

非对称信息（asymmetric information）　　完美信息（perfect information）

常和博弈（constant-sum game）　　理性行为（rational behavior）

合作博弈（cooperative game）　　甄别（screening）

决策（decision）　　甄别机制（screening devices）

均衡（equilibrium）　　序贯行动（sequential moves）

进化博弈（evolutionary game）　　信号（signal）

期望支付（expected payoff）　　信号传递（signaling）

外部不确定性（external uncertainty）　　同时行动（simultaneous moves）

博弈（game）　　策略博弈（strategic game）

不完美信息（imperfect information）　　策略不确定性（strategic uncertainty）

不完全信息（incomplete information）　　策略（strategies）

非合作博弈（noncooperative game）　　零和博弈（zero-sum game）

支付（payoff）

S1. 下列情景何为博弈，何为决策？你依据什么特性进行分类？

（a）一群杂货店老板选择要购买何种口味的酸乳酪。

（b）两个少女选择在舞会时要穿的衣服。

（c）一个大学生考虑要接受何种研究生教育。

（d）《纽约时报》和《华尔街日报》决定它们今年网上的订阅价格。

（e）一位总统候选人选择竞选搭档。

S2. 考虑下列博弈。在每一种情况下，请根据课本中给出的六个维度对博弈进行分类，说明博弈属于下列哪一类：

（a）剪刀-石头-布。数到三时，每个参与人出拳。石头赢剪刀，剪刀赢布，布赢石头。

（b）唱名投票。投票者在被叫到其名字时以口头方式投票。两个候选人中高票者当选。

（c）密封投标拍卖。投标者将标价写好封于信封中。出价最高者可依其标价获得标的物——一瓶红酒。

S3. "面对一场所有参与人皆可获得一定利益的博弈，相较于一场某个参与人可以独享全部好处的博弈，该参与人更愿意选择后者"这一论述是否正确？请简单说明理由。

S4. 你和对手正进行着这样一场有三种可能结果的博弈：你赢、你对手赢（你输）、两人打成平手。如果你赢，则你得到支付 50 元；若打成平手，则得到支付 20 元；如果你输，则得到零支付。计算在下面三种情况下你的期望支付：

（a）你有 50% 的概率与对手打成平手，有 10% 的概率赢对手（从而你输的概率是 40%）。

（b）胜负概率各为 50%，不可能打成平手。

（c）你有 80% 的概率会输，赢和打成平手的概率各为 10%。

S5. 解释博弈论作为预测工具和作为建议工具时有何不同。在哪些现实情景中这两者显得特别重要？

■ 未解决的习题

U1. 下列情景何为博弈，何为策略？你依据什么特性进行分类？

（a）竞选总统的党派提名人必须为她的竞选决定是使用私人资金还是公共资金。

（b）节俭的弗雷德收到一个下载音乐的价值 20 美元的礼物卡，他必须选择是购买个别歌曲还是整张专辑。

（c）美丽的贝利收到 100 个她网上约会资料的回复，她必须选择是否一一回复他们。

（d）美国国家广播公司（NBC）选择如何分配本季度的网络电视节目。它的管理者们考虑 Amazon.com、iTunes 和/或 NBC.com。它们可能支付给 Amazon.com 和 iTunes 的费用是可以商榷的。

（e）中国选择一个适用于美国进口品的关税水平。

U2. 考虑下列博弈。在每一种情况下，请根据课本中给出的六个维度对博弈进行分类，说明博弈属于哪一类：（ⅰ）同时行动或序贯博弈；（ⅱ）博弈是否为零和博弈；（ⅲ）博弈是否重复；（ⅳ）是否具有不完美或不完全（非对称）信息；（ⅴ）规则是否固定；（ⅵ）合作协议是否可能。如果你没有足够的信息按照某一维度进行博弈分类，请说明理由。

（a）加里和罗斯是同一家公司的销售代表，他们的经理告诉他们两人，谁销售更多谁就可以在今年获得一辆凯迪拉克。

（b）在博弈节目"猜价格"中，四个竞猜者要求猜测一台电视机的价格，游戏从最左边的参与人开始，每个参与人的猜价必须与先前参与人的猜价不同。最接近真实价格的参与人获得电视机。

（c）6 000 个参与人均携 10 000 美元参与世界扑克系列赛，每个参与人均以 10 000 美元为筹码开始得克萨斯州扑克锦标赛，直到有人获得所有筹码。前 600 名选手将依最终排名顺序获得奖金，冠军将获得超过 8 000 000 美元的奖金。

（d）沙漠航空公司（Desert Airlines）不给乘客指定座位，乘客登机后选择座位。航空公司依据乘客登机手续办理时间指定登机顺序，乘客既可在起飞前 24 小时在网站上办理登机手续，也可亲自到机场办理登机手续。

U3. "胜利者的任何收益必须以失败者的损失为代价。"该表述是对还是错？用一两句话解析你的推断。

U4. 爱丽丝、鲍勃和卡夫斯在休假期间感到百无聊赖，所以他们决定玩一个新游戏。每人往罐中放 1 美元硬币并且每人上下摇晃一次。如果所有硬币正面或反面朝上，则爱丽丝获胜；如果硬币两个正面和一个反面朝上，则鲍勃获胜；如果硬币一个正面和两个反面朝上，则卡夫斯获胜。硬币是均质的，获胜者将得到净收益 2 美元（3 美元－1 美元＝2 美元），失败者将失去 1 美元。

（a）爱丽丝获胜和失败的概率各为多少？

（b）爱丽丝的期望收益是多少？

（c）卡夫斯获胜和失败的概率各为多少？

（d）卡夫斯的期望收益是多少？

（e）该游戏是零和博弈吗？请解释你的答案。

U5. "当一个参与人使另一个参与人感到惊讶时，这表明参与人对规则没有共同的认知。"给出一个例子来证明该表述，并且给出一个反例来证明该表述并非总是正确的。

【注释】

［1］ James M. McPherson，"American Victory，American Defeat，" in *Why the Confederacy Lost*，ed. Gabor S. Boritt（New York：Oxford University Press，1993），p. 19.

［2］ 若要进一步了解洛克菲勒取得权力所使用的方法，可参考 Ron Chernow，*Titan*（New York：Random House，1998）。

［3］ 关于已解决的习题的答案可以在以下网址中找到：wwnorton. com/books/games _ of _ strategy。

第 2 部分

概念与技巧

第3章

序贯行动博弈

序贯行动博弈涉及这样一类策略性互动的情形，其中参与人的行动存在着严格的先后顺序。参与人轮流选择其行动，并且他们都知道在他们完成其行动选择之前有哪些参与人做出了行动选择。为了在这种博弈中获得尽可能好的结果，参与人一定要运用特定类型的互动性思维。每一个参与人都要考虑到，如果他采取了某个行动，他的对手将会有什么样的反应。无论何时完成了行动选择，参与人都需要料想他们当前的行动会如何影响未来的行动，包括他们的对手的行动及自己的行动。于是，参与人在计算未来结果的基础上决定他们当前的行动选择。

进行的大多数博弈都包含了序贯及同时行动的方面。但是，倘若首先将它们分解为两种单纯的情形加以研究，则分析方法及有关概念会更加易于理解。因此，在本章我们将单独研究纯序贯行动博弈。第 4 章和第 5 章将着手研究纯同时行动博弈，而第 6 章以及第 7 章的有关部分将表明如何在更加现实的混合情况下把两种类型的研究结合起来。这里给出的研究可被用于那些含有序贯性决策制定过程的博弈分析。序贯行动博弈分析还对在什么时刻参与人先行动会具有优势和在什么时刻后行动会具有优势提供了一些信息。这样，参与人就可以设计一些方法（称为策略行动）以操纵博弈的顺序从而获得优势。对这种问题的分析是第 9 章讨论的焦点。

3.1 博弈树

我们从介绍一种展示和分析序贯行动博弈的几何技术开始，这种几何方法被称为**博弈树**（game tree）。这种树形图被称为博弈的**扩展式**（extensive form），它将我们在第 2 章引入的有关博弈的所有组成要素如参与人、行动及支付等都一一标示出来。你或许在其他课程中曾遇到过**决策树**（decision tree）的概念。这类树形图表达的是单个决策者在一个中性环境中连续不断的决策点或决策结。决策树也包括了对应于从每个决策结发出的可选择行动的枝。博弈树正是博弈中所有参与人决策树的合并。这种树形图表明了所有参与人可选择的所有可能行动，并给出了博弈的所有可能结果。

□ 3.1.1 决策结、枝及路径

图 3-1 给出了一个特定序贯行动博弈的树形图。我们并不给出这个博弈的故事背景，因为我们打算忽略具体的环境细节而将注意力集中在一般性概念上。这个博弈有四个参与人：安妮、鲍勃、克里斯以及第勃。博弈的规则给予安妮首先行动的安排；在最左端的**结点**（node）上表达出这种含义，该结点被称为博弈树的**初始结**（initial node）或**根**（root）。在这个也可称为**行动结**（action node）或**决策结**（decision node）的结点上，安妮有两个可选择的行动。安妮可选择的行动用"停止"和"继续干"加以标明（记住，这些标记是抽象的，并没有特定的意义），并且用从初始结发出的**枝**（branch）来加以表示。

如果安妮选择"停止"，则轮到鲍勃开始行动。在他的行动结上，他有三个可选行动，分别用1、2、3标出来。倘若安妮选择"继续干"，则由克里斯第二个行动，他有"冒险"和"安全"两个选择。接着可类似地进行其他结点和枝的说明；但是，我们不打算将它们一一用文字表述出来，只是将你的注意力引导到一些重要的特征上去。

如果安妮选择"停止"且鲍勃随后选择"1"，又轮到安妮选择。现在她有新的可选行动，即"上"和"下"。在实际的序贯行动博弈中，一个参与人有几次行动选择的机会并且在不同的时候有不同的可选行动是很常见的。譬如，在国际象棋比赛中，两个参与人交替地行动，每一次行动都改变了布局且因此改变了不同轮次的可选行动。

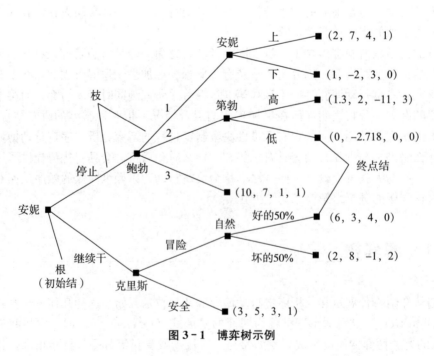

图 3-1　博弈树示例

□ 3.1.2 不确定性与"自然的行动"

如果安妮选择"继续干",则克里斯选择"冒险",随机性就出现了——抛一枚硬币且博弈结果由硬币出现的是"正面"还是"反面"来决定。博弈的这种特征在树形图中是通过引入一个被称为"自然"(nature)的外部参与人来处理的。随机性事件被假定为由被称为"自然"的参与人来控制,正如图3-1中所示,它选择每一个枝的概率是50%。在这里,由随机性事件的类型即抛硬币决定了一个固定不变的概率,但在其他的场合它可能是不同的。譬如,扔骰子时会出现六个可能的结果,各以约16.67%的概率出现。采用引入"自然"这个参与人的方法,我们得以在博弈中引入不确定性,也使我们可以将某些超出任何实际参与人的控制的事件纳入考虑范围。

你可以通过下述由枝形成的链在博弈树中构造出许多不同的路径。在图3-1中,每条路径都经过有限次行动将你带到博弈的某个终点处。博弈不一定有终点,某些博弈在原则上可以无限进行下去。但是,我们所考虑的大多数应用问题都是有限博弈。

□ 3.1.3 结果与支付

沿每一条路径都存在一个最后的结点,即**终点结**(terminal node)。在该结点,所有参与人都不再进行行动选择(注意,终点结因此与行动结是不同的)。我们用参与人的支付来表示这些特定行动序列的结果。就这里四个参与人的情形而言,我们按照这样的顺序(安妮、鲍勃、克里斯、第勃)来写出支付。重要的是要将支付与对应的参与人联系起来。通常的办法就是以向量形式按照参与人行动的先后顺序写出支付。但是,这种方法有时也会产生歧义。在我们的例子里,不太明确的是到底第二个行动的是鲍勃还是克里斯。因此,我们采用词典排序法(alphabetical order)。* 当你用博弈树来分析一个博弈时,你可用任何你认为方便的方法来标记,但你一定要对读者说明。

支付是用数字来表示的,并且一般来说,对于每一个参与人,一个较大的数字就意味着一种较好的结果。所以,对于安妮来说,图3-1中最底端的路径结果(支付3)要比最上端的路径结果(支付2)好一些。但是,在不同参与人之间并不存在这种可比性。因此,在最上端的路径的末端,鲍勃(支付7)要比安妮(支付2)好一些这种说法不一定有意义。然而,如果支付是用金钱来衡量的,这样一种在不同个人之间的比较可能就有意义。

参与人在可以挑选的各种各样行动之间进行决策的时候会使用有关支付的信息。引入一个随机性事件(自然的选择)就意味着参与人需要决定他们在自然行动的时候会在平均意义上得到什么。例如,如果安妮在博弈的第一个行动上选择了"继续干",克里斯就会随后选择"冒险",导致像抛硬币那样由自然在"好的"或者"坏的"之间进行"选择"。此时,安妮能够预料到有一半的概率获得支付6和另外一半的概率获得支付2,或者一种统计平均或者说是预期支付4 $[=(0.5\times6)+(0.5\times2)]$。

□ 3.1.4 策 略

最后,我们运用图3-1中的博弈树来说明策略的概念。参与人在结点上所选择的单个行为被称为**行动**(move)。但是,参与人可以制订这样一个计划,它将参与人预期在博弈过程中将可能出现的各种各样场合下可能会选择的行动事前规定好。这种行动计划就被称为策略。

在这棵博弈树中,鲍勃、克里斯和第勃每人最多有一次行动机会,譬如,克里斯仅当安妮首先选择"继续干"时才有机会行动。对于他们来说,一个行动与一个策略之间是没有区别的。我们可以通过对特定情形下的行动选择加以说明来刻画策略。因此,鲍勃的一个策略可以写成:"如果安妮选择了'停止',就选择'1'。"但是,安妮却有两个机会进行选择,故其策略需要进一步完全地刻画。她的一个策略便是:"选择'停止',且当鲍勃选择'1'后选择'下'。"

在像国际象棋这样十分复杂的博弈中,有很长的行动序列,而且在做每一次行动选择时都有许多可选择的行动,描述其策略过于复杂。我们将在本章稍后的章节再来考虑这方面的问题。但是,除了一点需要特别注意之外,构造策略的一般性原则是十分简单的。倘若安妮在开始时选择的是"继续干",她就不会有机会做第二次选择。在一个选择了"继续干"的策略中,需要规定如果处于第二次行动的结点上这种假设情形里她应该如何行动吗?你的直觉可能回答"不",但规范的博弈论的回答则是肯定的。之所以如此,有两点理由。

首先,安妮在开始时做出"继续干"的选择可能会受到倘若她在开始时做出"停止"的相反选择的话她对她在第二次行动中应做何选择这种考虑的影响。譬如,如果她选择"停止",鲍勃就会随后选择"1";于是安妮就有第二次行动的机会,此时其最好的选择是"上",从而她将得到支付2。倘若她开始时选的是"继续干",克里斯会选择"安全"(他从选"安全"中得到的支付是3,好于从选择"冒险"中得到的预期支付1.5),并且这个结果会给安妮带来支付3。为将这个思维过程更清楚地表达出来,我们将安妮的策略表述为:"开始时选择'继续干'。如果出现第二次行动机会,则选择'上'。"

进行这种看起来十分烦琐的策略表述的第二个理由与均衡的稳定性有关。当谈及稳定性时,我们要问倘若参与人的选择受到微小扰动,将会发生什么事情。一种这类扰动就是参与人的选择出现小小的错误。譬如,如果是通过按键的方式来完成行动选择,安妮本来打算按的是"继续干"键,但存在一个小的概率使得她的手发抖,从而使她实际上按了相反的"停止"键。这里,重要的是当安妮因鲍勃选了"1"而发现了自己的错误且又轮到安妮来做出行动选择时,应如何规定安妮进行行动选择所应遵循的规则。更高深的博弈论要求进行这样的稳定性分析。我们坚持要求你用这样一种完整的行动计划来刻画策略,就是打算要你从一开始就为此做好准备。

□ 3.1.5 博弈树的构造

现在,我们来对图3-1中的博弈树所表达出的一般性概念加以总结。

博弈树由结点和树枝组成。不同的结点由树枝连接起来,并且有两种类型的结点。第一类结点被称为决策结。与每一个决策结相联系的是一个参与人,他在结点处做出行动选择；每一棵博弈树都有一个决策结作为博弈的初始结，是博弈的起点。第二类结点被称为终点结。与每一个终点结相联系的是一个结果集合，这个结果集合是参与人在博弈中所获得的博弈结果；如果博弈沿着导致这些特定终点结的树枝进行，则这些结果就是每个参与人所得到的支付。

博弈树的枝表示从任意决策结出发能够选取的可能行动。从博弈树上一个决策结发出的每一个枝要么走向另外的决策结——一般属于其他参与人，要么指向一个终点结。博弈树必须把每个结点上参与人所有可能做出的选择都考虑在内；所以，某些博弈树包括了一些枝，这些枝对应的选择是"什么都不干"（do nothing）。每一个决策结至少发出一个枝，但发出的枝的数量是没有上限的。然而，每个决策结只能有一个枝指向它。

通常把博弈树从左向右画出来。但是，只要方便，可以从任何方向开始画博弈树：从下向上、从侧面开始、自上而下，甚至从一个中心点辐射状地向外画。博弈树这种说法是一种隐喻，重要的是随着在博弈树的各个结点上做出决策，博弈是沿着树枝接连有序进行的这样一种思想。

3.2 用博弈树求解博弈

抽烟还是不抽烟？大多数人都可能曾面临过这样的决定。我们将以这一非常简单的例子来说明博弈树在寻找序贯行动博弈均衡结果过程中的运用。如果我们认识到未来的选择实际上是由另一不同的参与人做出的，这个问题以及许多其他类似的单个参与人策略选择问题都可归入博弈问题而加以解决。这一参与人就是人们在未来的自己，他受到不同的影响且对博弈的理想结果有着不同的观点。

来看看一位叫作卡门的少女，她在决定是否要抽烟。首先，她必须决定是否试着抽一下。如果她试了一下，她还要进一步决定是否继续抽。我们用图3-2博弈树中的一个简单决策来说明这个例子。

在枝上标示着卡门的可选行动，但我们还需要说明支付是什么。将根本就不抽烟的结果作为参考标准，且令其支付为0。在这里，数字0并无特别的含义，对于结果的比较，从而对于卡门的决策来说，重要的是最后所获得的支付之间的相对大小。假设卡门最喜欢的结果是她试着抽一下但不会继续抽下去。理由可以是她很喜欢自己去经历不同的事情或者当她在未来试着阻止她的孩子抽烟时，她能够更加自信地说："我抽过，但那不是件好事。"令这一结果的支付为1。另一结果——她试着抽了一下且继续抽下去——是最糟糕的了。即使先把长期健康风险放在一边不去考虑，也存在着当前的问题——她的头发和衣服会染上烟味，并且她的朋友们也会疏远她。令这个结果的支付为-1。卡门的最佳选择看来就明了了——她应试着抽一下但不应持续抽下去。

然而，这种分析却忽略了烟瘾的问题。一旦卡门试着抽了一段时间烟，她会有着不同的嗜好，从而有不同的支付。决定是否继续抽烟的并不是"今天的卡门"——她对抽烟后果的评价由图3-2给出，而是一个不同于今天的卡门的"未来的卡门"——其对不同后果的评价是不同于此时的。当今天的卡门做出选择时，她必须预期到它的结果，并将这一结果纳入其基于当前偏好的当前决策的考虑范围。换句话说，与抽烟有关的决策问题并不是在第2章所说明的那种意义上的决策——单个人在一个中性环境中做出的

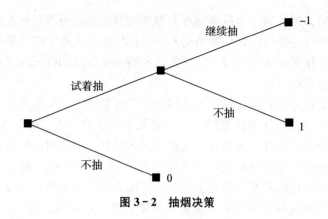

图 3-2　抽烟决策

决定——而是一种博弈，也是在第 2 章说明的那种技术意义上的博弈，其中其他参与人就是未来具有不同偏好的卡门自己。当今天的卡门做出决策时，她不得不与未来的自己进行博弈！

我们通过将在两个结点上进行决策的两个参与人加以区别，就将图 3-2 中的决策树转换为图 3-3 所示的博弈树。在初始结上，"今天的卡门"在决定是否试着抽烟。倘若她决定试一下，则增加的"未来的卡门"就进来了，并且要选择是否继续抽。今天的卡门的支付与之前相同，但未来的卡门在继续抽烟中获得舒服的享受，一旦停止抽烟，她就会感到相当难受。假设未来的卡门从"继续抽"中获得支付 1，从"不抽"中获得支付 -1。

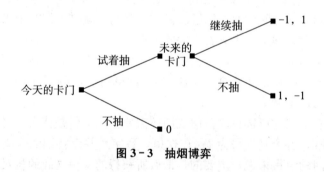

图 3-3　抽烟博弈

给定已成为瘾君子的未来的卡门的偏好，她将在其决策结上选择"继续抽"。今天的卡门会预想到这一前景，并且将其纳入当前决策考虑之中，从而认识到选择试着抽一会儿必定会导致其"继续抽"。即使在给定当前偏好下今天的卡门并不打算继续抽下去，在未来她也不能贯彻当前偏好的决定，因为这一决策是由一个具有不同偏好的未来的卡门在未来做出的。所以，今天的卡门将预见到"试着抽"的选择会导致"继续抽"，并且使其获得在今天看来是 -1 的支付，而"不抽"的选择将使其获得支付 0。因此，她会选择后者。

在图 3-4 中，我们更为规范和直观地表达出这一论证。在图 3-4（a）中，我们将从第二个结点发出的"不抽"树枝**剪去**（prune）。这种"剪去"对应于这样一个事实，即在这个结点上做出行动选择的卡门不会选择与该树枝相对应的行动，给定其偏好如图中所示情况下一定如此。

剩下的树仍有从第一个结点发出的两个枝，今天的卡门在这个结点做出选择；每一个枝现在都指向一个终点结。这种修剪使今天的卡门完全预测到其每个选择的最终后果。在"试着抽"之后接着便是"继续抽"，且带来支付－1，这个支付是用今天的卡门的偏好来衡量的；而"不抽"会带来支付 0。这样，卡门今天的选择就会是"不抽"而不是"试着抽"了。所以，我们就能够剪去从第一个结点发出的枝"试着抽"（以及其可预见到的后续过程）。这一修剪出现在图 3－4（b）中。现在出现的树是"充分修剪过的"了，从初始结发出的枝只有一个了，并且它指向一个终点结。沿着这唯一留下的穿过整棵树的路径，表明当所有参与人在正确预见到全部未来结果下进行其最优选择时，在博弈中将出现什么。

(a) 在第二个结点修剪树枝

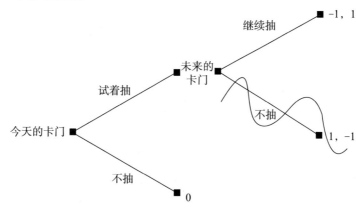

(b) 充分修剪树枝

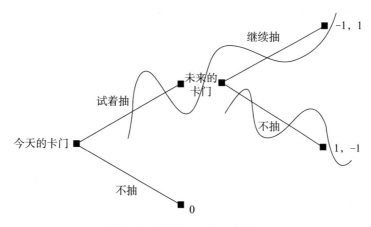

图 3－4　修剪抽烟博弈的树

在图 3－4 中的修枝过程中，我们划掉了未选的树枝。另外一个等价但不同的表示参与人选择的方法是将被选择的树枝标示出来。为此，你可以在这些枝上标示显著的记号或把箭头放在这些枝上，或者用较粗的线来表示它们。所有这些方法都可以用，在图 3－5 中将它们都表示出来。你可以选择是"修剪"还是用记号表示，但是后者，特别是用箭头的形式有一些优势。首先，它带来清晰的图像。其次，剪去树枝的图像之混乱状态有时无法显示出各个枝被剪去的顺序。例如，在图 3－4（b）中，读者可能会搞混，从而错误地认为在第二个结点上的"继续抽"枝会被首先剪去。紧接着，在第二个结点上衍生出"不抽"枝的第一个结点上的"试着抽"枝会被剪去。最后，也是最重要的，用从初始结到终点结的箭头连续连接起来的方式，最为醒目地显示出了最优选择序列的结果。因此，在随后的这种类型的图形里，我们一般采用箭头而不是修剪树枝的方法。当你画博弈树时，你应该尝试一下两种画法；当你习惯了博弈树时，你就可以按照你的偏好选择其中的任何一种方法。

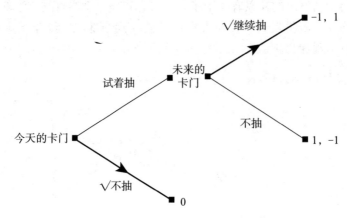

图 3-5　显示抽烟博弈中的树枝选择

在博弈树中你如何表达你的思路是无关紧要的，分析的逻辑是相同的，也是重要的。你必须从考察那些直接通向终点结的行动结开始分析。通过比较其在相应终点结上的支付，就可立即找出在这样一个结点上行动的参与人的最优选择。通过采用这种博弈终点性选择去预测前面选择行动的结果，在最后的决策结前面一个结点上的选择就可被决定了。然后，对于再前面的结点也可依同样的方式选择，依此类推。沿着博弈树按照这种方法向后进行，你就可以解出整个博弈。

这样一种通过向前看且向后推理来决定序贯行动博弈中行为的方法被称为**逆推法**（rollback）。恰如这个名称所显示的那样，当你展开分析的时候，运用逆推法要求在一开始就思考在所有的终点结上将会发生什么，并且通过博弈树直到初始结一步一步地"逆推"。由于这种推理要求在每一个时期进行一步反推，该方法也被称为**逆向归纳法**（backward induction）。我们采用"逆推"这一术语是因为它更简单且已得到更广泛的应用，但其他博弈论文献也用逆向归纳法这一较老的术语。切记这两个术语是等价的。

当所有参与人都通过运用逆推分析法选择其最优策略时，我们称这样的策略集合为博弈的**逆推均衡**（rollback equilibrium）；称这种策略所带来的结果为逆推均衡结果（rollback equilibrium outcome）。高级的博弈论教材将此概念称为子博弈完美均衡（subgame perfect equilibrium），你的老师可能更喜欢使用这个术语。我们会在第6章对子博弈完美均衡给出正式的说明和分析，不过我们通常更喜欢"逆推均衡"这一比较简单的符合直觉的术语。博弈论预言这种结果是当所有参与人都是追求各自的最优化支付的理性算计者时的序贯行动博弈均衡。在本章的稍后部分，我们要强调这种预言在实践中在多大程度上是合理的。在当前，你应该知道本书中给出的所有有限序贯行动博弈都至少有一个逆推均衡。事实上，大多数正好只有一个。仅仅在其中参与人从两个或更多的不同行动集中获得相同支付，且因此在它们之间是无差异的例外情形里，博弈将有多于一个的逆推均衡。

在抽烟博弈中，逆推均衡是今天的卡门选择策略"不抽"和未来的卡门选择策略"继续抽"。当今天的卡门执行其最优行动时，瘾君子未来的卡门就根本不会出现且因此实际上没有机会行动。但未来的卡门的影子的存在和当今天的卡门选择"试着抽"且给她一个行动的机会时，她将选择的策略都是博弈的重要组成部分。事实上，它们在决定今天的卡门的最优行动中起着重要的作用。

我们在一个非常简单的例子中引入了博弈树和逆推的概念，其中的解从文字性论证上看是十分显然的。现在，我们来把这些概念逐步地应用于更为复杂的场合，其中文字性分析将变得困难一些，而运用博弈树的图形分析将变得更为重要。

3.3 增添更多的参与人

在第 3.2 节中两个参与人和两种行动的简单框架里提出的技巧可以立即加以扩充。博弈树变得更复杂，有更多的树枝、更多的结点和数字，但基本的概念和逆推的方法仍然不变。在本节，我们将考察一个有三个参与人的博弈，其中每个参与人都有两种选择；稍加变化，该博弈会再次出现于随后的许多章节中。

这三个参与人是埃米莉、尼娜和塔莉娅，她们都生活在同一条小街上。要求她们每人都要为在小街与主要公路干道的交汇处修建一个花园做出贡献。花园最终的规模和壮丽程度依赖于她们将做出多大的贡献。进而，虽然每个参与人都乐于见到这样一个花园，且认为规模越大越好，越富丽堂皇越好，但每个人都由于为此做出贡献是有成本的而不是很愿意做出贡献。

假定如果两个人或所有三个人都做出贡献，就会有足够的资源进行最初的花草种植和随后的花园维护，花园将因此而修得非常漂亮和令人心旷神怡；然而，倘若只有一个人或没有人做出贡献，则花园中的花木就十分稀疏且得不到很好的维护，从而令人不快。从每个参与人的角度看，存在着四种完全不同的结果：

● 她不做贡献，而其他两个人做贡献（有一个令人心旷神怡的花园，还省去了她自己做贡献的成本）。

● 她做贡献，且其他一个或两个人也做贡献（有一个令人心旷神怡的花园，但是她自己付出了成本）。

● 她不做贡献，其他人中仅有一人或没有人做贡献（稀疏的花木，但是她自己节省了成本）。

● 她做贡献，但其他人中没有人做贡献（稀疏的花木，并且她自己付出了成本）。

在这些结果中，列于最上面的显然是最好的且列于最下面的显然是最糟糕的。我们用较高的支付数值表示有较高评价的结果，所以，给予最上面的结果以支付 4，并给予最下面的结果以支付 1。（有时也按数字排列顺序给结果赋予支付，从而在四种结果下，1 是最好的而 4 是最差的，且较小的数值表示更受偏好的结果。在阅读时，你要留意作者用的是哪一种方式；在写作时，你要详细说明你用的是哪一种方式。）对于两个中间结果，存在着某种不确定性。让我们假设每一个参与人都把一个令人心旷神怡的花园看得比自己所做的贡献更重要。于是，列于第二位的结果获得支付 3，且列于第三位的结果得到支付 2。

假定参与人是序贯行动的。埃米莉首先行动，并要选择是否做出贡献。随后，在观察到埃米莉的选择之后，尼娜在做贡献和不做贡献之间进行选择。最后，在观察到埃米莉和尼娜的选择之后，由塔莉娅来做出类似的选择。[1]

图 3-6 给出了这个博弈的博弈树。我们标出了行动结点以方便分析。埃米莉在初始结 a 上行动，树枝对应于她的两个选择，即做贡献与不做贡献，分别引向结点 b 和 c。在每一个这样的结点上，尼娜开始行动且在做贡献和不做贡献之间做出选择。她的选择引向结点 d、e、f 和 g。在每一个这样的结点上，就由塔莉娅采取行动了。她的选择导向 8 个终点结，其中我们按顺序（埃米莉、尼娜、塔莉娅）给出了支付。[2] 例如，如果埃米莉选做贡献，则尼娜就选不做贡献，且最后由塔莉娅选做贡献，则花园将是令人心旷神怡的，且两个贡献者每个都得到支付 3，而未做贡献者获得其最好结果，支付为 4；此时，支付表列为（3，4，3）。

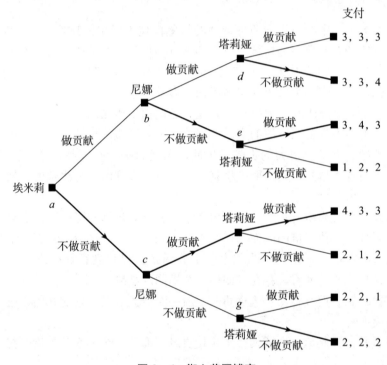

图 3-6 街心花园博弈

为在这个博弈中运用逆推分析，我们从终点结前面的行动结点即 d、e、f 和 g 开始。在每一个这类结点上，都由塔莉娅行动。在结点 d，她面临的情形是埃米莉和尼娜都做出贡献。花园一定是令人心旷神怡的了；所以，如果塔莉娅选择不做贡献，她得到其最优结果 4，相反，倘若她选择做贡献，她就获得次优结果。她在这个结点上所偏好的选择于是就是不做贡献。我们用加粗树枝并在上面画上一个箭头的办法来表示这种偏好，其中每一种都足以表明塔莉娅的选择。在结点 e，埃米莉做了贡献但尼娜未做贡献，故塔莉娅的贡献对于修建一个令人心旷神怡的花园来说是至关重要的。如果她选择做贡献，她将得到支付 3；而当她选择不做贡献时将得到支付 2。因此，她在结点 e 偏好的选择就是做贡献。你可以类似地验证塔莉娅在其他两个结点上的选择。

现在，我们来对前一阶段即结点 b 和 c 进行逆推分析，这里由尼娜进行选择了。在结点 b，埃米莉做了贡献。现在，尼娜的推理如下："如果我选择做贡献，将会使博弈走向结点 d，在那里我知道塔莉娅会选择不做贡献，我会得到支付 3（花园将会是令人心旷神怡的，但我会付出成本）。倘若我选择了不做贡献，博弈会走向结点 e，在那里我知道塔莉娅会选择做贡献，而我会得到支付 4（花园将会是令人心旷神怡的，而我也会省去成本）。所以，我会选不做贡献。"类似的推理表明，在结点 c，尼娜将选择做贡献。

最后，考虑埃米莉在初始结 a 的选择。她会预见到尼娜和塔莉娅随后的选择。埃米莉知道，如果她选择做贡献，随后的选择将是尼娜不做贡献和塔莉娅做贡献。在有两个贡献者的情况下，花园将是令人心旷神怡的，但埃米莉会付出成本，所以她的支付为 3。如果埃米莉选不做贡献，则随后二者的选择都是做贡献，此时会有一个令人心旷神怡的花园，且埃米莉不会付出成本，埃米莉的支付将为 4。故她在初始结 a 所偏好的选择为不做贡献。

对于这个街心花园博弈，逆推分析的结果现在可轻易地总结出来了。埃米莉选不做贡献，然后是尼娜选做贡献，最后由塔莉娅选做贡献。这些选择给出了一条通过博弈树的特定进行路径（path of play）——沿着从初始结 a 发出的下面的树枝，然后沿随后到达的两个结点 c 和 f 各自发出的上面的树枝。在图 3-6 中，容易看出来进行路径就是从初始结到从上向下数第 5 个终点结由首尾相连的箭头序列构成的连续路径。参与人获得的支付被标记于这个终点结上。

逆推分析是简单明了的。在这里，我们强调一下其某些特征。首先，注意序贯行动博弈的**均衡进行路径**（equilibrium path of play）未达到大多数的枝和结点。然而，推算到达这些结点后将选择的最优行动，却是求解最终均衡的一个重要环节。在博弈中，优先行动的参与人决定如何行动时，不仅会受他们对自己选择非最优行动的结果的预期的影响，而且受他们对其他参与人不选择其最优行动的结果的预期的影响。这些建立在偏离均衡结点（与在逆推过程中修剪过的树枝相联系的结点）上的预期，使得参与人在每个结点上选择最优行动。例如，埃米莉在第一个结点上的最优选择不做贡献受控于这样一种知识，即若她选择做贡献，则尼娜将选不做贡献，接着由塔莉娅选择做贡献；这一序列给埃米莉带来支付 3，而不是在开始时就选不做贡献所应获得的 4。

逆推均衡通过确定每一个参与人的最优策略对这种分析的全过程给出了一个完整的陈述。回想一下，之前我们曾提到，一个策略是一个完整的行动计划。埃米莉首先行动且恰好有两个选择，故她的策略相当简单且当她行动时是同样有效的。但对于尼娜来说，她是第二个开始行动的，并在两个结点之一处行动：若埃米莉选的是做贡献，则她在一个结点处行动；若埃米莉选的是不做贡献，则她在另一个结点处行动。尼娜的完整行动计划不得不对她将在每一种情形下应做何选择做出规定。一种这样的计划或者策略是"若埃米莉选择做贡献，则选择做贡献；若埃米莉选择不做贡献，则选择不做贡献"。我们从逆推分析知道尼娜不会选择这一策略，但我们这里的兴趣在于对所有那些可用的策略加以描述，尼娜可根据博弈规则从中挑选出最优的策略。我们可将词语加以缩写，并用 C 表示做贡献，用 D 表示不做贡献，则该策略可表述为："若埃米莉选 C 从而博弈位于结点 b，则选 C；若埃米莉选 D 从而博弈位于结点 c，则选 D"，或者更简单地表述为"在 b 选 C，在 c 选 D"，甚至写为"CD"，如果上述每一行动发生的具体情况曾被解释过或是显而易见的。现在很容易看出，因为尼娜在她行动的两个结点中的每一个上都

序贯行动博弈

有两个可供选择的行动，所以她有四个可选择的计划或策略——"在 b 选 C，在 c 选 C""在 b 选 C，在 c 选 D""在 b 选 D，在 c 选 C""在 b 选 D，在 c 选 D"，或记为"CC""CD""DC""DD"。在这些策略中，逆推分析和在图 3-6 中的结点 b 和 c 处的箭头表示其最优策略为"DC"。

对于塔莉娅来说，情况要复杂一些。当轮到她行动时，根据博弈规则，行动选择的历史可以是四种可能性中的任何一种。在博弈树中的四个结点之一处，由塔莉娅采取行动。这四个结点的其中一个是埃米莉选择了 C 和尼娜选择了 C 之后的那个（结点 d），第二个是埃米莉选 C 和尼娜选了 D 后的那个（结点 e），第三个是埃米莉选 D 和尼娜选了 C 后的那个（结点 f），以及埃米莉和尼娜都选了 D 之后的那个（结点 g）。塔莉娅的每一种策略或完整的行动计划，都一定要对这四种场合中每一场合里她在两个行动中选择哪一个做出规定，或者说是在其四个可能的行动结中的每一个上选择其可能的两种行动之一。在有四个需要规定行动的结点以及在每个结点上有两个可选行动的情况下，存在着 $2 \times 2 \times 2 \times 2$ 或 16 种可能的行动组合。故塔莉娅有 16 种可选策略。其中一种可写为"在 d 选择 C，在 e 选择 D，在 f 选择 D，在 g 选择 C"或者简写为"CDDC"。其中，我们已经将四种场合（埃米莉与尼娜行动的历史）的顺序固定为 d、e、f 和 g。于是，利用同样的简略写法，塔莉娅可选用的全部 16 种策略为：

CCCC, CCCD, CCDC, CCDD, CDCC, CDCD, CDDC, CDDD,
DCCC, DCCD, DCDC, DCDD, DDCC, DDCD, DDDC, DDDD

在这些策略中，图 3-6 中的逆推分析和在结点 d、e、f 和 g 处的箭头表明塔莉娅的最优策略为 DCCD。

现在，我们可通过阐述每一个参与人的策略选择来表达出我们进行逆推分析的发现了——埃米莉从其可选择的 2 种策略中选择 D，尼娜从其可选择的 4 种策略中选择 DC，以及塔莉娅从其 16 种可选择的策略中选择 DCCD。当每一个参与人都沿博弈树向前看，从而预见其当前选择的最终结果时，她就可算计出其他参与人的最优策略。这种策略组合，即埃米莉选 D，尼娜选 DC，以及塔莉娅选 DCCD，就构成了该博弈的逆推均衡。

我们可将所有参与人的最优策略集中起来，从而找出逆推均衡中实际的博弈进行路径。埃米莉将在开始时就选 D。尼娜遵循其策略 DC 的规定选择行动 C 来应对埃米莉的行动 D（记住，尼娜的 DC 意味着"如果埃米莉选了 C 则选 D；如果埃米莉选了 D 则选 C"）。按照我们采用的规则，塔莉娅在埃米莉选择 D 和尼娜选择 C 之后在结点 f 的实际行动就是表达其策略的四个字母中的第三个字母。由于塔莉娅的最优策略为 DCCD，其沿着进行路径的行动是 C。因此，实际进行路径由埃米莉选 D，随后由尼娜和塔莉娅选 C 组成。

为了总结上述分析，我们有三种不同概念：

（1）每一个参与人可选策略的列表。这种列表，特别是对于后面行动的参与人来说，可以是相当长的，因为必须规定他们在对应于其他参与人所有可预料到的先前行动的场合里的行动。

（2）每个参与人的最优策略或完整的行动计划。这种策略必须规定参与人在博弈规则指定其进行行动的每个结点上的最优选择，即使在实际进行路径上许多这类结点实际上是不能达到的。这种规定事实上就是行动顺序靠前的参与人对其采取不同行动的结果的预测，因而也是他们在前面结点上算计其最优行动的重要环节。所有参与人的最优策略聚在一起就构成了逆推均衡。

（3）逆推均衡中的实际进行路径。将所有参与人的最优策略放在一起即可找出。

3.4 行动顺序的优势

在街心花园博弈的逆推均衡中，埃米莉获得其最优结果（支付 4），因为她可以利用第一个行动的机会。当她选择不做贡献时，她就将选择权交给了其他两个参与人——每人都可以获得其次优结果当且仅当她们都选择做贡献时。大多数未经深思熟虑的博弈论研究者会先入为主地认为所有博弈中都应存在**先动优势**（first-mover advantage）。然而，事实并非如此。不难想象存在这样一种博弈，其中第二个行动的人具有优势。考虑两家销售相似商品的企业之间的策略互动。如果一家企业首先公布其定价，则第二家企业会在公布自己的定价之前获知这一价格，那么，它就可以定一个稍低的价格而获得巨大的竞争优势。

先动优势来自将其自身置于一个优势地位以及迫使其他参与人接受它的承诺能力；**后动优势**（second-mover advantage）源于自己可对他人的选择做出反应的灵活性。在一个特定博弈中，是承诺还是灵活性更为重要依赖于其特定的策略组合和支付，不存在一般性的法则。在本书中，我们将遇到两种类型优势的许多例子。一般认为并不必然存在先动优势，这与普通观念相左，但它是如此重要以至我们认为有必要特别加以强调。

当博弈有先动优势或后动优势时，每个参与人都会试图去操纵博弈进行的顺序，以保证他自己可取得优势地位。这种操纵的策略就是策略性行动（strategic move），我们将在第 9 章加以考察。

3.5 添加更多的行动

我们从第 3.3 节了解到，随着参与人人数的增加，对序贯行动博弈的分析会变得更为复杂。本节将讨论因在博弈中增加更多行动而引起的另一类复杂问题。在这里，我们只讨论仅有两个参与人且允许参与人不止一次交替采取行动的博弈。如此一来，博弈树会随之扩展开来，但博弈树后面的行动仍然由先行动者的选择决定。

许多日常游戏，诸如井字棋、国际象棋、跳棋等，都属于两人有策略地依次轮流行动的博弈。博弈树和逆推法有助于"解出"这类博弈——确定逆推均衡结果以及参与人的均衡策略。不幸的是，随着博弈和策略复杂度的升级，寻找最优解也越来越困难。在这种情况下，人工办法已不再可行，而诸如第 2 章曾提到过的 Gambit 计算机程序就可派上用场了。

☐ 3.5.1 井字棋

我们从前面谈到的三个日常游戏中最简单的井字棋着手讨论。这里我们只考虑比平时简单的井字棋，也就是游戏参与人双方（X 和 O）都试图率先将自己的棋子连成一行、一列或一条斜线而取得胜利；他们所用的不是九格的"井"字，而是只有四格的"田"字。开始，先行者有四种可能的行动选择来摆放自己棋子 X 的位置，于是后行者相对于四个结点各有三种行动选择。轮到先行者走第二步时，他共有 12(＝4×3) 个结点，对于每个结点有两个可能的行动选择。如图 3-7 所示，即使这样简单的井字棋游戏，其博弈树也相当复杂。而实际上该博弈树的规模也不算太大，因为在先行者走完第二步后，游戏必定会结束，但是仍有 24 个可能的终点结。

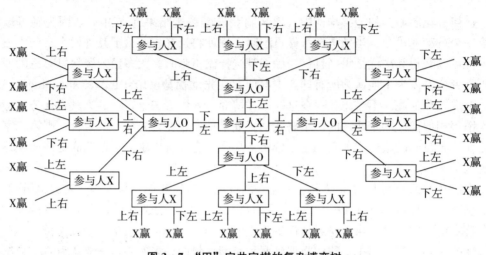

图 3-7 "田"字井字棋的复杂博弈树

举出此例仅仅是想说明即使是如此简单的（或是被简化的）博弈，其博弈树也是非常复杂的。对该博弈进行逆推分析，我们能很快得到一种均衡。逆推分析表明：先行者无论怎样走第二步，其结果都一样。这里没有最优选择，每一种选择都一样好。因此，当后行者在走第一步时，他也会发现自己不论怎样走结果都相同，也就是说，他对于四个结点做出的三种行动选择毫无差别。同理，先行者在走第一步时每种选择也都一样好，因为他肯定能赢。

虽然该井字棋游戏的博弈树非常有趣，但其解却没那么有意思。先行者必定赢，所以双方做出的任何选择都不能影响最终结果。我们大多数人对九格的井字棋比较熟悉。用博弈树来分析该游戏，我们知道先行者在初始结有 9 种可能的行动选择，后行者在他的 9 个决策结各有 8 种可能的行动选择。先行者在走第二步时，在 8×9＝72 个结点各有 7 种可能的行动选择。于是后行者在走第二步时，在他的 7×8×9＝504 个结点各有 6 种可能的行动选择。这种模式会一直持续下去，直到博弈的行动组合恰好让某参与人获胜为止，但是第五步以前双方皆没有胜算。要画出该游戏的博弈树，需要一张很大的纸，或是使用很小的字体才行。

然而，大多数人都知道如何在井字棋游戏中至少打个平局。因此通过逆推分析我们能找出该游戏的一个简单均衡解，一个有经验且具策略思维的人能在很大程度上降低求解的难度。正如"田"字游戏一样，其他版本井字棋游戏博弈树中的许多路径也具有相同的策略意义。9 个初始结可以分为三种类型：角落位置（4 种可能性）、边上位置（也有 4 种可能性）以及中心位置（1 种可能性）。运用这种简化博弈树的方法有助于降低问题的难度，也有助于描述最优逆推均衡策略。要明确的是，后行者只要走出正确的第一步棋并且不断阻挡先行者三子成线，他就能确保至少和对手打成平局。[3]

□ 3.5.2　国际象棋

尽管像井字棋这些小的游戏能用逆推法去求解，但我们在前文展示了即使在两人博弈中，博弈树的复杂性是如何快速增大的。对于更复杂的游戏，诸如国际象棋，我们要找到一个完整的均衡解就更难了。

在国际象棋中，对弈者，白棋和黑棋，各自拥有 16 枚 6 种不同形状的棋子，每一种棋子都受图 3-8 中 8×8 游戏板上特定游戏规则的限定。[4] 白棋先行，然后黑白棋双方依次轮流行动。弈棋双方都能清楚地看到对方的行动，双方均无法投机，不像在纸牌游戏中那样存在着洗牌或者发牌的运气问题。此外，国际象棋每局必须在有限的回合内结束。国际象棋规定，如果某种局面重复出现 3 次，则该局判为平局。既然要把 32 个棋子（一旦被吃掉就少于 32 个了）下在 64 个方格里的方法是有限的，那么一场比赛也就不会在不犯规的情况下无限地进行下去了。因此，原则上国际象棋是可以用逆推法进行分析的。

然而，国际象棋还未像井字棋那样用逆推分析法去求解。答案在于，国际象棋尽管规则简单，却是一种复杂且令人费神的游戏。如图 3-8 所示，白棋有 20 种开局方法[5]，接着黑棋有 20 种对应的开局方法。因此，博弈树初始结就有 20 个枝，接下来 20 个结点又各自延伸出 20 个枝，这样一来就已经有 400 个枝了，而每个枝连接的结点又延伸出更多的枝。估计总的可行走法有约 10^{120} 种。一台运算速度为个人计算机 1 000 倍的超级计算机（每秒进行 1 万亿次计算），需要连续工作超过 10^{100} 年才能检查完每一步。[6] 天文学家告诉我们，太阳蜕变成红巨星将地球吞噬进去所需时间也不超过 10^{10} 年。

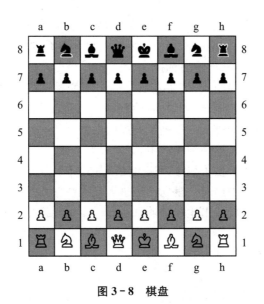

图 3-8　棋盘

总的来说，虽然原则上能通过逆推分析求得一个博弈的完整解，但由于整棵博弈树过于复杂而使得这一方法在实践中不具可行性。面对这种情况，参与人该做什么呢？我们可以通过回顾为计算机设计国际象棋程序的历史来学习一些经验。

当计算机开始在科学和经济领域展现其强大威力时，许多数学家和计算机科学家就认为计算机将很快打败国际象棋世界冠军。然而，尽管计算机技术日新月异，进展的速度比人脑快成百上千倍，计算机战胜人脑这一天还是让我们等了很久。终于，1992年12月，一台名叫德国2号的国际象棋计算机在一些快棋赛中击败了世界冠军卡斯帕罗夫。不过在正规赛中，即2.5小时内下完40步棋，人脑的优势维持了更久。由IBM赞助的一个团队投入大量精力和资源开发出了一台专业国际象棋计算机及与其相配套的软件。1996年2月，名为深蓝的计算机与卡斯帕罗夫展开了一场较量（六盘四胜制）。深蓝因在第一盘获胜而名声大振，但随后卡斯帕罗夫很快摸清了深蓝的弱点，改进了对攻策略，从而轻松地赢得了余下5盘的胜利。在接下来的15个月中，IBM工作组改进了深蓝的软硬件，开发出了深蓝二代，它于1997年5月的第二次六盘四胜制大赛中击败了卡斯帕罗夫。

总而言之，计算机进步的速度时快时慢，而人脑虽然在某些方面具有优势，进步的速度却不足以跟上计算机。进一步的研究表明，人脑与计算机在分析国际象棋下法的思考方法上截然不同。

当考虑国际象棋的每一步时，预测游戏的整个结局也许太困难（对人和计算机来说），那么不妨预测一下游戏的局部，例如开局后的5步或10步，然后逆推回去。游戏不会在这几步之内结束，也就是说，5步或10步后还未到达终点结。只有终点结才被赋予了由博弈规则所刻画的支付。因此，你需要运用某种间接的方法去赋予非终点结以恰当的支付。赋予非终点结支付的规则被称为**中间评估函数**（intermediate valuation function）。

在国际象棋里，人脑与计算机都通过把中间评估函数与局部预测相结合的方法来分析问题。典型的方法是对每个棋子赋予一个数值，在游戏期间，不同的棋局和棋子就有不同的数值。我们可以根据国际象棋界的共同经验得出的相关评估量化某步棋局的优劣，这就是知识。我们把某步棋局上所有棋子的数值和彼此间的组合的数值加总，即为该步棋局的中间值（intermediate value）。要想达到预期的数值，每一步都得在经过准确计算预测了未来5～6步后再做出选择。

关于开局（也就是开局的头12步左右）的中间值研究进行得最为透彻。每种开局都会产生许多不同的棋局和棋步，但是经验有助于棋手总结出对自己有利或不利的开局方法。这些经验都已被归纳进了许多关于开局的书里，所有国际象棋高手和计算机程序都能将它们牢牢地记住，并运用到实战中。

在残局期，由于棋面上棋子很少，逆推法就显得十分简单，而且棋局完整，可以推导出最终结果。在进行到中局时，棋局已经进展到无法在几步内简化的复杂程度，此时的评估最为困难。要在中局找出比较好的下法，运用中间评估函数通常比向前预测更为有效。

这就是国际象棋艺术的魅力所在。顶尖棋手具备一种直觉和本能，这种直觉和本能能够帮助他们敏锐地察觉到契机的来临，并避免陷入对方布下的巧妙陷阱，这是计算机程序难以匹敌的。计算机专家发现，要把人类本能获得和使用的模式认知（pattern recognition）技能教给计算机相当困难，譬如说识别面孔并记住其名字等。国际象棋中局下法的艺术也就跟模式认知与评估一样仍然充满神秘。这也正是卡斯帕罗夫相对于德国2号和深蓝的优势所在。同时，这也解释了为什么计算机下棋程序能够在快棋战或限时比赛中打败人类，因为人脑没有足够的时间来发挥这一优势。

换句话说，顶级棋手具备一种基于经验或模式认知能力的微妙的国际象棋知识，这种知识增强了他们的中间评估能力。尽管棋手和计算机都运用预测与中间评估函数相结合的办法，但两者的结合比例不一样：棋手擅长基于国际象棋知识的中间评估，但预测能力只限于很少的几步；而计算机在复杂的评估能力上稍有欠缺，但是由于它具备强大的运算能力，所以能预测得更远。

近年来，国际象棋计算机已经开始获取更多的国际象棋知识。1996 年至 1997 年期间，IBM 曾在国际象棋专家的帮助下通过增强软件的中间评估能力来改进深蓝。这些专家顾问与计算机反复对弈，寻找它的弱点，然后建议该如何修改中间评估系统以克服这些缺陷。深蓝得益于专家的贡献并且这种微妙的弈棋思维是通过反复的实践经验和对棋盘上各种错综复杂的关系的认知得来的。

倘若人类能够逐渐有系统地整理出他们微妙的国际象棋知识并传授于计算机，那么人类在无法从计算机那里获得回赠的情况下将无法对战胜计算机抱任何希望。在 1997 年那场人机对战中，卡斯帕罗夫相当惊讶于深蓝近乎人类甚至超越人类的弈棋能力。他甚至将计算机的某一步妙棋誉为"上帝之手"（the hand of God）。情况只可能更糟：计算机强大而快速的计算能力在不断前进中，与此同时，它们也在慢慢地获得构成人类优势的那些微妙知识。

国际象棋的抽象理论告诉我们它是一项有限步的游戏，原则上可以通过逆推法求解。但是，实战则需要许多建立在经验、直觉和微妙的判断之上的"艺术"成分。这对于使用逆推法分析序贯博弈是坏消息吗？我看不是，确实，对国际象棋的理论分析不能为我们提供答案，但能向我们提供许多帮助。逆推法必须结合强大的计算能力以及根据知识对中局进行评估的能力，向前几步的预测是其中重要的一部分。随着计算机能力的增强，不仅计算能力所发挥的作用在增大，就连逆推法理论的应用也更广泛了。

正如我们下面将要描述的，从研究跳棋获得的证据表明国际象棋的解决方案或许可行。

□ 3.5.3 跳　　棋

人们和计算机耗费了惊人的时间致力于对国际象棋的求解。研究人员也努力解决少了些许复杂性的跳棋，其相比国际象棋虽不太出众，却也难以求解。2007 年 7 月有人宣称已经解决了跳棋这项游戏。[7]

跳棋是另外一个在 8×8 游戏盘上两人对弈的游戏。如图 3−9 所示，每个玩家各有 12 个棋子，对弈双方棋子颜色不同。玩家轮流在棋盘上斜着移动他们的棋子，如果可能则跳过（并且吃掉）对方的棋子。如国际象棋一样，当一方棋子被吃完或棋子无法移动时，另一方获胜并且游戏结束。如果对弈双方都无法取胜，则游戏也可以以平局结束。

虽然跳棋的复杂性比之于国际象棋有些相形见绌——跳棋的可能棋步数量大约只是国际象棋的平方根倍——仍有 $5×10^{20}$ 的可能棋步，因此画出博弈树是不可能的。一贯的观点和多年世锦赛的证据表明好的玩法应该导致平局，但并没有证据证明这一点。现在一个加拿大的计算机科学家已经获取了证据——一个被命名为契努克（Chinook）的计算机程序，该程序可以确保玩法达到平局。

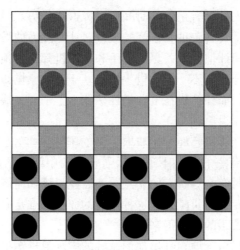

图 3-9　跳棋

契努克于 1989 年被开发出来。1992 年，这个计算机程序在世锦赛中与马里昂·汀斯利（Marion Tinsley）对弈，并且在 1994 年再次与汀斯利对弈。1997—2001 年间被搁置是因为它的开发者等待计算机技术的提高，最终于 2007 年春展现出一种亏损证明算法（loss-proof algorithm）。该算法结合尾阶段逆推分析法、开始位置的前导分析法和中间评估函数，根据数据库中包含的棋板上所有可能走法去探寻出最佳的行动。

契努克的开发者将跳棋的全局描述为是可以弱解决的（weakly solved），他们知道他们可以生成平局并且有策略从游戏一开始就达成平局；对于棋盘上只有 10 个甚至更少棋子且共有 39×10^{12} 个可能棋步的情形来说，他们说跳棋是强解决的（strongly solved），他们知道他们不仅能生成平局，并且当棋盘上只剩下 10 个棋子时他们可以从任何可能的位置达到平局。他们的算法首先解决的是只有 10 个棋子的残局，然后返回到开始去找出当玩家双方都做出最优选择时的棋局路径。这个寻找机制涉及一个复杂的中间位置估值系统，并总能导出那些能产生平局的 10 个棋子的棋局。

因此我们希望逆推分析在未来将是没有失误的。我们知道对于简单游戏，我们可以不详细地画出博弈树，通过口头推理就能找到逆推均衡。对于具有复杂的中间过程的游戏，口头推理是困难的，但是我们能画出完整的博弈树并用于逆推分析。有时我们可以借助计算机来描绘和分析一棵适度复杂的博弈树。对于非常复杂的游戏，比如跳棋和围棋，我们只能画出博弈树的一小部分并且必须用到下述两种方法的结合：（1）基于逆推逻辑的计算；（2）以经验为基础的中间位置估值的经验法则。当前算法的计算能力表明：在这种分类下的一些游戏可能有确定的解，前提条件是你有足够时间和资源用于解决它们。

幸运的是，我们在经济、政治、体育、商业和日常生活中遇到的许多策略博弈问题远远不及国际象棋甚至跳棋的复杂程度。这些博弈游戏也许有可以行动多次的多个玩家，甚至可以有大批玩家或大量行动。但是，我们有机会画出那些本质上是序贯博弈的理性预测树。逆推分析的逻辑仍然有效，并且通常是一旦你理解了逆推思想，你就能执行必要的逻辑想法而且不用明确地绘出博弈树就可求解游戏，而且，对于恰好介于像我们在本章能明确解出的简单例子和像国际象棋这种无法求解的复杂情形之间的中间难度的问题，使用像 Gambit 这样的计算机软件是十分有益的。

3.6 逆推实验

现实中的序贯行动博弈参与人在进行逆推法推理时表现如何呢？我们还缺少许多系统性的证据，但有些实证研究所得的结论与理论预期相反。这些实验及其结果可为序贯行动博弈的策略性分析带来一些有趣的启发。

例如，许多实验是让从某一阶层或某一群志愿者中选出的两个受试者 A 和 B 进行单回合的谈判博弈。实验者提供 1 美元（或某个已知的金额），要求受试者根据以下规则进行分配：受试者 A 提出分配比例，比如说自己获得 75 美分，B 获得 25 美分，若 B 接受此分配，则按此比例进行分配，若 B 拒绝，两人一个子儿都得不到。

在这个案例中，通过逆推法我们可以预测到 B 应该接受 A 所提出的任何分配比例，哪怕很少，因为他的另一种选择更糟，那就是一无所获。A 要是能预见到这一点，他应该提议分给自己 99 美分，而只留给 B 1 美分。但是这种特殊的情况几乎永远不会发生。大多数的 A 都会提出更平均的分配方案，事实上，各得 50 美分将会是最常见的提议。此外，大多数 B 拒绝 25％或者更少的份额而宁可一无所得，甚至有些 B 拒绝 40％的份额。[8]

许多博弈论专家不认为这些实验结果有损理论的正确性，他们反驳道："可分配金额太少，参与人可能不会在乎这一点得失，B 损失 25 美分或 40 美分都无所谓，他们会放弃这一点点侮辱性的小奖励，并因此获得自我满足。如果金额变成 1 000 美元，25％也不再是个小数目，那么 B 可能会接受。"但是这种观点似乎没有根据，因为当金额更高时，实验结果也颇为相似。在印度尼西亚进行的实验虽然涉及的金额不算太大，但总量却相当于参与人三个月的收入。结果表明，尽管随着金额的增加 B 倾向于接受较小的份额，但 A 没有明显提出更不公平的分配比例。同样，在斯洛伐克的实验也揭示了缺乏经验的参与人的行动并没有受到盈利巨大变化的影响。[9]

很明显，这些受试者都不具备博弈论知识，也没有什么特别的计算能力。不过这种游戏非常简单，即便头脑最简单的人也能看出其中的逻辑而理性地进行推理决策，这可以通过实验后与参与人的问答得以证实。这些实验说明博弈论专家错误地假设了每一个参与人都只在乎金钱报酬，而并非说明逆推法无效。由于社会向其成员灌输了强烈的公平意识，这将导致 B 拒绝任何非常不公平的分配方案。预计到这一点，A 会提出相对公平的分配方案。

支持性的证据来自新的研究领域——"脑神经经济学"（neuroeconomics）。艾伦·桑菲（Alan Sanfey）和他的同事进行了最后通牒博弈的实验，在实验中他们通过核磁共振成像来观测受试者做决定时其大脑的活动状况。他们发现，当 B 拒绝不公平分配（少于一人一半）时，负责否定情感的大脑区域的行动被激活。因此在对不公平分配的拒绝中出于本能的愤怒和厌恶就溢于言表了。同时，他们也发现，当 B 得知提出不公平分配方案的 A 是人而非计算机时，他们会更加倾向于拒绝此分配方案。[10]

显然，参与人 A 具有慷慨的倾向，即使没有受到报复。[11] 在独裁者博弈中参与人 A 的方案明显不如在最后通牒博弈中那么慷慨。这表明可置信的报复威胁仍然是很强的激励因素。我们对其他人看法的关心似乎也很重要。如果改变实验设计，使得实验员不知道谁提出（或者接受）分配方案，那么共享的程度会显著下降。

另一个结果与理论预测不符的实验如下。两个参与人分别为 A 和 B。实验者在桌上放一枚面值为 10 美分的硬币，参与人可选择拿走硬币或者放弃。A 先行动，若 A 选择拿走这 10 美分，游戏结束，A 将得到这枚硬币而 B 一无所获；若 A 选择放弃，实验者将增加 1 枚 10 美分的硬币，B 将面临获得这 20 美分或者放弃的选择。游戏依此规则进行下去，硬币不断增加，直到某个限度（比如说 100 美分）——这一点两个参与人事先都清楚。

该游戏的博弈树如图 3-10 所示。根据博弈树的形状，这类博弈通常被称为蜈蚣博弈（centipede game）。你甚至不必依赖博弈树就能对该游戏进行逆推分析。B 肯定会在最后一步行动中拿走 100 美分，因此 A 将提前，也就是在倒数第二步就把 90 美分取走。依此类推，最后的结果是 A 在第一步就拿走钱，游戏到此结束。

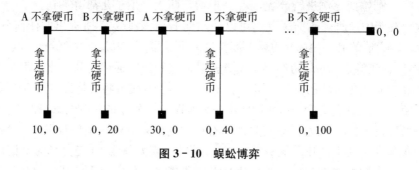

图 3-10　蜈蚣博弈

然而，在实验中，这样的博弈通常至少会进行几个回合。值得注意的是，通过"非理性"行动，参与人采取合谋策略要比只遵循逆推分析逻辑进行博弈获得的钱多。有时 A 拿走钱，有时 B 拿走钱，但有时两者可能会化干戈为玉帛从而合谋解决问题。有一次迪克西特在课堂上做此实验时，该游戏就一路进行到最后一步，最后 B 拿走了 100 美分，然后他非常主动地分给 A 50 美分。迪克西特问 A："你们是否预先合谋？B 是你的朋友吗？"A 回答说："不，我们事先互不相识，但现在我们是朋友了！"我们将会发现一些相似的合作证据。当我们在第 10 章看到有限重复囚徒困境博弈时，这些证据似乎与逆向推理相矛盾。

蜈蚣博弈指出了非零和博弈中存在的逆推逻辑问题，即使参与人的决策只取决于金钱。注意，如果参与人 A 在第一轮选择放弃，他就已经表明了他放弃逆推。那么，参与人 B 希望他在第三轮做什么呢？放弃了一次之后，他还会再放弃。这会使得参与人 B 在第二轮理性地选择放弃。最终某个人会获得一堆钱，但是一次最初的偏离逆推均衡会导致我们难以准确预测它什么时候会发生。由于蛋糕越来越大，如果我发现你偏离了逆推，我也会偏离，至少会有一段时间这样做。参与人可能会在开始阶段故意选择放弃，以释放出将来也会愿意放弃的信号。这种问题不会出现在零和博弈中，因为没有以等待的方式来合作的激励。

史蒂文·莱维特（Steven Levitt）、约翰·李斯特（John List）和萨利·萨多夫（Sally Sadoff）对世界级象棋手进行了实验，结果支持这个观察。他们发现零和序贯行动博弈中的逆推行为比非零和蜈蚣博弈的多。他们的蜈蚣博弈包含六个结点，每过一个结点总收益都会大幅度增加。[12] 虽然双方反复选择放弃会带来相当大的收益，但是逆推均衡表明，在每个结点上采取的行动是拿走硬币。与理论形成鲜明对比的是，只有4％的参与人在第一个结点选择拿走硬币，不符合逆推均衡的结果，即使是在这个简单的 6 次行动博弈中。 （在博弈进行当中，选择拿走硬币的参与人的比例会不断增加。[13] ）

相反，在零和序贯行动博弈中，如果逆推均衡包含 20 次行动（你可以在习题 S7 中求解这样的博弈），棋手会像 6 次行动蜈蚣博弈一样，正好有 10 次实现逆推均衡。[14]

莱维特和他的同事还进行了一个类似的但是更难的零和博弈实验（你可以在习题 U5 中求解这个问题）。棋手只在 10％的时间里采取完全的逆推均衡（排位最高的象棋大师是 20％的时间），尽管在最后的几次行动中几乎是 100％的逆推。世界级棋手耗费大量的时间试图通过逆推来赢得象棋比赛，其结果表明，即使非常有经验的参与人通常也无法将他们的经验直接应用于新的博弈：他们需要对新的博弈有一点了解才能想出最优策略。学习博弈论的好处是：你会更容易识别出貌似不同的情境之间的相似性，从而可以更快地为新的博弈设计出合适的策略。

上述实例似乎说明了那些明显违背策略逻辑的行动是可以解释的，只要认识到人们不仅关心自己的金钱回报，而且会在乎诸如公平等观念。但并不是所有观察到的违反逆推规则的行动都可以这样解释。有些人的预见能力有限，也的确无法做出恰当的决策。例如，当信用卡发行者采取较低初始利率或第一年免年费的策略吸引客户时，许多人就会因此动心而忽略自己可能在此后付出更多。因此，逆推博弈分析在此起到的指导性或说明性的作用要比预测作用更重要。无论人们如何衡量自己的回报，掌握的逆推理论知识越多，就越容易制定好的策略，得到更高的回报。博弈论专家可以运用他们的专业知识为那些正处于复杂的策略抉择中而又无力做出最好决策的人们提供有价值的建议。

3.7　《幸存者》游戏策略

前面章节所介绍的例子旨在说明一些基本的概念，如决策结、枝、行动、策略以及逆推法等。现在我们通过一个现实的例子（至少是"真人秀"）来看看它们是怎样被运用的。

2000 年夏天，CBS 电视台直播了《幸存者》游戏第一季，而且很快大获成功，迎来了"真人秀"时代。抛开那些复杂的细节和不相关的情节，我们首先大概了解一下游戏的规则。一群竞争者——被称为一个"部落"——被带到一个无人居住的孤岛，远离食物和庇护所。每三天他们将必须投票来决定其中一个参赛同伴离开部落（称作部落会议），获得同伴反对票数最多的那个人就是当天的受害者。然而，在每次部落会议之前，他们会先参加一个由游戏设计者设计的考验体力或脑力的竞赛（称作挑战赛），其获胜者可以在接下来的部落会议中享有被投票淘汰出局的豁免权。当然，自己不可以投自己的否决票。最后，当只剩下两人时，七个已被投票出局的人作为"评判团"回到游戏中，从剩下的两人中选出一个最后获胜者，该获胜者将获得 100 万美元奖励。

对于所有竞争者来说，他们应采取的策略是：（1）做一个被大家认为是对"部落"在寻找食物和完成其他生存任务时都很有用的贡献者，同时避免被认为是一个强有力的竞争者而成为被淘汰的对象；（2）结成联盟确保一定的票数来使自己不被淘汰；（3）当人数太少而又不得不投票淘汰某人时，背叛结成的联盟；（4）不要丧失好的人缘，因为被淘汰的人最后作为评判团成员有投票权。

我们来看只剩下三位竞争者时的情况，他们是鲁迪、凯莉和瑞奇。在他们当中，鲁迪是最年长的一个，诚实率直，很有人缘。大家普遍认为，如果他是最后两人中的一个，那么他就一定会胜利并获得 100 万美元。因此对凯莉和瑞奇来说，在最后投票中相遇对双方都有益。但他们都不想被认为是投票淘汰鲁迪的人。由于只剩下三人，豁免权挑战赛中的获胜者将会是投票淘汰中的绝对赢家，因为其他两个人必须相互投反对票。于是，评判团将会知道谁该为鲁迪的离开负责。淘汰好人缘的鲁迪必将引起不满，从而使自己在最后的投票中丧失获胜的机会。对于瑞奇来说，这的确是个棘手的问题，因为大家都知道他和鲁迪是同一联盟的。

这一轮的豁免权挑战赛是耐力的比赛：每人都得站在一个难以控制的支撑点上，斜着身子用一只手抓住中心长杆上的一个称作"安全像"的图腾。任何人的手只要离开这个图腾哪怕一会儿，就算输，谁坚持的时间最长，谁就是获胜者。

比赛进行了一个半小时后，瑞奇才意识到自己的最优策略是故意输掉这场挑战。因为如果鲁迪赢得了这场挑战，他就会维护自己的盟友瑞奇——大家都知道，鲁迪是一个信守诺言的人。在这种情况下，瑞奇会在最终的投票中输给鲁迪，但跟他赢得挑战保住鲁迪没有区别。如果凯莉获胜，则最有可能的结果是，她投票淘汰鲁迪，这样对她来说最有利，因为她至少还有打败瑞奇的可能，而打败鲁迪根本就不可能。这样，瑞奇赢的机会就很大了。然而，假如瑞奇自己获胜，而后投票否决掉鲁迪，他打败凯莉的概率也会随他否决掉鲁迪而变小。

因此瑞奇故意输掉，而且随后在摄像头前他也清楚地阐述了自己故意输掉的原因。他的判断后来被证实是正确的。凯莉赢得了那场挑战并投票淘汰了鲁迪，而在最后评判团的投票中，瑞奇以一票的优势击败了凯莉。

瑞奇的思考过程实质上是顺着博弈树进行逆推分析的过程。当他站在不好控制的支撑点上，斜着身子用一只手抓住"安全像"时，脑子里并没有勾勒任何的博弈树，分析完全出于本能，但他还是花了一个半小时才得出结论。了解所有关于瑞奇的思路后，我们可以清晰地画出博弈树并很快地得出答案。

博弈树见图 3-11。你可以发现，它要较前面章节出现的博弈树复杂，有更多的枝和行动，而且存在不定解，在不同情况下获胜或失败的概率需估计才能得出，而不像以前那样可以确切知晓。但是你可以看到我们是怎样得出合理假设并进行分析的。

在初始结，瑞奇要决定是继续挑战还是放弃。但无论是哪一种情况都无法预测谁是获胜者，这一点可以通过在博弈树中引入"自然"这一参与人来进行处理从而清楚地说明，正如我们在图 3-1 所示的抛硬币的情形下所做的一样。假如瑞奇选择继续挑战，自然会从三个竞争者中选择获胜者。我们并不知道实际的可能性，但我们可以赋予某种解释一定的数值，并做出关键性的假设。假定凯莉有充足的体力，而鲁迪由于年纪大而不太可能获胜。因此我们推测当瑞奇选择"继续"时，各自的获胜概率为：凯莉 0.5，瑞奇 0.45，而鲁迪仅为 0.05。而如果瑞奇放弃挑战，"自然"将在剩下的两人中随机选择获胜者，在这种情况下，我们假定凯莉获胜的概率为 0.9，而鲁迪为 0.1。

接着博弈树随着在挑战赛中产生的三个可能获胜者而延伸。假如鲁迪获胜，他会如言保住瑞奇，而评判团会投鲁迪的票使其成为获胜者。[15] 假如瑞奇获胜，他将不得不决定是保住凯莉还是保住鲁迪。如果他选择保住鲁迪，评判团则投票给鲁迪；假如他选

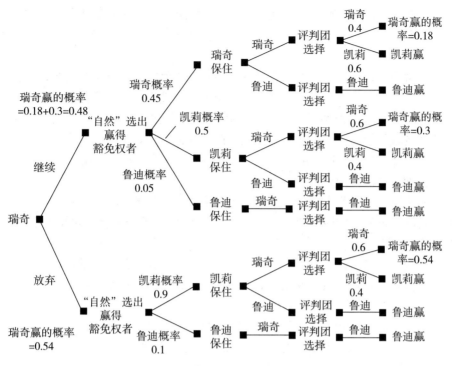

图 3-11　《幸存者》游戏豁免权挑战赛博弈树

择保住凯莉，则无法确定评判团会投票给谁。我们假定，如果瑞奇选择淘汰鲁迪而得罪某些评判员，即使他比凯莉更讨人喜欢，在最终评判团投票中获胜的概率也仅为0.4。同样，假如凯莉获胜，她可以选择冒着失去评判团的投票的风险而淘汰鲁迪，也可以选择淘汰瑞奇。假如她保住瑞奇，则瑞奇获得评判团投票取胜的概率会高一点，为0.6，因为在这种情况下，他不仅获得评判团的好感，同时也不用投票淘汰鲁迪。

那么竞争者的真正支付是什么呢？毫无疑问，瑞奇和凯莉都想最大化最后胜利的概率并赢得100万美元。同样鲁迪也想获得这笔奖金，但对他来说信守对瑞奇的承诺更重要。了解各个参赛者的偏好后，现在瑞奇就可以根据博弈树进行逆推分析来决定自己最初的选择了。

瑞奇知道，假如他在挑战赛中获胜（采取第一次行动后的最初路径和自然抉择），他就不得不面临只有0.4的最终获胜概率而保住凯莉，但要是保住鲁迪，则意味着毫无获胜概率可言。瑞奇同样也能计算出，如果是凯莉在挑战赛中获胜（这种情况在博弈树的上下两个枝各发生一次），她将会因为同样的理由而留下他，而他的最终获胜概率是0.6。

那么瑞奇在初始结的获胜概率是多大呢？假如瑞奇在初始结选择放弃，那么对他来说就只有一种机会可以使自己成为最后获胜者——凯莉赢得挑战赛（概率为0.9），保住瑞奇（概率为1），并且评判团投票给瑞奇（概率为0.6）。因为只有上述三件事都发生了瑞奇才能获胜，那么他的总获胜概率就是这三件事情发生概率的乘积，即0.9×1×0.6=0.54。[16]假如瑞奇在初始结选择"继续"，则对他来说有两种机会可得以最终获胜。第一种：他赢了挑战赛（概率为0.45），淘汰了鲁迪（概率为1），并且最终得到了评判团的投票战胜了凯莉（概率为0.4）。因此，总的获胜概率为0.45×0.4=0.18。第二种：凯莉赢了挑战赛（概率为0.5），她淘汰了鲁迪（概率为1），但瑞奇最终得到了评判团的投票从而战胜了她（概率为 0.6），因此瑞奇总的获胜概率为 0.5×0.6＝0.3。瑞奇最后的获胜概率（在他选择"继续"的情况下）为这两个概率之和，即 0.18＋0.3＝0.48。

现在，瑞奇可以就这两种能使自己获得 100 万美元奖金的方案进行比较：一种是选择"放弃"，有 0.54 的获胜概率；另一种是选择"继续"，有 0.48 的获胜概率。根据博弈树上所有不同方案的概率来看，瑞奇选择"放弃"会有更大的获胜概率。因此"放弃"是瑞奇的最优策略。虽然结果基于我们假设的概率值，但是"放弃"仍然是瑞奇的最优策略，只要（1）凯莉在瑞奇退出之后很可能获得挑战赛的胜利；（2）瑞奇在凯莉投票淘汰鲁迪后更易得到评判团的票。[17]

举这个例子有如下两个目的。第一个也是最主要的目的是，它向我们展示了通过运用逆推分析法，再复杂的博弈树也能分析，即使存在外部不确定性和缺乏准确的信息。我们希望这能使你在运用这个方法时多一点信心，并且教会你如何将一些较不严谨的口头阐述推演成更准确而富有逻辑的论据。你可能会反驳说，瑞奇在推理时并没有勾勒任何博弈树，但是了解整个系统或框架能大大简化分析过程，哪怕你身处全新而陌生的环境。因此，具有系统分析能力是必要的。

第二个目的是阐明看起来似乎荒谬的"以退为进"策略。在一些两轮制的体育比赛中参赛者也会使用此策略，例如足球世界杯。第一轮是四个球队为一组的小组赛。每组的两支领先球队晋级下一轮，它们各自的对手由事先规定好的模式决定。例如 A 组排名第一的球队对 B 组排名第二的球队，依此类推。在这种情况下，对于某个球队来说最优策略可能就是在第一轮比赛中以第二的排名晋级下一轮，因为这样一来，由于某种原因，所面对的对手要比在第一轮比赛以第一的排名进入第二轮比赛时所面对的对手更容易击败。

3.8 总 结

序贯行动博弈需要参与人在每次采取行动之前都考虑决策的后果。分析纯序贯行动博弈通常需要建立博弈树。博弈树由若干个结和枝组成，代表每个参与人在每次可以行动的机会中所有可行的选择。博弈树也给出了参与人在各种可能结果下所获得的支付。参与人策略是一套完整的计划，它说明在其他参与人可能先采取的各种行动组合下，自己该如何应对。序贯行动博弈中的均衡指的是逆推均衡，在此均衡中参与人的均衡策略就是通过预测未来局势为现在做最优决策。这个过程被称作逆推法或逆推归纳法。

不同类型的博弈对不同参与人来说有不同的优势，例如先动优势。参与人或行动的增加只是扩展了序贯行动博弈的博弈树，但并没有改变推理的过程。在有些情况下，我们没有足够的空间和时间来完整地勾勒出某个博弈的博弈树。对此类博弈，我们通常是通过简化博弈树（识别出行动在策略上的相似性）或通过简单的逻辑思考。

当分析大型博弈时，如果博弈是足够简单的或能画出完整的博弈树并用于分析，那么简单的推理就能导出逆推均衡。如果博弈足够复杂，使得推理变得困难并且完整的博弈树如此之大以至无法画出，我们可以求助于计算机编程的帮忙。跳棋已经可以应用计算机编程进行全面分析了，虽然在未来的一段时间内还不能对国际象棋进行全面分析。在这些尤其复杂的实际博弈中，艺术性（对模式与机会的识别）和科学性（向前预测并估计出某步棋可能的结果）对参与人决定如何行动都很重要。

某些序贯行动博弈实验似乎显示实际参与人存在非理性行为，又或者理论没能准确地预测未来行动。但反驳者指出对不同结果的实际偏好问题是复杂的，当获悉参与人偏好时可以运用策略理论找出最优行动。

关键术语

行动结（action node）　　　　　　　中间评估函数（intermediate valuation function）

逆推归纳法（backward induction）　　行动（move）

枝（branch）　　　　　　　　　　　　结点（node）

决策结（decision node）　　　　　　　进行路径（path of play）

决策树（decision tree）　　　　　　　剪去（prune）

均衡进行路径（equilibrium path of play）　逆推法（rollback）

扩展式（extensive form）　　　　　　逆推均衡（rollback equilibrium）

先动优势（first-mover advantage）　　根（root）

博弈树（game tree）　　　　　　　　后动优势（second-mover advantage）

初始结（initial node）　　　　　　　终点结（terminal node）

已解决的习题

S1. 假设两个参与人汉塞尔和格雷齐尔参加一个序贯行动博弈，汉塞尔先行动，格雷齐尔后行动，每个参与人只有一次行动机会。

（a）汉塞尔在每一结点可采取上或下两种行动，格雷齐尔在每个结点可采取上、中或下三种行动。请画出博弈树。请问有多少个决策结和终点结？

（b）汉塞尔和格雷齐尔在每个结点可采取坐、站或跳三种行动。请画出博弈树。请问有多少个决策结和终点结？

（c）汉塞尔在每个结点可采取北、南、东、西四种行动，格雷齐尔在每个结点可采取停留或离开两种行动。请画出博弈树。请问有多少个决策结和终点结？

S2. 在下列每个博弈中，请分别指出每个参与人有多少可行的纯策略并描述这些纯策略（见习题 S2 图）。

S3. 请找出习题 S2 中每个博弈的均衡结果以及每个参与人的完全均衡策略。

S4. "在序贯行动博弈中，先手定会获胜。"这句话是否正确？请简要陈述你的理由，并举例说明。

S5. 考虑两个参与人弗雷德和巴尼参加的博弈，他们轮流从一堆火柴中移走它们，开始时有 21 根火柴，弗雷德先行动。在每一轮，每个参与人可以移走一根、两根、三根或四根火柴，拿走最后一根火柴的参与人取得博弈胜利。

（a）假设现在剩下 6 根火柴并且轮到巴尼行动。巴尼应该如何行动以确保他取得胜利？解析你的推理。

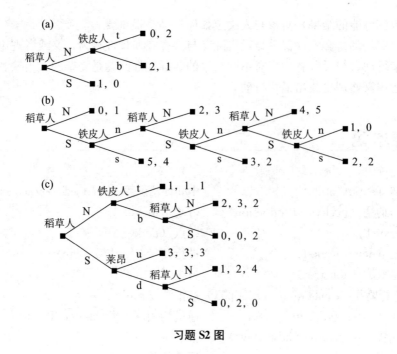

习题 S2 图

（b）假设现在剩下 12 根火柴并且轮到巴尼行动。巴尼应该如何行动以确保他取得胜利？〔提示：使用（a）的答案并运用逆推分析。〕

（c）现在博弈从头开始，如果双方都采取最优的行动，谁将获胜？

（d）对于每个参与人，他们的最优策略是什么？

S6. 考虑上边的练习，假设现在剩下五根火柴并且轮到弗雷德行动。

（a）画出从这五根火柴开始的博弈树。

（b）找出这个从五根火柴开始的博弈的逆推均衡。

（c）这个五根火柴的博弈有先动优势或后动优势吗？

（d）解释为什么你找到多于一个的逆推均衡。你的答案是如何与上题（c）中你找到的最优策略相联系的？

S7. 埃尔罗伊和朱迪进行一个游戏。埃尔罗伊称之为"抢占 100"。埃尔罗伊先选择，然后双方依次在 1 到 9 之间选择一个数字。每一轮他们都要把新数字加到累计值中。使得总数刚好等于 100 的参与人获胜。

（a）如果双方都采取最优策略，谁将赢得比赛？这个游戏是否存在先动优势？说明你的理由。

（b）每个参与人的最优策略是什么（完整的行动计划）？

S8. 一个奴隶刚刚被投到罗马的狮子斗兽场。里边有三个狮子用链条拴着并排成一行，狮子 1 最接近奴隶。每个狮子的链条足够短以致它只能到达与它相毗邻的两方。

博弈进行如下。首先，狮子 1 决定是否吃掉奴隶。

如果狮子 1 吃掉奴隶，那么狮子 2 决定是否吃掉狮子 1（此时狮子 1 因吃掉奴隶变得笨重而无法自保）。如果狮子 1 没有吃掉奴隶，那么狮子 2 没有选择：它不能试图吃掉狮子 1，因为格斗只能两败俱伤。

同样地，如果狮子 2 吃掉狮子 1，那么狮子 3 可以决定是否吃掉狮子 2。

策略博弈（第四版）

每个狮子的偏好是相当自然的：最优（4）是吃掉奴隶或其他狮子并且仍然活着，次优（3）是活着但饿着肚子，接着（2）是吃掉狮子或奴隶然后被别的狮子吃掉，最坏（1）是饿着肚子并且被吃掉。

（a）对于这一由三方参与的博弈，画出带有支付的博弈树。

（b）该博弈的逆推均衡是什么？确保描述出策略，而不仅仅是支付。

（c）该博弈有先动优势吗？解释理由。

（d）每个狮子有多少完全策略？请列出它们。

S9. 假设巨人、太阳神、弗里达三大百货公司正考虑在波士顿两个新的大型购物中心中的一个开设分店。其中，城市购物中心靠近人口密集的富人区，规模不大，最多只能以两家大百货商场为龙头。而郊区购物中心地处较远的郊外，该地区相对贫穷，能以三家大百货商场为龙头。三家百货公司都不想在两个地方同时开店，因为顾客有相当大部分重复，两处都开店无疑是同自己竞争。每家百货公司都不愿意在一个地方独家经营，因为拥有多家商场的购物中心能够吸引更多顾客，顾客总量的增加自然会使商场利润增加。此外，它们都偏向争夺富人群体聚集的城市购物中心，所以它们必须在城市购物中心（如果这个尝试失败了，它们将会尝试在郊区建立商场）和郊区购物中心（不争取城市市场，而直接进入郊区市场）之间做出选择。

在这个案例中，百货公司将5种可能结果按等级排列如下：5（最好），和另一家百货公司在城市购物中心；4，和一家或两家百货公司在郊区购物中心；3，在城市购物中心独家经营；2，在郊区购物中心独家经营；1（最坏），在尝试进入城市市场失败后在郊区独家经营，而此时其他非百货业商店已签约获得郊区购物中心的最好地盘。

三家百货公司因管理结构各不相同，所以做新购物中心扩展市场文书工作的快慢也不相同。弗里达公司动作最快；其次是巨人公司；最后是太阳神公司，它在准备选址方案方面效率最低。当三家百货公司都提出申请后，由商场来决定哪一家百货公司可以进入。因为品牌效应，巨人公司和太阳神公司都有潜在的客户，因此，商场首选其中的一家或两家，然后才是弗里达公司。这样，如果三家百货公司都申请进入城市购物中心，弗里达公司肯定不会获得一席之地，尽管它最先行动。

（a）画出购物中心选址博弈的博弈树。

（b）阐述用逆推法简化博弈树的过程，并利用简化后的博弈树找出逆推均衡。通过每家百货公司采取的（完全）策略描述该均衡。每家百货公司在达到逆推均衡时会有怎样的支付？

S10.（选做）考虑下边的最后通牒讨价还价博弈，该博弈已在实验室进行实验研究。提议者先行动，提议者提出一个在他和回应者间分配10美元的方案，任何分配方案都可以。比如，提议者可以提出自己保留全部10美元的方案，也可以提出自己保留9美元、给回应者1美元的方案，自己8美元对方2美元的方案，等等（注意提议者因此有11种可能选择）。看到回应方案后，回应者可以选择是接受该方案还是拒绝。如果回应者接受方案，则双方得到方案上规定的数量；如果拒绝，则双方将一无所获。

（a）写出该博弈的博弈树。

（b）每个参与人有多少个完全策略？

（c）假设参与人只关心他们的现金支付，该博弈的逆推均衡是什么？

（d）假设回应者拉切尔能够接受3美元或更多的方案，拒绝2美元甚至更少的方案。假设提议者皮特知道回应者拉切尔的策略并且皮特要最大化自己的支付。皮特应该使用什么策略？

（e）拉切尔的真实支付（她的效用）和她的现金支付也许是有差异的，她还会考虑的博弈的其他方面是什么？给出使拉切尔的策略最优的支付集。

（f）在实验室实验中，参与人通常没有达到逆推均衡。提议者通常提供 2～5 美元给回应者，回应者通常拒绝 3 美元或 2 美元的方案，尤其拒绝 1 美元的方案。解释为什么这种情况会发生。

未解决的习题

U1．"在序贯行动博弈中，先行动的参与人一定获胜。"这个表述是对还是错？用简短的句子陈述你的理由，并且给出一个验证你答案的例子。

U2．在下列每个博弈中，每个参与人有多少纯策略（完全行动计划）可利用？请列出每个参与人的所有纯策略。

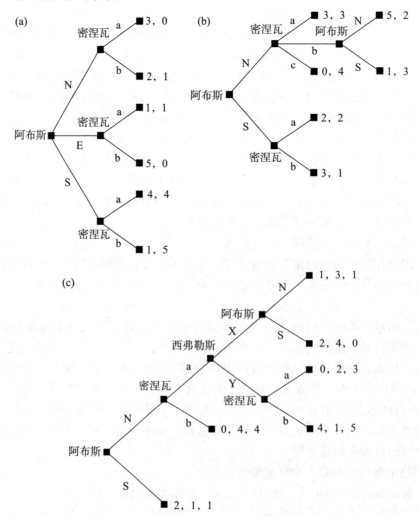

U3. 对习题 U2 中列举的每个博弈，确定逆推均衡结果和每个参与人的完全均衡策略。

U4. 在华盛顿，有两个备受争议的提案 A 和 B。议会赞成 A，总统赞成 B。两个提案并不是非此即彼的关系，其中一个可能，或都可能，又或都不可能成为法律。因此出现了四种可能结果，双方的支持度如下表所示，其中较大的数值表示其更受支持。

结果	议会	总统
A 成为法律	4	1
B 成为法律	1	4
A 和 B 都成为法律	3	3
A 和 B 都不成为法律（维持现状）	2	2

(a) 博弈的过程如下。首先，议会决定是否通过一个支持提案 A 或支持提案 B 或支持 A 和 B 两个提案的法案。然后，由总统来决定是通过还是否决此法案。而议会没有足够的票数来推翻总统的否决提案。画出博弈树，找出逆推均衡。

(b) 现在假设该博弈规则仅有一处改变，即总统获得了一个额外的单项否决权。这样一来，当议会通过了支持 A 和 B 两个提案的法案时，总统不仅可以完全通过或否决该法案，而且可以选择否决该法案支持的其中一个提案。画出新的博弈树，找出逆推均衡。

(c) 解释以上两个均衡不同的原因。

U5. 两个参与人艾米和贝斯进行如下博弈：在一个装有 100 个便士的罐中，参与人轮流行动，艾米先行动。每次参与人可以从罐中取出 1～10 个便士。首先掏空罐中便士的参与人获胜。

(a) 如果双方都采取最优的行动，谁将取得博弈的胜利？这个博弈有先动优势吗？解释你的推断。

(b) 每个参与人的最优策略（完全行动计划）是什么？

U6. 对习题 U5 的博弈做一个小的变化。现在是掏空罐中便士的参与人输。

(a) 该博弈有先动优势吗？

(b) 每个参与人的最优策略是什么？

U7. 克米特和福兹玩一个游戏：有两个罐子，每个罐中各有 100 个便士。参与人轮流行动，克米特先行动。每轮到一个参与人，他选一个罐子并可以从中拿走 1～10 个便士。首先掏空两个罐子的参与人获胜。（提示：当一个参与人掏空第二个罐子的时候，第一个罐子必须已经被她或另一个参与人掏空。）

(a) 该博弈有先动优势或后动优势吗？解释哪一个参与人能确保获胜并且他该如何做。（提示：先考虑每个罐中有更少数量便士的博弈，然后试图总结你的发现并把它推广到上述题目。）

(b) 每个参与人的最优策略是什么？（提示：首先考虑每个罐中有相同便士的初始解，然后考虑每个罐中相差 1～10 个便士的初始位置，最后考虑每个罐中相差超过 10 个便士的初始位置。）

U8. 修改已解决的习题 S8 中的条件，假设现在有四头狮子。

(a) 对于这个由四方参与的博弈，画出带有支付的博弈树。

(b) 该博弈的逆推均衡是什么？确保描绘出策略，而不仅仅是支付。

(c) 额外增加的一头狮子对奴隶来说是好事还是坏事？请解释。

U9. 为了给妈妈一天时间休息，爸爸计划带着他的两个孩子，巴特和凯西，于周日出去郊游。巴特倾向于去游乐园（A），但是凯西喜欢去科学馆（S）。每个孩子从他/她更喜欢的活动中获得 3 单位效用，从他/她不太喜欢的活动中获得 2 单位效用。爸爸从这两个活动中都各能获得 2 单位效用。

为了选出他们的活动，爸爸计划首先询问巴特他的偏好，然后在凯西听到巴特的选择之后询问她的偏好。每个孩子都能选择游乐园（A）或科学馆（S）。如果两个孩子选择同样的活动，则这就是他们将要做的。如果两个孩子选择不同的活动，爸爸将做出最终的决定。作为家长，爸爸有额外选项：他可以选择游乐园、科学馆或者他个人最喜欢的山地徒步旅行（M）。巴特和凯西将会从山地徒步旅行中获得 1 单位效用，爸爸将会从山地徒步旅行中得到 3 单位效用。

因为爸爸想要两个孩子学会相互合作，所以如果两个孩子（无论两个当中哪一个）选择同样的活动，他将得到额外 2 单位效用。

(a) 对于这个三人博弈，画出带有支付的博弈树。

(b) 该博弈的逆推均衡是什么？确保描述出策略，而不仅仅是支付。

(c) 巴特有多少种不同的完全策略？请解释。

(d) 凯西有多少种不同的完全策略？请解释。

U10. **（较难的习题，选做）** 考虑如图 3-11 所示的《幸存者》游戏策略。我们不能准确地猜到瑞奇估计各种可能性的数值，所以让我们通过考虑其他可能值来推广该博弈树。特别地，假设当瑞奇选择继续时瑞奇赢得豁免权挑战赛的概率是 x，凯莉赢的概率是 y，鲁迪赢的概率是 $1-x-y$；同样地，当瑞奇选择放弃时凯莉赢的概率是 z，鲁迪是 $1-z$。进一步假设：如果瑞奇赢得豁免权并且他投票鲁迪离开孤岛，他被评判团选中的概率是 p。假设凯莉赢得豁免权并投票鲁迪离开孤岛，瑞奇被评判团选中的概率是 q。接着假设如果鲁迪赢得豁免权，他将保住瑞奇的概率是 1，并且如果鲁迪在最后一轮中结束，则他赢得比赛的概率为 1。注意在图 3-11 的例子中，我们有 $x=0.45$，$y=0.5$，$z=0.9$；$p=0.4$，$q=0.6$。（一般地，变量 p 和 q 相加不需要等于 1，尽管这在图 3-11 中是成立的。）

(a) 对于瑞奇选择"继续"并赢得 100 万美元的情形，找到 x、y、z、p 和 q 之间的代数式。（注意：你写出的式子不必包含所有变量。）

(b) 对于瑞奇选择"放弃"并赢得 100 万美元的情形，写出与上述相似的式子。（再次，你写出的式子不必包含所有变量。）

(c) 使用这些结果找出代数不等式并说明在什么情形下瑞奇选择放弃。

(d) 假设除了 z 之外所有的数值与图 3-11 中一样。z 应该多大以至瑞奇仍倾向于选择"放弃"？请对为什么会有一些 z 值使得瑞奇选择"继续"好于"放弃"给出直觉的解释。

(e) 假设除了 p 和 q 之外所有数值与图 3-11 中一样。假设因为评判团更希望选出不投票让鲁迪离开的"好人"，我们应该有 $p>0.5>q$。比率（p/q）是何数值时瑞奇应该选择"放弃"？请对为什么会有一些 p 和 q 的值使得瑞奇选择"继续"好于"放弃"

给出直觉的解释。

【注释】

[1] 在后面的章节中，我们将改变该博弈的规则——行动的顺序和支付——并考察这种改变是如何影响结果的。

[2] 回忆在第 3.1 节中关于博弈树的一般讨论，对于序贯行动博弈，一般对应于参与人行动的顺序列出支付；然而，为避免模棱两可或让表述更加清楚，明确地规定好顺序也是一种好的做法。

[3] 如果先行者把第一步下在中心位置，后行者就必须把自己的第一步下在角落位置。接下来，后行者要确保平局就得占据先行者试图想连接的横、竖、斜的第三格位置。如果先行者把第一步下在边上位置或角落位置，后行者就必须把自己的第一步下在中心位置，接着采取上述相同的阻挡技巧，同样也能确保平局。要注意的是，如果先行者选择的是角落位置，后行者选择的是中心位置，接着先行者选择的是他自己第一步棋的对角位置，那么后行者要想确保平局就一定不能下在角落位置。

[4] 可以很容易从维基网站获得更多关于象棋规则的表述：http://en. wikipedia. org/wiki/Chess。

[5] 白棋可以移动 8 个兵中的任意一个向前一格或两格，或者跳马（到 a3、c3、f3 或 h3 方格内）。

[6] 这种计算只需进行一次，因为解完该博弈后，任何人都能运用该解，而实际上就没有人再需要玩此游戏了。每个人都会知道白棋是否有必胜策略，黑棋是否有办法保证至少和局。棋手就会投币决定谁持黑谁持白，知晓结果后握手回家。

[7] 我们的计算基于《科学》杂志的两个报道。参见 Adrian Cho，"Program Proves That Checkers, Perfectly Played, Is a No-Win Situation," *Science*，vol. 317 (July 20，2007)，pp. 308 - 309，以及 Jonathan Schaeffer et al.，"Checkers Is Solved," *Science*，vol. 317 (September 14，2007)，pp. 1518 - 1522。

[8] 赖利在读研究生时第一次遇到这个博弈；令他感到惊讶的是，当他提出 100 美元按照 90：10 分配时，另一位经济学研究生拒绝接受。该博弈和相关博弈的详尽阐述请参阅 Richard H. Thaler，"Anomalies：The Ultimate Game," *Journal of Economic Perspectives*，vol. 2，no. 4（fall 1988），pp. 195 - 206，以及 Douglas D. Davis and Charles A. Holt，*Experimental Economics*（Princeton University Press，1933），pp. 263 - 269。

[9] 印度尼西亚的实验结果见 Lisa Cameron，"Raising the Stakes in the Ultimatum Game：Experimental Evidence from Indonesia," *Economic Inquiry*，vol. 37，no. 1 (January 1999)，pp. 47 - 59。Robert Slonim 和 Alvin Roth 称他们的实验结果与 Cameron 的类似，而且发现随着支付的增加，拒绝分配的次数有所减少。参见 Robert Slonim and Alvin Roth，"Learning in High Stakes Ultimatum Games：An Experiment in the Slovak Republic," *Econometrica*，vol. 66，no. 3（May 1998），pp. 569 - 596。

[10] 参见 Alan Sanfey，James Rilling，Jessica Aronson，Leigh Nystrom，and Jona-

than Cohen, "The Neural Basis of Economic Decision-Making in the Ultimatum Game," *Science*, vol. 300 (June 13, 2003), pp. 1755 – 1758。

[11] 有人认为，公平这一社会规范在全体社会成员参与的不断发展的博弈中可能的确很有价值。看重公平的参与人会降低交易成本和冲突的代价，从长远来看，这是有利于社会的。这个问题我们将在第 10 章、第 11 章里讨论。

[12] 参见 Steven D. Levitt, John A. List, and Sally E. Sadoff, "Checkmate: Exploring Backward Induction Among Chess Players," *American Economic Review*, vol. 101, no. 2 (April 2011), pp. 975 – 990。博弈树的细节如下。如果 A 在结点 1 选择拿走硬币，那么 A 获得 4 美元，B 获得 1 美元。如果 A 在结点 2 选择放弃而 B 选择拿走硬币，那么 A 获得 2 美元，B 获得 8 美元。这种翻倍的模式将会持续到结点 6。这时如果 B 选择拿走硬币，那么 A 获得 32 美元，B 获得 128 美元。但是如果 B 选择放弃，那么 A 获得 256 美元，B 获得 64 美元。

[13] 不同的结论可以在 Ignacio Palacios-Huerta and Oscar Volij, "Field Centipedes," *American Economic Review*, vol. 99, no. 4 (September 2009), pp. 1619 – 1635 这篇较早的论文中找到。他们在研究这些棋手时发现，69% 的棋手会在第一个结点选择拿走硬币，并且级别越高的棋手在第一次选择拿走硬币的可能性越大。这些结论表明，能力特别高的棋手会将他们的经验用于新的比赛情形中，但是这些结论并没有出现在前面提到的那篇后来的论文中。

[14] 正如你在习题中所看到的，这种零和博弈的另一个重要区别是有一个参与人能够保证获胜，不论另一个参与人做什么。相反，在蜈蚣博弈中一个参与人的最优行动取决于他预测另一个参与人会如何行动。

[15] 从技术的角度分析，鲁迪在豁免权挑战赛获胜后的行动结处面临着保住瑞奇还是凯莉的选择。我们指出鲁迪的唯一选择必定是保住瑞奇，因为每一个人都认为他根本不可能选择保住凯莉（鉴于鲁迪-瑞奇联盟）。同样，评判团在最终行动结处也面临着在鲁迪与瑞奇之间选择。此外，先前的结论是在这种情况下鲁迪会赢。

[16] 需要了解和重温有关概率合并规则的读者可以参考第 7 章的附录。

[17] 掌握了概率论知识的读者可以运用更具一般性的符号而非具体数字来求解该博弈，例如本章习题 U10。

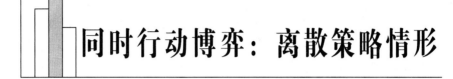

第 4 章

同时行动博弈：离散策略情形

第 2 章曾提及，如果参与人在不清楚对手所做选择的情况下采取行动，这种博弈就被称为同时行动博弈。很显然，参与人在同一时间选择他们各自的行动是一种同时行动博弈。此外，即使这些行动选择不是同时进行的，但若参与人在分别选择各自的行动时，不清楚其他人所做过的和将要做的选择，则这样的博弈也是同时行动博弈（因此，同时行动博弈具有我们在第 2 章第 2.2.4 小节定义下的不完美信息）。本章将重点讨论参与人同时行动的博弈：考虑各种不同类型的同时行动博弈，引入纳什均衡的概念，并且研究单一均衡、多重均衡和无均衡等各种情形。

许多大家熟知的策略场合都可用同时行动博弈加以描述。例如，电视机、立体声音响或汽车的制造商们在不清楚竞争厂商的有关产品决策信息时，决定各自的产品设计和特征；在美国大选中，选民的投票是同时进行的，因为他们都不知道其他人给谁投了票；在罚点球时，守门员和对方射手就必须同时做出决策——守门员不可能等到球被踢出后再决定往哪边扑救，因为这样做就太晚了。

在同时行动博弈中，某个参与人在决策时显然不知道其他人的行动，而且他不能预见其他人对自己的行动将要做出的反应，因为行动的选择是同时进行的，其他人也不清楚他所选的行动。然而，各个参与人都在猜测对手们的行动，同时对手们也在权衡自己的行动。尽管这种循环使得同时行动博弈的分析比序贯行动博弈更难以理解，但分析起来并不困难。在本章，我们将介绍一个简单的均衡概念，它对这种博弈将会有很强的解释力和预测力。

4.1　离散型策略同时行动博弈的描述

在第 2 章和第 3 章，我们曾强调策略是指一套完整的行动计划。而在纯策略同时行动博弈中，各参与人至多只有一次行动机会（虽然这次行动可能包含许多步骤）；如果参与人有多次行动机会，那么这些机会则是构成序列的元素。因此在同时行动博弈中，策略和行动没有明显的区别，并且此时这两个概念可以互为同义词使用。但有一点值得注意：策略可以是在行动集上的随机选择。例如，在体育竞技中，参赛者或参赛队可能有意识地随机选择行动，让对手猜疑不定。这种随机选择的策略被称为**混合策略**（mixed strategy），我们将在第 7 章详细讨论。在本章，我们只讨论最初定义的行动，即**纯策略**（pure strategy）。

在许多博弈中，每个参与人只拥有有限个离散型纯策略供其选择，例如，在篮球比赛中的运球、过人或投篮。而在另一些博弈中，每个参与人的纯策略可以是一个连续区域中的任意一个数，例如，厂商制定的价格。[1] 这种区分对理解均衡的一般概念是没有影响的，但当策略是离散型的时，意思更容易表达一些；同时，求解连续型策略的博弈将需要稍微高深一点的方法。因此，在本章，我们的讨论仅限于离散型纯策略，至于策略是连续型变量的情形，我们将在第 5 章加以介绍。

离散型策略同时行动博弈通常可用**博弈表**（game table）［也称为**博弈矩阵**（game matrix）或**支付表**（payoff table）］来描述，这张表称为博弈的**规范式**（normal form）或**策略式**（strategic form）。不论参与博弈的人数为多少，都可以用支付表进行描述，但是表的维度必须等于参与人的个数。对于两人参与的博弈而言，支付表是二维的并且和平面数据表相似。表中行和列上的文字分别表示了第一个和第二个参与人可选的策略，所以表的规模是由参与人策略的数量决定的。[2] 表中的每个单元格列出了相应策略组合下各个参与人的支付。三人参与的博弈需要一个三维表来刻画，我们在本章稍后会考虑这个问题。

我们用表 4-1 所描述的简单博弈来解释支付表的概念。该博弈没有什么具体的内容，这样便于我们专注地理解概念而不为"故事"所分心。参与人分别被命名为"行"和"列"。"行"有四个选择（策略或行动）：顶、高、低、底；"列"有三个选择：左、中、右。"行"和"列"的每个策略所构成的组合都会产生一个可能的博弈结果，同时每个结果相对应的支付都标注在相应行和列的单元格中。按照惯例，两个支付数值中的第一个是"行"的支付，第二个是"列"的支付。例如，若"行"选择"高"，同时"列"选择"右"，则"行"的支付是 6，"列"的支付是 4。

表 4-1 同时行动支付表

		列		
		左	中	右
行	顶	3, 1	2, 3	10, 2
	高	4, 5	3, 0	6, 4
	低	2, 2	5, 4	12, 3
	底	5, 6	4, 5	9, 7

我们接下来考虑的第二个例子更复杂一些。表 4-2 是非常简化的美式橄榄球单次对局。攻方的球队试图向前移动足球以提高其射门得分的概率，它有四种可能的策略：跑位以及短、中、长三种不同距离的传球。守方可以采用以下三种策略中的一种以牵制

攻方：跑动防守、传球防守、迅速四分卫。攻方试图得分，而守方全力阻止他们的进攻。假设我们对攻守双方的实力有足够的信息，以至可以计算出完成不同对局的概率以及各种策略组合下的期望得分。例如，攻方选择中传，同时守方采取传球防守，我们估算攻方的支付为 4.5 码[3]，而守方的支付为 -4.5 码。类似地，我们在其他单元格中给出了每支队伍的得失的码数。

注意，在该表格的每个单元格中，支付之和等于零：当攻方获得 5 码时，守方失去 5 码；当攻方失去 2 码时，守方获得 2 码。这种情形在体育比赛中很常见，双方的利益正好完全相反。正如第 2 章所提到的，我们将它称为零和（有时候称为常和）博弈。你应该记得零和博弈的定义是，每个单元格的支付之和是相同的常数，不论这个数字是 0、6 还是 1 000。（在第 4.7 节中，我们讨论的博弈是两个参与人的支付之和等于 100。）零和博弈的重要特征是，一个参与人的损失是另一个参与人的收益。

表 4 - 2　美式橄榄球　　　　　　　　　　　　　　　　　　　　　　单位：码

		守方		
		跑动防守	传球防守	四分卫
攻方	跑位	2，-2	5，-5	13，-13
	短传	6，-6	5.6，-5.6	10.5，-10.5
	中传	6，-6	4.5，-4.5	1，-1
	长传	10，-10	3，-3	-2，-2

4.2　纳什均衡

为了分析同时行动博弈，我们有必要考虑参与人是如何选择他们的行动的。回到表 4-1 所示的支付表，我们重点考察其中的一个结果——"行"选择"低"，"列"选择"中"；"行"的支付是 5，"列"的支付是 4。每个参与人都试图选择能获得最高支付的行动，并且在博弈的结果中，给定对手的选择，每个参与人确实都是如此决策的。给定"行"选择"低"，"列"能否通过选择不是"中"的行动而提高支付呢？不能，因为"列"选择"左"只能得到 2，选择"右"只能得到 3，这两个支付都不比他选择"中"时的支付 4 高。因此，"中"是"列"对"行"的行动"低"的**最优反应**（best response）。反过来，当"列"选择"中"时，"行"能否通过选择不是"低"的行动而使自己的境况变得更好些呢？答案也是否定的。因为"行"选择"顶"的支付是 2，选择"高"的支付是 3，选择"底"的支付是 4，这些行动相对于"低"（得到 5）而言，都不能使"行"的境况变好。因此，"低"也是"行"对"列"的行动"中"的最优反应。

"行"的选择"低"、"列"的选择"中"都具有如下性质：他们的选择都是对其他人行动的最优反应。一旦他们做出这样的选择，他们就没有动机独自改变行动。由非合作博弈的定义可知，参与人都是各自独立做出决策的，所以单边改变行动是博弈双方可以思考和选择的全部。正因为没有任何一方想做出如此改变，所以很自然，这种状态就可称为一种均衡，确切地说，是纳什均衡。

更加规范的定义可表述如下：**纳什均衡**（Nash equilibrium）[4] 指的是博弈中的一个策略组合（每个参与人选择一个相应的策略），在其他参与人都坚守这个策略组合中的策略不变的情况下，没有参与人可以通过改变自己的策略而得到一个更高的支付。

□ 4.2.1 纳什均衡概念的进一步解释

为了更好地理解纳什均衡的概念，我们再回到表 4-1 所示的支付表。考察其中一个不是（低，中）的单元格——"行"选择"高"且"列"选择"左"，这样的策略组合是纳什均衡吗？不是，因为如果"列"选择"左"，"行"选择"底"可以得到 5，而选择"高"只能得到 4，所以"行"通过这样的调整而变得更好。与此类似，（底，左）也不是纳什均衡，因为"列"可以通过改选"右"而将其支付从 6 提高到 7。

纳什均衡的定义不要求构成均衡的策略严格优于其他可选的策略。表 4-3 与表 4-1 基本一致，但其中"行"在（底，中）上的支付变成了 5，与他在（低，中）上的支付相同。当"列"选择"中"时，"行"改变行动不能使其境况变得更好。所以当博弈结果是（低，中）的时候，博弈双方都没有动机改变行动，这样便说明（低，中）是一个纳什均衡。[5]

表 4-3 表 4-1 中博弈的变形

		列		
		左	中	右
行	顶	3，1	2，3	10，2
	高	4，5	3，0	6，4
	低	2，2	5，4	12，3
	底	5，6	5，5	9，7

值得强调的是，纳什均衡并不是指所有参与人的支付最优。如表 4-1 所示，策略组合（底，右）的支付为（9，7），这比纳什均衡时的支付（5，4）要好。但是，当参与人独立决策时，策略组合（底，右）是不可维持的。给定"列"选择"右"，"行"若偏离"底"并选择"低"，他可以得到 12 而不是 9。只有防止"背叛"的合作行为，才能获得共同最优的支付（9，7），我们随后将在本章后面讨论这种类型的行为，并且将在第 10 章做更进一步的分析。在这里，我们仅仅指出纳什均衡可能不是所有参与人的利益最优的结果。

为加深对纳什均衡的理解，我们再回到表 4-2 所示的美式橄榄球比赛博弈。若守方选择传球防守，那么攻方的最优选择就是短传（这样可以得到 5.6 码而不是 5 码、4.5 码或 3 码）。反过来，如果攻方选择的是短传，那么守方的最优选择是传球防守——这可以使攻方只前进 5.6 码，而守方在选择跑动防守和四分卫时，将分别输掉 6 码和 10.5 码。在这个博弈中，策略组合（短传，传球防守）是一个纳什均衡，攻方所得到的支付是 5.6 码。

如何发现博弈中的纳什均衡呢？你可以逐个验证各个单元格所对应的策略组合是否符合纳什均衡的定义。这种系统分析的办法虽然简单，但非常烦冗，除非博弈本身很简单或有计算机程序辅助检验均衡的单元格，否则这种方法是不可行的。值得庆幸的是，还有许多适用于特定博弈类型的其他方法，不仅可以更加快速地找到纳什均衡，还可以使我们对信念和选择的形成过程有更好的理解。我们将在随后的小节中介绍这些方法。

□ 4.2.2 纳什均衡：一个信念与选择的体系

在进一步讨论纳什均衡概念的应用之前，我们在这里要澄清几个容易让人误解的问题。我们曾提到，在纳什均衡中每个参与人的选择都是对其他人策略的最优反应，但是参与人都是同时做出这些选择的，那么他们怎么能够对没有发生的事情（至少是在不知道其他参与人的选择的情况下）做出反应呢？

人们无时无刻不在进行同时行动博弈，并且需要经常做出决策。因此，人们必须找到一种替代真实知识或直接观察别人行动的方法。参与人可以盲目地进行猜测，并且期望这些猜测是有效的。然而，他们还有更加系统的方法来分析或计算其他人的策略选择。其中一种方法就是依据经验和观察——如果某人经常与相同或相似的其他人一起进行相同或相似的博弈，那么他就会对其他人的行为有很好的了解，那些非最优的选择将是不会持久的。另一种方法则是使用"想其他人之所想"的逻辑，你可以设想自己是其他参与人并且思考他们是怎么想的，当然，其他参与人也会站在你的立场上考虑你是怎么想的。这种逻辑看起来像个循环，但是有若干种方法可以解除这种循环，我们将在随后的小节中通过例子来说明。纳什均衡可以理解为这种"想其他人之所想"过程的顶点，其中每个参与人都正确地分析出其他人的选择。

无论是通过观察、逻辑推演还是其他方法，博弈的参与人都获得了关于其他人在同时行动博弈中的选择的认识。要找到一个词语来概括这个过程或这个过程的结果是不容易的，它既不是期望，也不是预测，因为其他参与人的行动不是在未来出现的，而是与你的行动同时出现的。博弈论学者经常使用**"信念"**（belief）一词来刻画这个过程或结果，但这个词并不完美，因为相比于实际想说的意思，它包含了过多的确定成分。事实上，我们将在第 7 章允许信念保持一定的不确定性。在没有更好的词语表达的情况下，信念一词还是很有说服力的。

信念的概念也与我们在第 2.2.4 节中讨论的不确定性相关联，在那里我们介绍了策略不确定性。甚至当一个博弈的所有规则——所有参与人可使用的策略和作为每个参与人策略函数的支付——被知晓且没有像天气这样的博弈外部不确定性时，每个参与人也许并不确定其他参与人同一时间采取的行动。同样地，如果过去的行动不可观察，每个参与人不能确定其他参与人过去所采取的行动。在面对这种策略不确定性时参与人该如何选择？他们必须形成自己的主观看法或估计其他人的行动。这就是捕捉信念的概念。

下面我们从信念的角度来理解纳什均衡。我们曾定义纳什均衡为这样一个策略组合：其中每个参与人的策略都是对其他人策略的最优反应。如果某个参与人不知道其他参与人的真实选择，但具有关于他们选择的信念，那么在纳什均衡中，这些信念必须是准确的，即你所认为的和别人所做的是一致的。因此，我们可以将纳什均衡用另一种等价的方式来定义。有这样一个策略组合，每个参与人都选择了一个相应的策略，并且具备如下性质：（1）每个参与人都对其他参与人的策略有正确的信念；（2）给定每个参与人关于其他参与人策略的信念，自己所选择的策略是最优的。[6]

这样理解纳什均衡有两个优点：第一，最优反应的概念不再有逻辑上的缺陷。每个参与人都选择了基于自己业已形成的关于其他参与人行动的信念的最优反应，而不是对没有观察到的其他参与人的真实行动的最优反应。第二，在第 7 章关于混合策略的讨论中，参与人 A 在其策略集上的随机选择可以解释为其他参与人对参与人 A 策略选择的信念的不确定性。现在，我们还是继续同时使用这两种对纳什均衡的解释。

你可能会认为正确信念的形成和最优反应的计算对人们来说很困难，我们将在后面的章节中讨论此类看法以及关于纳什均衡的经验和实验证据，其中第 5 章将讨论纯策略的情形，第 7 章将讨论混合策略的情形。而在本章，正如布丁的味道如何要通过吃来体会一样，我们将在应用中说明和介绍纳什均衡的概念，我们希望在应用中学习能比抽象的讨论更有助于你掌握纳什均衡的优点和弊端。

4.3　占优策略选择

在一些博弈中，某个策略总是优于或劣于另一个策略。如果博弈具有这样的特殊性质，就可用一种专门的方法来寻找纳什均衡，并且对纳什均衡的解释也变得简单了。

大家熟知的**囚徒困境**（prisoners' dilemma）博弈就是一个很好的例子，这类故事也经常出现在电视节目《法律与秩序》（*Law and Order*）中。假设一对夫妇被怀疑共同谋杀了一名年轻女子，他们被带到警察局，侦探格林（Green）和卢普（Lupo）将这两名犯罪嫌疑人分别关在不同的审讯室里，并且进行隔离审问。警方暂无确凿的证据证明是这对夫妇所为，但有一些迹象表明他们曾绑架过受害人。侦探向每个犯罪嫌疑人都讲明这样的政策：即使他们两个谁都不认罪，他们也将被指控犯有绑架罪，分别面临 3 年徒刑；此外，侦探们分别告诉丈夫和妻子，他们已经"知道"整件事情的原委，并且也"知道"有一人是被另一人胁迫参与犯罪的。犯罪嫌疑人们还被暗示，如果一个人认罪，另一个人抵赖，一旦记录下来，那个唯一的认罪者的刑期将大大缩减（几乎在每一集中，此刻荧幕上出现的都是摆放在书桌上的黄色法律便笺和一支铅笔）。最后，这对夫妇还被告知如果他们两人都认罪，刑期将可协商，且比他们中只有一人认罪而另一人抵赖时的抵赖者的刑期要短。

在这样一个由这对夫妇参与的同时行动博弈中，他们可以选择认罪或抵赖。他们都明白，如果没人认罪，他们分别会因绑架罪而服刑 3 年。同时，他们也清楚，若有一人认罪，认罪的一方将因与警方合作而得到一个较短的 1 年刑期，而抵赖的一方将至少被判 25 年。如果双方都选择认罪，他们知道，可以通过谈判，每人各被判 10 年。

将这个博弈的策略选择和结果也用支付表概括，如表 4-4 所示。为了更好地表达两个参与人在相互对局中的关系，"认罪"与"抵赖"又分别被称为"背叛"与"合作"："背叛"是指背离双方默许的安排，"合作"是指采取帮助对方的行动（而不与警察合作）。

表 4-4　囚徒困境　　　　　　　　　　　　　　　　　　　单位：年

		妻子	
		认罪（背叛）	抵赖（合作）
丈夫	认罪（背叛）	10，10	1，25
	抵赖（合作）	25，1	3，3

这里的支付就是在各种情形下该夫妇各自被判入狱的年数，所以更小的数对于参与

人来说才是更好的。在这一点上，这个例子同许多"支付越大越好"的博弈是不同的。借此机会，我们也提醒读者，"支付越大越好"并不总是正确的。在支付数值表示参与人结果的排序时，人们通常使用 1 表示最好的结果，次高的数值代表稍差一点的结果。另外，在零和博弈的支付表中，一个参与人的支付是越大越好，而另一个则是越小越好。在这个囚徒困境中，越小的支付数值对博弈双方都是越好的。因此，如果要构造一个支付越大结果反而越差的支付表，你就必须标明以提醒读者。同时，当你读到其他人的例子时，也要注意这样的问题。

下面我们从丈夫的角度来考虑表 4-4 中的囚徒困境博弈。丈夫必须考虑他的妻子如何选择。如果他认为妻子会选择认罪，那么他的最优选择也是认罪，这样就将被判 10 年，因为若选择抵赖，他将被判 25 年。如果他认为妻子会选择"抵赖"，情况又会怎样呢？他的最优选择仍是"认罪"，因为这样他仅被判 1 年，而选择抵赖则要被判 3 年。因此，在这个特殊的例子里，无论丈夫关于妻子行动的信念是什么，他选择"认罪"总是比选择"抵赖"好。我们称"认罪"是丈夫的**占优策略**（dominant strategy），或者称"抵赖"是**劣策略**（dominated strategy）。相应地，我们可以称"认罪"占优于"抵赖"，或者称"抵赖"劣于"认罪"。

如果对于某个参与人而言，无论其他人如何选择，都有一个策略是最优的，那么我们就有足够的理由相信若此参与人是理性的，则必然会选择这个策略。另外，如果无论其他人如何选择，参与人的某个策略在所有情况下都是比较差的，那么我们也可以肯定一个理性的参与人是不会选择这个策略的。因此，占优的存在为求解同时行动博弈提供了一个强有力的理论基础。

□ 4.3.1 两个参与人都存在占优策略的情形

在上述囚徒困境的例子中，占优使丈夫选择了"认罪"。同理，对于妻子而言，"认罪"也占优于"抵赖"，所以她也将选择"认罪"。因此，（认罪，认罪）构成了这个博弈可以预见的结果，并且这也是一个纳什均衡（事实上，也是该博弈唯一的纳什均衡），因为参与人都选择了他或她的最优策略。

在这个特殊的例子中，参与人的最优选择与他或她对对方行动的信念是否正确无关——这就是占优的含义，但是，由于对手也具有与自己相同的理性，所以每个参与人都必须具有正确的信念，并且其真实行动是对对手真实行动的最优反应。值得注意的是，对于两个参与人而言，"认罪"占优于"抵赖"的事实完全与他们到底是真的有罪（如多次在《法律与秩序》中所发生的一样）还是被人陷害［如电影《幕后嫌疑犯》（*L. A. Confidential*，又名《洛城机密》）中所发生的］无关，而只依赖于由不同入狱年限所决定的支付结构。

任何博弈若具有如表 4-4 所示的支付结构，就可以被称为"囚徒困境"。更明确地说，囚徒困境有三个本质的特征：第一，每个参与人都有两个策略，与对手"合作"（在上述例子中，就是"抵赖"）或"背叛"（"认罪"）；第二，每个参与人都有一个占优策略（"认罪"或"背叛"）；第三，对于两个参与人而言，占优均衡比选择劣策略时（即都选择抵赖或合作时）的非均衡要差。

学习博弈论，掌握囚徒困境这种类型的博弈是非常重要的，具体来说有两个原因：首先，类似囚徒困境的支付结构经常出现在经济、社会、政治甚至生物竞争等诸多不同的策略场合中，广泛的应用性使得囚徒困境值得从策略的角度来加以理解和学习。整个第 10 章和其他章的若干节将介绍这种博弈。

在讨论策略博弈时，囚徒困境之所以重要的第二个原因是其均衡结果非常有趣。博弈双方都选择了占优策略，但是这种均衡结果所产生的支付比他们都选择其劣策略时要低，所以对于参与人来说，囚徒困境的均衡结果是相对不好的。存在比均衡更好的博弈结果，但问题是如何确保参与人相互之间不会彼此欺骗。囚徒困境的这个特点引起了博弈论学者的广泛关注，他们提出了一个显而易见的问题：如何使囚徒困境中的参与人取得一个更好的结果？我们暂时把这个问题留给读者，并继续对同时行动博弈进行讨论，但我们将会在第 10 章对这个问题做出详细的解答。

□ 4.3.2 只有一个参与人存在占优策略的情形

当参与人存在占优策略时，他便会选择这个策略，并且其他人也相信他会这么做。在囚徒困境中，博弈双方都是如此。但在另一些博弈中，这种情况只适用于参与博弈的某一方。若你参与一个博弈，但你没有占优策略，而你的对手却有，那么你便会认为他要选择的就是他的占优策略，并且你也可以相应地选出均衡策略（即你的最优反应）。

我们用一个经常发生在国会和联邦储备银行之间的博弈[7] 来说明这种情形。国会制定财政政策（税收和政府支出），而联邦储备银行负责货币政策（主要是利率）。简化这个博弈看其实质，国会的财政政策选择无非是"预算平衡"或"预算赤字"，联邦储备银行选择的是或高或低的利率水平。实际上，这一博弈并不能被清晰地判定为同时行动博弈，但同样也无从判定哪一方会率先采取行动，如果它们的行动存在先后顺序的话。因此，在这里，我们暂且将这个博弈看成同时行动博弈。在第 6 章，我们将看到当博弈规则不同时，博弈结果也会不同。

几乎所有人都希望税负较轻，但对政府财政资金的要求却来自方方面面，如国防、教育、医疗保健等，同时还有各种具有政治影响的特殊利益团体（包括农民和受到国际竞争损害的产业）需要得到政府的补贴。因此，国会一直都处于降低税收和扩大支出的双重压力下。然而，这些使预算产生赤字的举措可能会加重通货膨胀。联邦储备银行的任务是防止通货膨胀，但是它又不得不面临来自许多利益团体要求低利率的政治压力，特别是那些受益于低抵押贷款利率的私人房产主。较低的利率会刺激厂商对汽车、房屋和资产投资的更高需求，这些需求又会进一步引发高的通货膨胀。只要没有通货膨胀的威胁，联邦储备银行很乐意降低利率。而且，当政府预算平衡时，通货膨胀的威胁也相对较小。考虑以上因素，我们构造了这个博弈的支付矩阵，如表 4-5 所示。

表 4-5 财政政策-货币政策的博弈

		联邦储备银行	
		低利率	高利率
国会	预算平衡	3, 4	1, 3
	预算赤字	4, 1	2, 2

对于国会而言，"预算赤字"和"低利率"并存的结果是最好的（可以得到 4 的支付），并且可以讨好政治中间派。就长远而言，这样的结果可能存在隐患，但每届国会

的任期是短暂的，且其政治眼光也是短浅的。相反，国会最讨厌"预算平衡"和"高利率"并存的结果（只能得到支付 1）。在其他两个结果中，国会更青睐于"预算平衡"和"低利率"并存的结果（可以得到支付 3）。因为这样的结果可以得到那些拥有私人房产的中产阶级的支持，并且在利率较低时，削减政府债务就只需更少的财政支出，所以平衡预算为其他开支和减税创造了空间。

对于联邦储备银行而言，"预算赤字"和"低利率"并存的结果是最坏的（只能得到支付 1），因为这种策略组合将导致最高的通货膨胀风险。相反，它最喜欢"预算平衡"和"低利率"并存的结果（可以得到支付 4），因为这样可以维持较高水平的经济活力，同时也没有过大的通货膨胀风险。在联邦储备银行选择"高利率"时，它更希望国会选择"预算平衡"，因为这样会降低通货膨胀风险。

我们下面来分析这个博弈中的占优策略。如果联邦储备银行认为国会会选择"预算平衡"，那么它自己则会选择"低利率"（因为这样它可以得到支付 4 而不是支付 3）；但如果它认为国会会选择"预算赤字"，则它选择"高利率"将会更好些（这样可以得到支付 2 而不是支付 1）。由此可见，联邦储备银行不存在占优策略。然而，国会却有占优策略。如果国会认为联邦储备银行会选择"低利率"，国会的最优选择是"预算赤字"而不是"预算平衡"（这样可以得到支付 4 而不是支付 3）；如果国会认为联邦储备银行会选择"高利率"，它的最优选择仍是"预算赤字"而不是"预算平衡"（这样可以得到支付 2 而不是支付 1）。因此，"预算赤字"是国会的占优策略。

在这个博弈中，国会的选择是很清楚的，无论它认为联邦储备银行会如何选择，它都将选择"预算赤字"。联邦储备银行在自己决策时，也会考虑到这一点，它相信国会将选择其占优策略（预算赤字），并且在此信念上，联邦储备银行选择了自己的最优策略，即"高利率"。

在这个博弈的均衡结果中，双方的支付都是 2。然而，考察表 4-5，我们会发现，正如囚徒困境博弈一样，存在另外一个可以带给博弈双方更高支付的结果，即（预算平衡，低利率）。其中，国会得到支付 3，联邦储备银行得到支付 4。为什么这个结果不能成为均衡呢？问题就在于国会存在偏离这个较好结果的动机，它会偷偷地选择预算赤字。联邦储备银行知道国会将这样做，并且这将给联邦储备银行带来最差的结果（只得到支付 1），它也会偏离这个结果中的策略而选择"高利率"。在第 6 章和第 9 章，我们将考虑博弈双方如何走出这种困境，最终达成对于双方都更好的结果。但有一点值得说明，许多国家在许多时期，这两个政策的制定机构都陷入了坏的结果：财政政策过于宽松，而为保持低的通货膨胀水平，货币政策往往过紧。

□ 4.3.3 重复剔除劣策略

迄今为止，在我们所考虑的博弈中，每个参与人只有两个可选的纯策略。在这样的情形下，如果一个策略是占优策略，则另一个必然是劣策略，所以选择占优策略就等同于剔除劣策略。而在规模更大的博弈中，或许没有单个策略占优于其他所有策略，但可能也存在一些策略劣于其他某些策略。如果参与人发现自己处于这样一种博弈中，他们可以通过将劣策略从可选策略中剔除的办法求得均衡。剔除劣策略缩小了博弈的规模，得到的"新"的博弈又可能出现对于同一个参与人或其他参与人而言的另外一些劣策略，进而又可以继续剔除这些劣策略；或者在"新"的博弈中，某个参与人存在占优策略。**重复剔除劣策略**（successive or iterated elimination of dominated strategies）的过程可以剔除劣策略或缩小博弈的规模，直到不能进一步剔除为止。如果这个过程最后只剩下唯一的结果，那么这个博弈就被称为**占优可解**（dominance solvable）博弈，这个结果就是博弈的纳什均衡，并且最终剩下的策略是每个参与人的均衡策略。

我们用表4-1中的博弈作为例子，来介绍重复剔除劣策略的过程。首先考虑"行"的策略，如果"行"的某个策略总是带来低于其他策略的支付，那么这个策略就是劣策略，并可将之从"行"的均衡策略中剔除。在这里，"高"是"行"唯一的劣策略，它劣于"底"。如果"列"选择"左"，"行"选择"底"得到支付5，而选择"高"仅得到4；如果"列"选择"中"，"行"选择"底"得到支付4，而选择"高"仅得到支付3；如果"列"选择"右"，"行"选择"底"得到支付9，而选择"高"仅得到支付6。所以我们可以剔除"高"。反过来，我们检查"列"是否存在可以被剔除的劣策略。我们发现"左"对"列"来说劣于"右"（推理同上，1<2，2<3，以及6<7），但要注意，在"行"的"高"被剔除之前，我们不能这么说；因为若"行"选择"高"，"列"选择"左"得到支付5，而选择"右"仅得到支付4。因此，"行"的"高"被剔除是"列"的"左"被剔除的前提。在剩下的策略中（"行"还有"顶""低""底"，"列"还有"中""右"），对于"行"而言，"顶"和"底"都劣于"低"。当"行"的策略只剩下"低"时，"列"便可选择其最优反应"中"。

因此，如表4-1所示的博弈是占优可解的，其结果是（低，中），支付是（5，4）。在原先利用这个例子解释纳什均衡的概念时，我们就已知这个结果是纳什均衡。下面我们来进一步考察参与人形成正确信念的思维过程。"行"若是理性的，就不会选择"高"；理性的"列"认识到这一点，就会在"行"剩下的策略集中思考如何选择自己的策略，进而决定不选择"左"。反过来，"行"也认识到这些，进而不会选择"顶"和"底"。最终，"列"识破了所有这一切，选择了"中"。

另外一些博弈不是占优可解的，或者重复剔除劣策略不能获得唯一的均衡。即使是这样，一些劣策略的剔除也可以缩小博弈的规模，并且使得采用后面小节中介绍的方法求解均衡更加容易。因此，即使剔除劣策略不能完全解出博弈的均衡，劣策略的剔除也是解大型同时行动博弈的有用步骤。

迄今为止，在我们所考虑的劣策略的剔除中，支付的大小都可以明确地做出比较。但是，如果某些支付相等，又该如何处理呢？考虑如表4-3所示的变形后的博弈，其中"高"（"行"的策略）和"左"（"列"的策略）也都被剔除。随后，"低"仍占优于"顶"，但"低"与"底"的占优关系就不那么明确了。当"列"选"右"时，"行"选"低"比选"底"好；而当"列"选"中"时，"行"选"低"和"底"的支付相同。因此，对于"行"来说，我们称"低"弱占优于"底"。与此相对，"低"强占优于"顶"，因为在此时"列"只剩下两个策略"中"和"右"，"行"选"低"的支付要严格高于选"顶"的支付。

这里提醒读者注意，重复剔除弱劣策略可能会遗漏一些纳什均衡。考虑另一个博弈，如表4-6所示。我们引入罗伊娜作为行参与人，引入科林作为列参与人。[8] 对罗伊娜而言，"下"弱占优于"上"，因为当科林选"左"时，罗伊娜选"下"所得的支付比选"上"高；而当科林选"右"时，罗伊娜选"上"所得的支付和选"下"一样高。类似地，对科林而言，"右"弱占优于"左"。占优可解告诉我们（下，右）构成纳什均衡，但我们还要注意到（下，左）和（上，右）也是纳什均衡。我们来看看（下，左）为什么是纳什均衡。当罗伊娜选择"下"时，科林不能通过背离"左"转向选择"右"而得到更高的支付；当科林选择"左"时，罗伊娜的最优反应是选择"下"。同理，我们可以验证（上，右）也是一个纳什均衡。

表 4-6　弱劣策略的剔除

		科林	
		左	右
罗伊娜	上	0, 0	1, 1
	下	1, 1	1, 1

因此，如果你运用了弱占优来剔除某些策略，最好还是用其他方法（比如下一节中的方法）检查一下，看看你是否错过了一些其他的均衡。重复剔除劣策略所得的占优解是对博弈中可能的纳什均衡的合理预测，但是仍然要注意多重均衡的存在性。在随后的章节中，我们将讨论这些问题，第 5 章将讨论多重均衡，第 6 章将讨论同时行动博弈和序贯行动博弈的相互联系。

4.4　最优反应分析

在许多同时行动博弈中，占优策略和劣策略是不存在的，或者尽管存在一个或几个劣策略，但劣策略的重复剔除不足以达到最终的唯一均衡。在这些情况下，我们需要借助其他方法来进一步寻找博弈均衡。虽然我们要寻找的纳什均衡仍是每个参与人都在给定其他人选择的情况下做出的各自的最优选择，但我们将采用的方法是更加严密的策略思维推理，而不仅仅是简单地剔除劣策略。

下面我们来介绍一种系统地寻找纳什均衡的方法，你将在以后的分析中发现这种方法非常有用。开始时我们不要求信念的正确性，并轮流站在每个参与人的立场上思考以下问题：在其他参与人可能的每种策略组合下，"我"的最优选择是什么？这样一来，我们就可以找出每个参与人对所有其他参与人可选策略的最优反应。用数学的语言来表达，就是每个参与人的最优反应策略依赖于其他参与人的可选策略，或者说是其他参与人可选策略的函数。

让我们重新回到"行"和"列"进行的博弈，并且将它复制成表 4-7。我们首先考虑"行"的反应。如果"列"选择"左"，"行"的最优反应是"底"，得到支付 5。我们在这个支付表中的相应支付上画圆圈来表示最优反应。如果"列"选择"中"，"行"的最优反应是"低"（也是得到支付 5）。如果"列"选择"右"，"行"的最优反应仍然是"低"（可以得到支付 12）。我们仍然在"行"的相应支付上画圆圈来标明其最优反应。类似地，我们在"列"的支付 3（"中"是对"行"选"顶"的最优反应）、支付 5（"左"是对"行"选"高"的最优反应）、支付 4（"中"是对"行"选"低"的最优反应），以及支付 7（"右"是对"行"选"底"的最优反应）上画圆圈，标明其最优反应。[9] 我们发现单元格（低，中）中的两个支付都被画上了圆圈，因此就说明"行"的策略"低"和"列"的策略"中"同时是对对方策略的最优反应。这样，我们就找到了这个博弈的纳什均衡。

表 4-7 最优反应分析

		列		
		左	中	右
行	顶	3，1	2，③	10，2
	高	4，⑤	3，0	6，4
	低	2，2	⑤，④	⑫，3
	底	⑤，6	4，5	9，⑦

最优反应分析（best-response analysis）是一种全面寻找博弈中所有可能的纳什均衡的方法。你可以利用本章的其他博弈来练习这种方法，进而提高对最优反应分析的理解。在存在占优策略的博弈中，运用这种方法是非常有意思的。如果"行"有占优策略，那么他对"列"的所有策略的最优反应都是一个相同的策略，所以他的最优反应将水平地排列在同一行中。类似地，如果"列"有占优策略，那么他对"行"的所有策略的最优反应将会垂直地排列在同一列中。你可以运用这种方法，看看表 4-4 的夫妻囚徒困境和表 4-5 的"国会-联邦储备银行"博弈的纳什均衡是如何出现的。

正如占优不能解出一些博弈的均衡一样，最优反应分析在一些博弈中也不能找到纳什均衡。虽然同样都是没有找到均衡，但最优反应分析却比占优分析提供了更多的信息。如果对一个离散型策略的博弈进行最优反应分析，没有发现纳什均衡，那么该博弈就不存在纯策略纳什均衡，我们将在第 4.7 节中分析这种类型的博弈。在第 5 章，我们将最优反应分析运用到参与人策略是连续型变量的博弈中，例如价格或广告支出，并且通过绘制最优反应曲线来辅助寻找纳什均衡。由于策略选择的连续性，我们将会发现这种博弈几乎都有纳什均衡。

4.5 三人参与的博弈

到目前为止，我们所讨论的博弈都只有两个参与人。然而，所有曾讨论过的寻找纯策略纳什均衡的分析方法都适用于包含任何数目参与人的同时行动博弈。若参与人的数目多于两人，且每人只拥有相对较少数目的纯策略，我们仍可以使用支付表进行分析，正如在本章的前 4 节一样。

在第 3 章，我们曾描述过一个三人博弈，其中每个参与人只拥有两个纯策略，该博弈的三个参与人埃米莉、尼娜和塔莉娅分别要决定是否为修建街心花园做贡献。假设三人都为花园做贡献不如仅有两人做贡献好；如果只有一人为花园做贡献，则花园中的花会太少，这样的结果和没有花园时一样糟。假设三人同时做决策，且博弈的结果和支付有多种可能，花园的规模和美丽程度取决于贡献者的数量：如果三人同时都做贡献，花园是最大和最美的；如果只有两人做贡献，花园的规模和美丽程度中等；如果仅有一人做贡献，花园是最小的，且最不美丽。

站在埃米莉的角度考虑街心花园博弈，我们发现存在六种可能的结果。埃米莉可以选择做贡献或不做贡献；与此同时，尼娜和塔莉娅都选择做贡献，或者都选择不做贡献，又或者她们中仅有一人选择做贡献。对于埃米莉来说，当她的两个好心邻居都选择做贡献而她自己选择不做贡献时，她将得到最好的结果，其支付为6。此时，埃米莉享有一个中等规模的花园，而不用自己花钱。如果埃米莉同另外两人一样都选择了做贡献，她将享有一个大而美丽的花园，但由于自己也花了钱，所以在这种结果上她所得的效用是次高的，其支付为5。

另外，当尼娜和塔莉娅都选择不做贡献时，埃米莉也倾向于不做贡献。如果埃米莉一人要承担大家共享的公共花园的所有费用，那么她还不如将花栽在自己的院子里。因此，若其他两人都不做贡献，埃米莉认为自己选择做贡献时得到1，而选择不做贡献时得到2。

介于以上两种情况之间的是尼娜和塔莉娅中仅有一人为花园做贡献。此时，埃米莉知道她可以在自己不做贡献的情况下享有一个小的花园。另外，她认为如果自己做贡献进一步扩大花园的规模，其成本超过了收益的增量。因此，她认为在自己选择不做贡献而享有一个小花园时，支付为4；而自己做贡献将花园扩建成中等规模时，支付为3。关于做贡献和花园规模的成本及收益，尼娜和塔莉娅的观点与埃米莉一致，所以她们也按埃米莉的方法给不同的结果评分——如自己做贡献而其他人都不做贡献时是最差的，等等。

如果参与花园博弈的这三位女士在选择是否做贡献时不清楚相互的行动，那么该博弈就是一个三人参与的同时行动博弈。为了寻找该博弈的纳什均衡，我们需要列出支付表。对于三人参与的博弈来说，支付表应该是三维的，其中第三个参与人的策略对应于一个新的维度。要在二维支付表上增加一维，最简单的方法就是增加页面，支付表的第一个页面给出第三个参与人选择第一个策略时各个参与人的支付，第二个页面给出第三个参与人选择第二个策略时各个参与人的支付，依此类推。

街心花园博弈的三维支付表，如表4-8所示。行对应于埃米莉的策略，列对应于尼娜的策略，页面则对应于塔莉娅的策略。我们将两个页面并排画在一起，以便于同时查看所有的结果。在各个单元格中，支付按行参与人、列参与人和页参与人的顺序排列，在本例中，依次便是埃米莉、尼娜和塔莉娅的支付。

表4-8　街心花园博弈

塔莉娅做贡献			
		尼娜	
		做贡献	不做贡献
埃米莉	做贡献	5，5，5	3，6，3
	不做贡献	6，3，3	4，4，1

塔莉娅不做贡献			
		尼娜	
		做贡献	不做贡献
埃米莉	做贡献	3，3，6	1，4，4
	不做贡献	4，1，4	2，2，2

首先，我们考察各个参与人是否存在占优策略。在单页的支付表中，这种考察是非常简单的，我们只需比较参与人一个策略所对应的结果和她的另一个策略所对应的结果。对于行参与人而言，就是比较支付表上相对应的各行；对于列参与人而言，就是比较相对应的各列。然而在这个三维支付表中考察是否存在占优策略，我们必须联合考虑支付表上的两个页面。

对于埃米莉而言，比较支付表的两个页面上的各行发现：当塔莉娅做贡献时，埃米莉的占优策略是不做贡献；当塔莉娅不做贡献时，埃米莉的占优策略也是不做贡献。因此，无论其他人如何选择，埃米莉的最优选择都是不做贡献。与此类似，我们还发现——在支付表的两个页面上——尼娜的占优策略都是不做贡献。当考察塔莉娅的占优策略时，我们就要小心一点。比较塔莉娅选择做贡献时和选择不做贡献时的支付，我们要保持埃米莉和尼娜的行动不变，即我们要横跨支付表的两个页面来比较相对应的单元格——如比较第一个页面上位于左上角的单元格和第二个页面上位于左上角的单元格，如此等等。正如前两个参与人一样，分析得出不做贡献也是塔莉娅的占优策略。

在这个博弈中，每个参与人都有一个占优策略，这些策略的组合便构成了纯策略纳什均衡。在街心花园博弈的纳什均衡上，三个参与人都选择不做贡献，并且得到了次差的支付；花园没有建成，但没有人花钱。

请注意，这个博弈又是一个囚徒困境的例子。在该博弈唯一的纳什均衡上，参与人所得的支付仅为2，但该博弈的另一个结果——三个参与人都为花园做贡献——使得她们能得到更高的支付5。虽然参与人都为建设花园做贡献对于她们来说是更好的，但是没有人有这样的动机。因此，花园以这种方式筹款是不可能被建成的，除非通过征税的方式来筹建，因为小镇的政府可以要求居民为此纳税。在第11章，我们将碰到更多这样的集体行动困境的例子，并将学习一些解决这类问题的方法。

我们也可以用最优反应分析来求解这个博弈的均衡，如表4-9所示。因为不做贡献对于每个参与人来说都是占优策略，所以埃米莉的最优反应都是在不做贡献那一行上，尼娜的最优反应都是在不做贡献的那一列上，塔莉娅的最优反应也都是在不做贡献的那一页上。右下角的单元格有三个；最终，我们找出了纳什均衡。

表 4-9　运用最优反应分析解街心花园博弈

塔莉娅做贡献		
	尼娜	
	做贡献	不做贡献
埃米莉　做贡献	5, 5, 5	3, ⑥, 3
埃米莉　不做贡献	⑥, 3, 3	④, ④, 1

塔莉娅不做贡献		
	尼娜	
	做贡献	不做贡献
埃米莉　做贡献	3, 3, ⑥	1, ④, ④
埃米莉　不做贡献	④, 1, ④	②, ②, ②

4.6 纯策略博弈的多重均衡

到目前为止，我们所考虑的博弈都只有一个纯策略纳什均衡，但一般来说，博弈可能包含多个均衡。我们将用一类应用较广的博弈来说明这种情况。这类博弈被称为**协调博弈**（coordination game），其中参与人之间存在某些共同（但不完全一致）的利益，但是由于他们的决策是相互独立的（非合作博弈的性质），要协调行动以达到共同偏好的结果也不是那么容易。

□ 4.6.1 哈利会遇见莎莉吗？完全协调博弈

为了更好地说明上述观点，设想有两个大学生哈利和莎莉，他们在学校的图书馆相遇，并且聊得很愉快。[10] 正当意犹未尽之际，他们又马上得回到各自的教室去上课，所以他们约好在 4:30 下课后一起喝咖啡。可是正当上课的时候，他们惊奇地发现刚才竟忘了约定见面的地点。有两个地方可供选择，星巴克和本地咖啡店，但不巧的是，这两个地方分别位于偌大的校园的两个相反方位，所以不能同时去这两个地方。另外，哈利和莎莉没有交换过手机号码，故又不能发信息联系。那他们该怎么办呢？

将这个事件看成一个博弈，并用支付矩阵来刻画，如表 4-10 所示。每个参与人有两个选择——星巴克和本地咖啡店。如果他们相遇，则所得支付为 1；如果没有相遇，则支付为 0。运用最优反应分析方法，我们很快发现这个博弈有两个纳什均衡：一个是他们都选择去星巴克，而另一个是他们都选择去本地咖啡店。达成均衡对于他们双方来说都是有利的，但具体是哪一个均衡得到实现就无关紧要了，因为他们在这两个均衡上的支付相等。采取哪一个行动并不重要，关键是他们的行动要协调一致，这就是这种类型的博弈被称为**完全协调博弈**（pure coordination game）的原因。

表 4-10　完全协调博弈

		莎莉	
		星巴克	本地咖啡店
哈利	星巴克	1, 1	0, 0
	本地咖啡店	0, 0	1, 1

然而，他们能够行动统一吗？或者是否最终他们分别到了不同的咖啡店，还认为是对方爽约了？后一种可能是存在的。哈利可能认为莎莉会去星巴克，因为莎莉曾说过她上课的教室在校园中星巴克的那一边，但莎莉想的可能与哈利的行动完全相反。当多个纳什均衡存在时，参与人若想要成功地做出选择，他们就需要用某些方法来统一关于对方行动的信念和期望。

上述情况与第 1 章"哪个轮胎爆了"的博弈相似，在那里我们将协调机制称为**聚点**（focal point）。在本例中，可能两家咖啡店中的某一家是学生们众所周知的活动场所，但是仅仅哈利知道这一点是不够的，他还得确信莎莉也知道，以及莎莉知道他也知道，依此类推。换言之，他们的期望必须收敛于聚点。否则，哈利不能确定莎莉要去哪里，因为他不知道莎莉对他要去哪里是怎么想的，相同的疑问将会出现在第三阶、第四阶或更高阶数的期望上。[11]

我们中的一位（迪克西特）曾在课堂上向学生提出过这个问题，大一的学生一般会选择星巴克，大三和大四的学生往往会选择校园学生活动中心的咖啡店。这样的回答是非常容易理解的——大一的学生由于来校园的时间较短，所以他们的期望都集中在大家熟知的全国连锁的咖啡店；在大三和大四的学生眼中，适应当地的消费习惯是更好的选择，所以他们会期待他们的同伴也这么想。

如果某家咖啡店用橙色装饰，而另一家用深红色装饰，那么在普林斯顿，前者就是一个聚点，因为橙色是普林斯顿的标志色；而在以深红为标志色的哈佛，后一家咖啡店才是一个聚点。如果一个是普林斯顿的学生而另一个是哈佛的学生，那么他们就很难相遇了，这是由于他们都认为自己的标志色应该成为首选，或者都认为对方很顽固而试图迁就对方。一般来说，协调博弈中的参与人要找到聚点，就必须有某些他们都知道的"连接点"，无论是历史的、文化的还是语言的。

□ 4.6.2 哈利会遇见莎莉吗？在哪儿遇见？安全博弈

现在我们稍微改动一下该博弈的支付。大三和大四学生的行为表明博弈双方对去哪一家咖啡店并不是一点都不在意，可能某家咖啡店的咖啡比另一家好，或者某家咖啡店的氛围比另一家好，或者他们想去一家学生不常去的咖啡店，以免碰到以前的男朋友或女朋友。假设博弈双方都喜欢本地咖啡店，则他们在本地咖啡店相遇时的支付为 2，而在星巴克相遇时的支付为 1。新的支付矩阵如表 4-11 所示。

表 4-11 安全版本

		莎莉	
		星巴克	本地咖啡店
哈利	星巴克	1, 1	0, 0
	本地咖啡店	0, 0	2, 2

在这个新的博弈中，仍有两个纳什均衡，但参与人更偏好双方都去本地咖啡店的均衡。然而，喜欢这个结果并不代表能实现这个结果，重要的（也是我们经常分析到的）是支付必须是共同知识——博弈双方必须知道整个支付矩阵，并且知道对方也知道，如此等等。如果博弈双方曾讨论过这两家咖啡馆的相对优点，并且达成了共识，在博弈中仅仅是忘了明确地说在本地咖啡店会面，那么他们就具备了这样的共同知识。即便这样，哈利也可能认为莎莉有理由选择星巴克，或者认为莎莉对他的行动也会这么想，如此等等。如果关于行动的预期没有形成真正的**预期收敛**（convergence of expectations），他们有可能会走向较差的均衡，更有甚者，他们不能统一行动，都只得到为 0 的支付。

再次强调，在如表 4-11 所示的博弈中，参与人仅当对对方选择适当的行动有充分信心时，他们才能达成双方都更偏好的均衡。因此，这个博弈又被称为**安全博弈**（assurance game）。[12]

在现实生活中，如果参与人之间进行一定的沟通，上述信心是容易具备的。当参与人之间的利益完全一致时，如果一人对另一人说"我要去本地咖啡店"，则另一人是不会怀疑这句话的真实性的，并且他也会去那里，从而得到相互都满意的结果。这也是我们要用两个分别在不同地方上课且无法沟通的学生来编造这个故事的原因。如果参与人之间的利益是冲突的，开诚布公的沟通就会有问题，我们将在第8章讨论信息的策略性操纵时分析这个问题。

在更大规模的团体中，沟通可以通过安排会议或发布消息来实现。这些方式仅当每个人都知道其他所有人都在关注这些方式的时候才有效，因为成功协调是使渴望得到的均衡成为一个聚点的前提，所有参与人的期望必须收敛于这个聚点，并且每个人都知道其他人也知道……同时，每个人都选择这个聚点上相应的策略。许多社会制度和规则就起到了这样的作用。开会时，参会者通常是围坐成一个面朝里面的圆圈，目的就是让每个人都知道其他人也在关注。"超级碗"（Super Bowl）期间的广告就是为了让每个观众都知道许多其他人和自己一同在观看，特别是当它们被提前宣布以吸引注意时。基于这个道理，如果某些商品的消费者看到其他人购买时自己就更想买，那么生产这些商品的厂商就非常喜欢做广告，其中包括计算机业、通信业和互联网业。[13]

□ 4.6.3 哈利会遇见莎莉吗？在哪里遇见？性别战

下面我们再在咖啡店选择博弈中加入新的元素，设想两个参与人渴望相遇，但他们分别喜欢的是不同的咖啡店。若在星巴克会面，哈利可以得到为2的支付，而莎莉只能得到为1的支付；若在本地咖啡店会面，莎莉可以得到为2的支付，而哈利只能得到为1的支付。这个支付矩阵如表4-12所示。

表 4-12　性别战

		莎莉	
		星巴克	本地咖啡店
哈利	星巴克	2, 1	0, 0
	本地咖啡店	0, 0	1, 2

该博弈被称为**性别战**（battle of the sexes），这个名字源于20世纪50年代的女权主义运动中的一个故事，是博弈论学者为说明这种支付结构而特地编造的。故事讲的是，丈夫和妻子要选择到底是去看拳击比赛还是去看芭蕾舞。可能是由于进化中的遗传因素，丈夫喜欢看拳击比赛，而妻子则喜欢看芭蕾舞。"性别战"这个名字就由此得来，我们在这里也继续使用它，但要声明我们的这个例子没有性别歧视色彩。

这个博弈的结果如何呢？答案是仍然存在两个纳什均衡。如果哈利认为莎莉会选择去星巴克，那么他的最佳选择也是去星巴克，反过来也是如此。同样的道理，本地咖啡店也是一个纳什均衡。为了实现其中某个纳什均衡，并避免两个人去不同咖啡店的结果，参与人需要一个聚点或者预期收敛，就好像在完全协调博弈和安全博弈中一样。但在性别战中，协调失败的风险要更大一些。参与人最初的情况是完全对称的，但在两个纳什均衡上，他们的支付是不对称的，而且他们对这两个均衡的偏好是有冲突的，哈利更喜欢在星巴克会面，而莎莉更喜欢在本地咖啡店会面。他们必须找到一种打破对称的办法。

为了达到他或她所偏好的均衡，参与人可以试着表现得强硬一点，从而引导对方选择相应的策略去实现那个对自己有利的均衡。这种参与人采用的达成自己所偏好均衡的事先措施被称为策略性行动，我们将在第9章详细讨论。另外，参与人也可以表现得和善一点。比如上一次莎莉为了让哈利高兴，陪他一起去了星巴克，那么这一次哈利为了回报莎莉，他便会选择去本地咖啡店，虽然这对自己是相对不利的。在欧·亨利（O. Henry）的短篇小说《麦琪的礼物》（*The Gift of the Magi*）中，夫妇为对方选择圣诞礼物也有一个与此类似的故事。再者，如果博弈是可重复的，协调也可通过谈判来成功地实现。例如，参与人可以事先商定轮流去这两家咖啡店。在第 10 章关于囚徒困境的讨论中，我们将分析这种发生在重复博弈中的默许合作。

□ 4.6.4 詹姆斯会遇见迪恩吗？懦夫博弈

本节中的最后一个例子也是一个协调博弈，但与前面的例子稍有不同。在该博弈中，参与人要尽量避免而不是选择那些一致的行动。此外，协调失败的后果也是非常悲惨的。

这个例子源于发生在 20 世纪 50 年代的死亡游戏：两个美国青年开着车于午夜时分在美国某地（Middle-of-Nowhere）的主干道（Main Street）上相向行驶，他们试图撞向对方。如果谁调头回避相撞，那么这个人就是"懦夫"；如果谁勇敢地径直向前，那么这个人就是"勇士"。可以想象，两人都选择径直向前的后果是车毁人亡。[14]

懦夫博弈（chicken）的支付取决于参与人对"坏"结果的评价和认可程度，即是车毁人亡更"坏"还是被认为是懦夫更"坏"。如果参与人认为尊严受损要好于车毁人亡，如表 4-13 所示的支付结构就是对 20 世纪 50 年代的懦夫博弈的合理刻画。每个参与人都希望获胜，让对方成为懦夫，同时也最不希望发生车祸。除此之外，双方都成为懦夫的结果要比只有自己当懦夫的结果好。

表 4-13　懦夫博弈

		迪恩	
		转向（懦夫）	径直向前（勇士）
詹姆斯	转向（懦夫）	0, 0	−1, 1
	径直向前（勇士）	1, −1	−2, −2

懦夫博弈有四个本质特征：第一，每个参与人都同时有一个"强硬"策略和一个"软弱"策略；第二，博弈有两个纯策略纳什均衡，其中在每个均衡上恰好有一个参与人是懦夫或表现得软弱；第三，每个参与人都严格偏好对手选择当懦夫或表现软弱的均衡；第四，两个参与人都表现强硬的结果是最差的。在这类博弈中，真正的博弈变成了双方就如何达到各自所偏好的均衡展开的较量。

我们现在回到了与曾讨论过的"性别战"相似的情形，可以想象真实生活中的懦夫博弈要远比"性别战"残酷——获胜的收益很大，但相撞的损失也很大。因此，利益的冲突和参与人支付的不对称性等问题都在这里被强化了。每个参与人都试图影响博弈的结果。一种可能的情形是造成大家都认为他必定采取强硬策略的氛围以威胁对手。[15]另一种可能的情形则是通过做出显而易见的和无可置疑的要径直向前的承诺，让对手相信自己是不会当懦夫的（在第 9 章，我们将讨论如何做出这样的承诺行动）。此外，如果可能的话，博弈双方都会试图避免悲惨（撞车）结果的发生。

我们曾在"性别战"中谈到过，如果博弈被重复多次，默许的协同是达成均衡的较好途径。这里也是如此，如果这两个青年在每周六的午夜都来玩这个游戏，则他们在考虑均衡策略时便会参考过去和未来的结果。这样一来，他们就会理性地轮流选择这两个均衡，也就是轮流当勇士和懦夫（但是，如果还有其他人知道这个规则，博弈双方则会颜面无存）。

最后，在这些协调博弈中有个问题值得注意，纳什均衡的概念要求每个参与人都具有关于其他人策略选择的准确信念。当我们寻找纯策略纳什均衡时，纳什均衡的概念要求每个参与人都确信其他人的选择。然而，在我们关于协调博弈的分析中，参与人对其他参与人行动的期望充满了不确定性，那么又如何将这些不确定性纳入我们的分析呢？在第7章，我们将引入混合策略的概念，即真实的选择是可选行动的随机组合，有了这样的理解，纳什均衡的概念就可推广到参与人不能确信相互行动的情形。

4.7 不存在纯策略纳什均衡的情形

到目前为止，我们所考虑的每个博弈都至少有一个纯策略纳什均衡，如第4.6节中的那些博弈有多个均衡，在更前面的章节中某些博弈则仅有一个均衡。然而，在学习策略和博弈论时，并非我们所遇到的所有博弈都存在这种可简单加以定义的解——其中，每个参与人总是选择某一特定的行动作为均衡策略。在本节中，我们将讨论那些不存在纯策略纳什均衡的博弈——在这些博弈中，没有参与人一直都选择某个特定行动来作为均衡策略。

网球比赛是个简单的例子，可以用来说明某些博弈没有纯策略纳什均衡的存在。设想一场比赛，由两个顶尖的女子选手纳芙拉蒂洛娃和埃弗特对决。[16] 在网前的纳芙拉蒂洛娃把球打给站在底线的埃弗特，而埃弗特要准备回击，她可以选择打底线球（DL；快速直球）或者是打斜线球（CC；慢速对角球）。纳芙拉蒂洛娃也必须准备往哪边防守，每个参赛者都清楚她们的行动计划不能让对手知道，因为这会被对手利用。纳芙拉蒂洛娃可以朝埃弗特将会击球的那边防守，而埃弗特可以把球打到纳芙拉蒂洛娃没有防守的那一边。如果我们假设双方都能隐藏自己的意图，直到要行动的最后一刻，那么她们的行动就是同时进行的，这场网球赛也是同时行动博弈。

网球博弈中的支付，是指在某一特定击球和防守的回合中双方赢球的概率。假设底线球比斜线球更有威胁力；若纳芙拉蒂洛娃防守时选错边，埃弗特更有可能获胜。这样我们可以求得合理的支付结构：如果纳芙拉蒂洛娃防守斜线球，则埃弗特打底线球有80%的获胜概率；如果纳芙拉蒂洛娃防守底线球，则埃弗特打底线球只有50%的获胜概率。同理，如果纳芙拉蒂洛娃防守底线球，则埃弗特打斜线球有90%的获胜概率；如果纳芙拉蒂洛娃防守斜线球，则埃弗特打斜线球的获胜概率降到20%。

显然，纳芙拉蒂洛娃赢球的概率是100%减去埃弗特赢球的概率，所以这是一个零和博弈（虽然从技术上来说，两人的支付之和是100%）。我们可以只在支付表中写出埃弗特的支付即可。表4-14给出了四种不同可能结果下埃弗特赢球的概率。

表 4-14 纯策略均衡不存在的情形（%）

		纳芙拉蒂洛娃	
		DL	CC
埃弗特	DL	50, 50	80, 20
	CC	90, 10	20, 80

解同时行动博弈的规则告诉我们，首先是找占优策略或劣策略，然后使用最优反应分析的方法来寻找纳什均衡。可以发现，双方均不存在占优策略，那么就继续使用最优反应分析方法。我们发现，埃弗特对 DL 的最优反应是 CC，对 CC 的最优反应是 DL。相反地，纳芙拉蒂洛娃对 DL 的最优反应是 DL，对 CC 的最优反应是 CC。表格中的每个单元格都不是纳什均衡，因为总会有人想要改变她的策略。比如，如果我们从表中左上方的单元格开始，我们会发现埃弗特希望从 DL 偏离到 CC，这样可以将她的支付从 50％增加到 90％。但是在左下方的单元格中，我们发现纳芙拉蒂洛娃希望从 DL 转移到 CC，这样可以将她的支付从 10％增加到 80％。你可以验证，埃弗特又会希望偏离右下方的单元格，而纳芙拉蒂洛娃希望偏离右上方的单元格。所以在支付表的每一个单元格中，都会有一个参与人想改变策略，然后我们就沿着支付表无休止地绕圈，找不到任何均衡。

在这类不存在纯策略纳什均衡的博弈中，关键不是参与人应该做什么，而是参与人不应该做什么。尤其是在面对这种情形时，参与人不应该总是选择相同的策略，否则对手将会有机可乘。（如果埃弗特总是打斜线球，纳芙拉蒂洛娃就会察觉到这一点，并且每次都防守斜线球，从而降低了埃弗特赢球的概率。）参与人理性的出招方式不应该服从某种规律，而应力求出奇制胜，所以每一种策略的采用都只能持续一段时间。（埃弗特应该以足够的频率使用她比较弱的策略，这样纳芙拉蒂洛娃才猜不准她的击球方式，但是她也不应该以固定形式采取这两种策略，因为这样的战术也可为对方所掌握。）如果参与人随机选择她的行动，那么她使用的策略就被称为混合策略（mixing strategy），这在第 7 章将被着重讨论。表 4 - 14 所示的博弈不存在纯策略纳什均衡，但存在混合策略纳什均衡，第 7 章第 7.1 节将告诉我们这一结论是如何得到的。

4.8　总　　结

在同时行动博弈中，参与人必须在不知道其他人行动的情况下做出选择。这种博弈可用支付表来描述，支付表的各个单元格给出了参与人的支付，支付表的维度等于参与人的数目。在二人零和博弈中，支付表可只给出其中一个参与人的支付即可。

纳什均衡是同时行动博弈中解的概念，它是一个由参与人策略所构成的组合，其中每个参与人只选择一个策略，每个策略是对其他人策略的最优反应。纳什均衡也可被定义为这样一种策略组合：其中每个参与人都具有关于其他参与人策略选择的准确信念，并且给定这些信念，参与人的策略都是最优的。寻找纳什均衡，可以采用寻找占优策略法、重复剔除劣策略法以及最优反应分析方法等。

本章还介绍了多种类型的同时行动博弈。囚徒困境是经常遇到的一种；协调博弈包括安全博弈、懦夫博弈和性别战等，一般存在多个均衡，达成这些均衡需要参与人以某种方式协调行动。虽然某些博弈不存在纯策略纳什均衡，但可能存在混合策略纳什均衡，关于混合策略纳什均衡的详细讨论请见第 7 章。

关键术语

安全博弈（assurance game）

性别战（battle of the sexes）

信念（belief）

最优反应（best response）

最优反应分析（best response analysis）

懦夫博弈（chicken）

预期收敛（convergence of expectations）

协调博弈（coordination game）

占优可解（dominance solvable）

占优策略（dominant strategy）

劣策略（dominated strategy）

聚点（focal point）

博弈矩阵（game matrix）

博弈表（game table）

混合策略（mixed strategy）

纳什均衡（Nash equilibrium）

规范式（normal form）

支付表（payoff table）

囚徒困境（prisoners' dilemma）

完全协调博弈（pure coordination game）

纯策略（pure strategy）

策略式（strategic form）

重复剔除劣策略（successive or iterated elimination of dominated strategies）

已解决的习题

S1. 寻找下列零和博弈的纯策略纳什均衡，首先检查是否有占优策略，如果双方都无占优策略，采用重复剔除劣策略方法寻找纳什均衡。说明你的理由。

(a)

		科林	
		左	右
罗伊娜	上	4, 0	3, 1
	下	2, 2	1, 3

(b)

		科林	
		左	右
罗伊娜	上	2, 4	1, 0
	下	6, 5	4, 2

(c)

		科林		
		左	中	右
罗伊娜	上	1, 5	2, 4	5, 1
	中	2, 4	4, 2	3, 3
	下	1, 5	3, 3	3, 3

(d)

		科林		
		左	中	右
罗伊娜	上	5, 2	1, 6	3, 4
	中	6, 1	1, 6	2, 5
	下	1, 6	0, 7	0, 7

S2. 对于习题 S1 的四个博弈，请确定它们是零和博弈还是非零和博弈。说明你的理由。

S3. 另一种求解零和博弈的方法也很重要，它比纳什的非零和博弈均衡概念的出现要早很长时间，这就是最小最大值方法。在使用这种方法时，假设无论一个参与人选择什么策略，他的对手都会选择一个给她带来最差支付的策略。对于习题 S2 中的每个零和博弈，请利用最小最大值方法按照以下方式找出博弈的均衡。

（a）对于每个行策略，写出罗伊娜得到的最小支付（科林在每种情形中给她带来的最差结果）。对于每个列策略，写出科林得到的最小支付（罗伊娜在每种情形中给他带来的最差结果）。

（b）对于每个参与人，请找出能够给每个参与人的最差支付带来最好结果的策略。这被称为每个参与人的"最小最大值"。

（由于这是零和博弈，参与人的最优反应确实涉及最小化彼此的支付，所以这些最小最大化策略等同于纳什均衡策略。1928 年约翰·冯·诺依曼证明了零和博弈中最小最大均衡的存在，20 年后纳什才将其理论推广到零和博弈。）

S4. 找出下列非零和博弈的所有纯策略纳什均衡，并给出你的分析步骤。

(a)

		科林	
		左	右
罗伊娜	上	3, 2	2, 3
	下	4, 1	1, 4

(b)

		科林	
		左	右
罗伊娜	上	1, 1	0, 1
	下	1, 0	1, 1

(c)

		科林		
		左	中	右
罗伊娜	上	0, 1	9, 0	2, 3
	中	5, 9	7, 3	1, 7
	下	7, 5	10, 10	3, 5

(d)

		科林		
		西	中	东
	北	2，3	8，2	7，4
罗伊娜	上	3，0	4，5	6，4
	下	10，4	6，1	3，9
	南	4，5	2，3	5，2

S5. 考虑以下支付表：

		科林			
		北	南	东	西
	土	1，3	3，1	0，2	1，1
罗伊娜	水	1，2	1，2	2，3	1，1
	风	3，2	2，1	1，3	0，3
	火	2，0	3，0	1，1	2，2

（a）罗伊娜或科林存在占优策略吗？解释原因。

（b）使用重复剔除劣策略方法尽可能地减小博弈的规模。给出剔除发生的顺序和减小博弈规模的过程。

（c）该博弈是占优可解的吗？解释原因。

（d）表述该博弈的纳什均衡（或均衡）。

S6.“如果参与人在同时行动博弈中拥有占优策略，那么她肯定能够得到最优结果。”这句话是对还是错？请解释并给出一个博弈的例子来说明你的答案。

S7. 有一个老妇人在过马路时需要得到帮助，只要有一个人帮助她就可以了，如果有更多的人帮助她，情况并不会更好。你和我在这位老妇人附近，都可以提供帮助，并且我们都同时决定是否帮助她。无论我们谁帮助她，老妇人顺利过了马路就可以让我们都得到价值为 3 的快乐。但是施以帮助的人要为自己的善举付出价值为 1 的时间成本。如果两人都不提供帮助，则两人的支付均为 0。请依据这个故事建立一个博弈，写出它的支付表，并且找出它的所有纯策略纳什均衡。

S8. 一所大学在考虑是否在学校里建造一个新的实验室或新的剧院。理学院喜欢看到新的实验室的建造，而人文学院更倾向于建造新的剧院。然而，这个项目（无论建造哪一个）的资金必须经过学院的一致性同意。如果发生分歧，哪一个项目都无法开展，每个学院都不会得到新的建筑且得到最差的回报。同时举行的两个分离的学院教职员工小组会议将就支持哪个项目给出提议。相应的支付如下表所示。

		人文学院	
		实验室	剧院
理学院	实验室	4，2	0，0
	剧院	0，0	1，5

（a）该博弈的纯策略纳什均衡是什么？

（b）本章描述的哪一种博弈与该博弈最相似？解释你的推断。

S9. 假设两个参与人亚历克斯和鲍勃选择三个不同的策略 1、2、3，如果他们的选择相同，就会得到奖金，如以下支付表所示。

			鲍勃	
		1	2	3
亚历克斯	1	10, 10	0, 0	0, 0
	2	0, 0	15, 15	0, 0
	3	0, 0	0, 0	15, 15

（a）找出博弈的纳什均衡。哪一个有可能是聚点？请解释。

（b）我们把博弈改变一下，将两个支付为（15，15）的单元格变为（25，25），其余的不变。如果双方通过掷硬币来决定采取策略 2 还是策略 3，则参与人的期望（平均）支付是多少？是否比双方都选择策略 1 为聚点的支付还高？如果亚历克斯和鲍勃采用不同的方式决定采取何种策略，你如何评价这种风险？

S10. 玛塔有三个儿子：阿图罗、贝尔纳多和卡洛斯。她在客厅发现一个打坏的台灯，她知道必是三个儿子中的一个在玩耍中打坏的。事实上，卡洛斯是罪魁祸首，但玛塔不知道这一事实。比起惩罚打坏台灯的孩子，她更关心找出是谁打坏台灯的真相，所以玛塔宣布她的儿子将进行如下博弈。

每个孩子将在一张纸上写下自己的名字和"是我打坏了台灯""不是我打坏台灯"中之一。如果至少有一个孩子承认是自己打坏了台灯，她将要给自称自己打坏台灯的孩子 2 美元，并给宣称自己没有打坏台灯的孩子 5 美元。如果三个孩子都宣称自己没打坏台灯，则三人都将得不到任何零花钱（每人得到 0 美元）。

（a）写出支付表，使阿图罗为行参与人，贝尔纳多为列参与人，卡洛斯为页参与人。

（b）寻找该博弈的纳什均衡。

（c）该博弈是多重纳什均衡，你认为哪一个是聚点？

S11. 考虑一个博弈，它能提供价值为 30 美元的奖品。有三个竞争者 A、B、C 参与，每个人可以选择购买价值为 15 美元或 30 美元的票，或根本就不买票，他们独立地同时做出决策。在知道所有人的买票决策后，博弈的组织者将按如下规则颁发奖品：如果没有人买票，那么奖品就不颁发给任何人；反之，如果有人买票，那么奖品就颁发给购买的门票价值最高的人。如果购买的门票价值最高的只有一人，那么奖品就属于他一人；如果有多人购买的门票同时价值最高，那么奖品就在他们间平分。给出这个博弈的策略式，并且找出所有纯策略纳什均衡。

S12. 安妮和布鲁斯现要租部电影，但他们不能决定租哪种类型的电影：安妮想租部喜剧，布鲁斯想租部剧情剧。他们通过"奇数或偶数"来做出决策。当数到三时每人伸出一根或两根手指。如果相加为偶数，则安妮获胜并租赁喜剧；如果相加是奇数，布鲁斯获胜并且租赁剧情剧。每人获胜得到 1 单位回报，失败则得到 0 单位回报。

（a）画出"奇数或偶数"的支付表。

（b）论证该博弈不存在纯策略纳什均衡。

S13. 在电影《美丽心灵》（*A Beautiful Mind*）中，约翰·纳什（John Nash）和他的 3 个研究生同学在酒吧里遇到了一个困难的抉择：他们可以去和 4 位浅黑肤色女生和 1 位金发女生搭讪，但是他们每个人只能接近 1 位女生并吸引她的注意。如果吸引到金发女生，能得到 10 的支付；如果吸引到浅黑肤色女生，能得到 5 的支付；如果没有吸引到任何女生，则支付为 0。那么如何才能吸引到这些女生呢？规则是如果两个或多个小伙子走向金发女生，那么他们都会被金发女生拒绝，并且会被那些浅黑肤色女生拒绝，因为那些女生不想当小伙子们的第二选择。由此可见，每个参与人仅当他是唯一接近金发女生的人时才会得到 10 的支付。

（a）首先考虑只有 2 个小伙子而不是 4 个小伙子的简单情形。（相应地，只有 2 个浅黑肤色女生和 1 个金发女生，但她们对小伙子们的反应如前所述不变，并且她们不是博弈的参与人。）画出博弈的支付表，找出所有纯策略纳什均衡。

（b）当有 3 个小伙子的时候（同时有 3 个浅黑肤色女生和 1 个金发女生，并且她们仍不是参与人），画出这个（三维的）支付表，并找出所有纳什均衡。

（c）不使用支付表，给出有 4 个小伙子的纳什均衡（同时有 4 个浅黑肤色女生和 1 个金发女生）。

（d）（**选做**）将在（a）题、（b）题和（c）题中的分析推广到小伙子的人数为 4 的情形，进一步扩展到小伙子的人数为任意数 n 的情形。无须画出 n 维的支付表，仅需分析当 k 个参与人走向金发女生而（$n-k-1$）个参与人选择接近浅黑肤色女生时参与人的支付，其中 $k=0，1，\cdots，（n-1）$。电影中作为均衡的结果——所有小伙子都选择了浅黑肤色女生——是这个博弈的真实纳什均衡吗？

未解决的习题

U1. 寻找下列零和博弈的纯策略纳什均衡。首先查找劣策略。如果没有，请使用重复剔除劣策略的方法来求解。

(a)

		科林	
		左	右
罗伊娜	上	3, 1	4, 2
	下	5, 2	2, 3

(b)

		科林		
		左	中	右
	上	2, 9	5, 5	6, 2
罗伊娜	中	6, 4	9, 2	5, 3
	下	4, 3	2, 7	7, 1

		科林		
		左	中	右
罗伊娜	上	5, 3	3, 5	2, 6
	中	6, 2	4, 4	3, 5
	下	1, 7	6, 2	2, 6

(d)

		科林			
		北	南	东	西
罗伊娜	顶	6, 4	7, 3	5, 5	6, 4
	高	7, 3	3, 7	4, 6	5, 5
	低	8, 2	6, 4	3, 7	2, 8
	底	3, 7	5, 5	4, 6	5, 5

U2. 对于习题 U1 的四个博弈，请确定它们是零和博弈还是非零和博弈。说明你的理由。

U3. 与前面的习题 S3 一样，用最小最大值法找出习题 U2 中零和博弈的纳什均衡

U4. 在下边的博弈中找出所有纯策略纳什均衡。请给出寻找均衡时使用的步骤。

(a)

		科林	
		左	右
罗伊娜	上	1, −1	4, −4
	下	2, −2	3, −3

(b)

		科林	
		左	右
罗伊娜	上	0, 0	0, 0
	下	0, 0	1, 1

(c)

		科林	
		左	右
罗伊娜	上	1, 3	2, 2
	下	4, 0	3, 1

(d)

		科林		
		左	中	右
罗伊娜	上	5, 3	7, 2	2, 1
	中	1, 2	6, 3	1, 4
	下	4, 2	6, 4	3, 5

U5. 使用重复剔除劣策略方法求解下述博弈。解释你的步骤,证明你的解是纳什均衡。

		科林		
		左	中	右
罗伊娜	上	4, 3	2, 7	0, 4
	下	5, 0	5, −1	−4, −2

U6. 找出下述博弈的所有纯策略纳什均衡。描述你寻找均衡的过程。用该博弈解释为什么使用参与人采取的策略去描述均衡是重要的,而不仅仅是均衡中的支付。

		科林		
		左	中	右
罗伊娜	上	1, 2	2, 1	1, 0
	中	0, 5	1, 2	7, 4
	下	−1, 1	3, 0	5, 2

U7. 考虑下面的支付表:

		科林		
		左	中	右
罗伊娜	上	4, __	__, 2	3, 1
	中	3, 5	2, __	2, 3
	下	__, 3	3, 4	4, 2

(a) 完成上面的支付表使得科林存在占优策略。说明哪种策略是占优策略并解释原因。(注意:也许存在多个正确答案。)

(b) 完成上面的支付表使得每个参与人均无占优策略,但每个参与人有劣策略。说出哪种策略是劣策略并解释原因。(同样,也许存在多个正确答案。)

U8. 俾斯麦海 [以将俾斯麦群岛(Bismarck Archipelago)和巴布亚新几内亚(Papua-New Guinea)分隔开来的太平洋西南海域命名] 战役是第二次世界大战期间美国和日本之间的一场海战。1943 年,日本的舰队司令接到将护卫舰队转移到巴布亚新几内亚的命令,但他必须选择是沿一条多雨的北部航线还是沿一条阳光灿烂的南部航线转移，这两个方案都要 3 天的航行时间。美军知道日军的舰队要转移并试图轰炸它，但他们不知道日军将取道哪一条航线。美军决定派出侦察机去打探日军的航线，但是现有的侦察机一次只够去一条航线上执行任务。因此，日军和美军都是在不知道对方计划的情况下决定各自的行动。

如果日军的舰队正好在美军侦察到的航线上，美军将马上轰炸它；如果不是这样，美军则延误一天的轰炸时间。北部航线恶劣的天气不利于轰炸。如果美军在北部航线上正好发现了日军，它可以得到 2 天（或 3 天）的轰炸时间；如果美军到北部航线上侦察而日军的舰队却沿南部航线航行，美军仍可以得到 2 天的轰炸时间。此外，如果美军开始时到南部航线上侦察，正好发现日军则得到 3 天的轰炸时间，而没有发现则只能得到 1 天的轰炸时间。

(a) 用支付表描述这个博弈。

(b) 找出这个博弈中的占优策略，并且解出纳什均衡。

U9. 两个参与人杰克和吉尔被隔离在不同的房间里，同时他们被告知博弈规则。每个人从 G、K、L、Q、R、W 这六个字母中选择一个，如果他们的选择一致，则可以得到以下奖赏：

字母	G	K	L	Q	R	W
杰克的奖赏	3	2	6	3	4	5
吉尔的奖赏	6	5	4	3	2	1

如果他们选择了不同的字母，则均得到 0。整个规则都被告诉给了两个参与人，并且双方都被告知对方也知道这个规则，如此等等。

(a) 画出这个博弈的支付表，纯策略纳什均衡有哪些？

(b) 均衡中有没有一个是聚点？哪一个是？为什么？

U10. 三个好友（朱莉、克里斯汀和拉里萨）单独去商场为高中舞会购买礼服。一到商场，每个女孩看到只有三种颜色的礼服值得考虑购买：黑色、淡紫色和黄色。每个女孩会进一步告诉其他两个女孩她将只考虑这三种颜色的礼服，因为她们在某种程度上有相似的品味。

每个女孩都喜欢自己的穿着独一无二，因此只要有一个朋友和她穿着一样，那么该女孩的效用将会是 0。三人都知道比之于淡紫色和黄色，朱莉强烈偏好黑色。因此，如果只有她一人穿黑色，她的效用将会是 3；如果只有她一人穿淡紫色或黄色，她的效用将会是 1。同样地，三人都知道克里斯汀最爱淡紫色，次爱黄色，所以只有她一人穿淡紫色时她的效用是 3，只有她一人穿黄色时她的效用是 2，只有她一人穿黑色时她的效用是 1。最后，三人都知道拉里萨最偏爱黄色，次爱黑色，所以只有她一人穿黄色时她的效用是 3，只有她一人穿黑色时她的效用是 2，只有她一人穿淡紫色时她的效用是 1。

(a) 给出这个三人参与博弈的支付表，使朱莉为行参与人，克里斯汀为列参与人，拉里萨为页参与人。

(b) 找出这个博弈中的劣策略，如果不存在，解释原因。

(c) 该博弈的纯策略纳什均衡是什么？

U11. 布鲁斯、科林和戴维于周五晚上同聚在布鲁斯的家里玩他们最喜爱的游戏——《大富翁》。他们都喜欢边玩边吃寿司。先前的经验告诉他们：两份寿司正好能满足他们的饥饿，少于两份大家将最后挨饿，多于两份将会是个浪费，因为他们不能吃掉第三份从而额外的寿司将会变质坏掉。他们最喜欢的饭店——地道海鲜，盛放寿司的容器是如此之大以致每人最多只适合购买一份寿司。地道海鲜提供外卖，但不负责送货。

假设每人在周五晚上从吃饱寿司中得到价值 20 美元的效用，如果没有吃饱，则得到 0 美元的效用。每人购买一份寿司的成本是 10 美元。

不幸的是，这个周五晚上他们忘记相互沟通以决定谁购买寿司，并且每人均无手机，所以他们不能单独决定是否购买一份寿司：买为 B，不买为 N。

（a）用策略式写出该博弈。

（b）找出所有纯策略纳什均衡。

（c）你认为哪一个均衡是一个聚点？解释你的推理。

U12. 洛克珊、萨拉和泰德都喜欢吃饼干，但包裹里只剩下一块饼干。没有人想要分割这块饼干，因此萨拉提议用"奇数或偶数"（参见习题 S12）的扩展形式来决定谁吃这块饼干。当数到三时每人伸出一根或两根手指，并把他们伸出的手指数相加，然后再除以三。如果余数是 0，则洛克珊得到饼干；如果余数是 1，则萨拉得到饼干；如果余数是 2，则泰德得到饼干。获胜者将得到 1 单位支付（并且吃饼干），否则支付为 0。

（a）用规范形式表示这个三人参与的博弈，使得洛克珊为行参与人，萨拉为列参与人，泰德为页参与人。

（b）找出该博弈所有的纯策略纳什均衡。分配饼干的这个博弈是公平机制吗？解释原因。

U13.（选做）构筑满足如下要求的两人参与的博弈矩阵。第一，每个参与人有三个策略。第二，博弈没有任何占优策略。第三，博弈使用最小最大值方法是不可解的。第四，博弈正好有两个纯策略纳什均衡。给出你的博弈矩阵，并证明所有上面的条件都得到满足。

【注释】

[1] 事实上，价格只能以货币制度的最小单位来度量（例如美分），所以价格也是一个有限离散型取值的变量。但是这样的单位太小以致将价格看成连续型变量更为合理。

[2] 如果每家企业都可以在 1 美元范围内任意选择它的价格为多少美分，则每家企业有 100 个不同的离散型策略，且支付表变为 100×100。这当然使分析变得难以处理。价格作为连续型变量的代数表达式提供了一个更简单的方法，而不是会让一些读者感到担忧的复杂形式。我们将在第 5 章提出"代数是我们的朋友"方法。

[3] 这里我们来解释该支付是如何计算出来的。当攻方选择中传，同时守方选择传球防守，我们估计有 50% 的概率传球成功并得到 15 码，有 40% 的概率传球失败并得到 0 码，有 10% 的概率传球被中途拦截并得到 −30 码。这样一来，攻方的期望所得为 $0.5 \times 15 + 0.4 \times 0 + 0.1 \times (-30) = 4.5$ 码。表中的这些数值是由迪克西特召集的具

有专业知识的邻居和朋友组成的小组计算出来的，他们得到了流动的咨询费*。

[4] 这个概念以数学家和经济学家约翰·纳什的名字命名。纳什于 1949 年在普林斯顿大学获得博士学位，他还提出了合作博弈中的一个解的概念（我们将在第 17 章介绍）。他与其他两位博弈论大师莱因哈德·泽尔腾和约翰·海萨尼（Reinhard Selten and John Harsanyi，我们将在第 8、9、13 章介绍他们的一些成就）一起分享了 1994 年的诺贝尔经济学奖。西尔维亚·娜莎（Sylvia Nasar）为纳什写的传记《美丽心灵》（*A Beautiful Mind*，New York：Simon & Schuster，1998）是由罗素·克鲁（Russell Crowe）主演的一部电影的主要根据。但是这部电影对纳什均衡的解释是错误的。我们将在本章的习题 S13 和第 7 章的习题 S14 中解释这个败笔。

[5] 但是，注意支付为（5，5）的策略组合（底，中）不是一个纳什均衡。若"行"选择"底"，"列"的最优选择不是"中"，他可以通过选择"右"而使自己的境况变得更好。事实上，你可以检查其他单元格来验证没有其他的纳什均衡。

[6] 在本章我们只考虑纯策略纳什均衡，亦即初始列举在博弈规范中的，且不是两个或更多的混合的纳什均衡。于是在这类均衡中，每个参与人确定地知晓其他参与人的行动，剔除了策略不确定性。当我们在第 7 章考虑混合策略均衡时，每个参与人的策略不确定性将要包括在其他参与人的均衡混合中选择各种策略时的概率。

[7] 类似的博弈发生在许多中央银行能独立制定和实施货币政策的国家。但在不同的国家，财政政策可能是由不同的政治机构（行政机构或立法机构）制定的。

[8] 我们使用这些名字是希望你能记住哪个参与人选择行，哪个参与人选择列。我们要感谢罗伯特·奥曼（Robert Aumann）发明了这个聪明的命名办法。在 2005 年他与托马斯·谢林（Thomas Schelling）共同获得诺贝尔经济学奖（他们的思想体现在第 9 章里）。

[9] 等价地，我们也可以在那些没有被选择的策略的相应支付上做记号。如在表 4-3 中，"行"没有将"顶""高""底"选为对"列"的策略"右"的最优反应，我们就可以用斜线划去"行"的相应支付（这里就是 10、6、9）来标明。按如此方法标记完博弈双方的所有策略以后，发现（低，中）中的两个相应策略都没有被划去，所以这就是博弈的纳什均衡。在最优反应的策略上画圆圈和把绝非最优反应的策略划去实质上是一致的，就如同在序贯行动博弈中，可以采用在被选的树枝上画箭头或"剪去"那些没有被选的树枝两种方法。我们更喜欢使用前一种方法，因为这样可以使最终的图形和求解博弈的过程更清楚。

[10] 名字来自 1989 年的电影《当哈利遇到莎莉》。该电影由梅格·瑞恩和比利·克里斯托主演，其中的经典台词是"我会得到她所得到的"。

[11] 托马斯·谢林呈现了协调博弈的经典处理方法并在他的著作 *The Strategy of Conflict*（Cambridge：Harvard University Press，1960）中提出了聚点的概念，参见该书 54-58 页、89-118 页。他对聚点的解释包含了他提给自己学生和同事的一些问题的解答。最易熟记的是："假设你于一个特定的日子在纽约准备会见某人，但是忘记约定地点和时间，且与对方无法取得联系，你将会在什么时间去哪里赴会？" 50 年前第一次提出这个问题时，中央车站的钟表是一个普遍的聚集地。现在也许是时代广场售票厅的

---

* 意为不固定的咨询费。——译者注

楼梯。聚集时间仍然是中午 12 点。

[12] 通常提出的最经典的安全博弈的例子是 18 世纪由法国哲学家卢梭（Jean-Jacques Rousseau）描述的猎鹿博弈。几个人可以成功地猎杀一只鹿，从而他们合作可以获得大量肉。如果他们中的任何一人确信所有其他人将会合作，他也会通过加入群体而获益。但是如果他不确定这个群体是否足够大，他最好选择自己猎杀小型动物，比如野兔。然而，经过论证后卢梭坚信每个猎人都倾向于追逐小野兔，无论其他人选择什么，这使得猎鹿博弈成为一个多人的囚徒困境，而不是安全博弈。我们将在第 11 章有关集体行动的内容中讨论这个例子。

[13] Michael Chwe 在 *Rational Ritual*：*Culture*，*Coordination*，*and Common Knowledge*（Princeton：Princeton University Press，2001）中对这个问题有深入的介绍。

[14] 懦夫博弈有一个不同的版本，出现于 1955 年的电影《阿飞正传》（*Rebel Without a Cause*）中。有两个人平行飞快驱车冲向断崖，在到达断崖前，首先跳车的人是懦夫，太晚跳的人会冒着坠崖身亡的危险。影片中把这称为"胆怯游戏"（chicky-game）。20 世纪 60 年代中期，英国哲学家伯特兰·罗素（Bertrand Russell）和其他和平主义者用懦夫博弈比喻美苏之间的核武竞赛，博弈论学者阿纳托尔·拉波特（Anatole Rapoport）提供了规范的博弈论分析，其他学者认为核武竞赛是囚徒困境或安全博弈。请参考 Barry O'neill，"Game Theory Models of Peace and War," in *Handbook of Game Theory*，vol. 2，ed. Robert J. Aumann and Sergiu Hart（Amsterdam：North Holland，1994），pp. 995 – 1053。

[15] 如果有一个人，他从未在懦夫博弈中退让过，则谁会跟他玩呢？问题在于，在懦夫博弈中，参与人可能并不是自愿的，如在诉讼中一样。换个角度来说，选择是否参与懦夫博弈本身就是一个懦夫博弈。谢林说过："如果你被邀请参加懦夫博弈，而你拒绝了，则你就已经参加并且输了"（*Arms and Influence*，New Haven：Yale University Press，1965，p. 118）。

[16] 你们或许记得最近的体育明星，但他们只闪耀了几年就消失了，而让人不可思议的是这两个女运动员：她们在差不多 20 年时间里都是该比赛的顶尖高手，并且进行了 20 年令人难忘的对抗。纳芙拉蒂洛娃是左手发球上网选手。在大满贯比赛中，她获得 18 个单打冠军，31 个双打冠军，7 个混合双打冠军。在所有比赛中，她一共获得创纪录的 167 个冠军。埃弗特是右手底线球员。她在职业生涯中创造了胜负比的最高纪录（90％的胜率），并获得 150 个冠军头衔，其中有 18 个是大满贯的单打冠军。她发明（并推广）了双手反拍技术，现在这个技术很流行。从 1973 年到 1988 年，两位选手交手了 80 次，纳芙拉蒂洛娃的胜率稍微领先一点，为 43 对 37。

第5章

同时行动博弈：连续型策略、讨论与证据

在第 4 章，关于同时行动博弈的讨论主要集中于参与人的可选策略是离散型集合的情形，同时我们还介绍了一些离散型策略同时行动博弈的例子，其中包括在某些情况下招数不多且容易定义的体育比赛，比如在足球比赛中罚点球的时候，射手的可选策略是往高处射还是往低处射，是往边角射还是朝正中央射。另外，我们还介绍了协调博弈和囚徒困境，在这些博弈中，每个参与人仅拥有两个或三个可选策略。支付表可以用来辅助分析离散型策略同时行动博弈，特别是当博弈中参与人数目和可选策略数目都不太大的时候。

然而，许多同时行动博弈与我们曾讨论过的例子不同，参与人策略选择的区间可能是一个广阔的范围，供参与人选择的策略可能有无限多个，比如制造企业为它们的产品定的价格、慈善家捐款的数额，以及竞标者确定的投标金额等。客观上来讲，价格和以货币度量的金额都是有最小单位的，如美分，所以可选的价格策略也是一个有限的和离散的集合。但是由于这些单位太小，允许离散性将使得每个参与人有太多不同的策略并且支付表变得如此之大，因此在实际运用时往往将以这些单位计量的策略看成连续变化的实数。当参与人拥有如此多的可选策略时，支付表仅能作为思考的工具，运用支付表分析就显得不切实际了。就连续型策略同时行动博弈而言，我们需要一种新的求解方法。第 5.1 节将介绍处理**连续型策略**（continuous strategy）博弈的分析工具。

本章还会就与纳什均衡的概念和同时行动博弈中的行为有关的若干问题展开广泛的讨论。我们将回顾所获得的或源于实验或来自现实生活的关于纳什均衡的经验证据。我们还将介绍一些对纳什均衡概念的理论批评和对这些批评的反驳，你将认识到基于博弈论的预测往往是理解实际行为的合理起点。另外，你还将得到一些告诫。

5.1 纯策略是连续型变量的情形

在第 4 章，我们运用了最优反应分析方法来寻找同时行动博弈中的纯策略纳什均衡，现在我们把这种方法的应用扩展到参与人的可选策略是连续区间的情形，例如，公司为其产品进行定价。为了计算这类博弈中的最优反应，我们要分别在一家公司的所有可选价格下计算另一家公司（最大化其支付）的最优定价。由于策略集的连续性，我们可以使用代数式去展示策略怎样产生支付并且将这些最优反应在图中用曲线画出来，图中的坐标轴线表示相应的参与人的定价策略（或其他连续型策略），纳什均衡就是两条曲线的交点。我们举两个例子来说明这种思想和方法。

□ 5.1.1 价格竞争

我们的第一个例子发生在一个名为雅皮港（Yuppie Haven）的小镇，镇上有两家餐馆——泽维尔的达帕斯西班牙餐馆（Xavier's Tapas Bar，以下简称"泽维尔"）和伊冯娜的炭火西餐馆（Yvonne's Bistro，以下简称"伊冯娜"）。为了简化这个例子，我们假设餐馆按菜单收费，并且它们分别设置各自菜单上的价格。因此，价格是餐馆竞争博弈中的策略。餐馆经营的目标是设置合理的价格以求利润的最大化，也就是追求博弈中支付的最大化。我们还假设餐馆在菜单上定价时对对方的价格一无所知，则这个例子是同时行动博弈。[1] 因为价格可以取（几乎）无限区间中的任意值，所以我们暂且用一般化的代数符号来表示价格，其中泽维尔的价格记为 P_x，伊冯娜的价格记为 P_y。我们将使用**最优反应规则**（best-response rule）来解这个博弈并找到它的均衡价格。

每家餐馆在定价时都必须考虑随之产生的利润。为了简化问题，我们假设两家餐馆的成本和收益情况是完全对称的，但数学基础好的读者可以使用更一般的数据或者代数符号来做类似的分析。假设每家餐馆为每个顾客提供服务的成本是 8 美元。根据经验或市场调查，若泽维尔的定价为 P_x，同时伊冯娜的定价为 P_y，则它们各自顾客的数量 Q_x 和 Q_y（单位是百人/月）由以下方程给出[2]：

$$Q_x = 44 - 2P_x + P_y$$
$$Q_y = 44 - 2P_y + P_x$$

从上面两个方程的形式可以看出，如果一家餐馆将价格抬高 1 美元（比如说伊冯娜将 P_y 抬高 1 美元），那么它的顾客每月将会减少 200 人（Q_y 的减少量是价格的 2 倍），而另一家餐馆的顾客每月将增加 100 人（Q_x 的增加量是价格的 1 倍）。可以猜测，伊冯娜的 100 位顾客转到泽维尔去消费，还有 100 位就留在家里用餐了。

泽维尔每周的利润 Π_x——希腊字母 Π 是传统经济中代表利润的符号——就是它从每个顾客身上得到的净收益（价格减去成本，即 $P_x - 8$）乘以它所接待的顾客数量：

$$\Pi_x = (P_x - 8)Q_x = (P_x - 8)(44 - 2P_x + P_y)$$

通过乘开并重新整理上边表达式的右边部分，我们可以把利润写成关于价格 P_x 的如下形式的函数：

$$\Pi_x = -8(44+P_y)+(16+44+P_y)P_x-2(P_x)^2$$
$$= -8(44+P_y)+(60+P_y)P_x-2(P_x)^2$$

泽维尔的最优反应规则是：在伊冯娜的每个可能价格 P_y 下，设置自己相应的价格 P_x，以最大化自己的利润。我们稍后将画出最优反应曲线。

许多选择一个实数（比如价格）去最大化另一个依赖于它的实数（比如利润或支付）的简单例子都有类似的形式。（用数学术语来说，我们称第二个数为第一个数的函数。）在本章的附录中我们将介绍一个简单的求解这类最优化的一般方法，你将会在许多场合使用它。这里我们仅仅表述式子。

我们想要最大化的函数的一般形式为：

$$Y = A+BX-CX^2$$

在这里我们用 Y 表示我们想要最大化的数值，用 X 表示我们想要选择的用来最大化 Y 的数值。在我们具体的例子中，利润 Π_x 用 Y 来表示，价格 P_x 用 X 来表示。同样地，尽管在特定的问题中，上述方程中的 A、B 和 C 将是已知的数值，我们用一般的代数符号代表它们使得我们的公式能应用于类似问题中更广泛的范围。（专业术语称 A、B 和 C 为参数或代数常数。）因为我们的大部分应用涉及 X 的非负性，比如价格，以及 Y 的最大化，所以我们要求 $B>0$ 且 $C>0$。然后在已知参数 A、B 和 C 的情况下最大化 Y 的值是 $X=B/(2C)$。由观察可知，尽管 A 影响 Y 的结果，但它并没有出现在该式中。

对比上述方程的一般函数和先前特定例子中的利润函数，我们可知[3]：

$$B = 60+P_y, \quad C=2$$

因此泽维尔最大化利润的价格 P_x 满足方程 $B/(2C)$，也就是：

$$P_x = 15+0.25P_y$$

上式给出了在伊冯娜的每一个价格 P_y 下使得泽维尔的利润最大化的价格 P_x。换句话说，这就是我们想要得到的泽维尔的最优反应规则。

伊冯娜的最优反应规则也可以使用上述两种方法求得。由于两家餐馆成本和销量完全对称，伊冯娜的最优反应规则为：

$$P_y = 15+0.25P_x$$

两家餐馆的最优反应规则同样也可以用最优反应曲线来表示。例如，如果泽维尔将价格定为 16 美元，那么伊冯娜就将泽维尔的价格代入自己的最优反应规则，计算得出 $P_y=15+0.25\times16=19$ 美元；同样地，泽维尔对伊冯娜的价格 $P_y=16$ 美元的最优反应是 $P_x=19$ 美元。各家餐馆对对方价格为 4 美元的最优反应都是 16 美元；对对方价格为 8 美元的最优反应都是 17 美元；依此类推。

这两个最优反应规则如图 5-1 所示。由于我们例子的特殊性——销售数量和价格的关系是线性的，生产每份食品的成本为常数，所以这两条**最优反应曲线**（best-response curve）都是直线。如果改变关于需求和成本的定义，最优反应曲线就不一定是直线了，但是求解它们的方法是不变的：首先令一家餐馆的价格（如 P_y）保持不变，计算使得另一家餐馆利润最大化的价格（如 P_x），再反过来用同样的方法计算 P_y。

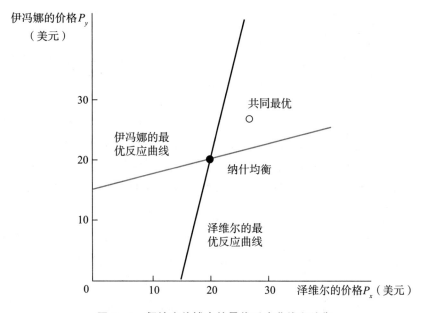

图 5-1　餐馆定价博弈的最优反应曲线和均衡

　　两条最优反应曲线的交点就是餐馆定价博弈的纳什均衡，它代表了一组价格，其中每家餐馆价格都是对另一家餐馆价格的最优反应。餐馆的均衡价格 P_x 和 P_y 的具体取值可以通过联立求解两个最优反应规则而得到，由于方程是线性的，所以求解也很容易。我们将 P_x 的表达式代入 P_y 的表达式，便可得到下式：

$$P_y = 15 + 0.25P_x = 15 + 0.25(15 + 0.25P_y) = 18.75 + 0.0625P_y$$

　　将上式化简，求出 $P_y = 20$ 美元。基于解的对称性，很容易得到 $P_x = 20$ 美元。[4] 因此，在均衡时，每家餐馆的定价均为 20 美元，它们每月服务的顾客人数都是 2 400 [$=(44-2\times20+20)\times100$] 人，并且从每个顾客身上赚取的利润均是 12 美元，所以它们每月的利润总额均为 28 800 美元。

□ 5.1.2　关于寡头垄断的一些经济学知识

　　介绍餐馆定价例子的主要目的是学习如何在连续型策略（如价格）的博弈中求解纳什均衡，但是在这个例子中当有几个企业（这里是两个）相互竞争时关于厂商定价和利润的经济学道理是非常有趣的，值得进行进一步的讨论。用经济学专业术语讲，这样的竞争称为寡头**垄断**（oligopoly），该词来自意为"少数的卖方"的希腊语。

　　首先，我们发现每条最优反应曲线都是向上倾斜的。如果一家餐馆将价格提高 1 美元，另一家餐馆的最优反应就是将自己的价格提高 0.25 美元或 25 美分。当一家餐馆提价时，它的一些顾客就转到另一家餐馆消费，并且另一家餐馆为了最大化其利润，也部分地提高了价格。因此，一家餐馆的提价行为有助于增进另一家餐馆的利润。在纳什均衡上，各家餐馆的定价是相互独立的，所以它们在定价时都只考虑自身利润，而没有考虑由于自身行为转移到对手的利润。那么，它们能够通过合作提价来增进双方的利润吗？答案是肯定的。如果两家餐馆都将价格提高到 24 美元，则每家餐馆每月将服务 2 000 [$=(44-2\times24+24)\times100$] 个顾客，并且从每个顾客身上赚取 16 美元的利润，所以它们各自的利润将提高到 32 000 美元。

这个定价博弈与我们在第 4 章介绍的囚徒困境非常相似，只不过这里的策略是连续型变量。在第 4 章的那个例子中，夫妇二人都有动机向警方招供，并背叛对方。然而，如果他们都这么做，双方都将被判更长的刑期（一个更糟的结果）。与此类似，虽然将价格定为 24 美元能得到更高的利润，但这不是纳什均衡，两家餐馆在独立决策时会削减这个价格。如果伊冯娜开始时将价格定为 24 美元，运用最优反应规则，我们可以知道泽维尔会将价格定为 $15+0.25\times24=21$ 美元。再后来，伊冯娜的最优反应将是 $15+0.25\times21=20.25$ 美元。继续这个过程，双方的价格最终将收敛于均衡价格 20 美元。

然而，什么样的价格是对两家餐馆来说的共同最优价格呢？考虑到对称性，我们假设双方的定价都为 P，那么各家的利润为：

$$\Pi_x=\Pi_y=(P-8)(44-2P+P)=(P-8)(44-P)=-352+52P-P^2$$

它们都选择能使得上式极大化的 P 值。运用前面讲过的任意一种求极值的方法，我们很容易求出 $P=52/2=26$ 美元，此时每家餐馆每月的利润分别为 32 400 美元。

用经济学的术语来说，这种联合将价格提高到共同最优水平的合谋称为卡特尔（cartel）。高价损害了消费者的利益，所以美国政府的监管机构常常打击卡特尔，以促进市场竞争。公开的价格合谋是非法的，但仍有可能保持默许的合谋，正如在重复囚徒困境博弈中可能发生的那样——我们将在第 10 章讨论这种情况。[5]

合谋并不一定总是导致更高的价格。在前面的例子中，如果某家餐馆降价，它的销量会上升，部分原因是两家餐馆所提供的产品互为替代品，通过降价行为可以从对手那里吸引到更多的顾客。在其他情况下，两家公司可能销售的是互补的商品（如硬件和软件），那么，如果其中一家公司降价，两家公司的销量都会上升。在纳什均衡上，各家公司的定价是相互独立的，并且没有考虑双方都降价可以增加各公司的利润。因此，它们将价格定得比合作时高。如果允许它们之间合作，那么价格就会更低一些，并且这样的结果对消费者来说也是更有利的。

竞争并不总是涉及价格作为策略变量。例如，捕鱼船队可以通过给市场带来更大的捕获量进行竞争，这是与该节讨论的价格竞争相反的数量竞争。我们将在后面的章节和本章末的一些练习中考虑数量竞争。

□ 5.1.3 政党宣传拉票

第二个例子源于政治，其中运用的数学会比我们平时用的多一些，但我们同时还将用文字解说和图表来帮助大家理解这些计算背后的含义。

有两个党派或两个候选人参加一场竞选，他们都试图通过宣传的方式来为竞选拉票：可能是正面的宣传，借以强调自身的优势；也可能是负面的、攻击性的宣传，借以强调对手不光彩的一面。为了简化例子，我们假设选民们起初都是完全无知的和漠不关心的，并且他们的决策仅仅受到这些宣传的影响。（许多人都认为这就是美国政治的真实写照，但在政治科学中更为严谨的分析承认某些选民是见多识广的和具有策略眼光的，我们将在第 15 章详细探讨这些选民的行为。）进一步简化，我们假设每个党派所获得的选票份额就等于它在竞选宣传中所占的份额。例如，参加竞选的党派或候选人分别被称为 L 和 R。若 L 为宣传花费了 x 百万美元，同时 R 为宣传花费了 y 百万美元，那么 L 将得到的选票份额为 $x/(x+y)$，R 将得到的选票份额为 $y/(x+y)$。

筹集宣传资金也是有成本的，为简化分析，我们假设这些成本与直接的竞选支出成比例。特别地，我们令党派 L 的支付为 $100x/(x+y)-x$；类似地，党派 R 的支付是 $100y/(x+y)-y$。

下面我们来分析党派的最优反应。由于在求解中不能不使用微积分，所以我们先用数学导出表达式，然后用文字语言解释其中的含义。给定党派 L 的策略 x，党派 R 将选择 y 以最大化其支付。那么，求解中就要求 x 保持不变，令 $100y/(x+y)-y$ 对 y 求导的值为 0 就得到了一阶微分条件，即 $100x/(x+y)^2-1=0$，或 $y=10\sqrt{x}-x$。同理，党派 L 的最优反应方程是 $x=10\sqrt{y}-y$。方程的曲线图如图 5-2 所示。

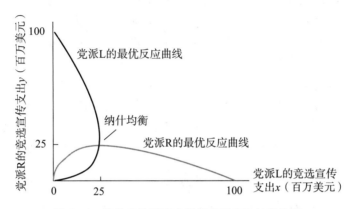

图 5-2 竞选宣传博弈中的最优反应和纳什均衡

让我们来看看党派 R 的最优反应曲线。当党派 L 的宣传费用增加时，党派 R 的宣传费用先是短暂地增加然后转为下降。如果对手的宣传费用很少，那么自己为宣传投入的费用就有一个很高的选票回报，并且当对手小幅增加宣传费用时，自己也会以增加宣传费用作为回应。然而，如果对手已经为宣传花费了很多，那么自己宣传的收益相对于成本来说是微不足道的，所以在这个时候回应对手增加宣传费用的更好方式是自己减少宣传费用。

非常巧合，这两个党派的最优反应曲线在它们的顶点处相交。我们用代数方法求解这两条曲线所代表的联立方程组，便得出在均衡上的 x 值和 y 值均等于 25 百万美元，即 25 000 000 美元（可以想象，这场竞选是小型的地方性竞选），读者自己也可以加以验证。现在参议院和总统竞选的花费更多。

与餐馆定价博弈一样，这个博弈又是一个囚徒困境。若两个党派都同比例地削减宣传费用，它们各自的选票份额将不受影响，但双方都因节省了开支而提高了所得的支付。生产替代品的厂商之间形成的卡特尔使得市场价格较高并且损害了消费者的利益；而生产互补品的厂商之间形成的卡特尔则导致了市场低价。政治家之间形成的卡特尔更像后者而不是前者，它们将减少宣传费用，进而有可能提高选民和整个社会的福利。因此，找到解决这种囚徒困境的办法对大家来说都是有益的。事实上，国会已经为此付出了多年的努力，并且取得了部分成效，但是政治竞争非常激烈，至今还没有一个方案是完美的。

如果两个党派间的实力不对等，结果又会如何呢？有两种导致实力不对等的可能性。第一种可能性是由于某个党派（如 R）和媒体的关系更好，它能够以较低的成本进行宣传；第二种可能性是党派 R 的宣传花费比党派 L 更加有效，比如 L 的选票份额是 $x/(x+2y)$，而 R 的选票份额是 $2y/(x+2y)$。

如果是上述第一种情况，R 会充分利用自己更便宜的宣传途径，因此它会在任何 L 的宣传费用 x 上都选择一个比原来更高的费用 y。那么，图 5-2 中党派 R 的最优反应曲线将向上移动，纳什均衡也沿着保持不变的党派 L 的最优反应曲线向左上方移动。因此，最终党派 R 的宣传费用会比党派 L 的多，处于优势的党派会利用自己的优势，而处于劣势的党派则会甘拜下风。

在第二种情况下，两个党派的最优反应曲线的移动就比较复杂了。结果还是双方都投入一样多的宣传费用，但都少于它们在实力对等时的宣传费用 25。如在我们的例子中，党派 R 的宣传费用的效率是党派 L 的两倍，则最后双方的宣传费用都是 $200/9=22.2<25$（由此可见，实力对等时的竞争最为激烈）。当党派 R 的花费更有效时，双方的最优反应曲线是不对称的，新的纳什均衡不是在两条最优反应曲线的顶端，而是在党派 L 最优反应曲线的下降部分和党派 R 最优反应曲线的上升部分。换言之，虽然博弈双方最终在宣传上的花费相同，但处于优势的党派 R 的宣传花费要比导致党派 L 最大反应时的花费多，而处于劣势的党派 L 的宣传花费要比导致党派 R 最大反应时的花费少。在本章的一道选做习题（习题 U12）中，数学好的学生可以自己推导出这个结论。

□ 5.1.4 寻找纳什均衡的一般方法

尽管在先前的两个例子中策略（价格或竞选支出）和支付（利润或投票份额）对于两个公司或党派之间的竞争是特定的，但寻找连续型策略博弈中纳什均衡的方法完全是一般化的。我们在此表述求解步骤以便于你能使用它作为求解此类问题中其他博弈的方法。

假设参与人编号为 1，2，3，…，他们的策略标为 x，y，z，…，并且他们的支付用相应的大写字母 X，Y，Z，…表示。每人的支付一般是其所有选择的函数，且其相关函数为 F，G，H，…。构建来自博弈信息的支付并把它们写为：

$$X=F(x, y, z, \cdots), Y=G(x, y, z, \cdots), Z=H(x, y, z, \cdots)$$

使用一般形式去描述两个参与人（公司）之间价格竞争的例子，使得策略 x 和 y 变为价格 P_x 和 P_y，支付 X 和 Y 代表利润 Π_x 和 Π_y。函数 F 和 G 是二次方程：

$$\Pi_x=-8(44+P_y)+(16+44+P_y)P_x-2(P_x)$$

Π_y 也具有相似的表达式。

一般情况下，参与人 1 把参与人 2，3，…的策略作为他不可控的，并且选择最大化自己支付的策略。因此对于每一个给定的 y，z，…的值，参与人 1 选择 x 最大化 $X=F(x, y, z, \cdots)$。如果你使用微积分，该最大化的条件是把 y，z，…当作常量并令 X 关于 x 的偏导等于零。对于特定方程，可以使用一些简单的公式，比如我们先前表述和使用的二次方程。即使一个代数式或微分方程十分复杂，计算机程序也可以为你把最优反应函数制成表或绘成图。无论你使用什么方法，对于给定的 y，z，…，你都能找到关于参与人最优策略 x 的方程，这就是参与人 1 的最优反应函数。同样地，你也能找到其他参与人的最优反应函数。

最优反应函数在数量上与博弈中策略的数量相等，并且我们能同时解出它们，虽然策略变量是未知的。该解即为我们寻找的纳什均衡。一些博弈也许有多重解，从而有多个纳什均衡。其他博弈或许无解，要求做进一步的分析，比如求出混合策略。

5.2 对纳什均衡概念的批评性讨论

虽然纳什均衡是同时行动博弈的基本解概念，但是它还是受到一些理论批评。在本节中，我们通过举例来简要回顾一些对纳什均衡概念的理论批评和对这些批评的反驳。[6] 其中，一些批评是自相矛盾的，一些则缺乏对博弈本身的更好理解，而另一些则告诉我们纳什均衡的概念本身也存在某些不足之处，并且提出了一些扩大化或放松了的概念。这些概念具有更好的性质，我们在本小节中就介绍一个这样的替代概念，并且提示在后续各章将要出现的其他概念。我们相信这些介绍将使你在运用纳什均衡的概念时更加自信，同时又不失审慎。然而，一些疑难问题仍未得到解决，这也说明博弈论不是一门停滞的学科。疑难问题将给研究博弈论的年轻学者们以鼓励，因为这意味着在该领域中有新思考和新研究的广阔空间。一门所有问题都被解决了的学科是一门"死亡了"的学科。

首先，我们讨论纳什均衡概念的基本优点。本书中的大多数博弈都是非合作博弈，即各个参与人独立地选择行动。因此，可以很自然地认为，在给定其他参与人的选择不变的情况下，如果某个参与人的行动不是基于自己的价值体系（支付等级）最优的，那么他将会改变行动。换句话说，人们倾向于假设每个参与人的行动都是对所有其他人行动的最优反应。纳什均衡就具有这个"同时最优反应"的性质——事实上，这就是它的定义。如果某个最终结果不是纳什均衡，那么其中至少有一个参与人可以通过改变行动来获得更高的支付。

借助上述观点，诺贝尔经济学奖获得者罗杰·迈尔森（Roger Myerson）驳斥了那些凭直觉认为人们的选择有别于纳什均衡策略的观点。他反驳的方法很简单，就是将证明的担子交给纳什均衡的批评者。他说："当被问到为什么博弈中的参与人应该采取纳什均衡策略的时候，我喜欢的回答就是问他们'为什么不是这样呢'，并且让这些挑战纳什均衡概念的人讲清楚参与人应该如何做。如果他的回答不是纳什均衡，那么……我们可以揭示出如果参与人认为那就是对其他参与人行为的准确写照，那个结果本身就是站不住脚的。"[7]

□ 5.2.1 在纳什均衡中对风险的处理

一些批评者认为纳什均衡的概念没有对风险给予应有的重视。在一些博弈中，人们可能认为非纳什均衡策略更安全，所以他们会选择这些策略。我们举两个这样的例子，第一个是加州大学伯克利分校经济学教授约翰·摩根（John Morgan）提出的，支付表如图 5-3 所示。

		列		
		A	B	C
	A	2, 2	3, 1	0, 2
行	B	1, 3	2, 2	3, 2
	C	2, 0	2, 3	2, 2

图 5 - 3　存在可疑纳什均衡的博弈

最优反应分析可以很快发现这个博弈只有一个纳什均衡，即（A，A），其支付是（2，2）。但是，你可能会像摩根实验中的参与人一样，认为选择 C 更有吸引力，理由如下：首先，选择 C 能保证你得到和纳什均衡时一样的支付，即 2；其次，如果你选择纳什均衡上的策略 A，只有在另一方也选择 A 的情况下你才能得到 2，那么为什么要碰运气呢？最后，如果你认为另一方可能根据这种推理选择 C，那么你选择 A 将会犯严重的错误，此时只能得到 0，而你选择 C 可以保证得到 2。

迈尔森回答道：“且慢，如果你真的相信另一方会如此认为并将选择 C，那么你应该选择 B 以求得到支付 3；如果你认为另一方会想到这一点并因而选择 B，那么你对 B 的最优反应则是 A；如果你认为另一方也会想到这一点，那么你就应该选择对 A 的最优反应，即选择 A，这样又回到了纳什均衡！”正如你所看到的，批评纳什均衡和反驳这些批评本身就是一种智力上的博弈，非常引人入胜。

第二个例子则更有趣，是戴维·克雷普斯（斯坦福大学商学院的经济学家）提出来的，支付矩阵如图 5 - 4 所示。在开始对这个博弈进行理论分析之前，请假想你自己也真正参与了这个博弈，你就是参与人 A，那么你将选择你的两个行动中的哪一个呢？

		B	
		左	右
A	上	9, 10	8, 9.9
	下	10, 10	−1 000, 9.9

图 5 - 4　灾难性的纳什均衡?

请记住你对前面问题的回答，然后我们开始分析这个博弈。首先，我们寻找占优策略，发现参与人 A 没有占优策略，而参与人 B 则有占优策略。无论 A 如何选择，B 选择“左”都能保证获得支付 10，而选择“右”只能得到 9.9 的支付（仍然是无论 A 如何选择）。因此，参与人 B 应该选择“左”。给定参与人 B 要选择“左”，参与人 A 则选择“下”更好。那么，这个博弈的唯一纯策略纳什均衡是（下，左），每个参与人在此结果上获得 10 的支付。

这里的问题是，许多（不是所有）人如果处于参与人 A 的位置，是不会选择“下”的（你又是如何选择的呢），尤其是那些学习博弈论多年的学生和没有接触过这门学科的人。如果 A 对 B 的支付或理性表示怀疑，那么 A 选择“上”比选择纳什均衡策略“下”更加安全。如果 A 认为支付表如图 5 - 4 所示，但实际上 B 的支付却是反过来的——选择“左”得到 9.9 的支付，选择“右”得到 10 的支付，情况又会怎样呢？如果 9.9 的支付仅是一个约数，而实际的支付是 10.1，结果又会如何呢？如果 B 有着完全不同的价值体系，或者不是一个理性人，可能为了开玩笑选择"错误"的行动，情况又会怎样呢？很明显，完美信息和理性的假设在对策略的分析中很重要，参与人对上述假设的怀疑不仅会改变均衡从而使之有别于我们通常所做的预测，而且会对纳什均衡概念的合理性提出疑问。

　　然而，这些例子的真正问题不是纳什均衡概念不适用了，而是这些例子用太简单的方式来阐述这个概念。在前面的例子中，如果对 B 的支付产生怀疑，那么就应该让其成为分析的一部分。如果 A 不知道 B 的支付，这个博弈就是信息不对称的，我们将在第 8章讨论这个问题，但下面将给出这种博弈的一个相对简单的例子，我们可以轻松地计算出它的均衡。

　　设想 A 认为 B 选择"左"和"右"的支付与如图 5-4 所示的支付颠倒的概率是 p，那么（$1-p$）就是 B 的支付如图 5-4 所示的概率。因为 A 采取行动时不知道 B 的支付，所以他要选择的策略是平均上最优的。在这个博弈中，计算很简单，因为在每种情况下 B 都有一个占优策略。对于 A 来说，唯一的问题是在两种情况下 B 的占优策略是不同的：（在如图 5-4 所示的情况下）B 的占优策略是"左"的概率是（$1-p$），（在相反的情况下）B 的占优策略是"右"的概率是 p。因此，如果 A 选择"上"，那么他将有（$1-p$）的概率遇到 B 选择"左"，并得到 9 的支付；有 p 的概率遇到 B 选择"右"，并得到 8 的支付。所以按统计或概率加权，A 选择"上"的平均支付是 $9(1-p)+8p$。同样地，A 选择"下"的平均支付是 $10(1-p)-1\,000p$。当下式满足时，A 选择"上"会更好：

$$9(1-p)+8p>10(1-p)-1\,000p \text{ 或 } p>1/1\,009$$

　　因此，即使 B 的支付只有很小的概率与图 5-4 中所示的相反，选择"上"对于 A 来说也是最优的。在这样的情况下，基于理性行为的分析如果正确的话，是不与直觉猜想和实验证据相矛盾的。

　　在前面的计算中，我们假设参与人 A 在面对支付的不确定性时，会分别计算不同行动所产生的统计平均支付，并且选择那个带给他最高平均支付的行动。这个隐含的假设虽然契合我们列举这个例子的目的，但并不是没有问题的。比如，一个人如果面对两种情况，一种是各有 50% 的概率赢得或输掉 10 美元，另一种是各有 50% 的概率赢得 10 001 美元和输掉 10 000 美元，那么这个假设就意味着他会选择后者，因为后者在统计平均上可以赢得 $0.5\left(=\dfrac{1}{2}\times10\,001-\dfrac{1}{2}\times10\,000\right)$ 美元，而前者只能得到 $0\left(=\dfrac{1}{2}\times10-\dfrac{1}{2}\times10\right)$ 美元。但是大多数人都会认为第二种情况风险更大，因而偏好第一种情况。这个问题是容易解决的。在第 7 章的附录中，我们将介绍如何构造一个金钱数额上非线性的支付结构，使得决策者可以同时考虑风险和收益。然后在第 8 章，我们将介绍一些概念，用于理解人们对于生活中存在的风险是如何做出反应的，比如，通过安排他们之间进行风险共担或者通过购买保险。

□ 5.2.2　纳什均衡的多重性

　　另一种对纳什均衡概念的批评基于对许多博弈存在多个均衡这一事实的观察，因而批评者们声称纳什均衡不能足够准确地确定博弈结果并给出唯一的预测。这种观点并不意味着我们要抛弃纳什均衡，相反，它建议如果我们想从我们的理论中得到唯一的预测，我们必须增加一些法则去决定多个纳什均衡中哪一个是我们想要的。

在第4章，我们讨论了许多协调博弈，它们都有多个均衡。如果参与人之间存在某些共同的社会、文化、历史知识，那么参与人就可以从多个均衡中选择一个作为聚点均衡。考虑下面这个由斯坦福大学的学生进行的协调博弈。一个参与人被分到波士顿市，另一个参与人被分到旧金山市。每个人都得到一份美国另外九个城市的名单：亚特兰大、芝加哥、达拉斯、丹佛、休斯敦、洛杉矶、纽约、费城和西雅图。他们需要从这些城市中选出几个。两个人同时并且独立进行选择。当且仅当他们的选择刚好完全瓜分这九个城市并且没有重叠的部分时，双方可以获得奖励。虽然存在512种不同的纳什均衡，但是如果两个参与人都是美国人或长期居住在美国，那么他们有80%以上的可能性会根据地理位置来选择唯一的均衡。分到波士顿的学生会选择密西西比以东的所有城市，而分到旧金山的学生会选择密西西比以西的所有城市。如果有一个或两个不是美国居民，那么这种协调不太可能出现。在这样的情况下，选择有可能是按照字母顺序来进行的，但是在分界点上不太容易协调。[8]

博弈本身的特征与共同文化的背景结合在一起，有助于参与人的预期达成一致。均衡多重性的另一个例子是，有100美元的总奖金，两人同时且独立地写下想要得到的金额。如果他们写的金额加起来不超过100美元，那么他们每个人都得到各自所写金额的钱；如果两个金额加起来超过了100美元，那么他们什么都得不到。对于任意 x，一个参与人写下 x 同时另一个写下（$100-x$）都是一个纳什均衡。因此，这个博弈有（几乎）无穷个纳什均衡。但是事实上，50：50是一个聚点均衡。平等和公平的社会准则已经深入人心，以至可以看成人们的一种本能，选择50：50的参与人认为这是一个很明显的答案。要成为一个真正的聚点，不仅要求大家都认同它，而且每个人都知道大家都认同它，以及每个人都知道……换言之，它被认同是一种共同知识。但事实并不总是如此。若一个参与人是来自文明和平等社会的女子，则她认为50：50是一种显而易见的分配方案；若另一个是来自父权制度社会的男子，则他认为无论如何分，男人得到的总要是女人的三倍。这样一来，他们都选择了自己所认同的行为，最后他们什么都得不到，因为他们各自认同的分配方案不是双方的共同知识。

聚点均衡的存在常常是一种巧合，而人为地创造聚点则是一门艺术，它需要对博弈本身的历史和文化背景有足够的认识，而不仅仅是数学描述。这对于许多博弈论学者来说都是一件头疼的事情，因为他们都更希望结果只依赖于对博弈的抽象刻画——参与人及其策略都可以用数来表示，且没有其他任何外部关联。然而，我们的看法则不是这样的，我们认为历史和文化背景对于博弈来说是和数学描述同等重要的，并且如果这些背景知识有助于我们从多个纳什均衡中挑选出唯一的结果，那么很难再说它不重要了。

在第6章，我们将看到序贯行动博弈可能存在多个纳什均衡，我们通过引入"置信度"的条件，筛选出一个特定的均衡，即第3章所述的逆向归纳均衡。在信息不对称或更为复杂的博弈中，我们通过引入被称为**"精炼"**（refinements）的限制来识别和剔除一些不合理的纳什均衡。在第8章，我们将介绍这种精炼过程，它可以导出被称为"贝叶斯精炼纳什均衡"的结果。就某种特定类型的博弈而言，每次精炼的目的都是具体的，它约定了当参与人观察到别人采取或没采取行动时如何修正自己的信息。在具体的情况中，这样的约定常常都是非常合理的。在许多博弈中，通过这样的方法都不难排除大部分纳什均衡，从而使得我们的预测更加明确。

批评纳什均衡有太多均衡，反过来就是说一些博弈根本就不存在均衡。在第4.7节中就有一个这样的例子，但通过将策略的概念扩展到随机混合形式，重新又找到了纳什均衡。在第7章，我们将介绍和解释混合策略纳什均衡。在对博弈论的更高深的研究中，一些难懂的例子甚至连混合策略纳什均衡都不存在，但是这些复杂的情况与本书所介绍的方法和应用无关，我们不准备加以阐述。

5.2.3 纳什均衡对理性的要求

纳什均衡被认为是一个由参与人的策略选择和参与人对其他参与人行动的信念所构成的体系。在均衡上，给定对其他参与人行动的信念，每个参与人的选择都带来了最高的支付，并且每个参与人的信念都是正确的，即参与人的实际选择与大家对他的行动所持的信念是一致的。这看起来是对个人理性的相互一致性条件的自然表述。如果"所有参与人都是理性的"是大家的共同知识，那么怎么会有人认为其他参与人的选择不是对自己行动的理性反应呢？

为解决这个问题，我们首先考虑如图 5-5 所示的 3×3 博弈。利用最优反应分析方法我们可以很快发现它只有一个纳什均衡，即（R2，C2），其支付是（3，3）。在均衡上，行选择 R2，因为他相信列会选择 C2。为什么他会这么认为呢？因为他相信列是理性的，同时他也相信列认为他会选择 R2。如果列认为行会选择 R1 或 R3，C2 就不是列的最优选择。因此，在形成信念和反应的理性过程中，信念必须是正确的。

		列		
		C1	C2	C3
	R1	0, 7	2, 5	7, 0
行	R2	5, 2	3, 3	5, 2
	R3	7, 0	2, 5	0, 7

图 5-5 用信念和反应的链条来说明选择合理

上述观点存在的问题在于对信念的考虑只进行了一轮，如果我们继续下去，那么将导出其他选择的组合也是合理的。比如，我们可以证明行选择 R1 是合理的。我们知道如果行认为列会选择 C3，那么他的最优选择就是 R1。为什么行会这么认为呢？因为他认为列相信他会选择 R3。行认为这个信念是合理的，因为他认为列会相信行相信列由于相信行会选择 R1 而选择 C1，依此类推……这是一个信念的链条，每一环都是完全理性的。

因此，单纯依靠理性并不能证明纳什均衡是合理的。有更为复杂的观点，可以解释某种特定形式的纳什均衡的合理性，其中参与人是根据大众可观测的随机机制来选择自己的策略。然而，我们把这个知识留给更高级的教材去讲述。在下一节中，我们将提出一个较简单的概念，它将告诉我们单纯依靠参与人理性这一共同知识，在逻辑上意味着什么。

仅仅根据理性,博弈中哪些策略选择是合理的呢?如图5-5所示的支付表中的每对策略组合,我们都可借助曾在第5.2.3节用过的相同逻辑证明它们的合理性。换句话说就是这九对组合在逻辑上都可以说得过去。因此,仅仅依靠理性并不足以让我们确定和预测结果。所有的博弈都是这样吗?不是的。比如说如果某个策略是劣策略,理性就可以将其剔除。如果参与人认识到其他人是理性的,是不会选择劣策略的,那么依据理性这一共同知识,劣策略就可被重复剔除。运用理性的概念,仅能做到这一点吗?不。根据一个比在纯策略中占优稍强一点的性质,还能剔除其他一些策略。这个性质可以辨识出**绝非最优反应**(never a best response)的策略,剔除这些策略,剩下的策略就叫作**可理性化的**(rationalizable)策略。这个剔除过程本身被称为**可理性化**(rationalizability)。

为何在此处介绍可理性化概念,它对我们有何益处?对于原因,知道如下事实是有益的:到目前为止我们能在多大程度上减少仅仅基于参与人理性的博弈可能结果,而不需要利用其他参与人实际决策期望的正确性。有时能确定出其他参与人不会选择一些可利用的行为,即使不能确定出他会具体选择哪一个行为。这些判断都将依赖具体情形。在一些情形中可理性化并不能减少可能的结果,这就是在图5-5中3×3情形的例子。在一些情形中如果博弈中存在唯一的纳什均衡或者存在纳什均衡集,只能缩小到几个可能的结果,这种情形的一个例子是第5.3.1节例子中扩大的4×4博弈。在另外一些情形中仅仅依赖可理性化的条件就可以缩小至唯一的纳什均衡,而不需要假设期望的正确性。第5.3.2节中竞争的例子就是可理性化带来唯一纳什均衡的例子。

5.3.1 可理性化概念的运用

在图5-5的基础上,为每个参与人各加一个策略,便得到一个新的博弈,如图5-6所示。[9] 刚才我们已经指出,根据对他人信念的信念链条,从每个参与人的前三个策略中任选一个所组成的9对策略组合都是合理的,在这个扩大了的支付矩阵中仍是如此。但是,能否通过这样的方法来说明R4和C4是合理的呢?

		列			
		C1	C2	C3	C4
行	R1	0, 7	2, 5	7, 0	0, 1
	R2	5, 2	3, 3	5, 2	0, 1
	R3	7, 0	2, 5	0, 7	0, 1
	R4	0, 0	0, −2	0, 0	10, −1

图5-6 可理性化的策略

行相信列会选择C4吗?这个信念是否合理,依赖于列关于行的选择的信念。那么,要使得 C4 成为列的最优选择，列关于行的选择的信念应该是什么呢？答案是这样的信念不存在。如果列相信行会选择 R1，那么列的最优选择是 C1；如果列相信行会选择 R2，那么列的最优选择是 C2；如果列相信行会选择 R3，那么列的最优选择是 C3；如果列相信行会选择 R4，那么列的最优选择是 C1 或 C3。因此，C4 绝非列对行的行动的最优反应。[10] 这就意味着如果行知道列是理性的，行就明白无论自己如何选择，都不能使列具有选择 C4 的信念，所以行相信列是永远不会选择 C4 的。

注意，虽然 C4 绝非最优反应，但它并不被 C1、C2、C3 占优。C4 对于列来说，在行选择 R3 的时候优于 C1，在行选择 R4 的时候优于 C2，在行选择 R1 的时候优于 C3。如果某策略是劣策略，它也绝非最优反应。因此，"绝非最优反应"是一个比"占优"更一般的概念，即使在不能剔除劣策略的时候，也可能剔除绝非最优反应策略，所以剔除绝非最优反应策略可以在剔除劣策略的基础上进一步减少可能的结果。[11]

绝非最优反应策略的剔除也可以相继进行。如果行和列都是可理性的，那么行不相信列会选择 C4，并且列也会推知这一点，而 R4 只有在列选择 C4 的时候才是行的最优反应，所以列也不相信行会选择 R4。因此，R4 和 C4 都不属于理性化策略的集合，"可理性化"让我们将可能的结果空间缩小了。

如果博弈存在一个纳什均衡，那么其均衡是可理性化的，并且经得起一整套信念体系的检验，正如我们在前面的第 5.2.3 节所看到的一样。但是，更为一般地，即使博弈没有纳什均衡，它也可能有可理性化的结果。在图 5-5 和图 5-6 中，行仅保留策略 R1 和 R3，列仅保留策略 C1 和 C3，考虑这样一个 2×2 博弈，显然这个博弈没有纯策略纳什均衡，但是所有这四个结果都是可理性化的，因为这些策略都经得住信念链条的检验。

因此，对于那些没有纳什均衡的博弈而言，"可理性化"提供了一种可能的解法。更为重要的是，这个概念告诉我们，如果仅仅依据理性，我们可以将博弈中可能的结果缩小到什么范围。

□ 5.3.2 可理性化导出纳什均衡

在一些博弈中，重复剔除绝非最优反应策略，可以将结果的可能空间缩小到只剩下纳什均衡。注意我们说的是可以，而不是必定。但如果真是这样，那么这一点是非常有用的，因为在这些博弈中，我们可以说纳什均衡完全是从参与人对其他人信念的理性思考中得来的。能用这种方法求解的博弈在经济学中也是非常重要的。如果厂商们选择各自生产的产量，并且它们投入市场的总的产量将决定价格，那么它们之间的竞争就属于这种类型的博弈。

我们下面介绍一个这种类型的博弈。在一个海滨小镇上，有两条渔船，它们每天晚上出去捕鱼，第二天早上回来，并将它们前一天晚上打到的鱼放到市场上去销售。在这个博弈发生的时候还没有现代的电冰箱，所以打到的鱼都要在当天被卖出去和消费掉。小镇附近的海域盛产鱼类，所以渔船的主人可以决定每天晚上打多少鱼，但他们知道如果投入市场的鱼太多，过多的供给将意味着低的市场价格和低的利润。

我们假设：如果一条船打回 R 桶鱼投入市场，同时另一条船打回 S 桶鱼投入市场，那么市场价格 P（以每桶若干达克特来计量）将是 $P=60-(R+S)$。我们同时假设两条船及其船员的捕鱼效率是不同的，第一条船的捕鱼成本是每桶 30 达克特，第二条船是每桶 36 达克特。

下面我们写出这两个船主的利润 U 和 V 分别与他们的策略 R 和 S 的关系：

$$U=[(60-R-S)-30]R=(30-S)R-R^2$$
$$V=[(60-R-S)-36]S=(24-R)S-S^2$$

依据这些支付的表达式，我们可以求解最优反应曲线，并且找出纳什均衡。在第 5.1 节有关价格竞争的例子中，当把其他参与人的策略当作常量时，每个参与人的支付是他自己策略的二次函数。因此我们在此能应用相同的数学方法，并且可应用本章附录中的方法。

第一条船的最优反应 R 应该在给定另一条船的 S 不变的情况下使得 U 最大化。运用微积分，我们可以保持 S 不变，同时对 U 求 R 的微分，令这个微分式等于 0，我们得到：

$$(30-S)-2R=0, 即 R=15-S/2$$

不用微分的方法，我们使 $R=B/(2C)$ 的值最大化，其中，$B=30-S$，$C=1$。这样得到 $R=(30-S)/2$，即 $R=15-S/2$。

同样地，第二条船的最优反应方程是在保持 R 不变的情况下找到使得 V 最大化的 S 值，即

$$S=(24-R)/2, 亦即 S=12-R/2$$

联立求解上述两个关于 R 和 S 的最优反应方程，很容易就得出纳什均衡，所以我们这里仅给出结果[12]：产量分别是 $R=12$ 和 $S=6$，价格是 $P=42$，利润分别是 $U=144$ 和 $V=36$。

图 5-7 展示了两个船主的最优反应曲线（对应的方程用 $BR1$ 和 $BR2$ 标注），这两条曲线的交点就是纳什均衡（标注 N 及对应的支付）。同时，图 5-7 也揭示了参与人关于其他参与人选择的信念是如何随着绝非最优反应策略的重复剔除而缩小的。

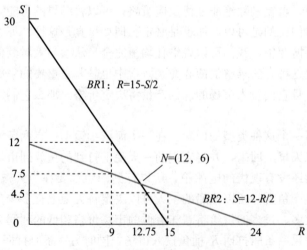

图 5-7 可理性化导出纳什均衡

依据理性，第一个船主认为第二个船主选择的 S 值是多少呢？这依赖于第二个船主认为第一个船主要捕多少鱼。但是无论怎样，第二个船主的最优反应区域是在 0 和 12 之间，所以第一个船主认为第二个船主的选择不会超出这个区域，所有小于 0 的 S 值（很明显）和所有大于 12 的 S 值（不太明显）都被排除了。同样地，第二个船主也会理性地认为第一个船主的产量不会低于 0 或大于 15。

现在我们进行第二轮剔除。如果第一个船主认为第二个船主对 S 的选择限于 0 和 12 之间，那么他自己对 R 的选择就缩小到对这些 S 值的最优反应区间。对 $S=0$ 的最优反应是 $R=15$，对 $S=12$ 的最优反应是 $R=15-12/2=9$。因为 $BR1$ 是向下倾斜的，经过这轮下来，R 的全部范围缩小为 9 到 15 之间。同样地，第二个船主 S 值的选择也限于对 R 取 0 到 15 之间的各值的最优反应上，即 $S=12$ 和 $S=12-15/2=4.5$ 之间的各值。这些限定的范围，如图 5-7 的坐标轴所示。

第三轮理性化还能继续将区域缩小，因为 R 的取值必须大于等于 9，同时 $BR2$ 具有负的斜率，所以 S 最大的取值是对 9 的最优反应，即 $S=12-9/2=7.5$。经过第二轮分析得出，S 值至少大于 4.5，所以 S 值现在被限定在 4.5 和 7.5 之间。同样地，由于 S 值至少是 4.5，R 值则最大是 $15-4.5/2=12.75$。第二轮分析得出 R 值大于等于 9，所以现在 R 值介于 9 到 12.75 之间。

你可以继续进行这样的理性化过程，但是结论已经很明显了，两个值域的相继缩小过程是收敛于纳什均衡 $R=12$ 和 $S=6$ 的。因此，纳什均衡是唯一不被重复剔除绝非最优反应策略所剔除的。[13] 我们知道在一般情况下，可理性化并不需要将博弈结果缩小至纳什均衡，因此这是该例的一个特征。事实上，博弈的最优反应曲线是向下倾斜的，并且在交点处只有一个纳什均衡，那么这个结论都是适用的。[14]

我们还要谨慎地区分上述观点与过去讨论过的相继最优反应链。相继最优反应的逻辑推理如下：从某个参与人的任意一个策略开始，比如 $R=18$，然后另一个参与人对此的最优反应是 $S=12-18/2=3$；R 对 $S=3$ 的最优反应又是 $R=15-3/2=13.5$；反过来，S 对 $R=13.5$ 的最优反应是 $12-13.5/2=5.25$；然后再反过来，R 对 S 的最优反应是 $R=15-5.25/2=12.375$；依此类推。

过去我们所讨论的最优反应链也收敛于纳什均衡，但这种方法是有问题的。因为博弈只进行一次且行动是同时的，所以参与人不可能等其他人选择之后才做出反应，然后让其他人做出反应，依此类推。如果允许这种动态性存在，那么参与人为什么不在预测其他人将来反应的基础上从一开始就选择不一样的行动呢？

然而，可理性化的观点是不一样的，它明显地体现了博弈的一次性和行动的同时性等因素，所有对最优反应链的思考都是先期进行的，并且后续的各轮推理和反应都是存在于观念之中的。参与人不是对真实的行动做出反应，而是仅仅推算他们将做出的选择，所以这种动态性只是存在于参与人的观念中。

5.4 纳什均衡的经验证据

在第 3 章讨论序贯行动博弈和逆向归纳的经验证据时，我们给出的证据源于对现实世界中实际发生的博弈的观察，以及为检验理论而在实验室或教室里人为设计的博弈，我们也指出了这两种方法在评估逆推均衡的有效预测能力时各自的优缺点。在寻找和解释同时行动博弈纳什均衡的证据时，也会遇到同样的问题。

真实世界的博弈通常是由那些富有经验的参与人参与的，并且他们在博弈中都有实质性的利益，这使得他们都有知识和动机去选择正确的策略。但是在这些情境中还含有许多理论未顾及的因素。尤其是在现实世界中，我们很难观察到参与人在所有策略组合中获得的支付数量。所以如果他们的行为不能证实理论的预测，我们也就不能判定到底是理论错了还是一些其他的因素左右了策略的选择。

实验室实验试图控制其他因素，以便为理论提供"干净"的测试，但是参与这些实验的参与人是没有经验的，并要在较短的时间和较少的激励下学习和开展博弈。面对一个新的博弈，许多人一开始时会彷徨失措，随机尝试，所以实验室环境中的博弈的头几轮只代表了这种学习的过程而不是富有经验的参与人所要选择的均衡。实验通常会考虑到参与人的经验不足和学习过程，常常将头几轮数据舍弃。但是学习的过程可能不止一个上午或一个下午，所以这也是实验室实验的主要弊端。

□ 5.4.1 实验室实验

在过去的 30 年间，研究者进行了不计其数的实验室实验，用以验证当人们处于某些特定的策略互动场合时他们是如何反应的。这样的研究尤其会问："参与人是否选择了纳什均衡的策略？"道格拉斯·D. 戴维斯（Douglas D. Davis）和查尔斯·A. 霍尔特（Charles A. Holt）[15] 通过回顾这些研究发现：如果博弈相对简单，只进行一次且只有一个纳什均衡，那么"在与不同的参与人重复地进行博弈后……理论有很强的预测能力"；但如果博弈环境比较复杂，比如存在多个纳什均衡，比如情感因素会改变除设定的现金以外的支付，比如寻找纳什均衡的计算比较复杂，比如固定的参与人之间要重复进行博弈，那么基于理论的预测就不一定会成功。我们将简要地讨论在这些情形下纳什均衡的表现。

1. 从多个均衡中选择

在前面的第 5.2.2 节中，我们举例说明了聚点会有助于参与人从多个纳什均衡中进行选择。参与人可能不会 100% 地进行协调，但是环境通常可以使得参与人实现更多的协调，比随机选择均衡策略下做得更好。我们在这里给出的博弈存在利益的取舍：所有参与人的支付都高的均衡也是最危险的均衡，就像前面的第 5.2.1 节那样。

约翰·冯·海克（John Van Huyck）、雷蒙德·巴塔里奥（Raymond Battalio）以及理查德·贝尔（Richard Beil）给出了一个 16 人的博弈，其中每个参与人同时在 1 到 7 之间选择"努力"水平。个人的支付取决于集体的"产出"。产出是每个人选择的努力程度最小值的函数，再减去个人的努力水平。这个博弈恰好有 7 个纯策略纳什均衡；每个参与人选择的努力程度相同，这就是均衡。当所有参与人选择的努力程度都是 7 时，就会出现最高的支付（每人 1.3 美元）。当所有参与人选择的努力程度都是 1 时，就会出现最低的支付（每人 0.7 美元）。最高支付的均衡显然是一个可能的聚点，但是这时选择最高努力存在风险；如果其中有一个参与人选择的努力程度比你低，那么你额外付出的努力就是浪费的。比如，你选择 7，而至少有一个人选择 1，那么你得到的支付只是 0.1 美元，它远远低于最糟糕的均衡支付 0.7 美元。有些参与人选择的努力程度难免会低于最大努力，在重复进行博弈时，博弈往往趋向于最低努力程度的均衡。[16]

2. 情感与社会规范

在第 3 章有关序贯行动博弈的一些例子中，参与人彼此之间的慷慨程度大于纳什均衡所预测的。类似的观察也发生在同时行动博弈中，比如囚徒困境。原因之一是，参与人的支付不同于实验员假设的支付：除了金钱之外，他们的支付可能还包括情感的经历，比如同情、愤怒、内疚。换句话说，参与人的价值体系会将一些关于友善、公平的社会规范内在化。在更大的社会范畴内这些社会规范被证明是有用的，所以会被转嫁到他们在实验博弈中的行为上。[17] 这些现象并不是说明纳什均衡概念本身无效，而是提醒我们不要在关于参与人支付的天真和错误的假设下运用纳什均衡的概念。比如，参与人总是为对金钱的追求所驱动这一假设，可能是错误的。

3. 认知错误

正如我们在第 3 章有关逆推均衡的内容中所看到的实验证据一样，参与人在开始博弈之前并不会完全想清楚整个博弈，他们也不会认为其他参与人能想清楚。在著名的旅客困境（travelers' dilemma）中，博弈的行为同样表明了纳什均衡在同时行动博弈中的局限性。在这个博弈中，两名旅客在度假时购买了相同的纪念品，而航空公司在返程时弄丢了他们俩的行李。航空公司告诉两名旅客，它准备赔偿他们的损失，但是不知道具体的赔偿金额。它知道正确的金额是介于每人 80 美元到 200 美元之间，所以它设计出如下博弈。每个参与人可以提出一个介于 80 美元到 200 美元之间的赔偿要求。航空公司会按照其中较低的赔偿要求赔偿两个参与人。另外，如果两个要求不同，航空公司会给要求较低的人 5 美元奖励，并且从要求较高的人的赔款中扣除 5 美元作为惩罚。

在这些规则之下，不管损失行李的实际价值是多少，每个参与人都有激励提出比对方低的赔偿要求。实际上，唯一的纳什均衡，也是唯一理性的结果是，两个参与人都提出最低的要求，80 美元。然而在实验中，参与人很少会报出 80 美元；他们报出的数字接近 200 美元。（在实验中实际支付的数字通常是按照美分而不是美元来计算。）有趣的是，如果惩罚和奖励的参数增加一个系数，从 5 美元变成 50 美元，其行为会更接近纳什均衡，报告的数字一般会接近 80 美元。因此，这个实验中的行为会随着参数的变化而发生巨大的变化，而参数并不会影响纳什均衡；唯一的均衡是 80 美元，不论惩罚和奖励的数字是多少。

为了解释实验中的这些结论，莫妮卡·卡普拉（Monica Capra）与她的合作者采用了一个理论模型，**量子反应均衡**（quantal-response equilibrium，QRE）。这个模型最初是由理查德·麦凯尔维（Richard McKelvey）和托马斯·帕尔弗里（Thomas Palfrey）提出的。这个模型的数学超出了本书的范围，它的主要作用是使得参与人犯重大错误的概率以及被犯重大错误的概率小于犯小错误的概率。另外，这个模型的参与人会预期彼此会犯这样的错误。其结果是，量子反应分析可以很好地解释数据。当惩罚只是 5 美元时，提出高要求所需要付出的代价不大，所以参与人更愿意提出接近 200 美元的要求——尤其是在知道他们的对手也会采取类似的行动时，因此提出高额赔偿所得到的支付会很大。不过，如果惩罚和奖励不是 5 美元而是 50 美元，提出高额赔偿就会付出大的代价，所以参与人不会预期对方会犯这样的错误。这个预期迫使参与人的行为趋向于提出 80 美元赔偿的纳什均衡。在这个成功的例子的基础之上，量子反应均衡成为博弈论研究非常活跃的领域。[18]

4. 理性的共同知识

我们刚刚看到，为了更好地解释实验结果，量子反应均衡允许参与人不相信对方是完全理性的。另一种解释实验数据的方法是，允许不同的参与人进行不同层次的推理。策略猜测博弈（strategic guessing game）经常用于课堂或实验室，它要求每个参与人在 0 到 100 之间选择一个数字，然后交上写有他们名字和所选择数字的卡片。由此可见，这个游戏是一个同时行动博弈。当将卡片收上来以后，教师计算出所有卡片上数字的平均数，所选择的数字最接近平均数的某个比例——比如说三分之二——的人将是赢家。这个博弈的规则（游戏的整个过程）在事先就被宣布。

该博弈的纳什均衡是每个人都选择 0。事实上，这个博弈是占优可解的，即便所有人都选择 100，平均数的一半也不会超过 67，所以对于每个参与人来说任何高于 67 的选择都劣于 67。[19] 但是，全部参与人都会出于理性想到这一点，所以平均数不会超过 67，这个数的三分之二就不会超过 44，那么所有高于 44 的选择都劣于 44。重复剔除劣策略最终导致 0。

然而，当一组人第一次玩这个博弈时，赢家不是选择 0 的那个人。获胜的数字通常大约是 15 或者 20。最常观察到的数字是 33 和 22，这表明大部分参与人只进行一两轮重复占优策略就不继续了。也就是说，"第 1 层次"的参与人认为所有其他参与人都是随机选择，平均数是 50，所以他们选择的是这个数字的三分之二，即 33。类似地，"第 2 层次"的参与人认为其他人都是"第 1 层次"的参与人，所以他们选择的是 33 这个数字的三分之二，即 22。注意，所有这些选择远远偏离纳什均衡 0。所有参与人似乎都只进行有限的几次重复剔除劣策略，在某些情况下这是因为他们认为其他人只会进行有限的几次思考。[20]

5. 学习并趋向均衡

当同一组参与人重复进行策略猜测博弈时，会出现什么情况？在课堂实验中，我们发现每轮获胜的数字都会下降 50%，因为学生预期所有同学写的数字都会小于等于前一轮获胜的数字。到了第三轮，获胜的数字往往会小于等于 5。

如何解释这个结果呢？批评纳什均衡的观点认为，除非纳什均衡恰好达到，否则这个理论就该被推翻。他们认为，如果你有足够的理由相信别人不会选择纳什均衡上的策略，那么你的最优策略也不是纳什均衡上的策略；如果你猜测到别人的选择将会如何偏离纳什均衡策略，那么你将选择针对他们策略的最优反应。但是，一些人则反驳道：社会科学中的理论不可能像物理学和化学一样做到精确预测，如果观察到的结果足够逼近纳什均衡，那就是对理论的一种支持。在这种情况下，实验不仅提供了这种支持，而且揭示出了人们积累经验进而选择逼近纳什均衡策略的过程。我们倾向于同意后一种观点。

有趣的是，我们发现人们在观察别人博弈时比自己参与博弈时学习得更快，这可能是因为身为旁观者可以关注博弈的全局，并自由地思考和分析；而作为参与人，思维则集中于为自己的决策做分析，缺乏广阔的视角。

我们下面来解释什么是"在博弈中积累经验"。本节一开始时就引用了戴维斯和霍尔特的话"与不同的参与人重复地进行博弈"，换言之，就是在经常与不同的对手进行博弈的过程中积累经验。然而，对于任何使得结果逼近纳什均衡的学习过程，全部学习者的人数要保持稳定。如果新手不断地出现并尝试新的策略，则原来的人就可能忘记在和其他人博弈中积累的经验。

如果博弈在两个参与人之间或在一小群熟悉的人之间重复进行，则会经常遇到相同的对手。在这种情况下，重复的博弈整体来看也是一个博弈，它的纳什均衡可能不是单次博弈纳什均衡的简单重复。比如，在重复的囚徒困境博弈中可能出现默许的合作，原因是大家都清楚背叛的短暂得利不如随即失去信任后的损失大。如果博弈如此重复进行，那么学习这种博弈，就要经常进行整套的重复博弈，并且每次的对手都不同。

□ 5.4.2 现实世界的证据

虽然现场不像实验室那样直接可观察，但是实验室之外的观察也可以提供有价值的证据，证明纳什均衡的相关性。反过来，纳什均衡通常会为社会学家研究真实世界提供有价值的出发点。

1. 纳什均衡的应用

纳什均衡最早应用于现实世界的领域是国际关系领域。谢林是采用博弈论解释诸多现象的先驱，他分析了国与国之间即使在没有动武的动机的情况下军备竞赛也会扩大化的问题，以及武力威胁的置信度等问题。随后，博弈论在这个领域的应用已扩展到研究一个国家在外交谈判或面临可能爆发战争的危机时何时以及如何表明可以置信的决心等问题。博弈论被系统地运用于经济和商业领域始于 20 世纪 70 年代中期，这种应用方兴未艾。[21]

正如本章之前所提到的，价格竞争是纳什均衡的主要应用之一。企业可以选择的其他策略包括产品质量、投资、研发等。该理论还有助于我们理解一个行业内的已有企业在什么时候以及如何做出可置信承诺，阻止新的竞争，比如对新进入者发动破坏性价格战。基于纳什均衡概念的博弈论模型及其动态形式，非常符合很多重要行业的情况，比如汽车制造业。这些模型比古老的模型更能帮助我们理解竞争的决定因素。老模型通常假设完全竞争，然后估计供求曲线。[22]

潘卡基·玛格沃特（Pankaj Ghemawat）是巴塞罗那 IESE 商学院的教授。他对单个企业和行业进行了大量的案例研究，并且得到数据统计分析的支撑。他的博弈模型非常有助于我们理解那些最初困扰我们的商业决策，比如定价、生产能力、创新等。比如在 20 世纪 70 年代，杜邦公司建立了庞大的二氧化钛生产能力。它增加的生产能力超过了预计未来十年世界需求量的增长。初看起来，这个决策似乎很可怕，因为过剩的产能会导致该商品的市场价格下降。然而，杜邦公司成功地预见到，由于有过剩的产能储备，它可以惩罚降价的竞争对手，方法是扩大产量，进一步降低未来价格。这种能力使得它成为行业的价格领导者，并且可以获得很大的利润空间。这个策略非常有效，杜邦公司在后来的 40 年里都是二氧化钛的世界领导者。[23]

最近，博弈论已经成为研究政治体系和制度的首选工具。正如我们将在第 15 章所看到的，博弈论可以解释在追求个人最终目标的过程中，如何对委员会和选举中的投票和议案进行策略性的操纵。本书的第 4 部分将纳什均衡应用于拍卖、投票和谈判中。我们还会在第 14 章对古巴导弹危机进行案例分析。

一些批评家对纳什均衡的价值不以为然，他们声称采用之前大家已知的经济学和政治学等一般原理进行分析，也能得到相同的解释。他们的观点有一定的道理，在纳什均衡产生之前，其中一些分析方法就已经存在了。比如，我们曾在第 5.1 节中讨论了两家餐馆价格竞争的均衡，这个均衡的例子在经济学中已经有一百多年的历史了；纳什均衡仅仅是对所有这类博弈的均衡概念的一般表述而已。策略投票的一些理论可以追溯到 18 世纪，"置信度"的概念早在修昔底德（Thucydides）的《伯罗奔尼撒战争史》（*Peloponnesian War*）中就有了。然而，纳什均衡将所有这些应用都统一了起来，因而促进了新的发展。

另外，博弈论的发展还直接导致大量前所未有的新思想及其应用的出现。比如，二次打击能力的存在如何降低突然袭击的威胁；不同的拍卖方式如何影响竞标行为和拍卖者的收益；政府如何操纵财政政策和货币政策以赢得连任，即使投票者有相关经验能够意识到这一点。如果这些例子都可用博弈论产生之前的方法分析，那么它们可能很早以前就被发现了。

2. 现实世界中的学习例子

最后，我们以现实世界的职业棒球大联盟比赛为例，对博弈均衡和学习过程做一个有趣的说明。这种比赛的奖金丰厚，并且队员每年需要参加一百多场比赛，他们有很强的激励和很好的机会去学习。史蒂芬·杰伊·古尔德（Stephen Jay Gould）找到了一个很好的例子。[24] 他发现在 20 世纪的大部分时间里，棒球赛季所记载的最佳击球率呈下降趋势，尤其是平均击球率在 0.400 或以上的球员，过去的要比现在的多。棒球迷们常常带着怀旧的情绪解释击球率下降的原因："曾经有伟大的球员。"然而，简单一想，我们不禁要问："为什么过去没有掷球手与之抗衡，使得他们的击球率降低呢？"古尔德的解释更具系统性，他指出我们要全面地看待平均击球率，而不仅仅是最好球员的击球率。与过去相比，现在最差击球手的击球率也有一定提高，在主联盟赛中击球率低于 0.150 的球员也比原来减少了。他将这种整体差异的缩小称为标准化或稳定化效应：

> 当棒球还是一项新兴的运动时，杀伤力很强的古怪招数层出不穷，往往令人防不胜防。威·威利·基勒（Wee Willie Keeler）可以声东击西（并在 1897 年创造了击球率 0.432 的纪录），因为接球手常常不知道球会往哪边掷。慢慢地，球员们逐渐掌握了最佳的跑位、防守、掷球和击球的技术——变化也不可避免地减少了。最佳球员常常会遇到最为精锐的对手，要赢得胜利，常常就要挑战自己的极限，所以赛场上的伤病也更多了。

换言之，对抗策略经过一系列调整后，这个系统就收敛到（纳什）均衡了。

古尔德整理了数十年的击球数据，发现除了偶然的"跳跃"之外，整体的差异的确在缩小。事实上，这些"跳跃"也证实了他的理论，因为"跳跃"的出现都紧跟在均衡被外来的变化打破之后。无论是比赛规则的改变（"好球"区域扩大或缩小，掷球位置降低，或者是在赛季扩张的时候，有许多新球队或新球员加入），还是技术的改变（弹性更好的球被采用，或者铝制的球将来有可能被允许用于比赛），原先互为最优反应的体系都会偏离均衡。随着球员们的不断尝试，相互差异也暂时加剧，一些取得成功而另一些不幸失败。最后，新的均衡又达成，差异再次缩小。这一切正如我们在运用学习过程和调整到纳什均衡的分析框架中所预见的一样。

迈克尔·刘易斯 2003 年的书《点石成金》（*Moneyball*）［后来拍成电影，由布拉德·皮特（Brad Pitt）主演〕描述了棒球场上一个相关的趋向均衡的例子。它关注的不是个人的策略，而是球队后台在雇用球员时的策略。这本书记载了奥克兰运动家队总经理比利·比恩（Billy Beane）在雇用球员时采取棒球统计学来决策；也就是说，密切关注棒球统计数据，依据的理论是最大化得分和最小化失分。这个决策关注的是被市场低估的球员特点，比如球员获得安全上垒的能力。这一决策使得运动家队成为非常强大的球队，在七个赛季中有五个赛季进入季后赛，虽然球员工资还不及纽约洋基队这样的大球队的一半。比恩的工资策略后来被其他球队采用，比如波士顿红袜队。2004 年红袜队在总经理西奥·艾普斯坦（Theo Epstein）的带领下打破了"巴比诺诅咒"（curse of Bambino），在 86 年当中第一次赢得世界职业棒球大赛冠军。在此后 10 年当中，有十几支球队决定雇用全职的棒球统计分析师。2011 年 9 月，比恩强调他与大球队之间又有一场硬仗，它们学会了对他的策略做出最优反应。在现实世界的博弈中，在逐渐趋向均衡时经常会出现创新；棒球的这两个例子都说明了趋向均衡的过程，虽然完全收敛可能需要数年甚至数十年才能完成。[25]

我们将在后面的章节中论证其他博弈论预言的情况。到目前为止，我们所提供的实验和经验证据足以让我们对使用纳什均衡持有谨慎乐观的态度，尤其是把它作为首选方法时要慎重。从整体上来说，如果你所分析的博弈是经常发生的，且参与人的数目以及博弈的规则和条件都是稳定的，那么你就可以放心地使用纳什均衡的概念。但是，如果博弈是新出现的，或者只进行过一次且参与人没有什么经验，那么这时候运用纳什均衡的概念就要更加谨慎，哪怕观察到结果不是你所计算出的均衡也不要惊讶。即使这样，你开始分析的第一步仍可以是寻找纳什均衡，然后判断这个结果是不是合理的均衡；如果不是，继续思考为何不是。[26] 通常的原因都是你对参与人的目标理解有误，而不是在他们目标正确的情况下，参与人的行动选择有误。

5.5　总　　结

在同时行动博弈中，如果参与人在一个连续的区间内选择行动，我们就可以运用最优反应分析来求得数学形式的最优反应规则，将其联立求解进而得到纳什均衡策略。最优反应规则也可以用曲线来表示，两条曲线的交点代表的就是纳什均衡。厂商在一个较广的值域中选择价格或产量，党派决定其竞选宣传的支出，这些例子都是连续型策略的博弈。

对纳什均衡概念的理论批评包括：纳什均衡没有充分考虑风险，由于许多博弈存在多个均衡，纳什均衡的应用是有限的；仅依靠理性不能导出纳什均衡。在许多情况下，对博弈及其支付进行更好的描述，或者对纳什均衡进行精炼，都可以使预测更好，或者减少可能的均衡。可理性化是指剔除那些绝非最优反应的策略，进而得到一系列理性化的结果。当博弈有一个纳什均衡时，这个结果是可理性化的；但是，可理性化也可以用于预测那些没有纳什均衡的博弈结果。

纳什均衡的实验结果显示，共同文化背景对存在多个均衡的博弈实现协同是非常重要的。重复进行一些支付表明，参与人能在经验中学习并逐渐选择趋于纳什均衡的策略。另外，均衡预测的准确性还取决于实验设计者的假设是否与参与人的真实偏好相匹配。博弈论在真实世界的应用特别有助于经济学家和政治学家理解消费者、厂商、选民、议员和政府的行为。

关键术语

最优反应曲线（best-response curve）   equilibrium，QRE）

最优反应规则（best-response rule）   可理性化（rationalizability）

连续型策略（continuous strategy）   可理性化的（rationalizable）

绝非最优反应（never a best response）   精炼（refinement）

量子反应均衡（quantal-response

已解决的习题

S1. 在第 5.1.2 节的党派竞选宣传博弈中，党派 L 将宣传费用定为 x（百万美元），同时党派 R 定为 y（百万美元），我们还得出了这个博弈中党派 R 的最优反应规则是 $y=10\sqrt{x}-x$，党派 L 的最优反应规则是 $x=10\sqrt{y}-y$。

（a）如果党派 L 花费 1 600 万美元，党派 R 的最优反应是什么？

（b）运用这些最优反应规则来验证纳什均衡的宣传费用是否为 $x=y=25$ 百万美元或 2 500 万美元。

S2. 图 5-1 所示的餐馆定价博弈定义了泽维尔（Q_x）的需求函数和伊冯娜（Q_y）的需求函数，分别是 $Q_x=44-2P_x+P_y$ 和 $Q_y=44-2P_y+P_x$。另外，每家餐馆的利润还取决于它们服务每个顾客的成本。现在假设伊冯娜通过完全消除闲置员工将服务每个顾客的成本降到了只有 2 美元，而泽维尔服务每个顾客的成本仍然保持为 8 美元不变。

（a）在新的成本条件下，重新计算最优反应规则和纳什均衡时两家餐馆的价格。

（b）画出两家餐馆的最优反应曲线，说明你画的图和图 5-1 的区别，尤其请指出哪一条线移动了以及移动了多少？你能解释图中的这种变化吗？

S3. 雅皮镇（Yuppietown）有两家食品店，分别是卖面包的法式饼店（La Boulangerie）和卖奶酪的风味餐店（La Fromagerie）。生产一块面包的成本是 1 美元，生产一磅奶酪的成本是 2 美元。如果法式饼店销售每块面包的价格是 P_1 美元，同时风味餐店销售每磅奶酪的价格是 P_2 美元，那么它们各自的销量 Q_1（千块面包）和 Q_2（千磅奶酪）分别满足下面的表达式：

$$Q_1=14-P_1-0.5P_2, \quad Q_2=19-0.5P_1-P_2$$

（a）对于每家餐馆，把利润写为价格 P_1 和 P_2 的函数（在下边的练习中，我们将要直接称其为利润函数），然后分别找出这两家商店的最优反应规则，画出最优反应曲线，并求出这个博弈的纳什均衡价格。

（b）假设这两家店合谋并联合定价以最大化它们总的利润，求出实现两家店共同利润最大化的价格。

（c）凭直觉解释纳什均衡价格和实现共同利润最大化的价格之间的差异。为什么共同利润最大化的价格不是纳什均衡价格？

（d）在这个问题中，面包和奶酪互为互补品，它们常常一起被消费，所以它们中的一种降价可以促进另一种的销量，而第5.1.1节中的两家餐馆的产品互为替代品。你在这里得出的最优反应规则、纳什均衡价格和共同利润最大化价格与前面餐馆定价博弈例子中所得到的结论不同，互补品和替代品之间的差异是如何说明这种不同的呢？

S4. 图5-3中所示的博弈存在唯一的纯策略纳什均衡。然而，该博弈的九个结果都是可理性化的。证实这种论断，并解释你对每个结果的推断。

S5. 对于第4章的习题S5，每个参与人的理性化策略是什么？解释之。

S6. 第5.3.2节介绍了一个海滨小镇上的捕鱼博弈。当我们导出两条渔船的反应规则时，可理性化能被用于论证博弈中的纳什均衡。如文中所述，我们采用三轮缩小绝非最优反应策略的过程。在第三轮时，我们知道 R（第一条船投入市场的鱼的桶数）至少为9，并且 S（第二条船投入市场的鱼的桶数）至少为4.5。该轮缩减过程把 R 限制在9到12.75之间，把 S 限制在4.5到7.5之间。继续这种过程到第四轮并展示该轮得到的 R 和 S 减小的区域范围。

S7. 在里约热内卢的海滩上，有两辆推车销售椰奶，它们之间相隔1英里，并且分别位于0英里处和1英里处（在这段海滩上，只有这两辆卖椰奶的推车）。这两辆推车——推车0和推车1——卖出每份椰奶的价格分别为 p_0 和 p_1，购买者是海滩上的游客，并且均匀地分布在推车0和推车1之间。每个游客在一天中都要买一份椰奶，除了价格，他们还得支付运送费用 $0.5 \times d^2$，其中 d 是从他的沙滩毯到卖椰奶的推车之间的距离（单位是英里）。这样一来，推车0的顾客是处于0英里处和 x 英里处之间的游客，而推车1的顾客是处于 x 英里处和1英里处之间的游客，其中 x 是去这两辆推车买椰奶的费用无差异的游客所处的位置。x 满足以下表达式：

$$p_0 + 0.5x^2 = p_1 + 0.5(1-x)^2$$

两辆推车将设定销售椰奶的价格，以最大化它们的利润 B。利润由收益（销售椰奶的价格乘以卖出的数量）和成本（每份椰奶的成本0.25美元乘以卖出的数量）共同决定。

（a）写出光顾每辆推车的顾客人数作为 p_0 和 p_1 函数的表达式（记住：推车0的顾客来自0英里处和 x 英里处之间，或者是 x；而推车1的顾客来自 x 英里处和1英里处之间，或者是 $1-x$）。

（b）写出两辆推车的利润函数，并且找出它们作为竞争对手的价格函数的最优反应规则。

（c）画出最优反应曲线，然后计算（或在你的图上标出）达到纳什均衡时海滩上椰奶的价格。

S8. 原油在全球用被称为超级油船（VLCC）的巨型油船运输。截至2001年，超过92%的VLCC由韩国和日本建造。假设新建VLCC的价格（以百万美元计算）函数是 $P = 180 - Q$，其中 $Q = q_{Korea} + q_{Japan}$。（也就是假设只有韩国和日本生产VLCC，所以它们是双寡头垄断。）假设在韩国和日本建造每艘船的成本是30百万美元，也就是 $c_{Korea} = c_{Japan} = 30$，其中每艘油船的成本以百万美元为单位测算。

（a）写出用 q_{Korea}、q_{Japan} 和 c_{Korea}、c_{Japan} 表示的每个国家的利润函数。找出每个国家的最优反应函数。

（b）使用（a）中的最优反应函数，解出每个国家每年生产 VLCC 的纳什均衡。一艘 VLCC 的价格是多少？每个国家的利润是多少？

（c）韩国造船厂的劳动力成本实际上远远低于日本。现在假设在日本每艘油船的成本是 40 百万美元而在韩国是 20 百万美元。给定 $c_{\text{Korea}}=20$ 和 $c_{\text{Japan}}=40$，每个国家的市场份额是多少（也就是，每个国家销售的船只数量占总的销售数量的百分比是多少）？每个国家的利润是多少？

S9. 扩展上题的问题，假设中国决定进入 VLCC 建造市场。双寡头垄断变成三寡头垄断，因此尽管价格依然是 $P=180-Q$，销售数量 $Q=q_{\text{Korea}}+q_{\text{Japan}}+q_{\text{China}}$。假设三个国家生产每艘油船的成本均为 30 百万美元：$c_{\text{Korea}}=c_{\text{Japan}}=c_{\text{China}}=30$。

（a）写出用 q_{Korea}、q_{Japan}、q_{China} 和 c_{Korea}、c_{Japan}、c_{China} 表示的每个国家的利润函数。找出每个国家的最优反应规则。

（b）使用（a）的答案，找出每个国家的生产数量、市场份额〔参考习题 S8（c）〕和赚得的利润是多少。这要求求解具有三个未知数的三个方程。

（c）相对于习题 S8（b）中的双寡头垄断情形，在三寡头垄断情形下 VLCC 的价格发生了什么变化？为什么？

S10. 莫妮卡和南希组建了一个合伙企业来为高尔夫行业提供咨询服务。她们每人要决定投入多大努力到合伙企业中。让 m 代表莫妮卡投入合伙企业中的努力数量，让 n 代表南希投入合伙企业中的努力数量。

合作关系的共同利润是 $4m+4n+mn$，以万美元度量，并且二人平分利润。但是她们必须单独承担各自努力的成本。莫妮卡努力的成本是 m^2，南希努力的成本是 n^2（双方均以万美元度量成本）。合伙双方必须在不知道对方的努力决策的情况下做出自己的努力决策。

（a）如果莫妮卡和南希每人投入的努力是 $m=n=1$，那么她们的收益是多少？

（b）如果莫妮卡的努力是 $m=1$，那么南希的最优反应是什么？

（c）该博弈的纳什均衡是什么？

S11. 在最优反应曲线向上倾斜的博弈中，如果绝非最优反应策略的剔除从最小的可能值开始，纳什均衡可以通过可理性化过程得到。考虑如图 5-1 所示的泽维尔的达帕斯西班牙餐馆和伊冯娜的炭火西餐馆之间的价格竞争博弈，使用该图及其背后的最优反应规则来证明这个博弈的纳什均衡是可理性化的。从两家餐馆的最小可能价格开始，（至少）描述两轮可理性化价格区间缩小并趋于纳什均衡的过程。

S12. 一个教授为艾尔莎和她的 49 个同班同学提出如下博弈。每人同时单独地在一张纸上写下 0 到 100 之间的一个数，并且上交。然后教授计算这些数字的平均值并定义为 X。上交数字最接近 X 的二分之一的学生将获得 50 美元。如果多个学生最接近该值，则他们将平分奖金。

（a）证明选择数字 80 是一个劣策略。

（b）如果艾尔莎知道她的所有同学都将选择数字 40，则她的最优反应集是什么？也就是，给出一个数字范围，在该范围内每个数字都比 40 更接近获胜数字。

（c）如果艾尔莎知道她的所有同学都将上交数字 10，她的最优反应集是什么？

（d）找出该博弈的对称纳什均衡。也就是，作为最优反应的数字对于提交相同数字的其他人也是最优的。

（e）该博弈中的哪一个策略是可理性化的？

未解决的习题

U1. 钻石贸易公司（DTC），作为德比尔斯公司的一个子公司，是高质量钻石批发市场的供给者。为简化起见，假设 DTC 对批发市场有垄断力量，因此 DTC 选择销售的数量对市场的钻石价格有直接的影响。假设批发市场的钻石价格（以百美元为计量单位）由如下反需求函数给出：$P=120-Q_{DTC}$。假设 DTC 供给高质量钻石的单位成本是 12（以百美元为计量单位）。

（a）用 Q_{DTC} 表示出 DTC 的利润函数，并且解出 DTC 利润最大化时的供给数量 Q_{DTC}。在该供给数量下的价格是多少？DTC 的利润是多少？

受阻于 DTC 的垄断，几个钻石开采商和大型零售商联合组成一个名为阿达曼提亚（Adamantia）的合资公司，作为 DTC 在钻石批发市场的竞争者。批发价格现在是 $P=120-Q_{DTC}-Q_{ADA}$。假设阿达曼提亚供给高质量钻石的单位成本是 12（以百美元为计量单位）。

（b）写出 DTC 和阿达曼提亚的最优反应函数。在市场均衡时每家企业的供给数量是多少？对应这些供给数量的价格是多少？在双寡头垄断情形下每个供给者的利润是多少？

（c）说出 DTC 和阿达曼提亚双寡头垄断钻石批发市场相对于 DTC 单独垄断市场的差异。阿达曼提亚进入市场后的市场供给数量和价格有何变化？DTC 和阿达曼提亚的联合利润有何变化？

U2. 小镇上有两家影院：A 影院，首次运营的电影院；B 影院，已以更低的价格放映了一段时间电影的影院。对 A 影院的需求函数是：$Q_A=14-P_A+P_B$，对 B 影院的需求函数为：$Q_B=8-2P_A+P_B$。其中价格以美元计量，需求量以百个影迷为单位度量。A 影院每单位顾客的服务成本是 4 美元，B 影院每单位顾客的服务成本仅仅是 2 美元。

（a）仅仅从需求方程说明 A 影院和 B 影院提供的服务是替代的还是互补的。

（b）用 P_A 和 P_B 写出每家影院的利润函数。找出每家影院的最优反应规则。

（c）找出每家影院的纳什均衡价格、数量和利润。

（d）如果两家影院决定合谋以实现共同的利润最大化，则每家影院的价格、需求量和利润各为多少？合谋的结果为什么不是一个纳什均衡？

U3. 假设习题 S3 中的情景又过了十年。雅皮镇对于面包和奶酪的需求锐减，并且两家食品店法式饼店和风味餐店被第三家公司 L'Épicerie 收购。生产一块面包的成本仍然是 1 美元，生产一磅奶酪的成本仍然是 2 美元，但销售面包和奶酪［分别用 Q_1（千块面包）和 Q_2（千磅奶酪）表示］现在满足如下表达式：

$$Q_1=8-P_1-0.5P_2, \quad Q_2=16-0.5P_1-P_2$$

P_1 是每块面包的价格，P_2 是每磅奶酪的价格。

（a）起初，L'Épicerie 分开经营法式饼店和风味餐店，独立管理以实现各自的利润最大化。给定新的数量方程，则 L'Épicerie 的两家分公司的纳什均衡数量、价格和利润各是多少？

（b）L'Épicerie 的所有者认为他们可以通过协调雅皮镇两家分公司的价格策略以实现更大的总利润。在面包店和奶酪店合谋情形下共同利润最大化时的价格是多少？法式饼店和风味餐店销售的各自产品数量是多少？各自的利润是多少？

（c）一般地，为什么公司可以以低于成本的价格销售一些商品？以（b）的答案作为一个例证给出解析。

U4. 仍以习题 S7 中销售椰奶的推车为背景。几乎所有条件都与 S7 中相同：推车在相同的位置上，游客的数量和分布是均匀的，并且每个游客每天仍要购买一份椰奶。唯一的改变是游客支付更高的运送费用 $0.6d^2$。推车 0 的顾客是处于 0 英里和 x 英里之间的游客，推车 1 的顾客是处于 x 英里和 1 英里之间的游客，其中 x 是去这两个推车买椰奶的费用无差异的游客所处的位置。然而，位置 x 由如下表达式定义：

$$p_0 + 0.6x^2 = p_1 + 0.6(1-x)^2$$

同样，每辆推车卖出每份椰奶的成本是 0.25 美元。

（a）作为 p_0 和 p_1 的函数，写出光顾每辆推车的顾客数的表达式。（记住推车 0 的顾客来自 0 英里和 x 英里之间，或者是 x；而推车 1 的顾客来自 x 英里和 1 英里之间，或者是 $1-x$。）

（b）写出两辆推车的利润函数，并且找出它们各自的最优反应规则。

（c）计算达到纳什均衡时海滩上椰奶的价格。比较该价格与习题 S7 中的椰奶价格有何不同。为什么？

U5. 如图 5-4 所示的博弈有一个唯一的纯策略纳什均衡，找出这个纳什均衡，并且说明它也是博弈中唯一的可理性化结果。

U6. 第 4 章习题 S12 中的博弈"奇数还是偶数"的可理性化策略是什么？

U7. 在第 5.3.2 节的捕鱼博弈中，我们展示了在连续策略中唯一的可理性化结果为何可能就是纳什均衡。然而，这种情形并不总是成立，也许会有多个可理性化策略，并且它们不必都是纳什均衡。

重新回到习题 S1 中的党派宣传博弈中，找出党派 L 的可理性化策略集。（由于他们的对称收益，该策略集同样也是党派 R 的可理性化策略集。）解释你的理由。

U8. 英特尔和 AMD 是最初的计算机中央处理器（CPU）的生产商，在中档芯片间相互竞争。假设全球对中档芯片的需求依赖于这两家企业制造的数量，因此中档芯片的价格（以美元计）是 $P = 210 - Q$，其中 $Q = q_{Intel} + q_{AMD}$，数量以百万计。英特尔生产每个中档芯片的成本是 60 美元，AMD 的生产过程更精炼，生产每个芯片的成本只有 48 美元。

（a）用 q_{Intel} 和 q_{AMD} 写出每家企业的利润函数，找出每家企业的最优反应规则。

（b）找出每家企业的纳什均衡价格、数量和利润。

（c）（选做）假设英特尔收购了 AMD，那么现在有两个具有不同生产成本的分离部门。合并的企业希望最大化两个部门的总利润。每个部门应该各自生产多少芯片？（提示：你需要仔细考虑这个问题，而不是盲目地应用数学技巧。）企业的市场价格和总利润是多少？

U9. 回到习题 S9 的 VLCC 三寡头垄断博弈。在现实中，三国的生产成本是不同的。中国这几年来正逐渐进入 VLCC 建造市场，由于缺乏经验，它的生产成本开始时比较高。

（a）韩国生产每艘油船的成本是 20 百万美元，日本是 40 百万美元，中国是 60 百万美元（$c_{\text{Korea}}=20$，$c_{\text{Japan}}=40$，$c_{\text{China}}=60$），解出此时三寡头的生产数量、市场份额、价格和利润。

随着中国经验和生产能力的增加，其生产每艘油船的成本迅速递减。因为中国的劳动力比韩国廉价，最终中国生产每艘油船的成本低于韩国。

（b）中国生产每艘油船的成本调整为 16 百万美元（$c_{\text{Korea}}=20$，$c_{\text{Japan}}=40$，$c_{\text{China}}=16$），重解（a）中的问题。

U10. 回到习题 S10 中莫妮卡和南希的故事。经过一些专业训练，莫妮卡的工作更有效率，因此现在公司的共同利润是 $5m+4n+mn$，以万美元度量。同样地，m 表示莫妮卡投入合伙企业中的努力数量，n 表示南希投入合伙企业中的努力数量。莫妮卡和南希各自承担的努力成本为 m^2 和 n^2（以万美元度量）。

尽管事实上莫妮卡更有效率，但他们的合伙关系仍然要求均分共同利润。假设她们同时做出努力决策。

（a）如果莫妮卡期望南希付出的努力为 $n=\dfrac{4}{3}$，则她的最优反应是什么？

（b）该博弈的纳什均衡是什么？

（c）对比习题 S10（c）中找出的原纳什均衡，莫妮卡现在是付出更多、更少还是相同的努力？南希呢？

（d）在新的纳什均衡中，莫妮卡和南希的最终收益是多少（在平分利润和计算努力成本之后）？她们每人与原纳什均衡中的收益相比有什么变化？最终，谁从莫妮卡额外的训练中得到了更多收益？

U11. 一个教授为艾尔莎和她的 49 个同班同学提出如下博弈（类似于习题 S12 的情形）。如前所述，每人同时单独地在一张纸上写下 0 到 100 之间的一个数，然后教授计算这些数字的平均值并定义为 X。这次上交的数字最接近 $\dfrac{2}{3}\times(X+9)$ 的学生将获得 50 美元。同样，如果多个学生最接近该值，则他们将平分奖金。

（a）找出该博弈的对称纳什均衡。也就是，作为最优反应的数字对于提交相同数字的其他人也是最优的。

（b）证明选择数字 5 是一个劣策略。（提示：对于目标数字 5 来说，全班平均数 X 为多少？）

（c）证明选择数字 90 是一个劣策略。

（d）所有的劣策略是什么？

（e）假设艾尔莎相信她的同学没有人会选择（d）中找到的劣策略。给定这种信念，什么策略对于艾尔莎来说绝非最优反应？

（f）你认为该博弈中的哪一个策略是可理性化的？解释你的推断。

U12.（选做，需要运用微积分）记得在第 5.1.3 节党派 L 和党派 R 的竞选宣传博弈例子中，若 L 花费 x 百万美元宣传，同时 R 花费 y 百万美元，那么 L 得到的选票份额为 $x/(x+y)$，R 得到的选票份额为 $y/(x+y)$。在这个模型中，我们曾提到党派间可能有两种类型的不对称性存在：一个党派——比如 R——可能以较低的成本宣传，或者 R 的宣传支出比 L 在赢得选票上更有效率。考虑到这两种可能，我们将两个党派的支付函数写成如下形式：

$$V_L = \frac{x}{x+ky} - x, \quad V_R = \frac{ky}{x+ky} - cy, \quad 其中 k > 0, c > 0$$

这两个支付函数的形式说明：当 k 比较大的时候，R 在宣传效率上有优势；当 c 比较小的时候，R 在宣传成本上有优势。

（a）运用支付函数导出 R（选择 y）和 L（选择 x）的最优反应方程。

（b）运用你的计算器或计算机，画出 $k=1$ 和 $c=1$ 时各自的最优反应方程，并比较这幅图与 $k=1$ 和 $c=0.8$ 时的差异。在宣传成本上的优势有什么效应？

（c）比较（b）中得到的当 $k=1$ 和 $c=1$ 时的图与当 $k=2$ 和 $c=1$ 时的图的差异。在宣传效率上的优势有什么效应？

（d）联立你在（a）中得到的最优反应方程，解出 x 和 y，验证纳什均衡时的竞选宣传支出是：

$$x = \frac{ck}{(c+k)^2} - x, \quad y = \frac{k}{(c+k)^2}$$

（e）令纳什均衡时支出方程中的 $k=1$，并且考察两个均衡支出是如何随 c 的变化而变化的（也就是解释 $\frac{dx}{dc}$ 和 $\frac{dy}{dc}$ 的符号）。然后令 $c=1$，考察这两个均衡支出是如何随着 k 的变化而变化的（也就是解释 $\frac{dx}{dk}$ 和 $\frac{dy}{dk}$ 的符号）。你的答案是否支持你在本习题（b）和（c）中所得到的结论？

【注释】

[1] 事实上，竞争会持续一段时期，所以每个参与人都可以观察到对方过去的选择。博弈的这种重复进行将带来新的思考，我们将在第 10 章介绍。

[2] 懂得一点经济学知识的读者都知道，联系价格和数量的方程是两种产品 X 和 Y 的需求方程。每种产品的需求数量随着自身价格的上升而下降（此时，需求曲线是向下倾斜的），随着另一种产品价格的上升而上升（此时，这两种产品是替代品）。

[3] 尽管在完备的博弈中，伊冯娜所选择的价格 P_y 是一个变量，这里我们只考虑部分博弈，即泽维尔的最优反应，其中他认为伊冯娜的选择不受他控制，因此为一常量。

[4] 如果没有这种对称性，两个最优反应方程是不同的，但鉴于我们的假定，仍然是线性的。所以，在不对称情形下求解也不是那么困难。

[5] 公司在知道可以逃脱合谋的处罚时，会试图进行明显的合谋，在 Kurt Eichenwald 所著的 *The Informant*（New York：Broadway Books，2000）中就有这样一个有趣并富有意义的例子。

[6] David M. Kreps 在 *Game Theory and Economic Modelling*（Oxford：Clarendon

Press，1990）中对此有非常不错的讨论。

［7］Roger Myerson，*Game Theory*（Cambridge，Mass.：Harvard University Press，1991），p. 106.

［8］参见 David Kreps，*A Course in Microeconomic Theory*（Princeton：Princeton University Press，1990），pp. 392 - 393，414 - 415。

［9］这个例子源于提出了"可理性化"这个概念的原始论文，参见 Douglas Bernheim，"Rationalizable Strategic Behavior，"*Econometrica*，vol. 52，no. 4（July 1984），pp. 1007 - 1028。还可以参考 Andreu Mas-Colell，Michael Whinston，and Jerry Green，*Microeconomic Theory*（New York：Oxford University，1995），pp. 242 - 245。

［10］注意在这个例子中，对于列来说其最优选择是严格优于 C4 的，所以 C4 绝非列的最优反应。我们也可以像区分强占优和弱占优一样来区分强绝非最优反应和弱绝非最优反应。这里，我们指的是强绝非最优反应。

［11］正如我们将在第 7 章所看到的，如果允许混合策略，那么某个纯策略可能会劣于其他纯策略的混合。在这个扩展的劣策略定义下，重复剔除严格劣策略的结果会等价于可理性化。其中的细节将留给博弈论的高级课程。

［12］虽然得到这样的结果是偶然的，但是这些解的一些有趣性质值得指出。由于成本不同，产量也不同；生产效率越高（成本越低）的船销售的鱼也越多。成本和产量的差异一起意味着最终利润的更大差异，虽然第一条船较第二条船仅有 20% 的成本优势，但它的利润却是第二条船的 4 倍。

［13］这个例子还可以用重复剔除占优策略来解，但是占优的证明较困难且需要更多的微积分知识，而绝非最优反应性质在图 5 - 7 上是很明显的，所以我们采用这种方法更简单。

［14］对于向上倾斜的最优反应曲线而言，也有类似的结论。比如在图 5 - 1 的餐馆定价博弈中，可以从一个低的价格开始缩小最优反应区间。只有存在明显的起始点时，才能限定最高的边界。这个起始点可能是由于外在的某些因素不能超过一个很高的价格，比如说人们没有支付高于某个价格的能力。

［15］Douglas D. Davis and Charles A. Holt，*Experimental Economics*（Princeton：Princeton University Press，1993），ch. 2.

［16］参见 John B. Van Huyck，Raymond C. Battalio，and Richard O. Beil，"Tacit Coordination Games，Strategic Uncertainty，and Coordination Failure，"*American Economic Review*，vol. 80，no. 1（March 1990），pp. 234 - 248。后续的研究提供了可以改善最优均衡协调的方法。Subhasish Dugar，"Non-monetary Sanction and Behavior in an Experimental Coordination Game，"*Journal of Economic Behavior & Organization*，vol. 73，no. 3（March 2010），pp. 377 - 386，表明只要允许参与人在每轮之间表达对其他参与人决策不满意的程度，就可以在高支付的结果上达成协调。Roberto A. Weber，"Managing Growth to Achieve Efficient Coordination in Large Groups，"*American Economic Review*，vol. 96，no. 1（March 2006），pp. 114 - 126，表明如果一开始时是一个小团体，然后逐渐增加参与人，这样可以维持高支付的均衡。这表明一家企业可以逐渐扩张，使得雇员理解企业的合作文化。

［17］著名的博弈论专家 Jörgen Weibull 对此观点有详细的介绍，请见 "Testing

Game Theory," in *Advances in Understanding Strategic Behaviour：Game Theory，Experiments and Bounded Rationality：Essays in Honour of Werner Güth*, ed. Steffen Huck (Basingstoke，UK：Palgrave MacMillan，2004), pp. 85‒104。

[18] Kaushik Basu, "The Traveler's Dilemma," *Scientific American*, vol. 296, no. 6 (June 2007), pp. 90‒95. 实验和建模参见 C. Monica Capra, Jacob K. Goeree, Rosario Gomez, and Charles A. Holt, "Anomalous Behavior in a Traveler's Dilemma?" *American Economic Review*, vol. 89, no. 3 (June 1999), pp. 678‒690。量子反应均衡 (QRE) 是由 Richard D. McKelvey and Thomas R. Palfrey, "Quantal Response Equilibria for Normal Form Games," *Games and Economic Behavior*, vol. 10, no. 1 (July 1995), pp. 6‒38 首先提出的。

[19] 如果你记入你自己的选择，这个计算就会更完备。假如有 N 个参与人，在最差的情形下，其他的 $(N-1)$ 个参与人都选择 100，只有你选择 x，平均数就是 $[x+(N-1)\times100]/N$，那么你的最优选择就是这个数的三分之二，所以 $x=(2/3)[x+(N-1)\times100]/N$，或 $x=100(2N-2)/(3N-2)$。如果 $N=10$，那么 $x=(18/28)/100=64$（约数）。所以任何高于 64 的选择都劣于 64，依此类推。

[20] 读者可以在习题 S12 和 U11 中进行类似的分析。欧洲报纸上进行的有数千参与人参与的大规模实验，其简要结论参见 Rosemarie Nagel, Antoni Bosch-Domènech, Albert Satorra, and Juan Garcia-Montalvo, "One, Two, (Three), Infinity：Newspaper and Lab Beauty-Contest Experiments," *American Economic Review*, vol. 92, no. 5 (December 2002), pp. 1687‒1701。

[21] 读者若想了解更多应用，我们这里提供一些建议的文献。Thomas Schelling 所著的 *The Strategy of Conflict* (Cambridge，Mass.：Harvard University Press，1960) 和 *Arms and Influence* (New Haven：Yale University Press，1966) 仍然是所有学习博弈论的学生必读的书目。采用博弈论解释产业组织理论的经典教材是 Jean Tirole 所著的 *The Theory of Industrial Organization* (Cambridge，Mass.：MIT Press，1988)。在政治学中，早期的经典文献是 William H. Riker 所著的 *Liberalism Against Populism* (San Francisco：W. H. Freeman，1982)，近期文献请参见 Robert J. Aumann 和 Sergiu Hart 编撰的 *The Handbook of Game Theory with Economic Applications*（Amsterdam：North-Holland/Elsevier Science B. V.，1992，1994，2002）中的几篇文章，特别是第二卷中 Barry O'Neill 的 "Game Theory Models of Peace and War"，第三卷中 Kyle Bagwell 和 Asher Wolinsky 的 "Game Theory and Industrial Organization" 以及 Jeffrey Banks 的 "Strategic Aspects of Political Systems"。

[22] 关于价格竞争的同时行动模型，参见 Timothy F. Bresnahan, "Empirical Studies of Industries with Market Power," in *Handbook of Industrial Organization*, vol. 2, ed. Richard L. Schmalensee and Robert D. Willig (Amsterdam：North-Holland/Elsevier，1989), pp. 1011‒1057。关于进入模型，参见 Steven Berry and Peter Reiss, "Empirical Models of Entry and Market Structure," in *Handbook of Industrial Organization*, vol. 3, ed. Mark Armstrong and Robert Porter (Amsterdam：North-Holland/Elsevier，2007), pp. 1845‒1886。

[23] Pankaj Ghemawat, "Capacity Expansion in the Titanium Dioxide Industry,"

Journal of Industrial Economics, vol. 33, no. 2 (December 1894), pp. 145–163. 更多例子参见 Pankaj Ghemawat, *Games Businesses Play*: *Cases and Models* (Cambridge: MIT Press), 1997.

[24] Stephen Jay Gould, "Losing the Edge," in *The Flamingo's Smile*: *Reflections in Natural History* (New York: W. W. Norton & Company, 1985), pp. 215–229.

[25] Susan Slusser, "Michael Lewis on A's 'Moneyball' Legacy," *San Francisco Chronicle*, September 18, 2011, p. B-1. 原始书籍类文献是 Michael Lewis, *Moneyball*: *The Art of Winning an Unfair Game* (New York: W. W. Norton & Company, 2003)。

[26] 在一篇文章中，两位杰出的研究者探索了纳什均衡在实验数据中的不足之处，用量子反应均衡的另一种模型来处理这些数据。他们写道："我们首次分析了一个新的策略问题，在考虑其他可能性之前先考虑标准博弈论中的均衡。"Jacob K. Goeree and Charles A. Holt, "Ten Little Treasures of Game Theory and Ten Intuitive Contradictions," *American Economic Review*, vol. 91, no. 5 (December 2001), pp. 1402–1422.

附录　寻找最大化函数的值

我们在这里用一种简洁的方式提出对于选择变量 X 以获得该变量的函数即 $Y=F(X)$ 的最大值的理论。我们的应用主要是函数是二次方比如 $Y=A+BX-CX^2$ 的情形。对于这样的函数我们得到已经表述的方程 $X=B/(2C)$ 并把它用于本章。我们使用微积分提出一般的思想，然后给出另一个不使用微积分但是仅仅适用于二次函数的方法。*

微积分方法通过观察与 X 两侧其他值对应的函数值的变化来检测最优化的 X 值。如果 X 的确最大化了函数 $Y=F(X)$，那么 X 的增加或减少都应该降低 Y 的值。微积分向我们提供了进行这种检验的快捷方式。

图 5A-1 展示了基本思想。它显示了函数 $Y=F(X)$ 的图形，这里我们用一个函数的具体形式来拟合我们的应用，尽管思想是完全一般化的。我们从图中对应于 (X, Y) 的任意 P 点开始。考虑 X 的稍微不同的值 $X+h$。令 k 表示 $Y=F(X)$ 变动的结果，于是对应于 $(X+h, Y+k)$ 的 Q 点也在图上。连接 P 点和 Q 点的弦的斜率是 k/h。如果这个比率是正的，则 h 和 k 有相同的符号，于是 X 增加，Y 也增加。如果这个比率是负的，则 h 和 k 有相反的符号，于是 X 增加，Y 减少。

如果我们现在考虑 X 越来越小的改变 h，以及对应的 Y 越来越小的改变 k，弦 PQ 将要接近图中 P 点处的切线。这个切线的斜率就是比率 k/h 的极限值，它称为函数 $Y=F(X)$ 在 P 点处的导数，用符号写为 $F'(X)$ 或 $\mathrm{d}Y/\mathrm{d}X$。它在 X 点的符号能精确地告诉我们函数的增减性。

---

*　毋庸赘述，我们只给出简洁、快速的处理方法，不考虑函数不存在导数的情形，且函数均在定义区间的极值点取得最大值，等等。一些读者理解我们这里所说的情形，一些读者会知悉更多。想深入了解的读者请参阅微积分入门教程。

对于我们应用的二次函数，

$$Y=A+BX-CX^2, \quad Y+k=A+B(X+h)-C(X+h)^2$$

因此我们能找到如下 k 的表达式：

$$k=[A+B(X+h)-C(X+h)^2]-(A+BX-CX^2)$$
$$=Bh-C[(X+h)^2-X^2]$$
$$=Bh-C(X^2+2Xh+h^2-X^2)$$
$$=(B-2CX)h-Ch^2$$

故 $k/h=(B-2CX)-Ch$。当 h 趋于零时的极限为 $k/h=(B-2CX)$。最后的表达式即为函数导数的表达式。

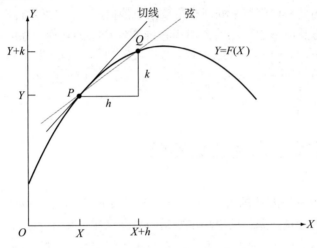

图 5A-1 函数的导数

现在我们使用导数尝试找出最优化。图 5A-2 展示了该思想。M 点对应函数 $Y=F(X)$ 的最大值。当我们从 M 点左边趋近 M 时函数递增，在 M 点的右边函数递减。因此对于小于 M 的 X 值，导数 $F'(X)$ 为正；对于大于 M 的 X 值，导数 $F'(X)$ 为负。由函数的连续性可知，导数在 M 点正好为零。用一般语言描述即为函数的图像在它的峰值处应该是平坦的。

在我们的二次函数例子中，导数是：$F'(X)=B-2CX$。我们的最优化分析蕴含着导数在它的最优化处为零，或 $X=B/(2C)$。这正是本章已给出的表达式。

需要进行一项额外的检验。如果我们把整幅图颠倒过来，M 是颠倒过来的函数的最小值，且在谷底处图像仍是平坦的。因此对于一般的函数 $F(X)$，设定 $F'(X)=0$ 或许可得到函数的最小值而非最大值。我们如何区分这两种可能性？

在最大值处，函数在其左边增大、在其右边减小。于是对于小于看来是最大值处的 X 的值，导数为正，对于大于该值处的 X 的值，导数为负。换句话说，导数，本身作为 X 的函数，将要在该点递减。一个递减的函数有一个递减的导数。因此导数的导数，我们称为原始函数的二阶导数，记为 $F''(X)$ 或 d^2Y/dX^2，应该在最大值处为负数。类似的逻辑表明在最小值处二阶导数应为正。这就展示了如何区分两种情形。

对于二次函数例子的导数 $F'(X)=B-2CX$，对 $F'(X)$ 应用同样的 h 和 k 程序，正如对 $F(X)$ 一样，我们得到 $F''(X)=-2C$。只要 C 值为正（这在本章我们陈述该问题时已假设），该函数即为负数。$F'(X)=0$ 称为最优化 $F(X)$ 的一阶条件，$F''(X)<0$ 是二阶条件。

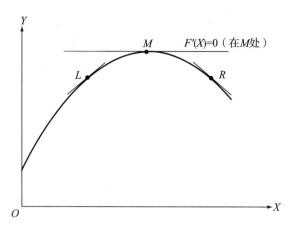

图 5A-2　函数的最优化

进一步验证该思想，让我们把它应用于本章考虑过的泽维尔最优反应的具体例子中。我们有表达式：

$$\Pi_X = -8(44+P_y)+(16+44+P_y)P_X-2(P_X)^2$$

这是关于 P_X 的二次函数（固定另一家餐馆的价格 P_y）。导数为：

$$\frac{\mathrm{d}\Pi_x}{\mathrm{d}P_x}=(60+P_y)-4P_x$$

关于 P_X 最大化 Π_x 的一阶条件是该导数应该为零。令其为零并求解 P_X，即可得出我们在第 5.1.1 节中所给出的方程。（二阶条件是 $\mathrm{d}^2\Pi_X/\mathrm{d}P_X^2<0$，因为二阶导数为 -4，故成立。）

我们希望你会认为微积分理论足够简单且在后边的一些地方会再次使用它，例如，在第 11 章有关集体行动的讨论中。但如果你发现它很难理解和把握，这里有一个同样可求解二次函数的非微积分方法。重新整理式子，把函数写为：

$$
\begin{aligned}
Y &= A+BX-CX^2 \\
&= A+\frac{B^2}{4C}-\frac{B^2}{4C}+BX-CX^2 \\
&= A+\frac{B^2}{4C}-C\left[\frac{B^2}{4C^2}-2\frac{B}{C}+X^2\right] \\
&= A+\frac{B^2}{4C}-C\left[\frac{B}{2C}-X\right]^2
\end{aligned}
$$

在最后一个表达式中，X 仅仅出现在最后一项中，它为两项相减的平方（记住 $C>0$）。当平方项中的值足够小时整个表达式达到最大，这发生在 $X=B/(2C)$ 时。

这种完全平方的方法对二次函数有效，从而足够应付我们的大部分应用。它也避免了使用微积分，但我们必须承认它带有神奇之处。微积分是更一般化和更系统的数学方法，具有事半功倍的学习效果。

第 6 章　同时行动与序贯行动并存的博弈

第 3 章讨论了纯序贯行动博弈的本质，第 4 章和第 5 章则讨论了纯同时行动博弈的本质。同时，我们讨论了针对纯博弈类型的相关概念与分析技术——针对序贯行动博弈的博弈树与逆推法，针对同时行动博弈的支付表与纳什均衡。然而，事实上许多博弈中同时包括这两种互动。尽管我们只用博弈树（扩展式）来说明序贯行动博弈，或只用支付表（策略式）来说明同时行动博弈，我们仍然有可能用这两种方式中的任何一种来说明所有类型的博弈。

在本章，我们验证了多种可能性。我们首先展示了如何将博弈树与支付表相结合以解决同时行动与序贯行动并存的博弈，以及如何将逆推法与纳什均衡相结合以解决类似情况。然后，我们考察了在一个特殊博弈中改变互动性质的影响。特别地，我们关注了把博弈规则改变为在同时行动中融入序贯行动或在序贯行动中融入同时行动，以及在序贯行动中改变行动顺序所造成的影响。这些主题使得我们有机会将在序贯行动博弈中通过逆推法得到的均衡与在同时行动博弈中通过纳什均衡概念得到的均衡进行比较。通过这些比较，我们将纳什均衡的概念拓展到了序贯行动博弈中，从而我们证明了逆推均衡是纳什均衡的一个特例，通常称为纳什精炼均衡。

6.1　同时行动与序贯行动并存的博弈概述

正如前面曾多次提到的，在现实生活中碰到的真实的博弈大多由若干部分构成，每一部分都可能伴随着同时行动博弈或序贯行动博弈，因此，要了解整个博弈过程就需要对两者都非常熟悉。最明显的关于同时行动与序贯行动并存的博弈例子是那些两个（多个）参与人之间进行的多阶段博弈。你有可能在整个学年里跟你的室友进行各种各样的同时行动博弈：你在这些博弈中的行为会受到以前互动历史的影响，也会受到你对未来互动预期的影响。同样，许多体育竞技项目、同一行业中竞争企业间的互动以及政治斗争都是由一系列同时行动博弈行为序贯连接起来的。把第3章所介绍的工具（博弈树与逆推法）与第4章、第5章所介绍的工具（支付表与纳什均衡）相结合可以用来分析这种博弈。[1] 唯一的不同在于随着互动行为数量的增加，分析过程会变得日益复杂。

□ 6.1.1 两阶段博弈与子博弈

我们用以阐释的主要例子是两家想要成为电信巨人的公司——串音（CrossTalk）公司与全球对话（GlobalDialog）公司——之间的博弈。它们必须同时决定是否投资100亿美元采购光纤网络产品。如果两者都决定不投资，博弈结束。如果一家投资，另一家不投资，那么投资的公司具有该项电信服务的价格决定权。它可以选择制定一个较高的价格，从而吸引6 000万名顾客，每名顾客能够带来400美元收益；它也可以选择制定一个较低的价格，从而吸引8 000万名顾客，每名顾客能够带来200美元收益。如果两家公司都选择了投资并进入市场，它们的定价策略就变成了一个两阶段同时行动博弈。每一家公司都可以选择低价或者高价。如果它们都选择高价，它们将平分市场，分别获得3 000万名顾客，每名顾客能够带来400美元收益。如果它们都选择低价，它们也将平分市场，分别获得4 000万名顾客，每名顾客能够带来200美元收益。如果一家公司选择了高价而另一家公司选择了低价，那么选择低价的公司将获得全部8 000万名顾客，同样每名顾客能够带来200美元收益，而选择高价的公司将一无所获。

串音和全球对话两家公司的互动行为就形成了一个两阶段博弈。在第一阶段同时行动的决策中包含四种行动组合，其中一种情况导致博弈结束，另外两种情况则由一个参与人进入第二阶段进行定价决策，第四种情况则导致在第二阶段进行同时行动（定价）博弈。整个博弈过程如图6-1所示。

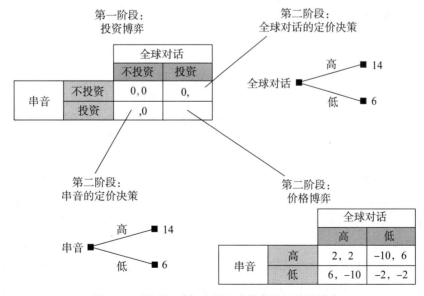

图6-1 同时行动与序贯行动并存的两阶段博弈

图 6-1 展示的博弈树是描述整场博弈的，它比第 3 章的博弈树更加复杂。你可以把它理解为一个具有多个层次的精心制作的"树房"。这些层次被表示在同一个二维空间表格的不同部分，就仿佛从一架盘旋在树顶上空的直升机上向下俯视一样。

图 6-1 左上方的支付表表示了第一阶段的博弈。你可以把它看成"树房"的底层。它拥有四个"房间"。左上角的"房间"表示在第一阶段双方都不投资的情况。如果公司的决策使得博弈进入了这个房间，就不会有下一步的选择；因此我们可以把它当作第 3 章的博弈树里的终点结，并把相关支付表示在表格里，即两家公司都获得收益 0；然而，两家公司的其他行动组合会导致博弈进入具有进一步选择的其他"房间"。因此，不能够在这些"房间"里表示出相应的支付情况。我们只好用树枝指引我们进入第二层。在右上和左下的"房间"里只标示了未投资公司所获得的支付，而那些树枝则把我们从底层的"房间"里带到了第二阶段单一公司的定价决策里。右下角的"房间"则通向"树房"中拥有多个"房间"的第二层，它表示两家公司在第一阶段都选择投资时在第二阶段所进行的定价博弈。右下角"房间"下的第二层有四个"房间"，分别表示了两家公司定价行为的四种组合。

第二层的树枝与"房间"都类似于博弈树的终点结，我们可以写出每一种情况的支付。这些支付都是由公司所获收益减去投资成本构成，其单位以十亿美元计。

首先考虑图 6-1 中通向左下角的树枝，它表示只有串音公司投资的情况。于是，如果它选择高价，会获得收益 240 亿美元，减去 100 亿美元投资成本，获得净利润 140 亿美元，记为获得支付 14；如果它选择低价，会获得收益 160 亿美元，减去 100 亿美元投资成本，获得净利润 60 亿美元，记为获得支付 6。此时，正如在"树房"第一层的左下角"房间"里所示，全球对话公司所获得的支付为 0。依此类推，可得到只有全球对话公司投资时的支付，如图 6-1 中右上角所示。此时，第一阶段支付表中右上角"房间"里表示出了串音公司所获得的支付为 0。

如果两家公司在第一阶段都选择了投资，它们就要进行图 6-1 中右下角所示的第二阶段定价博弈。如果双方在第二阶段都选择了高价，它们将分别获得 120 亿美元收益，减去 100 亿美元投资成本，从而将分别获得 20 亿美元净利润，记为获得支付 2；如果双方在第二阶段都选择了低价，它们将分别获得 80 亿美元收益，减去 100 亿美元投资成本，从而将分别亏损 20 亿美元，记为获得支付 -2；最后，如果一家公司选择了高价，另一家公司选择了低价，低价企业将获得收益 160 亿美元，即获得支付 6，而高价企业则获得收益 0，却损失了 100 亿美元投资，即获得支付 -10。

同第 3 章的多阶段博弈一样，我们必须采用逆推法解决这一博弈，即从第二阶段博弈开始。在两家独立公司的定价决策问题中，我们立即会看到高价格策略会获得更多的支付。

第二阶段的定价博弈可以用第 4 章所提到的方法来解决。然而，非常明显，这个博弈是一个囚徒困境。低价是双方的占优策略，因此博弈结果将是第二阶段支付表中的右下角房间，每家公司获得支付 -2。[2] 随后，我们将更详细地解释这些支付就是第二阶段博弈的均衡支付。

逆推法告诉我们，第一阶段的行动策略必须从第二阶段的均衡与支付结果推断得到。因此，我们能够把刚才计算得到的支付填进"树房"底层中的空"房间"与"半空房间"。这使得"树房"的底层有了已知的支付，如图 6-2 所示。

	全球对话	
	不投资	投资
串音　不投资	0，0	0，14
投资	14，0	−2，−2

图 6-2　第一阶段投资博弈（代入第二阶段均衡的逆推支付）

现在我们能够用第 4 章的方法解决这一同时行动博弈。你应该立即意识到图 6-2 中的博弈是一个懦夫博弈。它有两个纳什均衡，每一个都需要一家公司选择投资，另一家公司选择不投资；投资的公司获得巨大的利润。因此，每家公司都希望这个博弈均衡是自己投资而另一公司不投资。在第 4 章，我们简略地讨论了使得两个均衡中某特定的一个被选择的因素，我们还指出存在每家公司都力图获得自己想要的结果但最终双方都选择投资而面临亏损的可能。事实上，后者更可能在现实生活的博弈中发生。在第 7 章，我们会对这种博弈做进一步研究，表明在混合策略中存在第三种纳什均衡。

对图 6-2 的分析表明在我们的例子中的第一阶段博弈不存在唯一的纳什均衡。这个问题并不严重，因为就像在前面章节中所做的那样，我们可以把这个不明确的解先搁置起来。如果第二阶段博弈没有一个唯一的纳什均衡，事情会变得更糟糕。因此，详细说明结果的推导过程非常重要，因为我们需要据以计算出第二阶段的支付并从而逆推回第一阶段。

在图 6-1 右下方所示的定价博弈是上述完整的两阶段博弈的一部分。然而，它本身也是一个具备参与人、策略与支付的完备自足的博弈。为了使这种双重特性更加明显，我们把它叫作一个完整博弈的**子博弈**（subgame）。

更一般化，子博弈是一个从原始博弈中某个特定结点开始的多次行动博弈的一部分。同样，子博弈树是完整博弈树的一部分，完整博弈树的结点就是子博弈树的根或初始结。一个多次行动博弈有多少个决策结，就有多少个子博弈。

6.1.2　多阶段博弈的结构

在图 6-1 所示的多层次博弈中，每一阶段都包含一个序贯行动博弈。然而，情况并不都是这样，许多时候，同时行动与序贯行动相互混合交织。我们再举两个例子来说明这一点，并进一步阐述在前面章节中所介绍的思想。

在第一个例子中，我们对串音-全球对话博弈稍加修改。假定其中一家公司——不妨设为全球对话公司，已经对光纤网络产品进行了 100 亿美元的投资。串音公司已了解这一情况并决定是否投资。如果串音公司决定不投资，全球对话公司就将获得单一定价权。如果串音公司决定投资，两家公司就将进行前面描述的第二阶段定价博弈。这种多阶段博弈的博弈树在其初始结上具有传统的树枝，在这些传统树枝所通向的结点中开始了一个同时行动子博弈。完整的博弈树如图 6-3 所示。

当博弈树建立之后，就很容易对博弈进行分析。我们采用从第二阶段博弈中得到的均衡支付与串音公司第一阶段决策的一个更稠密的树枝来阐述在图 6-3 中用到的逆推分析法。串音公司意识到，如果它投资，就会导致囚徒困境，使得自己获得支付−2；如果不投资，则会获得支付 0。于是它会选择后者。串音公司关注的是最大化自己的收

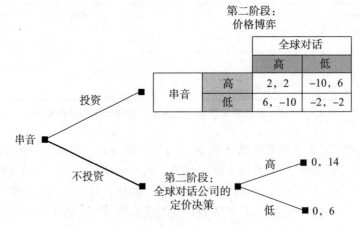

第二阶段：
价格博弈

		全球对话	
		高	低
串音	高	2，2	−10，6
	低	6，−10	−2，−2

图6-3 一家公司已投资情况下的两阶段博弈

益而不是故意损害全球对话公司的利益，因此，串音公司是不会投资的，从而全球对话公司获得支付14。

上述分析提到了这种可能性，即全球对话公司为了能够保证从整个博弈中获得最大收益，于是试图在串音公司做出投资决定之前尽快进行投资。而串音公司也会选择同样的方式来打击全球对话公司。在第9章，我们将会研究能够使参与人确保这种优势的方法，即策略行动。

第二个例子源自橄榄球比赛。在每次开始之前，进攻方的教练都会为他的队伍选择进攻方式；同时，防守方的教练也会指示队伍如何布阵以抵抗进攻。而且，这些行动是同时进行的。假定进攻方有两种选择——安全进攻与冒险进攻，防守方可以有相应方法进行抵抗。如果进攻方计划采用冒险进攻方式，当四分卫看到敌人的防守阵形后能够在并列争球线上改变进攻方式。而防守方在得知这种改变之后也会相应改变防守阵形。于是，我们看到第一阶段是一个同时行动博弈，而这些行动组合之一又带来一个序贯行动子博弈。完整的博弈树如图6-4所示。

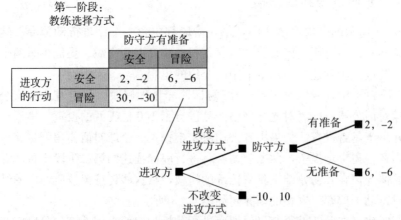

第一阶段：
教练选择方式

		防守方有准备	
		安全	冒险
进攻方的行动	安全	2，−2	6，−6
	冒险	30，−30	

图6-4 序贯行动尾随其后的第一阶段同时行动

这是一个零和博弈，进攻方的支付用进攻方期望获得的码数来表示，防守方的支付刚好相反，是它预期放弃的码数。当防守方有准备时，安全进攻能够获得2码；当防守方无准备时，安全进攻也不会取得太好成绩，它能够获得 6 码。当防守方无准备时，冒险进攻能够获得 30 码；但当防守方有准备时，进攻方会倒退 10 码。如果此时进攻方不改变进攻方式，我们就在这个终点结上记进攻方的支付为－10，防守方的支付为 10。如果此时进攻方改变了进攻方式（退回到安全进攻），当防守方有准备时支付为（2，－2），当防守方无准备时支付为（6，－6）。它与进攻方一开始就选择安全进攻时获得的支付是一样的。

在图 6-4 中，我们用粗线表示序贯子博弈中被选择的分支。非常容易理解，当进攻方改变进攻方式时，防守方一定会相应采取行动使防守方得到－2 而不是－6。同时，进攻方为了能够得到 2 而不是－10，也一定会改变进攻方式。逆推回去，我们就能够把支付（2，－2）填进第一阶段同时行动博弈的右下方单元格中。于是，我们看到在纯策略中这个博弈没有纳什均衡。其原因与第 4.7 节中的网球博弈是一样的。一方（防守方）想要控制比赛（排好能够抵抗进攻方所选择进攻方式的防守阵形），而另一方（进攻方）则不想让比赛被控制（尽量使防守方排出错误阵形）。在第 7 章，我们将介绍怎样计算这样一个博弈的混合策略均衡。其结果是进攻方会以 1/8 或 12.5％的概率选择冒险进攻。

6.2　在博弈中改变行动顺序

在前面的章节中所提到的博弈要么是以序贯行动为本质的，要么是以同时行动为本质的。我们采用了合适的分析工具来预测每一类博弈的均衡。在第 6.1 节中，我们讨论了既有序贯行动又有同时行动的博弈。这种博弈需要同时运用两种工具来求解。但是，如果博弈既可以是序贯行动的又可以是同时行动的，情况会如何呢？改变博弈的形态，又改变分析的工具，会如何影响期望结果？

把序贯行动博弈变为同时行动博弈，只需要改变参与人做选择的时机或者可观察性。如果参与人在做决定前不能够观察到对手的行动，序贯行动博弈就变为了同时行动博弈。在这种情况下，我们将采用纳什均衡的方法来分析，而不采用逆推法来分析。相反，如果一个参与人能够在对方采取行动之前了解对方的行动，同时行动博弈就变为序贯行动博弈了。

博弈规则的任何改变都会改变其结果。这里，我们将阐释由于博弈类型的改变带来的多种可能结果。

□ 6.2.1　同时行动博弈变为序贯行动博弈

1. 先动优势

当博弈规则从同时行动变为序贯行动时，也可能会出现先动优势。如果同时行动时博弈有多重均衡，序贯行动则至少能够使先行者选择其想要的结果。我们运用懦夫博弈对此进行说明，在博弈中，两个青年驾车驶向对方，并都决定不转向。图 6-5（a）复制了第 4 章表 4-14 中的策略式，图 6-5（b）和图 6-5（c）则显示了两个具有不同行动顺序的扩展形式。

		迪恩	
		转向（懦夫）	径直向前（勇士）
詹姆斯	转向（懦夫）	0，0	−1，1
	径直向前（勇士）	1，−1	−2，−2

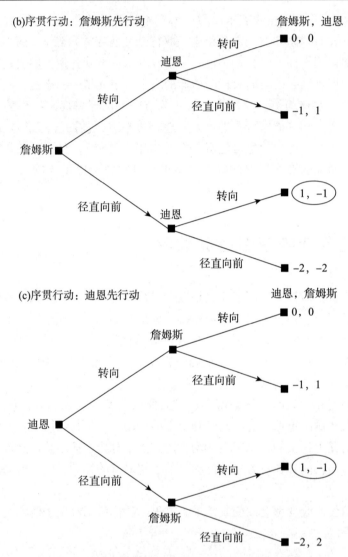

图 6 - 5　懦夫博弈的同时行动版本与序贯行动版本

　　在同时行动时，两个结果都是一人转向（懦夫）、一人径直向前（勇士），它们都是纯策略纳什均衡。如果不考虑某些特定的历史、文化与习俗，两者都不会成为聚点。第4章的分析认为协调行动能够帮助该博弈中的参与人，比如同意在两个均衡之间进行轮流。

　　当我们改变这个博弈的规则，允许某人率先行动时，就不会存在两个均衡。更确切地说，我们会看到第二个行动者的均衡策略是选择与第一个行动者相反的行动。逆推法表明第一个行动者的策略是径直向前。图 6-5（b）与图 6-5（c）允许一个人先行动并且他的行动能够被观测到，这会导致唯一的逆推均衡，即先行动者获得支付 1，后行动者获得支付-1。在这种规则下，博弈中真实的行动已无关紧要，它可能会使得序贯行动下的该博弈非常无聊。尽管当规则改变以后，青年可能不会玩这种博弈，但它所导致的结果的改变是非常显著的。

2. 后动优势

在另外一些博弈中，当博弈规则从同时行动变为序贯行动时，也可能会出现后动优势。这可以用第 4 章的网球博弈来说明。回想一下，在那个博弈中，纳芙拉蒂洛娃盘算回击的位置，而埃弗特则考虑在哪里防守。之前的版本假定双方都善于掩饰她们的意图，所以她们在最后一刻才同时行动。如果埃弗特不能掩饰她发球的意图，则纳芙拉蒂洛娃就可以做出相应反应从而变成博弈的后行动者。同样地，如果在埃弗特发球前纳芙拉蒂洛娃就靠向某一边了，则埃弗特就是后行动者。

这个博弈在同时行动的情况下不存在纯策略纳什均衡，而在不同行动顺序的序贯行动情况下，都存在唯一的逆推均衡，但均衡依谁先行动而有所不同。如果埃弗特先行动，纳芙拉蒂洛娃就会防守埃弗特选择的发球位置，从而埃弗特会选择底线球，在均衡中每人赢球的概率是一半对一半。如果顺序相反，埃弗特会选择把球发到纳芙拉蒂洛娃的防守空当，所以纳芙拉蒂洛娃应该防守底线，此时埃弗特赢球的概率是 80%。由于能够根据对手的行动做出最优反应，因此后行动者会具有优势。读者应该可以仿照图 6-5（b）和图 6-5（c）画出博弈树，正确地图解这些结果。

在第 7 章我们会再次讨论该博弈的同时行动的情形，在那里我们知道存在一个混合策略纳什均衡。在该混合策略纳什均衡中，埃弗特具有平均 62% 的获胜概率，此概率高于其在序贯行动情形下率先行动时的 50% 获胜概率，低于其后行动时 80% 的获胜概率。

3. 双方都获益

当同时行动博弈变为序贯行动博弈时，我们非常直观地知道存在先动或后动优势，而更令人惊奇的是，在某些行动规则下，博弈双方都会比在其他规则下获得更高的技术。我们用联邦储备银行与国会之间关于货币政策与财政政策的博弈对此进行说明。在第 4 章，我们研究了这个博弈的同时行动版本。图 6-6（a）复制了表 4-5 中的支付表，图 6-6（b）与图 6-6（c）则给出了两个序贯行动版本。为了更简要，我们用"平衡"与"赤字"代替国会的"预算平衡"与"预算赤字"，用"高"与"低"代替联邦储备银行的"高利率"与"低利率"。

在同时行动情形下，国会具有占优策略（"赤字"），联邦储备银行了解这一点，于是会选择"高"，双方都获得支付 2。在序贯行动情形下，如果联邦储备银行先行动，会取得同样的结果。联邦储备银行了解无论它采取哪种策略，国会都会选择"赤字"。于是"高"是联邦储备银行的更好选择，获得支付 2 而不是支付 1。

但是，在序贯行动情形下如果国会先行动，情况就会不同。现在，国会知道如果它选择"赤字"，联邦储备银行就会选择"高"；反之，如果它选择"平衡"，联邦储备银行就会选择"低"。在这两种情况下，国会宁可选择后者，此时它能够得到支付 3 而不是支付 2。于是这个行动顺序的逆推均衡就是国会选择"平衡"，联邦储备银行选择"低"。其结果是国会获得支付 3，联邦储备银行获得支付 4，都优于它们在另外两种情形下所获得的支付。

(a) 同时行动

		联邦储备银行	
		低利率	高利率
国会	预算平衡	3，4	1，3
	预算赤字	4，1	2，2

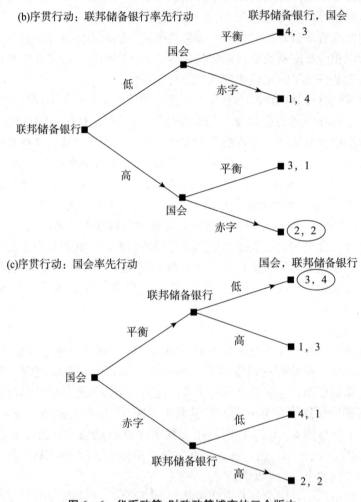

图 6-6　货币政策-财政政策博弈的三个版本

由于图 6-6（c）中更好的结果来自国会选择"平衡"，它不是图 6-6（a）中的占优策略，因此这两个结果的差异更令人惊奇。为了解决这个明显的悖论，我们必须对占优的意义做更深刻的理解。"赤字"之所以能够成为国会的占优策略，是因为无论联邦储备银行选择哪种策略，国会选择"赤字"都比选择"平衡"好。由于此时国会必须在不知道联邦储备银行的选择的情况下做出决策，在同时行动博弈中，这种在"赤字"与"平衡"之间的比较是非常重要的。国会必须考虑（或形成某种信念）联邦储备银行的行动并做出最优的反应。在我们的例子中，国会的最优反应总是"赤字"。如果国会后

策略博弈（第四版）

行动，由于它已经知道联邦储备银行的行动而仅需做出最优反应（总是"赤字"），此时的序贯行动博弈也会涉及占优的概念。然而，如果国会先行动，它就不能认为联邦储备银行的行动是既定的。相反，它必须意识到联邦储备银行的行动会受到自己第一步行动的影响。这里，国会知道联邦储备银行的反应将是用"高"对应"赤字"，用"低"对应"平衡"。国会会在这两者之间进行选择。由于受联邦储备银行的反应所限制，国会最偏好的结果"赤字"与"低"就不会出现了。

占优不再是一个同先行动者相关的概念，这种思想将在第9章再次出现。在那里，我们将考虑这种可能性，即某一参与人可能故意改变博弈规则以成为先行动者。参与人能够用这种方法根据自己的偏好改变博弈的结果。

假定我们当前例子中的两个参与人能够选择在博弈中的行动顺序。于是，它们可能同意国会先行动。事实上，当面临财政赤字与通货膨胀时，在众多议员面前陈述的联邦储备银行主席经常会提出这种交易，他保证在国会紧缩财政之后降低利率，但口头上的承诺通常是不够的。因此，率先行动的技术性要求——既可以被后行动者观察到又是不可更改的——必须得到满足。在宏观经济政策中，非常幸运的是，美国财政政策的立法过程既透明又缓慢，而联邦储备银行的货币政策则变化迅速。所以这种国会先行动、联邦储备银行后行动的序贯行动博弈非常具有现实意义。

4. 结果不改变

到目前为止，我们所遇到的博弈只有一种，它会因为同时行动改成序贯行动而产生不同的结果。但是，有些博弈无论其参与人是序贯行动还是同时行动，其均衡都是相同的，并且即使在序贯行动情况下，这一结果也与参与人的行动顺序无关。仅当双方（或所有方）都具有占优策略时，这一情形才会出现。我们可以在囚徒困境中看到这一点。

同时行动博弈的纳什均衡是双方都认罪（或者背叛与对方的合作）。但是如果一方在另一方选择之前所做的选择是完全可观察的，博弈如何进行？与图6-5（b）相似，采用博弈树的逆推法来求解（你可以自己画一下，来验证我们的分析）。我们会看到，如果第一个人已经认罪，第二个人也会认罪（入狱10年总比入狱25年好）；如果第一个人抵赖，第二个人同样会选择认罪（入狱1年总比入狱3年好）。在已知第二个人的这种选择之后，第一个人一定会选择认罪（入狱10年总比入狱25年好）。均衡就是不管谁先做出决策，双方都入狱10年。所以，这三个版本博弈的均衡是一样的。

□ 6.2.2 行动顺序上的其他变化

在前面的章节中我们列举了大量的博弈规则从同时行动变为序贯行动的例子。我们已经了解这种规则的改变如何以及为什么会影响一个博弈的结果。同样的例子也能够被用来说明规则反方向变动的影响，即从序贯行动变为同时行动。于是，如果在序贯行动中存在先动优势或后动优势，在同时行动中就可能失去这种优势。同样，如果某种顺序能够使双方都受益，也可能会由于这种顺序的变更而使双方利益受损。

同样的例子也会告诉我们在保持序贯行动性质不变时，行动顺序改变带来的影响。如果存在先动优势或后动优势，参与人从先行动变为后行动就可能因此受益或受损。同样，如果行动顺序关系到双方的共同利益，源于外界因素的行动顺序的改变将使他们同时受益或受损。

6.3 分析方法的改变

博弈树是表示序贯行动博弈的常用方法，支付表则能够非常明了地表示同时行动博弈。然而，每一种技术都能够适应另一种博弈方式。这里，我们展示如何将一种类型博弈中包含的信息转换到其他类型中去。在这个过程中，我们会提出一些将在接下来的分析中被证明有用的新思想。

6.3.1 用博弈树表示同时行动博弈

考虑第 4 章所提到的网球博弈。在那里，参与人行动非常迅速，以致可以认为二者同时行动，就像图 6-5（a）所示。但是，假定我们想用扩展式来表示这个博弈——比如用博弈树，而不是用表 4-14 中的表格。图 6-7 将告诉我们如何做。

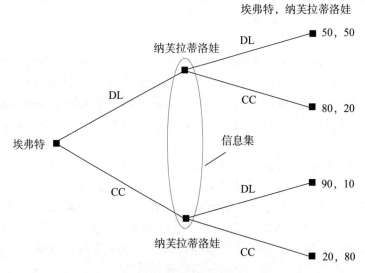

图 6-7　同时行动网球博弈的扩展形式

为了画出博弈树，我们必须选择一个参与人，比如埃弗特，将她的选择作为博弈树的初始结（她有两个选择的分支，DL 与 CC），并将另一个参与人纳芙拉蒂洛娃的选择作为博弈树的终点结。然而，由于行动基本是同时的，纳芙拉蒂洛娃必须在不知道埃弗特的行动的情况下进行选择。也就是说，她必须在不知道自己到底是在埃弗特的 DL 结点上还是 CC 结点上的情况下进行选择。我们的博弈树必须采用某种方式表示出纳芙拉蒂洛娃的这种信息短缺状态。

我们用画一个椭圆圈住这两个相关结点的方法来说明纳芙拉蒂洛娃对自己所处结点的不确定性。（一个可选择的方式是采用虚线来连接；采用虚线是为了与博弈树分支的实线相区别。）椭圆内的结点被称为在该椭圆内行动的参与人的**信息集**（information set）。这样一个集合表明参与人存在不完全信息。鉴于她可获得的信息有限，她无法对集合中的结点进行区分（因为在做出自己的决定之前，她不能观察到对手的行动）。因此，她在单个信息集上做出的策略选择就必须在该信息集所包含的所有结点上都指定同一个行动。也就是说，纳芙拉蒂洛娃在此信息集所包含的两个结点上要么选择 DL，要么选择 CC，而不能像在图 6-5（b）中那样在其中一个结点上选择 DL，在另一个上选择 CC。在那里，博弈是序贯行动的，并且她后行动。

因此，我们必须修改关于策略的定义。在第 3 章，我们把策略定义为行动的一个完全计划，它明确地说明在博弈规则确定该他行动的结点上，一个参与人所做出的行动。现在，我们重新准确地把策略定义为行动的一个完全计划，它明确地说明在博弈规则确定该他行动的结点上的信息集里，一个参与人所做出的行动。

当影响参与人决策的外部不确定性并非对手的行动而是博弈的外部环境时，也会涉及信息集的概念。例如，种植某作物的农场主可能会对作物生长期间的天气不确定，尽管他可以从过去的经验或天气预报了解到各种不确定性的概率。我们可以把天气作为一个外在参与人——"自然"，其无支付，且仅仅根据已知的概率做出选择——的随机变量。[3] 我们就可以依据自然的行动把多个结点纳入农场主的信息集中，约束农场主选择的也是同样的这些结点。图 6-8 说明了这些情况。

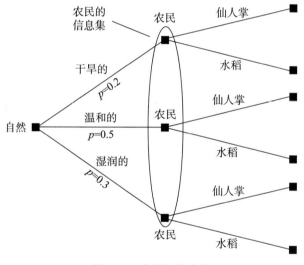

图 6-8　自然和信息集

利用信息集的概念，我们可以正规化第 2 章第 2.2.4 节博弈中完美和不完美信息的概念。一个博弈是完美信息的，如果它既没有策略不确定性又没有外部不确定性，这种情形发生在没有信息集纳入两个或更多结点的情况下。因此，如果所有信息集都是由单结点构成的，一个博弈是完美信息的。

尽管这一概念表述起来很简单，但它并不能提供更简单的求解博弈的方法。因此，我们只在它能够更简捷地传递某些意思时，才偶尔使用它。在后面的第 8 章和第 14 章中，我们可以发现一些用以说明信息集概念的博弈案例。

□ 6.3.2　用策略形式说明与分析序贯行动博弈

现在考虑如图 6-6（c）所示的货币政策-财政政策序贯行动博弈，在博弈中国会首先行动。假定想要用规范式或策略式来表述它，也就是用支付表，表的行和列代表了两个参与人的策略。于是，我们首先需要说明具体的策略。

列出第一个行动者（国会）的行动策略非常容易。存在两种行动——平衡与赤字，国会也就有两种策略。对于第二个行动者，情况就变得更加复杂。记住，策略的定义为行动的一个完全计划，它明确地说明在博弈规则确定该他行动的每一个结点上，参与人所做出的行动。由于联邦储备银行在两个结点上行动（并且由于我们假定这个博弈事实上是序贯行动的，因此两个结点不能够被纳入一个信息集），并且在每一个结点上都能够选择"高"或"低"，因此它的选择方式就有四种组合。它们为：（1）如果"平衡"，就选"低"；如果"赤字"，则选"高"（为了简化，记为"如果 B 则 L，如果 D 则 H"）。（2）如果"平衡"，就选"高"；如果"赤字"，则选"低"（为了简化，记为"如果 B 则 H，如果 D 则 L"）。（3）总是低。（4）总是高。

我们把结果用如图 6-9 所示的 2 行 4 列矩阵表示。最后两列与图 6-6（a）所示的同时行动博弈的 2 行 2 列支付矩阵没有差异。这是因为如果联邦储备银行选择总是进行某项行动的策略，就仿佛联邦储备银行在行动时不会考虑国会已经采取的行动，即仿佛它们的行动是同时的。但是计算前两列所列出的支付（此时联邦储备银行的行动取决于国会前一步的行动），就需要非常小心。

		联邦储备银行			
		如果 B 则 L，如果 D 则 H	如果 B 则 H，如果 D 则 L	总是低	总是高
国会	平衡	3, 4	1, 3	3, 4	1, 3
	赤字	2, 2	4, 1	4, 1	2, 2

图 6-9　用策略式表示的货币政策与财政政策序贯行动博弈

为了说明问题，首先考虑第二列第一行的单元格。此时，国会选择"平衡"，联邦储备银行选择"如果 B 则 H，如果 D 则 L"。给定国会的选择，联邦储备银行在这个策略下的真实选择是"高"。因此，这个支付就是平衡和高的组合——国会获得支付 1，联邦储备银行获得支付 3。

通过分析，立即可知道这个博弈有两个纯策略纳什均衡，我们用图中的灰色单元格加以表示。一个是左上方单元格，此时国会的策略是"平衡"，联邦储备银行的策略是"如果 B 则 L，如果 D 则 H"，因此它的真实选择是"低"。这个结果正好是序贯行动博弈的逆推均衡。在右下方单元格中存在另一个纳什均衡，此时国会选择"赤字"，联邦储备银行选择"总是高"。像所有的纳什均衡一样，博弈双方都没有明确的理由从导致这个结果的策略上偏离出去。国会如果转向"平衡"，会获得更坏的结果，联邦储备银行也不能够通过转向其他三个策略而获得更好的结果，虽然它能这样做，正如选择"如果 B 则 L，如果 D 则 H"的情形一样。

当采用扩展式进行分析时，序贯行动博弈只有一个逆推均衡。但是当采用规范式或策略式进行分析时，却存在两个纳什均衡。为什么？

答案在于纳什分析与逆推分析逻辑上的不同性质。纳什均衡要求给定其中一方的策略后，另一方没有理由偏离。然而，逆推法并不认为后行动者的策略是给定的。相反，它要求在存在行动机会时，采取最优的行动。

在我们的例子中，在存在行动机会时，联邦储备银行的"总是高"的策略并不满足最优的标准。如果国会选择"赤字"，"高"是联邦储备银行的最优反应。然而，如果国会选择"平衡"，而联邦储备银行必须做出反应，它将选择"低"，而不是"高"。因此，"总是高"并不是联邦储备银行在各种可能情况下的最优反应，也就不是一个逆推均衡。但是，纳什均衡的逻辑并不需要这样做，相反，它认为"总是高"是联邦储备银行的一个合理的策略。如果它这样做，"赤字"就是国会的最优反应。相反，当国会选择"赤字"时，"总是高"是联邦储备银行的最优反应（尽管它与"如果 B 则 L，如果 D 则 H"连在一起）。于是，尽管"赤字"与"总是高"这一对策略不是一个逆推均衡，却是博弈双方的共同最优反应，构成了一个纳什均衡。

因此，我们可以认为逆推是一个更高的要求，是对纳什均衡的补充，能够帮助我们在多个纳什均衡中进行选择。换句话说，它是纳什均衡概念的一个精炼。

为了更精确地表达出这一思想，让我们回忆一下子博弈的概念。在整个博弈树的任何一个结点，我们都能够把从它开始的那部分博弈当成子博弈。事实上，当参与人连续地进行选择时，博弈的进程沿着连续的结点延伸，每一次延伸都可以被认为是一个子博弈的开始。采用逆推法得到的均衡符合在每一个子博弈上的特定连续选择，并得到了一条特定进行路径。当然，其他进行路径也符合博弈规则。为了简化，我们把这些"其他进行路径"称为**偏离均衡路径**（off-equilibrium path），把由此产生的子博弈称为**偏离均衡子博弈**（off-equilibrium subgame）。

运用上述术语，我们可以说均衡路径是由参与人对选择另一不同行动结果的预期决定的——如果他们使博弈沿偏离均衡的路径移动，从而开始了一个偏离均衡子博弈。逆推法要求所有参与人在博弈的每一个子博弈上都做出最优选择，而不管这个子博弈是否位于最终均衡结果的路径上。

策略是完整的行动计划，因而，参与人的策略必须明确说明在每种可能情形下或者在轮到他行动的每一个结点上——无论其是否位于均衡路径上——采取的行动。在到达某一结点时，与博弈下的进程相关的仅是始于该结点的行动计划，也就是适用于始于该结点的子博弈的那部分策略。这部分策略被称为子博弈策略的**连续统**（continuation）。逆推法要求均衡策略的每一个子博弈的连续统都是参与人在其相应结点处的最优反应，无论该结点和子博弈是否位于均衡路径上。

回到国会首先行动的货币政策-财政政策博弈中，考虑其在策略式下的第二个纳什均衡。其进行路径是国会选择"赤字"，联邦储备银行选择"高"。在均衡路径上，"高"事实上是联邦储备银行应对"赤字"的最优反应。国会选择平衡则将成为一个偏离均衡路径的起点。它通向一个相当无足轻重的子博弈的起点，也就是联邦储备银行的决策。联邦储备银行所声称的"总是高"的均衡策略要求它在子博弈中选择"高"，但这不是最优的。这第二个均衡就是一个偏离均衡子博弈的非最优选择。

相反，在图 6-9 左上角单元格中纳什均衡的进行路径是国会选择"平衡"、联邦储备银行随即选择"低"，这是联邦储备银行在均衡路径上的最优反应。偏离均衡路径则是国会选择"赤字"，而联邦储备银行在给定策略"如果 B 则 L，如果 D 则 H"下将选择"高"。联邦储备银行应对"赤字"的最优反应就是"高"，因此这个策略也是偏离均衡路径的最优反应。

均衡策略要求在任何环境下策略的连续统仍然是最优的。这样的要求是非常重要的，因为均衡路径本身就是参与人对自己做不同选择将带来的结果进行深思熟虑的结果。后行动的参与人为了获得好结果，喜欢威胁先行动者若他采取某些行动就将引起可怕的报复，或承诺先行动者只要他采取另一些行动就会有很好的报酬。但是先行动者总是怀疑这些威胁或承诺的**置信度**（credibility）。打消这种疑虑的唯一方法就是证明所声称的反应是最优的。如果这个反应不是最优的，威胁或承诺就不再可信，该反应也就不能在行动的均衡路径上被观察到。

采用逆推法得到的均衡称为**子博弈完美均衡**（subgame-perfect equilibrium，SPE）。它是一组策略（行动的完整计划），这些策略对于每一个参与人而言，在博弈树的每一个结点，从这个结点出发的子博弈中的相同策略的连续对于在此采取行动的参与人都是最优的，而不管这些结点是否位于行动的均衡路径上。更简单一点，一个 SPE 要求参与人选择的策略在博弈的每一个子博弈上都是纳什均衡。

事实上，由于在具有有限树与完美信息的博弈中，参与人能够观察到其他人之前所采取的每一步行动，因此在一个信息集中就不会有多个结点，逆推法也就能够找到唯一的子博弈完美均衡（一些异常例子除外）。考虑一下，如果你观察从最后一个行动者的最后一个决策开始的子博弈，参与人的最优选择就是能够获得最高支付的那一个策略，它正好是采用逆推法所选择的行动。当参与人沿着博弈树逆行时，逆推法排除所有没有理由的策略，其中包括不可置信的威胁与承诺。因此，按照这种方式得到的策略就是子博弈完美均衡。于是，就本书宗旨而言，子博弈完美对于逆推法而言，是一个非常好的名称。在一些包含复杂信息结构与信息集的更高层次博弈论中，子博弈完美就成为一个含义更丰富的概念。

6.4 三人博弈

在前面几节中，我们讨论的范围仅限于具有两个参与人、每个参与人有两个可选行动的博弈。但是这些方法也适用于更大与更一般的博弈。现在，我们用第 3 章的街心花园博弈来对此进行说明。特别地，第一，我们将博弈规则从序贯行动改变为同时行动；第二，保持序贯行动不变但采用策略式进行表示与分析。首先，我们将图 3-6 中的序贯行动博弈树复制为图 6-10，并提醒你记住逆推均衡的概念。

第一个行动者（埃米莉）的均衡策略非常简单，就是"不做贡献"。第二个行动者（尼娜）则要从四个可能策略中进行选择（两个结点中的每一个都有两个选择），并选择策略"如果埃米莉选择做贡献，就选择不做贡献；如果埃米莉选择不做贡献，就选择做贡献"，或者简化一点，即"如果 C 就选择 D，如果 D 就选择 C"，甚至更简化一点，"DC"。塔莉娅则有 16 种可能的策略（四个结点，每个都有两种反应可选择），她的均衡策略是"如果埃米莉选择 C、尼娜选择 C（即 CC），就选择 D；如果她们选择 CD，就选择 C；如果她们选择 DC，就选择 C；如果她们选择 DD，就选择 D"，或简称为"DCCD"。

同时，也要记住这些选择的理由。第一个行动者知道另外两人能够意识到除非她们都非常强烈地喜欢好花园并做出贡献，否则好花园将不会诞生，因此，她有机会选择不做贡献。

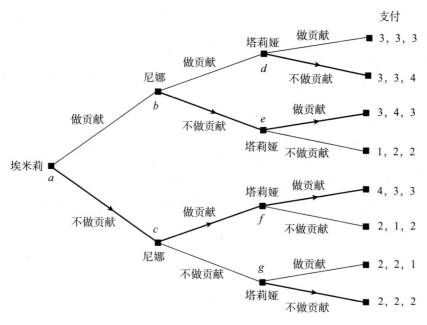

支付

图 6-10　序贯行动的街心花园博弈

　　现在，我们把博弈规则改为同时行动（在第 4 章解决的那个同时行动版本具有不一样的支付；这里，我们仍然保持与第 3 章相同的支付）。支付矩阵如图 6-11 所示。通过逐个单元格检查，非常容易发现存在四个纳什均衡。

塔莉娅做贡献			
		尼娜	
		做贡献	不做贡献
埃米莉	做贡献	3，3，3	3，4，3
	不做贡献	4，3，3	2，2，1

塔莉娅不做贡献			
		尼娜	
		做贡献	不做贡献
埃米莉	做贡献	3，3，4	1，2，2
	不做贡献	2，1，2	2，2，2

图 6-11　同时行动的街心花园博弈

　　在同时行动博弈的其中三个纳什均衡中，两个人做贡献，而第三个人不做贡献。这些均衡与序贯行动博弈中的逆推均衡类似。事实上，每一个均衡都相当于一个有特定行动顺序的序贯行动博弈的逆推均衡。更进一步，在这个博弈的序贯行动版本中，任何给定的行动顺序都导致相同的同时行动支付表。

　　但是仍然存在第四个纳什均衡，即所有人都不做贡献。给定其中两个人特定的策略——不做贡献，另外一个人没有能力带来一个好花园，当然也就会选择不做贡献。于是，在序贯行动变为同时行动的过程中，先动优势就丧失了。在多个均衡中，只有一个使第一个行动者保留了高支付。

接下来，我们回到序贯行动版本——埃米莉率先行动，尼娜第二，塔莉娅最后，但是采用规范式或策略式来表示它。在这个序贯行动博弈中，埃米莉、尼娜、塔莉娅分别有 2、4、16 个纯策略。这意味着需要构造一个 2×4×16 的支付表。如果采用第 4 章用到的构造具有三个参与人的支付表的方法，刻画这个博弈需要一个有 16 页 2×4 支付表的表格，它看起来非常杂乱。因此我们选择改组参与人。让塔莉娅为行的行动者，尼娜为列的行动者，埃米莉则为页的行动者。于是，为了说明这个博弈，所需要的"全部"就是如图 6-12 所示的 16×4×2 支付表。支付的顺序仍然与先前的惯例相同，按行、列、页的顺序加以记录。在本例中，意味着支付按照塔莉娅、尼娜、埃米莉的顺序列在表中。

	埃米莉							
	做贡献				不做贡献			
	尼娜				尼娜			
塔莉娅	CC	CD	DC	DD	CC	CD	DC	DD
CCCC	3, 3, 3	3, 3, 3	3, 4, 3	3, 4, 3	3, 3, 4	1, 2, 2	3, 3, 4	1, 2, 2
CCCD	3, 3, 3	3, 3, 3	3, 4, 3	3, 4, 3	3, 3, 4	2, 2, 2	3, 3, 4	2, 2, 2
CCDC	3, 3, 3	3, 3, 3	3, 4, 3	3, 4, 3	2, 1, 2	1, 2, 2	2, 1, 2	1, 2, 2
CDCC	3, 3, 3	3, 3, 3	2, 2, 1	2, 2, 1	3, 3, 4	1, 2, 2	3, 3, 4	1, 2, 2
DCCC	4, 3, 3	4, 3, 3	3, 4, 3	3, 4, 3	3, 3, 4	1, 2, 2	3, 3, 4	1, 2, 2
CCDD	3, 3, 3	3, 3, 3	3, 4, 3	3, 4, 3	2, 1, 2	2, 2, 2	2, 1, 2	2, 2, 2
CDDC	3, 3, 3	3, 3, 3	2, 2, 1	2, 2, 1	2, 1, 2	1, 2, 2	2, 1, 2	1, 2, 2
DDCC	4, 3, 3	4, 3, 3	2, 2, 1	2, 2, 1	3, 3, 4	1, 2, 2	3, 3, 4	1, 2, 2
CDCD	3, 3, 3	3, 3, 3	2, 2, 1	2, 2, 1	3, 3, 4	2, 2, 2	3, 3, 4	2, 2, 2
DCDC	4, 3, 3	4, 3, 3	3, 4, 3	3, 4, 3	2, 1, 2	2, 1, 2	2, 1, 2	2, 1, 2
DCCD	4, 3, 3	4, 3, 3	3, 4, 3	3, 4, 3	3, 3, 4	2, 2, 2	3, 3, 4	2, 2, 2
CDDD	3, 3, 3	3, 3, 3	2, 2, 1	2, 2, 1	2, 1, 2	2, 2, 2	2, 1, 2	2, 2, 2
DCDD	4, 3, 3	4, 3, 3	3, 4, 3	3, 4, 3	2, 1, 2	2, 1, 2	2, 1, 2	2, 2, 2
DDCD	4, 3, 3	4, 3, 3	2, 2, 1	2, 2, 1	3, 3, 4	2, 2, 2	3, 3, 4	2, 2, 2
DDDC	4, 3, 3	4, 3, 3	2, 2, 1	2, 2, 1	2, 1, 2	1, 2, 2	2, 1, 2	1, 2, 2
DDDD	4, 3, 3	4, 3, 3	2, 2, 1	2, 2, 1	2, 1, 2	2, 2, 2	2, 1, 2	2, 2, 2

图 6-12　策略式的街心花园博弈

与联邦储备银行同国会之间的货币政策-财政政策博弈一样，在街心花园的同时行动博弈中也存在多个纳什均衡（在习题 S8 中，我们要求你找出所有的纳什均衡）。但是根据在图 6-11 中找到的逆推均衡，只存在一个子博弈完美均衡。尽管最优反应分析能够找到所有的纳什均衡，但重复剔除劣策略会减少合理均衡的数目。这种剔除能够区别那些含有不可置信成分的策略（例如第 6.3.2 节中联邦储备银行的"总是高"策略），因此它是有用的，能够自始至终将我们导向唯一的子博弈完美均衡。

在图 6-12 中，我们从塔莉娅开始，剔除她所有的劣（弱的）策略。这一步剔除了除表中第 11 行（DCCD）以外所有的策略，而 DCCD 已经被我们确定为塔莉娅的逆推均衡策略。对于尼娜仍然可以运用这一方法，此时我们必须将横跨表格中不同页的结果进行比较。例如，比较她的策略 CC 与 CD，我们就必须找到表格两页中关于 CC 的所有支付，将它与关于 CD 的支付进行比较。对于尼娜而言，重复剔除劣策略之后，只剩下策略 DC，而这正是她的逆推均衡策略。最后，埃米莉就只需要比较与她的选择（"做贡献"与"不做贡献"）相联系的两个单元格。她选择不做贡献会获得最高的支付，因此她会选择不做贡献。这样，我们就和前面一样找到了她的逆推均衡策略。

图 6-12 的支付表中唯一的子博弈完美均衡于是就与和每一个参与人逆推均衡策略相联系的单元格一致了。请注意，这里带给我们这个子博弈完美均衡的重复剔除劣策略的过程是通过将参与人按与真实顺序相反的顺序进行考虑来展开的。它符合逆推分析中所考虑的行动顺序，因此使我们能够精确地剔除那些对于每一个参与人而言均不符合逆推法的策略。这样做，我们就剔除了所有不满足子博弈完美条件的纳什均衡。

6.5 总　　结

许多博弈包含多个组成部分，其中一些涉及同时行动，另一些涉及序贯行动。在两阶段（或多阶段）博弈中，"树房"能够用来说明这种博弈。它能够区分出行动的不同阶段以及将这些阶段联系起来的方式。由行动后来阶段产生的完整的博弈称为整个博弈的子博弈。

改变博弈规则从而改变行动的顺序可能会改变博弈的均衡结果，也可能毫无影响。同时行动博弈变为序贯行动博弈可能不会改变结果（如果博弈双方都具有占优策略），也可能会导致先动优势或后动优势，甚至可能会使博弈双方都变得更好。即使一个同时行动博弈没有均衡或存在多个均衡，它的序贯行动版本通常也只会有唯一的逆推均衡。类似地，一个拥有唯一逆推均衡的序贯行动博弈的同时行动版本可能会有几个纳什均衡。

当参与人不知道自己在哪一个特定结点上做决定时，同时行动博弈能够通过收集信息集中决策结的方式采用博弈树来说明。同样，序贯行动博弈也能够采用支付表的形式来表示，此时，每个参与人的完全策略集合必须被仔细检验。在求解策略式表示的序贯行动博弈时，可能会产生多个纳什均衡。潜在均衡的数量能够通过以置信度作为标准剔除某些可能的均衡策略的方法加以精简。这个过程能够带来序贯行动的子博弈完美均衡（SPE）。上述求解过程也同样适用于有多个参与人的博弈。

关键术语

连续统（continuation）　　　　　　subgame）

置信度（credibility）　　　　　　　子博弈（subgame）

信息集（information set）　　　　　子博弈完美均衡（subgame-perfect

偏离均衡路径（off-equilibrium path）　equilibrium，SPE）

偏离均衡子博弈（off-equilibrium

已解决的习题

S1. 考虑如表 4 - 13 所示的两人参与的不存在纯策略纳什均衡的同时行动博弈。如果该博弈改为序贯行动博弈，则你期望该博弈有先动优势、后动优势还是两个都没有？解释你的推断。

S2. 考虑如下博弈树所示的博弈。先行动者，参与人 1，可以向上或向下移动，此后参与人 2 可以向左或向右移动。可能出现结果的支付如下所示。用策略式重新表述该博弈。如果存在多重均衡，预测哪一个是子博弈完美均衡。对于那些非子博弈完美均衡，说明理由（缺乏置信度的原因）。

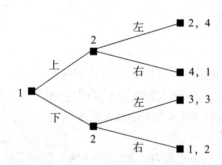

S3. 考虑第 3 章习题 S4 的空中客车-波音博弈，以策略式表示博弈，找出所有纳什均衡。哪一个均衡是子博弈完美均衡？对那些非子博弈完美均衡，找出其缺乏置信度的原因。

S4. 回到第 3 章习题 S2（a）中两人参与的博弈树。

（a）用策略式写出博弈，使稻草人为行参与人，铁皮人为列参与人。

（b）找出纳什均衡。

S5. 回到第 3 章习题 S2（b）中两人参与的博弈树。

（a）用策略式写出博弈。（提示：参考你对第 3 章习题 S2 的答案。）找出所有纳什均衡，会有多个。

（b）对于你在（a）中找到的非子博弈完美均衡，请找出其存在的置信度问题。

S6. 回到第 3 章习题 S2（c）中两人参与的博弈树。

（a）画出支付表，其中稻草人为行参与人，铁皮人为列参与人，莱昂为页参与人。

找出所有纳什均衡，会有多个。

（b）对于你在（a）中找到的非子博弈完美均衡，请找出其存在的置信度问题。

S7. 考虑在击球手和投手之间的简化棒球博弈。投手在投掷快球和曲线球间选择，击球手选择预测投手投掷的是哪一种球。如果击球手准确地预测到球的投掷类型，则他将具有优势。在这种常和博弈中，击球手的收益是投手一垒击的概率。投手的收益是击球手未接到一垒击的概率，这正是1减去击球手的支付。有四个潜在结果：

（1）如果投手投掷了一个快球，并且击球手猜的是快球，击中的概率是0.3。

（2）如果投手投掷了一个快球，击球手猜的是曲线球，击中的概率是0.2。

（3）如果投手投掷了一个曲线球，击球手猜的是曲线球，击中的概率是0.35。

（4）如果投手投掷了一个曲线球，击球手猜的是快球，击中的概率是0.15。

假设投手正准备投球。这意味着投手正拿着球，摆好姿势，或做一些对于击球手来说他想要投球的动作。对于我们，这意味着投手-击球手博弈是一个序贯博弈，在击球手选择他的策略前，投手必须宣告他自己的策略。

（a）用博弈树画出该情景。

（b）假设投手知道自己正准备投球并且无法停止。因此投手和击球手正在参与你刚才描画的博弈。找出该博弈的逆推均衡。

（c）现在改变博弈顺序，使得击球手在投手选择投掷何种球之前揭示他的行动。画出这种情形的博弈树并找出逆推均衡。

现在假设每个参与人的准备动作是如此之快以至任何对方都不能做出反应，因此博弈事实上是同时进行的。

（d）画出同时博弈的博弈树，预测相关的信息集。

（e）画出同时博弈的支付表。存在纯策略纳什均衡吗？如果存在，均衡是什么？

S8. 本章第6.4节中的街心花园博弈，如果用策略式来表示它的序贯行动版本，就会有16×4×2的支付表，如图6-12所示。在这个支付表中可以找到多个纳什均衡。

（a）用最优反应分析方法找出图6-12中的所有纳什均衡。

（b）从你所找出的纳什均衡集合中找出子博弈完美均衡。其他的均衡结果看起来与子博弈完美均衡相同——它们使得三个参与人中每人都获得了与子博弈完美均衡相同的支付，但它们是不同策略组合的结果。请解释它发生的原因。描述在非子博弈完美均衡中存在的置信度问题。

S9. 如文中所述，图6-1展示了串音和全球对话之间具有联合博弈树和支付表的两阶段博弈。用单棵大博弈树展示全部的两阶段博弈。注意在每个结点上是哪一个参与人在做决策，并且记住在必要时画出结点之间的信息集。

S10. 回忆第3章习题S9中的购物中心选址博弈。这一三人序贯行动博弈有一棵如图6-10所示的街心花园博弈的博弈树。

（a）画出这一购物中心选址博弈的博弈树，每家百货公司有多少个策略？

（b）用策略式表示这个博弈，找出博弈中的所有纯策略纳什均衡。

（c）用反复占优找出子博弈完美均衡。

S11. 习题S10中分析的购物中心选址博弈的规则明确指出，当三家百货公司都申请城市购物中心中的空间时，最大的两家会得到适用的空间。博弈的原始版本也指明在申请购物中心空间时，百货公司是序贯行动的。

（a）假定三家百货公司同时申请。画出这个版本博弈的支付表并找出所有纳什均衡。你认为哪一个均衡最有可能付诸实践？为什么？

（b）现在假定当三家百货公司同时申请城市购物中心时，抽签决定哪两家被选中，所以每家百货公司都有相同的机会进入城市购物中心。采用这种方式，如果三家百货公司同时申请，则每家有三分之二的概率（66.7%）被选中，有三分之一的概率（33.3%）单独留在郊区购物中心。画出这一新规则下的同时行动博弈的支付表，找出所有纳什均衡。你认为哪一个均衡最有可能付诸实践？为什么？

（c）将（b）中所得到的结果与（a）中所得到的均衡加以比较，你是否得到了相同的纳什均衡？为什么？

S12. 回到第 5 章习题 S10 中莫妮卡和南希的博弈。假设莫妮卡和南希是序贯地选择努力水平而不是同时地。莫妮卡首先做出自己的努力决策，观察到该决策后，南希再做出自己的努力决策。

（a）如果共同利润为 $4m+4n+mn$，莫妮卡和南希的努力成本分别是 m^2 和 n^2，且莫妮卡率先承诺努力水平，则这个博弈的子博弈完美纳什均衡是什么？

（b）比较莫妮卡和南希的收益与在第 5 章习题 S10 中找出的支付。这个博弈有先动优势或后动优势吗？解释原因。

S13. 扩展习题 S12，莫妮卡和南希需要决策谁先承诺努力水平。为此，每人都要同时在各自的纸条上写下她是否要率先做出承诺。如果双方都写下"是"或"否"，则她们同时做出努力决策。如果莫妮卡写的是"是"，南希写的是"否"，则莫妮卡首先承诺自己的行动，如习题 S12 所示。如果莫妮卡写的是"否"，南希写的是"是"，则南希首先承诺自己的行动。

（a）使用上边习题 S12 和第 5 章习题 S10 中莫妮卡和南希的支付去构建第一阶段决策博弈的支付表。

（b）找出第一阶段博弈的纯策略纳什均衡。

未解决的习题

U1. 考虑有两个参与人 A 与 B 的博弈，A 先行动选择"上"或"下"。如果 A 选择"上"，博弈就结束，每个参与人得到支付 2；如果 A 选择"下"，则轮到 B 行动。B 可选择"左"或"右"。如果 B 选择"左"，双方得到 0；如果 B 选择"右"，则 A 得到 3 而 B 得到 1。

（a）画出该博弈的博弈树，并找出子博弈完美均衡。

（b）用策略式表示这个序贯行动博弈，找出所有纳什均衡，并指出哪一个是子博弈完美均衡，哪一个不是。如果没有子博弈完美均衡，解释原因。

（c）用什么方法可以从博弈的策略式中找出子博弈完美均衡？

U2. 回到第 3 章习题 U2（a）的两人博弈树。

（a）用策略式写出支付表，使阿布斯为行参与人，密涅瓦为列参与人。找出所有纳什均衡。

（b）描述（a）中的非子博弈完美均衡中存在的置信度问题。

U3. 回到第 3 章习题 U2（b）的两人博弈树。

（a）用策略式写出博弈，找出所有纳什均衡。

（b）描述（a）中的非子博弈完美均衡中存在的置信度问题。

U4. 回到第 3 章习题 U2（c）的两人博弈树。

（a）画出支付表，使阿布斯为行参与人，密涅瓦为列参与人，西弗勒斯为页参与人。找出所有纳什均衡。

（b）描述（a）中的非子博弈完美均衡中存在的置信度问题。

U5. 考虑可乐行业，可口可乐与百事可乐是两家主要公司（为了分析方便，忽略其他公司），市场规模是 80 亿美元。每家公司可以选择是否做广告，广告成本为 10 亿美元。如果一家公司做广告而另一家不做，则前者抢得所有市场；如果两家公司都做广告，则各占一半市场，并付出广告成本；如果两家公司都不做广告，也各占一半市场，但不用支付广告成本。

（a）画出博弈的支付表，并找出当两家公司同时行动时的纳什均衡。

（b）假定博弈序贯进行，画出可口可乐公司率先行动时该博弈的博弈树。

（c）在（a）与（b）的均衡中，从可口可乐与百事可乐的共同角度来看，哪一个是最优的？这两家公司要怎样做才会有更好的结果？

U6. 沿着海滩有 500 个小朋友，100 个为一群，分为 5 群（以 A、B、C、D、E 按顺序表示，并且连续等距离排列）。两个冰激凌摊贩同时决定在何处贩卖。他们必须选择其中某一群小朋友所在的位置。

如果有一个摊贩选择位于某一群，则这个群的 100 个小朋友都会购买他的冰激凌；对于没有冰激凌摊贩的群，100 个小朋友里面会有 50 个愿意走到隔壁群的摊贩那里购买，只有 20 个愿意走到距离两个群的摊贩那里购买，没有人愿意走到距离三个群或更远的摊贩那里购买。冰激凌融化得很快，所以走路去买的人不能代没去买的人购买。

如果两个摊贩选择相同的群，每个会得到 50% 的冰激凌市场；如果他们选择不同的群，则小朋友会走到较近的摊贩处买，距离相等就会各占 50% 的市场。每个摊贩要想办法使销售量最大。

（a）建立该博弈的 5×5 支付表。你可以根据下面所述的内容开始刻画支付表，也可以用它们来核对计算的结果：

如果双方都选择 A，则每个摊贩都销售 85。

如果第一个摊贩选择 B，而第二个选择 C，则第一个销售 150，而第二个销售 170。

如果第一个选择 E，而第二个选择 B，则第一个销售 150，而第二个销售 200。

（b）尽可能地剔除劣策略。

（c）在剩下的表中，找出所有纯策略纳什均衡。

（d）如果把博弈变为序贯行动博弈，此时让第一个摊贩首先选择位置，第二个摊贩随后选择，找出子博弈完美均衡导致的位置与销售量。行动顺序的改变是如何帮助参与人解决（c）中的协调问题的？

U7. 回忆第 3 章习题 S8 中罗马斗兽场三个狮子的博弈问题。

（a）用策略式写出该博弈，狮子 1 为行参与人，狮子 2 为列参与人，狮子 3 为页参与人。

（b）找出这个博弈的纳什均衡。共找到多少个均衡？

（c）你找到的博弈中应该有非子博弈完美均衡。对于每个均衡，哪一头狮子有不可置信的威胁？解释之。

U8. 现在假设购物中心选址博弈（第3章习题 S9 和本章习题 S10）是序贯行动博弈，但拥有不同的行动顺序——巨人、太阳神、弗里达。

（a）画出新的博弈树。

（b）该博弈的子博弈完美均衡是什么？这个均衡与第3章习题 S9 的子博弈完美均衡有何不同？

（c）用策略式写出新的博弈。

（d）找出这个博弈的所有纳什均衡。共有多少个？与本章习题 S10 的均衡数相比有何不同？

U9. 回忆第5章习题 U10 中莫妮卡和南希的博弈。假设莫妮卡和南希是序贯地选择她们的努力水平，而非同时地。莫妮卡首先承诺她的努力决策。观察到该决策后，南希承诺她的努力决策。

（a）如果共同利润为 $5m+4n+mn$，莫妮卡和南希的努力成本分别是 m^2 和 n^2，且莫妮卡率先承诺努力水平，则这个博弈的子博弈完美纳什均衡是什么？

（b）比较莫妮卡和南希的支付与在第5章习题 U10 中找出的支付。这个博弈有先动优势或后动优势吗？

（c）使用与（a）中同样的共同利润，且南希首先承诺一个努力水平，找出此时的子博弈完美均衡。

U10. 扩展习题 U9，莫妮卡和南希需要决定谁率先做出努力水平的承诺。为此，每人都要同时在各自的纸条上写下她是否要率先做出承诺。如果双方都写下"是"或"否"，则她们同时做出努力决策，如第5章习题 U10 所示。如果莫妮卡写的是"是"，南希写的是"否"，则她们进行的是如本章习题 U9（a）中的博弈。如果莫妮卡写的是"否"，南希写的是"是"，则她们进行的是本章习题 U9（c）中的博弈。

（a）使用习题 U9（b）和（c）中以及第5章习题 U10 中莫妮卡和南希的支付去构建第一阶段决策博弈的支付表。

（b）找出第一阶段博弈的纯策略纳什均衡。

U11. 在遥远的圣詹姆斯镇有两家公司，Bilge 和 Chem，它们在软饮料市场展开竞争（该市场还没有可口可乐和百事可乐）。它们销售同一种产品，因为它们的产品是液体，它们可以轻松地选择生产任意单位产品。因为这个市场只有两家公司，商品的价格（以美元计）P 的决定式为 $P=(30-Q_B-Q_C)$，其中 Q_B 是公司 Bilge 的产量，Q_C 是公司 Chem 的产量（均以升衡量）。此时两家公司都在考虑是否投资新的灌装设备以降低它们的可变成本。

（1）如果公司 j 决定不投资，它的成本是 $C_j=Q_j^2/2$，其中 j 代表 B（Bilge）或 C（Chem）。

（2）如果一家公司决定投资，则它的成本将是 $C_j=20+Q_j^2/6$，其中 j 代表 B（Bilge）或 C（Chem）。这个新的成本函数反映了新设备的固定成本（20）和更低的可变成本。

两家公司同时做出它们的投资决策，但投资博弈中的支付要依赖于随后出现的双寡头博弈。因此该博弈是两阶段博弈：做出投资决策，随之进行双寡头博弈。

（a）假设两家公司都决定投资，用 Q_B 和 Q_C 表示出两家公司的利润函数。找出这个数量确定博弈的纳什均衡，两家公司的均衡数量和利润是什么？市场价格是多少？

（b）现在假设两家公司都决定不投资，则两家公司的均衡数量、利润和市场价格是多少？

（c）现在假设 Bilge 决定投资，Chem 决定不投资。两家公司的均衡数量和利润是多少？市场价格是多少？

（d）写出这两家公司之间投资博弈的支付表。每家公司有两个策略：投资或不投资。支付就是在（a）、（b）和（c）中得到的利润。（提示：注意博弈的对称性。）

（e）整个两阶段博弈的子博弈完美均衡是什么？

U12. 两个法国贵族，谢瓦利尔·沙格兰、马奎斯·德·雷纳，进行决斗。每人有一把只有一颗子弹的手枪。他们相隔 10 步距离，同时走向对方，每次走一步。每走一步后，他们都有可能开枪。在开枪时，射中对方的概率取决于他们之间的距离。k 步之后射中的概率是 $k/5$，因此，射中的概率在第 1 步之后为 0.2，在第 5 步之后上升为 1，此时，双方恰好彼此直面对方。如果一个人射击但没有命中而另一个人还没有射击，此时即使没有子弹的那位面临的必定是死亡，决斗仍将继续。贵族的道德准则保证了这些规则能够被执行。如果被击毙，将得到支付 -1；如果击毙对方，将得到支付 1；如果双方都没有被击毙，分别得到支付 0。

这是一个拥有 5 步序贯行动并且每一步中参与人都同时行动（射击或不射击）的博弈。找出这个博弈的所有逆推（子博弈完美）均衡。

提示：从第 5 步开始，此时他们恰好彼此直面对方。在这一步，建立这个同时行动博弈的 2×2 支付表，找出它的纳什均衡。现在回溯至第 4 步，此时击中的概率为 4/5，建立这一步的 2×2 的同时行动支付表，正确地在相应的单元格里标明未来将要发生什么。例如，如果一个人射击但没有命中而另一个人没有射击，于是另一个人就会等到第 5 步才射击以确保命中，于是博弈将会进入下一步，而此时你已经找到了均衡。利用所有这些信息，写出第 4 步 2×2 表格中的支付，并找到这一步的纳什均衡。用同样的方法逆推出剩余的步骤，就可以找到整个博弈的纳什均衡。

U13. 描述一个与习题 U12 中的决斗有相同结构的商业竞争案例。

【注释】

[1] 有时，运用第 7 章的工具可找出整个博弈的同时行动部分的混合策略均衡，我们在本章相关处提及这种可能性并在后续章节的习题中练习这些方法。

[2] 就像囚徒困境中常发生的一样，如果企业之间能成功合谋以制定高价，那么每家企业都可以获得较高的支付 2，但这样的结果不是一个均衡，因为每家企业都有动机欺骗对方从而得到更高的支付 6。

[3] 一些人坚信自然实际上是一个恶意的参与人，它正和我们一起参与一个零和博弈，因此我们失去的越多，它的支付就越高。例如，如果我们忘记带伞，就更有可能遇上雨天。我们知晓这样的思维，却没有实际的统计支撑。

第7章

同时行动博弈：混合策略

在第 4 章对同时行动博弈的研究中，我们遇到了采用那里描述的解决方法会无法求解的一类博弈，事实上，这一类博弈没有纯策略纳什均衡。为了预测这一类博弈的结果，我们需要将策略与均衡的概念扩展到随机行动的范围内。这是本章的重点。

我们以第 4 章结尾处的网球博弈为例来阐述这一思想。这是一个零和博弈，两个网球选手的利益是直接冲突的。埃弗特想要把球击到不能被纳芙拉蒂洛娃防守到的地方——打底线球（DL）或打斜线球（CC），而纳芙拉蒂洛娃则希望在埃弗特击球落地的地方成功地进行防守。在第 4 章，我们指出，在这种情况下，埃弗特采取的任何系统性决策也将被纳芙拉蒂洛娃利用成为自己的优势从而成为埃弗特的劣势。相反地，埃弗特也能利用任何被纳芙拉蒂洛娃采用的系统性决策。为了避免各自的决策被利用，每个参与人都希望自己的行动是不可预测的——它可以通过随机或无规律的行动来实现。

然而，随机并不意味着一半时间采用一种打法，或两种打法交替进行。后者本身就是一个可以被公开利用的系统的行动，并且依据情况，60：40 或 75：25 的随机混合要好于 50：50 的混合。在本章我们将提出计算混合最优的方法，并且讨论这种理论是如何很好地帮助我们理解这类博弈中的实际参与的。

我们计算混合最优的方法也能用于计算非零和博弈。然而，这类博弈中参与人的利益是部分重合的，因此参与人 B 利用参与人 A 的系统性策略成为自己的优势时，这对于参与人 A 来说并不一定是劣势。因此在非零和博弈中希望自己的行动不可预测的逻辑变得弱化甚至消失。我们将要讨论在此类博弈中混合策略的均衡是否及何时有意义。

我们在这一章首先讨论 2×2 博弈的混合策略，然后给出计算最优反应的最直接方法，找出混合策略的均衡。我们在第 7.2 节提出的许多概念和方法在一般博弈中仍然有效。第 7.6 节和第 7.7 节将这些方法扩展到有两个以上纯策略的博弈中。最后，我们将对实践中如何采取混合策略给出一般性的意见，并且对现实中是否存在混合策略给出证据。

7.1　什么是混合策略？

当参与人选择无规律地行动时，他们就会在他们的纯策略中随机进行选择。在网球博弈中，纳芙拉蒂洛娃与埃弗特在最初给定的两个纯策略（DL 与 CC）中进行选择。我们把这两个纯策略的一种随机混合称为一个混合策略。

这类混合策略在一个完整的连续范围内变化。在一个极端，DL 被选择的概率为 1（即一定会选），同时也意味着 CC 不会被选择（概率为 0），这个"混合"就正好是纯策略 DL。在另一个极端，DL 被选择的概率为 0，而 CC 被选择的概率则为 1，这个"混合"也正好是纯策略 CC。在两者之间则是整个概率集合：DL 被选择的概率为 75％，CC 被选择的概率为 25％；两者被选择的概率均为 50％；DL 被选择的概率为 1/3；CC 被选择的概率为 2/3；等等。[1]

一个混合策略的支付被定义为构成它们的纯策略的相应支付的概率加权平均。例如，在第 4.7 节的网球博弈中，针对纳芙拉蒂洛娃的选择 DL，埃弗特选择 DL 的支付为 50，选择 CC 的支付为 90。于是，针对纳芙拉蒂洛娃的选择 DL，埃弗特的混合策略（0.75DL，0.25CC）的支付为 $0.75 \times 50 + 0.25 \times 90 = 37.5 + 22.5 = 60$。这就是埃弗特的这个特定混合策略的**期望支付**（expected payoff）。[2]

选择某个纯策略的概率是一个介于 0 到 1 之间的连续型变量。因此，混合策略就是一种特殊的连续可变策略，与我们在第 5 章所研究的一样。每个纯策略是一种极端的特殊情况，选择该纯策略的概率等于 1。

纳什均衡的概念能够非常容易地扩展到混合策略情形。纳什均衡被定义为这样一组混合策略：每个参与人的选择都是其对其他参与人混合策略的最优选择，这种选择能够使他获得最大的期望支付。最优反应分析方法可用来寻找每一参与人最优的混合概率（先前所描绘的变量 p），它是其他参与人混合概率的一个函数。这些函数关系可以在以两个参与人的混合概率为坐标轴的坐标系中用曲线的形式表示出来，而纳什均衡就是两条最优反应曲线的交点。在一个博弈中引入混合策略解决了我们在面对纯策略时通常都会碰到的纳什均衡不存在的难题。纳什经典理论表明，在通常情况下（这个范围能够覆盖本书中所讨论的所有博弈，甚至更宽广的范围），每个博弈都具有混合策略纳什均衡。

在最宽的层面，将混合策略引入我们的分析中并不意味着与第 5 章的连续策略理论有什么不同。然而，混合策略的特殊情形确实可带来一些特殊的概念与方法，因而它值得独立研究。

7.2　混合行动

我们从第 4.7 节中的网球博弈例子开始，在这个例子中不存在纯策略纳什均衡。我们将展示向混合策略的扩展是如何弥补这一缺陷的，同时也将说明在由此产生的均衡中，每个参与人都将使其他参与人保持猜疑。

我们将表 4-14 中的支付矩阵复制到图 7-1 中。在这个博弈中，如果埃弗特总是选择 DL，纳芙拉蒂洛娃将要防守 DL 从而使埃弗特的支付降至 50。同样地，如果埃弗特总是选择 CC，纳芙拉蒂洛娃将要防守 CC 从而使埃弗特的支付降至 20。如果埃弗特只能选择她的两个基本（纯）策略之一，并且纳芙拉蒂洛娃能预测到该决策，埃弗特更好的（或不差的）纯策略是 DL，支付是 50。

如果假设埃弗特不被限制于仅仅使用纯策略，能选择一个混合策略，也许在任何一种场合打底线球 DL 的概率是 75%，或 0.75，这使得她打斜线球 CC 的概率是 25%，或 0.25。使用第 7.1 节的方法，我们能计算出纳芙拉蒂洛娃在这种混合策略下的期望支付为：

$$0.75 \times 50 + 0.25 \times 10 = 37.5 + 2.5 = 40，如果她防守 DL$$
$$0.75 \times 20 + 0.25 \times 80 = 15 + 20 = 30，如果她防守 CC$$

如果埃弗特选择这个混合策略，期望支付显示纳芙拉蒂洛娃防守 DL 才能最好地利用该策略。

当纳芙拉蒂洛娃选择 DL 去最好地利用埃弗特的 75:25 混合策略时，她的策略使得埃弗特处于劣势，因为这是一个零和博弈。埃弗特的期望支付为：

$$0.75 \times 50 + 0.25 \times 90 = 37.5 + 22.5 = 60，如果纳芙拉蒂洛娃防守 DL$$
$$0.75 \times 80 + 0.25 \times 20 = 60 + 5 = 65，如果纳芙拉蒂洛娃防守 CC$$

通过选择 DL，纳芙拉蒂洛娃使得埃弗特的支付降至 60 而不是 65。但是要注意到埃弗特使用混合策略的支付仍然高于她使用纯策略 DL 的支付 50 和使用纯策略 CC 的支付 20。[3]

		纳芙拉蒂洛娃	
		DL	CC
埃弗特	DL	50，50	80，20
	CC	90，10	20，80

图 7-1　不存在纯策略均衡

埃弗特 75:25 的混合的确使其策略可以部分公开地被纳芙拉蒂洛娃利用，但是也使得埃弗特的期望支付高于纯策略。通过选择防守 DL 她可以把埃弗特的期望支付降到一个比选择 CC 更低的水平上。在理想情况下，埃弗特希望找到有利用佐证（exploitation proof）的一个混合——这个混合使得纳芙拉蒂洛娃没有明显的机会选择纯策略来应对。埃弗特有利用佐证的混合必须具备一个特点：纳芙拉蒂洛娃防守 DL 或 CC 来应对时得到的支付相同；它必须让纳芙拉蒂洛娃在她的两个纯策略之间无差异。我们称之为**对手无差异性质**（opponent's indifference property）；它是非零和博弈的混合策略均衡的关键，正如我们在本章后面将看到的。

为了找到这样一个混合，我们需要用更一般的路径描述埃弗特的混合策略，这样我们就可以计算出正确的混合概率。为此，我们用数学符号 p 表示埃弗特选择 DL 的概率，因此，选择 CC 的概率是 $1-p$。我们将这个混合策略简称为埃弗特的 p-混合。

针对 p-混合，纳芙拉蒂洛娃的期望支付是

$50p+10(1-p)$，如果她防守 DL

$20p+80(1-p)$，如果她防守 CC

如果埃弗特的 p-混合有利用佐证，则纳芙拉蒂洛娃的这两个期望支付应该相等。这蕴含着 $50p+10(1-p)=20p+80(1-p)$，或 $30p=70(1-p)$，或 $100p=70$，或 $p=0.7$。因此埃弗特的有利用佐证的混合是以 70% 的概率击打 DL 和以 30% 的概率击打 CC。在这个混合概率之下，纳芙拉蒂洛娃从每个纯策略中得到的支付相同，因此不会有某个策略能够给她带来优势（或者在这个零和博弈中给埃弗特带来劣势）。在这种混合策略中埃弗特的期望支付是：

$50\times0.7+90\times0.3=35+27=62$，如果纳芙拉蒂洛娃防守 DL

$80\times0.7+20\times0.3=56+6=62$，如果纳芙拉蒂洛娃防守 CC

这个期望支付高于埃弗特使用纯策略的支付 50，也高于她使用 75:25 混合的支付 60。我们现在知道这个混合即是利用佐证，但是它是埃弗特的最优混合还是均衡混合？

☐ 7.2.2 最优反应与均衡

为了找到博弈中的均衡混合，我们回到最初在第 4 章描述的最优反应分析方法，以及后来在第 5 章连续策略的博弈中使用的最优反应分析方法。我们的第一个任务是确定埃弗特对于纳芙拉蒂洛娃的每个策略做出的最优反应——她的最优选择 p。由于这些策略可能也是混合的，所以我们也同样可以用概率来描述它们。这个概率是她防守 DL 的概率。用 q 来表示它，那么 $1-q$ 就是纳芙拉蒂洛娃防守 CC 的概率。我们称纳芙拉蒂洛娃的混合策略为她的 q-混合。接下来，我们要对纳芙拉蒂洛娃可能选择的每个 q 来寻找埃弗特的最优选择 p。

利用图 7-1，我们会发现埃弗特的 p-混合得到的期望支付是

$50p+90(1-p)$，如果纳芙拉蒂洛娃防守 DL

$80p+20(1-p)$，如果纳芙拉蒂洛娃防守 CC

因此，针对纳芙拉蒂洛娃的 q-混合，埃弗特的期望支付是

$[50p+90(1-p)]q+[80p+20(1-p)](1-q)$

整理之后，埃弗特的期望支付是

$[50q+80(1-q)]p+[90q+20(1-q)](1-p)$
$=[90q+20(1-q)]+[50q+80(1-q)-90q-20(1-q)]p$
$=[20+70q]+[60-100q]p$

我们可以利用这个期望支付找到埃弗特的最优反应 p 值。

我们现在要确定 p，使得在每个 q 值上埃弗特的支付最大化，因此关键的问题是她的期望支付表达式如何随着 p 值变化。最重要的是 p 的系数：$[60-100q]$。具体而言，它关系到系数是正（这时埃弗特的期望支付会随着 p 的增大而增大）还是负（这时埃

弗特的期望支付会随着 p 的增加而减少）。显然，系数的符号取决于 q，q 的临界值是可以让 $60-100q=0$ 的值。这个 q 值是 0.6。

当纳芙拉蒂洛娃的 $q<0.6$ 时，$[60-100q]$ 是正的，埃弗特的期望支付会随着 p 的增大而增大。她的最优选择是 $p=1$，即纯策略 DL。类似地，当纳芙拉蒂洛娃的 $q>0.6$ 时，埃弗特的最优选择是 $p=0$，即纯策略 CC。如果纳芙拉蒂洛娃的 $q=0.6$，那么不论 p 是多少，埃弗特得到的期望支付都一样，并且 DL 与 CC 的任意混合都是一样的效果；任何 0 到 1 之间的 p 值都是最优反应。我们总结如下，作为以后的参考：

> 如果 $q<0.6$，最优反应是 $p=1$(纯策略 DL)
>
> 如果 $q=0.6$，任何 p-混合都是最优反应
>
> 如果 $q>0.6$，最优反应是 $p=0$(纯策略 CC)

从直觉上看，当 q 比较低时（纳芙拉蒂洛娃"足够"不可能会防守 DL），埃弗特应该选择 DL；当 q 比较高（纳芙拉蒂洛娃"足够"可能会防守 DL），埃弗特应该选择 CC。"足够"的意义，以及转换点（switching point）$q=0.6$ 的意义，显然取决于例子中的具体支付。[4]

我们前面说过，混合策略只是一种特殊的连续策略，概率是连续型变量。现在我们找到了埃弗特对应于纳芙拉蒂洛娃的每个 q 的最优 p。换句话说，我们找到了埃弗特的最优反应规则，我们还可以像第 5 章一样准确地画出它的图形。

这个图形见图 7-2 (a)，横轴是 q，纵轴是 p。它们是概率，在 0 到 1 之间取值。当 q 小于 0.6 时，p 位于它的上限 1；当 q 大于 0.6 时，p 位于它的下限 0。当 $q=0.6$ 时，对于埃弗特而言，在 0 到 1 之间的所有 p 值都是"同等最优"的。因此，最优反应是 0 到 1 之间的垂线。这是一条新型的最优反应曲线；与第 5 章持续上升或持续下降的曲线不同，它在 q 的两个区间是平坦的，在两个区间的交点处向下跳跃。但是从概念上讲，它与其他最优反应曲线是一样的。

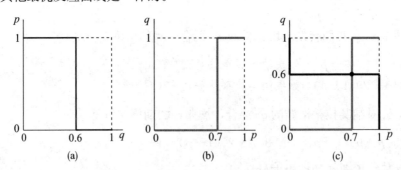

图 7-2　网球比赛的最优反应和均衡

同样地，我们也可以计算纳芙拉蒂洛娃的最优反应规则，即她对于埃弗特的每个 p-混合做出的最优 q-混合。具体计算留给读者，这样可以加深读者对该思想和计算的理解。读者还可以检验纳芙拉蒂洛娃的背后直觉，就如我们对埃弗特所做的那样。我们这里只给出结果：

> 如果 $p<0.7$，最优反应是 $q=0$(纯策略 CC)
>
> 如果 $p=0.7$，任何 q-混合都是最优反应

如果 $p>0.7$，最优反应是 $q=1$（纯策略 DL）

这个最优反应规则的图形见图 7-2（b）。

图 7-2（c）把这两个图形组合在了一起：将图（a）通过对角线（直线 $p=q$）映射，使得 p 位于横轴，q 位于纵轴，然后将图（a）叠加在图（b）上。现在这两条线有一个交点，在这个交点上 $p=0.7$，$q=0.6$。每个参与人在这个交点上的混合策略是对对方的最优反应，所以这个组合构成混合策略的纳什均衡。

这个最优反应规则把纯策略看成是特殊情况，p 和 q 取极值。这里我们可以看到，两条最优反应曲线在四条边上都没有共同点。这四条边是 p 和 q 取值 0 或 1 的位置。这表明该博弈没有纯策略均衡，正如我们在第 4 章第 4.7 节中直接验证的那样。混合策略均衡是这个例子中唯一的纳什均衡。

我们在第 7.2.1 节里算出了埃弗特的利用佐证 p，你也同样可以计算纳芙拉蒂洛娃选择的利用佐证 q。你会得到 $q=0.6$ 的答案。因此两个利用佐证的选择其实就是彼此的最优反应，它们是两个参与人的纳什均衡混合。

实际上，如果你想要找出零和博弈的混合策略均衡，且该博弈的参与人只有两个纯策略，那么不需要详细地构造最优反应曲线，画出它们，寻找它们的交点。你可以写出第 7.2.1 节中每个参与人混合策略的利用佐证方程，然后解出来就可以了。如果它的解是两个介于 0 到 1 之间的概率，那么你就得到了你想要的结果。如果答案中有一个概率是负的或者大于 1，那么这个博弈没有混合策略均衡；你需要回过头去寻找纯策略均衡。对于博弈中的参与人有两个以上的纯策略这种情况，我们会在第 7.6 节和第 7.7 节讨论它的求解方法。

7.3 纳什均衡作为一个信念与反应系统

当博弈中行动是同步的时，参与人不能够对其他人的实际选择做出反应。事实上，每个人都会在考虑到其他人可能的选择的前提下，做出自己的最优选择。在第 4 章，我们将这种考虑称为一个参与人关于其他人策略选择的信念。于是，我们将纳什均衡解释为当这种信念是正确的时，每个参与人都选择其针对别人的实际行动的最优反应的一种形态。这个概念对于理解许多重要的博弈类型都有用，尤其是囚徒困境博弈、协调博弈、懦夫博弈。

然而，在第 4 章我们仅仅考虑了纯策略纳什均衡。于是，一个隐含的假设几乎被忽略了，即每个参与人在他的信念中都确信其他人会选择一个纯策略。现在，我们考虑更一般的混合策略，信念的概念就需要做相应的重新解释。

参与人也许不能够确定其他人会采取什么行动。在第 4 章的协调博弈中，哈利希望能够碰到莎莉，他可能不能够确定莎莉会去星巴克还是本地咖啡店，但他的信念可能是莎莉会有 50% 的机会去任何一个地方。在网球博弈案例中，埃弗特会意识到纳芙拉蒂洛娃希望让她保持猜疑，于是她就不能够确定纳芙拉蒂洛娃可能的行动。在第 2 章第 2.4 节，我们定义此为策略不确定性，并且在第 4 章我们提到这样的不确定性能导出混合策略均衡，现在我们要充分地发展这种思想。

然而，对"不确定"与"错误信念"进行区分是很重要的。例如，在网球博弈案例中，纳芙拉蒂洛娃不能够确定埃弗特的选择，但她有关于埃弗特的混合策略的正确信念，即她知道埃弗特在两个纯策略之间选择的概率。有了关于混合策略的正确信念意味着能够知道、计算或猜测出其他参与人在基本的纯行动之间进行选择的概率。在我们例子的均衡中，结果是埃弗特的均衡混合策略为70%DL、30%CC。如果纳芙拉蒂洛娃相信埃弗特将会以70%的概率选择DL、以30%的概率选择CC，那么她的信念尽管不确定，但在均衡中却是正确的。

于是，我们通过另一种（数学意义上相同的）方式用信念来定义纳什均衡：每个参与人都形成了关于其他人选择的混合策略的概率的信念，并据此选择自己的最优反应。当这些信念是正确的时，正如前面所解释的，一个混合策略的纳什均衡就产生了。

在下一节，我们将考虑非零和博弈中的混合策略及其纳什均衡。在那些博弈中，没有理由认为其他参与人追逐自己的利益会损害你的利益。于是，你就不需要对其他人隐藏你的企图，也就没有必要使其他人保持猜疑。然而，由于行动是同时发生的，每个参与人在主观上也许会对其他人采取的行动不确定，于是产生不确定信念，它又会使其对自己的行动不确定。这会导致混合策略均衡，而如何解释主观上不确定的正确信念就显得特别重要。

7.4 非零和博弈中的混合策略

常常被用于寻找零和博弈中的混合策略均衡的同样的数学方法——有利用佐证或对手无差异性质——也被应用于非零和博弈中，并且能揭示它们其中的一些混合策略均衡。然而，在这类博弈中参与人的利益可能在某种程度上部分重叠。因此另一个参与人将对手的系统选择策略转化为自己的优势这一事实并不必然变成对手的劣势，这和零和互动的情形不同。例如，在我们第4章学习过的协调博弈中，如果每人系统地依赖对方的行动，参与人最好能够采用协调措施，随机行动只能增加协调失败的风险。结果是，混合策略均衡存在一个弱解释，或在非零和博弈中有时根本不存在。我们在这里考察一些典型的非零和博弈中的混合策略均衡并讨论它们的相关性及不足之处。

7.4.1 哈利会碰见莎莉吗？安全博弈、完全博弈与性别战

我们采用约会博弈的安全版本来演示这种类型的均衡。为了方便你的阅读，我们将表4-11复制为下面的图7-3。我们首先从莎莉方面考虑这个博弈。如果她确信哈利将要去星巴克，她也同样会去星巴克。如果她确信哈利将要去本地咖啡店，她也同样会去。但是如果她不能确定哈利的选择，她自己的最优选择又是什么呢？

		莎莉	
		星巴克	本地咖啡店
哈利	星巴克	1, 1	0, 0
	本地咖啡店	0, 0	2, 2

图 7-3 安全博弈

为了回答这个问题，我们必须给莎莉意识中的不确定一个更精确的含义。[在概率统计理论中，这个不确定的技术术语就是她的主观不确定（subjective uncertainty）。文中的不确定是指博弈中另一个参与人的行动，它也是策略不确定。回忆我们在第2章第2.2.4节中的讨论的区别。]我们通过规定莎莉认为哈利将选择某家或其他咖啡店的概率来赋予不确定更精确的含义。哈利选择本地咖啡店的概率为0到1之间的实数（也就是说，在0到100％之间）。我们用代数来覆盖所有的可能情况。令 p 表示莎莉心目中哈利选择星巴克的概率，变量 p 为在0到1之间的任何实数，则 $1-p$ 表示莎莉心目中哈利选择本地咖啡店的概率。换句话说，我们这样描述莎莉的主观不确定：她认为哈利将采用混合策略，分别以 p 和 $1-p$ 的概率选择纯策略星巴克和本地咖啡店。我们将这个混合策略称为哈利的 p-混合，尽管目前它仅仅是莎莉心中的一个想法。

给定她的不确定，莎莉能从她对哈利的 p-混合的信念所采取的行动计算她的期望支付。如果她选择星巴克，期望支付为 $1\times p+0\times(1-p)=p$。如果她选择本地咖啡店，期望支付为 $0\times p+2\times(1-p)=2\times(1-p)$。当 p 很大时，$p>2(1-p)$，因此莎莉非常确定哈利将会去星巴克，因而她最好也去星巴克。类似地，当 p 很小时，$p<2(1-p)$，并且如果莎莉非常确定哈利将会去本地咖啡店，她最好也去本地咖啡店。如果 $p=2(1-p)$、$3p=2$ 或 $p=2/3$，则两个选择给莎莉带来同样的期望支付。因此，如果她相信 $p=2/3$，她也许对自己的决策不确定，从而在两种选择之间来回摇摆。

哈利也会这样思考，也使得他对莎莉的决策不确定。于是哈利也面临主观策略不确定。假设在他心中莎莉将要选择星巴克的概率是 q，选择本地咖啡店的概率是 $1-q$。类似的推理表明如果 $q>2/3$，哈利应该选择星巴克；如果 $q<2/3$，哈利应该选择本地咖啡店；如果 $q=2/3$，他在两个行动之间无差异并且不确定自己的选择。

现在我们有 $p=2/3$ 和 $q=2/3$ 的混合策略均衡。在这个均衡中，这些 p 值和 q 值同为实际混合策略概率和每个参与人关于另一个参与人的混合概率的主观信念。正确的信念使得每个参与人在两个纯策略之间无差异。这正好与第7.3节描述的作为自我实现信念和反应的纳什均衡的概念相吻合。

寻找混合策略均衡的关键是：只有莎莉关于哈利的主观不确定正好正确时她才愿意混合她的两个纯策略，亦即哈利的 p-混合的 p 值正好正确。代数上，这种思想通过方程 $p=2(1-p)$ ——该方程确保莎莉从对于每一个与哈利的 p-混合相匹配的两个纯策略中得到相同的期望支付——求解出均衡的 p 值得到证实。当该方程在均衡处得到满足时，这就像哈利的混合概率起着使莎莉无差异的作用。我们强调"就像"，是因为在这个博弈中，哈利没理由使得莎莉无差异。这个结果仅仅是均衡的一个性质。一般的思想仍然值得熟记：在混合策略纳什均衡中，每个参与人的混合概率都使得对方在两个纯策略之间无差异。我们在前面零和博弈的论述中称此为对手无差异性质，并且现在我们看到该性质在非零和博弈中依旧有效。

然而，混合策略均衡在安全博弈中存在一些非常不可取的性质。首先，它得到的两个参与人的期望支付相当低。当 $p=2/3$ 时，莎莉从她的两个行动 p 和 $2(1-p)$ 中获得的支付都等于2/3。类似地，对应 $q=2/3$ 的莎莉的均衡 q-混合，哈利的期望支付也均为2/3。于是每个参与人在混合策略均衡处获得2/3的期望支付。在第4章我们发现了这个博弈的两个纯策略均衡，即使在其中较差的均衡下（两人都选择星巴克），每人也能得到1的期望支付，在较好的均衡（两人都选择本地咖啡店）下，每人则可得到2的期望支付。

在混合策略均衡中两个参与人行动糟糕的原因是当他们独立和随机地选择行动时，他们有一个显著的概率去不同地方，若此发生，他们将去相异的地点，从而每人的支付为 0。如果一人去星巴克而另一人去本地咖啡店，则哈利和莎莉将不会相遇。当两人都使用他们的均衡混合时，此情况发生的概率是 $2 \times (2/3) \times (1/3) = 4/9$。[5] 类似的问题也发生在许多非零和博弈的混合策略均衡中。

混合策略均衡的第二个不可取性质是它是不稳定的。如果任何参与人之一稍微偏离值 $p = 2/3$ 或 $q = 2/3$，则另一个参与人的最优选择是一个纯策略。一旦一个参与人选择纯策略，那么另一个也最好选择同样的纯策略，从而得到一个两人的纯策略均衡。这种混合策略均衡的不稳定在许多非零和博弈中是常见的。然而，一些重要的非零和博弈存在稳定的混合策略均衡。在本章的后面和第 13 章考虑的懦夫博弈的混合策略均衡中存在一个有趣的更好解释。

借助对约会博弈安全版本混合策略均衡的这些分析，你现在也许能猜出相关的非零和博弈的混合均衡。在前面段落所描绘的纯协调版本中，在两家咖啡店中相遇的支付是相同的，因此混合策略均衡为 $p = 1/2$ 与 $q = 1/2$。在性别战的变异中，莎莉情愿在本地咖啡店相遇，因为此时她得到的支付 2 超过在星巴克相遇时得到的支付 1，她的决定以她关于哈利去星巴克的主观概率是否超过或低于 2/3 为转移。（这里，莎莉的支付与在安全版本中的一样，因此关键的 p 也相同。）哈利则情愿在星巴克相遇，因此他的决定以他关于莎莉去星巴克的主观概率是否超过或低于 1/3 为转移。因此，混合策略纳什均衡为 $p = 2/3$ 和 $q = 1/3$。

□ 7.4.2 詹姆斯与迪恩会相撞吗？懦夫博弈

我们也能使用上边提出的相同方法寻找懦夫非零和博弈的混合策略均衡，尽管解释稍微有点不同。回忆詹姆斯和迪恩之间避免相撞的博弈，这里将表 4-13 中的支付表复制为图 7-4。

如果我们引进混合策略，詹姆斯的 p-混合以 p 的概率采用"转向"，以 $1 - p$ 的概率采用"径直向前"。对于 p-混合，迪恩从"转向"中得到的期望支付为 $0 \times p - 1 \times (1 - p) = p - 1$，他从"径直向前"中得到的期望支付为 $1 \times p - 2 \times (1 - p) = 3p - 2$。比较两式，我们看到当 $p - 1 > 3p - 2$、$2p < 1$ 或 $p < 1/2$ 时，迪恩选择"转向"会更好，亦即当 p 值很低和詹姆斯更有可能选择"径直向前"时。相反，当 p 值很高和詹姆斯更有可能选择"转向"时，迪恩选择"径直向前"会更好。如果在詹姆斯的 p-混合中 p 值恰好等于 1/2，迪恩在两个纯行动之间无差异，因此他也同样愿意混合两个策略。当考虑詹姆斯针对迪恩的 q-混合时的选择，我们从詹姆斯的角度进行类似分析得出了相同的结果。于是，$p = 1/2$ 和 $q = 1/2$ 是这个博弈的混合策略均衡。

		迪恩	
		转向（懦夫）	径直向前（勇士）
詹姆斯	转向（懦夫）	0, 0	−1, 1
	径直向前（勇士）	1, −1	−2, −2

图 7-4　懦夫博弈

与约会博弈中的混合策略均衡相比，这个均衡有类似的性质，但也有不同的地方。这里每个参与人在混合策略中的期望支付是很低的－1/2。这与在约会博弈中一样是糟糕的，但不同于约会博弈，这两个参与人的混合策略均衡的支付不都差于两个纯策略均衡。事实上，因为参与人的利益在某种程度上是相对的，每个参与人在混合策略均衡中的处境将要严格好于选择"转向"的纯策略均衡。

然而混合策略均衡又一次是不稳定的。如果詹姆斯增加他选择"径直向前"的概率使之稍微略高于1/2，这种改变将导致迪恩选择"转向"，从而（径直向前，转向）成为纯策略均衡。相反，如果詹姆斯降低他选择"径直向前"的概率使之略低于1/2，迪恩将选择"径直向前"，博弈达到另一个纯策略均衡。[6]

在这一节的一些非零和博弈中，我们根据对手无差异性质求解方程，得到混合策略均衡。我们在第4章就已经知道，这些博弈还有其他的纯策略均衡。最优反应曲线可以给出全面的描述，直接显示出所有的纳什均衡。读者已经知道这两个分析中的所有均衡，所以我们不浪费时间和篇幅在这里画出最优反应曲线。我们只提醒一下，如果存在两个纯策略均衡和一个混合策略均衡，与前面的例子一样，你会发现最优反应曲线会在三个地方交叉，每个地方都是纳什均衡。我们还希望读者可以为这一章末尾类似的博弈画出最优反应曲线，其完整的分析参见已解决习题的答案（与以往一样）。

7.5　混合策略均衡的一般性讨论

现在我们已经看到了在零和博弈与非零和博弈中是如何寻找混合策略均衡的，值得思考的是这些均衡中的一些其他性质。特别地，在本节中我们将重点介绍混合策略均衡中的一些一般性质，并介绍一些看起来与以前矛盾的结果，直到你能够完全分析这些有疑问的博弈。

☐ 7.5.1　弱均衡

第7.2节描述的对手无差异性质蕴含着在混合策略均衡中，每个参与人从她的两个纯策略中得到相同的期望支付，因此从它们之间的任何混合中得到同样的期望支付。于是，混合策略均衡只是一个弱纳什均衡。当一个参与人选择自己的均衡混合策略时，另一个参与人没有理由背离她自己的均衡混合策略。但是，如果她选择另一个混合策略甚至纯策略，她不一定得到更坏的结果。只要别的参与人选择正确的（均衡）混合策略，每个参与人在其纯策略以及它们的任意混合中都是无差异的。

这个性质看起来动摇了混合策略纳什均衡作为博弈解的概念的基础。为什么当一个参与人选择自己的混合策略时，另一个参与人应当选择自己合适的混合策略？为什么不干脆选择一个自己的纯策略？毕竟，期望支付是相同的。答案在于如果这样做，这就将不是一个纳什均衡，它将不是一个稳定的结果，因为另一个参与人会偏离她的混合策略。如果埃弗特对她自己说："如果纳芙拉蒂洛娃选择她的最优混合（$q=0.6$），我从DL、CC或者任意混合中得到的支付相同。所以为什么要那么麻烦去混合？为什么我不直接采取DL？"因此，纳芙拉蒂洛娃采用防守DL的纯策略会更好。同样地，如果哈利在约会博弈的安全版本中选择纯策略星巴克，那么莎莉可以通过将混合策略50：50转化为纯策略星巴克，从而在均衡中获得更高的支付（1而不是2/3）。

□ 7.5.2　在零和博弈的混合概率中违反直觉的改变

存在混合策略均衡的博弈也许有许多乍看起来违反直觉的性质。它们中最有趣的是博弈支付结构的变化导致的均衡混合策略的变化。为了举例说明，我们再次回到埃弗特与纳芙拉蒂洛娃之间的网球博弈。

假设纳芙拉蒂洛娃致力于提高她防守底线球的技术，使得埃弗特采用 DL 策略应对纳芙拉蒂洛娃防守底线球的成功率从 50% 降到 30%。纳芙拉蒂洛娃技术的提高改变了图 7-1 中所示的支付表，包括每个参与人的混合策略。在图 7-5 中我们列出了新表。

		纳芙拉蒂洛娃	
		DL	CC
埃弗特	DL	30, 70	80, 20
	CC	90, 10	20, 80

图 7-5　网球博弈中改变的支付

与图 7-1 中的表格唯一不同的是，在图 7-5 中表格的左上角，原先的 50 变为了 30，原先纳芙拉蒂洛娃的 50 现在是 70。支付表中的这个变化并没有为博弈带来一个纯策略均衡，因为参与人仍然有相互冲突的利益，纳芙拉蒂洛娃仍然希望她们的选择能够一致，埃弗特也仍然希望她们的选择不同。我们仍然得到一个将产生混合策略均衡的博弈。

但是，这个新博弈的均衡混合策略与第 7.2 节中计算的会有什么不同？乍看上去，许多人会说纳芙拉蒂洛娃应该多防守 DL，因为她这样做会得到更多支付。于是，假设她的均衡的 q-混合应该赋予 DL 更大的权重，并且其均衡的 q 应该超过以前计算的 0.6。

但是，当我们用埃弗特的无差异条件计算纳芙拉蒂洛娃的 q-混合时，我们得到 $30q+80(1-q)=90q+20(1-q)$，或 $q=0.5$。事实上的均衡 q 值为 50%，与许多人凭直觉预测的大于最初的 q 值 60% 相反。

尽管这个直觉看起来是合理的，但是它遗漏了策略理论的一个重要方面：两个参与人的相互作用。当支付改变以后，埃弗特也会重新评估自己的均衡策略；当纳芙拉蒂洛娃决定自己新的混合策略时，她必须将新的支付结构和埃弗特的行动考虑进去。特别地，由于纳芙拉蒂洛娃现在擅长防守 DL，埃弗特在她的混合策略中更多地采用 CC。考虑到这一点，纳芙拉蒂洛娃也就会更多地防守 CC。

我们可以通过计算埃弗特新的混合策略来更清晰地了解这一点。她的均衡 q 值必须使得 $30p+90(1-p)$ 与 $80p+20(1-p)$ 相等，于是，她的 p 值为 7/12，等于 0.583，或 58.3%。通过比较新的均衡 p 与第 7.2 节计算得到的 70%，我们发现对于纳芙拉蒂洛娃技术的提高，埃弗特明显地减少了选择 DL 的次数。埃弗特已经考虑到了她现在的对手具有更好的 DL 防守技术的事实，因此，在她的混合策略中，最好少用 DL。凭借这一点，埃弗特使纳芙拉蒂洛娃最好也降低防守 DL 的频率。纳芙拉蒂洛娃的其他混合策略选择，特别是频繁使用 DL 的混合策略，都将被埃弗特利用。

因此，纳芙拉蒂洛娃的技术就白提高了吗？不，但是我们必须正确地评判它——不能通过一个策略被自己或别人使用的频率来评判它，而是要通过它导致的结果来评判它。当纳芙拉蒂洛娃使用它的新的均衡策略 $q=0.5$ 时，埃弗特采用任何一种纯策略的成功百分比为 $(30\times0.5)+(80\times0.5)=(90\times0.5)+(20\times0.5)=55$，它低于原先例子中的成功百分比 62。于是，纳芙拉蒂洛娃的成功百分比也会上升，从 38 上升到 45，因此她确实通过防守 DL 的技术获得了收益。

与考虑纳芙拉蒂洛娃的支付改变时其反直觉的策略反应不同的是，当考虑她的期望支付时，其反应就完全符合直觉了。事实上，当支付改变时，参与人对期望支付的反应不是反直觉的，尽管策略反应是反直觉的。[7] 在参与人的策略反应中这个反直觉结果的最有趣的方面在于它传递给网球选手（或一般的策略博弈参与人）的信息。这个结果等于说纳芙拉蒂洛娃应该提高她防守底线球的技术以便使得自己更少地防守底线球。

接下来，我们对混合概率的变化给出更一般的更令人惊奇的结论。对手无差异的条件意味着，每个参与人的均衡混合概率只取决于对手的支付，而不取决于她自己。考虑图 7-3 的安全博弈。假设莎莉在本地咖啡店见面所得的支付从 2 增加到 3，而所有其他支付保持不变。现在，针对哈利的 p-混合，莎莉如果选择星巴克，得到的支付是 $1\times p+0\times(1-p)=p$；如果选择本地咖啡店，得到的支付是 $0\times p+3\times(1-p)=3-3p$。她的无差异条件是 $p=3-3p$，即 $4p=3$，或 $p=3/4$。在之前的博弈中，我们求解的值是 2/3。哈利的无差异条件的计算没有变，因此莎莉的均衡策略是 $q=2/3$。莎莉的支付变化改变了哈利的混合概率，而没有改变莎莉的！在习题 S13 中，读者可以在更一般的情况下证明这个结果依然成立：我的均衡混合比例不会随着我的支付变化而变化，只会随着对手的支付变化而变化。

□ 7.5.3　零和博弈中的冒险与安全策略

在体育运动中，有一些比较安全的策略，它们即使被对方预料到也不会产生灾难性的失败，但它们即使没有被预料到结果也不会十分好。另一些策略是冒险的，如果另一方对它无准备，它会非常出色，但是如果另一方有准备，就会遭遇惨败。在美式橄榄球比赛中，第三次进攻中为了前进一码，中部的直跑是安全的，长跑是冒险的。现在有一个有趣的问题：一些第三次进攻前进一码（third-and-one）的情形会比其他的第三次进攻前进一码的情形更危险。比如你对手的 10 码线产生的影响大于你自己的 20 码线。问题在于，风险越大，你是不是越应该采取冒险的策略？

具体而言，考虑成功的概率，如图 7-6 所示。（注意，在网球比赛中我们使用的是0 到 100 的百分数，这里我们使用 0 到 1 的概率。）攻方的安全策略是跑位：如果守方的预期是跑位，第一次成功的概率是 60%；而如果守方的预期是传球，第一次成功的概率是70%。攻方的冒险策略是传球，因为成功的概率更多地取决于守方的行动：如果守方的预期是跑位，成功的概率是 80%；而如果守方的预期是传球，成功的概率只有 30%。

		守方的预期	
		跑位	传球
攻方的行动	跑位	0.6	0.7
	传球	0.8	0.3

图 7-6　第三次一码的攻方成功概率

假定攻方成功时它得到的支付等于 V，失败时的支付是 0。支付 V 可以是某个点数，比如射门得分是 3，触地得分是 7。另外，它也可以代表球队获得的地位或金钱数量，比如在常规赛中获胜时 $V=100$，在超级碗大赛中获胜时 $V=1\,000\,000$。[8]

图 7-7 是攻方和守方实际的比赛情况，包含各方的期望支付。这些期望支付是成功的支付 V 与失败的支付 0 之间的平均值。比如，当守方预期是跑位，攻方选择跑位的期望支付是：$0.6×V+0.4×0=0.6V$。该博弈的零和性质意味着，守方在这个单元格中的支付是 $-0.6V$。读者可以类似地计算表格中其他单元格的期望支付，并验证下面给出的支付是否正确。

在混合策略均衡中，攻方选择跑位的概率 p 取决于对手无差异性质。因此，正确的 p 应该满足：

$$p[-0.6V]+(1-p)[-0.8V]=p[-0.7V]+(1-p)[-0.3V]$$

注意，在计算 p 时我们可以在方程两边除以 V，将 V 完全去除。[9] 这时简化的方程变成 $-0.6p-0.8(1-p)=-0.7p-0.3(1-p)$，即 $0.1p=0.5(1-p)$。求解这个简化的方程得到 $p=5/6$，所以攻方在最优混合策略中会以很高的概率采取跑位。这种更安全的打法经常被称为"百分比打法"（percentage play），因为这是这种情形下常规的打法。冒险打法（传球）只是偶尔会被采用，目的是让对手去猜测，或者用橄榄球评论员的术语来说，"使守方老实"。

		守方	
		跑位	传球
攻方	跑位	$0.6V$，$-0.6V$	$0.7V$，$-0.7V$
	传球	$0.8V$，$-0.8V$	$0.3V$，$-0.3V$

图 7-7 第三次一码博弈

这个结论有趣的地方在于 p 的表达式完全独立于 V。也就是说在理论上，你在重要场合下应该和在次要场合下一样，以相等的比率混合安全策略与冒险策略。这一点与许多人的直觉相反。他们认为如果场合非常重要，应该少采用冒险行动。在 10 月的一个普通周日下午，在第三次一码球进攻时发动一个长跑可能会不错，但是如果在超级碗大赛中这样做就太冒险了。

因此，哪一个是正确的——理论还是直觉？我们猜测读者在这一点上会产生分歧。一些人会认为体育评论员是错误的，他们很高兴发现了一个理论上的论据来驳倒体育评论员的主张。另一些人会站在体育评论员一边，并声称越重大的场合，越要求更安全的行动。还有另外一些人也许会认为当奖金更高时，会采取更冒险的行动，但是他们找不到理论支持，因为理论认为奖金的额度或损失应该对于混合概率是无差异的。

在如前所述的许多理论与直觉产生差异的情况下，我们认为差异要么仅是表面的，要么是由于理论不够一般化或未丰富到可以涵盖产生直觉情形的所有特性，并且应完善理论来消除分歧。这里的问题不一样，它是混合策略中计算支付的基础，就如同概率权重平均或期望支付一样。并且，几乎所有现存博弈论都以此为起点。[10]

7.6 当一个参与人有三个或更多纯策略时的混合

以前对混合策略的讨论都局限于每个参与人只有两个纯策略的情形。在许多情况下，每个参与人有更多纯策略，而我们应该计算出在这些情况下均衡的混合策略。然而，这些计算会变得非常复杂。对于真实的复杂博弈，我们将用计算机来寻找混合策略均衡，但对于一些小博弈，采用手工快速计算出均衡也是可能的。这个计算过程比通过计算机得到一个结果更有利于我们理解均衡的作用原理。因此，在本节与下一节我们将解决一些相对较大的博弈。

这里，我们考虑这样一类零和博弈：在博弈中一个参与人只有两个纯策略，而其他参与人则有更多的纯策略。在这类博弈中，我们发现有三个（或更多）纯策略的参与人一般只会在均衡中应用两个。其他策略在混合策略中不被采用，它们获得零概率。我们必须决定哪两个策略被采用或哪些不被采用。[11]

我们的例子是在网球博弈案例中，假设埃弗特可以有第三个落点。除了底线球与斜线球外，现在她可以考虑吊高球（Lob，更慢、更高、更长的回球）。在纳芙拉蒂洛娃的两种防守策略下，均衡依赖于埃弗特吊高球能获得的支付。我们从这个最容易举出的案例开始，之后再考虑一个一致或例外的案例。

□ 7.6.1 一般情形

埃弗特现在有三个纯策略：DL、CC 与 Lob。我们令纳芙拉蒂洛娃有两个纯策略，防守 DL 或防守 CC。这个新博弈的支付表能够通过将图 7-1 增加一行（Lob）得到，如图 7-8 所示。我们假设埃弗特从 Lob 中获得的支付介于她从 DL 和 CC 中获得的最好的和最坏的支付之间，对于纳芙拉蒂洛娃是防守 DL 还是 CC 没有什么差别。我们不仅给出了纯策略的支付，而且给出了埃弗特针对纳芙拉蒂洛娃的 q-混合时三个纯策略的支付。我们没有给出埃弗特的 p-混合，因为不需要。它需要两个概率，比如 DL 的概率是 p_1，CC 的概率是 p_2，然后 Lob 的概率是（$1-p_1-p_2$）。我们会在后面的章节告诉读者如何求解这种类型的均衡混合。

		纳芙拉蒂洛娃		
		DL	CC	q-混合
埃弗特	DL	50，50	80，20	$50q+80(1-q)$，$50q+20(1-q)$
	CC	90，10	20，80	$90q+20(1-q)$，$10q+80(1-q)$
	Lob	70，30	60，40	$70q+60(1-q)$，$30q+40(1-q)$

图 7-8 带 Lob 的网球博弈支付表

从技术上而言，在开始分析混合策略均衡之前，我们应该证明不存在纯策略均衡。然而，这非常容易做到，因此我们把它留给读者而转向混合策略。

我们运用最优反应的逻辑来分析纳芙拉蒂洛娃选择的最优 q 值。图 7-9 是纳芙拉蒂洛娃的 q 值在 0 和 1 之间变化时，埃弗特从她的纯策略 DL、CC 以及 Lob 中获得的期望支付（成功的概率）。这些图形是埃弗特在图 7-8 中最右边一列的支付表达式的图形。对每一个 q，如果纳芙拉蒂洛娃在均衡中选择那一个 q-混合，埃弗特的最优反应就是选择使自己获得最高支付的策略。我们在图 7-9 中用粗线表示埃弗特的这一系列最优反应的结果。用数学的术语来说，这是三条支付线的上包络（upper envelope）。纳芙拉蒂洛娃希望从这一系列的埃弗特最优反应中选择她自己最优的 q，这个 q 会使得她的支付尽可能大（从而使得埃弗特的支付尽可能小）。

为了更精确地了解纳芙拉蒂洛娃的最优选择 q，我们必须计算出表示她的最坏情形（埃弗特最好的情形）的直线交点的坐标。最左端交点的 q 值使 DL 与 Lob 对于埃弗特是无差异的。这个 q 值必须使此时埃弗特采用 DL 与 Lob 策略时的支付相等。令两个式子相等，我们得到 $50q+80(1-q)=70q+60(1-q)$，即 $q=20/40=1/2=50\%$。埃弗特在这一点的期望支付为 $50\times0.5+80\times0.5=70\times0.5+60\times0.5=65$。在第二个交点（最右边），采用 CC 与 Lob 对于埃弗特是无差异的。于是，这一点的 q 值必须使此时埃弗特采用 CC 与 Lob 策略时的支付相等。令 $90q+20(1-q)=70q+60(1-q)$，得到 $q=40/60=2/3=66.7\%$。埃弗特在这一点的期望支付为 $90\times0.667+20\times0.333=70\times0.667+60\times0.333=66.67$。纳芙拉蒂洛娃的最好（坏处最小）的一个 q 发生在左边交点，即 $q=0.5$。埃弗特的期望支付为 65，所以纳芙拉蒂洛娃的期望支付是 35。

当纳芙拉蒂洛娃选择 $q=0.5$ 时，埃弗特在 DL 与 Lob 之间是无差异的，选择它们中的任何一个都能获得比选择 CC 更好的支付。于是，埃弗特在均衡中不会采用 CC，CC 在她均衡时的混合策略中将是无用的策略。

现在，我们可以像每个参与人只有两个纯策略的博弈一样继续进行均衡分析，纳芙拉蒂洛娃有两个纯策略 DL 与 CC，埃弗特有两个纯策略 DL 与 Lob。我们回到了熟悉的领域。于是，我们将计算过程留给读者，而只告知结果。在博弈中，埃弗特最优的混合策略为用 0.25 的概率选择 DL，用 0.75 的概率选择 Lob。埃弗特选择这个混合策略来应对纳芙拉蒂洛娃的 DL 与 CC 所获得的期望支付分别为：$50\times0.25+70\times0.75=80\times0.25+60\times0.75=65$。确实如此。

由于我们不能事先知道埃弗特的三个策略中哪一个不被采用，因此不能从 2×2 博弈开始分析。但是，我们能够确信在通常情况下会存在这样一个策略。在一般情况下，这三条期望支付线会两两相交而不是交于一点。于是，这条上包络线就具有我们在图 7-9 中所看到的形状。它的最低点出现在其中两个策略的支付线的交点处，在这一点，第三个策略的支付线总处于其下。因此，参与人在这三个策略中进行选择时，总不会选择第三个策略。

□ 7.6.2　例外情形

图 7-9 中三条线的位置与交点依赖于纯策略的支付。我们用一个特定博弈的支付来表示这些直线的一般结构。但是，如果这些参与人的关系特殊，我们就能够得到一些具有不同结果的特殊结构。我们在此叙述这些可能性，但这些情形的图则留给读者去描绘。

首先，如果埃弗特采用 Lob 来应对纳芙拉蒂洛娃的 DL 与 CC 的支付是相等的，Lob 的这一条直线就是水平的，整个范围内的 q 值都使纳芙拉蒂洛娃的混合有利用佐证。例如，在图 7-8 中的 Lob 行的两个支付都是 70，于是就很容易计算出修正后的图

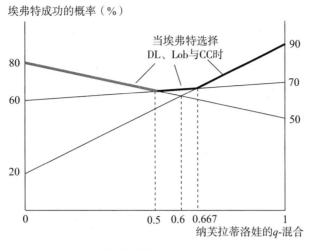

埃弗特成功的概率（%）

当埃弗特选择
DL、Lob与CC时

图 7-9　纳芙拉蒂洛娃的 q-混合的图解

7-9 的左边交点位于 $q=1/3$ 处，右边交点位于 $q=5/7$ 处，埃弗特的最优反应就是
Lob。而我们则得到了一个特殊的均衡，即埃弗特采用一个纯策略而纳芙拉蒂洛娃采用
混合策略。而且纳芙拉蒂洛娃的均衡混合概率在 $q=1/3$ 和 $q=5/7$ 的范围内变化。

其次，如果埃弗特采用 Lob 应对纳芙拉蒂洛娃的 DL 与 CC 的支付在右边部分低于
图 7-8 中的位置（或者说其他两个策略在右边部分更高），所有三条线就能够交于一
点。例如，如果埃弗特采用 Lob 来应对纳芙拉蒂洛娃的 DL 与 CC 的支付分别为 66 与
56，而不是 70 与 60，于是，在 $q=0.6$ 处，埃弗特采用 Lob 的期望支付变为 $66\times0.6+$
$56\times0.4=39.6+22.6=62$，与采用 DL 和 CC 获得的支付相等。于是，埃弗特在 $q=$
0.6 处采用三个策略中的任何一个都是一样的，所以会在三个策略中进行混合。

在这一特殊情形中，埃弗特的均衡的混合概率没有被完全决定。在这里，包括所有
三个策略的整个混合范围都能够使纳芙拉蒂洛娃在 DL 与 CC 以及它们的混合之间是无
差异的，于是愿意混合。然而，纳芙拉蒂洛娃必须采用 $q=0.6$ 的混合策略。如果她不
这样做，埃弗特的最优反应将转向选择纯策略之一，如此将损害纳芙拉蒂洛娃的利益。
我们不打算求出埃弗特的均衡混合策略变动的精确范围，因为这个例子只是一个支付数
字的特殊组合，因此相对不重要。

注意，针对纳芙拉蒂洛娃的 DL 与 CC，埃弗特使用 Lob 的支付可能会低于那些使
得三条线交于一点的数值（比如，假设 Lob 的支付是 75 和 30，而不是图 7-8 中的 70
和 60）。这时 Lob 不再是埃弗特的最优反应，即使它不劣于 DL 与 CC。

7.7　当参与人双方都有三个策略时的混合

如果博弈中的两个参与人都有三个纯策略，并且对三个策略进行混合，那么我们需
要两个变量来说明每个混合。[12] 行参与人的 p-混合赋予第一个纯策略的概率是 p_1，第
二个纯策略的概率是 p_2。于是，使用第三个纯策略的概率一定等于 1 减去另外两个策
略的概率之和。对于列参与人的 q-混合也同样如此。所以，我们需要两个变量来定义

一个混合。当参与人双方都有三个策略时，我们找不到一个不含两个变量代数式的混合策略均衡。然而在很多时候，这种代数式仍然可以处理。

□ 7.7.1　所有策略的完全混合

考虑足球比赛罚点球这一简单例子。假定右脚罚球人有三个纯策略：踢向左边、右边或中间。（"左"和"右"指的是守门员的左或右。对于一个右脚罚球人来说，最自然的运动是将球送入守门员的右边球门。）于是，他可以分别用概率 p_L、p_R 与 p_C 在这些策略中进行混合。它们中的任意两个概率都能够被当作独立变量，第三个则由这两个来表示。如果 p_L 与 p_R 被当作两个独立选择变量，于是 $p_C = 1 - p_L - p_R$。守门员同样有三个纯策略，即移向罚球人的左边（守门员自己的右边）、移向罚球人的右边，或者继续站在中间，并且能够分别以概率 q_L、q_R 与 q_C 在这些策略中进行混合，其中两个概率可以独立选择。

与第 7.6.1 节一样，这个博弈的最优反应图解需要两个以上的纬度。确切地说，是四维。守门员将选择他的两个独立变量 (q_L, q_R) 作为应对罚球人的 (p_L, p_R) 的最优反应，反之亦然。我们再次利用对手无差异原理来研究每个参与人的混合概率。每个参与人的概率应该使得另一个参与人对于其混合策略中的所有纯策略无差异。这样我们就得到了一组能够解出混合概率的方程。在足球的例子中，罚球人的 (p_L, p_R) 将满足两个方程，分别为守门员选择"左"的期望支付等于选择"右"的期望支付，守门员选择"右"的期望支付等于选择"中"的期望支付（于是，选择"左"与选择"中"的期望支付就会自动相等，因此不再是一个独立的方程）。如果有更多的纯策略，需要解出的概率的数量与必须满足的方程的数量也会增加。

图 7-10 是罚球人与守门员相互影响的支付表。（与本章后面的欧洲足球例子不同，这些不是真实数据，只是用来简化计算的四舍五入的数字。）由于罚球人希望最大化获胜概率，而守门员则想最小化这个概率，因此这是一个零和博弈。例如，如果罚球人踢向他的左边，而守门员移向罚球人的左边（左上方单元格），我们假定此时罚球人成功（得分）的概率为 45%，而守门员成功（守住球门）的概率是 55%。但是，如果罚球人踢向左边*，而守门员移向罚球人的右边或者防守中间，此时罚球人成功的概率为90%。我们假定有 10% 的概率罚球人会踢偏或踢高，所以守门员仍然有 10% 的概率成功。读者可以列出自己认为更符合实际的不同的支付数字。

		守门员		
		左	中	右
	左	45, 55	90, 10	90, 10
罚球人	中	85, 15	0, 100	85, 15
	右	95, 5	95, 5	60, 40

图 7-10　罚点球博弈

很容易证明博弈没有纯策略均衡。因此假定罚球人以 p_L、p_R 与 $p_C = 1 - p_L - p_R$

---

* 英文原书此处为右边，有误。——译者注

进行混合。对于守门员的每一个纯策略，这个混合策略使得守门员获得以下支付：

"左"：$55p_L+15p_C+5p_R=55p_L+15(1-p_L-p_R)+5p_R$

"中"：$10p_L+100p_C+5p_R=10p_L+100(1-p_L-p_R)+5p_R$

"右"：$10p_L+15p_C+40p_R=10p_L+15(1-p_L-p_R)+40p_R$

对手无差异规则表明罚球人应该选择 p_L 和 p_R，使得这三个表达式在均衡中相同。

令选择"左"与选择"右"的表达式相等并简化，得到 $45p_L=35p_R$，或 $p_R=(9/7)p_L$。接着，令选择"中"与选择"右"的表达式相等并简化，采用刚才得到的 p_L 与 p_R 之间的关系，得

$$10p_L+100[1-p_L-(9p_L/7)]+5(9p_L/7)$$
$$=10p_L+15[1-p_L-(9p_L/7)]+40(9p_L/7)$$
$$[85+120(9/7)]p_L=85$$
$$p_L=0.355$$

于是，我们得到 $p_R=0.355(9/7)=0.457$，以及 $p_C=1-0.355-0.457=0.188$。利用前面的三条支付线中的任意一条，我们可以计算出守门员采用纯策略来应对这种混合所获得的支付，结果是 24.6。

守门员的混合概率可以通过解出罚球人用三个纯策略应对守门员的混合策略的无差异方程来得到。它与求解第 7.7.2 节中的相同博弈只在细节上有微小变化。因此，我们省略了细节，只给出答案：$q_L=0.325$，$q_R=0.561$，$q_C=0.113$。罚球人采用任何纯策略来应对守门员的均衡混合策略的支付均为 75.4。显然，这个答案与我们前面计算的守门员支付 24.6 保持一致。

现在，我们解释这个发现。无论守门员猜对还是猜错，罚球人选择纯策略"右"都会优于选择纯策略"左"（60＞45，95＞90）。（假设罚球人惯用左脚且向右踢球更有力。）于是，罚球人会以更高的概率选择"右"，相应地，守门员也会以更高的概率选择"右"。然而，罚球人不愿也不会选择纯策略"右"，如果他这样做，守门员也会选择纯策略"右"，这样罚球人的支付只有 60，低于他在混合策略均衡中得到的 75.4。

□ 7.7.2 存在一些未使用策略的混合均衡

在前边的均衡中，在混合策略中选择"中"的概率对于每个参与人而言都相当低。（中，中）的组合将导致一个肯定的结果，而罚球人将得到一个相当低的支付，即 0。于是，罚球人选择它的概率将会非常低。而由于守门员关注罚球人更有可能的选择，因此守门员选择"中"的概率也会非常低。但是当守门员选择"左"或"右"时罚球人能从选择"中"中得到充分高的支付，则罚球人将以一个正的概率选择"中"。如果罚球人从选择"中"中得到的支付很低，他也许会以零的概率选择"中"。如果真这样，守门员选择"中"的概率同样为零。博弈将要简化为每个参与人只有"左"和"右"两种基本纯策略的情形。

我们在图 7-11 中对这个足球博弈做了微小变动。它与图 7-10 中的原始博弈的唯一不同在于将罚球人选择"中，左"和"中，右"所获得的支付降低了，从 85 降低到 70。这也许是因为这个罚球人有踢高的习惯，于是瞄准"中"时会错过球门。让我们用

第 7.7.1 节中同样的方法计算这个博弈的均衡。这次我们从守门员的角度出发，通过罚球人应该对所有三个纯策略以及它们之间的混合都是无差异的这一条件，试图找到他的混合概率 q_L、q_R 与 q_C。

		守门员		
		左	中	右
罚球人	左	45，55	90，10	90，10
	中	70，30	0，100	70，30
	右	95，5	95，5	60，40

图 7-11 新版的罚点球博弈

罚球人选择纯策略的支付为：

"左"：$45q_L + 90q_C + 90q_R = 45q_L + 90(1 - q_L - q_R) + 90q_R = 45q_L + 90(1 - q_L)$

"中"：$70q_L + 0q_C + 70q_R = 70q_L + 70q_R$

"右"：$95q_L + 95q_C + 60q_R = 95q_L + 95(1 - q_L - q_R) + 60q_R = 95(1 - q_R) + 60q_R$

令选择"左"的式子与选择"右"的式子相等并简化，得 $90 - 45q_L = 95 - 35q_R$，或 $35q_R = 5 + 45q_L$。令选择"左"的式子与选择"右"的式子相等并简化，得 $90 - 45q_L = 70q_L + 70q_R$，或 $115q_L + 70q_R = 90$。将第一个方程中的 q_R（乘以 2，得到 $70q_R = 10 + 90q_L$）代入第二个方程，得到 $205q_L = 80$，或 $q_L = 0.390$。将 q_L 的这一数值代入任何一个方程可得 $q_R = 0.644$。最后，我们用这两个数值得到 $q_C = 1 - 0.390 - 0.644 = -0.034$。由于概率不能为负，很明显存在错误。

为了更好地理解在例子中所发生的情形，首先注意到选择"中"对于罚球人而言是一个比在该博弈的原始版本中更不好的策略，在原始版本中选择"中"的概率已经相当低。但是，让对手各策略无差异（即各方程相等）即意味着罚球人将不得不保持采用这个不好的策略的意愿。而只有当守门员采用他的最优反应来应对罚球人的策略"中"（守门员也选择"中"）的概率非常低时，这种状况才可能发生。在这个例子中，这种逻辑导致了守门员选择"中"的概率为负。

作为一个纯代数问题，我们推导出的解可能是非常好的，但是它违背了概率理论与真实生活中对随机性的要求，即概率必须是非负的。在现实中效果最好的方法是将守门员选择"中"的概率设得尽可能低，即 0。但是，这会使罚球人也不愿意选择策略"中"。换句话说，我们得到这样一种情况，即每个参与人在混合策略中都有一个不愿意采用的纯策略，也就是说，选择该纯策略的概率为 0。

每个参与人在他剩余的两种策略（"左"或"右"）间混合是否存在均衡？如果将此看作一个精简了的完整自足的 2×2 博弈，我们就能够轻松地发现它的混合策略均衡。由于读者已经做了许多练习，因此将过程留给读者而只给出结果是可行的。

罚球人的混合概率：$p_L = 0.437\ 5$，$p_R = 0.562\ 5$

守门员的混合概率：$q_L = 0.375\ 0$，$q_R = 0.625\ 0$

罚球人的期望支付（成功概率）：73.13

守门员的期望支付（成功概率）：26.87

我们只是简单地从直观考虑中剔除两个参与人的策略"中"就得到了这个结果。但是，我们必须检查它是否为上述完整的 3×3 博弈的真正均衡。也就是说，我们必须确认在给定对方将选择两个策略的混合策略的情况下，两个参与人都不愿意选择他的第三个策略。

当守门员选择这个特定的混合策略时，罚球人从纯策略"中"中获得的支付为 $0.375 \times 70 + 0.625 \times 70 = 70$。这个支付低于他从纯策略"左"或"右"以及它们之间的任意混合策略中获得的支付 73.13，因此，罚球人不愿意选择策略"中"。当罚球人以前述概率选择"左"或"右"的混合策略时，守门员从纯策略"中"中获得的支付为 $0.4375 \times 10 + 0.5625 \times 5 = 7.2$。这个数字（大大）低于守门员从纯策略"左"或"右"以及它们之间的任意混合策略中获得的支付 26.87。于是，守门员不愿意选择策略"中"。我们所找到的 2×2 博弈的均衡确实就是 3×3 博弈的均衡。

为了使得一些策略在均衡中不被采用，我们必须修改或者扩充对手无差异原理。每个参与人必须使得自己的均衡混合中所实际应用过的策略，对于另一方来说都是无差异的，但是对用过和未用过的策略则可以是有差异的。另一方更喜欢用过的策略而不是未用过的策略。换句话说，为了应对对方的均衡混合策略，参与人自己的均衡混合策略中用过的所有策略应该给他自己相同的期望支付，而这个支付应该高于任何未用过的策略所能得到的支付。

均衡中哪些策略不会被采用？回答这个问题需要与前面的计算一样反复试错，或者用计算机程序来处理。一旦你理解了这个概念，就可以放心采用后者。

7.8 在实践中如何使用混合策略？

我们注意到在零和博弈中发现或使用一个混合策略时需要记住一些重要事情。为了在这样一个博弈中有效使用一个混合策略，一个参与人需要做的不仅仅是计算出采用各种行动的均衡百分比。事实上，在我们的网球博弈中，埃弗特并不能够将每次以 7/10 的概率选择 DL、以 3/10 的概率选择 CC 机械地转化为 7 次打底线球、3 次打斜线球。为什么不能？因为采用混合策略应该帮助你从让对手出乎意料的行动中获利。如果你采用一个能够被识别的比赛模式，你的对手就能够发现它并加以利用从而获利。

缺乏固定的模式意味着在任何选择历史后，下一次选择 DL 与 CC 的概率和以前都是一样的。在几次 DL 偶然成功后，并不意味着 CC 在下一次成功的机会更大。在实践中，许多人错误地这样认为，于是他们采用比正确的随机选择所需要的更频繁的交替发球。然而，从观察到的行动中察觉到对手使用的模式是一个需要技巧的统计练习，因为对手在博弈中可能不会这样做。正如我们将在第 7.9 节中所见到的，经济学者在他们对来自大满贯网球比赛的数据的分析中发现发球人频繁地交替发球，但回球者却不能够观察到与真实随机性之间的区别，也无法加以利用。

在一个零和性质的互动行为中，避免可预测性是非常重要的。由于在这种博弈中参与人利益直接对立，你的对手总是能够从最大限度地发觉你的行动选择中获益。于是，如果你总是有规律地采用同样的博弈方式来应对对方，他也就总是在寻找破译你随机化行动方式的方法。如果他能够这样做，他就有机会在博弈的未来回合中提高他的收益。

但是，即使是在单一回合的（有时也称为只有一次的）零和博弈中，混合策略依然是有利的，因为它有"出乎意料"的好处。

丹尼尔·哈灵顿（Daniel Harrington）是世界纸牌大赛的冠军，与比尔·罗伯蒂（Bill Robertie）出版了一系列优秀的图书。这些图书指出了在纸牌游戏中策略随机化的重要性，这样可以防止对手读出你手里的牌，从而利用你的行为获益。[13] 由于人们经常会受困于不可预知，他给出了关于人们应该如何在叫牌和加注这两个纯策略之间实施混合策略的建议：

> 在给定的情形下，你很难准确记住你在过去四五次做了什么，但是幸运的是你没必要记住。你只需要使用你整天随身携带的小小的随机数字发生器。那是什么？你不知道你有这个东西？它就是你手表的秒针。如果你想要在牌局的前面位置有80%时间加注，在剩下的时间叫牌，那么你只要看一下手表，注意秒针的位置。因为60秒的80%是48秒，所以如果秒针在0到48之间，你就加注，而如果在48到60之间就叫牌。这种方法的妙处在于，即使有人准确地知道你在做什么，他仍然读不懂你！[14]

当然，在利用秒针来执行混合策略时，最重要的是你的手表不能太精确，如果跟你的对手同步，他就可以用相同的手表来计算出你要做什么！

到目前为止，我们假设你对混合策略感兴趣的原因是防止被对手利用。但是，如果你的对手没有采用他的均衡策略，那么你可能想要利用他的错误。我们可以用《辛普森一家》（The Simpsons）中的一个片段来举一个简单的例子。巴特和丽莎进行一个石头、剪刀、布的游戏。（在习题 S10 中，我们对这个 3×3 博弈进行了完整的描述，你可以推导出每个参与人的均衡混合。）在他们选择策略之前，巴特的想法是"石头最好，没什么可以打败石头"，而丽莎的想法是"可怜的巴特，他老是出石头"。显然，丽莎的最优反应是用纯策略布来针对这个幼稚的对手；她不需要采用均衡混合策略。

我们在这一章曾经考察过一个比较微妙的有关利用的例子，即学生进行 100 场决胜负的网球比赛。作为专业的网球选手，我们的学生会经常改变策略。他们显然会思考，连续五个 DL 似乎不够"随机"。为了利用这种行为，一个纳芙拉蒂洛娃式参与人会预测：在连续三次 DL 之后，一个埃弗特式的参与人很有可能会换成 CC，并且她可以利用这一点，自己换成 CC。与她每轮都独立随机化相比较，她应该经常这样做，但是从理论上看她不应该这么做，因为这会引起埃弗特式参与人的注意，并且开始学会在更长的时间里重复她的策略。

最后，参与人必须理解并记住这样的事实，即采用混合策略能够防止你的行动被发觉，并给你最大的期望支付，但它仅仅是一个概率的平均。在实际场合中，你可能会获得很差的支付。例如，为了使守门员老实的一码长传球也会在某些特定场合中失败。然而，如果你在一个需要对更高的权威负责的情况下采用一个混合策略，你或许需要事先计划好这种可能性。例如，你可能需要事先向你的教练或老板证明采用这样的策略是正确的。他们需要理解为什么你会采用混合策略，为什么你期望它能带来最大的期望支付，尽管在某些场合也会带来低支付。甚至这种事先的计划也不能保护你的"声誉"，你应该准备好在坏结果下面对危机。

7.9 混合策略的证据

7.9.1 零和博弈

以前从事实验室研究的研究人员通常会轻视混合策略。引用道格拉斯·戴维斯与查尔斯·霍尔特的话来说就是："在实验室中，受试者很少考虑到随机因素，并且当事后被告知均衡中包含随机性的事实后，他们常感到惊讶与怀疑。"[15] 当预见的均衡为两个或多个纯策略的混合时，实验的结果确实表明一些群体采用某个纯策略，另一些采用其他纯策略，但这并不构成一个单独参与人真正的混合策略。当重复进行零和博弈时，单独的参与人会随时间的不同选择不同的纯策略。但是，他们好像是将交替错当成随机了，他们只是经常变换他们的选择，而不是所需要的真正的随机性。

随后在零和博弈混合的研究中发现了一些更好的证据。当实验对象可以获得大量经验时，他们显然会学习零和博弈中的混合策略。然而，与均衡预测的偏离仍然是显著的。就所有对象的整体而言，经验概率通常会比较接近均衡预测的概率。如科林·卡默勒（Colin Camerer）所言："整体来说混合均衡没有对人们如何行动提供坏的猜测。"[16]

实践中随机性的一个例子来自 20 世纪 40 年代末的马来亚。[17] 英国军队需要护卫食品卡车，以免它们遭到游击队的进攻。游击队能够采取大规模的进攻或者制造一次小事故来恐吓卡车司机以使他们不能够继续服役。英军也能采取集中力量护卫或者分散护卫的方式，集中力量护卫有利于反击一次大规模的进攻，分散护卫有利于反击小事故。对于游击队来说，如果敌人是分散护卫的，一次大规模的进攻将更有效；如果敌人采取集中力量护卫，小事故将更有效。这个零和博弈只有一个混合策略均衡。不懂博弈论的英军指挥官是这样决策的。每天早晨，当护卫开始时，他抓一片草藏在手里，将两只手藏在身后让一个士兵猜哪只手中有草，然后根据士兵是否猜对来决定护卫的形式。由于很难得到精确的支付数字，于是我们不能够说 50：50 是否就为正确的混合，这个指挥官已经领会了真正随机性的需要和每天使用新的随机程序的重点，避免落入一个模式中或在两者之间频繁改变。

支持零和博弈中混合均衡的最好例子来自体育，特别是职业体育，那些运动员积累了大量经验。他们对胜利的期望来自获胜后的大额奖金。

马克·沃克（Mark Walker）与约翰·伍德斯（John Wooders）对温布尔登网球赛中顶级选手的发球与回球进行了检验。[18] 他们建立了一个有两个参与人的博弈模型，两个参与人分别为发球者和回球者，他们每人都有两个纯策略。发球者可以选择正手或反手，回球者能够猜测发球者将选择哪一边并做出相应的移动。由于男子单打顶级运动员的发球速度非常快，回球者不能够在观察到实际的发球方向后再做出反应，于是，回球者必须按照预料的方向进行移动。这个博弈因此是一个同时行动博弈。更进一步，由于回球者希望做出正确的预测，而发球者希望误导回球者，这个互动有一个混合策略均衡。我们不可能通过录像来观察回球者的策略（将重心放在哪只脚上？），所以无法重组整个支付矩阵来检验参与人是否在根据均衡的预测来混合。不过，我们可以计算发球者在每个发球策略上得分的频率，从而检验理论的预测。

如果在这个发球回球博弈中，网球选手采用均衡混合策略，那么发球者无论选择正手还是选择反手，其赢得这个发球局的概率都相同。一场真实的网球比赛包含了在相同的两个选手间进行的上百个博弈，于是有充足的数据来验证前面提到的结论是否对每场比赛都成立。马克·沃克与约翰·伍德斯把 10 次比赛发球的结果制成表格。每次比赛包含四种发球回球组合：A 发向 B、B 发向 A、发到场地的左边或者右边（势均力敌的一侧或占优势的一侧）。于是，他们得到 40 种发球情形的数据，并发现对于其中 39 种，发球人选择正手与反手获胜的概率在统计上误差允许的范围内是相等的。

为了掌握通常的混合规则以及应对特定选手的正确的混合比例，顶尖选手必须既具备足够的一般比赛经验，又具备应对特定选手的特殊经验。然而，在发球者的选择中有一点与真实的混合策略不同。为了使得发球者具备必要的不可预测性，一系列发球应该不存在任何模式：每次发球的方向应该独立于以前的发球。正如我们在有关混合策略的实践的参考资料中所说，选手通常会频繁地交替发球，却没意识到这种频繁交替与始终坚持一个方向都是一个模式。事实上，数据表明网球选手确实会频繁地交替发球。但是，数据同样也说明这种与真实混合策略之间的差异并不足以被对手发觉并加以利用。

正如我们在第 7.8 节所看到的，足球中的罚球是另一个研究混合策略的好例子。分析罚球的好处是，我们可以实际观察罚球人和守门员之间的策略：罚球人瞄准的方向与守门员扑的方向。这意味着我们可以计算实际的混合概率，并且与理论预测进行比较。与网球比赛相比，它的缺点是在一个赛季里，两个参与人面对面的机会不多。我们想要得到足够的数据就不能分析单个的参与人匹配的情况，必须积累所有罚球人和守门员之间的策略。采用这类数据的两项研究完全支持理论的预测。

使用欧洲联盟杯比赛中的大量数据，伊格纳西奥·帕拉西奥斯-韦尔塔（Ignacio Palacios-Huerta）构建了如图 7-12 所示的罚球人平均成功概率的支付表。[19] 由于数据包含右脚罚球人和左脚罚球人，他们罚球的自然方向不同，因此我们把任何罚球人的自然方向称为"右"。（罚球人通常用内脚踢球，因此一个右脚罚球人的自然罚球方向是守门员的右边，左脚罚球人的方向是守门员的左边。）每个参与人有"左"和"右"两个选择。当守门员选择"右"时，这意味着防守自然的方向。

		守门员	
		左	右
罚球人	左	58	95
	右	93	70

图 7-12 欧洲联盟杯成功罚球概率

使用对手无差异性质，容易计算出罚球人应该以 38.3% 的概率选择"左"，以 61.7% 的概率选择"右"。无论守门员怎么选择，这个混合都达到 79.6% 的成功率。守门员应该分别以 41.7% 和 58.3% 的概率防守"左"和"右"。这种混合达到 79.6% 的成功率。

究竟发生了什么？罚球人以 40.0% 的概率选择"左"，守门员以 41.3% 的概率防守"左"。这些值都令人吃惊地接近理论预测值。选择的混合几乎是有利用佐证的。罚球人的混合对于守门员的"左"达到 79.0% 的成功率，对于守门员的"右"达到 80% 的成功率。守门员的混合策略使之防守"左"达到 79.3% 的成功率，防守"右"达到 79.7% 的成功率。

在先前的研究中，皮埃尔-安德烈·基亚波里（Pierre-André Chiappori）、蒂莫西·格罗斯克洛斯（Timothy Groseclose）与史蒂文·莱维特（Steven Levitt）使用相似的数据并发现了相似的结果。[20] 他们也分析了每个罚球人和守门员一系列的选择，且没有发现频繁的交替。这最后的结果是因为大部分罚球都被看成是孤立事件，与网球比赛的快速重复不同，所以参与人容易忽略以前发生的罚球。不过，这些发现表明足球运动员罚点球的行为比网球运动员的发球回球博弈行为更接近真实的混合策略。

由于理论得到这样强烈的经验支持，有人可能会问：参与人在足球中学会的混合策略技能是否可以运用到其他比赛环境中？有一项研究表明，答案是肯定的。（西班牙足球运动员的做法完全符合 2×2 和 4×4 零和矩阵博弈实验的均衡预测。）但是，另一项研究没有得出这些结论。这项研究考察了美国职业足球大联盟的运动员以及世界纸牌大赛的选手（在第 7.8 节有提及，也具有专业的推理能力，防止被混合策略所利用），发现在抽象的矩阵博弈里专业人士的行为会像学生那样远离均衡。与我们在第 3 章讨论的专业棋手的结果一样，经验会导致专业人士依据他们工作中的均衡理论进行混合，但是这种经验不会自动地导致参与人在新的不熟悉的博弈中实现均衡。[21]

□ 7.9.2 非零和博弈

相比于零和博弈混合的实验室实验，非零和博弈混合策略的实验室实验得出更多负面的结果。这并不惊讶，正如我们已经看到的，在这类博弈中，每个参与人的均衡混合策略使对手在纯策略中无差异的性质是均衡的一个逻辑性质。不像零和博弈，通常非零和博弈中的参与人没有积极和明确的理由使其他参与人保持无差异。因此，混合策略计算背后隐藏的推理对于参与人而言，就更加复杂和难以理解，这在他们的行动中表现出来。

在一群非零和博弈的实验对象中，我们也许会看到一些参与人采取一个纯策略，而另一些则选择另外一个。这种人群中的混合，尽管不符合混合策略均衡的理论，却有着一个有趣的进化解释，我们将在第 12 章对这一点进行检验。

正如我们在第 7.5.2 节中所看到的，当参与人的支付发生变化时，每个参与人的混合概率不会变化。但实际上它们会变化；参与人往往会更多地选择某个行动，如果这个行动会给自己带来更高的支付。[22] 在与不同的对手重复对抗时，参与人每轮的行动都会变化，不会与均衡预测保持一致。

综上所述，可得出的结论为：在对非零和博弈中的混合策略均衡进行解释或应用时应慎之又慎。

7.10　总　　结

一个参与人宁愿选择与对手相反的行动的零和博弈通常都没有纯策略纳什均衡。在这些博弈中，每个参与人希望不被预测到因而采用一个混合策略，该混合策略是纯策略的概率组合。使用对手无差异性质——当对手面临第一个参与人的均衡混合时应该从他的所有纯策略中得到相等的期望支付——计算每个参与人均衡的混合概率。最优反应曲线可以用于说明博弈中的所有混合策略（以及纯策略）均衡。

非零和博弈也可以依据对手无差异性质找到混合策略均衡，并且可以用最优反应曲线来说明。但是这里保持对手无差异的动机变得弱化甚至消失，因此这样的均衡很少出现并且常常不稳定。

混合策略是连续策略的一个特例，却又有其他东西值得单独研究。每个参与人对于另一个参与人从他的纯策略行动中选择的概率有正确的信念，这个结果可以解释混合策略均衡。当参与人的支付改变时，混合策略均衡或许会有一些反直觉的性质。

如果一个参与人有三个策略而另一个参与人仅有两个策略，可以用三个纯策略的参与人在他的均衡混合中一般只用其中的两个。如果两个参与人都有三个（或更多）策略，均衡混合策略也许会给所有纯策略正的概率，但也许只给其中的一个子集以正的概率。针对对手的均衡混合，所有在混合中使用的策略都得到相同的期望支付；所有未用的策略都得到更少的支付。在某些例外情形中，这些大博弈的均衡混合也可能是不确定的。

当使用混合策略时，参与人应当记住他们的随机系统以任何方式都不可预测。最重要的是，他们应该避免过度改变行动。实验室实验表明对混合策略的使用仅有微弱的支持，但混合策略均衡对许多由有经验的专业运动员参与的零和博弈运动给出了很好的预测。

■ 关键术语

期望支付（expected payoff）　　对手无差异性质（opponent's indifference property）

■ 已解决的习题

S1. 考虑如下博弈：

| | | 科林 | |
		安全	冒险
罗伊娜	安全	4，4	4，1
	冒险	1，4	6，6

（a）这个博弈与哪一个博弈最类似：网球博弈、安全博弈还是懦夫博弈？解释原因。

（b）找出这个博弈的所有纳什均衡。

S2. 下表为一个两人同时行动博弈的金钱支付。

| | | 科林 | |
		左	右
罗伊娜	上	1，16	4，6
	下	2，20	3，40

(a) 找出这个博弈的混合策略纳什均衡。

(b) 这个均衡中参与人的期望支付是多少？

(c) 当罗伊娜选择"下"时，两个参与人共同获得最多的金钱。然而，在均衡中，罗伊娜并不总是选择"下"，为什么？你能找到一个能够产生更合作结果的方法吗？

S3. 回忆第4章习题S7：一个老妇人寻求帮助横过马路，两个参与人同时决定是否帮助她。如果你做了这道题，你可能已找到这个博弈所有的纯策略纳什均衡。现在，请找出这个博弈的混合策略均衡。

S4. 重温本章第7.2.1节的网球博弈。回忆在该节找到的混合策略纳什均衡是埃弗特以0.7的概率击打DL，而纳芙拉蒂洛娃以0.6的概率防守DL。现在假定埃弗特在比赛中受伤了，因此她击打DL的速度更慢并且更容易被纳芙拉蒂洛娃防守。现在给定如下支付表：

		纳芙拉蒂洛娃	
		DL	CC
埃弗特	DL	30，70	60，40
	CC	90，10	20，80

（a）与埃弗特受伤之前的博弈相比（见图7-1），当埃弗特击打DL和纳芙拉蒂洛娃防守DL或CC时埃弗特的支付变小。总体来说，对埃弗特来说DL与之前相比变得更缺乏吸引力。你预测埃弗特将要更多、更少地击打DL，还是不变？解释原因。

（b）找出上述博弈中每个参与人的均衡混合。埃弗特的博弈的期望值是多少？

（c）你在（b）中找到的均衡混合与原博弈以及（a）的答案相比有何改变？解释为什么每个混合发生改变或没有发生改变。

S5. 第6章习题S7介绍了一个简化的棒球版本，并且（e）指出同时行动博弈在纯策略中没有纳什均衡，这是因为投手和击球手有相互冲突的目标。投手希望球能穿过击球手，而击球手希望击打到球。支付表如下：

		投手	
		投掷快球	投掷曲线球
击球手	预料到快球	0.30，0.70	0.20，0.80
	预料到曲线球	0.15，0.85	0.35，0.65

（a）找出这个简化棒球博弈的混合策略纳什均衡。

（b）在这个博弈中每个参与人的期望支付是多少？

（c）现在假定投手试图提高他在混合策略均衡中的期望支付，方法是减慢快球的速度，使得它与曲线球相似。这会改变击球手在"预料到快球/投掷快球"单元格中的支付，从0.30变成0.25。投手的支付也会相应地调整。这样的调整会如投手所愿提高他的期望支付吗？请仔细解释你的答案，加以说明。另外，请解释为什么减慢快球可以或不可以提高投手的期望支付。

S6. 在本章第7.4.2节的懦夫博弈中，詹姆斯和迪恩通过令初始车距更远来增加兴奋（和赌注）程度。这种方式也使观众保持更久的悬念，并且他们能够在一场更严重的相撞之前把车速提到更高。新的支付表因而对相撞给出了更高的损失：

		迪恩	
		转向	径直向前
詹姆斯	转向	0, 0	−1, 1
	径直向前	1, −1	−10, −10

（a）更危险版本的懦夫博弈的混合策略纳什均衡是什么？与图 7-4 所示的博弈相比，迪恩和詹姆斯是更多还是更少选择径直向前？

（b）在（a）中找出的每个参与人的混合策略纳什均衡的期望支付是多少？

（c）詹姆斯和迪恩决定重复进行懦夫博弈（在一群不同的鲁莽少年面前）。此外，因为他们不想相撞，他们合谋在两种纯策略均衡之间交替，因此他们一半时间选择（转向，径直向前），另一半时间选择（径直向前，转向）。假设他们进行偶数次的博弈，当两人如此合谋时他们每人的平均支付是多少？这个博弈是优于还是劣于他们从混合策略均衡中得到的期望支付？为什么？

（d）在停止参与（c）中的懦夫博弈几周后，詹姆斯和迪恩决定再次参与。然而，两人完全忘记了上次博弈时的纯策略纳什均衡。而且，在他们开始博弈前启动引擎的那一刻他们才意识到该问题。每个人通过单独地投掷硬币去决定选择哪一种策略，而不是选择混合策略纳什均衡。在这个博弈中如果每人以 50：50 混合，詹姆斯和迪恩的期望支付是多少？这与他们选择均衡混合相比有什么区别？解释为什么这些支付与在（c）中找到的相同或相异。

S7. 第 7.2.2 节谈到如何画出网球比赛的最优反应曲线。第 7.4.2 节指出，如果存在多重均衡，我们可以从最优反应曲线的多重交点上加以区分。对于第 4 章的表 4-12 中的性别大战博弈，在 p-q 坐标平面上画出哈利和莎莉的最优反应曲线。标出所有的纳什均衡。

S8. 考虑如下博弈：

		科林	
		是	否
罗伊娜	是	x, x	0, 1
	否	1, 0	1, 1

（a）使得这个博弈有唯一的纳什均衡的 x 值是多少？

（b）使得这个博弈有混合策略纳什均衡的 x 值是多少？用 x 表示的这个混合策略中每个参与人选择"是"的概率是多少？

（c）对于（b）中找出的 x 值，这个博弈是安全博弈、懦夫博弈还是类似于网球博弈？解释原因。

（d）令 $x=3$。画出科林和罗伊娜在 p-q 坐标平面上的最优反应曲线。标出所有纯策略和混合策略的纳什均衡。

(e) 令 $x=1$。画出科林和罗伊娜在 p-q 坐标平面上的最优反应曲线。标出所有纯策略和混合策略的纳什均衡。

S9. 考虑如下博弈：

		普拉姆教授		
		左轮手枪	匕首	扳手
皮科克夫人	温室	1，3	2，−2	0，6
	舞厅	3，1	1，4	5，0

(a) 作为皮科克夫人的 p-混合的函数，画出普拉姆教授策略的期望支付。

(b) p 在什么范围时，普拉姆教授选择左轮手枪获得的期望支付高于匕首的？

(c) p 在什么范围时，普拉姆教授选择左轮手枪获得的期望支付高于扳手的？

(d) 普拉姆教授在均衡混合中将要使用哪些纯策略？为什么？

(e) 这个博弈的混合策略纳什均衡是什么？

S10. 你们中的许多人都熟悉儿时博弈"剪刀-石头-布"。在"剪刀-石头-布"中，两人通常通过同时让手姿呈现"剪刀""石头""布"三个决策中一个的形状来进行选择。博弈计分如下。选择"剪刀"的参与人击败选择"布"的参与人（因为剪刀能剪布）；选择"布"的参与人击败选择"石头"的参与人（因为布能包住石头）；选择"石头"的参与人击败选择"剪刀"的参与人（因为石头能砸破剪刀）。如果两个参与人的选择相同，则他们和局。假设每个单独的博弈价值是 10 个积分。如下矩阵展示了这个博弈的可能结果：

		丽莎		
		石头	剪刀	布
巴特	石头	0，0	10，−10	−10，10
	剪刀	−10，10	0，0	10，−10
	布	10，−10	−10，10	0，0

(a) 推导出这个"剪刀-石头-布"博弈的混合策略均衡。

(b) 假设丽莎宣称她将要使用一个混合策略：以 40% 的概率选择"石头"，以 30% 的概率选择"剪刀"，以 30% 的概率选择"布"。巴特对丽莎的这个策略的最优反应是什么？给定你对混合策略的认识，解释为什么你的回答有意义。

S11. 回忆第 6 章习题 U6 中冰激凌摊贩之间的博弈。在那个博弈中，我们找到两个非对称的纯策略均衡。这个博弈也存在对称的混合策略均衡。

(a) 写出这个博弈的 5×5 支付表。

(b) 剔除劣策略，并解释为什么它们不应该用于均衡中。

(c) 使用你在（b）中的答案帮助你寻找这个博弈的混合策略均衡。

S12. 假设把本章的足球罚球博弈扩展为对于罚球人有六个不同策略的情形：踢高和左（HL），踢低和左（LL），踢高和中（HC），踢低和中（LC），踢高和右（HR），踢低和右（LR）。守门员继续有三种策略：移动到罚球人的左边（L）、右边（R）或停在中间（C）。参与人的成功比率显示在下表中：

		守门员		
		L	C	R
罚球人	HL	0.50, 0.50	0.85, 0.15	0.85, 0.15
	LL	0.40, 0.60	0.95, 0.05	0.95, 0.05
	HC	0.85, 0.15	0, 0	0.85, 0.15
	LC	0.70, 0.30	0, 0	0.70, 0.30
	HR	0.85, 0.15	0.85, 0.15	0.50, 0.50
	LR	0.95, 0.05	0.95, 0.05	0.40, 0.60

在这道习题中，你将要证明这个博弈如下的混合策略均衡。守门员各以 42.2% 的比率使用 L 和 R，以 15.6% 的比率选择 C。罚球人各以 37.8% 的比率使用 LL 和 LR，以 24.4% 的比率选择 HC。

（a）给定已提出的守门员混合策略，计算罚球人使用他的六个纯策略的期望支付。（仅仅使用三个有意义的数字以使事情变得简单。）

（b）使用你在（a）中的回答，解释为什么已提出的罚球人的混合策略对于已提出的守门员的混合策略是一个最优反应。

（c）给定已提出的罚球人的混合策略，计算守门员使用他的三个纯策略的期望支付。（再一次，仅仅使用三个有意义的数字以使事情变得简单。）

（d）使用你在（a）中的回答，解释为什么已提出的守门员的混合策略对于已提出的罚球人的混合策略是一个最优反应。

（e）使用先前的回答，解释为什么已提出的混合策略的确是一个纳什均衡。

（f）计算罚球人的均衡支付。

S13.（选做）在第 7.5.2 节中，我们研究了安全博弈，改变莎莉的支付不会改变她的均衡混合比例，只有哈利的支付才会影响她的均衡混合。在这道习题中，你需要证明这是所有 2×2 博弈的混合策略均衡的一般结论。考虑一个一般的 2×2 非零和博弈，支付表如下：

		科林	
		左	右
罗伊娜	上	a, A	b, B
	下	c, C	d, D

（a）假定博弈有一个混合策略均衡。求出罗伊娜在均衡时采取"上"策略的概率，它是表中支付的函数。

（b）求出科林在均衡时采取"左"策略的概率。

（c）每个参与人的均衡混合如何只取决于对手的支付？请解释。

（d）要保证博弈确实有混合策略均衡，必须满足什么条件？

S14.（选做）回忆第 4 章习题 S13 中电影《美丽心灵》中的酒吧场景。这里，我们

策略博弈（第四版）

考虑当有 $n>2$ 个年轻人参与时该博弈的混合策略均衡。

（a）从考虑所有 n 个年轻人都以概率 P 追求唯一的金发碧眼女生的对称情形开始，给定其他人都采用混合策略，这个概率就由每个年轻人在金发碧眼女生与浅黑肤色女生之间无差异这一条件所决定。什么条件保证了每个参与人无差异？在这个博弈中，均衡的 P 值是多少？

（b）这个博弈也存在不对称的混合策略均衡。在这些均衡中，有 m（$m<n$）个年轻人以概率 Q 追求金发碧眼女生，余下的 $n-m$ 个年轻人追求浅黑肤色女生。给定其他人的选择，什么条件保证了 m 个年轻人无差异？什么条件必须成立才能使余下的 $n-m$ 个参与人不想偏离选择追求一个浅黑肤色女生的纯策略？在这个不对称均衡中，均衡的 Q 值是多少？

■ 未解决的习题

U1. 足球比赛中进攻者能选择跑位或传球，然而防守者能预料到（并且准备防守）跑位或预料到（并且准备防守）传球。假设两队的期望支付（以码计）给出如下：

		防守者	
		预料到跑位	预料到传球
进攻者	跑位	1，-1	5，-5
	传球	9，-9	-3，3

（a）证明这个博弈不存在纯策略纳什均衡。

（b）找出这个博弈唯一的混合策略纳什均衡。

（c）解释为什么进攻者使用的混合策略与防守者使用的混合策略不同。

（d）在均衡情况下进攻者每次进攻时期望获得的码数是多少？

U2. 习题集截止日期前夕，教授收到她的一个学生的电子邮件，该学生宣称对其中一道习题努力超过一小时后仍然无法解答该问题。如果这个学生已经认真地对待了该习题，则教授倾向于提供帮助。但是如果学生仅仅是探听口风，则教授宁愿不提供帮助。给定请求时间，教授可以简单地假装没有收阅邮件直到以后再说。显然，这个学生无论有没有研究过该习题都希望得到帮助，但是如果得不到帮助，他将会一直努力求解而不是懈怠，因为明天是习题集的截止日期。假设支付如下所示：

		学生	
		努力并寻求帮助	懈怠且探听口风
教授	帮助学生	3，3	-1，4
	忽略邮件	-2，1	0，0

（a）这个博弈的混合策略纳什均衡是什么？

（b）每个参与人的期望支付是多少？

U3. 第 4 章的习题 S12 中介绍的博弈"奇数或偶数"中不存在纯策略纳什均衡。它的确有一个混合策略均衡。

（a）如果安妮选择 1（也就是伸出一根手指）的概率是 p，则布鲁斯选择 1 的用 p 表示的期望支付是多少？选择 2 的期望支付是多少？

（b）使布鲁斯在选择 1 和选择 2 之间无差异的 p 值是多少？

（c）如果布鲁斯选择 1 的概率是 q，使安妮在选择 1 和选择 2 之间无差异的 q 值是多少？

（d）写出这个博弈的混合策略均衡。每个参与人的期望支付是多少？

U4. 我们再次回到已在本章第 7.2.1 节讨论过的埃弗特和纳芙拉蒂洛娃之间的网球比赛。数月过后，她们再次在一个新的锦标赛中相遇。埃弗特已经伤愈（参见习题 S4），但在此期间纳芙拉蒂洛娃努力训练以提高防守 DL 的技术。这个博弈的支付现在由下表给出：

		纳芙拉蒂洛娃	
		DL	CC
埃弗特	DL	25, 75	80, 20
	CC	90, 10	20, 80

（a）找出上述博弈中每个参与人的均衡混合。

（b）对比本章第 7.2.1 节展示的博弈，埃弗特的 p-混合发生了什么变化？为什么？

（c）在这个博弈中埃弗特的期望值是多少？为什么该值与第 7.2.1 节中原始博弈的期望值不同？

U5. 本章第 7.4.1 节讨论了哈利和莎莉之间性别战博弈中的混合策略。

（a）如果莎莉认为她对本地咖啡店的偏好远远超过星巴克，你期望本章找到的 p 和 q 会发生什么变化，以至（本地咖啡店，本地咖啡店）单元格中的支付现在为（1, 3）？解释你的推理。

（b）现在找出 p 和 q 新的混合策略均衡值。这些值与原始博弈相比如何？

（c）在新的混合策略均衡中每个参与人的期望支付是多少？

（d）在这个新版本的博弈中你认为哈利和莎莉会依混合策略均衡行动吗？解释原因。

U6. 考虑下边这个懦夫博弈的变形版本，当迪恩为"懦夫"时，詹姆斯成为"勇士"的支付是 2，而不是 1。

		迪恩	
		转向	径直向前
詹姆斯	转向	0, 0	−1, 1
	径直向前	2, −1	−2, −2

（a）找出这个博弈的混合策略均衡，以及参与人的期望支付。

（b）将这个结果与本章第 7.4.2 节中原始博弈的结果进行比较。迪恩选择"径直向前"的概率比以前更高了吗？詹姆斯选择"径直向前"的概率是多少？

（c）两个参与人的期望支付是多少？按照新的支付结构，这些均衡结果之间的差异荒谬吗？按照对手无差异原理对你的结论进行解释。

U7. 对于表 4 - 13 的懦夫博弈，在 p-q 坐标平面中画出詹姆斯和迪恩的最优反应。标出所有纳什均衡。

U8. （a）找出下面的非零和博弈的所有纯策略纳什均衡。

（b）找出这个博弈中的混合策略均衡。在这个均衡中，参与人的期望支付是什么？

		科林			
		L	M	N	R
罗伊娜	上	1, 1	2, 2	3, 4	9, 3
	下	2, 5	3, 3	1, 2	7, 1

U9. 考虑从习题 S9 中演变来的博弈：

		普拉姆教授		
		左轮手枪	匕首	扳手
皮科克夫人	温室	1, 3	2, −2	0, 6
	舞厅	3, 2	1, 4	5, 0

（a）作为皮科克夫人的 p-混合的函数，画出普拉姆教授每个策略的期望支付。

（b）哪一个策略是普拉姆教授在均衡混合中将要使用的策略？为什么？

（c）这个博弈的混合策略纳什均衡是什么？

（d）注意这个博弈与习题 S9 的博弈只是稍微不同。这两个博弈是如何不同的？解释为什么你直观地认为这个均衡结果与习题 S9 的结果不同。

U10. 考虑一个新版的剪刀-石头-布博弈：巴特用石头获胜时可以获得奖励。如果巴特出石头，丽莎出剪刀，巴特获得的分数是两个参与人以其他方式获胜获得的分数的两倍。新的支付矩阵是：

		丽莎		
		石头	剪刀	布
巴特	石头	0, 0	20, −20	−10, 10
	剪刀	−10, 10	0, 0	10, −10
	布	10, −10	−10, 10	0, 0

（a）这个版本的博弈有怎样的混合策略均衡？

（b）将这里的答案与习题 S10 中的混合策略均衡进行比较。如何解释均衡策略选择的差异？

U11. 考虑如下博弈：

		麦克阿瑟		
		空中	海洋	陆地
巴顿	空中	0, 3	2, 0	1, 7
	海洋	2, 4	0, 6	2, 0
	陆地	1, 3	2, 4	0, 3

（a）这个博弈存在纯策略纳什均衡吗？如果存在，它是什么？

（b）找出这个博弈的一个混合策略均衡。

（c）事实上，这个博弈存在两个混合策略均衡。找出你在（b）中没有发现的另一个混合策略均衡。（提示：在其中一个混合策略均衡中，一个参与人选择混合策略，而另一个参与人选择纯策略。）

U12. 顽强的詹姆斯和迪恩又进行更加危险多变的懦夫博弈（参见习题 S6）。他们注意到他们作为"勇士"的支付随着围观人群的规模而变动。在场的观众越多，一人选择径直向前而其对手选择转向时获得的荣耀与赞美就越多。当然，更少的观众则有相反的影响。设 $k > 0$ 为勇士的支付，博弈或许现在可以表示如下：

		迪恩	
		转向	径直向前
詹姆斯	转向	0, 0	$-1, k$
	径直向前	$k, -1$	$-10, -10$

（a）用 k 表示的每个参与人在混合策略纳什均衡中选择转向的概率是多少？詹姆斯和迪恩选择转向的概率随着 k 的增加是变大还是变小？

（b）用 k 表示每个参与人在（a）中找到的混合策略纳什均衡的期望值。

（c）在混合策略均衡中詹姆斯和迪恩混合 50 : 50 时的 k 值是多少？

（d）在习题 S6（c）部分的交替计划中 k 应该多大才能使得平均支付为正？

U13.（选做）回忆第 4 章习题 S11 中三个竞争者 A、B、C 可以选择购票以便获得价值 30 美元奖品的博弈。我们在那个博弈中找到六个纯策略纳什均衡。在本题中你将要找到一个对称的混合策略均衡。

（a）剔除每个参与人的弱劣策略。解释为什么一个参与人在他的均衡混合中绝不会使用这个弱劣策略。

（b）找出混合策略均衡。

U14.（选做）习题 S4 和 U4 论证了在如埃弗特和纳芙拉蒂洛娃之间网球比赛的零和博弈中，参与人支付的改变有时能给她的均衡混合带来不可预期的或非直观的改变。但是博弈的期望值发生了什么变化？考虑如下两人参与的零和博弈的一般形式：

		科林	
		L	R
罗伊娜	U	$a, -a$	$b, -b$
	D	$c, -c$	$d, -d$

假设不存在纯策略纳什均衡，并且假设 a、b、c 和 d 都大于或等于零。a、b、c 或 d 的任何一个增大能减小博弈中罗伊娜的期望值吗？如果不能，给出原因。如果能，给出一个例子。

策略博弈（第四版）

【注释】

[1] 当一个机会事件有两种可能结果时，人们通常会考虑选择某个结果的似然比。如果用 A 与 B 表示两种可能的结果，发生 A 的概率为 p，发生 B 的概率为 $(1-p)$，于是比率 $p/(1-p)$ 就是人们选择结果 A 的似然比，反过来，比率 $(1-p)/p$ 就是人们选择结果 B 的似然比。于是，当埃弗特选择 CC 的概率为 0.25 时，她选择结果 CC 的似然比为 1：3，不选择结果 CC 的似然比为 3：1。这个术语通常用在打赌中，你们中因此而荒废了青春岁月者可能会对此更加熟悉。然而，这个用法不能扩展到有三个或更多可能结果的情形，因此我们在这儿避免使用它。

[2] 博弈论假定当存在随机的混合策略或结果时，参与人将计算并试图最大化他们的期望支付。在本章的附录中我们将对此进行深入的讨论，但在这里仍然继续使用它并把它当成重要的前提。"期望支付"中的"期望"这个词语是一个来自概率统计的术语。它仅仅表明一种概率加权平均，并不表示这个支付就是参与人一定或理应能够得到的支付。

[3] 并不是所有的混合策略均比纯策略执行得更好。例如，如果埃弗特在策略 DL 和 CC 之间选择 50：50 的比例混合，则纳芙拉蒂洛娃可以将埃弗特的期望支付控制在 50 以下，正好与纯策略 DL 的值相同。对于埃弗特来说，策略 DL 的概率小于 30% 的混合策略均差于纯策略 DL。我们在习题中会要求你验证这些表述，去获得计算期望支付和比较各种策略的技巧。

[4] 在你试图解决的数字问题中，如果纯策略的两条期望支付线不相交，它表明有一个纯策略相对于对手的所有混合策略都是最优的。于是，这个参与人的最优反应就总是这个纯策略。

[5] 均衡中每个人选择星巴克的概率是 2/3。每个人选择本地咖啡店的概率是 1/3。一个人选择星巴克而另一个人选择本地咖啡店的概率是 $(2/3)×(1/3)$。但这存在两种不同的方式（一旦哈利选择了星巴克而莎莉选择了本地咖啡店，或当他们的策略反过来时），则无法相遇的总概率将是 $2×(2/3)×(1/3)$。关于概率代数计算的更多情形请参阅本章附录。

[6] 在第 12 章我们考虑了另外一种不同的稳态，即进化稳态。在进化博弈情形中的问题为，是否径直向前和转向的稳定混合策略可以在懦夫博弈中出现。答案是肯定的，且两种策略的比例正好等于在混合策略均衡中选择每一种行动的概率。因此，我们为此类博弈均衡导出了一个全新的、不同的动机。

[7] 在一个特定方格中改变支付影响的一般理论在均衡时存在均衡混合和期望支付，参见 Vincent Crawford and Dennis Smallwood，"Comparative Statics of Mixed-Strategy Equilibria in Noncooperative Games，" *Theory and Decision*，vol. 16（May 1984），pp. 225 - 232。

[8] V 不一定是货币数量；它也可以是回避风险所获得的效用数量。我们将在第 8 章对有关风险问题进行详细的分析，在那一章的附录中介绍有关风险的态度以及期望效用。

[9] 这个结论是因为我们可以完全删除对手无差异方程中的 V，使得它不取决于图 7-6 中具体的成功概率。因此，如果混合策略博弈中的每个支付都等于成功概率乘以成功的价值，那么这个结论会具有普遍意义。

[10] 参见 Vincent P. Crawford, "Equilibrium Without Independence," *Journal of Economic Theory*, vol. 50, no. 1 (February 1990), pp. 127-154; James Dow and Sergio Werlang, "Nash Equilibrium Under Knightian Uncertainty," *Journal of Economic Theory*, vol. 64, no. 2 (December 1994), pp. 305-324。上述两篇论文是启迪另一种博弈论基础的论文，而我们在本书第一版中对此问题的揭示启发了一篇将新方法运用于此的论文：Simon Grant, Atsushi Kaji, and Ben Polak, "Third Down and a Yard to Go: Recursive Expected Utility and the Dixit-Skeath Conundrum," *Economic Letters*, vol. 73, no. 3 (December 2001), pp. 275-286。非常不幸，它所用到的先进概念已经超出了本书介绍水准所允许的程度。

[11] 即使参与人只有两个纯策略，在均衡时他也许不会使用其中的一个策略。于是另一个参与人一般可以找出他的一个优于第一个参与人的某一策略的策略。换句话说，均衡混合策略在这种特殊纯策略情形下无法存在。但是当一个或两个参与人有三个甚至更多策略时，我们可以找到一个混合策略均衡，其中某些纯策略不会被使用。

[12] 更一般地，如果一个参与人有 N 个纯策略，则他的混合有 $(N-1)$ 个独立变量或决策自由度。

[13] 纸牌游戏是一种不完全信息博弈，因为每个参与人均拥有关于纸牌的私人信息。我们会在第 8 章分析这种博弈的细节。这种博弈会涉及混合策略均衡（被称为半分离均衡，semiseparating equilibria），其中的随机混合是一种特别设计，用来防止其他参与人利用你的行为来推断你的私人信息。

[14] Daniel Harrington and Bill Robertie, *Harrington on Hold'em: Expert Strategies for No-Limit Tournaments*, *Volume 1: Strategic Play* (Henderson, Nev.: Two Plus Two Publishing, 2004), p. 53.

[15] Douglas D. Davis and Charles A. Holt, *Experimental Economics* (Princeton: Princeton University Press, 1993), p. 99.

[16] 更多详细的计算和讨论请参阅 Colin F. Camerer, *Behavioral Game Theory* (Princeton: Princeton University Press, 2003) 的第三章。引用出自该书第 468 页。

[17] R. S. Beresford and M. H. Peston, "A Mixed Strategy in Action," *Operations Research*, vol. 6, no. 4 (December 1995), pp. 173-176.

[18] Mark Walker and John Wooders, "Minimax Play at Wimbledon", *American Economic Review*, vol. , 91, no. 5 (December 2001), pp. 1521-1538.

[19] 参见 "Professionals Play Minimax," by Ignacio Palacios-Huerta, *Review of Economics Studies*, vol. 70, no. 20 (2003), pp. 395-415.

[20] Pierre-André Chiappori, Timothy Groseclose, and Steven Levitt, "Testing Mixed Strategy Equilibria When Players Are Heterogeneous: The Case of Penalty Kicks in Soccer," *American Economic Review*, vol. 92, no. 4 (September 2002), pp. 1138-1151.

[21] 首次研究是 Ignacio Palacios-Huerta and Oskar Volij, "Experientia Docet: Professionals Play Minimax in Laboratory Experiments," *Econometrica*, vol. 76, no. 1

(January 2008) pp. 71–115。第二次研究是 Steven D. Levitt，John A. List，and David H. Reiley，"What Happens in the Field Stays in the Field：Exploring Whether Professionals Play Minimax in Laboratory Experiments，"*Econometrica*，vol. 78，no. 4 (July 2010)，pp. 1413–1434.

[22] Jack Ochs，"Games with Unique Mixed-Strategy Equilibria：An Experimental Study，"*Games and Economic Behavior*，vol. 10，no. 1 (July 1995)，pp. 202–217.

附录　概率与期望效用

要计算本章的期望支付及混合策略均衡，我们必须做一些简单的概率运算。有一些概率计算的简单公式，你大概早已熟悉，但我们还是在此做一些概略的叙述及解释，当作复习，我们也会叙述如何计算随机变量的期望值。

概率基本代数

概率给人的基本直觉是：一个事件在一个大概率集合里发生的频率，通常，这个大集合里的任何事件发生的可能性都一样，所以找出我们感兴趣事件的概率很简单，就是用事件包含的样本个数除以总样本数。[1]

在任何标准的 52 张牌中，都会有标准的 4 种花色（梅花、方块、红桃、黑桃），每种花色有 13 张（A 到 10 点，以及人头牌——J、Q、K）。我们可以问，从牌中抽出某张特定牌的可能性是多少？例如，抽中黑桃的可能性是多少？抽中黑色牌的可能性是多少？抽中 10 点的可能性是多少？抽中黑桃 Q 的可能性是多少？等等。我们需要了解概率的计算，才能回答这类问题。如果我们有两副牌，一副是绿背的，另一副是蓝背的，我们甚至可以问更复杂的问题。例如，从每副牌中各抽出一张，同时是方块 J 的可能性是多少？同样，我们仍用概率代数回答这类问题。

通常，**概率**（probability）衡量的是一个特定事件或一组特定事件发生的可能性。从一副牌中抽出黑桃的可能性也就是"抽中黑桃"事件发生的概率，在这里集合中有 52 个元素——相同概率事件的总数，"抽中黑桃"事件对应于包含 13 个特定元素的子集合，所以有 13/52 的概率抽中黑桃，也就是 13/52＝1/4＝25%；从另一个角度来看，考虑每种花色有 13 张，所以你抽出某特定花色的概率为 1/4，也就是 25%。当然，如果你抽很多次（都从一副完整的牌中抽取），那么 52 次里你不会恰恰抽中 13 次黑桃，你会随机地多抽一点或少抽一点，但在大的采样库中，抽中黑桃的平均概率是 25%。[2]

我们用一般的术语来表达概率代数的思想从而推出一些公式，这样你就可以直接套用它们而无须每次都从头做起。我们会围绕从两副牌（例如蓝背牌和绿背牌）中抽牌的问题，组织一次对概率公式的讨论[3]，而且这样的方法会为你提供一些具体且一般的计算公式。这样，你就可以把抽扑克牌的原理类推到其他概率问题中。这里有一点要注意：通常我们以百分比表示概率，但代数中需要以小数点表示，所以算数时用 13/52 或 0.25 而不是 25%，两种都可以代表概率，视情况而定，但意思都一样。

1. 加法律

我们的第一个问题是：如果从一副牌中抽一张，抽到黑桃的可能性是多少？抽到不是黑桃的可能性是多少？我们已经知道抽到黑桃的概率是 25%，但抽到不是黑桃的概率是多少呢？由于抽到梅花或方块或红桃跟抽到黑桃的可能性一样大，因此很显然抽不到黑桃的概率比任何构成它的子事件的概率都要大，此概率是 13/52（梅花）＋13/52（方块）＋13/52（红桃）＝0.75，这个"或"字暗示概率应该相加，因为我们想知道抽中任何这三种花色的机会。

我们可以用更简单的方法找到答案，请注意，有 75% 的可能性抽不中黑桃，也就是抽中"不是黑桃"的概率是 75%（＝100%－25%），或更正式地，1－0.25＝0.75。跟一般概率运算的例子一样，由于不同的思考方式，同样的结果可以由两种不同的路径取得，接下来的例子会清楚地显示不同计算方法的工作量大不相同。当你的经验增加时，你会发现并记住简单的方法或捷径，同时，不同路径导致的答案是一样的，这一点毋庸置疑。

归纳上述计算，当你把你感兴趣的集合 X 分成数个子集合 Y, Z, …且这些子集合互不重叠〔用数学术语来说就是**不相交**（disjoint）〕时，则所有子集合发生的概率加起来一定等于母集合发生的概率；如果母集合包括所有可能的结果，则它发生的概率是 1。换句话说，如果集合 X 包含若干个不相交的子集合 Y, Z, …，则 X 发生的概率是这些子集合发生的概率的总和。用 Prob (X) 表示 X 发生的概率，则**加法律**（addition rule）可表示成 Prob(X)＝Prob(Y)＋Prob(Z)＋…。

习题：用加法律找出以下概率：从两副牌中各抽出一张牌，这两张牌有相同的人头。

2. 乘法律

现在问，从两副牌中各抽出一张牌，都是黑桃的可能性有多大？如果第一副牌和第二副牌都抽出黑桃，那么该事件就发生了。这里是"和"而不是"或"，暗示了应该用乘法而不是加法，所以从两副牌中都抽出黑桃的概率是每副牌抽出黑桃概率的乘积，或是（13/52）×（13/52）＝1/16＝0.062 5 或 6.25%。对于抽两张黑桃比抽一张黑桃的概率还低，我们并不惊讶（用你对结果的直觉再确认一次）。

就如同加法律要求所有事件不相交一样，乘法律也要求它们互相独立。如果我们把一事件分成几个子集合 Y, Z, …，如果某一集合发生的概率不影响另一集合发生的概率，则它们是互相独立的集合。我们的例子——第一副牌和第二副牌都抽出黑桃——满足了独立的情况，也就是从第一副牌抽出黑桃不影响从第二副牌抽出黑桃的概率。如果我们从同一副牌中抽出两张黑桃，则一旦我们抽出第一张黑桃（概率是 13/52），第二张抽出黑桃的概率就不再是 13/52 了（事实上是 12/51），所以从同一副牌中抽出两张黑桃不是**独立事件**（independent events）。

对**乘法律**（multiplication rule）的正式说明告诉我们：如果事件 X 是几个同时发生的独立事件 Y, Z, …，则 X 的概率是 Y, Z, …的概率的乘积：Prob(X)＝Prob(Y)×Prob(Z)×…。

习题：用乘法律找出以下概率：从两副牌中各抽出一张牌，从第一副牌中抽出红花色牌，从第二副牌中抽出人头牌。

3. 期望值

如果一个数字变量会发生改变（例如赢的钱数或降雨量），而它的值有 n 种可能 X_1, X_2, …, X_n，概率分别是 p_1, p_2, …, p_n，则**期望值**（expected value）的定义是所有可能值经过概率加权后的平均，也就是：

$$p_1X_1 + p_2X_2 + \cdots + p_nX_n$$

例如，在掷两枚硬币时，你打赌，如果掷出两个头像你赢5美元，一个头像一个反面你赢1美元，都是反面则不赢钱。用之前学过的概率运算法则，可知这三个事件的概率分别是0.25、0.50、0.25，所以你的期望值是：

$$0.25 \times 5 + 0.50 \times 1 + 0.25 \times 0 = 1.75 \text{（美元）}$$

在博弈论里，这一数值叫作支付，可以表示大小、金钱或效用。随后我们将讨论效用。为了配合期望值的意义，我们将它称作期望支付或期望效用（expected utilities）。

总　结

一个事件的概率是指在一个大概率集合里它发生的机会。概率可以按照一些规则相加，加法定律是指某些不相交事件可能发生的概率，也就是这些事件概率的相加。根据乘法定律，所有独立事件共同发生的概率是这些事件概率的乘积。概率加权平均可以用来计算博弈的期望支付。

关键术语

加法律（addition rule）　　　　　独立事件（independent events）
不相交（disjoint）　　　　　　　乘法律（multiplication rule）
期望值（expected value）　　　　概率（probability）

【注释】

［1］当我们说"随机"时，是指结果不能被系统化地观测，或是不能用科学方法预测及计算。事实上，骰子及铜板的运动完全由物理法则决定，技术好的人可以操纵纸牌，但一般来说，掷铜板、掷骰子或是洗牌都是可以产生随机结果的方法，但随机化没有你想象的那样容易达成。例如一副完整的牌，一分为二，然后依次序从每半副中拿出一张，组成新牌，直到每半副都被拿完，这似乎是打乱原来牌序的好方法，但康奈尔大学的数学家Persi Diaconis证明，经过八次洗牌后，原来的牌序会被重建。对一些不完整的牌，他发现洗牌六次还有某些次序，但第七次却变成没有次序，请参考"How to Win at Poker, and Other Science Lessons," *The Economist*, October 12, 1996。关于这类议题的有趣讨论，请参考Deborah J. Bennett, *Randomness* (Cambridge, Mass.：Harvard University Press, 1998), chaps. 6 – 9。

［2］Bennett, *Randomness*, chaps. 4 and 5提供了计算此类概率问题的几个例子。

［3］想获得关于加法律及乘法律的更多详细的说明，多练习这些规则的应用，我们建议参考David Freeman, Robert Pisani, and Robert Purves, *Statistics*, 4th ed. (New York：W. W. Norton & Company, 1998), chaps. 13 and 14。

第 3 部分

某些更为广拓的博弈与策略类型

第 8 章

不确定性与信息

在第 2 章，我们提到不确定性可以在一个博弈中以不同方式出现（外部性和策略）并且在这些方式中参与人对博弈的各方面（不完美和不完全，对称和不对称）只有有限的信息。我们已经遇到和分析了这些情况中的一些。最典型的是在同时行动博弈中，每个参与人并不知道另一个参与人采取什么行动，这是策略不确定性。在第 6 章我们看到策略的不确定性导致了信息的不对称和不完美，因为一个参与人采取的不同行动对于另一个参与人来说汇成一个信息集。在第 4 章和第 7 章，我们看到这样的策略不确定性是如何通过每个参与人形成关于另一个参与人行动的信念（包括当选择混合策略时采取不同行动的概率的信念）和通过应用这些信念被确认的纳什均衡的概念去处理的。在本章，我们聚焦于不确定性和信息限制出现在博弈中的一些更深层次的讨论。

我们从检验个人和社会可以用来应对由外部不确定性或风险所引起的不完美信息的不同策略开始。回忆外部不确定性是在任何参与人控制之外但是影响博弈支付的事件，天气就是一个简单例子。这里我们展示单个参与人风险和多个参与人混同风险的多样化或扩散化背后的基本思想。尽管总收益在参与人之间的划分是不均等的，这些策略仍能使每个人都受益，因此这些情形包含一个共有利益和冲突的混合。

然后我们考虑常常存在于策略相互依存情形中的信息限制。一个博弈中的信息是完全的，仅当博弈的所有规则——所有参与人可利用的策略和每个参与人作为所有参与人策略函数的支付——被所有参与人完全知晓并且是他们之间的共同知识时。依据这个严格标准，现实中的大部分博弈是不完全信息博弈。而且，不完全性通常是不对称的：每个参与人知道的他自己的能力和支付要多于他知道的其他参与人的。正如在第 2 章所指出的，操纵信息是一个重要的策略维度。在本章我们将发现信息何时能及何时不能通过可置信方式进行交流。我们也要考察传递或隐匿己方信息以诱导他人显示信息的策略设计。此类谋略在第 1 章和第 2 章被简称为甄别（screening）和信号传递（signaling）。这里，我们将更深入细致地讨论它们。

当然，在许多博弈中参与人也喜欢操纵其他参与人的行动。经理希望他们的员工工作努力和出色；保险公司希望它们的保险客户提高警惕以降低被担保的风险。如果信息是完全的，这些行动将是可观察的。员工的支付将取决于他们努力的效率和程度。保险公司客户的赔偿将取决于他们的警惕性。但是现实中观察这些行动是困难的，这就产生了一个不完全非对称信息的情形，通常称为**道德风险**（moral hazard）。然后在这些博弈中交易对手必须设计各种间接方法以便激励其他人朝正确的方向行动。

对博弈中信息及其操纵的研究，在最近几十年非常活跃且深受重视。经济学中诸多令人困惑的问题都因对信息的研究而变得明朗，比如激励合约、企业组织、劳动市场、耐用品市场、政府对商业的规制等。[1] 近年来，同样的概念已经被政治科学家用于解释财政收支政策变化与选举的关系、议会选举等诸如此类的问题。这一思想也延伸到了生物学，进化博弈论认为孔雀漂亮的大尾巴是一个信号。也许更重要的是，你将认识到信号传递和甄别在日常生活中与家人、朋友、教师、同事等的交往中的重要性，并因此提高博弈技巧。

由于研究信息显然超出了外部不确定性以及信号传递与甄别基本概念的范围，我们在本章仅仅重点关注几个话题。我们在第 13 章将要回到信息分析及其操纵上。在第 13 章我们将会使用这里提出的方法来研究提高激励和诱导他人透露私人信息的机制设计问题。

8.1 不完美信息：涉及风险

设想你是关注天气变化的农场主。如果天气有利（good），你的庄稼将具有 160 000 美元的收入。如果天气不利（bad），你的收入将只有 40 000 美元。这两种情形具有同等发生概率（每个概率是 1/2、0.5 或 50%），因此，你的平均或期望收入是 100 000（＝1/2×160 000＋1/2×40 000）美元，但这考虑的是风险的均值。

你如何做才能减少你面临的风险？你也许会尝试种植一种不易受天气变化影响的作物，但是假设你已经做了个人控制之内的所有事情。然后你也能够进一步地通过让他人接受一些风险来降低你的收入风险。当然，你必须给别人一些额外的东西作为交换。这种补偿通常采取两种方式之一：现金支付或相互交换风险或风险共担。

8.1.1 风险共担

我们从分析旨在使参与人相互获利的风险共担概率开始。假设你有一个邻居，他与你面临相似的风险，但是对你不利的天气对他正好是有利天气，反之亦然。（假设你生活在岛屿的一边，雨云只光顾岛屿的一边，不会同时光顾两边。）用专业术语讲，相关性是任意两个不确定数量之间的对称度量——在我们的讨论中是一个人的风险与另一个人的风险。因此你的邻居的风险与你是**完全负相关**（negatively correlated）的。你和你邻居的组合收入是 200 000 美元，无论什么天气，总风险是不变的。你们可以签订合约确保每人各得 100 000 美元：你承诺在你幸运的年份给你邻居 60 000 美元，并且你的邻居承诺在他幸运的年份给你 60 000 美元。你已通过组合它们消除了风险。

现实中的货币互换提供了一个风险负相关的很好例证。一个美国公司向欧洲出口商

策略博弈（第四版）

品得到欧元，但它只对美元利润感兴趣，这依赖于欧元-美元汇率的波动。相反地，一个欧洲公司向美国出口商品面临相似的以欧元计价利润的不确定性。当欧元兑美元的汇率下降时，美国公司得到的欧元收入能兑换到的美元更少，欧洲公司得到的美元能兑换到的欧元更多。当欧元兑美元的汇率上升时相反的情形将发生。双方可以通过签订一个收入互换契约来降低各自的风险。

即使没有这样的完全负相关性，风险共担也有一些益处。回到你作为岛屿农场主的角色，假设你和你的邻居面临各自相互独立的风险，就好似雨水可以投掷硬币决定光顾岛屿的哪一边。于是有四个可能的结果，每个结果的概率各为 1/4。你和你的邻居在四种情形下的收入展示在图 8-1 (a) 中。然而，假设你们两个签订了一个共享和共担的契约，那么你们的收入展示在图 8-1 (b) 中。尽管在没有共担契约时你在每个表中的平均（或期望）收入是 100 000 美元，但你均以 1/2 的概率获得收入 160 000 美元和 40 000 美元。在签订契约后，你以 1/4 的概率获得 160 000 美元，以 1/2 的概率获得 100 000 美元，以 1/4 的概率获得 40 000 美元。因此，契约把两个极端收入的概率从 1/2 降到了 1/4，把中间收入的概率从 0 增加到 1/2。换句话说，契约降低了每个人的风险。

事实上，只要你的收入不是完全**正相关**（positively correlated）的，你就可以通过风险共担降低风险。如果有多于两人且风险在某种程度上相互独立，大数定律使得更大程度地降低各自风险变得可能。这正是保险公司所做的事：通过组合许多相似但风险独立的人们，当其中任意一个人遭受重大损失时保险公司都有能力补偿他。这也是资产多样化的基础：通过把你的财富分配在种类和风险程度不同的资产之间，你可以降低你的总风险。

（a）没有风险共担

| | | 邻居 | |
		有利运气	不利运气
你	有利运气	160 000，160 000	160 000，40 000
	不利运气	40 000，160 000	40 000，40 000

（b）有风险共担

| | | 邻居 | |
		有利运气	不利运气
你	有利运气	160 000，160 000	100 000，100 000
	不利运气	100 000，100 000	40 000，40 000

图 8-1　收入风险共担

然而，这种风险共担的安排依赖于结果的公共可观察性和合约的强制力。不然每个农场主都有诱惑假装遭受不利运气，或当他有有利运气时对协议食言并拒绝分享。保险公司可以类似地拒绝索赔，但是为了保持持续经营业务的声誉它们也许会抑制这类毁约。

这里我们讨论另一个论点。在上面的讨论中，我们简单假设共担意味着均分。这似乎是自然的，因为你和你的农场主邻居处于相同情境。但是你或许有不同的策略技巧和机会，一个人也许有能力在讨价还价或签订契约时比另一个人做得更好。

为了增强理解，我们必须认识到农场主想要做出这种风险安排的根本原因是他们是厌恶风险的。如我们在本章附录中所看到的，通过把货币收入转化为效用数字的非线性函数可以度量对风险的态度。平方根函数是一个反映风险规避的简单例子，我们这里会用到它。

当你承担各以 1/2 的概率得到 160 000 美元或 40 000 美元的全部风险时，你的期望（概率加权平均）效用是：

$$1/2 \times \sqrt{160\,000} + 1/2 \times \sqrt{40\,000} = 1/2 \times 400 + 1/2 \times 200 = 300$$

能给你带来相同效用且其平方根是 300 的无风险收入是 90 000 美元。它少于你的平均货币收入，即 100 000 美元。与 100 000 美元之差是你作为完全消除收入风险愿意支付的最高价格。你的邻居面临同等程度的风险，于是如果他有同样的效用函数，他也愿意为了完全消除风险支付同样的最大数量。

考虑你们的风险是完全负相关的情形，因此无论在什么情况下，你们两个人的总收入都是 200 000 美元。你对你的邻居做出如下提议：当你运气不利时我支付你 90 001－40 000＝50 001 美元，当你运气有利时你支付我 160 000－90 001＝69 999 美元。无论你的邻居的运气是有利还是不利，他都有 900 001 美元（前者的情形是 160 000－69 999，后者的情形是 40 000＋50 001）。面对风险时他倾向于该情形。当你的邻居运气有利而你遭遇不利运气时，你自己获得 40 000 美元，并收到来自你的邻居的 69 999 美元，即总计 109 999 美元。当你的邻居遭遇不利运气而你的运气有利时，你自己获得 160 000 美元，但要把其中的 50 001 美元补偿给你的邻居，最后剩下 109 999 美元。你也消除了风险。该协议使你们两人的境况都变好，而且你占有了几乎所有收益。

当然，你的邻居也可以使你做出反向操作。整个范围的中间值也是可以设想的，它令风险共担、利益分享更加公平。哪一个将要占上风？这取决于各方的议价能力，在第 17 章我们将看到更多的细节。相互获利风险共担结果的整个范围将与讨价还价博弈中两个参与人协议的有效边界相对应。

□ 8.1.2 旨在减少风险的支付

我们现在考虑用现金交易风险的概率。假设你是农场主，面临如前所述的风险。但是现在你的邻居有一个确定的 100 000 美元的收入。你面临风险，但他没有。他也许愿意以一个双方都同意的价格承担一些你的风险。我们刚刚提到 10 000 美元是你为完全摆脱风险所愿意支付的最大"保险费"。你的邻居会接受这一数额作为消除风险的支付吗？实际上，他掌控着他的无风险收入加上你的风险收入，也就是，当你运气有利时是 100 000＋160 000＝260 000 美元，当你运气不利时是 100 000＋40 000＝140 000 美元。在这两种可能情形下他支付你 90 000 美元，从而自己以相同的概率留下 170 000 美元或 50 000 美元。于是他的期望效用是：

$$1/2 \times \sqrt{170\,000} + 1/2 \times \sqrt{50\,000} = 1/2 \times 412.31 + 1/2 \times 223.61 = 317.96$$

他不做交易时的效用是 $\sqrt{100\,000} = 316.23$，因此交易使他的境况稍微有所改善。在这种情形下相互获利的交易范围是非常狭窄的，因此结果几乎是确定性的。如果你想要把你的风险全部交易出去，则没有太多的互利空间。

部分交易怎么样？假设当你运气有利时支付给你的邻居 x 美元，当你运气不利时他支付给你 y 美元。为了提高双方的效用，我们需要如下的不等式成立：

$$1/2 \times \sqrt{160\,000 - x} + 1/2 \times \sqrt{40\,000 + y} > 300$$

$$1/2 \times \sqrt{100\,000 + x} + 1/2 \times \sqrt{100\,000 - y} > \sqrt{100\,000}$$

例如假设 $y = 10\,000$。然后由第二个式子得出 $x > 10\,526.67$，由第一个式子得出 $x < 18\,328.16$。x 的第一个值是你的邻居愿意做交易要求的最小支付，x 的第二个值是你让你的邻居承担风险愿意支付给他的最大值。因此存在相互获利交易和讨价还价的宽广范围。

如果你的邻居是风险中性的，也就是只关心期望货币数量，又如何？于是交易必须满足：

$$1/2 \times (100\,000 + x) + 1/2 \times (100\,000 - y) > 100\,000$$

或简化为 $x > y$，这是你的邻居可以接受的条件。近乎完全保险是可能的，此时当你运气有利时你支付给你的邻居 60\,001 美元，当你运气不利时你的邻居支付给你 59\,999 美元。这是一种你从风险中获得所有收益的情形。

如果你的"邻居"实际上是一个保险公司，由于它组合大量诸如此类风险并由多样化的投资者所拥有，且对每个投资者来说这样的业务只占他们总风险的一小部分，因此保险公司是近似风险中性的。于是虚构的友好的、风险中性的好邻居就能变成现实。并且如果诸多保险公司竞争你的业务，那么保险公司就会以给你留下几乎全部收益的价格为你提供近乎完全保险。

所有这些共同的安排就是互利交易据此可以达成的思想，在一个合适的价格水平上，面临风险少的一部分人愿意承担面临更大风险的人的风险。事实上，存在风险价格和市场几乎是现在经济中所有财务安排的基础。股票和债券，以及所有更加复杂的金融工具，比如衍生品，正是把风险分散给一些人的方式，那些人愿意以最低的卖价承受风险。许多人认为这些市场完全是赌博形式。从某种意义上讲，它们的确是。但是那些起初面临更少风险的人参与赌博，也许是因为他们已经以一种我们先前看到的方式分散了风险。出售风险的是那些起初更多地暴露于风险的人。如果像后者那样的企业自己承担全部风险，它们则会面临更大的危险，因此金融市场通过风险交易来促进企业成长。

我们在这里仅仅考虑了分担给定的总风险。在实践中，人们或许能够采取行动降低总风险：农场主可以看守庄稼防止霜冻；车主可以更加小心驾驶，减少发生事故的风险。如果这些行动不是公共可观察的，博弈将是不完美信息的，会出现我们前面提到的道德风险问题：被保险人缺乏降低他们所面临风险的激励。我们将在第 13 章考虑这类问题和应付它们的机制设计。

□ 8.1.3 竞赛中的风险操纵

农场主面临的风险来自天气，而非由他自己或其他农场主的行动造成的。如果博弈的参与人能影响他自己和其他参与人所面临的风险，那么他们可以策略性地操纵风险。典型的例子就是公司之间为了开发和推销新的信息技术产品或生物技术产品而进行的研究和开发竞赛。许多体育比赛也具有相同的特征。

体育比赛和相关竞赛的结果由技能和运气一起决定。你取胜的条件是:

你的技能＋你的运气＞对手的技能＋对手的运气

或者

你的运气－对手的运气＞对手的技能－你的技能

用符号 L 代表上面第二个不等式左边,它度量你的"运气剩余"(luck surplus)。L 是不确定的,假设它的概率分布是正态的曲线或钟形曲线(bell curve),如图 8-2 中黑色曲线所示。在横轴的任意一点,其到曲线上的高代表 L 取该值时的概率。因此曲线在两点间覆盖的面积等于 L 位于这两点间的概率。假设你的对手技能更好,你处于劣势。你的"技能赤字"(skill deficit)等于你的对手的技能减去你的技能,于是也是正的,在图上以 S 点表示。如果你的"运气剩余"超过你的"技能赤字",则你将获胜。所以 S 右边的面积,图 8-2 中的网状区域,代表你获胜的概率。如果你的境遇更不确定,则钟形曲线更平坦,如图 8-2 中的灰色阴影区域,因为当中间取值的概率减小时 L 取更大值和更小值的概率增大。于是 S 点右边对应的曲线下面积也变大。在图 8-2 中,原始的钟形曲线下的区域用网状线表示,更平坦的钟形曲线下的更大区域用灰色阴影表示。因为你处于劣势,因此你应该采取曲线较平坦的策略。相反,如果你有优势,就应该设法减少博弈的不确定性。

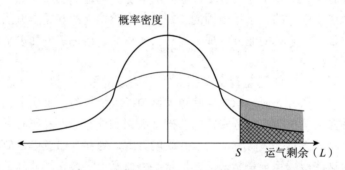

图 8-2　在获胜机遇中具有更大风险的效应

所以我们应该看到:一方面,处于劣势的人或在漫长的比赛中已经落后的人会尝试不寻常或更具风险的策略:这是他们赶上或超越的唯一机会;另一方面,处于优势或领先的人将要选择一个安全策略。基于这个原理我们对你有个实践建议:如果在网球博弈中,你想要挑战网球打得好的人,选择一个风大的日子吧。

你不仅可以在策略中操纵风险,也可以操纵对手风险的相关性。领先的选手会尽量选择更高的正相关,这样无论他的运气好坏,对手的运气也会与他一样,这样他就可以继续保持领先。相反,落后的选手会选择负相关。有个著名的例子,在两人帆船比赛中,落后者应选择跟领先者不同的航道,而领先者应顺着落后者的航道。[2]

8.2　非对称信息:基本思想

在许多博弈中,对发生了什么或者将要发生什么,一些参与人比另一些参与人确实知道得更多。这种信息优势或者非对称信息，在现实的策略博弈情形中屡见不鲜。在最基本的层面上，每个参与人都非常了解自己的偏好和支付——比如边缘政策博弈中对风险的态度、讨价还价中的耐心、国际关系中和平或好战的意图，但对其他参与人的偏好和支付却知之甚少。同样，参与人对自己的禀性特征（比如员工的技能、汽车或健康保险申请人的冒险行为等）是了解的，而对其他人的禀性特征却不太了解。有时，某个参与人可采取的某些行动，比如一个国家的武力和战备，并不为另一方完全知悉。即便知道了各种可能的行动，另一方也可能观察不到一方事实上采取的行动。比如，经理并不能准确地获悉员工努力和勤奋的程度。最后，某些事实上的结果（比如一个家庭在洪水或地震中遭受的损失的真实货币价值）可以被一方观察到却不能被另一方观察到。

通过操纵他人对己方能力和偏好的了解，就可以影响博弈的结果，因此这种对非对称信息的操纵本身就是一个策略博弈。人们可能认为，每个人都总是想隐匿自己的信息并套出他人的信息，事实并非如此。下面举例说明了各种可能性。信息优势方可能会采取如下方式之一：

（1）隐匿信息或披露误导性信息。在零和博弈中采取混合行动，是因为你不想让他人知悉你的行动；在扑克赛中虚张声势，是因为你想误导对手的猜牌。

（2）诚实地披露精心挑选过的信息。在进行策略行动时，你希望对手看到你已经采取的行动，以便他们做出你所希望的反应。例如，如果在一种紧张的情形里你并没有恶意，则你会希望其他人能相信你的善意，以免引起不必要的纷争。

同样，信息劣势方可能采取如下方式之一：

第一，套出信息或从谎言中筛选出真实信息。比如，老板想知道新员工的能力以及目前员工的努力程度，保险公司想知道客户的风险程度、索赔人的损失程度以及任何有助于减少其责任的索赔人的疏忽。

第二，保持无知。当你不知道对手的策略行动时，你就可以避免他的承诺或威胁。例如，高层政客或管理者常常受益于"可置信的拒绝力"（credible deniability）。

在大多数情况下我们将发现，在大多数时候言语并不能传达可信的信息，行胜于言。即使易被任意随机参与人执行的行动并没有传递可置信的信息，在一般情况下，信息劣势方也应当留意信息优势方的行为，而不是他的言语。而信息优势方也知道对手会这样解读自己的行为，反过来他也会为了利用其信息内容而控制自己的行为。

在进行策略互动博弈时，你会发现你也许具有其他参与人没有的信息，你可能会拥有（对自己）有利（good）的信息，即若对手获悉该信息，则他们就会采取有利于增加你的支付的行动。或者你可能会拥有不利（bad）信息，例如你通过作弊进入大学，并且不应该被久负盛名的法学院录取。这类信息一旦披露则会导致对手采取不利于你的行动。所以，你会考量并采取行动，诱导对手认为你的信息是（对自己）"有利"的。这种行动就是所谓的**信号**（signals），使用信号的策略称为**信号传递**（signaling）。反过来，若对手倾向于认为你的信息是对自己"不利"的，你也许可以通过混淆其视听来阻止他们做出这一推断。这个策略叫作**信号干扰**（signal jamming），它是一种典型的混合策略，因为混合策略的随机性使得对手的推断是不准确的。

如果对手掌握的信息比你多，或是他们的行动不会被你直接察觉到，你可以采取策略以减少信息劣势。让对手披露其信息的策略称为**甄别**（screening），用于甄别对手的目的的方法叫作**甄别机制**（screening device）。[3]

由于参与人的私人信息常常形成对他自己能力或偏好的认知，因此把博弈中具有不同私人信息的参与人作为不同的**类型**（type）是有益的。当可置信的信号传递起作用时，在博弈均衡中信息较少的参与人可以通过信息较多的参与人的行动正确地猜测其信息。比如法学院可以只承认真正的合格申请人。另一种描述结果的方式是在均衡中我们可以正确地披露或分离不同类型的参与人。因此我们称这种情形为**分离均衡**（separating equilibrium）。然而在某些情形下，一个或更多的类型可以成功地模仿其他类型的行动，因此不被告知的参与人不能通过行动推断出类型并且不能辨别不同的类型。例如保险公司可能只提供一种寿险保单。然后我们说在均衡中类型混合在一起，称之为**混同均衡**（pooling equilibrium）。当研究不完全信息的博弈时，我们将会看到辨别博弈类型是第一要务。

8.3 直接沟通或廉价磋商

最简单的向他人传递信息的方式是告诉他们；同样，最简单的获取信息的方式是询问他人。但是在策略博弈中，参与人会意识到他人可能没有告诉真相和他们自己的宣言不被他人信任。仅仅语言的置信度是值得怀疑的。正如俗语"说起来容易做起来难"所言，的确，直接沟通的直接成本是零或可以忽略，但是，它能通过改变一个参与人关于另一个参与人的信念或多重均衡中的均衡选择来间接影响博弈的结果和支付。博弈论家称没有直接成本的直接沟通为廉价磋商（cheap talk），将使用直接沟通达成的均衡称为**廉价磋商均衡**（cheap talk equilibrium）。

□ 8.3.1 利益完全一致

如果参与人的利益一致，那么直接的信息沟通将非常有用。第 4 章的安全博弈提供了此类情况最极端的例子。我们重新把该博弈的支付表（表 4-11）画在图 8-3 中。

		莎莉	
		星巴克	本地咖啡店
哈利	星巴克	1, 1	0, 0
	本地咖啡店	0, 0	2, 2

图 8-3 安全博弈

在这个博弈中，哈利和莎莉的利益是完全一致的，他们都想见面，并且偏好于在本地咖啡店见面。问题是博弈是在无协调方式下进行的，他们都在不知道对方的选择的情况下独立地做出自己的选择。然而，假如哈利在双方决定前有机会给莎莉发送短消息（或者莎莉有机会问一下哈利），短消息的内容是"我正去本地咖啡店"，莎莉没有理由认为哈利在说谎。[4] 如果莎莉相信哈利，莎莉就应选择本地咖啡店；并且，若哈利认为莎莉相信他，从而使得自己（哈利）的信息可信，其最好的选择也是去本地咖啡店。所以直接沟通很容易达成相互偏好的结果。这就是为什么我们在第 4 章考虑此博弈时必须假定不能进行此类沟通的真正原因。不妨回忆一下两人来自不同的班级且直到见面前最后一刻也不知晓对方电话的情况。

让我们用更理论化的博弈术语来考察安全博弈中允许直接沟通的结果。我们构造了一个两阶段博弈，在第一阶段只有哈利行动，其行动就是发短消息给莎莉。在第二阶段，最初的同时行动博弈开始进行。在整个两阶段博弈中，我们可得到逆推均衡，均衡策略（完整的行动计划）如下。在第二阶段每个人的行动计划是："若哈利在第一阶段的消息是'我去星巴克'，则我也去星巴克；若哈利在第一阶段的消息是'我去本地咖啡店'，则我也选择本地咖啡店。"（记住，在序贯博弈中参与人必须制订出详细完整的行动计划。）第一阶段哈利的行动是发送消息"我去本地咖啡店"。要确认这的确是一个两阶段博弈的逆推均衡很容易，我们把它留给读者自己去完成。

然而，这个廉价磋商产生了作用的均衡并非唯一的逆推均衡。考虑如下策略：在第二阶段每个参与人的行动计划是，无论哈利第一阶段的信息是什么，两人都选择去星巴克；而哈利第一阶段的信息可以是任意的。我们可以确认，这也是逆推均衡。无论哈利第一阶段的信息是什么，若一方去星巴克，则对另一方来说其最优选择也是去星巴克。所以，在第二阶段的子博弈中，每个子博弈——哈利发送两条消息中任意一条之后的博弈——都可以使选择星巴克成为子博弈纳什均衡。从而，在第一阶段，哈利也知道其消息将毫无意义，无论选择发哪条消息都是无差异的。

在哈利的消息并非无关紧要的廉价磋商均衡中，可产生更高的支付，我们很自然地会想到它将被选定为一个聚点。但是，历史和文化因素也会使其他均衡有可能出现。例如，由于博弈之外的某些原因，哈利落下了完全不可信赖的名声，比如他可能是个老油条或神经分分的人。明知道哈利经常如此，人们对他的说法就会充耳不闻，莎莉也可能把它当耳边风。

这样的问题存在于所有沟通博弈中。当沟通意见被忽略时，常常会产生其他与沟通意见无关的均衡。博弈论家称之为**废话均衡**（babbling equilibrium）。然而，知道了废话均衡存在以后，我们将把注意力放到廉价磋商均衡上来，在这样的均衡中沟通还是有一些作用的。

□ 8.3.2　利益完全冲突

直接沟通的可信性取决于博弈双方利益一致的程度。安全博弈的一个深刻反例是参与人的利益完全冲突的博弈，即零和博弈。表 4 - 14 的网球博弈是一个很好的例子。我们把它的支付表重新画在图 8 - 4 中。请记住支付表中的支付是埃弗特的成功率；也请记住该博弈只有一个混合策略纳什均衡（在第 7 章推导过），在均衡状态下埃弗特的期望支付是 62。

		纳芙拉蒂洛娃	
		DL	CC
埃弗特	DL	50, 50	80, 20
	CC	90, 10	20, 80

图 8 - 4　网球博弈

现在我们考虑构造一个两阶段博弈。在第一阶段，埃弗特有机会发送信息给纳芙拉蒂洛娃；在第二阶段，则进行如图8-4所示的同时行动博弈。何为逆推均衡？

很明显，纳芙拉蒂洛娃不会相信埃弗特的任何消息。例如，若埃弗特的消息是"我发底线球（DL）"，而纳芙拉蒂洛娃相信了她，则纳芙拉蒂洛娃将防守底线球；但是，若埃弗特认为纳芙拉蒂洛娃会这样做，则埃弗特的最优选择就是发斜线球（CC）；从第二个层面思考，纳芙拉蒂洛娃应看穿这一点，并不会相信对方发底线球的信息。

但是问题没这么简单。纳芙拉蒂洛娃不应认为埃弗特一定会朝着其所声称的相反方向发球。假如埃弗特的信息是"我发底线球"，而纳芙拉蒂洛娃认为"她是在诱我上当，因此我应判定她将发斜线球"，这将导致纳芙拉蒂洛娃防守斜线球。但是若埃弗特认为纳芙拉蒂洛娃以这种幼稚的方式不相信她，那么埃弗特就会最终选择发底线球。而纳芙拉蒂洛娃也应当看穿这一点。

所以，纳芙拉蒂洛娃不相信埃弗特应该意味着她毫不理会埃弗特的信息。从而，两阶段博弈就只有废话均衡。在第二阶段两人的行动与原始的均衡无异，埃弗特在第一阶段的信息可以是任意的。以上结论对所有零和博弈都成立。

8.3.3 利益部分一致

但是，在更一般的既有冲突又有共同利益的博弈中，情况会如何？在此类博弈中参与人利益仅部分一致，直接沟通是否可信，取决于冲突与合作的部分是如何组合在一起的。所以，我们对此类博弈中廉价磋商均衡和废话均衡都考察一下。更一般地，共同利益越大，信息传递就越多。

考虑某个你可能经历过的情形。如果没有经历，去赚钱并投资就会很快体会到。当你的财务顾问推荐某个投资时，他可能会把它作为跟你建立长期关系的一部分，这样你的业务就可以给他带来稳定的佣金。但他也可能是一个不靠谱的经纪人，拿到预收费用后就消失，从而会给你带来损失。他的推荐的可信度取决于你与他建立的是哪一种类型的关系。

假定你的顾问推荐你投资100 000美元的项目，你预计会有三种结果。该项目可能是坏的投资（B），导致50%的损失，或者用千美元计是-50的支付。该项目可能是普通的投资（M），产生1%的回报，或支付为1。最后，它可能是一个好的投资（G），产生55%的回报，或支付为55。如果你选择投资，你要预先支付2%的佣金给顾问。不论项目的业绩如何，这个费用给你的顾问带来的支付是2，同时你的支付减少了2。你的顾问还会从你的利润中赚取20%，剩下的80%属于你的支付，但是他不分担你的损失。

你没有关于投资项目的专业知识，所以你不能判断这三个结果哪个更有可能发生。你只能假设所有三种可能性（B，M，G）是相同的：三种结果各有三分之一的机会发生。在这种情形下，由于缺少更多的信息，你计算出投资该项目的期望支付是：$[1/3 \times (-50) + 1/3 \times 0.8 \times 1 + 1/3 \times 0.8 \times 55] - 2 = [1/3 \times (-50 + 0.8 + 44)] - 2 = [1/3 \times (-5.2)] - 2 = -1.73 - 2 = -3.73$。这个计算表明你会有3 730美元的预期损失。因此，你不会做这个投资，而你的顾问也得不到佣金。类似的计算表明，如果你认为项目确定是B型的，或者确定是M型的，或者确定是B型与M型之间任意一个加权概率组合，你也不会选择投资，因为支付是负的。

你的顾问面临的是另一种情形。他研究过这个投资，并且知道三种可能性（B，M，G）哪一种是真的。我们需要确定他会如何处理他的信息，尤其是他会否真实地向你披露他所知道的有关项目的信息。我们考虑以下几种不同的可能性，假设你会根据顾问给你的信息来更新你对项目类型的信念。我们假设你只相信你所获知的：你会以概率1相信顾问告诉你的项目类型。[5]

1. 短期关系

如果你的顾问告诉你，资产项目是B型的，那么你会选择不投资。为什么？因为你从该项目获得的期望支付是−50，并且投资会带来额外的成本2（付给顾问的费用），总的支付是−52。类似地，如果他告诉你该资产项目是M型的，那么你也不会投资。这时你的期望支付是利润1的80%减去费用2，总支付是−1.2。仅当顾问告诉你项目是G型的时，你才会选择投资。这时，你的期望支付是利润55的80%减去费用2，即42。

那么，你的顾问会如何运用他的知识呢？如果项目是G，那么你的顾问会告诉你实情，以便引导你投资。但是如果他预计到跟你不会建立长期关系，他往往会告诉你项目是G，即使他知道项目是M或B。如果你决定根据他的意见投资，他会将2%的佣金收入囊中然后消失；他也没有必要再跟你保持联系了。得知有可能从顾问那里得到坏的建议或错误信息，且该顾问只跟你接触一次，你应该完全忽略他的建议。因此，在这个不对称信息的短期关系博弈中，可信的交流是不可能的。唯一的均衡是你忽略你的顾问；这时不存在廉价磋商均衡。

2. 长期关系：完全披露

现在假定你的顾问为一家你已经投资数年的企业工作：失去你的业务会导致他失去工作。如果你投资于他推荐的项目，你可以比较该项目的实际业绩与顾问的预测。这个预测可能是小范围的错误（预测是M而实际是B，或预测是G而实际是M），也可能是大范围的错误（预测是G而实际是B）。如果你发现了这种虚假陈述，你的顾问和他的公司会失去你以后的业务。如果你对朋友和熟人说他们坏话，他们还会失去更多的业务。如果顾问考虑到他声誉损失带来的成本，他必然会关心你可能会蒙受的损失，因此他和你的利益在一定程度上是共同的。假定小的虚假陈述给他带来的声誉损失是2（相当于2 000美元的货币损失），大的虚假陈述是4（4 000美元的损失）。我们现在可以分析你与顾问一定程度的共同利益是否足以引导他做出真实陈述。

正如我们前面所讨论的，如果投资项目是G，你的顾问会告诉你事实，从而导致你投资。我们需要考虑的是，当事实不是G而是B或M时他的激励是什么。首先假定项目是B。如果顾问真实披露项目的类型，你不会投资，他也得不到佣金，但是也不会蒙受声誉损失：当事实是B时他报告B的支付是0。如果他告诉你项目是M（虽然它是B），你仍然不会买，因为我们前面计算过，你的期望支付是−1.2。这时，顾问得到的仍然是0，所以他没有激励去撒谎，去告诉你B类型项目是M。[6]但是如果他报告G的话会怎么样？如果你相信他并投资，那么他会得到预付费用2，但是他也会遭受大的虚假陈述带来的声誉损失4。[7]他报告G（实际是B）的支付是负的：你的顾问诚实地报告B会更好一点。因此，当实际是G或B时，顾问的激励是真实披露项目类型。

但是如果实际是M的话会怎么样？真实披露不会引致你去投资：顾问报告M的支付是0。如果他报告G且你相信他，你会投资。顾问得到他的佣金2，加上M给你带来的回报1的20%，当然他也会蒙受小的虚假陈述带来的声誉损失2。他的支付是$2+0.2 \times 1-2=0.2>0$。因此，当实际是M时，你的顾问会因为虚假报告G而受益。

知道这一点，你就不会相信任何 G 的报告。

当顾问推荐的项目是 M 时，他有激励撒谎，因此在这种情形下不会有完全的信息披露。在废话均衡情形下，顾问的所有报告都可以被忽略。它依然是可能的均衡。但是，它是这里唯一的均衡吗？是否存在局部交流（partial communication）的可能？无法实现完全披露是因为顾问会将 M 虚报为 G，所以假定我们可以将这两种可能性结合在一起，变成一种情况并记为"非 B"。这时，顾问问他自己应该报告什么："B 或非 B"[8]。现在我们可以考虑你的顾问是否会在这种局部交流的情况下选择如实报告。

3. 长期关系：局部披露

为了确定顾问在"B 或非 B"时的激励，假设你相信报告"非 B"，我们需要明白的是，你对此所做的推理是什么（即你所计算的后验概率是多少）。你的先验（初始）信念认为 B、M、G 是同等可能的，都是 1/3。如果你得知"非 B"，那就有两种可能，M 和 G。你一开始就认为这两种可能性是一样的，也没有改变这种想法的理由，所以你现在认为每种可能性的概率是 1/2。这是新的后验概率，以你从顾问的报告中得到的信息为条件。根据这些概率，当报告的是"非 B"时，如果你投资的话支付是：$[1/2 \times (0.8 \times 1)] + [1/2 \times (0.8 \times 55)] - 2 = 0.4 + 22 - 2 = 20.4 > 0$。当得到的报告是"非 B"时，这个正的期望支付足以诱导你投资。

我们知道你在得知"非 B"时会投资，所以可以确定你的顾问是否有激励撒谎。如果实际是 B，他会告诉你"非 B"吗？如果项目的实际类型是 B，且顾问报告实情（报告 B），那么他的支付是 0，就像我们前面计算的那样。如果他报告的是"非 B"，且你信任他，那么他得到费用 2。[9] 他还会蒙受与虚假报告相关的声誉损失。因为你假设"非 B"报告中的 G 与 M 有相同的可能性，所以这时声誉损失的期望值是，1/2 乘以小的虚假报告成本 2 加上 1/2 乘以大的虚假报告成本 4：期望声誉损失是 $1/2 \times 2 + 1/2 \times 4 = 3$。当实际是 B 时，顾问报告"非 B"的净支付是 $2 - 3 = -1$。因此，他虚假报告没有好处。由于真实报告是顾问的最优策略，所以有可能存在部分信息披露的廉价磋商均衡。

我们用分割的概念来准确描述局部披露的廉价磋商均衡概念。回忆一下，你预期有三种情况或事件：B、M、G。这个事件集可以分成或分割成不同的子集，然后你的顾问报告给你的子集中包含真实情况。（当然，他的报告的真实性还有待进一步分析。）现在的情况是集合被分割成两个子集，一个包含事件 B，另一个包含两个事件 {M，G}。在局部披露均衡中，我们可以根据顾问的报告来区分这两个子集，但是无法做到进一步的细分，也就无法分割到最精细的只包含一个事件的三个子集。只有在完全披露均衡中才有可能进一步细分。

我们前面特意说过，可信的部分信息披露的廉价磋商均衡是有可能存在的。这个博弈有多重均衡，因为废话均衡仍然可能存在。策略结构、你不相信顾问报告的信念以及无论真相如何顾问都发出相同报告（甚至是随机报告），这些仍然可能构成均衡。给定每个参与人的策略，另一个参与人没有理由改变他的行动或信念。用分割的术语来说，我们可以认为这种废话均衡有可能有最粗糙的普通分割，只有一个（子）集合 {B，M，G}，包含了全部三种可能性。一般而言，当你发现廉价磋商博弈中存在非废话均衡时，至少还存在另一种均衡，该均衡的结果有比较粗糙的或简陋的分割。

4. 多重均衡

举一个与多重均衡有关的较粗分割的例子，考虑顾问的声誉成本高于前面假设的情况。令小的虚假陈述的声誉成本是 4（而不是 2），大的虚假陈述的声誉成本是 8（而不是 4）。我们前面的分析表明，如果实际是 G，顾问会报告 G，而如果实际是 B，他会报告 B。这些结论现在仍然成立。如果实际是 G，你的顾问希望你投资。如果实际是 B，他报告 B 得到的支付等于同样情况下报告 M 的支付。如果实际是 B，声誉成本的提高使得他更没有激励虚假地报告 G。因此，如果项目是 B 或 G，我们可以预期顾问会如实报告。

我们前面的例子里完全披露出了问题，是因为当项目是 M 时顾问的激励是撒谎。用前面的数字来计算，当实际是 M 时他报告 G 所得到的支付大于如实报告。当声誉成本提高时是否还是如此？

假定实际是 M 且顾问报告 G。如果你相信他并且投资该项目，他的期望支付是 2（佣金）+0.2×1（从 M 型项目中所得利润的分成）-4（他的声誉成本）=-1.8<0。他如实报告会得到 0。他不再有兴趣夸大股票的质量。结果是他会如实报告，而你也会相信他并且按照他的报告行动。现在是完全披露廉价磋商均衡。它有最精细的分割，即三个单元素集合，{B}、{M}、{G}。

这时还有另外三个均衡，每个均衡的分割都比完全披露均衡要粗糙。两个子集合的情形（一个是 {B, M} 和 {G}，另一个是 {B} 和 {M, G}）以及废话情形 {B, M, G} 都是可能的均衡。我们留给读者来验证这个结论。哪个均衡会生效取决于我们在第 4 章讨论多重均衡时所提到的所有因素。

实现可靠信息交流的非废话均衡的最大实际困难在于参与人关于他们的利益关联程度的认知。两个参与人的共同利益关联程度必须是双方的共同知识。在投资的例子中，关键之处在于你要了解过去互动的情况，或者有其他可信的渠道（比如合同），知道顾问声誉很好，对你的投资很关心。如果你不知道他与你的利益有多大程度的共同性，那么你有理由怀疑他会夸大其词引诱你投资，从而使得他可以立即获得佣金。

如果信息变得更充分会怎样？比如，假定你的顾问可以报告一个数字 g，它代表他估计的股票价格增长率，并且 g 可以在一个连续统当中变化。这时，如果你购买他推荐的差股票可以让他获得额外的利益，他就有夸大 g 的激励。因此，完全准确的真实的交流不可能存在。但是局部披露廉价磋商均衡还是有可能存在。增长率的连续统可以分成不同的区间（比如从 0 到 1%，从 1% 到 2%，等等），这时顾问会发现如实地告诉你实际增长率落在哪个区间是最优的选择，并且你会发现接受这个建议并据此采取行动是最优的选择。顾问的声誉价值越高，区间分割得就越细：比如，用半个百分点而不是用一个百分点，或者用四分之一个百分点而不是用半个百分点。不过，我们对这个思想的进一步解释需要更高级的处理方法。[10]

□ 8.3.4　廉价磋商博弈的正式分析

到目前为止，我们对廉价磋商博弈的分析是启发式的、非正式的。这种做法有助于理解和预测行为，但是在有必要的时候我们还是要掌握和使用正式的技术，来设定并求解这个博弈（博弈树和矩阵）。为了说明这一点并将本章的博弈与前面章节的理论相联系，我们现在考虑你和你的财务顾问之间的博弈。在分析时，我们假定你的顾问的交流"语言"有三种不同的可能性，B、M、G；也就是说，我们考虑的是最精细的信息分割。在读完这一节之后，你应该可以对以下情况做类似的分析：顾问的报告是在 B 或"非 B"之间做出较粗略的选择。

我们首先构建这个博弈的博弈树，如图 8-5 所示。虚构的参与人"自然"在第 3 章里曾介绍过，假定它首先行动，给你的行动带来三种情景，即 B、M、G，且每种情景出现的概率都是 1/3。你的顾问观察到自然的行动，然后选择他的行动，即向你报告 B 或 M 或 G。我们对博弈树做一点简化：顾问没有激励去少报投资回报。实际是 M 或 G 时他绝不会报告 B，实际是 G 时他绝不会报告 M。（你可以在博弈树中保留这些行动，但是没有必要让博弈变得那么复杂。我们用一步逆推法可以证明，这些行动对于顾问都不是最优的，所以它们都不会成为均衡。）

最后，你是第三个行动者，而且你必须选择投资（I）还是不投资（N）。不过，你不能直接观察到自然的行动，你只知道顾问的报告。因此对于你而言，顾问报告 M 时的两个结点属于同一个信息集，而顾问报告 G 时的三个结点属于另一个信息集：在图 8-5 中我们用虚椭圆线将相关的结点圈起来表示这两个信息集。信息集的存在表明你的行动受到限制。在顾问报告 M 的信息集中，你必须在该集合的两个结点上做出同样的投资选择。你必须在两个结点上都选择 I，或者在两个结点上都选择 N；你无法在这个信息集里区分开两个结点，无法在一个结点上选择 I 而在另一个结点上选择 N。类似地，在"报告 G"的信息集中，你必须在三个结点上都选择 I，或者在三个结点上都选择 N。

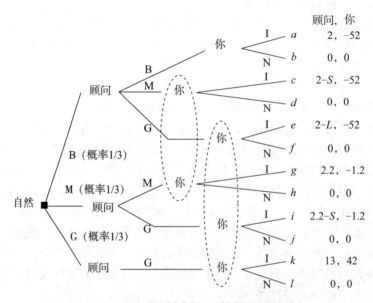

图 8-5 廉价磋商博弈树：财务顾问和投资者

在每个终点结上，第一个支付是顾问的，第二个支付是你的。支付的数字用千美元计，它的数值与前面启发式分析所使用的数值一样。如果你投资 B，你要向顾问支付 100 000 美元投资额的 2% 作为佣金，而你的支付是 -50。如果你投资 M，你的支付是 1。如果你投资 G，你的支付是 55。你根据他的建议所赚的任何利润都要留 20% 给顾问。我们对前面的模型做一个修改，不再对顾问虚假陈述的声誉成本规定确切的数值。我们用 S 来代表小的虚假陈述的声誉成本，用 L 来代表大的虚假陈述的声誉成本。为了与前面的分析保持一致，我们假设这两个数值都是正的，且 $S<L$。这样做可以让我们考虑前面讨论过的两种声誉因素。

每一对支付是如何计算的？我们举个例子，考虑一个结点：自然已经产生出 M 型项目，顾问已经报告了 G，而你选择了 I。这个结点是图 8-5 中的 i。根据这些选择，你的支付包括预先付给顾问的佣金 2 以及投资利润 1 的 80%，总和为 $0.8-2=-1.2$。顾问获得佣金 2 和投资利润的 20% 份额（0.2），但是蒙受声誉的损失 S，所以总支付是 $2.2-S$。我们让读者去验证所有其他已经正确计算的支付。

利用图 8-5 的博弈树，我们现在可以构造这个博弈的支付矩阵。在技术上，该矩阵应该包含你和顾问所有可行的策略。但是在构造我们的博弈树时，我们可以剔除某些策略，即使可以把它们放进去：比如那些明显的劣策略可以移除。这样做可以让我们构建的矩阵表更简洁，比那些包含所有策略的表更容易处理。

什么策略我们可以不用列入均衡策略的考虑？答案有两个。第一，我们可以忽略的策略是明显不会被采用的。在构建博弈树时，我们已经剔除了顾问的这类选择（比如"实际是 G 时报告 B"）。接下来我们看看你可以删除的选项。比如，在终点结 a 上，策略"报告 B 时选择 I"劣于"报告 B 时选择 N"，所以我们可以忽略 a。类似地，在信息集"报告 M"中，你的行动"报告是 M 时选择 I"劣于"报告是 M 时选择 N"；在两个终点结（c 和 g）上该行动都是差的选择，因此可以忽略 c 和 g。第二，我们可以删除的策略是不影响搜寻廉价磋商均衡的策略。比如，对于顾问而言，"报告 B"和"报告 M"都会导致你选择 N，所以我们也可以删除它们。在图 8-5 中，除了已经删除的终点结（a、c 和 g）之外，我还可以删除 b、d 和 h。

这个简化使得我们只需要考虑 6 个终点结，它们是可能的均衡结果（e、f、i、j、k 和 l）。这些结点背后的策略是，顾问报告项目是 G 以及你对报告 G 的反应。具体而言，顾问有三个有趣的策略，即"报告 G，不论真相是 B、M 还是 G""仅当真相是 M 或 G 时报告 G""当且仅当真相是 G 时报告 G"；你有两个策略，即"当报告是 G 时选择 I""即使报告是 G 也选择 N"。这五个策略形成 3×2 的支付矩阵，如图 8-6 所示。

		你	
		若 G 则 I	若 G 则 N
顾问	总是 G	$(17.2-L-S)/3$，$-11.2/3$	0，0
	仅当 M 或 G 时 G	$(15.2-S)/3$，$40.8/3$	0，0
	当且仅当 G 时 G	$13/3$，$42/3$	0，0

图 8-6　廉价磋商博弈的支付矩阵

在图 8-6 中每个策略组合的支付都是期望支付。计算的方法是在该策略组合下，确定博弈树有几个终结点，用相应的概率对终结点的数值加权。比如，考虑矩阵表的左上方单元格，其中的顾问会报告 G，不论实际项目是什么，并且你因为报告是 G 而投资。这个策略组合导致终点结 e、i、k，每个点的概率都是 1/3。因此，顾问在该单元格的期望支付是 $\{[1/3\times(2-L)]+[1/3\times(2.2-S)]+1/3\times13\}=1/3\times(17.2-L-S)$。类似地，你在这个单元格中的期望支付是 $[1/3×(-52)+1/3×(-1.2)+1/3×42]=1/3×(-11.2)$。我们依然请读者验证剩下的期望支付是否计算正确。

我们有了完整的支付矩阵，就可以用第4章的技术来确定均衡，要特别注意 L 和 S 的取值在分析中的作用。简单的最优反应分析表明，你对"总是G"的最优反应是"若G则N"，但是你对顾问的另外两个策略的最优反应是"若G则I"。类似地，顾问对你"若G则N"的最优反应可以是三个选择中的一个。因此，我们有了第一个结论：右上角的单元格永远是一个纳什均衡。如果顾问报告G，无论实际是什么（或者说在三种情形下的报告都一样），那么你选择N会更好。给定你选择了N，顾问没有激励偏离他的选择。这个均衡是废话均衡，没有前面我们所看到的信息交流。

接下来考虑顾问对你"若G则I"的最优反应。当他选择"仅当M或G时G"或"当且仅当G时G"时，可能会出现唯一的均衡。但是他会选择其中哪一个或者两个都不选，这要取决于 L 和 S 的具体取值。如果策略组合 {"仅当M或G时G"，"若G则I"} 要成为纳什均衡，它必须满足 $15.2-S>17.2-L-S$ 以及 $15.2-S>13$。当 $L>2$ 时，第一个表达式成立；当 $S<2.2$ 时，第二个表达式成立。所以如果 L 和 S 的值满足这些要求，那么中间左侧的单元格将是廉价磋商（纳什）均衡。在这个均衡中，报告G无法让你推断出真相是M还是G，但是你知道真相肯定不是B。知道这一点就足够了，你可以确信你的期望支付是正的，然后你会选择投资。在这种情况下，G实际上意味着"非B"，而该均衡结果在形式上等价于我们前面讨论的局部披露均衡。[11]

我们还可以检验策略 {"当且仅当G时G"，"若G则I"} 成为纳什均衡的条件。这个结果要求 $13>17.2-L-S$ 以及 $13>15.2-S$。这两个表达式不如前面两个表达式那么容易处理。不过请注意，第二个表达式要求 $S>2.2$，并且我们假设 $L>S$；所以当 $S>2.2$ 时，$L>2.2$ 必定成立。接下来读者可以利用这些条件检验第一个表达式是否成立。利用 L 和 S 的最小值2.2，将它们加入 $13>17.2-L-S$ 中，得到 $13>12.8$，这永远都成立。这些计算表明，当 $S>2.2$ 时，只要 $L>S$，左下方的单元格是廉价磋商均衡。这个均衡是完全披露均衡，这一点在我们前面分析的末尾可以确定。

这里所描述的每一种情况，都存在废话均衡，还有 {"当且仅当G时G"，"若G则I"} 或 {"仅当M或G时G"，"若G则I"} 的均衡。注意，如果顾问的声誉成本比较小（$L<2$，$S<L$），我们只能得到废话均衡。这符合我们前面所分析的情形。最后，如果我们将信息的语言限制为比较粗糙的分割（B与"非B"），那么我们的扩展分析表明，策略集合 {"若M或G则'非B'"，"若'非B'则I"} 也是该博弈的纳什均衡。

在每一种情形中，我们的正式分析都符合我们在第8.3.3节的非正式讨论。可能有些读者发现非正式的方式足以满足大部分需要，即使不是全部的。可能另一些读者更喜欢这一节正式的模型。然而请注意，博弈树和矩阵只能到此为止：一旦模型变得太复杂，比如报告的选择是连续统，那么你将不得不依靠数学来确定均衡。求解各种形式的不对称信息模型（利用博弈树和矩阵表，或者利用代数或微积分）是一种重要的技能。在本章的后面，我们会给出这种博弈的例子：我们会将直觉与代数结合起来求解其中一个例子，而运用博弈树和支付表求解另一个例子。每一个例子的解法都不排斥另一种方法。所以读者可以自己尝试另一种方法。

8.4 逆向选择、信号传递与甄别

8.4.1 逆向选择与市场失灵

在许多博弈中，某个参与人知道一些其他参与人不知道的与结果相关的信息。一个雇主对一个潜在雇员的技能的了解要少于雇员本身对自己的了解；比如像工作态度和共同合作等模糊但很重要的事件是难以观察的。对于医疗保险或汽车保险的申请人，保险公司对其健康或驾驶技能的了解要少于其本人。二手车的卖方从长期的经验中积淀了很多关于该车的信息，一个潜在的买方最多可通过检查了解该车的一点信息。

在这种情形下，通过直接沟通传递的信息是不可信的。不熟练的工人为了得到高报酬的工作会宣称自己技能娴熟；面临高风险的申请人为了缴纳较低的保险费会宣称自己健康状况良好或驾驶习惯良好。劣质车的车主会宣称他们的车驾驶状况良好并且在他们拥有它的这些年里从未出过毛病。交易的另一方会意识到说谎的激励从而不会相信语言传递的信息。不存在第 8.3 节所描述的廉价磋商均衡。

如果交易中具有更少信息的一方没有获得相关信息的途径会怎么样？换句话说，使用第 8.2 节介绍的术语，假设既没有可置信的甄别机制也没有可利用的信号。如果保险公司提供一个缴纳 5 美分担保 1 美元的政策，这会特别吸引知道自己（生病或出车祸）的风险超过 5% 的人。当然，一些风险低于 5% 的人也会购买保险，因为他们是风险规避的。但是针对这种保险政策的申请人中高风险的人比他们在人群中占有的比例更大。保险公司将会选择性地吸引一群不利的或逆向选择的顾客。这种现象在信息不对称的交易中非常普遍，称为**逆向选择**（adverse selection）。（这个术语实际上源于保险公司。）

乔治·阿克洛夫（George Akerlof）在一篇论文中系统地描述了市场交易中逆向选择的潜在后果，这成为经济分析不对称信息情形的开端，他也因此获得 2001 年的诺贝尔奖。[12] 我们引用他的例子介绍逆向选择的可能影响。

8.4.2 "柠檬"市场

考虑 2014 年一种特定类型二手车的市场，比如 "2011 Citrus 款汽车"。假设通过使用这些车已经证明它们或者是无故障和可靠的，或者是到处有问题的。后者的通常俚语为 "柠檬"，相对而言我们称前者为 "橘子"。

假设每个 "橘子" 的拥有者定价为 12 500 美元，高于该价他愿意卖出，低于该价则不会卖出。类似地，每个 "柠檬" 的拥有者定价为 3 000 美元。假设每个潜在的买者愿意为每种类型的车支付高于其定价。如果买方自信他购买的车是 "橘子"，他愿意支付 16 000 美元；如果他知道该车是 "柠檬"，他愿意支付 6 000 美元。由于买方对每种类型车的定价高于原始车主，因此所有车都进行交易对每个人都有利。"橘子" 的价格可以是介于 12 500 美元和 16 000 美元之间的任意价位；"柠檬" 的价格可以是介于 3 000 美元和 6 000 美元之间的任意价位。为简便起见，假设有有限的汽车存量和无限的潜在买方，则相互竞争的买方使得价格上升到他们愿意支付的最大值。如果可以确定每种车的类型，"橘子" 的价格就是 16 000 美元，"柠檬" 的价格是 6 000 美元。

但是对于交易的双方来说关于汽车各方面的质量信息是不对称的。车的拥有者完全知道它是"橘子"还是"柠檬"，但潜在的买方不知道，且"柠檬"的拥有者没有激励来披露真相。我们现在把我们的分析局限在私人二手车市场，在该市场中要求披露真相的法规或者不存在或者难以执行。我们也假设买方不可能观察出车是"橘子"还是"柠檬"；类似地，车主没有办法表明自己的车的类型。因此对于这个例子，我们只考虑不允许交易双方传递信号或甄别时信息不对称的影响。

当买方不能辨别"橘子"和"柠檬"时，市场就不可能对这两种类型区别定价。于是"Citrus"只有一个价格 p，必须混同"橘子"和"柠檬"这两种类型。这种情境下的有效交易是否能够达成取决于"橘子"和"柠檬"所占的比例。我们假设"橘子"占有"Citrus"市场的比例为 f，则"柠檬"占有剩下的 $1-f$。

尽管买方不能验证一辆车的质量，但他们知道好车在整个市场所占的份额，比如可以通过报纸，我们假设存在这种情形。如果所有车都被交易，潜在的买方将会期望得到一个随机选择，分别以概率 f 和 $1-f$ 得到"橘子"和"柠檬"。购买车的期望值是 $16\,000 \times f + 6\,000(1-f) = 6\,000 + 10\,000 \times f$。如果车的期望值超过了要价，即 $6\,000 + 10\,000 \times f > p$，则他将会购买。

现在我们考虑卖方的观点。车主知道他的车是"柠檬"还是"橘子"。只要价格超过其价值，即如果 $p > 3000$，则"柠檬"的拥有者愿意卖出。但是"橘子"的拥有者要求 $p > 12\,500$。如果"橘子"的所有者卖出的条件得到满足，"柠檬"所有者的条件也将得到满足。

为了满足所有买方和卖方想要进行交易的要求，需要 $6\,000 + 10\,000 \times f > p > 12\,500$。如果"橘子"所占的比例满足 $6\,000 + 10\,000 \times f > 12\,500$，或 $f > 0.65$，价格将会起作用，否则不存在有效交易。如果 $6\,000 + 10\,000 \times f < 12\,500$（忽略两者相等的特殊和不可能情形），"橘子"的拥有者不愿意以买方愿意支付的最大价格卖出其汽车。于是在待售的二手车中存在逆向选择，市场中根本没有"橘子"。买方意识到将会确定地得到"柠檬"这一点，故将会至多支付 6\,000 美元。"柠檬"的拥有者对此结果满意，因为"柠檬"被交易了。但是"橘子"市场因为信息不对称而完全崩溃。该结果即是"劣币驱逐良币"，这里是劣车驱逐良车。

因为信息匮乏使得"橘子"获得合理价格变得不可能，"橘子"的拥有者想要一种确认他们的车是良好类型的方式。他们想要通过信号传递他们车的类型。麻烦的是"柠檬"的拥有者也想要把他们的车伪装成"橘子"类型，从而会模仿"橘子"车主试图使用的大部分信号传递方式。迈克尔·斯宾塞（Michael Spence）提出了信号传递的概念，并与阿克洛夫和斯蒂格利茨因信息经济学的研究分享了 2001 年诺贝尔经济学奖。斯宾塞在他关于信号传递的开创性书籍中总结了"橘子"拥有者面临的难题："口头声明没有成本，因而是无用的，任何人都可以对他卖车的原因撒谎。他们可以允许买方检验其汽车，'柠檬'车主也可以做出同样的承诺。这是虚张声势，如果这样宣称，不用付出任何代价。此外，检验是有成本的，来自车主方的机械师的有关可靠性的报告是不可信的。聪明的非'柠檬'车主会为检验付费但让买方选择检验员。车主的问题是如何降低检验的成本。保证也不起作用，卖方可以很容易地迁移到克利夫兰而不留下新的地址。"[13]

现实情形没有斯宾塞所描述的那么令人绝望。长期从事二手车销售的人和公司可以建立起诚实的信誉并以此获利。（当然，一些二手车经销商是不讲信誉的。）一些买家对车有了解，一些买家从熟人那里购买从而能验证所购车的历史。或者，经销商也可以提供保证，这个话题我们后面会详细讨论。在另外一些市场，劣质类型模仿优质类型的行动是困难的，于是可置信的信号传递是可行的。这种情形的特例是考虑教育传授技能的可能性。不熟练的工人要被误认为是有足够教育的高技能工人是困难的。教育能区分类型的关键要求是教育对于不熟练工人的成本要远远高于熟练工人。为了展示信号传递如何成功地区分类型，我们转向劳动市场。

□ 8.4.3　信号传递与甄别：样本分析

信号传递是传递信息，信号甄别是引诱信息，其背后的基本思想很简单：不同"类型"的参与人（即那些拥有不同信息的人，这些信息是他们自己特征的信息，或者更一般地是关于博弈及其支付的信息）会采取不同的行动实现最优，而这些行动会真实地显示他们的类型。信息不对称，以及用于应对信息不对称的信号传递和甄别策略，几乎无处不在。本章采用的分析方法可以应用于一些情形中。

1. 保险

有意购买保险的人具有不同的风险类型，或者说给保险人带来的风险程度不同。例如，在大量申请汽车碰撞险的人里面，有些司机天生就是小心谨慎型的，而有些司机可能不够谨慎。每个潜在的客户都比保险公司更清楚自己属于哪一种风险类型。给定保险单的条款，公司从风险高的客户那里获得的利润会更低（或损失更大）。不过，风险越大的客户越会觉得同样的保险单有吸引力。因此，保险公司会吸引到它不太喜欢的客户，所以它们面临逆向选择的处境。[14] 显然，保险公司希望能够区别这两类风险。它们可以使用甄别机制。

举个例子，假定只有两种类型的风险。保险公司可以提供两种保险单，让客户自己选择其中一种。第一种保险费（用保险责任范围内每一美元的美分数量来计算）比较低，但是客户的损失赔偿比例也比较低；第二种保险费比较高，但是赔偿的比例也比较高，甚至可能是100％的损失赔偿。（在碰撞险中，这种损失指的是汽车修理厂完成修理所需的成本。）风险高的客户更有可能遭受承保范围之外的损失，所以更愿意支付更高的保险费，获得更高的赔付比例。保险公司可以调整保险费与保险赔付的比例，使得高风险类型的客户选择保险费高且赔付比例高的保险单，低风险类型的客户选择保险费低且赔付比例低的保险单。风险类型越多，相应地提供给未来客户的保险单的类型就越多；如果风险是一个连续统，那么就有对应的连续统保险单。

当然，这个保险公司必须与其他保险公司竞争，争夺每个客户的业务。这种竞争会影响保险费套餐和它能够提供的保险赔付比例。有时候竞争会阻止均衡的实现，因为每个报价可能会被其他报价所击败。[15] 但是不同保险费对应不同风险类型的客户，这背后的基本思想是有效且重要的。

2. 质量保证

很多耐用品（汽车、计算机、洗衣机）的质量存在差异。生产这些产品的企业都非常了解它的质量。但是未来的购买者不太清楚。知道自己产品质量好的企业能否将这一事实有效地传递给潜在的顾客？

最明显、最常用的信号是有效的保证。对于真正高质量的产品而言，提供质量保证的成本比较低：质量高的生产商需要进行修理和更换的可能性比劣质产品的企业低。因此质量保证可以作为质量的信号，顾客在做购买决策时直觉上更关注这一点。

在这种情形下，为了提高模仿的成本，信号传递通常会过度。高质量汽车生产商必须提供非常长或非常强的保证，传递出质量可靠的信号。这一点对于新进入的企业或之前没有高质量产品声誉的企业尤为重要。比如，1986年韩国现代汽车公司刚开始在美国销售汽车，头十年它拥有的都是低质量的声誉。到了20世纪90年代中期，它大量投资于更好的技术、设计、制造。为了改善形象，它提供了当时具有革命性的10年100 000英里的保证。它现在被消费者认为是质量较好的汽车制造商。

3. 价格歧视

产品的购买者在购买意愿、花时间搜寻价格的意愿等方面通常存在差异。企业愿意将那些支付意愿高的潜在顾客区分出来，并且对它们收取一个比较高的价格。而对于那些不愿意支付这么高价格的顾客，提供选择性的交易（只要支付意愿仍然超过生产成本）。利用甄别机制分离不同的类型，企业可以成功地对不同消费群体收取不同的价格。我们将讨论这种策略，它在经济学研究中被称为价格歧视。更多细节请见第13章，我们在这里只给出简要的描述。

大部分人最熟悉的价格歧视的例子是航空业。商务旅行者愿意比旅游者支付更高的机票价格，这通常是因为至少有些机票成本是由商务旅行者的雇主来承担。航空公司如果公然区别每个旅客的类型并对他们收取不同的价格，这是违法的。但是航空公司可以利用的一个事实是：旅游者更愿意提前安排好行程，而商务旅行者需要保持旅行计划的灵活性。因此，航空公司对可改签机票和不可改签机票制定不同的价格，让旅客自己选择机票类型。这种定价策略是通过自选择（self-selection）进行甄别的一个例子。[16] 其他机制也能够达到相同的甄别目的：提前购买或周末停留要求，不同级别的客舱（头等舱、商务舱和经济舱）。

价格歧视不止针对像机票这样的高价产品。在很多市场上都能看到歧视性定价，这些市场的产品价格要比航空旅行价格低得多。比如咖啡店和三明治店通常会为常客提供折扣卡。这些折扣卡可以有效地降低店里常客的咖啡或三明治的价格。其思想是常客更愿意在附近搜寻最好的商品，而游客或临时用户会走进他们第一眼看到的咖啡店或三明治店，不会花必要的时间去判断是否还有更低的价格。较高的价格折扣或"第11份免费"，代表的是一种菜单选项。两种类型的顾客从中选择，从而可以实现分离。

图书是另一个例子。它们第一次出版时通常是价格较高的精装本；几个月或者一年多以后会出版比较便宜的简装本。两种版本的生产成本的差异是可以忽略不计的。但是不同的版本可以分离出想要立即阅读且愿意为此多付钱的顾客，以及不太愿意多付钱且愿意等待的顾客。

4. 产品设计与广告

吸引眼球的精心设计的产品外观是否可以达到传递高质量信号的目的？关键之处在于，一个试图冒充高质量的企业，其信号的成本是否高于实际质量高的企业。产品外观的成本通常是一样的，不论其内在质量如何。因此，模仿者不会面临成本差异，其信号不可信。

但这种信号还是有一定的有效性。外观设计是固定成本，可以分摊在整个产品生命周期中。购买者可以通过他们自己的经验、朋友以及媒体评论报道来了解质量。这意味着高质量产品预计会有更长的市场寿命和更高的销售总额。因此，如果产品是高质量的，昂贵的外观成本分摊在大的体量上，不会造成单位产品的成本增加。企业实际上是在告诉大家："我们的产品很好，销量很大。这就是我们为什么能够承受这么大的设计费用。不靠谱的企业会发现这样做成本太高，因为它预期销量不大，很快人们就会发现它的质量差，不会再买了。"即使是昂贵的、看起来没有用且没有信息含量的产品发布和广告也具有类似的信号传递作用。[17]

类似地，当你走进银行看到坚固的大理石柜台以及豪华的装修时，你会对它的稳定性充满信心。但是这种特定的信号要发挥作用的话，最重要的是建筑以及装修装潢都是银行特定的。如果这一切可以轻易地转给其他类型的机构，它的空间可以转换成比如说餐馆，那么不靠谱的经营者可以以较低的成本模仿真实可靠的银行。在这种情形下，信号是不可靠的。

5. 出租车

前面的例子大多来自经济学，但是这里的例子来自社会学关于出租车行业的研究。绝大部分人叫出租车只是想要去他们的目的地，然后付费下车。但是有少数人是为了抢劫出租车司机或者劫持出租车，可能会采用某些暴力手段。出租车司机如何甄别他们未来的乘客并只接受好的乘客呢？社会学家迭戈·甘贝塔（Diego Gambetta）和希瑟·哈米尔（Heather Hamill）研究了这个问题，大量采访了纽约（抢劫是当地的主要问题）和北爱尔兰（在他们研究期间当地的宗派暴力事件是一个严重问题）的出租车司机。[18]

司机需要一个适当的甄别机制，才能知道潜在顾客里坏的类型在试图模仿好的类型。应用常见的差异成本条件（differential cost condition）。一个纽约的乘客穿着西装不能保证是无害的，因为劫匪也可以购买并穿着西装，承担与好乘客一样的成本。种族和性别也不能用来甄别乘客。在北爱尔兰，交战各派也不太容易通过外部特征来区别。

甘贝塔和哈米尔发现有些甄别机制对于出租车司机来说比较有用。比如，通过电话预定出租车是比较好的信号，比在街上招手打车更能传递乘客可信赖的信号：当你告知搭车地点时，出租车公司准确地"知道你住哪里"[19]。更重要的是，几种信号传递机制共同使用会比单独使用更有效（因此是司机更好的甄别工具）。穿着西装本身不是一个可靠的甄别，但是一个乘客穿着西装从办公大楼走出来肯定会比一个穿着随意的、站在街角打车的乘客更安全。现在大部分办公大楼的大厅都有保安措施，这样的乘客肯定已经经过了一定程度的安全测试。

最重要的可能是人们发出的一些无意识的信号（微表情、手势等），有经验的司机知道怎么解读。确实是因为这些信号是无意识的，模仿的成本无限大，因此可以最有效地甄别不同类型。[20]

6. 政治经济周期

我们现在给出两个例子，它们来自政治经济领域。在选举之前，现任政府通常会增加支出来促进经济繁荣，希望以此来获取更多选票，赢得选举。但是理性的选举人不会识破这个计谋吗？他们不知道一旦选举结束，政府会被迫压缩开支，可能会导致衰退吗？由于选举前的支出是一个有效的类型信号，所以选举人心里对于政府的"能力类型"必定存在某种不确定性。未来的衰退会给政府带来政治成本。如果政府处理经济问题的能力比较强，那么这种成本会比较小。如果有能力的政府与无能的政府之间成本差异足够大，那么足够高的支出就能够可靠地传递出能力的信号。[21]

另一个类似的例子是通胀的控制。很多国家经常遭遇高通胀,政府忠实地公布它们降低物价的打算。真实关心物价稳定的政府是否可以可靠地传递出它的类型信号?可以。政府可以发行不受通胀影响的债券:债券的利率会自动随通胀率的提高而提高,或者债券的资产价值与物价水平同比例增加。对于喜欢制定政策导致高通胀的政府而言,以这种方式发行政府债券的成本很高,因为它必须履行合同而支付更多的利息或增加负债。因此,真正反通胀的政府才会发行通胀保护型债券。这种债券是可信的信号,可以将反通胀的政府与喜欢通胀的政府分离开来。

7. 进化生物学

最后一个例子来自自然科学。在很多鸟类中,雄性有精致的浓密的羽毛,可以吸引雌性。我们可以推测,从遗传的角度而言雌性会寻找优秀的雄性,这样它们的后代就会有更好的生存能力,长大以后就能够吸引配偶。但是,为什么精致的羽毛能够代表雌性想要的遗传质量呢?有人可能会认为这样的羽毛是一种不利条件,使得雄鸟更容易被捕食者(包括猎人)发现并且灵活性不强,因此不太容易躲避这些捕食者。为什么雌性会选择这些看似不利的雄性呢?答案来自可置信信号的条件。虽然浓密的羽毛确实是一种不利条件,但是从遗传的角度而言这不会影响它在质量上的优越性,比如力量和速度。雄性越弱,它就越难长出并保持同等质量的羽毛。因此,羽毛的浓密程度确实是雄性质量的一种可置信信号。[22]

□ 8.4.4 实验证据

在信号传递和甄别的博弈中,均衡的解及其性质需要一些非常微妙的概念和计算。因此,在前面的几种情形里,正式模型的描述必须非常小心才能对参与人的选择做出合理且准确的预测。在所有这些博弈中,参与人必须根据观察到的其他参与人的行动来修改或更新其他参与人类型的概率。这样的更新需要用到贝叶斯定理,本章的附录会解释这一点。我们还会在第 8.6 节认真分析这样一个有关更新类型概率的博弈例子。

你可以想象一下,如果不理解附录中的那些细节,这些概率更新的计算会有多复杂。我们是否应该相信参与人能够正确地做这样的计算?有充分的证据表明,人们非常不善于做这样的包含概率的计算,尤其是以新信息为条件的条件概率。[23] 因此,我们有理由怀疑参与人这样得到的均衡。

相对于这种认识而言,经济学家进行信号博弈的实验所得到的结论更令人鼓舞。他们成功地发现了贝叶斯纳什均衡和完美贝叶斯均衡的精炼结果,尽管获得这些精炼结果不仅需要观察均衡路径上的一系列行动并及时修正信息,而且需要参与人从那些不会率先采取的行动中推断信息。然而,实验的结论并非毫无争议:这很可能是由实验设计的一些细节上的不同所致。[24]

8.5 劳动市场中的信号传递

大多数学生都希望毕业之后能成为金融或 IT 精英公司的员工之一。这些公司有两种类型工作。一类要求分析和计算能力、努力工作,并提供高报酬作为回报;另一类是半文书、低技能、低报酬工作。当然,你想要高报酬的工作。你比老板更清楚自己的能力。如果你是高技能人才，你想要你的老板知道并且他也想知道。他可以跟你面谈或让你参加考试，但是因为时间和资源的关系，他通过这些方法能获得的信息是有限的。你仅仅口头宣称自己具备应有的素质是难以令人置信的，还需要客观证据，双方都需要寻找和提供这类证据。

老板可以找到什么证据？你又能提供什么证据？回忆本章第8.2节，你的老板使用"甄别机制"来确认你的素质和技能。你使用信号去传递有关你的素质和技能的信息。有时，类似甚至相同的方法既可用于信号传递，也可用于甄别。

在这个例子中，如果你在大学中选修了难度高且任务重的课程（并通过了考试），则你对课程的选择通常可作为你的素质能力和分析技能的证据。现在让我们认识一下课程选择作为甄别机制的作用。

8.5.1 甄别不同类型

为简化起见，我们用直觉知识和一些代数知识来分析这个甄别博弈。假设公司老板看重的大学毕业生素质只有两种类型：A类（能力强）和C类（能力不足）。金融或计算机公司的老板愿意给A类员工160 000美元年薪，给C类员工60 000美元年薪。其他的雇佣机会给A类员工125 000美元年薪，给C类员工30 000美元年薪。这正是第8.4.2节中二手车市场的数字，但乘以因子10是为了更好地适应现实中的就业市场。正如在二手车市场的例子中我们假设有固定的供给和无限的潜在买方。假设有很多潜在的老板在争夺数量有限的求职者，因此老板必须支付其愿意支付的最高工资。既然老板不能直接观察到求职者的类型，他们就必须寻找可靠的手段来识别。[25]

假设两类毕业生的差别是A类毕业生能在大学中接受难度高、任务重的课程，但C类毕业生接受这些课程比较吃力。为了修一门高难度课程，他们都需要牺牲课余活动，但A类的牺牲会较少，C类的牺牲会较大，或A类比C类更能忍受沉重的压力。假设A类把修此类课程的代价视为一年3 000美元的薪水，而C类把它视为一年15 000美元，试问老板可以用这种差异来分辨A类与C类吗？

考虑如下策略：任何选修过n门高难度课程的毕业生都将被视为A类，年薪达到160 000美元；而所修课程少于n门者则会被视为C类，年薪是60 000美元。该策略的目标是要让A类有修高难度课程的动机，而C类没有这个想法。当然，没有人喜欢多修高难度课程，所以他们的选择是要么刚好修n门以符合A类的资格，或者干脆不修任何高难度课程而被视为C类——他们念大学仅仅是为了混张文凭粉饰一下脸面而已。

这个策略要想成功必须满足两个条件。第一个条件要求该策略给每种类型的求职者以激励，使他们做出与老板的愿望一致的选择。换句话说，策略应该与求职者的激励相容，于是这个条件被称为**激励相容条件**（incentive-compatibility condition）。第二个条件是在这样的激励相容约束下，确保求职者从该工作得到的报酬要好于（至少不差于）他从任何其他机会得到的。换句话说，求职者应该愿意参与公司的应聘，因此这个条件被称为**参与条件**（participation condition）。我们现在要提出劳动市场的这些条件。相似的条件将出现在本章后面的例子中和第14章，在那里我们将提出机制设计的一般理论。

1. 激励相容条件

老板用于识别A类和C类的标准——高难度课程的修课门数——应该足够严格到让C类无意达到标准，但又不能太严格而让A类放弃修课。正确的n值必须让C类暴露自己的身份，而不是凭借修课来模仿 A 类的行为，所以对于 C 类的激励相容策略是[26]：

$$60\ 000 \geqslant 160\ 000 - 15\ 000n，或\ 15n \geqslant 100，或\ n \geqslant 6.67$$

同样，让 A 类乐于修 n 门高难度课程的条件是：

$$160\ 000 - 3\ 000n \geqslant 60\ 000，或\ 3n \leqslant 100，或\ n \leqslant 33.33$$

这些激励相容条件，或者称**激励相容约束**（incentive-compatibility constraints），使老板的意愿和求职者的激励匹配，或使求职者通过行动披露自己的技能达到最优。满足两个约束的 n 要求是整数，必须至少是 7 且至多为 33。[27] 后者是不切实际的，因为整个大学的课程通常是 32 门，但在其他例子中也许是重要的。

要满足这些条件需要让两种类型学生选修高难度课程的成本存在差异：对于能力强的学生来说，付出的代价必须足够小，如此老板才能辨认。当达到约束条件时，老板的策略就可以令两种类型的学生做出不同反应，因而暴露他们的类型。这称作基于**自选择**（self-selection）的**类型分离**（separation of types）。

这里我们不假设高难度课程可以提供额外的技能或工作习惯，从而让 C 类转变成 A 类。在我们的设想中，高难度课程仅仅是用于分辨不同类型个人的工具。换句话说，它们只具备甄别功能。

事实上，教育的确可以增强生产能力，但它也具有这里所说的甄别功能和信号传递功能。在本例中，我们发现教育可能仅仅承担了后一功能；而在现实中，进一步教育深造的相应结果已远非额外的生产能力所能解释，同时进一步的教育也带来了新的成本——信息不对称的成本。

2. 参与条件

当满足激励相容条件时，A 类选修 n 门高难度课程并得到支付 160 000 − 3 000n，C 类不选修课程并得到报酬 60 000 美元。为了使每种类型都做出这些选择而不是选择其他机会，参与条件必须得到满足，因此我们需要：

$$160\ 000 - 3\ 000n \geqslant 125\ 000，且\ 60\ 000 \geqslant 30\ 000$$

在这个例子中 C 类的参与条件显然满足（尽管在其他例子中不一定）；A 类的参与条件要求 n ≤ 11.67，或因为 n 是整数，n ≤ 11。满足 A 类参与约束 n ≤ 11 的 n 也满足激励相容约束 n ≤ 33，于是后者在逻辑上变得多余，忽略它的现实无关性。

于是这个劳动市场类型分离的条件是 7 ≤ n ≤ 11。n 的取值约束综合了 C 类的激励相容条件和 A 类的参与条件。在这个例子中当其他条件满足时，C 类的参与条件和 A 类的激励相容条件自动得到满足。

当我们用必要的高难度课程修课门数来进行甄别时，A 类就承担了代价。假若只用最小修课门数（即 n = 7）来筛选，则 A 类付出的货币代价是 7 × 3 000 = 21 000 美元。这就是信息不对称的代价。若个人的类型可以直接观察或识别，这种代价是不会存在的。或者整个社会都是由 A 类人口组成，这种代价也不会存在。A 类之所以付出此类代价是因为存在一些 C 类人口，而他们（或其老板）必须设法做出识别。[28]

□ 8.5.2 **类型混同**

若不采取分离策略而 A 类也不承担信息不对称的代价，情况会好些吗？在分离政策下，A 类得到年薪 160 000 美元但同时付出货币代价 21 000 美元，所以其货币等价支付为 139 000 美元，而 C 类只得到年薪 60 000 美元。如果不把他们分离开来会怎样？

如果老板不采取甄别机制，他们就不得不对所有求职者一视同仁，支付相同的薪水。这被称作**类型混同**（pooling of types）或简称为**混同**（pooling）。[29] 在竞争的劳动市场上，**共同薪水**（common salary）会等于各种不同类型人口的平均薪酬水平，而这取决于不同类型在人口中的比例。

例如，若人口的 60% 属于 A 类，40% 属于 C 类，则混同下的共同薪水将是：

$$0.6×160\ 000＋0.4×60\ 000＝120\ 000\ 美元$$

所以 A 类将偏好分离的情形，因为在分离状态下可得到 139 000 美元而不是混同状态下的 120 000 美元。但是，若两种类型的人口比例为 80% 属于 A，20% 属于 C，则混同状态下的共同薪水将是 140 000 美元，那么 A 类在分离状态下的处境将比在混同状态下糟糕。C 类则总是偏好混同均衡，因为 A 类的存在使得混同状态下的共同薪水总会高于分离时 C 类的薪水 60 000 美元。

然而，在大量雇主和雇员使用甄别和信号传递进行竞争的时候，即使两类求职者都偏好混同结果，它也不可能是均衡。比如，假设两类人口的比例为 80：20，初始均衡是类型混同下的薪水 140 000 美元，则某个老板可以宣称他将付 144 000 美元给修过一门高难度课程的人，A 类觉得划算是因为修课只花了 3 000 美元而薪水却增加了 4 000 美元；C 类会觉得不划算，因为修课花了 15 000 美元，超过了增加的薪水 4 000 美元。某个老板用这个方法来吸引 A 类员工，而且只花 144 000 美元就可雇用到价值 160 000 美元的员工，所以他的类型分离策略收益颇丰。

但是，这个老板对类型混同薪水的背离牵一发而动全局，引发了竞争性雇主之间的调整过程，并导致原先的混同情况被瓦解。由于许多 A 类员工都被吸引到这个老板那里去了，其他老板雇用的员工的平均能力就会降低，最后他们不能负担 140 000 美元的薪水，于是类型混同下的薪水将降低。而随着类型混同下的薪水的降低，跟某老板提出的分离下的薪水 144 000 美元的差距扩大，C 类员工也会觉得去修一门高难度课程是值得的。此时，这个老板就必须把标准提高到修两门课，让 C 类再次觉得修课是不划算的。其他老板也会使用同样的政策，如果他们也想吸引 A 类员工的话。这个过程一直持续，直到达到我们先前所说的分离均衡为止。

即使老板不用这些手段来吸引 A 类员工，混同状态的薪水为 140 000 美元的 A 类员工之一也会去修一门高难度课程，然后拿着成绩单去跟老板说："我的成绩单上有一门高难度课程，这应该能证明我是 A 类员工，C 类员工是不能对你如此保证的，所以我现在要求 144 000 美元的薪水。"给定事实如此，其主张是有效的，老板也会认为答应他是符合自己的利益的，因为 A 类员工有 160 000 美元的价值，但只领 144 000 美元的薪水。其他的 A 类员工也可以这么做。然后像刚才一样，这个过程又会一直持续，直到达到分离均衡。唯一的差别在于由谁发起，现在是由 A 类员工发起，他选择接受额外的教育以证明其类型；这是信号传递而不是甄别。

一般的观点是，虽然混同结果对所有人有利，但是在合作和约束的过程中他们可能不会选择混同的结果。追求个人利益会导致分离均衡。这就像有大量参与人的囚徒困境博弈，所以人们不可避免地要为信息不对称付出代价。

□ 8.5.3 多种类型

到目前为止我们只考虑了两种类型，但是其思想可以很快推广到多种类型。假设有好几种类型：A，B，C，…。依能力强弱排列，则可以建立一连串不同等级的标准，能力最弱的人选择不受教育，比能力最弱者好一点的人选择接受一点教育，依此类推，所有人都会自选择可识别出其类型的标准。

为了完成讨论，在此我们仅对信号传递做一点深入说明，或作为一个警告假设你是信息优势方，并且有一个令人信服的行动可以传递出对自己有利的信息。如果你无法传递出这个信号，其他人就会持有对你不利的信息假设。这样看来，信号传递就像在比赛胆量——如果你拒绝出招，那么你就已经出招并且输了。

当你在选择是采用字母计分方式*还是采用"合格-不合格"二元计分方式的课程时，你应当记住前面的道理。该课程学生的成绩会广泛分布在各个成绩等级上。假定平均成绩是 B，则学生就会明白自己成绩的好坏。那些有信心拿到 A＋的学生有强烈的动机要求采取字母计分方式。如果他们这样做，其他学生的平均成绩就会低于 B，比如变成 B－，因为 A＋的人已经占去了等级高的部分。而在剩下的学生中，那些有望得到 A 的学生有动机去另选其他课程，这又降低了该课程其他学生的平均成绩。如此下去，最后有望获得 C 和 D 的学生只能选择采取二元计分（合格或不合格）的课程了。那些阅读成绩单的人（公司老板或研究生招生委员会）将会意识到选择合格-不合格的学生主要是成绩分布中处于低端部分的人，这样就可以把合格当作 C 或 D，而不是平均成绩 B。

8.6 两个参与人的信号传递博弈均衡

我们目前在本章的分析已经解释了不完全信息的一般概念，以及甄别和信号传递的具体策略。我们也看到了运用这些策略可能产生的分离和混同结果。我们知道逆向选择如何出现在一个有许多车主和买方聚在一起的市场，以及信号和甄别机制如何被运用到存在众多老板和员工的情形中。然而，我们尚未说明两个信息不同的参与人之间的博弈。现在我们用一个例子来讲解此类情况，我们将看到分离或混同皆可成为均衡，并且**一种局部信息披露均衡**（partially revealing equilibrium）或**半分离均衡**（semiseparating equilibrium）也会在博弈中出现。

□ 8.6.1 基本模型与支付结构

在本节我们分析在不对称信息下进入市场的博弈。参与人是两家汽车生产商，Tudor 和 Fordor。Tudor 汽车公司当前对一种无污染、省油的小汽车拥有市场垄断力。Fordor，一家创新型企业，怀有竞争理念并决定是否进入该市场。但是 Fordor 不知道竞争对手 Tudor 的强硬程度。特别地，Fordor 不知道 Tudor 的生产成本是高还是低。如果对手生产成本高，Fordor 可以进入并竞争获利；如果对手生产成本低，Fordor 的

---

* 即以 A、B、C、D 评定成绩。——译者注

进入和开发成本不能被随后的运营利润所补偿，从而进入有净损失。

两家企业在序贯博弈中相互影响。在博弈的第一个阶段，Tudor 作为市场的唯一制造商设定价格（简化为高或低）。在第二个阶段，Fordor 做出是否进入的决定。支付或利润，由相对于每家企业的生产成本和 Fordor 的进入及开发成本的市场价格决定。

Tudor 当然不希望 Fordor 进入该市场，于是它会试图用它在博弈第一阶段的价格作为成本的信号。相比于高成本企业，低成本企业将会索要较低的价格。因此 Tudor 期望如果它保持第一阶段的低价格，Fordor 将会把此理解为 Tudor 成本较低的证据且选择不进入。（一旦 Fordor 放弃进入，Tudor 可以在第二阶段抬高价格。）正如一个扑克牌参与人可能抓了一手烂牌，但希望虚张声势可以成功而且对手能够放弃，Tudor 可能试图吓唬 Fordor 使之不进入。当然，Fordor 是一个策略参与人且知道这种可能性。问题是 Tudor 在博弈的均衡中能否成功地虚张声势。答案依赖于 Tudor 是否拥有真正的低成本。我们在下面将考虑两种不同的情形并展示两种不同的均衡结果。

在所有情形中，单位成本和价格以千美元计量，汽车的销售量以十万单位计量，因此利润以亿美元度量。这有助于我们以更紧凑和易读的方式写出支付和表格。我们使用在第 5 章餐馆价格博弈中的分析来计算这里的支付。假设价格（P）和需求量（Q）之间的关系是：$P=25-Q$。[30] 为了进入市场，Fordor 前期必须花费 40（这个支付的单位与利润相同，从而实际上是 40 亿美元）去建立工厂、做广告宣传等。如果它进入市场，它生产和交付每辆车的成本总是 10（千美元）。

Tudor 可以是笨拙的老企业，生产的单位成本是 15（千美元）；也可以是灵活、高效的生产商，生产的单位成本是 5（千美元），这个成本低于 Fordor 所能达到的。在后面的第 8.6.3 节和 8.6.4 节我们将研究其他成本带来的影响。现在，我们进一步假设 Tudor 以低成本生产的概率是 0.4，以高成本生产的概率是 0.6。[31]

Fordor 在进入博弈中的决策依赖于它对 Tudor 成本信息的掌握程度。我们假设 Fordor 知道两个可能的成本水平，于是可以计算与每种情形相关的利润。此外，Fordor 会形成 Tudor 是低成本类型概率的信念。我们假设两个参与人均知道博弈的结构，因此虽然 Fordor 不知道 Tudor 具体是哪一种类型，但是 Fordor 的优先信念正好与 Tudor 属于低成本类型的概率相吻合；也就是，Fordor 关于 Tudor 属于低成本类型概率的信念也是 40%。

如果 Tudor 的成本较高，为 15（千美元），那么在其垄断力不受威胁的情形下，它通过将汽车价格定为 20（千美元）来最大化自己的利润。该价格下的销售量是 5（十万），且利润是 25［=5×(20-15)，即 25 亿美元］。如果 Fordor 进入市场并且两者竞争，则在双寡头博弈的纳什均衡下，Tudor 的经营利润是 3，Fordor 的经营利润是 45。Fordor 的经营利润超过了其前期进入成本 40，于是如果 Fordor 知道 Tudor 是高成本类型的，则它会选择进入并赚取净利润 5。

如果 Tudor 的成本较低，为 5，那么在其垄断力不受威胁的情形下，它把汽车价格定为 15，销售 10，获得利润 100。在 Fordor 跟随进入的均衡下，Tudor 的经营利润是 69，Fordor 的经营利润是 11。11 小于 Fordor 的进入成本。如果 Fordor 知道 Tudor 是低成本类型的，则它会选择不进入并且避免损失 29。

□ 8.6.2 分离均衡

如果 Tudor 是高成本的，但想要 Fordor 认为它是低成本的，Tudor 必须模拟低成本类型的行动；也就是，它的定价为 15。但是这种情形下价格等于其成本，它不会获得利润。Tudor 会牺牲初始利润来恐吓 Fordor 离开并享受随后阶段中垄断的利益吗？

我们用图 8-7 的扩展式展示了博弈的全过程。注意我们使用第 8.3 节称为"自然"的虚拟参与人来选择博弈开始阶段 Tudor 的成本类型，然后 Tudor 做出定价决策。假设如果 Tudor 拥有低成本，它不会选择高定价[32]，但是如果 Tudor 拥有高成本，并且它想要虚张声势，它可以选择定高价或低价。Fordor 不能区分 Tudor 定低价的这两种情形，从而它在这两个结下的策略包含在一个信息集中。Fordor 必须在这两个结上做出进入或退出的决策。

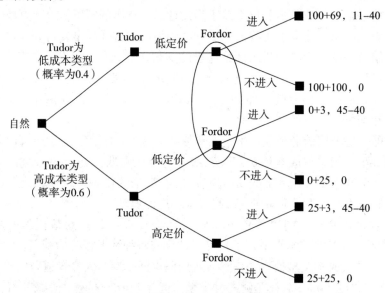

图 8-7 进入博弈的扩展式：Tudor 的低成本为 5

在每个终点结上，第一个进入支付是 Tudor 的利润，第二个进入支付是 Fordor 的利润。Tudor 的利润是两个阶段之和，在阶段 1 只有它这个唯一的生产商，在阶段 2 是双寡头还是单寡头，取决于 Fordor 是否进入。Fordor 的利润只在阶段 2 且仅仅当它选择进入时为非零。

使用一步逆推分析，我们看到在底部结点处，当 Tudor 选择高价格时，Fordor 将选择"进入"，因为 45-40=5>0。于是我们在那一结点处去掉"不进入"。于是每个参与人只有两个策略。对于 Tudor，两个策略分别是"虚张声势"（LL）：无论成本高低，在阶段 1 都选择低价格；以及策略"诚实"（LH）：在阶段 1 如果成本较低则选择低价格，如果成本较高则选择高价格。对于 Fordor，两个策略分别是"忽略"（II）：无论 Tudor 在阶段 1 的价格是高还是低均"进入"；以及策略"有条件"（OI）：只有 Tudor 在阶段 1 的定价较高时才进入。

我们现在能用策略（规范）式展示博弈。图 8-8 展示了每个参与人的两种可能策略；给定 Tudor 选择低成本的概率（40％），每个单元格的支付是每家企业的期望利润。这个计算与图 8-6 中的做法类似。与那个例子一样，如果你标注博弈树上的终点结并且确定哪些与表中的各个单元格有关，那么你就很容易计算出结果。

	Fordor	
	忽略（II）	有条件（OI）
Tudor 虚张声势（LL）	$169\times0.4+3\times0.6=69.4$, $(-29)\times0.4+5\times0.6=-8.6$	$200\times0.4+25\times0.6=95$, 0
诚实（LH）	$169\times0.4+28\times0.6=84.4$, $(-29)\times0.4+5\times0.6=-8.6$	$200\times0.4+28\times0.6=96.8$, $5\times0.6=3$

图 8-8　进入博弈的策略式：Tudor 的低成本为 5

这是一个简单的占优可解博弈。对于 Tudor，"诚实"占优于"虚张声势"。Fordor 对于 Tudor 的占优策略"诚实"的最优反应是"有条件"。因此，（诚实，有条件）是这个博弈唯一的（子博弈完美）纳什均衡。

图 8-8 找到的均衡是分离均衡。在第一阶段，Tudor 在两种不同成本类型下索要不同价格。这一行动对 Fordor 来说披露了 Tudor 的类型，从而 Fordor 相应地做出是否进入的决策。

理解为什么"诚实"是 Tudor 的占优策略的关键是对比 Fordor 在"有条件"策略下的支付。这是 Tudor 的"虚张声势"起作用的结果：如果 Tudor 在阶段 1 选择高价格，则 Fordor 选择"进入"；如果 Tudor 在阶段 1 选择低价格，则 Fordor 选择"退出"。如果 Tudor 的确拥有低成本，则在 Fordor 选择"有条件"策略情形下，它选择"虚张声势"和"诚实"的支付是一样的。但是如果 Tudor 实际拥有高成本，则结果是不一样的。

如果 Fordor 的策略是"有条件"且 Tudor 是高成本的，则 Tudor 能成功地使用"虚张声势"策略。然而，即使能成功地使用"虚张声势"策略，代价也过于昂贵。如果 Tudor 在阶段 1 索要最优的垄断（诚实）价格，将会获得利润 25。"虚张声势"的低价格极大地减少了利润，在这种情况下利润一直下降到零。在阶段 1，更高的垄断价格将鼓励 Fordor 进入，并使 Tudor 的利润从单寡头水平下的 25 降低到双寡头水平下的 3。但是 Tudor 在阶段 2 索要低（虚张声势）价格并使 Fordor 不进入的收益（25-3=22）要少于在阶段 1"虚张声势"带来的成本和放弃的垄断利润（25-0=25）。只要 Tudor 是高成本的概率为正，那么它选择"诚实"要优于选择"虚张声势"，即使在 Fordor 选择"有条件"的情形。

如果低价格不是如此之低，则真正为高成本的 Tudor 通过模仿低成本类型将会损失更少。在这种情形下，"虚张声势"对于 Tudor 来说也许是更有利可图的策略。我们在下边的分析中将考虑这种可能性。

☐ 8.6.3　混同均衡

我们现在假设 Tudor 生产每辆汽车的较低成本是 10 而不是 5。在这种成本的改变下，如果 Tudor 在垄断情形下索要利润最大化的价格 20，则它是高成本的时仍能获利 25。但当 Tudor 是低成本的时，作为垄断者其要价 17.5（不是 15）并获利 56。如果高成本类型模仿低成本类型并要价 17.5，利润为 19（而不是先前情形的零）；选择"虚张声势"的利润损失现在更小，为 25−19=6，而不是 25。如果 Fordor 进入，则在双寡头博弈中，如果 Tudor 是高成本的，Tudor 的利润是 3，Fordor 的利润是 45。如果 Tudor 是低成本的，每个企业的双寡头利润均为 25，在这种情形下，Fordor 和低成本的 Tudor 有相同的单位成本 10。

再次假设 Tudor 是低成本类型的概率为 40%（0.4），且 Fordor 对低成本类型的信念是正确的。新的博弈树展示在图 8−9 中。因为当 Tudor 定高价时 Fordor 仍旧选择"进入"，博弈再次成为每个参与人有两个完备策略的情形；这些策略与第 8.6.2 节中描述的相同。这个博弈的规范式支付表由图 8−10 给出。

这是另一个占优可解的博弈。然而，这里 Fordor 有一个占优策略，它总是选择"有条件"。给定"有条件"的占优策略，Tudor 将会选择"虚张声势"。因此（虚张声势，有条件）是这个博弈唯一的（子博弈完美）纳什均衡。在支付表的其他单元格，一个企业通过偏离它的行动来获利。至于为什么这些偏离是有利可图的，这个直观的解释留给读者思考。

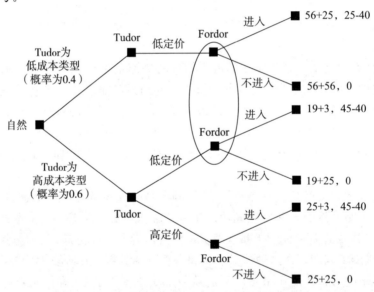

图 8−9　进入博弈的扩展式：Tudor 的低成本为 10

		Fordor	
		忽略（II）	有条件（OI）
Tudor	虚张声势（LL）	$81\times0.4+22\times0.6=45.6$， $(-15)\times0.4+5\times0.6=-3$	$112\times0.4+44\times0.6=71.2$， 0
	诚实（LH）	$81\times0.4+28\times0.6=49.2$， $(-15)\times0.4+5\times0.6=-3$	$112\times0.4+28\times0.6=61.6$， $5\times0.6=3$

图 8−10　进入博弈的策略式：Tudor 的低成本为 10

使用图 8-10 找出的均衡涉及混同。两种成本类型的 Tudor 定价相同，看到这一点，Fordor 退出。当两种成本类型的 Tudor 定价相同时，观察价格并不能向 Fordor 传递任何信息。Fordor 对 Tudor 的成本是低类型的概率估值为 0.4 并计算出自己进入的期望利润是－3＜0，因此它不进入。尽管 Fordor 非常了解 Tudor 在均衡中选择"虚张声势"，但是揭露"虚张声势"策略的风险太大，因为 Tudor 实际上是低成本的概率足够大。

如果这个概率更小——比如 0.1——并且 Fordor 意识到这个事实会怎么样？如果其他所有数字均保持不变，则 Fordor 选择"忽略"策略的期望利润是 $(-15)\times0.1+5\times0.9=4.5-1.5=3>0$。那么无论 Tudor 定价高低，Fordor 都会选择"进入"，Tudor 的"虚张声势"将不起作用。这种情形是一种新类型的均衡，我们将在下面考虑它的特征。

☐ 8.6.4 半分离均衡

这里我们考虑进入博弈中 Tudor 以低成本 10 生产的概率为 0.1 的情况。所有的成本和利润都与先前章节的一样，只是概率改变了。因此我们不再展示博弈树（见图 8-9），只是写出如图 8-11 的支付表。

在新情形中，图 8-11 描绘的博弈不存在纯策略均衡。对于（虚张声势，忽略），Tudor 通过偏向"诚实"获益；对于（诚实，忽略），Fordor 通过偏向"有条件"获益；对于（诚实，有条件），Tudor 通过偏向"虚张声势"获益；对于（虚张声势，有条件），Fordor 通过偏向"忽略"获益。至于为什么这些偏离是有利可图的，这个直观的解释再次留给读者思考。

		Fordor	
		忽略（II）	有条件（OI）
Tudor	虚张声势（LL）	$81\times0.1+22\times0.9=27.9$， $(-15)\times0.1+5\times0.9=3$	$112\times0.1+44\times0.9=50.8$， 0
	诚实（LH）	$81\times0.1+28\times0.9=33.3$， $(-15)\times0.1+5\times0.9=3$	$112\times0.1+28\times0.9=36.4$， $5\times0.9=4.5$

图 8-11 进入博弈的策略式：Tudor 的低成本是 10 的概率为 0.1

于是我们现在寻找混合策略的均衡。假设 Tudor 分别以概率 p 和 $1-p$ 混合策略"虚张声势"和"诚实"。类似地，Fordor 分别以概率 q 和 $1-q$ 混合策略"忽略"和"有条件"。Tudor 的 p-混合必须使 Fordor 在两个纯策略"忽略"和"有条件"之间无差异，于是有：

$$3p+3(1-p)=0p+4.5(1-p) \text{ 或 } 4.5(1-p)=3$$
$$\text{或 } 1-p=2/3 \text{ 或 } p=1/3$$

而且 Fordor 的 q-混合必须使 Tudor 在两个纯策略"虚张声势"和"诚实"之间无差异，即有：

$$27.9q + 50.8(1-q) = 33.3q + 36.4(1-q) \text{ 或 } 5.4q = 14(1-q)$$
$$\text{或 } q = 14.4/19.8 = 16/22 = 0.727$$

因此，混合策略均衡意味着 Tudor 以 1/3 的概率选择"虚张声势"，以 2/3 的概率选择"诚实"，而 Fordor 以 16/22 的概率选择"忽略"，以 6/22 的概率选择"有条件"。

在均衡中，Tudor 的类型只是部分分离的。Tudor 的低成本类型在阶段 1 总是定低价，但是高成本类型混合定价且以 1/3 的概率索要低价。如果 Fordor 在阶段 1 观察到高价，则可以确定 Tudor 是高成本的，在这种情形下，Fordor 总会选择"进入"。但是如果 Fordor 观察到低价，则它不知道 Tudor 实际上是低成本的还是虚张声势、高成本的。于是 Fordor 也选择一个混合策略，以 72.7% 的可能性选择"进入"，从而高定价传递了 Tudor 类型的全部信息，低定价只是传递了部分信息。因此这种类型的均衡被称为半分离均衡。

为了更好地理解每个企业的混合策略和半分离均衡，考虑 Fordor 如何使用 Tudor 通过低价传递的部分信息。如果 Fordor 在阶段 1 观察到低价，它将会使用这个观察去更新它关于 Tudor 是低成本概率的信念，它使用贝叶斯定理（Bayes' theorem）做出这种更新。[33] 图 8-12 展示了计算结果，附录中的图 8A-3 也有相似的表格。

支付表的行显示了 Tudor 可能的类型，列显示了 Fordor 观察到的价格水平。单元格的值代表对应于行中 Tudor 的类型，选择相应的列中价格的概率（融合了 Tudor 的均衡混合概率）。最后的行和列分别显示了在每种类型下观察每种价格的总概率。

		Fordor 的定价		行加总
		低	高	
Tudor 的成本	低	0.1	0	0.1
	高	0.9×1/3=0.3	0.9×2/3=0.6	0.9
	列加总	0.4	0.6	

图 8-12　对于进入博弈使用贝叶斯定理

使用贝叶斯法则，当 Fordor 观察到 Tudor 在阶段 1 索要低价时，它会通过低成本的 Tudor 索要低价格的概率除以两种类型的 Tudor 选择低价格的总概率，来修正关于 Tudor 是低成本概率的信念。这种计算得出 Fordor 关于 Tudor 是低成本概率的修正信念是 0.1/0.4=0.25。然后 Fordor 也将它进入的期望利润修正为 $(-15) \times 0.25 + 5 \times 0.75 = 0$。于是 Tudor 的均衡混合正好使得当 Fordor 观察到阶段 1 的价格时在"进入"与"不进入"之间无差异。这个结果正好是 Tudor 在均衡中混合策略所需要的。

Tudor 是低成本的原始概率 0.1 太小而不能阻止 Fordor 进入市场。Fordor 在观察过阶段 1 价格后的修正概率 0.25 是很高的。为什么？精确地说是因为高成本类型的 Tudor 不总是选择"虚张声势"。如果总是选择"虚张声势"，则低价格将不会传递任何信息。在这种情形下 Fordor 的修正概率将等于 0.1，于是它将会进入市场。但是当高成本类型的 Tudor 仅仅有时选择"虚张声势"时，低价格更有可能预示着低成本。

我们在进入博弈中用一种直观的方式提出了均衡，我们现在回过头来系统地思考一下这些均衡的本质。在每种情形下，我们首先在给定其他参与人的策略情形下，应用纳什均衡的概念，确保每个参与人的策略是最优的。其次，我们确保参与人从他们的观察中做出正确推断，这要求使用贝叶斯定理在半分离均衡中明确地计算概率。在这种信息不对称博弈中确定均衡的这些必要概念称为**贝叶斯纳什均衡**（Bayesian Nash equilibria）。最后，尽管这只是这个例子细小的部分，我们做一点逆推或子博弈完美推导。逆推的使用被称为**完美贝叶斯均衡**（perfect Bayesian equilibrium）。我们的例子只是所有均衡概念中的一个简单事例，在随后的章节中和对博弈论的进一步研究中，你将会遇到它们更加复杂的形式。

▌ 8.7 总 结

当面对不完美或不完全信息时，博弈中具有不同风险态度或拥有不同信息的参与人，可以使用策略行为去控制和操纵博弈的风险和信息。参与人通过支付制度或与他人风险共担可以减少自己的风险，尽管后者由于道德风险和逆向选择变得复杂。参与人有时可以依据博弈的环境变风险为自己的收益。

具有私人信息的参与人可能想隐匿或披露其信息，而没有这些信息的人则试图诱取或回避这些信息。当存在非对称信息时，行动胜于语言。要披露信息，则需要可置信的信号。在某些情况下，简单几句话就可以传递可置信的信息，这时存在廉价磋商均衡。要实现这样的均衡，参与人之间的利益共同程度是关键所在。当一个参与人话语的信息内容被忽略时，该博弈就存在废话均衡。

更一般地，参与人采取的具体行动会传递信息。仅当传递信号的行动会导致具有不同信息的参与人有不同的成本时，信号传递才是有用的。为了获取信息，当询问不足以诱导真实信息时，就需要甄别机制来采取某个具体的行动。仅当甄别机制能够诱导他人如实地显示其类型时，甄别才是有用的；必须有激励相容才能实现分离。有时候我们无法实现可置信的信号传递或甄别；这时的均衡可能是混同均衡，或者某一种类型的市场或交易是彻底失败的。在日常情形中有很多信号传递和甄别的例子，比如劳动市场或保险业。关于参与人是否有能力实现完美贝叶斯均衡的证据表明，虽然概率的计算确实很困难，但这种均衡还是可以经常看到的。实验结果的不同可能是因为实验的设计。

在不对称信息博弈均衡中，参与人不能只按照自己的信息采取最优行动，还必须根据对他人行动的观察进行推断（更新其信息）。这种类型的均衡就是贝叶斯纳什均衡，进一步要求若在所有结上都是最优化的（如逆推分析一样），则均衡变为完美贝叶斯均衡。它存在三种结果，即混同均衡、分离均衡和局部分离均衡，这取决于支付结构以及对信息修正过程的规定。在某些参数区间，还可能存在多重类型的完美贝叶斯均衡。

▌ 关键术语

逆向选择（adverse selection）

废话均衡（babbling equilibrium）

贝叶斯纳什均衡（Bayesian Nash equilibrium）

廉价磋商均衡（cheap talk equilibrium）

激励相容条件/约束（incentive compatibility condition/constraint）

道德风险（moral hazard）

负相关（negatively correlated）

局部信息披露均衡（partially revealing equilibrium）

参与条件/约束（participation condition/constraint）

完美贝叶斯均衡（perfect Bayesian equilibrium）

混同（pooling）

混同均衡（pooling equilibrium）

类型混同（pooling of types）

正相关（positively correlated）

甄别（screening）

甄别机制（screening device）

自选择（self-selection）

半分离均衡（semiseparating equilibrium）

分离均衡（separating equilibrium）

类型分离（separation of types）

信号（signal）

信号传递（signaling）

信号干扰（signal jamming）

类型（type）

已解决的习题

S1. 在第8.1节有关风险交易的例子中，你遇上有利运气的风险收入是 160 000 美元（以概率 0.5），遇上不利运气的风险收入是 40 000 美元（以概率 0.5）。当你的邻居有一个确定性的收入 100 000 美元时，我们导出一种可以完全消除你的风险且稍微增加你的邻居的期望效用的机制。假设每个人的效用仍然是收入的平方根函数。然而，现在让有利运气的概率变为 0.6。考虑当你遇到不利运气时你的收入正好是 100 000 美元的契约。令 x 表示你遇到有利运气时你支付给你的邻居的报酬。

（a）使你的邻居稍微愿意接受这类契约的 x 的最小值是多少？

（b）这类契约让你的期望效用稍微好于没有契约时的 x 最大值是多少？

S2. 一个当地的慈善机构拨款为这个社区无家可归的人免费提供食物，但又担心这个计划被附近觊觎免费餐的大学生利用。无家可归者和当地大学生获得免费餐的支付均为 10。无家可归者领餐排队的成本是 $t^2/320$，大学生排队的成本是 $t^2/160$，其中 t 是以分钟度量的排队时间。假设慈善机构不能观察出领餐者的真实类型。

（a）能够区分出类型的等待时间 t 的最小值是多少？

（b）过了一会儿，慈善机构发现它可以成功地确认和驱走大学生。被驱走的大学生不仅没有吃到免费餐且因尴尬和时间付出的成本为 5。大学生的局部确认是减少还是增加了（a）中的回答？请解释。

S3. 考虑第 8.4.2 节中描述的二手车市场。现在出现了对二手车的激增需求，买方现在愿意为"橘子"支付 18 000 美元，为"柠檬"支付 8 000 美元。其他的情形与第 8.4.2 节中的例子保持一致。

（a）如果"橘子"所占的市场份额 f 是 0.6，则买方愿意为不知道类型的 Citrus 支付的价格是多少？

（b）如果 $f=0.6$，"橘子"市场还存在吗？请解释。

(c) 如果 f 是 0.2，买方愿意支付的价格是多少？

(d) 如果 $f=0.2$，"橘子"市场还存在吗？请解释。

(e) 使得"橘子"市场不崩溃的 f 的最小值是多少？

(f) 解释为什么买方支付意愿的提高改变了"橘子"市场崩溃的临界值。

S4. 假设有两类电工：有能力的和无能力的。两类电工都可拿到资格证书，但是无能力者要拿到证书就必须付出额外的努力。有能力者需耗时 C 个月去通过资格考试，无能力者则需要两倍的时间。有资格证书的电工在合法承包商的工地工作每年可赚取 10 万美元。没有资格证书的电工从事一些临时性工作，每年只能赚取 2.5 万美元，也是合法承包商雇用他们。每类电工得到的支付为 $\sqrt{S}-M$，其中 S 是以千美元为单位衡量的薪水，M 是获取证书所耗费的时间月数。请问 C 处于何区间可令有能力的电工选择证书信号，而无能力的电工不选择证书信号？

S5. 回到第 8.6.1 节的 Tudor-Fordor 例子中 Tudor 的单位成本最低是 5 的情形。让 z 表示 Tudor 实际上是低成本类型的概率。

(a) 用 z 重画图 8-8。

(b) 当 $z=0$ 时存在多少个纯策略均衡？请解释。

(c) 当 $z=1$ 时存在多少个纯策略均衡？请解释。

(d) 对于 z 在 0 和 1 之间的任意取值，证明这个博弈的纳什均衡总是分离均衡。

S6. 再次考虑 Tudor 和 Fordor 的例子，假设已成立的公司 Tudor 是风险规避的，而将要加入的 Fordor（正筹划通过风险资本为其项目融资）是风险中性的。也就是，Tudor 的效用总等于两阶段利润总和的平方根，Fordor 的效用（如果有）等于阶段 2 利润的数值。假设 Tudor 的低单位成本是 5，如第 8.6.1 节所述。

(a) 给定风险规避的 Tudor 的支付，重绘图 8-7 所示的扩展式博弈。

(b) 令 Tudor 为低成本的概率 z 等于 0.4。均衡是分离的、混同的还是半分离的？（提示：使用等同于图 8-8 的表格。）

(c) 当 $z=0.1$ 时重述（b）的问题。

S7. 回到 Tudor 是风险中性的情形，但其单位成本最低是 6（而不是第 8.6 节中的 5 或 10）。如果 Tudor 的低成本是 6，则其在垄断情形下的最大化收入是 90。如果 Fordor 进入，在双寡头情形下，Tudor 的收入是 59，Fordor 的收入是 13。如果 Tudor 实际上是高成本的（也就是它的单位成本是 15）且按低成本情形定价，则它在垄断情形下的收入是 5。

(a) 改变适当的支付，画出这个博弈的等同于图 8-7 或图 8-9 的博弈树。

(b) 假设 Tudor 是低价格的概率为 0.4，写出这个博弈的规范式。

(c) 这个博弈的均衡是什么？是分离均衡、混同均衡还是半分离均衡？解释原因。

S8. 费利克斯和奥斯卡两人玩一种简单的扑克牌。每人开始有 8 美元作为赌本。然后大家分别抽一张牌，大或小的概率各占 1/2。每人看到自己的牌但是不知道对方的牌。

然后费利克斯决定开牌或者加注（额外加赌 4 美元）。若他选择开牌，则两张牌被翻开并加以比较。如果两张牌不一样，则大者胜，并赢得全部赌金 16 美元（其中包括他自己的 8 美元，所以他的实际支付为 8 美元）；输家亏损 8 美元。若两张牌一样大，则各自拿回 8 美元（支付为 0 美元）。

如果费利克斯选择加注，那么奥斯卡决定弃牌或者跟牌（亦跟注 4 美元）。若奥斯卡弃牌，则费利克斯获胜（无论他的牌大小如何）并拿走全部赌金；若奥斯卡选择跟牌，则两张牌翻开比较。这一过程与上一段落所说的一样，只不过现在的赌金变得更多了。

（a）以扩展式表示这个博弈（请注意信息集）。

如果将该博弈写成标准式，费利克斯有四个策略：（1）总是开牌（简写为 PP）；（2）总是加注（RR）；（3）在自己的牌大时加注而在牌小时开牌（RP）；（4）在牌大时开牌而在牌小时加注（PR）。同样，奥斯卡也有四个策略：（1）总是弃牌（FF）；（2）总是跟牌（SS）；（3）在自己的牌大时跟牌而在牌小时弃牌（SF）；（4）在牌大时弃牌而在牌小时跟牌（FS）。

（b）证明费利克斯的支付如下表所示：

单位：美元

		奥斯卡			
		FF	SS	SF	FS
费利克斯	PP	0	0	0	0
	RR	8	0	1	7
	RP	2	1	0	3
	PR	6	−1	1	4

（对于以上 16 个单元格，你必须计算四种不同的抽牌组合，然后求期望值。）

（c）尽量剔除劣策略，在剩下的表中找出混合策略均衡，以及费利克斯在均衡中的期望支付。

（d）运用信号传递和甄别理论知识，解释为什么均衡时有混合策略。

S9. 费利克斯和奥斯卡两人玩另外一种扑克牌的简化版本。每人开始时以 1 美元作为赌本。费利克斯（只有费利克斯）抽一张牌，或者抽到国王，或者抽到王后，且抽到的概率相等（一共有四个国王和四个王后）。然后费利克斯选择是弃牌还是跟注。如果他弃牌，博弈结束且奥斯卡获得费利克斯的 1 美元。如果费利克斯选择跟注，他要再加注 1 美元，然后奥斯卡选择是放弃还是跟注。

如果奥斯卡弃牌，则费利克斯获得赌注（奥斯卡的初始 1 美元和费利克斯的 2 美元）。如果奥斯卡跟注，他要另加 1 美元赌注，以匹配费利克斯的赌注，且费利克斯开牌。如果牌是国王，费利克斯赢得赌注（每人的 2 美元）。如果是王后，奥斯卡赢得赌注。

（a）用扩展式表示博弈（注意信息集）。

（b）每个参与人有多少个策略？

（c）用策略式表示博弈，其中每个单元格的支付反映了给定每个参与人策略下的期望支付。

（d）如果有，剔除劣策略。找出混合策略纳什均衡。均衡中费利克斯的期望支付是多少？

S10. 旺达是一个女服务员，从而有机会获得现金小费，且不被老板上报给国税局（IRS）。她的小费收入变动很大。在有利年份（G），她赚得高收入，于是她应缴纳给 IRS 的税额是 5 000 美元；在不利年份（B），她赚得低收入，于是她的应纳税额是 0 美元。IRS 知道旺达遇到有利年份的概率是 0.6，遇到不利年份的概率是 0.4，但它不知道哪一种结果导致她该年度的纳税额。

在这个博弈中，首先旺达决定把自己的多少收入上报给 IRS，如果她上报高收入（H），她支付 5 000 美元给 IRS。如果她上报低收入（L），她支付 0 美元给 IRS。然后 IRS 决定是否对旺达进行审计。如果旺达上报高收入，IRS 将不审计，因为它自动知道已经收到了旺达的应纳税负。如果旺达上报低收入，则 IRS 或者审计（A），或者不审计（N）。当 IRS 审计时，它的行政成本是 1 000 美元，且旺达因收集银行记录和会见审计员而花费的机会成本是 1 000 美元。如果 IRS 的审计结果为旺达处于不利年份（B），则她不用向 IRS 支付任何税费，尽管她和 IRS 各自有 1 000 美元的审计成本。如果 IRS 的审计结果为旺达处于有利年份，则她必须向 IRS 支付拖欠的 5 000 美元，而且要支付她和 IRS 各自的审计成本。

（a）假设旺达处于有利年份（G），但她向 IRS 上报的是低收入（L）。然后假设 IRS 审计（A）她，则旺达的总支付是多少？IRS 的总支付是多少？

（b）在这个博弈中哪一个参与人有激励选择"虚张声势"（也就是，给出错误的信号)？"虚张声势"由什么组成？

（c）展示这个博弈的扩展式。（注意信息集。）

（d）在这个博弈中每个参与人有多少个纯策略？解释你的推断。

（e）写出这个博弈的策略式博弈矩阵。找出所有纳什均衡。确定你找出的均衡是分离均衡、混同均衡还是半分离均衡。

（f）让 x 等于旺达处于有利年份的概率。在这个问题的原始版本中 $x = 0.6$。找出一个 x 的值，使得在均衡时旺达总是上报低收入。

（g）使得在均衡时旺达总是上报低收入的 x 的取值范围是多少？

S11. 医疗保险制度的设计要考虑每个点上的信息和策略。相比于保险公司所能找到的，使用者（潜在的和实际的病人）对自己的健康、生活方式等有更充分的信息。提供者（医生、医院等）比病人和保险公司更了解病人需要什么。医生也更清楚自己的技术、努力和医院的设施。保险公司也许有它们过去记录的关于治疗和手术结果的统计信息，但结果受许多不可观察的随机因素影响，因此技术、努力或设施不能完全由观察结果推断出来。制药公司比其他人更了解药物的疗效。像平常一样，这些机构没有激励来与他人完全或准确地分享这些信息。总体方案的设计必须试图面对这些情况并找出可行的最佳解决方案。

从策略角度考虑各种支付方案——服务费与支付给医生的人头费、综合保险费与给每个病人的赔偿等——的相对优点。哪一个方案对于参与医疗保险的人最有益？哪一个方案对于提供医疗保险的人最有益？同样要考虑私人保险和一般税收的覆盖成本。

S12. 在某知名品牌速溶咖啡的电视广告中，一位男士在他的寓所招待一位女士。他想请她来点咖啡及点心，当女士同意后，他走到厨房泡速溶咖啡同时假装发出高级（且昂贵的）咖啡机冲泡时的声音。正当他这样做的时候，另外一个房间里传来女士的声音："我要看看咖啡机……"

运用非对称信息博弈的知识，评论这两个人的行动。请注意他们所使用的信号传递和甄别策略，并举出每个策略的具体情节。在你看来，他们中谁是更厉害的策略高手？

S13.（**选做，需要附录知识**）在基因检验的例子中，假设检验显示无缺陷（观察到 Y）。那么一个人真的没有遗传缺陷的概率是多少？运用贝叶斯法则计算此概率，然后用列举法检查你的答案是否正确。

S14.（**选做，需要附录知识**）回到第 8.4.2 节 2011 Citrus 的例子中，Citrus 的两种类型——可靠的"橘子"和糟糕的"柠檬"——对于买方来说表面上是没有区别的。在例子中，如果"橘子"的比例 f 小于 0.65，则"橘子"的卖方不愿意以买方愿意支付的最大价格售出汽车，因此"橘子"市场崩溃。

但是如果卖方以一种有成本的方式传递她的汽车类型会怎么样？尽管"橘子"和"柠檬"在每个方面几乎都是一样的，两者之间典型的区别是"柠檬"更频繁地出故障。了解到这一点，"橘子"的拥有者将做出如下建议。应买方的要求，卖方将在一天内驱车往返行驶 500 英里。（假设该旅程将要通过里程表读数和来自 250 英里外的加油站的时间印章得到核查。）对于两种类型的卖方，花在燃料和时间上的旅途成本是每英里 0.5 美元（也就是 500 英里 250 美元）。然而，"柠檬"在旅途中以 q 的概率出故障。如果汽车出故障，则将要行驶的旅程的成本是每英里 2 美元（也就是 1 000 美元）。此外，出故障是车为"柠檬"的确切信号，从而只能定价 6 000 美元。

假设"橘子"在 Citrus 市场中所占的比例是 $f = 0.6$。假设"柠檬"出故障的概率 $q = 0.5$ 且"柠檬"的拥有者是风险中性的。

（a）使用贝叶斯法则决定已经成功地完成 500 英里路程且是"橘子"所占的比例 f_{updated} 的值。假设所有车主都尝试行驶，f_{updated} 是大于还是小于 f？解释原因。

（b）使用 f_{updated} 决定汽车成功地行驶完 500 英里后买方愿意支付的价格 p_{updated}。

（c）"橘子"的车主愿意行驶并以价格 p_{updated} 卖出他的车吗？为什么？

（d）"柠檬"的车主尝试行驶的期望支付是多少？

（e）你表述的这个市场的结果是混同的、分离的还是半分离的？请解释。

未解决的习题

U1. 杰克是个有天赋的投资者，但他的收入逐年波动。在接下来的一年，如果遇到好运气，他的期望收入是 250 000 美元；若遇到坏运气，他的期望收入是 90 000 美元。有些奇怪的是，给定他所选的职业，杰克是风险规避的，于是他的期望效用等于他的收入的平方根。杰克遇到好运气的概率是 0.5。

（a）在接下来的一年杰克的期望效用是多少？

（b）对于杰克在（a）中的期望效用，什么数量的确定性收入能得出同样水平的效用？

杰克和珍妮特在各个方面的情形相同。珍妮特作为一个投资者，在接下来的一年，如果遇到好运气，她的期望收入是 250 000 美元，如果遇到坏运气，她的期望收入是 90 000 美元。她是风险规避的，效用函数是平方根形式的，且遇到好运气的概率是 0.5。关键是，他们投资时的运气完全独立。他们同意达成协议，无论各自的运气好坏，他们总是混同他们的收入，然后均分它们。

（c）四个可能的运气结果组合是什么？每个组合的概率是多少？

（d）在这个协议下杰克和珍妮特的期望效用是多少？

（e）对于杰克和珍妮特在（d）中的期望效用，什么数量的确定性收入能得出同样水平的效用？

难以置信的是，杰克和珍妮特后来又遇到克里斯，其收入、效用及运气与杰克和珍妮特的完全一样。克里斯的好运气的概率与杰克或珍妮特的独立。经过一番讨论后，他们决定让克里斯加入杰克和珍妮特的协议。三人将要混同他们的收入且均分成三份。

（f）八个可能的运气结果组合是什么？每个组合的概率是多少？

（g）在这个扩展的协议下每个投资者的期望效用是多少？

（h）对于三个风险规避的投资者在（g）中的期望效用，什么数量的确定性收入能得出同样水平的效用？

U2. 再次考虑 2011 Citrus 的例子，几乎所有车都随时间的推移而折旧。每过一个月，所有卖方（无论何种类型）都愿意接受比一个月前少 100 美元的价格。此外，每过一个月，买方想要为"橘子"比上个月少支付的最大限度金额为 400 美元，为"柠檬"比上个月少支付的最大限度金额为 200 美元。假设正文中例子发生的月数为 0。市场中 80% 是"橘子"，这个比例仍不改变。

（a）对于月数分别为 1、2 和 3 月的三个版本，分别填写下边的表格。

	卖方的接受意愿	买方的支付意愿
"橘子"		
"柠檬"		

（b）用图表示在接下来的 12 个月内，"橘子"的拥有者愿意接受的价格。用同一个图画出买方对不知道类型的车愿意支付的价格（给定"橘子"的比例为 0.8）。（提示：纵轴范围为 10 000～14 000。）

（c）在月数为 3 时还存在"橘子"市场吗？为什么？

（d）在月数为多少时"橘子"市场崩溃？

（e）如果"柠檬"的拥有者不计折旧（也就是，他们决不接受低于 3 000 美元的价格），这会影响"橘子"市场崩溃的时间吗？为什么？在这种情形下，"橘子"市场崩溃的月数是多少？

（f）如果买方不计"柠檬"的折旧（也就是，他们总愿意为"柠檬"支付 6 000 美元），这会影响"橘子"市场崩溃的时间吗？为什么？在这种情形下，"橘子"市场崩溃的月数是多少？

U3. 一个经济体有两种类型的工作，"好的"和"差的"，有两种类型的工人，"合格的"和"不合格的"。"合格"工人和"不合格"工人所占的比例分别为 60% 和 40%。对于"差的"工作，每种类型工人的产出是 10 单位；对于"好的"工作，合格工人的产出是 100 单位，不合格工人的产出是 0 单位。每种类型的工作对工人有足够大的需求，公司必须支付他们期望的与产出相一致的报酬。

公司必须在观察工人类型之前雇用每个工人，且在知道他们的实际产出之前支付报酬。但是合格工人可以通过接受教育传递他们合格的信号。对于合格工人，接受教育水平 n 的成本是 $n^2/2$，而对于不合格工人，成本是 n^2。这些成本都以产出作为度量单位，且 n 必须是整数。

（a）达到分离程度的 n 的最小值是多少？

（b）现在假设信号传递无效。哪一种类型的工作将要被何种类型的工人填补，且以什么工资水平？对于这种改变，谁将获利，谁将受损？

U4. 假设你是斯坦福大学的院长。你雇用的助理教授有七年的试用期，之后他们追寻终身教职，要么晋升并获得终身职位，要么被拒且必须寻找其他工作。

助理教授有两种类型，"合格的"和"优秀的"。任何比"合格"更差的类型都已经在雇用程序中被拒之门外，但是你不能直接区分出"合格"和"优秀"两种类型。每个助理教授都知道他或她是否"优秀"或仅仅"合格"。你喜欢仅仅授任终身职位给"优秀"类型。

斯坦福大学的这一终身职位的报酬为 200 万美元，这考虑到薪酬的期望贴现现值、咨询费、书的版税，加上学院职工和他或她的家属在其终身任职内从斯坦福大学获得的荣誉和快乐的货币等价物。任何被斯坦福大学拒绝的人都将在偏远学院获得职位，且其在职业生涯内获得的报酬现值是 50 万美元。

教师可以做研究并出版研究成果，但是每本书的出版都需要付出努力、时间和引起紧张的家庭关系。所有这些对学院职工都是有成本的。对于优秀助理教授每次出版与货币等价的成本是 30 000 美元，对于合格助理教授是 60 000 美元。你可以设定 N 为助理教授为了获得终身职位必须出版的最小次数。

（a）不做计算，尽可能完整地描绘出这个博弈在分离均衡中将发生什么。

（b）这个博弈存在两个潜在的分离类型结果。不做计算，尽可能完整地描述这两个分离结果。

（c）现在进一步做些计算。从"合格"教授中甄别出"优秀"教授的 N 的集合是多少？

U5. 回到第 8.6.3 节中 Tudor-Fordor 的问题，其中 Tudor 的单位成本最低为 10。令 z 表示 Tudor 实际上是低成本类型的概率。

（a）使用 z 重写图 8 - 10 的表格。

（b）当 $z=0$ 时，存在多少个纯策略均衡？当 $z=0$ 时是什么类型的均衡（分离均衡、混同均衡还是半分离均衡）？请解释。

（c）当 $z=1$ 时，存在多少个纯策略均衡？当 $z=1$ 时是什么类型的均衡（分离均衡、混同均衡还是半分离均衡）？请解释。

（d）使得存在混同均衡的最小 z 值是多少？

（e）直观地解释为什么当 z 值很小时不存在混同均衡。

U6. 假设 Tudor 是风险规避的，效用等于总利润的平方根（参见习题 S6），且 Fordor 是风险中性的。此外，假设 Tudor 的单位成本最低时为 10，如第 8.6.3 节一样。

（a）给定 Tudor 的恰当支付，重绘图 8 - 9 中博弈的扩展式。

（b）令 Tudor 是低成本类型的概率 $z=0.4$。均衡是分离的、混同的还是半分离的？（提示：使用等价于图 8 - 10 的表格。）

（c）当 $z=0.1$ 时，重述（b）中问题。

(d)（**选做**）Tudor 改为风险规避会改变习题 U5 中（d）的答案吗？解释原因。

U7. 回到习题 S7 中的情形，其中 Tudor 的单位成本最低时为 6。

(a) 使用 Tudor 是低成本类型的概率 z 写出这个博弈的规范式。

(b) 当 $z=0.1$ 时均衡是什么类型的？是分离均衡、混同均衡还是半分离均衡？

(c) 当 $z=0.2$ 时重述（b）中的问题。

(d) 当 $z=0.3$ 时重述（b）中的问题。

(e) 把你在（b）、（c）和（d）中的回答与习题 U5 中的（d）做比较。当 Tudor 的低成本是 6 而不是 10 时，达到混同均衡的最小 z 值是多少？达到混同均衡要求更高的 z 值吗？直观地解释这种情形。

U8. 公司诉讼有时是信号传递博弈。这里有个例子。在 2003 年，AT&T 公司对易趣提起诉讼，指控其票点公司和贝宝电子支付系统侵犯了 AT&T 公司于 1994 年关于"基于通信系统的交易调节"专利。

我们从提起诉讼的那一刻开始考虑。作为对这个诉讼的回应，最多是侵犯专利权诉讼，易趣可以向 AT&T 公司提出不上诉法院的解决方案。如果 AT&T 公司接受易趣的解决方案，则不会有诉讼。如果 AT&T 公司拒绝易趣的解决方案，则将由法院决定结果。

AT&T 公司声称索赔的金额是不公开的。我们假设 AT&T 公司的索赔金额为 3 亿美元。此外，我们假设如果此案诉诸法院，两家公司各要承担 1 000 万美元的法律成本（支付给律师和顾问）。

因为易趣实际上是从事电子支付业务的，我们可以认为易趣比 AT&T 公司更清楚赢得诉讼的概率。为简单起见，我们假设易趣确切地知道能否证明它是无罪的（i）或犯有专利侵权罪的（g）。从 AT&T 公司的角度看，易趣有罪（g）的可能性是 25%，易趣无罪（i）的可能性是 75%。

我们也假设易趣有两个可能行动：慷慨地提供 2 亿美元用于和解（G）或吝啬地提供 2 000 万美元用于和解。如果易趣提出慷慨的解决方案，假设 AT&T 公司会接受，则避免了诉讼成本。如果易趣提出吝啬的解决方案，则 AT&T 公司必须决定是接受（A）和避免诉讼，还是拒绝并诉诸法院（C）。对于诉讼情形，如果易趣被证明有罪，则它必须赔偿 AT&T 公司 3 亿美元且承担所有诉讼成本。如果易趣无罪，它不用赔偿 AT&T 公司，且 AT&T 公司负担所有诉讼成本。

(a) 用扩展式表示这个博弈。（注意正确地标出信息集。）

(b) 这个博弈的两个参与人中哪一个有激励选择"虚张声势"（也就是给出错误信号）？"虚张声势"由什么策略组成？解释你的推断。

(c) 写出这个博弈的策略式博弈矩阵。找出所有纳什均衡。均衡中每个参与人的期望支付是多少？

U9. 在习题 S9 中费利克斯和奥斯卡参与的扑克牌博弈中，国王和王后以什么比例混合对于这个博弈来说才是公平的？也就是，国王所占的比例是多少才会使这个博弈中两个参与人的期望支付都为 0？

U10. 费利克斯和奥斯卡通过添加第三种类型的牌"武士"来使习题 S9 中的博弈更加有趣。四张武士被添加到四张国王和四张王后之中。除了当费利克斯下注和奥斯卡加注时的情形不同外，其他规则与之前的一样。当费利克斯下注和奥斯卡加注时，如果费利克斯的牌是国王，则他获胜；如果费利克斯的牌是王后，则为平局且每人拿回各自的钱；如果费利克斯的牌是武士，则奥斯卡获胜。

(a) 用扩展式表示这个博弈。（注意正确地标出信息集。）

(b) 在这个博弈中费利克斯存在多少个纯策略？解释你的推断。

(c) 在这个博弈中奥斯卡存在多少个纯策略？解释你的推断。

(d) 用策略式表示这个博弈。给定策略组合，这应该是关于每个参与人期望支付的矩阵。

(e) 找出这个博弈唯一的纯策略纳什均衡。

(f) 这个均衡是混同均衡、分离均衡还是半分离均衡？

(g) 在均衡中，费利克斯参与这个博弈的期望支付是多少？该博弈公平吗？

U11. 考虑斯宾塞就业市场信号传递模型的如下特例。有两种类型的工人，1 和 2。两种类型工人的生产率是受教育水平 E 的函数，为：

$$W_1(E)=E, \quad W_2(E)=1.5E$$

两种类型受教育的成本作为受教育水平 E 的函数，为：

$$C_1(E)=E^2/2, \quad C_2(E)=E^2/3$$

每个工人的效用等于他或她的收入减去受教育的成本。雇用这些工人的企业在劳动市场上是完全竞争的。

(a) 如果类型是公共信息（可观察和可验证的），找出两种类型工人的受教育水平、收入和效用之间的表达式。

现在假设每个工人的类型是私人信息。

(b) 证明如果（a）中契约处于信息不对称情况下，则类型 2 不想签订针对类型 1 的契约，但是类型 1 想要签订针对类型 2 的契约，因此自然的分离不可行。

(c) 如果我们让类型 1 的契约与（a）中一样，则对类型 2 来说能达到分离的契约（教育-工资组合）的范围是多少？

(d) 对于可能达到分离的契约，你期望哪一种类型去执行？对于你的回答，给出一个字面的而非正式的解释。

(e) 哪一种类型从信息不对称中获益或受损？获益或受损多少？

U12. 罗宾逊先生非常认可商学院是筛选设备的结论——MBA 学位是成为雅皮士成员的名片。但也许关于斯坦福大学商学院最重要的事实是所有有意义的筛选发生在一年级开始前。"他们不希望你不合格，他们想要你成为能给学校带来大量财富的富有学子。"但是一些人有疑问：如果企业放弃了选拔年轻经理的责任转而依赖于斯坦福大学招生办公室，为什么它们不简单地用斯坦福大学招生办公室代替它们的人事部门，并且消除虚假的教育？花费大量金钱和两年时间的行动能展示对老板有吸引力的业务保证吗？基于我们在不对称信息情形下的策略分析，你对这个问题做何回答？

U13. （选做，要求附录知识）IRS 的一个审计员正在审计旺达最近的纳税申报表（参见习题 S10），在该表中她汇报处于不利年份。假设旺达依据她的均衡策略做出选择且审计员知道这一点。

(a) 使用贝叶斯法则，找出旺达有一个有利年份但汇报不利年份的概率。

(b) 解释为什么（a）的回答是大于或小于有一个有利年份的基准概率 0.6。

U14. （选做，要求附录知识）回到习题 S14。合理地做出假设，"柠檬"出故障的概率随着旅程长度的增加而增加。特别地，令 $q=m/(m+500)$，其中 m 是在往返行程中行驶的英里数。

（a）找出避免"橘子"市场崩溃所必需的最小整数值 m。也就是，对于已经成功地完成了旅程的 Citrus，"橘子"的拥有者愿意以市场价格卖出他的车的最小 m 值是多少？（提示：记住计算 f_{updated} 和 p_{updated}。）

（b）在"橘子"和"柠檬"市场之间达到完全分离所必需的最小整数值 m 是多少？也就是，使得"柠檬"的拥有者决不会尝试旅程的最小 m 值是多少？

【注释】

［1］非对称信息经济学的理论先驱乔治·阿克洛夫、迈克尔·斯宾塞和约瑟夫·斯蒂格利茨因为这些贡献获得了 2001 年诺贝尔经济学奖。

［2］Avinash Dixit and Barry Nalebuff, *Thinking Strategically*（New York：W. W. Norton & Company，1991）给出了一个在帆船比赛中使用这种策略的著名例子。更多一般化的理论论述，请参阅 Luis Cabral，"R&D Competition When the Firms Choose Variance," *Journal of Economics and Management Strategy*，vol. 12，no. 1（Spring 2003），pp. 139 - 150。

［3］提醒一句：不要混淆甄别（screening）和信号干扰（signal jamming）。用通俗的话说，"screening"一词可以有不同的意思。在博弈论中使用这个词的意思是检验（testing）和审查（scrutinizing）。所以信息劣势方使用甄别机制去发现信息优势方的信息。"screening"的另一个意思是隐匿遮蔽（concealing）——博弈论术语是信号干扰。所以信息优势方使用信号干扰行动去阻止信息劣势方正确地从行动中推断出真相。

［4］这个推理假设哈利的支付如所陈述的一样，并且这个事实在两者之间是共有知识。如果莎莉怀疑哈利希望她去本地咖啡馆以便他去星巴克会见另一个女朋友，她的策略将会变得不同。于是信息不对称博弈的分析依赖于实际上有多少种不同类型的参与人。

［5］用概率论的语言来说，在你看到或听到关于某个事件的信息或证据之后，你给予该事件的概率被称为该事件的后验概率。因此，你给予该项目所述质量的后验概率是 1。贝叶斯定理对先验概率与后验概率之间的关系做了一个正式的量化说明，具体细节我们在本章的附录中解释。

［6］我们假设如果你不投资顾问推荐的项目，那么你不会知道它的实际回报，所以顾问不会受到声誉的损失。这个假设非常符合"廉价磋商"的一般解释。任何信息都不会对发信人带来直接的支付影响；只有收信人按照收到的信息行动时才会有影响。

［7］在这里，顾问支付的计算不包括你利润的 20% 份额。顾问知道实际是 B，所以知道你会有损失，故此他没有份额。

［8］我们要向莎士比亚道歉。

［9］顾问支付的计算依然不包括你的利润部分，因为你会有损失：实际是 B，而顾问知道真相。

［10］研究局部沟通理论的原创性论文来自 Vincent Crawford and Joel Sobel，"Strategic Information Transmission," *Econometrica*，vol. 50，no. 6（November 1982），pp. 1431 - 1452。初步的研究和深入研究工作的综述参见 Joseph Farrell and

Matthew Rabin，"Cheap Talk，"*Journal of Economic Perspectives*，vol.10，no.3 (Summer 1996)，pp.103-118。

[11] 顺便提一下，它强调的是语言的某种随意性。报告的是 G 还是"非 B"不重要，只要各方能够清楚明白它的意思。我们甚至可以颠倒常规，"坏"意味着"好"，反之亦然，只要参与对话的各方都知道这些术语所表达的意思就行。

[12] George Akerlof，"The Market for Lemons：Qualitative Uncertainty and the Market Mechanism，"*Quarterly Journal of Economics*，vol.84，no.3（August 1970），pp.488-500.

[13] 参见 A. Michael Spence，*Market Signaling：Information Transfer in Hiring and Related Screening Processes*（Cambridge，Mass：Harvard University Press，1974），pp.93-94。当前的作者代表斯宾塞因无根据地指责贪婪的二手车销售者迁移到了克利夫兰而向居住在当地的居民表示歉意。

[14] 我们在这里没有讨论有保险的司机故意不小心开车的可能性。这是道德风险问题，可以用类似于这里讨论的共同保险计划来缓解这个问题。我们现在关心的是纯逆向选择问题，有些司机天生小心谨慎，而有些司机却是天生的注意力不集中，鲁莽驾驶。

[15] 参见 Michael Rothschild and Joseph Stiglitz，"Equilibrium in Competitive Insurance Markets：An Essay on the Economics of Imperfect Information，"*Quarterly Journal of Economics*，vol.90，no.4（November 1976），pp.629-649。

[16] 我们会在本章的第 8.5 节正式讨论自选择的思想。

[17] Kyle Bagwell and Gary Ramey，"Coordination Economies，Advertising，and Search Behavior in Retail Markets，"*American Economic Review*，vol.84，no.3（June 1994），pp.498-517.

[18] Diego Gambetta and Heather Hamill，*Streetwise：How Taxi Drivers Establish Their Customers' Trustworthiness*（New York：Russell Sage Foundation，2005）.

[19] 即使地点不是家里，是餐馆或办公室，你打电话叫出租车留下的个人信息也会大于站在街上叫出租车。

[20] Paul Ekman，*Telling Lies：Clues to Deceit in the Marketplace，Politics，and Marriage*（New York：W. W. Norton & Company，2009），谈及如何解读这些不经意的信号。

[21] 对这些思想及其支持证据的评述参见 Alan Drazen，"The Political Business Cycle after 25 Years，"in *NBER Macroeconomics Annual 2000*，ed. Ben S. Bernanke and Kenneth S. Rogoff（Cambridge，Mass.：MIT Press，2001），pp.75-117。

[22] Matt Ridley，*The Red Queen：Sex and the Evolution of Human Behavior*（New York：Penguin，1995），p.148.

[23] 参见 Deborah J. Bennett，*Randomness*（Cambridge，Mass：Harvard University Press，1998），pp.2-3，and Chapter 10。也参见 Paul Hoffman，*The Man Who Loved Only Numbers*（New York：Hyperion，1998），pp.233-240。该书讲到了几个概率论专家，包括才华横溢、著作等身的数学家保罗·厄多斯（Paul Erdös），他们算错了一道很简单的概率题，在跟他们解释后他们竟然还不明白自己的错误。

[24] Douglas D. Davis and Charles A. Holt, *Experimental Economics* (Princeton: Princeton University Press, 1995)。对这些实验的评论和讨论参见该书第 7 章。

[25] 你也许怀疑两类参与人有不同的外部机会这一事实能否用于区分他们。例如，一个老板或许说："向我展示一份薪水 125 000 美元的工作邀请，我将认为你是 A 类型的并支付你 160 000 美元薪水。"然而，此类竞争性工作邀请可以伪造或与他人共谋得到，因此是不可信的。

[26] 我们仅要求选择这种类型的支付至少与选择其他类型的支付一样高，并不要求严格大于其他类型的支付。然而，只要保持严格的不等号关系，就有可能十分接近分析的结果，因此对这个假设并没有实质的要求。

[27] 如果在其他章节中相关的决策变量并不要求是整数——例如，如果这是货币的总量或时间的总和——则一个完整的连续型变量将要满足两个激励相容约束。

[28] 在经济学术语中，本例中的 C 类对 A 类造成负外部效应。我们将在第 11 章提出这个概念。

[29] 这与我们在前面描述的类型分离相对，在那里不同特征的参与人得到不同的结果，因此结果完全披露了类型。

[30] 我们这里并不提供每种情形下生成利润最大化的价格和最大利润的全部计算过程。你可以把这作为额外的练习，并使用在第 5 章学到的方法。

[31] Tudor 的低单位成本的概率用参数 z 表示。无论 z 的取值如何，均衡将是相同的，这个结果需要你在本章后的习题 S5 中做出证明。

[32] 这似乎是显而易见的：为什么会选择一个异于利润最大化时的价格？在阶段 1 当你处于低成本却索要更高的价格时，这不仅牺牲了部分利润（如果低成本的 Tudor 索要的价格是 20，销售量将会下降更多以至利润只有 75，而不是索要价格 15 时的利润 100），而且会增加进入的风险从而降低阶段 2 的利润（与 Fordor 竞争，低成本的 Tudor 在垄断条件下的利润只有 69，而不是 100）。然而，博弈论已经找到了一个奇特的均衡，均衡时 Tudor 在阶段 1 更高的要价可作为低成本证据的说明，且它们已经被应用于剔除这类均衡。我们不考虑这种复杂性，有兴趣的读者可以参阅 In-Koo Cho and David Kreps, "Signaling Games and Stable Equilibria," *Quarterly Journal of Economics*, vol. 102, no. 2 (May 1987), pp. 179 - 222。

[33] 我们在本章附录中提供了贝叶斯公式的完整证明。这里我们只是应用它来寻找我们的进入博弈。

附录　对风险的态度与贝叶斯定理

1. 对风险的态度与期望效用

第 2 章曾指出在博弈中用概率计算期望值的困难之处。现在考虑一个博弈，参赛者会赢钱或输钱，我们简单地以钱的多寡来表示支付。如果某一参赛者有 75% 的概率得不到钱而有 25% 的概率得到 100 美元，则期望支付是概率加权平均；期望值是不同支付的不同概率的加权平均。在这个例子中，我们有 75% 的概率得到 0 美元，收益为 $0.75 \times 0 = 0$，加上 25% 的概率得到 100 美元，收益为 $0.25 \times 100 = 25$，这跟保证会得到 25 美元的博弈的支付一样。对这两种方法（同样支付但不同风险）保持中立的人，称作**风险中性**（risk-neutral）。在我们的例子中，一种选择是规避风险（选择确定的 25 美元），另一种选择是冒险，有 0.75 的概率一无所获，有 0.25 的概率获得 100 美元。相反，**风险规避**（risk-averse）的人——面对两个可获得同样期望支付的选择，他会选择比较没有风险的那个。在我们的例子中，是宁愿获得确定的 25 美元，也不愿面对 100 美元或 0 美元的风险。这样的厌恶风险的行为很普遍，而我们应该有一套考虑风险的决策理论。

我们曾在第 2 章说过，简单修正一下计算支付的方式就可以让我们绕过这一困难。我们可以不用金钱总数来衡量支付而用金钱数量的非线性函数，这里将显示如何构造函数及为什么它可以解决问题。

假设当一个人得到 D 美元，我们定义支付不是 D，而是 $\sqrt{D}$，所以 0 美元的支付是 0，100 美元的支付是 10。这一转换并不改变一个人对 0 美元与 100 美元的态度，只是对支付做特定缩放罢了。

现在考虑有风险的选择，也就是得到 100 美元的概率是 0.25，得到 0 美元的概率是 0.75，缩放之后，期望支付是 $0.75 \times 0 + 0.25 \times 10 = 2.5$。这一期望支付跟某人得到 6.25 美元的意义一样，因为 $\sqrt{6.25} = 2.5$，一个确定会得到 6.25 美元的人也会得到 2.5 的支付。换句话说，平方根支付函数让某人获得 6.25 美元的效果，这与以 0.25 的概率获得 100 美元的效果一样。这相同的效果反映了强烈的风险规避意愿，也就是某人愿意放弃 25 美元与 6.25 美元的差异以避免风险，图 8A-1 显示了该非线性函数（平方根）。

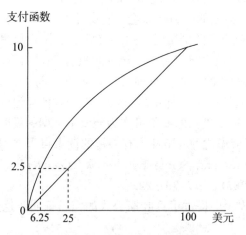

图 8A-1 凹函数：风险规避

如果我们用立方根来做非线性函数又如何呢？则 100 美元的支付是 4.64，博弈的期望支付是 $0.75 \times 0 + 0.25 \times 4.64 = 1.16$，也就是 1.56 的立方根，所以某人会选择确定的 1.56 美元而不选择平均得到 25 美元的博弈，这样的人是极度风险规避的（比较立方根的图与平方根的图）。

而如果用 x^2 来做非线性函数呢？博弈的期望支付是 $0.75 \times 0 + 0.25 \times 10\,000 = 2\,500$，也就是 50 的平方。所以，如果某人在确定地得到 50 美元和平均得到 25 美元的博弈之间保持中立，这个人一定是风险偏好者，因为他不放弃冒风险能带来的金钱，相反，如果不冒风险，他就能得到额外 25 美元的补偿，图 8A-2 显示了该非线性函数。

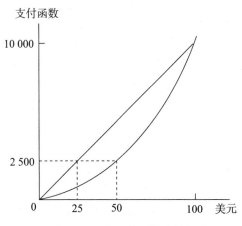

图8A-2 凸函数：风险偏好

所以，借由不同的非线性函数，我们可以捕捉不同的厌恶风险或偏好风险行为，如图8A-1的凹曲线是风险规避，图8A-2的凸曲线是风险偏好。你可以用不同的非线性函数来做实验——例如对数、自然指数、n次方根或级数——看看它们能暗示关于风险态度的什么信息。[1]

这种评估风险的方法在决策理论上有悠久传统，称作期望效用方法；用非线性函数方式把支付表示成金钱数量的函数，称作**效用函数**（utility function）。平方根、立方根、平方等都是例子，而效用值的概率加权平均称作**期望效用**（expected utility）。高的期望效用比低的期望效用好。

几乎所有博弈论都是基于期望效用方法的，它虽然不是完美无缺的，但的确管用。我们就介绍到此，不做进一步讨论。[2]

2. 根据观察结果进行概率推断

当参与人在博弈中拥有不同数量的信息时，他们就会使用一些机制去探测对手的私人信息。我们在本章第8.3节看到，某些时候可以依靠直接沟通产生廉价磋商均衡。但更多的时候，参与人需要通过观察对手的行动来确定对手的信息，所以他们必须通过对手的行动或已观察到的结果来估计潜在信息的概率。这种估计要用相对复杂的概率法则来运算，我们将在本附录详细讨论概率计算过程。

第7章的附录给出的事件概率运算规律，尤其是结合律，在参与人具有不同信息时计算支付非常有用。在非对称信息博弈中，参与人试图通过观察对手的行动来发现其类型，所以他们必须根据观察到的行动和结果去推断其潜在信息的可能性——估计其概率。

理解上述问题的最佳方式就是举例。假设1%的人有遗传缺陷，可能导致某种疾病。某项检验能以99%的准确性发现这种遗传缺陷：如果有缺陷，该检验有1%的可能性不会被发现，并且在没有缺陷的时候该检验也有1%的可能性错误地报告有缺陷。我们感兴趣的是检验报告显示有缺陷时该人真正有缺陷的概率。也就是说，我们无法直接观察一个人的遗传缺陷（潜在条件），但是我们可以观察缺陷检验结果（后果）——除非该检验不是缺陷的完美指标；给定我们的观察，我们能在多大程度上确定潜在条件是现实存在的？

我们可以用简单的数字运算来回答这个问题。假设人口总数为10 000人，其中100

（1%）人有缺陷而 9 900 人没有。假设所有人都去做这个检验，则 100 个有缺陷的人的检验结果显示有缺陷的人数为 99；而 9 900 个无缺陷的人的检验结果（错误地）显示有缺陷的人数为 99。总共有 198 人的检验显示有缺陷，其中一半人的检验结果是对的，一半人的检验结果是错。如果随机地抽取一个检验结果显示有缺陷的人，由于检验结果正确和错误的可能性是一样的，所以报告显示有缺陷的人事实上存在缺陷的风险仅为 50%（这是为什么稀有条件检验必须良好设计以降低产生"错误报告"的失误率的原因）。

对此类问题的一般情况，我们用所谓的**贝叶斯定理**（Bayes' theorem）代数公式来构造问题并进行计算。为了这样做，可将我们的例子进行一般化，允许两种可选的潜在状态 A 和 B（例如有缺陷或无缺陷），以及两个可观察结果 X 和 Y（例如检验结果为有缺陷或无缺陷）。假设在缺乏有关人口整体的任何信息的情况下，A 存在的概率为 p，因此 B 存在的概率为 $(1-p)$。当 A 存在时，则观察到 X 出现的概率为 a，因此观察到 Y 出现的概率为 $(1-a)$［用第 7 章附录的语言来说，a 是以 A 为条件的 X 的概率，$(1-a)$ 是以 A 为条件的 Y 的概率］。同样，当 B 存在时，观察到 X 出现的概率为 b，因此观察到 Y 出现的概率为 $(1-b)$。

这样的描述告诉我们，可能有四种事件组合会出现：（1）存在 A 并观察到 X；（2）存在 A 并观察到 Y；（3）存在 B 并观察到 X；（4）存在 B 并观察到 Y。运用修正乘法律，我们可得到四种组合的概率分别为：pa、$p(1-a)$、$(1-p)b$ 和 $(1-p)(1-b)$。

现在假设 X 已被观察到，即一个人进行了遗传缺陷检验并且结果显示有缺陷。然后我们把注意力集中在前面四个概率的子集上，即第一个和第三个，两者都涵盖观察到 X 的情况。两个概率加总为 $pa+(1-p)b$，这正是 X 被观察到的概率。在 X 被观察到的这个概率子集里，A 也存在的概率刚好是 pa。所以我们现在知道了只观察到 X 的可能性，以及观察到 X 且有 A 存在的可能性。

但我们更感兴趣的是，给定我们已观察到 X，那么 A 存在的可能性有多大？也就是说，若某个人的检验报告显示有缺陷，那么这个人真正有遗传缺陷的概率是多少？这个计算是最绕的一个。使用修正乘法律，我们知道 A 和 X 皆发生的概率，等于 X 单独发生的概率乘以以 X 为条件的 A 发生的概率，即我们在下面给出的最后概率。使用先前算出的"A 和 B"发生的概率以及"只有 X"发生的概率，我们得到：

$$\text{Prob}(AX) = \text{Prob}(X) \times \text{Prob}(A|X)$$
$$pa = [pa + (1-p)b] \times \text{Prob}(A|X)$$

$$\text{Prob}(A|X) = \frac{pa}{pa + (1-p)b}$$

这个公式给出了给定观察到 X 后 A 发生的概率评估。这个结果就是贝叶斯定理（法则或公式）。

在检验遗传缺陷的例子中，我们有 $\text{Prob}(A) = p = 0.01$，$\text{Prob}(X \mid A) = a = 0.99$，$\text{Prob}(X \mid B) = b = 0.01$。我们可将此三值代入贝叶斯公式，得到

给定检验报告显示有缺陷而实际上也存在缺陷的概率

$$= \text{Prob}(A \mid X)$$
$$= \frac{0.01 \times 0.99}{0.01 \times 0.99 + (1-0.01) \times 0.01}$$
$$= \frac{0.009\,9}{0.009\,9 + 0.009\,9} = 0.5$$

先前，我们是在列举所有可能情况的基础上来计算条件概率的，概率代数学则使用贝叶斯法则来确定条件概率。其好处是，一旦有了这个公式，我们就可以机械地应用它，而且不必一一列举所有可能性并确定每种可能的概率。

我们将贝叶斯法则表示在图8A-3中，它可能比前面的公式更容易被记住。图的行表示可能存在的真实状态，例如"有遗传缺陷"或"无遗传缺陷"，在这里我们也只有 A 和 B 两种可能，但是可以方便地进行推广。图中的列表示观察到的事件——例如"检验有缺陷"和"检验无缺陷"。

图中的每个单元格表示真实条件和观察结果的全部组合概率；它们也正好是先前四个可能组合的概率。右边最后一列表示前两列在对应行中的合计，该合计就是每一种真实状态的总概率（例如，A 的概率是 p）。最后一行表明与前两行对应的列的合计，该合计给出了每一个观察结果所发生的概率。例如，X 列最后一行的数字就是观察到 X 的全部概率，包括 A 为真实状态（真正有缺陷）和 B 为真实状态（没有缺陷）的情况。

		观察结果		行合计
		X	Y	
真实状态	A	pa	$p(1-a)$	p
	B	$(1-p)b$	$(1-p)(1-b)$	$1-p$
列合计		$pa+(1-p)b$	$p(1-a)+(1-p)(1-b)$	

图 8A-3　贝叶斯法则

给定一个特定的观察结果，要寻找一个特定状态的概率，那么根据贝叶斯法则，我们应将该组合的真实状态和观察结果所对应的单元格中的数字除以该观察结果所在列最后一行的合计，比如，$\text{Prob}(B \mid X) = (1-p)b/[pa+(1-p)b]$。

■ 总　结

用期望货币支付来确定结果需要假设风险中性。采用期望效用的方法时可以允许风险规避；期望效用需要用到效用函数，将它的概率加权平均作为期望支付的度量。效用函数是货币支付的凹函数。

如果参与人在博弈中信息不对称，他们可以尝试根据对其行动或结果的观察来推断隐蔽的潜在条件概率。贝叶斯定理提供了进行这种推断的公式。

■ 关键术语

贝叶斯定理（Bayes' theorem）　　　　风险规避（risk-averse）

期望效用（expected utility）　　　　风险中性（risk-neutral）

效用函数（utility function）

【注释】

　　[1] 更多关于期望效用及风险态度的内容可以在许多微观经济学教材中找到，例如：Hal Varian, *Intermediate Microeconomics*, 7th ed.（New York：W. W. Norton & Company, 2006），ch. 12；Walter Nicholson and Christopher Snyder, *Microeconomic Theory*, 10th ed.（New York：Dryden Press, 2008），ch. 7。

　　[2] 请参见 R. Duncan Luce and Howard Raiffa, *Games and Decisions*（New York：John Wiley & Sons, 1957），chap. 2 and app. 1 的相关说明；也可参见 Mark Machina, "Choice Under Uncertainty：Problems Solved and Unsolved," *Journal of Economic Perspectives*, vol. 1, no. 1（Summer 1987），pp. 121-154。前一文献提供了解说，后一文献则提供了评论与替代方法。虽然决策理论有了长足的进步，但是尚未对博弈论产生显著影响。

第 9 章

策略性行动

一场博弈可由参与人的选择及可行的行动具体说明,参与人行动的次序及他们的支付都取决于他们的决策。在第 6 章,我们可以看到从序贯行动变为同时行动或者从同时行动变为序贯行动是如何改变博弈的结果的。增加或者减少参与人的行动,或者改变某些结点上或支付表中某些组合的支付,也会改变结果。除非博弈的规则是由权威制定的,否则每个参与人都有操纵规则的动机,以产生对他们自己更有利的结果。我们把这种操纵博弈的方法称为**策略性行动**(strategic move),这就是本章的主题。

策略性行动会改变原来博弈的规则,从而产生一个新的两阶段博弈。从这个意义上说,策略性行动与第 8 章讨论的直接信息沟通有相似的地方。经过策略性行动后,第二阶段虽然仍是原来的博弈,但在行动次序和支付上有些改变,而在存在直接沟通的博弈中却没有这种改变。在存在策略性行动的博弈中,第一阶段会指明在第二阶段要做些什么。不同的第一阶段的行动对应不同的策略性行动,我们把策略性行动分为三类:承诺、威胁及许诺。这三个策略性行动的目的都是改变第二阶段博弈的结果从而对自己有利。它们三个究竟哪个能达到目的要依具体的情形而定。但是,最重要的是,你必须让其他参与人相信你在第二阶段确实会做你在第一阶段宣布的事。换句话说,策略性行动是否具有置信度尚不可知,而只有可信的策略性行动才会产生预期的效果,就像第 8 章所举的例子一样,仅仅宣布是不够的。在第一阶段,你必须做一些辅助性工作让人相信你会在第二阶段做已宣布的事。我们将研究会给你带来好处的两类两阶段博弈以及第一阶段中进行的担保行动。

你对策略性行动的运用及置信度的熟悉可能会超乎你自己的想象。例如,父母常使用威胁(吃完青菜才能吃点心)或许诺(如果你的成绩能维持在 B 水平,期末时就送你一辆脚踏车)来影响小孩的行为。许多小孩都知道这些威胁或许诺大多不可信,因为当小孩做坏事的时候,他可以通过撒娇说下次不会再犯来逃避"威胁"时提出的处罚,虽然小孩自己的许诺也并不一定可信。而且,小孩长大后会变得更在意自己的外表，这时他们会就运动及饮食问题对自己做出承诺，虽然这些承诺也并不一定可信。所有这些方法——承诺、威胁和许诺——只是策略性行动的例子。它们共同的目的是在博弈的下一阶段改变其他参与人的行动，甚至是自己未来的行动。但是除非这些策略性行动是可信的，否则是不能达到目的的。在本章，我们将会使用博弈论来系统地研究如何使用这些策略以及如何使它们可信。

然而，需要提醒的是，使其具有置信度既困难且微妙。这里将针对策略性行动如何起作用提供一些基本原则和总体上的理解，即所谓"策略科学"。但是在实际运用中你需要对博弈情景有很好的理解，才能使策略性行动有效，否则你的对手会因为比你能更好地理解博弈概念或情景而占你的便宜。所以，在实践中运用策略性行动是含有艺术成分的。它也存在风险，尤其是当你使用**边缘政策**（brinkmanship）时，有时候会导致灾难。你可以成功地将这些思想付诸行动并且毫发无损，但是一定要记住我们的忠告：用这些策略时别让他人承担风险。

9.1 策略性行动的分类

因为策略性行动的使用十分依赖行动的次序，所以在研究它们时，必须知道"先行动"的含义是什么。过去我们认为这个概念无须详细说明，但现在我们要更准确地了解它。"先行动"包含了两个方面的含义：首先，你的行动对于别人来说必须是**可观察的**（observable）；其次，它是**不可逆的**（irreversible）。

这里只考虑两个参与人——A与B——之间的策略性行动。A先行动，如果A的选择没有被B观察到，那么B就不能对其做出反应，二者的行动也就不相干。例如，假设A与B在拍卖会中喊价。A在星期一秘密决定其竞标价格，B在星期二决定，两个价格分别被寄给拍卖者，并在星期五公开。当B做决定时，它不知道A所做的决定，所以他们的行动在策略意义上可以看成是同时的。

如果A的行动是不可逆的，那么A可能会假装做一件事来诱使B做出反应，然后改变自己的行动来获利。当然，B应该预料到A的圈套，不应该被骗，所以B不会对A的选择做出反应。所以，在真正的策略意义上A并没有先行动。

对可观察性及不可逆性的考虑会改变策略性行动的本质、类别及策略性行动的置信度，这里从策略性行动的分类开始。

9.1.1 无条件的策略性行动

这里假设A让他的行动在第一阶段是可观察的和不可逆的。他会对外宣布："在接下来的博弈中，我会做出行动X。"这表示A未来的行动是无条件的，不管B做什么A都会做X。如果可信的话，这相当于改变了第二阶段的次序，使A先行动B后行动，A的行动是X。这种策略性行动称为**承诺**（commitment）。

如果博弈本来的规则就是在第二阶段A先行动，那么这个宣布是可信的；但假如在博弈的第二阶段A、B同时行动或A后行动，那么如果这个宣布是可信的，它就会改变结果，因为它改变了B对行动结果的看法。这样的承诺会很容易让A获得充当先行动者的优势。

在第 3 章的街心花园博弈中，三位女士进行了一场序贯行动博弈。在这场博弈中，每个人必须决定是否为修建公共花园做贡献，两个或两个以上的人做贡献才会修成一座像样的花园。逆推均衡是先行动者（埃米莉）选择不做贡献而其他参与人（尼娜和塔莉娅）则选择做贡献。然而，通过做出一个不做贡献的可信承诺，塔莉娅（或尼娜）可能会改变博弈的结果。即使在埃米莉和尼娜已经将她们的决定公之于众后，塔莉娅才能公布她的决定，塔莉娅也可让大家都知道她已经将所有积蓄（和精力）用在一所大房子的修葺工程上了，这样她就绝对没有剩余的钱用在花园的建设上了。那么在埃米莉和尼娜做出决定之前，塔莉娅就已经肯定了她不会做贡献。换句话说，塔莉娅改变了整场博弈，使自己成为实际上的先行动者。你能发现新的逆推均衡是埃米莉和尼娜对花园的建设做出了贡献，她们二人的均衡支付是 3，而塔莉娅的是 4——均衡的结果与塔莉娅是先行动者有关。在下面的各节中将会给出更多关于承诺的例子。

□ 9.1.2 有条件的策略性行动

另外，A 有可能在第一阶段宣称："在接下来的博弈中，我会对你的选择做出反应。如果你选择 Y_1，我将会做 Z_1；如果你选择 Y_2，我将会做 Z_2……"换句话说，A 的行动是以 B 的行动为条件的，我们称这样的行动是**反应规则**（response rule）或反应函数。A 的意思是说，在博弈的第二阶段，他会后行动，并会像在第一阶段中所宣布的那样对 B 的选择做出反应。为了使这样的宣布有意义，A 必须在第二阶段一直等待，直到他观察到 B 采取了不可逆转的行动才采取行动。换句话说，在第二阶段 B 要成为真正意义上的先行动者。

有条件的策略性行动有许多不同的形式，依参与人的目标及实现目标的方式而定。当 A 想阻止 B 做某件事时，我们说 A 试图遏制 B 或达成**遏制**（deterrence）；当 A 想引导 B 做某件事时，我们说 A 试图强迫 B 或达成**强迫**（compellence）。在后面我们会再讨论一下它们的区别以更加明确这些概念的含义。接下来我们看看实现这些目标的方法。如果 A 宣称："除非你的行动（或者并非行动，可能是事件）符合我已表达的意愿，否则我将伤害你。"这就是一种**威胁**（threat）。如果 A 宣称："如果你的行动（或者并非行动，可能是事件）符合我的意愿，我就会奖励你。"这是一种**许诺**（promise）。此处的"伤害"和"奖励"是以支付衡量的——当 A 伤害 B 时，A 会使 B 的支付降低；当 A 奖励 B 时，A 会使 B 的支付提高。威胁和许诺是我们重点分析的两种有条件的策略性行动。

为了了解这些策略的本质，需要考虑之前提到的晚餐博弈。在一般的按时间顺序的行动中，首先小孩决定要不要吃青菜，然后父母决定给不给小孩点心。逆推法告诉了我们结果，小孩拒绝吃青菜，因为他们知道父母不会让他们挨饿和不高兴，从而会给他们点心。然而父母预料到这个结果后，就会首先采取行动以改变这一结果，也就是宣布一个"除非吃青菜，否则没有点心"这种形式的条件反应规则，这个宣布就是一个威胁。这是博弈前的第一步行动，它决定了在接下来的实际博弈中小孩将如何采取第二步行动。如果小孩相信这个威胁，就会改变逆推计算，即去掉博弈树的一个分支——即使小孩没吃青菜，父母也会给点心。这可能会改变小孩的行为；父母也希望这样就会使小孩照他们的意愿去做。同理，在学习博弈中，给予新脚踏车的许诺会使小孩学习更努力。

9.2 策略性行动的置信度

我们已经看到，A 的策略性行动会改变其他参与人的支付，那么 A 的支付会怎样呢？如果 B 的行动符合 A 的意愿，A 就会得到更高的支付，但是 A 的支付也会受他自己的反应的影响。在威胁的例子中，如果 B 不照 A 的意愿行动，则 A 的威胁的实施反而会影响到自己的支付：父母看到小孩因没有吃到点心而不高兴，自己也会心疼。同理，在许诺的例子中，如果 B 照 A 的意愿行动，则 A 给 B 的奖励会影响到自己的支付：如果小孩用功读书，父母必须花钱买奖品，但他们乐于看到小孩快乐的样子及优异的成绩。

A 的支付效应会严重地影响他的策略性行动的有效性。以威胁为例。如果 A 的支付由于威胁行动的实施而增加，则 B 就会认为不论自己是否照 A 的意愿行动，A 都会实施威胁；所以 B 就没有照 A 的意愿行动的动机，这个威胁就是无效的。例如，如果父母是虐待狂，乐于见到小孩没吃到点心，则小孩就会想："反正我是吃不到点心了，为什么要吃青菜呢？"

所以威胁最重要的地方就是威胁者必须为自己实施威胁行动付出代价。在晚餐博弈中，父母必须乐于给小孩点心。真正的策略意义上的威胁具有让被威胁者付出代价的固有特性，这就是互相伤害的威胁。

从技术的角度看，威胁决定了你在博弈中接下来的策略（反应规则）。一个策略必须明确说明每个博弈树分支的最后结果。所以"如果你不吃青菜就没有点心"是一种不完整的策略描述，应该补充上"如果吃青菜就有点心"。但威胁通常不指第二部分，为什么呢？因为第二部分是暗含的，自动成立。为了让威胁有效，策略的第二部分——暗含的许诺——也应该是自动可信的。

所以"不吃青菜就没有点心"的威胁中包含着"吃青菜就有点心"的许诺，且只有当许诺可信时威胁才有效。在这个例子中，只要父母乐于见到小孩吃点心，暗含的许诺就自动具有置信度。换句话说，因为威胁行动的付诸实施会让父母付出代价，所以暗含的许诺自动可信。

从另一个方面来看，威胁规定：如果你的意愿没达成，你将会做一些事；如果这种情况真的出现，你将会遗憾地不得不去做这些事。那么为什么在第一阶段又要做出这些规定呢？为什么要选择束缚自己呢？拥有选择的自由不是更好吗？在博弈论中，拥有更多的选择不一定是好事。至于威胁，在第二阶段失去自由反而是有其策略价值的。它改变了你的对手对你未来反应的预料，而这样的改变将对你有利。

许诺也有类似的效应。如果小孩知道父母乐于给他礼物，他将会预料在不久的将来的某些场合他总能得到脚踏车，例如在即将到来的生日。那时买脚踏车的许诺对促进小孩努力学习就没什么作用了。为了使策略有效，许诺的奖励是要付出一定代价的，让另一参与人不会觉得他总能得到这一奖励。（这在策略上是很重要的一点，你应该提醒你的父母他们许诺的奖励应该更大或更昂贵，而不只是让你高兴的小礼物。）

无条件的策略性行动也是一样（承诺也是一样）。在讨价还价的例子中，别人知道你有行动和谈条件的自由，所以"不退让"的承诺是你较好的打算。如果你提出要

60％的"馅饼"，而对方只给你55％，你也许会接受（此时你受到"引诱"，背离了你的初衷）。但是如果你事前宣称你将不接受小于60％的"馅饼"且极具可信度，则"引诱"将不会出现，你接受只有55％的馅饼这样的情况就不会发生了，而你将会得到较好的结果。

这正是策略性行动的本质——当第二阶段的博弈确实要求你实施先前计划好的一切时，你又极不乐意。这对所有类型的策略性行动都适用，也是使置信度成为一个问题的地方。你必须在第一阶段做一些事来确立你的置信度——让其他参与人相信他们的行动如果违你所愿，你一定会将计划付诸实施，而不会因利益的"引诱"而放弃，这样做是为了使你的策略性行动有效。这就是为什么放弃你行动的自由对你是有利的。另外，你可以通过改变自己在第二阶段的支付来提高威胁或许诺的置信度，方法是按自己在第一阶段所宣称的那样去行动从而得到最优结果。

因此，有两种方法使你的策略性行动可信：（1）在你未来的选择组合中排除"引诱行动"；（2）减少这些"引诱行动"的支付，让计划的行动成为真正最优的行动。在接下来的几节中，我们会首先阐明策略性行动的机制（假定这些策略性行动是可信的）；接着对置信度进行评论，并把对置信度的一般分析留在本章的最后一节。

9.3 承　　诺

我们在第4章研究过懦夫博弈，并找到了两个纯粹策略的纳什均衡。每个参与人都选择自己"径直向前"而另一参与人"转向"的均衡。[1] 在第6章我们可以看到，如果博弈行动是序贯的而不是同时的，先行动者会选择"径直向前"，后行动者会选择"转向"（而不是相撞）。现在我们从另一个角度来看相同的问题。即使博弈行动是同时的，如果一个参与人进行了策略性行动——创造了第一阶段，并使人们相信他会在懦夫博弈即第二阶段中实施他在第一阶段所宣称的行动，他将通过承诺"会采取强硬行动即'径直向前'"得到与先行动者一样的好处。

虽然观点简单，但这正是正式分析（深入理解及发展技巧以解决复杂问题）的提要。这里的两个参与人是詹姆斯和迪恩。假设詹姆斯是有机会采取策略性行动的一方。图9-1展示的是两阶段博弈树。在第一阶段，詹姆斯不得不决定是否做出承诺。沿着上分支，他不做出承诺，在第二阶段是同时行动博弈，它的支付与表4-13和图6-6所示的一样。这个两阶段博弈有多个均衡，詹姆斯只在其中一个均衡中拥有最优支付。沿着下分支，詹姆斯做出承诺，在这里我们解释为詹姆斯将放弃行动的自由，即他在第二阶段只有"径直向前"这一可行的行动。此时的第二阶段支付表对于詹姆斯只有一行（对应于他宣布的"径直向前"的行动）。在这个表中，迪恩的最优行动是"转向"，所以均衡的结果是詹姆斯得到了最优支付。因此，在第一阶段，詹姆斯发现做出承诺是最优的，这一策略性行动会确保他得到最优支付，然而，如果不做出承诺则结果不确定。

詹姆斯如何使承诺变得可信呢？就像任何最先的行动一样，承诺行动必须是（1）不可逆的，（2）对于其他参与人是可观察的。人们提出过一些极端和有趣的建议：詹姆斯可以拆掉方向盘，把方向盘扔到窗外，这样迪恩就看到詹姆斯不能够转弯了；詹姆斯也

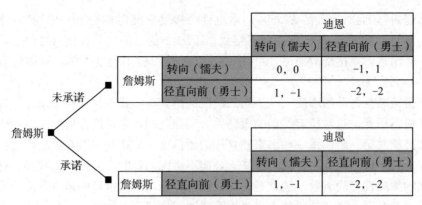

		迪恩	
		转向（懦夫）	径直向前（勇士）
詹姆斯	转向（懦夫）	0, 0	−1, 1
	径直向前（勇士）	1, −1	−2, −2

		迪恩	
		转向（懦夫）	径直向前（勇士）
詹姆斯	径直向前（勇士）	1, −1	−2, −2

图 9 - 1　懦夫博弈：限制行动自由的承诺

可以把方向盘固定住，使其不再能转动，但是要想向迪恩证明方向盘确实被固定了而且不易被松开是不容易的。这些方法轻松地将"转向"这一选择从詹姆斯的第二阶段的可行选择中排除掉了，让他只能选择"径直向前"。

似乎更言之成理的是，如果此博弈每周末都进行，詹姆斯会得到强硬的名声，这就成了他之后任一天行动的保证。换句话说，詹姆斯可以通过"转向"来改变自己的支付，此时，其声誉就会受损，从而其支付将减少。如果减少数量足够大，例如3，在詹姆斯做出承诺后的第二阶段的博弈就会有一个不同的支付表。这个博弈的完整的博弈树见图 9 - 2。

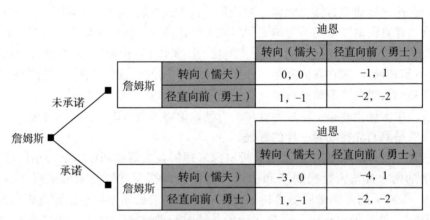

		迪恩	
		转向（懦夫）	径直向前（勇士）
詹姆斯	转向（懦夫）	0, 0	−1, 1
	径直向前（勇士）	1, −1	−2, −2

		迪恩	
		转向（懦夫）	径直向前（勇士）
詹姆斯	转向（懦夫）	−3, 0	−4, 1
	径直向前（勇士）	1, −1	−2, −2

图 9 - 2　懦夫博弈：改变支付的承诺

现在，在做出承诺后的第二阶段，"径直向前"就变成了詹姆斯的最优选择。事实上，这是他在这个阶段的占优策略。迪恩的最优策略是"转向"。在第一阶段预料到这一结果后，詹姆斯发现：如果做出承诺，他可以得到支付1（改变了第二阶段的支付）；如果不做出承诺，他不一定可以得到支付1，也许支付更少。逆推法的结论就是詹姆斯应该做出承诺。

两个参与人（或所有参与人）都可以做出承诺，所以成功与否取决于你抓住先行动时机的速度及你所进行的策略性行动的置信度。如果存在观察上的时滞，双方可能同时做出承诺：每个人都与对方一样同时拆掉自己的方向盘，然后扔到窗外，那么车祸便不可避免了。

即使一个参与人有做出承诺的优势，其他参与人也可以挫败先行动者进行承诺的企图。他可以表明没有"看见"对方承诺的能力，例如断绝交流渠道。

懦夫博弈可能已经不合时宜了，但是第二个例子应该是反复出现而为大家所熟悉的。在班上，教师对交作业的期限的态度可以是"强硬"或"软弱"，学生可以"准时交"或"迟交"。图9-3展示了该博弈的策略式。教师们并不希望自己铁石心肠，因此他们最好的结果（支付是4）是当自己态度软弱时，学生仍准时交作业；最不好的结果就是他的态度强硬，学生仍是迟交。而处于中间的两个策略，他承认准时的重要性，认为（强硬，准时交）要好于（软弱，迟交）。学生最喜欢（软弱，迟交）的结果，因为他们可以整个周末狂欢也不会遭到任何迟交作业的惩罚。与教师一样，（强硬，迟交）是他们最不愿意看到的结果。在剩下的两个策略中，他们宁愿（软弱，准时交）也不愿意（强硬，准时交），因为假如他们考虑到准时交作业是出于自己的决心而不是由于受到会被惩罚的威胁，这时他们会比较有自尊。[2]

		学生	
		准时交	迟交
教师	软弱	4，3	2，4
	强硬	3，2	1，1

图9-3　交作业期限博弈的支付表

如果这是一个同时行动博弈，或者是教师后行动，则"软弱"就是教师的占优策略了，而学生就会选择"迟交"。均衡的结果是（软弱，迟交），支付是（2，4）。但是如果教师从一开始就承诺"强硬"可能会达到一个较好的结果。我们这里不像图9-1和图9-2那样再画一棵博弈树了。这棵博弈树和懦夫博弈非常相似，这里留给你们自己画。当教师不做出承诺时，第二阶段就和以前一样，教师得到支付2；当教师承诺"强硬"时，学生发现在第二阶段准时交会更好，则教师会得到支付3。

教师的承诺行动不同于他在同时行动博弈中采取的行动，事实上承诺行动是学生行动之后教师采取的最优行动。这就是需要使用策略思维的地方。教师若是宣告"软弱"就得不到什么利益；而学生则希望教师什么承诺都不做。为了从策略性行动中获得好处，教师所做的承诺不能跟同时行动博弈的均衡策略一样。这个策略性行动改变了学生的期望和行动。一旦他们相信教师的承诺，他们将会选择准时交作业。如果他们尝试迟交一次，教师可能会原谅他们，理由是"只此一次"。但这里存在着使策略性行动不付诸实施的诱惑，使承诺的置信度下降。

更为戏剧性的是，在这一例子中，使教师获益的策略性行动是采取劣策略。他承诺"强硬"，这相对于"软弱"来说是劣势的。你是否觉得采取劣策略倒可以获益是件不可思议的事情？这里就必须扩展占优的概念，使其适用范围扩大。占优包含以下两种计算方法：（1）在对方行动后，我做何反应？什么是最好（或最坏）的选择？（2）如果是同时行动，对方采取行动X，那么究竟什么对我来说是最好的（或最坏的）策略呢？对所有的X行动，我的最好（最坏）策略都一样吗？当你先行动时，这两种计算方式都不具有实际价值；相反，你必须预想到他人的反应。所以教师并不比较支付表中垂直相邻的支付（一次只考虑学生的一种可能的行动）。相反，他会计算学生对他的每一行动的反应。如果他承诺"强硬"，他们就会选择"准时交"，但是，如果他承诺"软弱"（或未承诺），他们就会选择"迟交"。所以唯一恰当的是将支付表的右上格和左下格进行比较，教师会选择左下格。

教师所做的承诺必须符合先行动的条件，这样的承诺才可信。首先，它必须在其他参与人行动之前被做出。教师必须在交作业之前制定有关交作业最后期限的强制规则。接下来，它必须是可观察的——学生必须知道他们应该遵守的规则。最后，可能也是最重要的，它必须是不可逆的——学生必须知道教师不管在什么情况下都不会改变主意或者是原谅他们。好心的教师只会让学生找借口迟交，并说"下次不要再犯"之类无关痛痒的话。

教师也可以为了建立置信度拿学校的规定做挡箭牌。只要在第二阶段从他可行的选择组合中剔除"软弱"即可，或者和懦夫博弈一样，他可以建立强硬的名声，并且会为失去名声付出较高的代价，这样他就可以改变自己的支付了。

■ 9.4　威胁与许诺

这里要强调的是，威胁和许诺是反应规则：你未来的实际行动会依照其他参与人的行动而定，但是你未来行动的自由会受反应规则的限制。再次重申，这样做的目的是改变其他参与人的期望，使他们的行动对你有利。在这个过程中最重要的是，你必须遵守这个规则。如果你后来的行动是自由的，你就不愿意遵守这个规则。我们会再一次阐明策略性行动取得置信度的原则，但仍要提醒你的是，实际的执行仍然是一门艺术。

记住第 9.1 节的分类。如果其他参与人不依照你的意愿行动，"威胁"这条反应规则将对其他参与人产生一种不好的后果。如果其他参与人依照你的意愿行动，"许诺"这条反应规则将对其他参与人产生好的结果。每一种反应或者可阻止其他参与人做某事，或者可强迫其他参与人做某事，我们会依次指出它们各自的特征。

□ 9.4.1　威胁的例子：美日贸易关系

本例来自美日两国长期的贸易摩擦。每个国家都有权利选择对另一国的货物开放本国市场或是关闭本国市场。对于结果，两国有不同的偏好。

图 9-4 显示了贸易博弈的支付表。对于美国，最好的结果（支付是 4）是两国市场都开放，部分原因是它对市场系统和自由贸易的承诺，部分原因是和日本做贸易所获得的利益——美国消费者可以获得高品质的汽车和电子产品，并且可以出口他们的农产品和高技术产品。类似地，最坏的结果（支付是 1）是两国市场都关闭。在只有一国市场开放的两个结果中，美国宁愿开放本国市场，因为日本市场相对较小，失去出口市场的损失要比失去进口本田汽车和随身听的损失小。

		日本	
		开放	关闭
美国	开放	4, 3	3, 4
	关闭	2, 1	1, 2

图 9-4　美日贸易博弈的支付表

对于日本，在这个例子中，我们认为它是保护主义者，并且是生产导向型的。它的最好的结果是美国市场开放而本国市场关闭，最坏的结果则刚好相反。至于另外两个结果，它宁愿两国市场都开放，因为它的产品可以进入庞大的美国市场。[3]

双方都有优势策略。不管是同时行动博弈还是序贯行动博弈，均衡的结果是（开放，关闭），支付是（3，4）。这一结果正好符合美国人对两国贸易政策的一般印象。

在此均衡中，日本获得了最优支付，所以没有必要做任何策略性行动。然而，美国会试图用支付4代替3。但是，在此例中一个普通的无条件承诺将没什么作用。不管美国做出什么样的承诺，日本的最优反应都是关闭本国市场。而承诺开放本国市场对美国较为有利，这是不需要进行任何策略性行动都可以达到的均衡。

但假设美国选择如下条件反应规则："如果你关闭市场，我也关闭市场。"这时就会变成如图9-5所示的两阶段博弈。如果美国不使用威胁，第二阶段就和以前一样，会造成美国市场开放，得到的支付为3，而日本市场关闭，得到支付4。如果美国使用了威胁，则在第二阶段只有日本有选择的自由，不管日本做何选择，美国都会根据反应规则行动。所以，沿着博弈树的分支，只有日本是积极的参与人，现在写下两者的支付：如果日本市场关闭，美国市场就关闭，美国会得到支付1，而日本得到支付2。如果日本开放市场，则美国的威胁就发生了作用，它也乐意开放本国市场，得到支付4，而日本得到支付3。对于这两种可能性，第二种对于日本是更好的选择。

现在使用我们熟悉的逆推法来分析：美国在知道第二阶段的所有最终结果后，在第一阶段使用威胁的方法会对自己较有利。威胁会使日本开放它的市场，而美国能得到最好的结果。

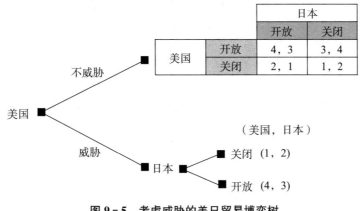

图9-5　考虑威胁的美日贸易博弈树

在描述了威胁的机制后，现在指出它的一些重要特征：

（1）当美国使用可信的威胁时，日本将不采取占优策略——"关闭"。再者，占优的概念也只是与同时行动或日本后行动的情形有关。这里，日本知道美国会采取偏离其占优策略的行动。在支付表中，日本将在左上格或右下格中做出选择，它会选择左上格。

（2）要建立威胁的置信度是一件麻烦事，因为如果日本试探着关闭本国市场，美国就面临着是否实施威胁的考验。事实上，如果威胁行动（或者说实施威胁）是美国应对日本关闭其市场的最优行动，那么美国也就没有必要事先威胁了（但美国还是要发出警告让日本知道这种情形）。策略性行动是为了让参与人做某件事，而不是真正希望在对方选择不做该事时按策略性行动所规定的那样去做。就像早先解释的那样，威胁对于威胁者来说必须付出代价，也就是威胁行动会互相伤害。

（3）条件规则"如果你关闭市场，我也关闭市场"并不是对美国策略的完整描述。为了使其完整，应该另外加一句来说明日本市场开放后美国的反应："如果你开放市场，我也开放市场。"这附加的一句是暗含的许诺，也是威胁的一部分，但它不需要明确地说出来，因为它是自动可信的。给定第二阶段的支付，如果日本市场是开放的，对于美国来说开放本国市场就是最优选择。如果情况并非如此，即使日本市场开放，美国仍关闭本国市场，则暗含的许诺必须明白地说出来并且以某种方式使之具有可信性。否则，美国的威胁就等同于无条件承诺："我们将关闭我国市场。"这样就不可能诱使日本做出美国希望的反应。

（4）如果威胁可信，它会改变日本的行动。依照最初的状况，我们可以把这看成遏制或者强迫。如果日本市场一开始时就是开放的，且日本正考虑向保护主义转变，则美国的威胁会遏制这种行动。但是，如果日本市场一开始时就是关闭的，美国的威胁就会强迫其开放市场。所以策略性行动是遏制还是强迫要取决于现状。这两者好像只有意义上的区别，但是在实际中策略性行动的运作及置信度却深受此区别的影响，这个问题在本章后面会进一步讨论到。

（5）这里美国有一些可使其威胁可信的方法。第一，立法在适当条件下实施威胁。这会减少第二阶段可行选择集合中的引诱行动。世界贸易组织的一些关系条款有此作用，但过程是缓慢且不确定的。第二，将任务交由像美国商务部这样的机构执行。美国商务部由美国生产者掌控，他们希望保持市场关闭以减少竞争压力。这会改变美国第二阶段的支付。用美国商务部的支付代替真正的美国的支付，其结果是威胁行动成为最优行动。（这样做的风险是即使日本市场开放，美国商务部仍坚持保护主义立场，所以威胁的可信度的建立可能导致暗含的许诺的置信度的丧失。）

（6）如果威胁起作用了，它并不一定要执行。这样的代价才是无足轻重的。事实上，当威胁行动有错估的风险或错误实施（当对方已经如你所愿地行动了，却仍然实施威胁）的风险时，我们应避免使用威胁。更明白地说，如果日本不购买美国的稻米或半导体，美国就威胁退出防御联盟，这个威胁的代价太大、风险太高，美国不会去执行，所以并不可信。如果威胁太大不便于实施，就通过随机实施来降低威胁。美国对日本不能说"如果你不开放你的市场，我就会拒绝保护你"，而应该说"如果你不开放你的市场，我们双方的关系就会恶化，我国国会可能就会拒绝在你受攻击时提供帮助，即使我们建立了防御联盟"。事实上，美国可以刻意制造一种情绪，以提高国会实施威胁的概率，这样日本就会明显地感受到威胁了。这种威胁带有风险，但不一定会带来不好的结果，被称为边缘政策。这是相当微妙和危险的策略性行动，我们将在第14章具体讨论这个问题。

（7）日本在美国使用威胁这一策略性行动后得到的结果比在美国不使用威胁时得到的结果差，所以它也会采取策略性行动来阻止美国使用威胁。例如，假设日本市场目前关闭，美国试图强迫它开放。日本可以原则上同意开放，实际上敷衍，恳请必要的延缓开放，因为需要时间去集中必要的政治上的共识从而制定市场开放的法律，然后再恳请延缓开放，因为需要补充必要的管理规则，诸如此类。因为美国不想率先实施威胁，因此每一次都存在接受延缓开放的引诱。或者日本宣称它的外交政策使完全开放市场很困难，希望美国能接受日本对小部分产业的保护。日本的借口和提出的要求会越来越多，而每一次（每个小步骤）都不足以让美国实施威胁从而导致贸易战争的爆发。这种以小步骤或切片方式使强迫变得无效的方法，称为**"腊肠策略"**（salami tactics）。

□ 9.4.2　许诺的例子：餐馆定价博弈

现在我们使用第 5 章的餐馆定价博弈来描述许诺。我们看到第 5 章的那个博弈是个囚徒困境，在这里，为简单起见，我们假设只有两种价格选择：26 美元的共同最优价格和 20 美元的纳什均衡价格。这个版本的博弈中的每家餐馆的利润可以通过第 5.1 节中的函数计算出来。结果见图 9-6。在没有进行任何策略性行动时，博弈均衡是双方都采用 20 美元的低价，但采用高价 26 美元会有更高的支付。

若某一方做出可信的许诺："如果你采取高价，我也会采取高价"，则二者将获得合作的结果。例如，如果泽维尔做出了该许诺，则伊冯娜会知道选择 26 美元的价格将达成双赢，产生支付表中右下格的支付；而选择 20 美元会使泽维尔同之前一样也选择 20 美元的价格，得到左上格的支付。在这两者之间，伊冯娜更愿意选择前者，所以会选择高价。

单位：百美元/月

		伊冯娜的炭火西餐馆	
		20 美元（低）	26 美元（高）
泽维尔的达帕斯西班牙餐馆	20 美元（低）	288，288	360，216
	26 美元（高）	216，360	324，324

图 9-6　餐馆囚徒困境的支付

通过画出这个两阶段博弈的博弈树可以更好地进行分析，其中，泽维尔在第一阶段需要做出是否做出许诺的选择。这里省略博弈树，部分原因是你可以在画这棵博弈树的过程中加深对这场博弈的理解，另外是想说明在熟悉这些观点后有些细节就变得无关紧要了。

泽维尔的许诺是否可信值得怀疑。为了对伊冯娜的行动做出反应，泽维尔必须在第二阶段后行动。相应地，伊冯娜在第二阶段要先行动。记住，先行动是一种不可逆并且可观察的行动。所以如果伊冯娜先行动选择高价，就容易受到泽维尔的欺骗。当泽维尔知道伊冯娜处于易受欺骗的地位时，泽维尔很可能受到引诱违反许诺。所以泽维尔必须让伊冯娜相信，当伊冯娜选择高价时自己不会被引诱而选择低价。

怎么办呢？也许泽维尔可以把价格的决定权下放给地方经营者，并白纸黑字写下指示：如果伊冯娜采取高价，它也会采取高价。泽维尔的老板可以邀请伊冯娜的老板目睹整个过程，然后开始环游世界旅行不再干涉此事。（即使如此，伊冯娜的管理层还是会怀疑，泽维尔可能秘密通过电话或上网进行干涉。）这就等于从泽维尔的第二阶段选择中排除了欺骗行为。

或者泽维尔可以更广泛地发展在生意上和社区中遵守信用的声望。在重复关系中，许诺会发挥作用，因为违反许诺有可能会破坏未来的合作。本质上，持续的关系表示把博弈分成许多小部分，在每一部分中违反许诺所带来的获益远小于它的损失。在这类博弈中，未来合作失败的代价会改变欺骗得来的支付。[4]

我们在前面说过，每个威胁都有暗含的许诺。同理，每个许诺也都暗含着威胁。在这个例子中，暗含的威胁是："如果你采取低价，我就采取低价。"它不需要明确地说出来，因为它自动可信——它描述了当伊冯娜采取低价时泽维尔的最优反应。

当然，威胁和许诺有一个很重要的不同。如果威胁成功了，它就不必实施了，威胁者就不用付出代价。所以威胁可以比所需的更大，这样的威胁才更有效（虽然威胁太大会有危险，甚至可能会失去置信度）。如果许诺成功地如自己所愿改变了他人的行动，那么许诺人必须做他已经许诺的事情——当然这是要付出代价的。在前面的例子中，代价仅是放弃欺骗的机会，但获得了最高支付。在其他情况下，许诺者提供实际的礼物给他人，其代价是更真实的。无论在何种情况下，许诺人都力图把这种代价减小——代价只需大到使许诺有效即可。

□ 9.4.3　威胁与许诺相结合的例子——中美政治行动

当我们分别考虑威胁和许诺时，明确的威胁包括了自动可信的暗含的许诺，反之亦然。然而在有些情况下两者的置信度都有问题，那么策略性行动就要让两者都明确且可信。

明显的威胁和许诺相结合的例子来自多个国家合作处理邻国危险局势。具体来说，我们以中美两国是否应该考虑采取行动使朝鲜放弃其核武器计划为例，在图9-7中给出了中美两国分别在选择"行动"或"不行动"时的支付表。

		中国	
		行动	不行动
美国	行动	3，3	2，4
	不行动	4，1	1，2

图9-7　中美政治行动博弈的支付表

每个国家都希望另一个独自采取行动来反对朝鲜核武器计划，所以右上格对于中国来说有最优支付4，左下格对于美国来说有最优支付4。对于美国来说最坏的情况就是都不采取行动，那样的话核战争的威胁会增大，美国是不能接受的。对于中国而言，最坏的结果是独自采取行动，因为会有巨额花销。两者都认为联合行动是次优的（支付是3）。美国在单独行动的情况下可以得到支付2。而对于中国，都不行动可以得到支付2。

若不进行任何策略性行动，该干涉博弈是占优可解的。不行动是中国的占优策略，行动是美国的最优选择。均衡的结果就是右上格，美国得到支付2，中国得到支付4。中国得到了最优的结果，所以没有任何理由采取策略性行动。但是美国可以做一些事使其得到的支付大于2。

美国做何种策略性行动会提高其均衡支付呢？无条件的行动（承诺）是没用的，因为中国会用"不行动"来回应美国的任何先行动。单独的威胁（如果你不行动，我就不行动）也没用，因为暗含的许诺（如果你行动，我也行动）是不可信的——如果中国行动，美国会撤退，把一切事情留给中国，美国得到的支付是4而不是兑现许诺时所得到的支付 3。只是许诺也没用，因为中国知道如果中国不干涉美国也会干涉，美国做出的"如果你干涉，我就干涉"的许诺成为一个简单的干涉承诺，中国可以置身事外，得到最高支付 4。

在这个博弈中，美国发出的明确的许诺必须有暗含的威胁："如果你不行动，我也不行动"，但是威胁又不是自动可信的。同理，美国明确的威胁也必须有暗含的许诺："如果你行动，我也行动。"但是，那也不是自动可信的。所以美国必须做出明确的威胁和明确的许诺。它必须把威胁和许诺联合起来："只有你行动了，我才行动。"这需要威胁和许诺都是可信的。通常需要订立涵盖整个关系的条约才能建立这种置信度，而并不是当情况发生时才订立临时的谈判协议。

9.5　一些额外的议题

□ 9.5.1　策略性行动何时起作用？

我们已经从例子中看到，和没有采取策略性行动的原始博弈相比，策略性行动可以给一方或另一方带来更好的结果。而什么时候需要这种策略性行动呢？

无条件行动——承诺——并非每次都会为做出承诺者带来优势。事实上，如果原博弈存在后动优势，那么参与人首先做出承诺就是个错误，因为他成了先行动者。

至于条件策略性行动——威胁和许诺——就不可能带来坏处。最坏的结果与没有制定条件反应规则时一样。然而，如果条件策略性行动带来了利益，那么一定是因为条件反应规则使某个行动代替了原有的最优行动，成了新的最优行动。因此，当威胁和许诺能带来正的效应时，它们的置信度就存在问题了，必须采取相应措施来建立置信度。我们在前面的几个例子中谈过这些措施，在后面将更广泛地讨论如何提高置信度。

那么在什么情况下需要成为策略性行动的接受者？没有人想受到威胁，如果知道对方会使用威胁，你可以通过寻找另一种先行动来获利——这一行动使威胁的置信度和威胁性降低。我们会稍微分析一下这样的例子。然而，让别人对你做出许诺常常是有必要的。事实上，当一方做出可信的许诺时，双方都可能获益，就像本章所讲的餐馆定价博弈（囚徒困境）一样。如果许诺达到了双方合作的目的，那么一方或者双方做出许诺可能会促进双方收益的提高。

□ 9.5.2　遏制对强迫

原则上，不论是威胁还是许诺，都可达到遏制或强迫的目的。例如，一对希望小孩努力学习（强迫）的父母会做出在小孩取得优异成绩时给予奖励（一辆新的脚踏车）的许诺，也可以做出如果小孩没有取得足够好的成绩就进行惩罚（下学期晚上不能出去玩）的威胁。同理，想要小孩远离坏同伴的父母（遏制）既可以采取奖励（许诺）措施，也可以采取惩罚（威胁）措施。实际上，这两种类型的策略性行动起作用的方式不同，将影响各自的使用范围。一般来说，遏制最好使用威胁方式，强迫则最好使用许诺方式，原因在于时机与动机的不同。

遏制威胁可以是消极的——只要对方不去做你试图遏制的事，你就不需要做任何事。它也可以是静态的——你不需要附加任何时间限制，因此你设立威胁条件，然后把其他事情交给对方就可以了。所以希望小孩远离坏同伴的父母会说："如果让我知道你又和 X 一起玩，以后整整一年中晚上 7 点钟后都不能出去玩。"然后父母就等着瞧，只有当小孩的行为违反了父母的意愿时，父母才实施威胁。通过许诺来达到相同的遏制就要求更复杂的监控和连续的行动："在每个月的月末，如果我确定你没和 X 一起玩，就会给你 25 美元。"

强迫必须有截止日期，否则就没有意义——另一参与人会拖延从而使你达不到目的，或是一步一步地削弱你的威胁（腊肠策略）。这会使强迫威胁的实施比强迫许诺的实施更难。想让孩子努力学习的父母可以说："每个学期如果你可以拿到 B 或更好的成绩，我会给你价值 500 美元的 CD 或计算机游戏。"小孩因此会更积极地达到每学期的目标。而通过威胁来达到同一目的——"如果每学期你的成绩低于 B，我将会拿走你的一款计算机游戏"——就要求父母更主动并更有警觉性，小孩会延迟把成绩单拿回家或把计算机游戏藏起来。

是奖励还是处罚与现实情况有关。如果小孩永久拥有游戏的权利，则拿走一款游戏就算是惩罚了；如果游戏是按学期发给小孩的，则下一学期继续发给他就是奖励。所以，你可以通过改变现状来将威胁转变为许诺，或将许诺转变成威胁。你可以在进行策略性行动时通过这种改变获得好处。如果你想达到强迫，则制造这样一种场景，使当对方的行动符合你的意愿时，你所做的是给予奖励，这时你使用的就是强迫许诺。举一个戏剧性的例子：强盗可以把威胁"如果你不把你的钱包给我，我就会杀死你"改成许诺"有一把刀已经架在你脖子上了，只要你把钱包给我，我就不杀你"。但是，如果你想达成遏制，则要营造另一种场景，使当对方的行动违反了你的意愿时，你所做的是给予惩罚，此时你使用的就是遏制威胁。

9.6 建立置信度

我们已经强调了策略性行动置信度的重要性，在每个例子中也简略地说明了如何建立置信度。其方法通常是因事而异的，而且探索和发展这些方法是一门学问很深的艺术。一些一般性原则可以帮助你组织你的研究工作。

这里给出了建立置信度的两大方法：（1）减少你未来行动的自由，那样你就没有选择，只能实施策略性行动中所确定的行动；（2）改变你未来的支付，那样实施策略性行动就会变成你的最优行动。现在我们阐述如何具体使用这两大方法。

9.6.1 减少你行动的自由

1. 自动履行

假设你在第一阶段时做一些事使自己在第二阶段无法做出自由的选择，例如把它交给某个执行机制，该机制会在恰当情况下实施你的承诺、威胁或许诺，同时向对方证明你已经放弃选择的自由了，让他相信你不可能再改变想法了，这样你的策略性行动就是可信的。最有名的例子是**世界末日装置**（doomsday device）。它是一种引爆核弹的装置，只要敌人发动了核弹攻击战，它就会引爆并污染全球。这是 20 世纪 60 年代初期风行一时的电影《失败的防卫》(*Fail Safe*)和《奇爱博士》(*Dr. Strangelove*)的情节。幸运的是，这只是电影中的情节。但是在贸易政策中，如果其他国家试图对出口到你们国家的商品进行补贴，你们就可以启动自动报复程序，提高进口关税（反补贴税），这是很常见的。

2. 委托

执行机制不一定是机械式的。你可以将权力委托给其他人或组织，要他们按照特定程序或规则来做。事实上，这正是抵制关税的做法。美国政府有两个机构——美国商务部和国际贸易委员会，它们的运作程序是依照国家贸易法进行的。

被委托的代理人不能有自己的主见，以免无法达到策略性行动的目的。例如，某代理人被委托实施威胁惩罚，但代理人有暴力倾向，则他就有可能在对方如你所愿行动时，仍惩罚对方。如果对方预料到了这一点，则威胁就会无效，因为他知道无论如何都会受到惩罚。

委托机制不可能全然可信。即使是世界末日装置也可能不可信，因为对方会怀疑你设置了某个开关来控制装置以避免灾难的发生。委托也可以被取消。事实上，美国政府常常不考虑反补贴税而和其他国家达成某种协议，以避免贸易战。

3. 烧毁桥梁

很多入侵者，从古希腊的色诺芬（Xenophon）、英国的征服者威廉（William）到墨西哥的柯蒂斯（Cortés），都曾经故意切断自己军队撤退的路，破釜沉舟，背水一战。有的是烧毁撤退的桥梁，有的是烧船，但这都是老话了。最近的一次应该是第二次世界大战中日本的自杀式战斗机只携带单程的油料去攻击美国的船只。这一原则在中国古代也曾出现过。夫差就说过"困兽之斗"的道理。孙子也说过："兵士甚陷则不惧，无所往则固，深入则拘，不得已则斗。"[5]

在赌注很高的博弈中，人们也会使用类似的方法。虽然欧洲货币联盟各国本可以拥有自己的货币，而且有固定的汇率，但它们还是采用了单一币制，这一不可逆的过程会让欧洲货币联盟成员更致力于欧洲货币联盟的发展。事实上，正是必要的承诺水平阻止了一些国家，尤其是英国，成为欧洲货币联盟的成员。当然，放弃单一币制回到原本各国的币制并非不可能，只是代价太大。如果欧洲货币联盟的效果真的很差，越来越多的国家可能会选择退出。所以，烧毁桥梁的置信度不是"全有或全无"，而是有程度差别的。

4. 切断通信

如果你发出一个信号向对方表明你的承诺，同时又切断和他的通信，则他就不能和你争论而让你收回承诺。切断通信的危险在于，如果双方同时这么做，则有可能造成双方承诺不一致，带来更大的互相伤害。另外，切断通信很难执行威胁，因为只有与外界保持联系，你才能知道对方的行动是否如你所愿，你是否需要实施你的威胁。当然，在当今时代，要断绝一个人和外界的联系是十分困难的。

但如果参与人是由团队组成的，则可以尝试这种方法的变形。比如工会，他们要开会决定工资。开会要有很多计划——定会议室、联络会员等，需要几个星期的时间。如果工资没有达到工会的要求，工会领袖就会号召罢工，那么就要再开一次会来决定新工资。这个讨价还价的过程让资方有了时间压力，因为他们知道工会几个星期才开一次会。所以切断一阵子的通信会带来一定的置信度，但绝不是绝对可信，工会的通信只是延后了几个星期，而并非是断绝了。

□ 9.6.2　改变你的支付

1. 声誉

通过实施威胁和实现许诺，你可以获得某种**声誉**（reputation）。在与同一参与人的重复博弈中，这样的声誉是最为有用的。在与不同参与人的不同博弈里，如果他们中的每一个都能够观察到你与其他人的博弈里的行动，它也是有用的。有利于这样的声誉出现的情形与囚徒困境中达成合作的情形是一样的，并且有同样的理由。互动继续下去的可能性越大，未来较之于现在就越重要，参与人就越有可能牺牲当前的利益以获取未来的利益，参与人就因此更愿意去获取并维持声誉。

用专业术语来讲，这种机制将不同的博弈联系起来了，并且一个博弈里的行动的支付会因其他博弈中的后果的前景而改变。如果你在一个博弈里未能兑现你的威胁或者许诺，你的声誉将受到损害且你将在其他博弈里得到一个低的支付。因此，当你考虑这些博弈里的任何一个时，你就应该调整你在其中的支付并且考虑到其对你在相关博弈里的支付造成的影响。

在持续的关系中好的声誉会为你带来利益。这就是为什么你经常光顾的汽车修理商基本上不会像路边摊一样漫天喊价，以次充好地欺骗你的原因。但如果竞争激烈，使他不得不以低价揽客，而利润又微薄到几乎无利可图，他又怎么从声誉中获取好处呢？所以他诚实帮你修车的前提是必须比同行收取的最低价格要高一点点。

同样的道理可以解释为什么当你远离家的时候，你会选择在知名连锁店用餐而不是在不知名的餐馆用餐。百货商店如果要推销新商品，它会用自己的声誉来许诺新商品的高品质。

一方或双方做出可信许诺的博弈可以给双方带来利益，参与人可以合作，建立并发展声誉。但是，如果相互影响只是在一个有限的时间内存在，则在博弈结尾会出现问题。

在 1993 年《奥斯陆协议》（Oslo Accord）开始执行的中东和平进程的早期阶段，以色列将对加沙和约旦河西岸小片孤立地带的部分控制权移交给巴勒斯坦当局，而巴勒斯坦则承认以色列的存在并减少针对以色列的暴力活动，这种和平进程顺利地进行了一段时间。但是，当最后阶段到来时，双方下一步行动的置信度出现了问题，最终导致和平进程于 1998 年中断。外界本可向双方提供富有吸引力的激励措施以使和平进程持续下去，如美国和欧洲可向双方提供经济援助或扩大与它们的经贸往来规模。例如，美国曾以上述方式向埃及和以色列提供大量援助并达成了 1978 年的《戴维营协议》（Camp David Accords）。但直到现在，仍没有任何类似措施被实施，因此，在写作本书时，这一进程的前景仍不容乐观。

2. 把博弈分成许多小块

有时候可以将单个博弈分成许多连续的小博弈，以便声誉机制能够生效，就像在建筑工程中通常按工程进度分期付款一样。在中东和平进程中，以色列绝不会一次将整个西岸走廊交给巴勒斯坦以换回一个仅仅承认以色列的存在并停止恐怖活动的许诺。每一步的进展至少使进程部分地向前推进。但在博弈进行到尾声时会出现偶然性事件从而使博弈变得困难。

3. 团队合作

团队合作是将一个博弈嵌入另一个博弈以提高策略性行动的置信度的另一种方法。它要求一组参与人互相监督。如果一个参与人没有实施威胁或兑现诺言，其他参与人就会要求惩罚他。如果不施加惩罚，那么连他们自己也要受到别人的惩罚，依此类推。所以在一个大的博弈中参与人的支付会被改变，从而使团队的置信度得到增强。

许多大学有学术荣誉规章，这样的规章就是一种置信度机制。在考试的时候，学生不会受到监考，相反，学校要求学生如果看到作弊就要向学术委员会报告。委员会就会举行听证会，查证属实就进行惩罚。惩罚可能是休学一年或逐出校门。学生是不愿陷同学于不义的，为了坚定学生的决心，规定中加入了这样一条：如果有人发现某人作弊而不举报，也被视为违反规章。即使是这样，一般认为该规定还是不能达到完全的效果。普林斯顿去年开展的一个调查发现，只有三分之一的学生说他们愿意报告作弊，尤其是当他们知道是谁作弊的时候。

4. 非理性

你的威胁可能会缺乏置信度，因为其他参与人知道你是理性的，如果你实施了威胁，你付出的代价会很大。所以其他人认为，就算事到临头，你还是不会实施威胁。你解决该问题的对策是宣称你是非理性的，使其他人相信你的支付和他们预想的不一样。当威胁的置信度受到怀疑时，表面的非理性就会转变成策略理性。同理，表面的非理性动机，像荣誉和面子，会使你的许诺可信，甚至使报复也变得可信。

其他参与人可能会洞悉这种**理性的非理性**（rational irrationality）。所以如果你试图通过宣称非理性来使你的威胁可信，他不会马上相信你。你必须获得非理性的声誉，例如，在相关的博弈中表现出非理性。当然你也可以使用第 8 章谈到的策略，发出非理性的可信信号，从而将假的非理性剔除，达成一个均衡。

5. 契约

你也可以签下**契约**（contract），使你不实施威胁和兑现诺言的代价变得很大，因为违反契约是要支付一大笔违约金的。如果该契约是明确的并且由法院或第三方权威机构执行，则支付的改变会让实施威胁和兑现诺言成为最优行动，威胁和许诺就变得可信了。

至于许诺，契约的另一方是博弈的另一参与人。你兑现诺言对他是有利的，因而如果你不兑现诺言，他就会让你付出违约金。实施威胁的契约是有问题的。其他参与人并不希望你实施威胁，也不愿意执行契约，除非他可以在相关的博弈中得到长期利益。因此，对于威胁，契约必须交由第三方执行。但是当引入第三方（执行方）时，契约仅仅能保证事到临头时你会实施威胁；如果你不实施威胁，第三方就不能从中获益。所以契约就有再谈判的可能，以使第三方能从中获利。如果真到采取行动的时候，你可以对第三方说："看，我不想实施威胁，但因为违约金的缘故，我被迫这么做，而你不会得到任何好处。这里有一些钱，希望你放我一马。"这样一来契约就不可信，从而威胁也不可信。第三方必须以长远利益为由来执行契约，例如为保持其声誉，以保证契约没有再谈判的空间。

白纸黑字的契约比口头契约更有效力，但是有时口头契约也能够构成承诺。在 1988 年的总统大选中，当乔治·布什说"我承诺，以后不再课新税"时，美国民众把他的承诺视为契约。1990 年他征收了新税，民众在 1992 年大选中就不让他连任了。

6.边缘政策

在美日贸易政策博弈中，我们发现威胁可能太大以至不可信。但小而有效的威胁又不好找，这时可通过随机实施的方式来减小巨大的威胁，使其达到可信的水平。美国不可能对日本说："若你不向美国开放市场，你遭到攻击时我就不会前来保卫你。"但是它可以说："若你不向美国开放市场，这将会破坏我们两国的关系，并可能会带来风险。如果你面临入侵，美国国会可能就不会支持对你的军事协助。"如同之前所说的，这种故意制造风险的方法被称为边缘政策。这是个微妙的策略，很难实施，实际例子最能够帮助我们理解它的含义。第14章对古巴导弹危机的详细研究，对我们理解边缘政策会有所帮助。

我们已经介绍了一些使策略性行动可信的方法并讨论了它们如何发生作用。最后，我们想强调全部讨论所共有的一个特征。在实践中置信度并无有或无之分，只有强或弱之分。虽然没有什么理论支持（逆推法表明威胁要么会成功，要么会失败），但是在实际应用时必须意识到在这两极之间仍存有一系列可能性。

9.7 反策略性行动

如果你的对手对你施加威胁或许诺，而他的威胁或许诺会对你产生不利影响，那么在他行动之前，你可以做出反策略性行动。这么做可以使他未来的策略性行动不那么有效。例如，破坏不可逆性和可行性。在本节中，我们将讨论一些可以达到这个目的的方法。同理，别人也可以用这些方法来达到他们自己的目的。

9.7.1 非理性

非理性对威胁或许诺的可能接受者一样有效。如果你被认为是如此非理性，以至不会屈服于任何威胁，并且愿意承受因对方实施威胁而受到的损失，那么在刚开始时他可能不会使用威胁，因为威胁的实施也可能会伤害到他自己。我们之前所说的说服对方相信你是非理性的很难，在这儿也可得到体现。

9.7.2 切断通信

如果你让对方不能将关于所做的威胁或许诺的信息传达给你，则他所做的一切就毫无意义。谢林用一个故事来证明这一点：小孩啼哭的声音很大，以至听不到父母的威胁。[6]那么父母做任何策略性行动都是没有意义的，因为通信已经被切断。

9.7.3 开辟逃走的路

如果对方能从烧毁桥梁阻止后退中获利，你也可以将火熄灭甚至修建新桥或新路让对方后退从而获利。这个方法古代人很早就知道了。孙子说："围师必阙。"当然，这么做的目的不是让敌人逃跑，相反是说明有一条路可以安全撤退，也就是让他知道除了死亡之外还有第二种选择，然后你再进攻。[7]

□ 9.7.4　消除对方想要维持声誉的动机

如果有人威胁你说："看，我不想实施这个威胁，但我必须实施，因为我想保持我的声誉。"你可以回应："我不乐于将你不处罚我的事公布于众，我只想在博弈中取得好的结果，我会保密，这会避免双方都受伤害的结果。你在别人面前的声誉也可以保持。"同理，如果你是买家，你和卖家讨价还价，他拒绝降低价格，他的理由是："如果我以这个价格卖给你，那么我也必须以这个价格卖给别人。"你可以说你不会告诉其他人。这可能没用，对方可能怀疑你会告诉你的一些朋友，而你的朋友又会告诉其他人。

□ 9.7.5　腊肠策略

腊肠策略是削弱对方威胁的方式，就像腊肠每次被一片一片切去一样。你违背他人意愿（无论遏制还是强迫）的程度非常小，以至对方觉得他不值得为你的这种行为去实施对双方都不利的威胁。如果你的这种策略起了作用，你就可以继续一点一点地违背。

你在童年时就很清楚这种做法。谢林[8] 给出了这个过程的精彩描述：

> 我们确信，腊肠策略是由一个小孩创造的。告诉小孩不要下水，他会坐在岸边，把脚放在水里，这还不算下水。在得到默许后，他就会站起来，让脚在水中探得更深一点。过了一会儿，他开始涉水，但不去很深的地方。可是他感觉这与刚才并没有什么不同，于是他会向稍深的地方走去，并辩解说他只是在附近来回走罢了。不久后我们就叫他别游得太远，然后怀疑对他的告诫到哪里去了。

腊肠策略对强迫极其有用，因为可以利用时间优势。当你的父母让你打扫你的房间时，你可以推迟一个小时，说你要做作业，然后推迟半天，因为你要进行足球练习，然后是一晚，因为你不可能错过《辛普森一家》的电视节目，等等。

要对付腊肠策略，你的威胁处罚必须分等级制定，即必须有一定程度的处罚来对应一定程度的违反行为。也可通过逐步提高风险来达到对付腊肠策略的目的，这也是边缘政策的另一种应用。

9.8　总　　结

为了制定后面的行动规则而采取的行动被称为策略性行动。真正的先行动必须是可观察的、不可逆的。如果先行动者试图获得想要的改变博弈均衡结果的成效，那么先行动必须可信。承诺是无条件的先行动，只要先发优势存在，承诺就可以抓住先发优势。先行动通常包含对一个策略的承诺，但这个策略并非原始版本博弈中的均衡策略。

有条件的先行动，如威胁和许诺，被称作反应规则，其目的或是遏制对方的行动以保持现状，或是强迫对方如你所愿地行动以改变现状。实施威胁可能会使双方都付出代价，但威胁成功的话就不用付出任何代价。如果威胁仅仅制造出逐渐升级的风险，就被视为边缘政策。对于许诺，只有在许诺人得偿所愿时，许诺人才会付出代价。威胁可以任意大，虽然太大了就会不可信；许诺只需大到使其有效即可。如果威胁（许诺）中暗含的许诺（威胁）不可信，那么参与人必须做出明确可信的许诺和威胁，并采取使两者能相互结合的行动。

任何策略性行动都要建立置信度。有一些一般原则就是讲如何使策略性行动可信的，还有很多方法讲如何提高置信度。你可以通过减少你未来选择的自由来使策略性行动有效，也可以通过改变你自己未来行动的支付来使策略性行动有效。具体包括建立声誉、团队合作、证明"表面"的非理性、烧桥断后路、签契约等。同样的方法适用于应对对方的策略性行动。

关键术语

边缘政策（brinkmanship）　　　　　许诺（promise）

承诺（commitment）　　　　　　　　理性的非理性（rational irrationality）

强迫（compellence）　　　　　　　　声誉（reputation）

契约（contract）　　　　　　　　　反应规则（response rule）

遏制（deterrence）　　　　　　　　腊肠策略（salami tactics）

世界末日装置（doomsday device）　　策略性行动（strategic move）

不可逆的（irreversible）　　　　　　威胁（threat）

可观察的（observable）

已解决的习题

S1. "有人说许诺的大小是有限制的，而原则上威胁可以是任意大的，只要它是可信的。"首先，简要解释一下为什么这个叙述是正确的。尽管这个叙述是正确的，但参与人可能发现使用过分严重的威胁对他们也未必有利。解释为什么后一陈述也是正确的。

S2. 对于下面三个博弈中的每一个，回答这些问题：（1）如果没有人使用策略性行动，如何达到均衡？（2）一个参与人是否能通过使用一个策略性行动（承诺、威胁或许诺）或是联合使用这些策略性行动来提高他的支付？如果可以，两人中谁会使用什么样的策略性行动？

(a)

		列	
		左	右
行	上	0, 0	2, 1
	下	1, 2	0, 0

(b)

		列	
		左	右
行	上	4, 3	3, 4
	下	2, 1	1, 2

(c)

		列	
		左	右
行	上	4, 1	2, 2
	下	3, 3	1, 4

S3. 在经典电影《玛丽·波平斯》（Mary Poppins）中，小孩在和很多不同的保姆进行策略博弈。在他们的眼中，保姆本质上就是无情的，并且和保姆开玩笑又是很好玩的。也就是说，他们把自己看作一个博弈的参与人。在这一博弈中，保姆是先行动者，她们既可能表现得无情，又可能表现得和蔼；小孩后行动，他们可以选择是很乖的，也可以是很淘气的。保姆很乐意照顾乖的小孩，但仍然很严厉，所以她从（严厉，很乖）这个组合中得到最高支付 4，从组合（和蔼，淘气）中得到最低支付 1，从组合（和蔼，很乖）中得到支付 3，从组合（严厉，淘气）中得到支付 2。同理，小孩最希望的是一个和蔼的保姆，那样自己可以很顽皮。如果保姆和蔼的话，小孩能得到两种较好的结果（如果顽皮得到支付 4，如果很乖得到支付 3）；当保姆很严厉时，他们会得到较低的两种支付（如果顽皮得到支付 2，如果很乖得到支付 1）。

（a）画出这个博弈的博弈树，找出没有策略性行动时的完美博弈均衡。

（b）在电影中，在玛丽·波平斯（Mary Poppins）来到之前，小孩在找保姆的广告中写道："如果你不责骂我们，我们也不会让你恨我们，我们不会把你的眼镜藏起来，不会把癞蛤蟆放在你的床上，不会把胡椒粉放在你的茶里。"使用（a）中的博弈树来说明这个陈述组成了一个许诺。如果这个许诺成立，会有什么样的结果？

（c）在（b）的许诺中暗含的威胁是什么？暗含的威胁自动可信吗？解释你的答案。

（d）孩子们怎么才能使在（b）中做出的许诺可信？

（e）在（b）中的许诺是强迫还是遏制？可根据博弈的现状来解释你的答案，即如果不采取策略性行动会发生什么。

S4. 假设有两个国家 A 和 B，双方都有两种策略选择："侵略"或"克制"。A 想要达到主宰世界的目的，所以侵略是其占优策略。B 想阻止 A 达到此目的，所以 A 侵略它就侵略，A 不侵略它就不侵略。[9] 支付表如下：

		A	
		克制	侵略
B	克制	4, 3	1, 4
	侵略	3, 1	2, 2

对于每一个参与人来说，4 是最好的支付，1 是最差的支付。

（a）找出同时行动纳什均衡。

（b）下面考虑序贯行动博弈中的三种方式：（1）B 先行动，A 后行动；（2）A 先行动，B 后行动；（3）A 先行动，B 后行动，但 A 可以通过进一步的行动使自己后行动。为每一种方式画出博弈树，并找出子博弈完美均衡。

（c）对于双方而言策略的关键在哪里（承诺、置信度等）？

S5. 考虑下面的博弈，在每个例子中：（1）确定哪个参与人可以从做出策略性行动中获利；（2）确定适合于这个目的的策略性行动的本质；（3）讨论在使这些策略性行动可信的过程中所产生的理论和实践上的困难；（4）讨论这些困难是否能克服以及如何去克服。

（a）欧盟中的其他国家（法国、德国等）希望英国加入单一货币和单一银行体系。

（b）美国希望朝鲜停止向伊朗等国出口导弹及导弹技术，希望其他国家参与进来和美国一起达到此目的。

（c）美国汽车工人希望美国汽车生产者不要在墨西哥建厂，并希望政府对外国汽车的进口进行限制。

▎ 未解决的习题

U1. 电影《曼哈顿谋杀谜案》（*Manhattan Murder Mystery*）中有这样的情景，伍迪·艾伦（Woody Allen）和黛安·基顿（Diane Keaton）正在麦迪逊花园看曲棍球比赛。很明显基顿不喜欢看，但是艾伦告诉她："记住我们的约定，你要在这儿陪我看完整场曲棍球比赛，下个星期我将会和你去看歌剧，陪你到底。"再后来，我们看到他们走出歌剧院，进入了冷清的林肯中心广场，广场里还在播放着音乐。基顿明显很生气："我们的约定呢？我陪你看完了曲棍球比赛，所以你也应该陪我看完歌剧。"艾伦回答："你知道我不能听太多的瓦格纳（Wagner）。在第一幕的结尾，我就有入侵波兰的冲动。"用你学到的策略性行动和置信度的理论知识来评论这里的策略选择。

U2. 这里是父母和小孩之间的博弈。小孩可以选择表现好（G）或表现坏（B）；父母可以选择惩罚（P）和不惩罚（N）小孩。小孩从其坏行为中可得到价值为 1 的快乐，但受到价值为 -2 的惩罚。这样，表现好的小孩不会受到惩罚而得到支付 0；而表现坏且受到惩罚的小孩会得到支付 $1-2=-1$；等等。父母则从小孩的坏行为中得到 -2，从实施惩罚中得到 -1。

（a）设定这个博弈为同时行动博弈，找出均衡。

（b）然后，假设小孩会先选择 G 或 B，而父母在观察到小孩的行为后会选择 P 或 N。画出博弈树，找出子博弈完美均衡。

（c）假设在小孩行动前，父母能够采取某种策略性行动——例如，威胁"如果你做坏事，我就惩罚你"。父母拥有多少个这种策略？写下这个博弈的支付表。找出所有纯策略纳什均衡。

（d）（b）与（c）的答案有什么不同？解释导致不同的原因。

U3. 修昔底德（Thucydides）所著的《伯罗奔尼撒战争史》中的策略博弈已经被圣

路易斯大学的威廉·查伦（William Charron）教授用博弈论术语表示出来了。[10] 雅典获得了爱琴海（the Aegean）周边的大型海岸城市，成了一个大帝国，这些城市在保护希腊不受波斯人入侵中起到了主要作用。斯巴达害怕雅典的实力，正在计划着对雅典的战争。如果斯巴达决定打仗，雅典就不得不考虑是保持还是放弃它的帝国。但是雅典也害怕，如果这些城市独立，它们可以选择加入斯巴达，成为一个联盟来反对雅典。这些城市这样做可以从斯巴达那里得到好处。所以有 3 个参与人——斯巴达、雅典、小城市，有 4 个结果，支付如下表所示（支付 4 是最好的）。

结果	斯巴达	雅典	小城市
战争	2	2	2
雅典仍是帝国	1	4	1
小城市加入斯巴达	4	1	4
小城市保持独立	3	3	3

（a）画出博弈树并找到逆推均衡。是否存在另外的更有利于所有参与人的结果？

（b）哪种策略性行动或策略性行动的联合能获得更好的结果？讨论这种策略性行动的置信度。

U4. 重新确定习题 S3 中博弈的支付，使得在广告中小孩的陈述是威胁而不是许诺是可能的。

（a）重新画出习题 S3（a）中的博弈树，填写双方的支付，使小孩的陈述变成完全意义上的威胁。

（b）确定博弈中的现状，并决定使用哪一种威胁（遏制还是强迫）。

（c）解释为什么威胁不是自动可信的，给出支付结构。

（d）解释为什么暗含的许诺是自动可信的。

（e）解释为什么小孩开始时想使用威胁，并给出一个方法使其威胁可信。

U5. 对于下述情形，回答习题 S5 中的问题。

（a）你们大学的学生想要阻止学校提高学费。

（b）许多参与人以及局外人都希望阿富汗、伊朗、以色列和巴勒斯坦能够长期和平。

（c）世界上几乎所有国家都希望伊朗关闭其核计划。

U6. 简要介绍一场你自己曾经参加过的博弈，其中应包括一系列策略性行动，例如承诺、威胁等，特别要注意置信度的重要性。如有可能，描述一下这场博弈，并解释为什么会有这种结果。参与人是否在好的策略性思维指导下做出了合理的选择？

【注释】

［1］我们在第 7 章和第 12 章都可以看到该博弈存在第三个均衡，也就是混合策略均衡。在混合策略均衡情形下，两个参与人均得到较差的支付。

［2］你可能不同意这些结果的排名，也许既不适合你，也不适合你的老师。但希望你能暂时接受它，它的主要目的是以一种简单的方式来传达关于承诺的一般观点。接下

来的例子同样适用这一声明。

〔3〕这里再次请你们接受这样的旨在表达思想的支付结构，你可以通过改变支付表来看一看角色的转换以及策略性行动的有效性受到了怎样的影响。

〔4〕在第 10 章，我们将会更仔细地研究囚徒困境中企图达到合作结果的重复和持续的关系的重要性。

〔5〕Sun Tzu，*The Art of War*，trans. Samuel B. Griffith（Oxford：Oxford University Press，1963），p. 110.

〔6〕Thomas C. Schelling，*The Strategy of Conflict*（Oxford：Oxford University Press，1960），p. 146.

〔7〕Sun Tzu，*The Art of War*，pp. 109 - 110.

〔8〕Thomas C. Schelling，*Arms and Influence*（New Haven：Yale University Press，1966），pp. 66 - 67.

〔9〕感谢加州大学洛杉矶分校（UCLA）的政治科学教授 Thomas Schwartz 提供了该习题的思路。

〔10〕William C. Charron，"Greeks and Games：Forerunners of Modern Game Theory，" *Forum for Social Economics*，vol. 29，no. 2（Spring 2000），pp. 1 - 32.

第 10 章

囚徒困境与重复博弈

本章将继续分析更为广泛意义上的囚徒困境。大多数人或许都听说过囚徒困境，哪怕对博弈论毫无所知者也对这类故事略知一二。对于博弈论及其对参与人行动的预测来说，囚徒困境可谓经典的例子。在囚徒困境中，每个参与人都有占优策略，但在均衡时（参与人都采用占优策略）的支付比参与人都选用劣策略时的支付要低。这个均衡的矛盾性质引出了关于博弈互动的更为复杂的问题，只有更全面的分析才能解答。本章旨在做这方面的介绍。

第 4 章第 4.3 节已经讨论过囚徒困境。那时我们就发现均衡的结果对于参与人来说都是不好的，"囚徒"可以找到比均衡更好的结果，却很难放弃均衡策略来实现这个结果。本章的焦点是研究达到更好结果的可能性，也就是考虑能否以及如何克服"囚徒"追逐私利的背叛动机，让他们达到并维持互利的合作结果。我们首先回顾标准的囚徒困境博弈，然后研究三种解决方法。第一种也是最重要的解决方法就是单次博弈的重复，2005 年诺贝尔经济学奖得主罗伯特·奥曼（与托马斯·谢林一起）对重复博弈的一般化理论做出了贡献。像往常的入门水平一样，我们介绍几个一般重复博弈论的简单例子。然后我们再看看另外两种可能的解决办法，它们依赖于惩罚（或奖励）规则和领导角色。第四种解决囚徒困境的办法是把不对称信息纳入有限重复囚徒困境博弈中。

最后，本章会讨论囚徒困境的实验证据，以及在现实世界中囚徒困境的例子。实验的设计者会让实验的参与人处于各种类型的囚徒困境中。其所揭示的行为，一些是让人费解的，而另一些则是可以预测的；借助计算机模拟的实验可以得到另外一些有趣的结果。本章最后会提供在现实世界中囚徒困境的例子，让读者认识到囚徒困境出现的场合是非常广泛的，并且至少有一个例子展示了参与人是如何创造出自己解决困境的方案的。

10.1 基本博弈（复习）

在讨论避免囚徒困境中的"坏"结果的方法以前，我们先简单地回顾一下这种博弈的基本情况。我们曾在第 4 章讨论过丈夫和妻子涉嫌谋杀的例子，他们被警方隔离审讯并且可以选择承认犯罪或否认犯罪。我们将夫妻双方面临的支付矩阵表 4-4 复制到了图 10-1，图中的数字代表被判入狱的时间（年），数字越小对博弈双方就越有利。

双方都有其占优策略，也就是无论对方如何选择，自己都选择"认罪"。均衡结果是双方都选择"认罪"且均坐 10 年牢，但如果他们都选择"抵赖"，结果会更好，他们各自只需坐 3 年牢。

在任何囚徒困境中，都会有合作策略和欺骗或背叛策略。在图 10-1 中，"抵赖"是合作策略，双方都能获得最优结果；而"认罪"是欺骗或背叛策略，当参与人不相互合作时，他们会选择"认罪"，以牺牲对方利益换取自己的利益。所以囚徒困境中的参与人又可以根据他们策略选择的不同被分为背叛者和合作者，我们将在关于解决囚徒困境的可能途径的讨论中一直使用这个分类称呼。

单位：年

		妻子	
		认罪（背叛）	抵赖（合作）
丈夫	认罪（背叛）	10, 10	1, 25
	抵赖（合作）	25, 1	3, 3

图 10-1　标准囚徒困境的支付

有一点值得强调，虽然我们在说合作策略，但是囚徒困境是我们在第 2 章就解释过的非合作博弈，即参与人策略的选择和实施是独立的。如果两个参与人可以一起探讨、选择和执行他们的策略——比如，两个参与人被关在同一个房间，并且可以就是否承认犯罪一起商讨共同的答复，这样就很容易达到他们想要的均衡结果。囚徒困境能否、何时以及如何解决这一问题，关键就难在要通过非合作（独立的）行为达到合作（共同较优的）结果。

10.2 解法 1：重复

在囚徒困境中所有可以维持合作的机制里，最著名且最自然的方式就是**重复博弈**（repeated play）。参与人之间重复和持续的关系是该博弈的特征。在囚徒困境中，参与人会担心一有背叛就会导致未来合作的崩溃。如果未来合作产生的支付比短期背叛的支付要大，则从个人长远利益着想，参与人会自动地选择不背叛，同时这也不需要动用第三方来施加惩罚或压力。

我们这里来讨论两家餐馆泽维尔的达帕斯西班牙餐馆和伊冯娜的炭火西餐馆所面临

的餐费定价困境。这个博弈曾在第5章介绍过，但这里从讨论的目的出发，我们简化这个博弈。假设只有两种价格可供选择：共同最优（共谋）的价格26美元和纳什均衡的价格20美元，每家餐馆的支付（以百美元/月为单位计量的利润）可以通过使用第5.1.1节的数量（需求）方程计算得到，结果如图10-2所示。与任何囚徒困境一样，虽然这两家餐馆都更偏好互相合作和将餐费定在高价26美元的结果，但它们都会选择占优策略"背叛"且将餐费定在20美元。

单位：百美元/月

| | | 伊冯娜的炭火西餐馆 | |
		20美元（背叛）	26美元（合作）
泽维尔的达帕斯 西班牙餐馆	20美元（背叛）	288，288	360，216
	26美元（合作）	216，360	324，324

图 10-2　定价的囚徒困境

在分析一开始，让我们设想两家餐馆最初采用合作模式，都以高价26美元经营。如果某一餐馆，如泽维尔，背离这个价格策略，那么它可以将支付从每个月324提高到每个月360（从32 400美元提高到36 000美元），但是从此合作关系就被破坏了，泽维尔的对手伊冯娜也没有理由再继续合作。一旦合作关系破裂（假设是永远破裂了），泽维尔的支付将从原来它没有背叛价格合作时的每月324（32 400美元）下降到现在的每月288（28 800美元），虽然在背叛的那个月得到了36（3 600美元）的收益增量，但从此就得为破坏合作付出每个月36（3 600美元）的损失。即使它们之间的关系只存在三个月，选择背叛也不是泽维尔的最优选择。伊冯娜也可以做类似的分析。因此，如果两家餐馆竞争超过三个月，我们看到的就是合作行为的高价，而不是单次博弈预测的背叛行为的低价。

□ 10.2.1　有限次重复

但囚徒困境的解决实际上没那么简单，如果它们只经营三个月呢？则餐馆会分析并且选择它们三个月中的最优策略。每家餐馆都会用逆推法来确定每个月的定价。从第三个月的分析开始，它们了解到此时已经没有进一步的关系值得考虑了，每家餐馆都会选择占优策略背叛。因此，它们在第二个月也会认为双方没有更进一步的关系，双方知道在第三个月会互相背叛，所以在第二个月也会背叛。同样的道理应用到第一个月，知道第二个月和第三个月会互相背叛，它们会认为在第一个月没有合作的价值，所以会从第一个月开始就背叛，困境因此又出现了。

这一结果很普遍。在囚徒困境中，只要参与人间的关系维持一段有限的时间，占优策略背叛就会在最后一期被采用。一旦参与人到达博弈最后阶段，就没有继续合作的价值，所以就会产生背叛，而逆推法预测背叛会从博弈最后一期蔓延到第一期。然而，实际上有限次重复的囚徒困境却有很多合作的局面出现。

□ 10.2.2　无限次重复

对有限次重复囚徒困境的分析证明了即使博弈重复进行也不能解决困境，但是如果双方的关系没有一定的期限又会怎么样呢？如果两家餐馆彼此永远竞争下去呢？我们在分析中必须加进这些相互联系的因素，从而会发现参与人的动机也会随之改变。

在任何重复博弈中，参与人行动的有序性都意味着他们在本回合中采取的策略取决于博弈前一回合中的行动，这样的策略被称为**条件策略**（contingent strategy），在重复博弈的理论中有几个特别的例子会常常被用到。大部分条件策略是**触发策略**（trigger strategy），使用触发策略的参与人只要对手合作，就会跟对手合作，但只要对手有任何背叛，就会触发一段**惩罚**（punishment）期，他就会采取不合作的态度来回应。两个最有名的触发策略是冷酷策略和以牙还牙策略。**冷酷策略**（grim strategy）是指直到对手背叛你之前，一直和他合作；而一旦他背叛了你，你就在剩下的博弈中（通过选择背叛策略）惩罚他。[1] **以牙还牙策略**（Tit-for-Tat，TFT）不像冷酷策略那样不原谅对手，它因不需要永久性地惩罚对手来解决囚徒困境而得名。以牙还牙策略是在第一次选择合作，然后在未来每个阶段选择对手在上一阶段所选择的行动。因此，在执行以牙还牙策略时，如果对手在上一阶段合作，你也合作；如果对手背叛，你也背叛。惩罚期限依对手是否继续背叛而定，并且在他选择重新合作后，你也选择重新合作。

思考一下，当某家餐馆采用以牙还牙策略时，重复博弈是如何进行的。我们已经知道当泽维尔的达帕斯西班牙餐馆背叛合作一个月，它会额外获得 36 的支付（360 而不是 324），但如果泽维尔的对手采用以牙还牙策略，则伊冯娜的炭火西餐馆会在下一个月惩罚泽维尔来进行报复。此时泽维尔有两个选择：它可以继续以 20 美元的价格背叛合作，而伊冯娜会根据以牙还牙策略来惩罚它，这样的话，泽维尔会在接下来的每个月失去 36 的支付（288 而不是 324）。这种选择看起来是代价很大的，但泽维尔也可以回到合作策略来。所以在背叛后的第一个月，泽维尔回到合谋的价格 26 美元上来，它只受到了伊冯娜一个月的惩罚，并且在受惩罚中支付损失 108（它得到 216 而不是不背叛时的 324）。在泽维尔背叛后的第二个月，博弈双方都回到合作的价格上来并得到每月 324 的支付。这个一次的背叛行为产生了额外 36 的支付，但在受惩罚期间也额外付出了 108 的损失，这对于泽维尔来说代价也是很大的。

这里有一个重点要认识到，泽维尔在第一个月背叛得到额外的支付 36，但未来会遭受损失，所以这一得一失的相对重要性取决于现在与未来的相对重要性。因为支付是以百美元计算的，所以我们可以做客观比较。一般而言，现在赚的钱（利润）比以后赚的钱要更有价值，因为你可以将钱拿去投资并获取利息，所以泽维尔应该依照投资的收益率（包括资本利得、股息或利息，依投资类型而定）来计算背叛是否划算。我们用符号 r 来代表收益率，因此投资 1 美元将带来 r 美元的利息、股息或资本利得，或者投资 100 美元产生 $100r$ 美元的利息等，那么收益率又可以记为 $100r\%$。

我们可以计算背叛是否合乎泽维尔的利益，因为餐馆的支付是以百美元计算的，而不是像前面的章节那样以等级计算（例如第 3 章和第 6 章的街心花园博弈）。这就意味着不同单元格中的支付是可以直接比较的，4（美元）的支付价值是 2（美元）的两倍，但在任何二阶博弈中，当四个不同的结果用 1（最差）到 4（最好）来衡量等级时，支付 4 就不一定是支付 2 的两倍。只要支付是用可以衡量的单位表示的，就可以计算囚徒困境中的背叛是否划算。

1. 对手采取以牙还牙策略时，背叛一次是否划算？

在泽维尔的对手使用以牙还牙策略时，它的一个选择是背叛一次然后回到合作模式，这一策略让泽维尔在第一个月（背叛的那个月）额外得到 36 的利润，但在第二个月失去 108 的利润，第三个月恢复合作。那么，仅背叛一个月是否划算呢？

我们不能直接拿第一个月的 36 和第二个月的 108 相比，因为在计算中必须考虑资金的时间价值。也就是说，我们需要找到一种方法来决定第二个月损失的 108 在第一个月值多少钱，然后拿来跟 36 比较，看看背叛一次是否值得。我们找的是 108 的**现值**（present value，PV），或者说是下个月赚的 108 在这个月（现在）等价的值为多少。我们需要计算这个月要赚多少，加上利息，才能在下个月等于 108，我们把这个数记为 PV，也就是 108 的现值。

假定（每月的）收益率是 r，即这个月得到数额为 PV 的钱，然后拿去投资到下个月，可以收回的资金为 $PV+rPV$，其中第一项是收回的本金，第二项是收益（利息、股息或资本利得）。当收回资金的总数正好为 108 时，PV 就等于 108 的现值。令 $PV+rPV=108$，解出 PV 得：

$$PV=\frac{108}{1+r}$$

只要给定 r，我们就会知道今天的多少钱在下个月值 108。

从泽维尔的角度来考虑，问题在于这个月得到的 36 能否弥补下个月的损失 108。这个问题的答案依赖于现值 PV。泽维尔必须把 36 和 108 的现值做比较，只有当 $36>108/(1+r)$ 时，也就是 $36(1+r)>108$ 或 $r>2$ 时，背叛一次才更划算。所以在面对对手的以牙还牙策略时，泽维尔只有在每月收益率超过 200% 时，才会选择背叛一次。显然，这是不可能的，比如年借款利率很少超过 12%，这转换为月利率就不足 1%（按年而不是按月计复利），远远低于刚才计算的 200%。所以在其对手执行以牙还牙策略时，泽维尔还是继续合作比较好，而不是选择背叛一次。

2. 当对手采用以牙还牙策略时，永久背叛是否划算？

如果一旦选择背叛就一直背叛下去，情况又是怎么样的呢？这是泽维尔的第二个策略选择。它会在第一个月得到 360，但如果对手一直执行以牙还牙策略，在接下来的每一个月中它会损失 36。要决定这个策略选择是否合乎泽维尔的最优利益，必须把未来损失的利润转换为现值，但这一次，未来的竞争导致的损失延伸到了**无限期**（infinite horizon）。

针对对手的以牙还牙策略，泽维尔选择永久背叛，其产生的支付流等价于当对手使用冷酷触发策略时泽维尔选择背叛所得到的。回忆一下，冷酷策略要求参与人在未来所有阶段都要用报复性的背叛来惩罚背叛。这时，泽维尔在其第一次背叛之后没有必要尝试回到合作，因为对手会永远选择背叛来作为惩罚。当对手采取冷酷策略时，泽维尔的背叛导致第一个月的收益是 36，以后每个月都损失 36。这与对手采取以牙还牙策略时它永远背叛所得到的结果是一样的。因此，读者可以完成下面的分析：当对手采取冷酷策略时，完全背叛是否值得。

为了确定这样的背叛是否值得，我们必须计算出所有这些未来损失的支付 36 的现值，然后加起来，再跟背叛当月的额外支付 36 进行比较。泽维尔在选择背叛后继续选择背叛，它受到惩罚的第一个月将损失 36，其现值是 $36/(1+r)$，这与上述关于 108 现值的计算 $108/(1+r)$ 是一致的。再过一个月，也就是两个月后损失的 36，等于这笔损失的现值加上两个月的**复利**（compound interest）之和。如果今天投资 PV，那么一个月后这笔投资将变为本金加上收益 rPV，即总共为 PV＋rPV；将这笔资金在第二个月继续投资，那么在第二个月末，投资者将得到第二个月开始时的（PV＋rPV）加上投资这笔钱的收益 r(PV＋rPV)。因此，两个月后损失的 36 的现值等于下面这个方程的解：PV＋rPV＋r(PV＋rPV)＝36，解出 PV，得 PV$(1+r)^2$＝36，或者 PV＝36/(1＋$r)^2$。依此类推，在继续背叛的第三个月损失的 36 的现值是 36/(1＋$r)^3$，第四个月损失的 36 的现值为 36/(1＋$r)^4$。实际上，在继续背叛的第 n 个月损失的 36 的现值为 36/(1＋$r)^n$。泽维尔会有无限个月的 36 的损失，每一个月的损失的现值都会越来越小。

更精确地说，泽维尔的损失是 36/(1＋$r)^n$ 从 $n=1$ 到 $n=\infty$ 的加总（其中 n 代表开始背叛后继续选择背叛的第几个月），从数学上来说，这是无穷级数求和[2]：

$$\frac{36}{1+r}+\frac{36}{(1+r)^2}+\frac{36}{(1+r)^3}+\frac{36}{(1+r)^4}+\cdots$$

因为 r 是收益率，它是个正数，所以比率 1/(1＋r) 会比 1 小；这个比率通常称为**贴现因子**（discount factor），记作希腊字母 δ。当 $\delta=1/(1+r)<1$ 时，关于无穷级数的数学规律告诉我们这个和会收敛于某一特定值，在这里就是 36/r。

现在可以确定泽维尔是否要选择永久背叛了。把 36 的额外支付和所有 36 的损失的现值（即 36/r）比较，只要 36>36/r 或 $r>1$，它就选择永久背叛，即只有当月收益率超过 100％ 时，永久背叛才是更有利的。但这种情况是不可能的。因此，当双方都采用以牙还牙策略时，我们认为泽维尔不会背叛合作对手。（当双方采取冷酷策略时，我们也认为不会背叛合作对手。）当双方都采取以牙还牙策略时，合作的结果是博弈的纳什均衡，这时双方的价格都比较高。双方都采取以牙还牙策略是纳什均衡。条件策略的运用解决了两家餐馆间的囚徒困境。

记住以牙还牙策略只是触发策略中的一种，它是比较"仁慈"的策略，所以如果以牙还牙策略能够解决两家餐馆间的囚徒困境，则其他更严厉的策略更应该可以。例如，正如前面所提到的，冷酷策略也可以用来维持无限次重复博弈的合作关系。

10.2.3 未知期限的博弈

除了考虑有限期和无限期的博弈外，我们还可以采用更加成熟的方法来处理未知期限的博弈。在某些重复博弈中，参与人可能不确定他们之间的互动会持续多久。他们也许会认为博弈再持续一个时期是一个概率的问题，比如餐馆可能会认为只要它们的顾客将套餐定价菜单作为外出就餐的选择，重复博弈就会持续；而如果照菜单点菜以某种概率取代了套餐定价菜单，那么博弈的性质就会改变。

我们已经知道，下一个月的损失的现值是 $\delta=1/(1+r)$ 乘以该损失，如果考虑到下一个月博弈会继续的概率 p（比 1 小），则下一个月的损失的现值是 p 乘以 δ 再乘以损失的利润。对于泽维尔的达帕斯西班牙餐馆来说，这意味着当确定博弈会继续时，由于继续背叛而损失的 36 的现值是 36×δ，即 36/(1＋r)，而当博弈会继续的概率是 p 时，则现值只有 36×p×δ。因为 $p<1$，所以将博弈下一个月结束的概率纳入考虑范围意味着损失 36 的现值比博弈确定会继续时（此时 p 被假设等于 1）更小。

当我们将 p 纳入考虑之中时，未来支付的有效贴现因子是 p×δ，而不是 δ。我们

将 R 称为**有效收益率**（effective rate of return），R 满足 $1/(1+R)=p\times\delta$，R 跟 p 和 δ 有以下关系[3]：

$$1/(1+R)=p\delta$$
$$1=p\delta(1+R)$$
$$R=\frac{1-p\delta}{p\delta}$$

若实际收益率为 5%（$r=0.05$，$\delta=1/1.05=0.95$），博弈在下一个月会继续的概率是 50%（$p=0.5$），则 $R=(1-0.5\times0.95)/(0.5\times0.95)=1.1$ 或 110%。

如果我们把收益率看成有效收益率，而不是实际收益率，破坏合作（鼓励背叛）所需的临界收益率就会显得更接近实际。可以想象，如果博弈在最近将会结束的概率很高，则永久背叛或一次背叛就可能对参与人更有利。当面对采取以牙还牙策略的对手时，考虑泽维尔决定是否永久背叛。我们之前的计算结果显示仅当 r 超过 1 或者 100% 时，永久背叛才是有利的。和我们上一段的假设一样，如果泽维尔的实际收益率是 5%，而博弈在下个月会继续的概率是 50%，则有效收益率是 110%，这就超过了继续背叛的临界。如果博弈在下一个阶段结束的概率足够大，也就是 p 值足够小，基于以牙还牙策略的合作行为就可能会瓦解。

□ 10.2.4　一般理论

我们可以简单归纳一下当对手采取以牙还牙策略时确定是否值得背叛的条件，这样你就可以将其应用到你所遇到的囚徒困境。首先，我们以一般符号来表示支付（以可衡量的单位表示）。如图 10-3 所示，该支付表必须符合囚徒困境的标准结构，也就是 $H>C>D>L$，其中 C 是合作结果，D 是双方都背叛的结果，在一方合作而另一方背叛时，H 是背叛者的高收益支付，L 是合作者的低收益支付。

行		列	
		背叛	合作
	背叛	$D,\ D$	$H,\ L$
	合作	$L,\ H$	$C,\ C$

图 10-3　囚徒困境的一般形式

在标准的囚徒困境中，参与人背叛一次获得（$H-C$），后来又回到合作而被惩罚一次损失（$C-L$），永久背叛时每期会损失（$C-D$）。更加一般化，我们把 p 纳入考虑之中，也就是下一期博弈以一定的概率 p（$p<1$）继续，所以我们将支付用有效收益率 R 贴现。如果 $p=1$，即博弈确定会继续，那么 $R=r$，就是我们在前面的计算中用到的简单收益率。用 R 替代 r，前面得到的各结论就更加一般化了。

我们知道，当对手采用以牙还牙策略时，如果背叛一次得到的收益（$H-C$）超过了被惩罚一次损失的现值［即（$C-L$）的现值］，则参与人就会选择背叛。一般地，参与人背叛一次采取以牙还牙策略的对手，仅当（$H-C$）＞（$C-L$）/（$1+R$）或（$1+R$）（$H-C$）＞$C-L$，或者

$$R > \frac{C-L}{H-C} - 1$$

同理，当对手采取以牙还牙策略或冷酷策略时，如果永久背叛得到的一次收益超过了未来各期损失现值的无穷级数和［各期损失是（$C-D$）］，则参与人就会选择永久背叛，即（$H-C$）>（$C-D$）/R 或

$$R > \frac{C-D}{H-C}$$

这些结果让我们知道，参与人在决定是否背叛时，有三个因素很重要，分别是背叛马上得到的收益（$H-C$），因惩罚而遭到的损失［每个惩罚期损失为（$C-L$）或（$C-D$）］，以及有效收益率的值（R，衡量现在和未来的相对重要程度）。那么，当这些变量满足什么条件时，参与人才有动机去背叛？

第一，假设由背叛导致的收益值和损失值保持不变，R 的大小不同就决定了参与人是否会选择背叛。当 R 很大时，背叛更有可能发生。大的 R 值与小的 p 值和小的 δ 值（大的 r 值）相关。在博弈继续的概率很小或贴现因子很小（或利率很高）的情况下，背叛则更有可能发生。另一种解释的方法是，当未来相对现在而言不那么重要时，或者当未来很渺茫时，背叛更有可能发生；也就是当参与人没有耐心或博弈有望很快就结束时，参与人更有可能背叛。

第二，当有效收益率和背叛的单次收益一定时，各期因惩罚而导致的损失则决定了背叛是否划算。当（$C-L$）或（$C-D$）越小时，参与人越有可能背叛。在这种情况下，当惩罚不是那么严厉时，背叛越有可能发生。[4]

第三，假定有效收益率和各期由于惩罚而导致的损失保持不变，则当背叛的收益（$H-C$）很大时，参与人更有可能背叛，当背叛带给参与人大而且快的收益时，更是如此。

这里的讨论也突出了发现欺骗行为的重要性。要决定是否继续合作，就必须知道欺骗行为能维持多久而不被发现，也必须知道它在何种准确程度上被发现，还必须知道恢复到合作前惩罚要维持多久。如果背叛行为可被准确而迅速地发现，则它的收益就不会持久，当然也更确定要为此付出代价。所以触发策略能否成功解决重复博弈的囚徒困境依赖于背叛行为多快多准地被发现，这也是以牙还牙策略不是很好的原因之一，因为一个在执行和观察背叛行为上的小的失误将会导致参与人陷入连环惩罚而不可自拔，直到相反的小失误发生为止。

使用这些理论作为指导，你可以预见什么时候对手间会出现合作行为，以及什么时候会出现背叛行为。如果市场不景气，整个行业处于崩溃的边缘，那么厂商们就觉得没有未来，则竞争可能比平时更残酷（基本上看不到合作行为）。即使市场暂时还景气，但不会持久，厂商可能想着趁现在可以快点捞一笔，因而合作行为可能瓦解。同理，如果某个行业因一时流行而兴起，但当流行热潮退却时就会衰退，则也可能不会有合作行为。例如，某一海滩度假地变得很热门，但那里所有的酒店都认为这不会长久，则它们不会形成价格上的同盟。另外，如果流行产品的交替是发生在类似的有长期联系的厂商之间，则合作模式有可能存在。例如，即使所有小孩某一年都喜欢抱抱熊，而另一年都喜欢变形金刚之类的玩具，价格的合作也仍有可能发生，只要这些厂商都生产这两类玩具。

第 11 章将会进一步介绍有多个参与人参与的囚徒困境，并探讨何时可以及如何克

服这些困境以达到对于参与人来说更好的结局。

10.3 解法Ⅱ：惩罚与奖励

虽然重复是解决囚徒困境的主要手段，但也有其他方法可以达到这个目的。一个最简单的解决单次博弈囚徒困境的方法就是施加直接的**惩罚**（penalty）于背叛的参与人。在将惩罚的成本纳入考虑之中后，参与人的支付就会发生改变，囚徒困境也就迎刃而解了。[5]

考虑第10.1节中夫妻的囚徒困境。如果只有一个参与人背叛，博弈的结果就会让背叛者坐1年牢，合作者坐25年牢。虽然背叛者早些出狱，但会发现合作者的朋友已经在外面等着揍他。这一身体上的伤害可能等价于另外20年的徒刑。所以如果参与人考虑受伤的可能性，则原博弈的支付结构就会改变。

考虑了身体惩罚的新博弈如图10-4所示，当一方"认罪"而另一方"抵赖"时，加20年额外的徒刑于认罪的一方，博弈就完全改观了。

单位：年

		妻子	
		认罪	抵赖
丈夫	认罪	10，10	21，25
	抵赖	25，21	3，3

图 10-4 考虑对唯一背叛者惩罚的囚徒困境

在图10-4中没有发现占优策略，由逐个单元格检查法得到两个纯策略纳什均衡，其中一个是（认罪，认罪），另一个是（抵赖，抵赖）。现在每个参与人都发现如果对方合作，最符合自己利益的策略就是跟着合作。这个博弈已经从囚徒困境变成了第4章的安全博弈，新博弈的求解即需要从两个均衡中选出一个。当然，从两个参与人的利益来看，其中合作的均衡比互相背叛的均衡要好，所以当预期收敛于此的时候，合作很容易成为聚点均衡。

注意，在上面的情形下，背叛者仅当其对手没有背叛时才会受到惩罚。然而，我们可以制定更为严厉的惩罚措施，例如，任何认罪行为都会受到惩罚。这一惩罚措施必须交由权威的第三方而不是某一参与人的朋友来执行，因为当该参与人也背叛时，该参与人的朋友会偏袒该参与人而倾向于惩罚另一参与人。如果两个囚犯都是某帮派分子（如黑手党成员），而该帮派对不向警察认罪有公正的规定，对背叛的惩罚也是极其残酷的，那么博弈的支付情况会再次变为如图10-5所示的结构。

单位：年

		妻子	
		认罪	抵赖
丈夫	认罪	30，30	21，25
	抵赖	25，21	3，3

图 10-5 对任何认罪都惩罚的囚徒困境

现在等价的额外 20 年徒刑加在所有"认罪"策略上（比较图 10 - 5 和图 10 - 1）。在新的博弈中，每个参与人都有占优策略，不同的是支付结构的变化使得"抵赖"成为他们的占优策略，而（抵赖，抵赖）成为唯一的纯策略纳什均衡。由第三方执行的严厉惩罚让参与人不再选择背叛，而使合作成为博弈的新均衡。

在规模更大的囚徒困境中，使用惩罚会有困难，特别是在有很多参与人或有不确定情况发生时，惩罚措施会很难实施，认定是否存在背叛行为也变得很困难，因为有可能只是运气不好或行动错误。另外，如果真的有人背叛，通常很难从众人中辨别出背叛者的身份。而且如果是单次博弈，未来就没有机会制定更严厉的惩罚措施或施加惩罚于后来被识别出来的背叛者。所以相比于两人博弈，使用惩罚在规模较大的单次博弈中很难达到预期目的。第 11 章将进一步讨论具有众多参与人的囚徒困境。

虽然惩罚计划有可能解决囚徒困境，但会产生有趣的问题。如某些困境均衡结果对参与人不利，但对剩下的社会大众或其中的某一部分却是有利的。如果是这样的话，社会或政治压力可能会使参与人跳出囚徒困境的能力最小化。当我们用第三方的惩罚来解决囚徒困境时，例如帮派老大的制裁力量，他规定参与人必须否认犯罪，这时社会有自己的策略来降低惩罚机制的有效性，联邦证人保护计划就是为达成此目的而建立的。美国政府排除了惩罚的威胁，以保护认罪的呈堂证供。

在其他囚徒困境中我们也可以看到类似的情况。比如两家餐馆的价格竞争博弈，均衡时两家餐馆都定低价 20 美元，即使在它们都定高价 26 美元时双方境况都会更好一些。虽然两家餐馆都想打破这个"不利"的均衡——正如使用触发策略可以实现的一样，但它们的顾客却更偏好单次博弈中低价的均衡；所以顾客们会有动力来破坏餐馆用以解决困境的机制。比如，因为一些面临囚徒困境式定价博弈的厂商可以通过"友好竞争"和"统一价格"等行动来解除困境，消费者们可以施加压力来为禁止这些行动立法。我们将在第 10.6.2 节中分析这种"统一价格"行动的效果。

囚徒困境可以借助惩罚背叛者来解决，同时也可以通过奖励合作者来解决。因为这种解决办法实际上实施起来比较困难，所以我们只简单提一下。

最重要的问题是由谁提供奖励。如果是由第三方，那么在参与人合作的情况下这个充当第三方的个人或集团一定是有利可图的，这样提供奖励才是值得的。一个不常见的例子就是美国通过承诺向以色列和埃及提供援助，居间斡旋使双方达成了《戴维营协议》。

如果奖励由参与人自己提供，要诀是该奖励应是有条件的（对手合作的话才提供奖励）和可信的（对手合作的话一定提供奖励）。要达到这些标准需要一些特别的安排，例如，提供奖金的参与人应该预先把钱存在银行，由可敬和中立的第三方保管，如果对手合作的话就把钱给他，反之则把钱还给提供奖金的人。本章末的习题会告诉你这一方法是如何起作用的，虽然这道题是人为设计的。

10.4 解法 III：领导

囚徒困境的最后一种解决办法是让某参与人在博弈互动中充当领导者的角色。在大部分囚徒困境的例子中，博弈都被假定是对称的，也就是参与人在背叛（合作）时，他们失去（得到）的支付都相等。然而，在真实博弈中，有些参与人的支付可能很大（领导者），有些可能很小。如果支付相差足够大，则背叛时，大部分伤害会落在有较大支付者的身上，这使得他即使知道对手会背叛，也会选择合作。例如，沙特阿拉伯在石油输出国组织（OPEC）中扮演"摇摆者"的角色已经很多年，如果石油生产量小的国家（如利比亚）扩张输出，它就会减少输出，以保持高的油价。

就如 OPEC 的例子一样，国家之间的博弈较公司或个人之间的博弈更常出现**领导**（leadership），所以我们用来介绍通过领导解决囚徒困境的例子就是国与国之间的博弈。设想多米尼加和索婆里亚（Soporia）两国的人口受到一种名为急性发作睡眠（SANE）的疾病威胁，每 2 000 人中有 1 人会感染这种疾病，即 0.05％的人口感染，并且这种疾病可以让感染者陷入为期一年的深度睡眠。[6] 这种疾病没有后遗症，但是一个工人由于生病一年不能工作的损失是 32 000 美元。每个国家有 1 亿名工人，所以预计患病的人数是 50 000（＝0.000 5×100 000 000），预计的损失是 16 亿美元（50 000×32 000＝1 600 000 000 美元），全球的预计损失——多米尼加和索婆里亚的损失之和——是 32 亿美元。

科学家确信投入 20 亿美元到一个研究项目，可以迅速地研制出一种 100％有效的疫苗。比起全人类因疾病而遭受的损失而言，这个研究项目是值得开展的。然而，每个国家的政府必须独自决定是否出钱赞助这个项目。虽然它们的决策是相互独立的，但双方的结果都受对方决策的影响。如果只有某个政府决定赞助这项研究，那么另一个国家的人们也可以不花成本而得到科研成果和使用疫苗，可是各个政府的支付只依赖于本国人口所承担的损失和研发费用。

多米尼加和索婆里亚之间的非合作博弈的支付矩阵如图 10-6 所示。每个国家有"研发"和"不研发"这两个策略可以选择，支付是各种策略组合下各国的损失，以十亿美元为单位。直接可以看出这个博弈是个囚徒困境，每个国家都有一个占优策略，即不研发。

单位：十亿美元

| | | 索婆里亚 | |
		研发	不研发
多米尼加	研发	−2，−2	−2，0
	不研发	0，−2	−1.6，−1.6

图 10-6　人口相等时的 SANE 疫苗研发博弈的支付结构

现在假设两国的人口不相等，其中多米尼加有 1.5 亿人口，而索婆里亚只有 0.5 亿人口。因而，如果两个国家的政府都不研发，由于 SANE，多米尼加的损失是 24 亿美元（0.000 5×150 000 000×32 000＝2 400 000 000 美元），而索婆里亚的损失只有 8 亿美元（0.000 5×50 000 000×32 000＝800 000 000 美元）。调整后的支付矩阵如图 10-7 所示。

在这个新的博弈中，"不研发"仍是索婆里亚的占优策略，但是此时多米尼加的最优反应却是选择"研发"。是什么改变了多米尼加的选择呢？很明显，在改动后的博弈中，人口的分布是不对称的，多米尼加将要承担疾病导致的很大一部分损失，以致独自选择研发变得划算了，即使它知道索婆里亚要搭便车分享研发的收益，多米尼加也会如此选择。

图 10 - 7 所示的研发博弈已经不再是囚徒困境。我们可以看到困境通过规模不对称性解决了，大国选择了领导者的角色，并为整个世界提供了福利。

单位：十亿美元

		索婆里亚	
		研发	不研发
多米尼加	研发	−2, −2	−2, 0
	不研发	0, −2	−2.4, −0.8

图 10 - 7 人口不等时的 SANE 疫苗研发博弈的支付结构

在国际外交中，常常可见在囚徒困境中出现领导者的局面，领导者的角色通常落到最大型或最完备的参与人身上，这种现象叫作"以小欺大"。[7] 例如，在第二次世界大战后的很多年里，美国一直都承担着不成比例的防卫同盟（如 NATO）的开支，即使是在日本和欧洲等贸易伙伴实行贸易保护主义的时候，也保持着相对自由的国际贸易政策。在这些情况下，大型或完备的参与人愿意接受领导者的角色，是因为它的利益与所有参与人的共同利益紧密地联系在一起；如果大型参与人是整个集团中很大的一个组成部分，这种利益的集中就很明显了，大型参与人在行动中也有望更加合作。

10.5 实验证据

很多人做过囚徒困境的实验[8]，证明博弈中的合作行为可能而且的确会发生，即使在有限次重复博弈中也不例外。很多参与人一开始就选择合作，而且只要对手合作就会继续合作。只是在有限次重复博弈的最后几个回合中，背叛行为才会出现。虽然这样的行为违反了逆向归纳法的逻辑，但只要维持一个合理期限，这样的行为仍是有利可图的，跟一开始就选择背叛比起来，会得到更高的支付。

一定程度的合作可以构成理性的（均衡）行为，这个思想有理论的支持。考虑这样一种情况，当被问及前几轮合作的理由时，参与人通常会说："我想要试试，看看另一个参与人是否友善。如果是这样的，那么我会继续合作，直到可以利用对方友善的时机到来。"当然，另一个参与人可能不够友善，但是会有相似的想法。对这种信息不对称的有限重复囚徒困境进行严格分析，结果表明这个困境其实存在其他解。只要参与人有机会表现出友善而不是自私，那么它甚至会让一个自私的人假装友善。自私的参与人可以在一段时间内获得合作的高支付，然后仍然希望在博弈序列快要结束时通过欺骗获利。其中一个参与人在自私和友善之间抉择。开创性论文对两个参与人的情形做了完整的解释。[9]

不需要这种信息不对称，实验中的这种合作行为就可以实现理性化。参与人可能不知道博弈关系何时结束；参与人可能认为合作的声誉会延续到其他博弈中，无论面对的是相同的还是不同的对手；参与人可能认为对方是天真的合作者，并且愿意冒点风险在几个回合的博弈中测试这个假设，如果成功，会有很长一段时间的高支付。

在某些实验中，参与人参与多个回合的博弈，每个回合由有限次重复博弈组成，在每一回合的博弈中面对相同的对手，但在不同回合的博弈中面对不同的对手，所以有机会在前一回合中学到合作的经验并且在下一回合中采用。这解释了为什么合作在前几个回合比后几个回合持续得久，也暗示了依据逆推法放弃合作行为是从经验中学来的，因为随着时间的流逝，参与人更加了解他们行动的代价。另一个可能是参与人学到了他们要比对手先背叛，所以随着回合的增加首次背叛的时间也更早了。

设想你参与一场囚徒困境博弈，并发现自己采取的是合作模式，而已知的博弈终点正在逼近，那么你将何时选择背叛呢？你不想太早，因为还有很多潜在的利益可图；但也不想太晚，因为你的对手可能早你一步背叛，让你的支付变低。当你处于有限重复关系中，结束日期不确定，类似的计算同样有用。你何时背叛是不可知的。如果可知，你的对手就会在你计划背叛前先下手为强。如果你的背叛策略是未知的，则合作模式的解除必须对两个参与人来说都包含某些不确定性，例如混合策略。很多薄弱的合作关系，例如罪犯之间、告密者与警察之间，就借助了这样的不确定性。

在许多真实世界的情形以及实验中，都会看到合作关系在重复博弈的最后阶段瓦解，长途自行车赛就是一个例子。比赛的大部分时间都有合作关系，参赛者轮流骑在前面，让后面的人可以顺风地滑流前进。然而，当比赛快到终点的时候，每个参赛者都想着要冲刺。同样，每当大学临近期末的时候，写着"不收支票"的告示牌常常出现在大学城的商店门口。

在两个参与人的囚徒困境中，计算机模拟可以做很简单到很复杂的条件策略实验。最有名的实验是由罗伯特·阿克塞尔罗德（Robert Axelrod）在密歇根大学主持的。他邀请大家提供计算机程序，每个程序为重复 200 次的囚徒困境制定一个策略。有 14 个人参与实验。阿克塞尔罗德举行了一场联盟赛，将这 14 个人分成 7 组，两人一组进行重复 200 次的博弈。比赛的分数都被记录下来，然后再重新分组，直到两两都比赛过，最后把各人面对不同对手的分数加起来，看哪个程序最厉害。阿克塞尔罗德惊奇地发现"友好"的程序表现较好，最厉害的前 8 个程序都不是首先背叛的，冠军策略竟然是最简单的策略——以牙还牙策略［由加拿大博弈论学者阿纳托尔·拉波波特（Anatole Rapoport）提出］。一方面，急于背叛的程序提早获得背叛的支付，但之后承受互相背叛的低支付；另一方面，总是友好且合作的程序容易被对手利用。阿克塞尔罗德这样解释以牙还牙策略成功的原因：善于原谅、仁慈、反应及时、清楚明白。

按照阿克塞尔罗德的说法，要赢得重复的囚徒困境必须遵守四个简单的原则："不要嫉妒，不要先背叛，对合作和背叛都进行回报，不要太聪明。"[10] 以牙还牙策略体现了这四个理想条件：它不嫉妒；它只从自身的利益出发，不会一直都想着超越对手。另外，以牙还牙策略清楚地记住教训，它不会先背叛，只报复对手前一次的背叛，而且总是以仁慈的手段。最后，以牙还牙策略不会被过分聪明所害，它是简单明确的。事实上，它赢得比赛不是因为它帮助参与人获得了高支付——这不是赢者通吃的博弈——而是因为它拉近了双方的支付；它鼓励合作，同时也避免被利用，这是其他策略所做不到的。

然后阿克塞尔罗德宣布了上面的联盟赛的结果，并举行下一场联盟赛。此时，大家已经有明确的目标，就是设计打败以牙还牙策略的程序。结果胜出的仍是以牙还牙策略！被精心设计用以打败以牙还牙策略的程序不能成功地打败它，并且这些程序互相对抗的结果也不好。阿克塞尔罗德又设计了另一种比赛来取代联盟赛。每个程序被复制数份，然后所有程序组成程序库，每种类型的程序以随机方式从程序库里选一个对手跟它对抗。表现较好的程序可以扩充它们在程序库中的比例；而表现差的程序必须减少它们的数量。这是个演化及生物进化的博弈，我们会在第12章详加讨论。这里的观点很简单，结果却很吸引人：刚开始时狡诈的程序会利用善良的程序，以获得高支付，但随着狡诈程序的比例越来越大，每个狡诈的程序就越有可能遇到另一个狡诈的程序，然后支付就会降低，数量也会减少，此时以牙还牙策略又开始有好的表现并最终赢得胜利。

然而，以牙还牙策略也有一些不足。最重要的是，它假设在策略执行中参与人不会犯错误。如果参与人本来打算采取合作策略却不小心采取了背叛策略，就可能导致一连串的背叛报复行动，使得两个采取以牙还牙策略的参与人困于坏的结果；此时需要另一个错误来解救他们。当阿克塞尔罗德举行第三场联盟赛，赛中允许若干随机错误时，以牙还牙策略可能被更仁慈的程序打败，这些仁慈程序能容忍偶然的欺骗，看看是错误还是蓄意背叛，当相信这不是错误后才进行报复。[11]

有趣的是，一场在阿克塞尔罗德原始比赛之后的二十周年比赛于2004年和2005年开展并生成一个新的获胜策略。[12] 事实上，获胜者是一个策略集，它被设计来认知博弈期间的彼此以便每人可以在另一个人连续背叛面前变得温顺。（作者把他们的路径比拟为囚徒通过轻拍牢房墙壁来设法相互沟通的情境。）这个共谋意味着一些被获胜团队呈交上去的策略非常糟糕，然而另一些却非常好，是对一起工作价值的证明。当然，阿克塞尔罗德的比赛不允许多重提交，因此这样的策略是不符合资格的，但是最近比赛的获胜者辩称在没有方式排除协调情形下，他们提交的这些策略应该也可以获得原始比赛的胜利。

10.6　真实世界的囚徒困境

囚徒困境出现在真实世界的各个不同的领域，要将所有情形都加以讨论是不可能的，但我们借此机会详细讨论三个不同领域的例子。第一个例子源于生物进化，我们在第12章会进一步讨论；第二个例子讨论解决价格博弈囚徒困境的途径——"许诺最低价"策略；最后一个例子关注国际环境政策和重复互动缓解囚徒困境的潜力。

□ 10.6.1　生物进化

第一个例子来自生物进化领域，是著名的园丁鸟困境。[13] 园丁鸟中的雄鸟在树上建造复杂的鸟巢来吸引雌鸟，而雌鸟对未来伴侣所筑的巢很挑剔。由于这个原因，雄鸟通常外出寻找并摧毁其他雄鸟的巢。当它们外出破坏其他鸟巢的时候，也必须承担自己的鸟巢被摧毁的风险。雄鸟间的竞争，也就是掠夺和守卫，这个博弈有着囚徒困境的结构。

鸟类学家构造了两只鸟竞争博弈的支付表。它们有两种策略——"掠夺"或"守卫"，支付表如图 10-8 所示。GG 表示自己和对手都"守卫"时的支付，GM 表示自己"守卫"而对手"掠夺"时的支付。类似地，MM 表示自己"掠夺"而对手也"掠夺"时的支付，MG 表示自己"掠夺"而对手"守卫"时的支付。细致的科学研究发现 MG＞GG＞MM＞GM。换句话说，园丁鸟博弈的支付有着与囚徒困境相同的结构，鸟的占优策略是"掠夺"，但双方"守卫"的结果却比双方"掠夺"的均衡更好。

| | | 鸟 2 | |
		掠夺	守卫
鸟 1	掠夺	MM，MM	MG，GM
	守卫	GM，MG	GG，GG

图 10-8　园丁鸟的困境

事实上，就鸟而言，任一特定的园丁鸟所运用的策略都并非理性选择过程的结果。在进化博弈中，我们假设这些策略先天就已经被灌注在鸟的身上，而不同的支付代表着具有不同类型策略的鸟繁衍成功的概率。从而此类博弈的均衡就显示了预期可被观察到的鸟群的类型特征。例如，如果"掠夺"是占优策略，则我们看到的鸟都是掠夺者。然而，由于存在囚徒困境，均衡并不是最好的结果。而要解决园丁鸟困境，我们可以诉诸博弈中互动反复进行这一性质。雄鸟在几个繁殖季节面对不同或相同的对手，会让雄鸟依据对手的最后一个行动选择比较灵活的策略。以牙还牙策略等条件策略通常会被进化博弈采用，以解决困境。我们将在第 12 章再次涉及进化博弈的思想，并进行更详细的讨论。

□ 10.6.2　许诺最低价

最后，我们回到价格竞争博弈，其中两个商家进行价格竞争，它们使用相同的价格竞争策略。比如，玩具反斗城和凯马特都是全国连锁店，它们经常以广告的形式宣传各自的品牌玩具（和其他产品）的价格。此外，每家玩具店都有公开的策略：只要顾客能提供竞争者的印刷广告，绝对会以市面上看到的最低价格卖出产品（模型和数量必须相同）。[14]

为了讨论的方便，我们假设玩具店对某一玩具只有两种可能的定价（"高价"和"低价"），并且我们假定了各种情况下收益的数值。同时，我们假设玩具反斗城和凯马特是某个城市——如蒙大拿州毕林斯市（Billings，Montana）——市场上仅有的两家竞争厂商，以简化分析。

假设两家玩具店博弈的基本结构如图 10-9 所示。如果双方都采取低价，则各得一半的市场并赚得 2 500 美元；如果双方都采取高价，则同样各得一半的市场，但因价格高所以赚得 3 400 美元。最后，如果两家玩具店定价不同，则高价者市场收益为 0 美元，而低价者获得 5 000 美元。

单位：美元

| | | 凯马特 | |
		低价	高价
玩具反斗城	低价	2 500，2 500	5 000，0
	高价	0，5 000	3 400，3 400

图 10-9　玩具反斗城与凯马特的竞价博弈

如图 10-9 所示的博弈显然是个囚徒困境：虽然"高价"能使得它们获利更多，"低价"是双方的占优策略。但如同先前所述，玩具店实际上采取了第三种价格策略：对它的消费者承诺最低价格。这个策略将如何影响存在于两家玩具店之间的囚徒困境呢？

现在考虑如果允许玩具店选择"高价""低价""许诺最低价"，结果将会如何。许诺最低价策略让玩具店采取"高价"，但承诺降到跟任何竞争者一样低的价格。如果对手也采取"高价"，则"许诺最低价"会让它从中得到好处；如果对手采取"低价"，它也不会遭受任何损失。我们看到新博弈的支付结构如图 10-10 所示：一方采取"低价"而另一方采取许诺最低价策略的组合，与双方都采取"低价"的组合是等价的；而一方采取"高价"且另一方采取许诺最低价策略的组合（或双方都采取许诺最低价策略的组合），与双方都采取"高价"的组合是等价的。

单位：美元

		凯马特		
		低价	高价	许诺最低价
玩具反斗城	低价	2 500, 2 500	5 000, 0	2 500, 2 500
	高价	0, 5 000	3 400, 3 400	3 400, 3 400
	许诺最低价	2 500, 2 500	3 400, 3 400	3 400, 3 400

图 10-10 玩具许诺最低价

使用分析同时行动博弈的标准方法，可知"许诺最低价"弱占优于"高价"，一旦剔除"高价"，"低价"对"许诺最低价"而言也是弱劣策略，最后纳什均衡结果是双方都采取许诺最低价的策略。在均衡时，双方得到 3 400 美元——这个支付与原博弈中双方都采取"高价"时的支付一样。"许诺最低价"策略的出现解决了当玩具店只能选择"高价"和"低价"时的囚徒困境。

这到底是怎么回事呢？许诺最低价策略扮演的是惩罚机制的角色。虽然玩具反斗城的许诺最低价策略一开始时采取"高价"，但它许诺会采用凯马特采用的低价，所以大幅降低了凯马特采取"低价"的利益。另外，许诺采用凯马特采用的低价也会损害玩具反斗城自身的利益，因为它必须接受"低价"带来的低收益。因此，只要有人背叛，许诺最低价策略就会惩罚双方。这就像第 10.3 节讨论的帮派老大例子一样；只不过这个惩罚机制——以及它支持的高的均衡价格——能在全国的各个城市的市场上真实见到。

证明这种许诺最低价策略的弊端的实验证据是存在的，但是不多。一些研究发现在采取低价销售的市场上也存在这样的策略。[15] 然而，最近更多的实验证据的确支持许诺最低价策略中的合谋效应。这个结果应该让所有消费者提高警惕。[16] 虽然商家以竞争的名义采取许诺最低价策略，但所有商家都采取这个策略的最终结果，对于商家而言是更有利的，损害的反而是消费者的利益。

□ 10.6.3 国际环境政策：《京都议定书》

我们最后的例子是关于国际气候管制协议的《京都议定书》。该协议作为减少温室气体排放的工具，于 1997 年依据联合国关于气体变化的框架公约谈判协商，并在 2005 年生效且于 2012 年到期。超过 170 个国家签署了该条约，尽管美国在此列表中赫然缺席。在 2012 年 12 月中期，该议定书几乎是在最后一刻延期。现在是直到 2020 年。

实现全球温室气体排放减排目标的困难部分来自国家之间互动的囚徒困境。任何单个国家如果知道它要单独承受减排带来的显著成本，且自己的减排对整个气候的变化没有多大意义，则它就没有减少自己的排放量的激励。如果其他国家都减少排放量，则这些国家的行动所带来的收益也不能阻止未减排的国家的共享。

考虑把减排问题作为"我们"和"他们"两个国家参与的博弈。英国政府办公室的预测表明，协调一致的行动可能会给每个国家带来占 GDP 1‰的损失，然而协调不一致的行动会给每个国家带来占 GDP 5‰～20‰的损失，平均大概为 12‰。[17]进而每个国家在不一致行动的情形下减少自己排放量的最高成本大约为 20‰，但如果只让另一国家减少排放量几乎不用付出任何成本。于是我们使用支付表在图 10 - 11 中总结了"我们"和"他们"之间的情境。其中支付代表每个国家 GDP 的改变。

| | | 他们 | |
		减少排放	不减少排放
我们	减少排放	−1, −1	−20, 0
	不减少排放	0, −20	−12, −12

图 10 - 11　温室气体排放博弈

图 10 - 11 中的博弈的确是囚徒困境博弈。两个国家都有拒绝减少自己排放量的占优策略。两个国家均不减少排放量是唯一的纳什均衡，但是它们随后将一起遭受气候变化带来的后果。基于此分析我们应该对减少温室气体排放期望更少甚至没有期望。

迈克尔·李伯里赫（Michael Liebriech）最近的研究质疑《京都议定书》的内在解释，他辩称博弈不是一次的互动行为且国家间重复互动和谈判修订现有协议。[18]他解释说博弈的迭代性质使它适合使用条件策略求解，并且国家应该使用能体现阿克塞尔罗德概述和在上节描述的以牙还牙策略的四个关键性质的策略。特别地，应该鼓励国家运用"友好"（签订《京都议定书》并开始减少气体排放）、"报复"（启用惩罚那些不参与国家的机制）、"宽恕"（欢迎新接受《京都议定书》的成员）、"明晰"（确定行动和反应）的策略。

李伯里赫评估了当前参与人的行动，包括欧盟、美国和发展中国家（作为一个集体），并提供了优化的建议。他解释说欧盟在"友好""宽恕""明晰"方面做得很好，但在"报复"方面做得不好，因此其他参与人在与欧盟互动时最好是"叛变"。对于欧盟的一种解决方案是制定与碳相关的进口税，或制定处置贸易伙伴的报复性政策。另外，纵观其冷战结束后的行为，美国在"报复"和"宽恕"上排名很高。但它不是"友好"和"明晰"的，至少在国家级标准上（每个政府也许表现有所差异）是如此，而这有可能招致其他参与人迅速和痛苦的报复。美国的解决方案是做出一个关于减少碳排放的有意义的承诺，一个在多数政界的标准结论。发展中国家被描述为不"友好"、"报复"、不"明晰"和相当不"宽恕"的。李伯里赫认为对于这些发展中国家——尤其是印度和巴西——的一个更有益的策略是明晰它们在分享国际上影响气候变化的努力时的义务。这种方法会使它们更少关注"报复",且更有可能从全球对气候展望的改善中获益。

一般的结论是减少国家碳排放的议程的确符合囚徒困境的框架,但全球温室气体排放的前景不应仅仅因为是囚徒困境单次互动而被看作一个徒劳的事业。《京都议定书》谈判中国家间重复的博弈使得条件("友好""明晰""宽恕""报复")策略更有可能是博弈的解。

10.7 总 结

囚徒困境大概是最著名的策略博弈。每个参与人都有占优策略(背叛),但均衡结果对于所有参与人来说都是不利的,反而都采取劣策略(合作)会比较好。最为大家熟知的囚徒困境解决办法是重复博弈。在有限次重复博弈中,未来合作的现值最后会是0,逆向归纳会得到没有合作行为的均衡;在无限次重复博弈(或不确定何时结束的博弈)中,可以利用适当的条件策略来达成合作,如以牙还牙策略或冷酷策略。无论何种情形,只有当合作的现值超过背叛的现值时,才有合作的可能。更普遍的是,"没有明天"或短期的关系会减少参与人合作的可能。

惩罚机制也可以解决囚徒困境,它是通过改变选择背叛的参与人的支付来实现的。如果有大型或强大的参与人存在,就会有第三种解决办法,因为对于大型参与人而言,背叛的损失比合作的收益要大。

有实验证据发现,参与人的合作时间往往比理论预期的要持久,这可能是因为参与人对博弈具有不完全知识,或者参与人对合作的价值认识不同。以牙还牙策略被视为是清楚明白、仁慈、反应及时且善于原谅的策略,平均而言,它在重复博弈中的表现非常好。

囚徒困境在各个领域都有可能发生,几个特别的例子,包括生物进化、许诺最低价以及国际环境政策,都有助于我们了解如何用囚徒困境框架来解释和预测实际行为。

关键术语

复利(compound interest)

条件策略(contingent strategy)

贴现因子(discount factor)

有效收益率(effective rate of return)

冷酷策略(grim strategy)

无限期(infinite horizon)

领导(leadership)

惩罚(penalty)

现值(present value,PV)

惩罚(punishment)

重复博弈(repeated play)

以牙还牙策略(Tit for Tat,TFT)

触发策略(trigger strategy)

已解决的习题

S1. "如果囚徒困境重复 100 次，并且两个参与人都知道期望的重复次数，则参与人肯定会达到合作的结果。"这句话是对还是错？解释并以一个例子说明你的答案。

S2. 考虑宝宝乐（Child's Play）和孩子角（Kid's Korner）间的博弈，它们都是生产并销售木质小孩摇椅的公司。每家公司都可以对一张标准的摇椅定高价或低价。如果它们都采取高价，会分别得到每年 64 000 美元的收益；如果一家采取低价而另一家采取高价，采取低价的公司每年获得 72 000 美元，采取高价的公司每年获得 20 000 美元；如果它们同时采取低价，则分别得到 57 000 美元的收益。

（a）证明这个博弈有囚徒困境的结构（比较不同策略组合的支付）。如果博弈只有一个回合，则纳什均衡策略是什么？支付是什么？

（b）如果两家公司决定参与为期四年的博弈，则每家公司最后的总收益是多少（不计贴现）？解释你是如何得到这个答案的。

（c）假设两家公司永久参与博弈，让它们都使用冷酷策略，并都采取高价，如果某一方背叛，则剩下的博弈它们都采取低价。背叛那年得到的收益是多少（如果对方采取合作策略）？背叛之后双方在未来每年的损失是多少？如果 $r=0.25$（$\delta=0.8$），合作划算吗？找出让两家公司维持合作的 r（或 δ）值的范围。

（d）假设博弈每年重复进行，如果世界将于 4 年后在无人预见的情况下毁灭，则博弈最后每家公司的总收益是多少（不计贴现）？把答案和（b）做比较，这两个答案一致吗？解释原因。

（e）假设两家公司知道每年有 10％的概率它们中的某一家会破产。如果破产，则关系就结束。如果 $r=0.25$，这个假设会不会改变公司的行动？如果破产概率上升到 35％，结果又如何？

S3. 一家公司有两个部门，每个部门都有一个经理。部门经理都按照他们在提高部门生产率上的努力来获取薪酬，而努力的程度是通过与其他经理和其他部门的比较来评价的。如果两个经理都被评为"高努力"，则每人得到 150 000 美元/年；如果两个都被评为"低努力"，则每人只得到 100 000 美元/年。但是如果其中一个经理表现出"高努力"而另一个表现出"低努力"，那么"高努力"的经理得到 150 000 美元的工资外加50 000 美元的奖金，同时另一个（"低努力"）经理只得到降低了的薪金 80 000 美元（因为在评比中较差的工作表现）。经理独立做出关于努力水平的决策，同时不知道对方的选择。

（a）假设付出努力是没有成本的，画出这个博弈的支付表，找出博弈的纳什均衡并且解释这个博弈是否一个囚徒困境。

（b）现在假设付出高努力是需要经理付出成本的（如质量的信号）。尤其是，假设"高努力"使得选择它的经理付出等价于 60 000 美元/年的成本，画出这个新博弈的支付表，找出博弈的纳什均衡，解释这个博弈是否一个囚徒困境，并且说明它与（a）中博弈的差别。

（c）如果高努力的成本是 80 000 美元/年，那么这与（b）中的博弈又有什么不同？

新博弈的均衡是什么？解释这个博弈是否一个囚徒困境，并且说明它与（a）和（b）中博弈的不同。

S4. 你要决定是否将 100 美元投到你的一个朋友的企业，一年的时间这笔投资可以升值为 130 美元。你同意你的朋友还给你 120 美元，同时保留 10 美元给他自己。然而，也有可能你的朋友将全部 130 美元卷款逃跑。任何你不投资到你朋友企业的资金都可以进行安全的投资并得到一般利率 r，来年可得到 $100(1+r)$ 美元。

（a）画出这种情况下的博弈树，用逆向归纳法求解均衡。

下面设想这个博弈进行无穷多次，每年你都可以对你朋友的企业投资 100 美元，分配投资收益的 130 美元的协议同上不变。从第二年开始，你可以依据前些年份你朋友履行协议的情况来决定是否继续投资。两个相邻年份间的利率是 r，与在外面投资的收益率相同，并且对你和你的朋友来说都是一致的。

（b）在 r 取什么值时，重复博弈的均衡结果是你每年都投资你朋友的企业而他都履行协议付款？

（c）如果利率是每年 10%，有没有其他投资收益分配方案成为无限次重复博弈的均衡结果，使得每期你都投资你朋友的企业而他都按协议付款？

S5. 在习题 S3 的例子中，两个部门经理关于"高努力"和"低努力"的选择决定了他们的薪金。在该题的（b）中，假设付出高努力的成本是 60 000 美元/年，我们这里进一步假设习题 3（b）中的博弈会重复许多年。这样的重复允许了一种不常见类型的合作的存在：一个经理选择"高努力"而另一个选择"低努力"，这种合作要求选择"高努力"的经理付出一个单边转移支付给选择"低努力"的经理，从而他们最终的支付是相同的。

（a）多大的单边转移支付能保证最终两个经理的支付相等？在合作协议下，每个经理每年的支付是多少？

（b）重复博弈中的合作使得每个经理选择相应的努力水平，同时选择"高努力"的经理付出了指定的单边转移支付，背叛使得他拒绝付出单边转移支付。当收益率满足什么条件时，合作在这个经理人博弈中能持久？

S6. 考虑第 4 章的懦夫博弈，并且博弈的支付更一般化（表 4 - 13 中的 $k=1$）：

		迪恩	
		转向	径直向前
詹姆斯	转向	0, 0	$-1, k$
	径直向前	$k, -1$	$-2, -2$

假设博弈在每周六的傍晚重复进行。如果 $k<1$，则两个参与人会持续合作，（转向，转向）使双方受益；如果 $k>1$，则一方"转向"而另一方"径直向前"的合作会使双方受益，他们每周轮流"径直向前"。这两种合作都能持续吗？

S7. 回忆第 5 章习题 S8 中的例子，其中韩国和日本在生产 VLCC 的市场上竞争。如那道习题的（a）和（b）所示，建造船只的成本是每个国家均为 30（百万美元），船只的需求是 $P=180-Q$，其中 $Q=q_{Korea}+q_{Japan}$。

（a）先前我们找出了博弈的纳什均衡。现在找出合谋结果。为了实现两个国家的联合利润最大化，它们设定的总产量是多少？

（b）假设两个国家生产相同产量的 VLCC，以便它们均等分享合谋利润。每个国家赚得的利润是多少？对比这个利润与它们在纳什均衡中赚得的利润。

（c）现在假设两个国家是重复博弈的关系。它们每年都要选择一次生产数量，并且每个国家都能观察上一年对手的生产数量。它们为了维持在（b）中找到的合谋利润水平而希望合作。每一年每个国家都可以背叛协议。如果其中一个国家保持协议的生产水平，另一个国家最优的背叛数量是多少？这个结果的利润是多少？

（d）写出把这个支付表示成囚徒困境的矩阵。

（e）当两个国家使用冷酷（永久背叛）策略时，什么样的利润水平能够维持合谋？

未解决的习题

U1. 两个人，贝克和卡特勒，参加一个博弈，她们选择并分配一份奖金。贝克决定奖金的大小，她选择 10 美元或 100 美元；卡特勒选择平均分配或者她得到 90％而贝克得到 10％。写出在如下情形下这个博弈的支付表并找出均衡：

（a）当她们俩同时决策时。

（b）当贝克先行动时。

（c）当卡特勒先行动时。

（d）这是否一个囚徒困境？为什么？

U2. 在一个小镇上有一群爱吃比萨的居民，但是只有两家比萨店：唐娜深盘比萨和皮尔斯比萨，它们对自己的比萨定价。为简化起见，假设它们的策略只有"高价"和"低价"两种。如果定了高价，那么比萨店将得到每块比萨 12 美元的利润；如果定了低价，每块比萨只能得到 10 美元的利润。每家店都有一群忠实的顾客，无论价格如何，他们每周能购买 3 000 块比萨。还有一个每周 4 000 块比萨的流动需求。这些顾客对价格比较敏感，他们只购买价格最低的那家店的比萨。如果两家店定价一样，那么它们就平分这群顾客的需求。

（a）画出这个比萨定价博弈的支付表，支付按每家店的每周利润（千美元）来计量。找出这个博弈的纳什均衡，并且解释为什么这是个囚徒困境。

（b）现在假设唐娜深盘比萨有一个更大的忠实顾客群，它能许诺每周 11 000 块（而不是 3 000 块）的需求，每块比萨的利润和流动需求都保持不变。画出这个新博弈的支付表，并且找出纳什均衡。

（c）唐娜深盘比萨的更大的忠实顾客群的存在是如何帮助"解决"比萨店困境的？

U3. 一个市议会由三个议员组成，他们每年投票决定是否加薪。加薪需要两张赞成票，每个议员都希望加薪，却想投反对票，因为这样会让选民有好的印象。每个议员的支付如下：

加薪通过，自己投反对票：10

加薪失败，自己投反对票：5

加薪通过，自己投赞成票：4

加薪失败，自己投赞成票：0

投票是同时进行的，画出三维的支付表，证明在纳什均衡中，加薪都是失败的。验证议员间重复的关系如何在下面两个条件下分别确保每年加薪成功：（1）议员每三年一任，每年有一个议员席位轮流改选；（2）市民是健忘的，他们只记得当年的投票行为，以前的都忘记了。

U4. 考虑以下由密歇根大学的詹姆斯·安德烈奥尼（James Andreoni）和哈尔·瓦里安（Hal Varian）提出的博弈。[19] 博弈中有个中立的裁判，有两个参与人——行和列。裁判给每个人两张卡片：2 和 7 给行，4 和 8 给列。这是两个人的共同知识。然后博弈同时且独立进行，每个参与人要给裁判他的某张卡片，裁判根据收集到的卡片上的数字给予支付——该支付来源于公共基金而不是参与人的口袋——并以美元计算。如果行选择的是数字小的卡片 2，则他得到 2 美元；如果行选择的是数字大的卡片 7，则列得到 7 美元。如果列选择的是数字小的卡片 4，则他得到 4 美元；如果列选择的是数字大的卡片 8，则行得到 8 美元。

（a）说明完整支付表如下表所示。

		列	
		低	高
行	低	2, 4	10, 0
	高	0, 11	8, 7

（b）纳什均衡是什么？证明这个博弈是个囚徒困境。

现在假设这个博弈有两个阶段，裁判跟以往一样发卡片，每个人得到的全部卡片的数值是共同知识。在第一阶段，每个参与人从他的口袋中拿出一笔钱给裁判，裁判把这些钱存入一个托管账户，这笔钱可以为零但不能为负。这些钱的处理规则如下，并且是共同知识：如果列选择数字大的卡片，则裁判把行存在托管账户中的钱转给列；如果列选择数字小的卡片，则裁判把行在该账户中的钱还给列。行的卡片选择也是同样的道理。在第二阶段，每个参与人把他的某张卡片交给裁判，然后裁判依据支付表从公共基金中拿钱给参与人，并根据上述规则处理他们在托管账户中的钱。

（c）找出此两阶段博弈的逆向归纳均衡（子博弈完美均衡），这能解决囚徒困境吗？托管账户起了什么作用？

U5. A 和 B 两家企业在当地的挡风玻璃修补市场展开竞争。市场规模（可用的总利润）是每年 1 000 万美元。每家企业可以选择是否在当地的电视台播放广告。如果一家企业选择在给定的某一年播放广告，它的成本是 300 万美元。如果一家企业播放广告，而另一家企业不播放，则前者占领整个市场。如果两者都做广告，它们以 50：50 的比例平分市场。如果它们都不做广告，它们也以 50：50 的比例平分市场。

（a）假设两家挡风玻璃修补企业知道它们仅仅在一年中展开竞争。写出这个博弈的支付矩阵。找出纳什均衡策略。

（b）假设企业连续五年参与博弈，并且它们都知道在第五年末，两家企业均将退出该业务。这个五阶段博弈的子博弈完美均衡是什么？请解释。

（c）在（b）中描述的博弈的以牙还牙策略是什么？

（d）假设企业永远重复地参与博弈，并且假设未来利润以每年 20% 的利率贴现。

你能找出具有比（b）中均衡更高的年支付的子博弈完美均衡吗？如果可以，解释策略是什么；如果不可以，解释原因。

U6. 考虑习题 U2 中介绍的比萨店：唐娜深盘比萨和皮尔斯比萨，设想它们不是只选择两个可能的价格，而是可以选择一个特定价格来使得利润最大化。假设生产一块比萨的成本是 3 美元（对于每家店来说），经验和市场调查显示每家店的销量（Q）和价格（P）之间的关系是：

$$Q_{唐娜}=12-P_{唐娜}+0.5P_{皮尔斯}$$
$$Q_{皮尔斯}=12-P_{皮尔斯}+0.5P_{唐娜}$$

则每家店每周的利润（Y，千美元）分别是：

$$Y_{皮尔斯}=(P_{皮尔斯}-3)Q_{皮尔斯}=(P_{皮尔斯}-3)(12-P_{皮尔斯}+0.5P_{唐娜})$$
$$Y_{唐娜}=(P_{唐娜}-3)Q_{唐娜}=(P_{唐娜}-3)(12-P_{唐娜}+0.5P_{皮尔斯})$$

（a）像在第 5 章一样，用这些利润函数求出每家店的最优反应规则，并且用这些最优反应规则找出这个定价博弈的纳什均衡。每家店在均衡时都定什么价格？每家店每周的利润是多少？

（b）如果两家店一起经营，选择共同最优的价格 P，那么每家店的利润是：

$$Y_{唐娜}=Y_{皮尔斯}=(P-3)(12-P+0.5P)=(P-3)(12-0.5P)$$

定什么价格可使得共同的利润最大？

（c）设想这两家店之间的博弈重复进行，力图保持（b）中计算出来的使共同利润最大化的价格。它们每个月都印出新菜单并在整个月中都遵守这个价格；任何一个月，它们都可以背叛合作协议。如果它们中的一家遵守协议，那么另一家店选择背叛的最优价格是多少？它的背叛利润是多少？通过采用冷酷策略，贴现因子是多少的时候合谋得以保持？

U7. 现在我们扩展习题 S7 中的练习，允许在三寡头合谋中背叛。第 5 章习题 S9 找出了韩国、日本和中国三寡头的纳什均衡结果。

（a）现在找出三寡头的合谋结果。也就是，为了实现三个国家的联合利润最大化，它们设定的总产量是多少？

（b）假设在（a）中找到的合谋结果下，三个国家生产相同产量的 VLCC，以便它们均等分享合谋利润。每个国家赚得的利润是多少？对比每个国家赚得的利润与它们在纳什均衡中的利润。

（c）现在假设三个国家是重复博弈的关系。它们每年都要选择一次生产数量，并且每个国家都能观察上一年对手的生产数量。它们为了维持在（b）中获得的合谋利润水平而希望合作。每一年每个国家都可以背叛协议。如果其中两个国家预期将生产在（a）和（b）中获得的合谋结果份额，第三个国家最优的背叛数量是多少？当一个国家生产最优的背叛数量而其他两个国家生产合谋水平时，这个国家的利润结果是多少？

（d）当然，一个国家背叛后，它的两个对手也会选择背叛。它们将会发现它们背离了纳什均衡结果（如果它们永久性地使用冷酷-触发策略）。背叛国家在一年中从合谋结果中获得的收益是多少？背叛国家在接下来每年中赚取的是纳什均衡利润而不是合谋利润，这对其带来的损失是多少？

（e）如果三个国家都使用冷酷-触发策略，什么样的利润水平能够维持合谋？这个利润水平是大于还是小于你在习题 S7 的双寡头情形（e）中找到的结果？为什么？

【注释】

[1] 触发策略要求以背叛作为报复手段，通常被称为惩罚，以与原有的偏离合作的决定相区别。

[2] 本章附录会详细讨论无穷级数的求和问题。

[3] R 也可以用 r 和 p 来表示，即 $R=(1+r)/p-1$。

[4] 如果信息传导不完全，与背叛相关的成本可能就比较小，正如当参与人很多时，识别背叛者和一起协作进行惩罚就变得比较困难。同理，如果对手不能迅速地识别背叛，背叛的收益可能会比较大。

[5] 注意，我们曾在第 10.2 节的重复博弈例子中得到了相同的结果。

[6] 有点像在电影《沉睡者》（*Sleeper*）中的瑞普·凡·温克（Rip Van Winkle）或者伍迪·艾伦（Woody Allen），但时间要短很多。

[7] Mancur Olson, *The Logic of Collective Action* （Cambridge，Mass.：Harvard University Press，1965），p. 29.

[8] 关于囚徒困境的实验文献相当多，想了解概要介绍可以参考 Alvin Roth, *The Handbook of Experimental Economics* （Princeton：Princeton University Press，1995），pp. 26 - 28。心理学和经济学期刊也可以提供更多的参考。我们描述的一些例子可以参考 Kenneth Terhune, "Motives, Situation, and Interpersonal Conflict Within Prisoners' Dilemmas," *Journal of Personality and Social Psychology Monograph Supplement*，vol. 8，no. 3（1968），pp. 1 - 24；R. Selten and R. Stoecker, "End Behavior in Sequences of Finite Prisoners' Dilemma Supergames," *Journal of Economic Behavior and Organization*，vol. 7（1986），pp. 47 - 70；Lisa V. Bruttel, Werner Güth, and Ulrich Kamecke, "Finitely Repeated Prisoners' Dilemma Experiments Without a Commonly Known End," *International Journal of Game Theory*，vol. 41 （2012），pp. 23 - 47。罗伯特·阿克塞尔罗德的著作《合作的进化》（*Evolution of Cooperation*，New York：Basic Books，1984）则利用计算机模拟，提供了无限次重复博弈的最优策略。

[9] David Kreps, Paul Milgrom, John Roberts, and Robert Wilson, "Rational Cooperation in a Finitely Repeated Prisoners Dilemma," *Journal of Economic Theory*，vol. 27（1982），pp. 245 - 252.

[10] Axelrod, *Evolution of Cooperation*，p. 110.

[11] 如果要从生物学角度来描述并分析阿克塞尔罗德的计算机模拟，请参考 Matt Ridley, *The Origins of Virtue* （New York：Penguin Books，1997），pp. 61，75；如果要讨论计算机模拟与人类实验的不同，请参考 John K. Kagel and Alvin E. Roth, *Handbook of Experimental Economics* （Princeton：Princeton University Press，1995），p. 29。

[12] 参见 Wendy M. Grossman, "New Tack Wins Prisoners' Dilemma," *Wired*，October 13，2004。请浏览网页 http://www.wired.com/culture/lifestyle/news/2004/

10/65317（accessed 6/14/08）。

［13］Larry Conik，"Science Classics：The Bowerbird's Dilemma," *Discover*，October，1994.

［14］玩具反斗城的许诺最低价策略在每家店都看得到告示，而凯马特也经过电话证实有相同的策略。类似的策略会出现在许多行业中，包括在信用卡行业看到的"利率竞争"，请见 Aaron S. Edlin，"Do Guaranteed-Low-Price Policies Guarantee High Prices，and Can Antitrust Rise to the Challenge?" *Harvard Law Review*，vol. 111，no. 2（December 1997），pp. 529 - 575。

［15］J. D. Hess 和 Eitan Gerstner 给出了许诺最低价策略导致价格上升的证据，参见 "Price-Matching Policies：An Empirical Case," *Managerial and Decision Economics*，vol. 12（1991），pp. 305 - 315。Arbatskaya、Hviid 和 Shaffer 给出了相反的证据，他们发现许诺最低价策略导致价格更低，参见 Maria Arbatskaya，Morten Hviid and Greg Shaffer，"Promises to Match or Beat the Competition：Evidence from Retail Tire Prices," *Advances in Applied Microeconomics*，vol. 8：Oligopoly（New York：JAI Press，1999），pp. 123 - 138。

［16］Subhasish Dugar，"Price-Matching Guarantees and Equilibrium Selection in a Homogeneous Product Market：An Experimental Study," *Review of Industrial Organization*，vol. 30（2007），pp. 107 - 119。

［17］Nicholas Stern，*The Economics of Climate Change：The Stern Review*（Cambridge：Cambridge University Press，2007）.

［18］Michael Liebriech 在他的论文 "How to Save the Planet：Be Nice，Retaliatory，Forgiving and Clear"（New Energy Finance White Paper，September 11，2007）中把《京都议定书》作为迭代的囚徒困境。可参见 www. bnef. com/ InsightDownload/ 7080/pdf/（accessed August 1，2014）。

［19］James Andreoni and Hal Varian，"Preplay Contacting in the Prisoners' Dilemma," *Proceedings of the National Academy of Sciences*，vol. 96，no. 19（September 14，1999），pp. 10933 - 10938.

▉ 附录　无穷级数求和

现值的计算涉及未来支付的金钱的现在价值的决定。如第 10.2 节所述，n 个月后付给我们的金钱 x 的现值只有 $x/(1+r)^n$，其中 r 是每月收益率。但如果未来每月支付给我们一笔钱 x，则这些钱的现值计算就比较麻烦了。如果这样的支付一直持续到永远，则我们要计算的现值就没有一个确定的尽头，那么这样的计算就需要应用无穷级数的思想。

考虑一个囚徒困境中的参与人，他在选择背叛当月获得 36 美元，但未来每个月都失去 36 美元，因为他选择继续背叛而他的对手（采用以牙还牙策略）惩罚他。在惩罚的第一个月——发生损失的第一个月或要进行贴现的第一个月——他损失的现值是 $36/(1+r)$；在惩罚的第二个月，他损失的现值是 $36/(1+r)^2$；在惩罚的第三个月，他损

失的现值是 $36/(1+r)^3$；在惩罚的第 n 个月，他因背叛而损失的现值是 $36/(1+r)^n$。

我们可以把未来损失的所有现值写出来，会有无限多项：

$$PV = \frac{36}{1+r} + \frac{36}{(1+r)^2} + \frac{36}{(1+r)^3} + \frac{36}{(1+r)^4} + \frac{36}{(1+r)^5} + \frac{36}{(1+r)^6} + \cdots$$

或者我们可以用求和的符号来简化表示上式：

$$PV = \sum_{n=1}^{\infty} \frac{36}{(1+r)^n}$$

这个表达式跟前一个等价，读作"从 n 等于 1 到 n 等于无穷大，36 除以（$1+r$）的 n 次方的总和"，因为 36 是共同因子——它出现在每一项中，可以从式子中提到前面，所以原式变成：

$$PV = 36 \times \sum_{n=1}^{\infty} \frac{1}{(1+r)^n}$$

我们现在要求出这个总和，以计算实际现值。首先把符号化简，以贴现因子 δ 代替 $1/(1+r)$，然后我们要求的和变为：

$$\sum_{n=1}^{\infty} \delta^n$$

这里注意 $\delta = 1/(1+r) < 1$，因为 r 是正数。

熟悉无穷级数求和的人，一看这个式子就知道总和会收敛到一个有限值 $\delta/(1-\delta)$。[1] 因为是对小于 1 的数求次方，所以一定会收敛，这里 δ 的 n 次方越来越小，当 n 接近无穷大时，它也接近于 0。所以在我们计算的现值中，越后面的项会越来越小，小到总和接近于某个特定值（技术上总是不会达到这个值）。解出总和收敛于 $\delta/(1-\delta)$ 需要复杂的数学知识，但验证这是正确的答案却是很直接的。

我们用简单的技巧来验证这个结论，考虑前 m 项的和 S_m：

$$S_m = \sum_{n=1}^{m} \delta^n = \delta + \delta^2 + \delta^3 + \cdots + \delta^{m-1} + \delta^m$$

上式两边同乘以（$1-\delta$）得：

$$(1-\delta)S_m = \delta + \delta^2 + \delta^3 + \cdots + \delta^{m-1} + \delta^m - \delta^2 - \delta^3 - \delta^4 - \cdots - \delta^m - \delta^{m+1}$$
$$= \delta - \delta^{m+1}$$

两边同除以（$1-\delta$）得到：

$$S_m = \frac{\delta - \delta^{m+1}}{1-\delta}$$

最后我们令 m 趋于无穷大，分析上面这个和的极限，以计算原来的无穷级数的和。当 m 趋于无穷大时，δ^{m+1} 的值就趋于 0，因为对一个小于 1 的数求非常大且增加的次方，结果是很小的非负数。因此，随着 m 接近于无穷大，前面方程右边化为 $\delta/(1-\delta)$，也就是 m 趋于无穷大时 S_m 的极限。这样我们就证明了无穷级数的和。

我们现在只要代入 r 就可以得到囚徒困境中计算现值的答案，因为 $\delta = 1/(1+r)$，所以：

$$\frac{\delta}{1-\delta} = \frac{1/(1+r)}{r/(1+r)} = \frac{1}{r}$$

所以，从下个月开始，未来每个月惩罚的 36 美元的无限个现值总和是：

$$36 \times \sum_{n=1}^{\infty} \frac{1}{(1+r)^n} = \frac{36}{r}$$

在第 10.2 节中，我们可以用这个值决定参与人是否应该永久背叛。注意，如果我们把未来持续的概率 $p \leqslant 1$ 考虑进来，不会改变无穷级数的运算过程，我们仅需将 r 替换为 R，将贴现因子 δ 替换为 p_δ 即可。

记住你只需要计算未来损失的现值，今天损失的 36 美元的现值还是 36 美元。所以，如果你要找出从今天开始每月损失 36 美元的现值，你只需要把本月损失 36 美元加上下一个月开始损失的现值，这个现值就是我们刚才计算过的 $36/r$。因此，加上 36 美元后是 $36+36/r$，或 $36[(r+1)/r]$，等于 $36/(1-\delta)$。同理，如果你要计算参与人在囚徒困境中某条件策略下的一系列收益的现值，你不用把首期的收益贴现，你只要把未来的收益贴现即可。

【注释】

[1] 如果无穷级数的和接近于某个特定值，我们称为收敛，随着项数增加而更接近于这个值。如果无穷级数的和越加越大，我们称为发散。无穷级数收敛要求后面的各项越来越小。

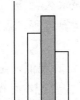

第 11 章

集体行动博弈

前面各章节谈到的博弈和策略局势通常只包括两个或三个参与人的互动。此类博弈在学术、商业、政治及日常生活中屡见不鲜，因而有研究和了解的必要。但是，许多经济、社会和政治互动会同时包含大量的参与人，例如职业规划、投资计划、高峰期的行车路线，甚至做研究，都有可能因为别人的行动而使自己获益或付出代价。如果你曾身处这种情形，你可能会觉得某些事不对劲——太多的学生、投资者和通勤者拥挤在你想去的地方。如果你试图组织同学或朋友去做某件有意义的事，你可能会感到沮丧——志愿者太少了。换句话说，社会中多人博弈的结果通常不能令社会全部成员甚至大多数成员感到满意。在本章，我们将以我们已经在前面章节建立起的博弈论观点来研究这类博弈，我们会让你明白出了什么问题，又如何去处理。

在一般形式下，这种多人博弈需要考虑**集体行动**（collective action）问题。社会和集体的最优目标可以通过社会成员采取某些特定的行动来达到，但是这些行动对于个体成员来说却不符合其最优利益。换言之，社会最优结果并不会像博弈的纳什均衡那样自动达成。因此我们需要考虑如何修正博弈以达到最优结果，或至少可以改善现有的不令人满意的纳什均衡。要这么做首先得了解此类博弈的性质。我们发现它们有三种形式，这三种形式大家都已熟悉：囚徒困境、懦夫博弈和安全博弈。虽然本章的重点是同时有多个参与人的博弈，但仍不妨从有两个参与人的博弈开始。

11.1 双人集体行动博弈

假如你和你的邻居都是农夫，建设一项灌溉工程对你们都有利。你们可以一同参与这项工程，也可独自建设。不过，一方将工程建设完成后，则另一方也可自动获益。因此每个人都想把建设工作留给对方。这是策略互动的本质，也是集体行动的障碍。

在第 4 章，我们曾遇到这样的博弈：三位邻居决定是否建造街心花园，而街心花园可以共享，结果三人都不想建，这是囚徒困境式的问题。这里，我们将用更具一般性的支付结构来分析。同时，在街心花园博弈中我们把结果分成六个等级；当我们描述更一般的博弈时，我们必须考虑每个参与人成本和收益的一般形式。

灌溉工程有两个重要特征：其一，其收益是**非排他性的**（nonexcludable），即没有贡献的人也会受益；其二，其收益是**非竞争性的**（nonrival），即你的收益不会因别人也获益而减少。经济学家把这样的项目称为**纯公共物品**（pure public good），国防是经常被提到的例子。相反，纯私人物品（pure private good）是绝对排他性的、竞争性的——没有贡献就得不到收益，一旦有人得到利益则其他人就得不到，面包是纯私人物品的好例子。大部分物品处于这两种极端物品的中间，具有某种程度的排他性及竞争性。我们无须对此深入探究，但稍微提一下对你学习其他课程和教材会有所帮助。[1]

□ 11.1.1　囚徒困境式集体行动博弈

灌溉工程的成本和收益与集体行动相联系，取决于哪些参与人参与。也就是，成本和收益的相对大小决定了博弈的结构。若你们两人各自单独建造则每人需要花 7 周，若两人一起建造则每人只需要花 4 周。两人共同建造的灌溉工程有较好的质量。单独建造每人得到价值 6 周的收益，一起建造则每人得到价值 8 周的收益。

更一般地，我们可以把收益和成本写为参与人参与人数的函数。因此你选择建造灌溉工程的成本取决于你是单独建造还是得到帮助。成本可以写为 $C(n)$，其中成本 C 取决于工程中参与人的数量 n。于是 $C(1)$ 是你单独建造灌溉工程的成本，$C(2)$ 是你与你的邻居共同建造的成本，这里 $C(1)=7$ 和 $C(2)=4$。类似地，完成工程的收益（B）取决于建造工程中参与人的数量（n）。在我们的例子中，$B(1)=6$ 和 $B(2)=8$。注意由于这项特殊工程的公共物品属性，这些收益对每个农夫是一样的，无论农夫是否参与。

在这个博弈中，参与人必须决定是参与建造工程还是不参与，即偷懒。（可能这个工程的工期比较短，但是在快要结束时假装家里有急事提前溜掉。当然，你的邻居也可以这样做。）图 11-1 给出了博弈的支付表，数字表示以星期数来衡量的价值。支付的决定基于与每个行动相关联的收益和成本之差。因此选择建造的支付是 $B(n)-C(n)$。如果你单独建造，则 $n=1$；如果你的邻居也选择建造，则 $n=2$。如果你的邻居选择建造，你选择不建造的支付是 $B(1)$，因为你不参与建造工程，你不会有任何成本。

给定表中的支付结构，你的邻居不建造时你的最优反应也是不建造：你独自完成工程的收益（6）比成本（7）要少，不建造会得到 0。同理，如果你的邻居选择建造，你不花任何代价就可获益（6），比你一起建造花成本（4）而获益（8）要好。在这种情况下，你就成了邻居努力建造下的**搭便车者**（free rider）。这个博弈的特性是无论你的邻居怎么做，你最好都不要参与；对于你的邻居，道理也是一样的。因而，不建造是每个人的占优策略。但若两人一起建造各获得支付 4 比两人都不建造各获得支付 0 显然更好。所以，这个博弈是一个囚徒困境。

		邻居	
		建造	不建造
你	建造	4，4	-1，6
	不建造	6，-1	0，0

图 11-1 囚徒困境式集体行动博弈：版本 1

在囚徒困境中，我们可发现集体行动的主要障碍：个人的最优选择（在本例中无论另一农夫怎么做，我就是不建造）从社会整体角度来看可能并非最优的，即使这个社会只由两个农夫组成。在集体行动博弈中，**社会最优**（social optimum）结果是指参与人的总支付最大化。在此囚徒困境中，社会最优结果是（建造，建造）。然而，参与人的纳什均衡行为并不总是导致社会最优结果，所以集体行动博弈的研究焦点在于改善已知的纳什均衡行为，使结果向社会最优结果移动。我们将会发现，纳什均衡与社会最优结果的背离会出现在各种版本的集体行动博弈中。

现在考虑将支付数字稍加改变，博弈会变成怎样？假设两人都建造的支付不比单人建造的收益好多少：每个农夫获得价值 6.3 周的收益。所以双人建造时每人利润为 $6.3-4=2.3$，支付表如图 11-2 所示。博弈仍然是囚徒困境式的，均衡是（不建造，不建造）。然而，当双方一起建造时，总支付只有 4.6；最大支付出现在一方建造而另一方不建造时，此时的总支付为 $6+(-1)=5$。有两种可能的方式达到这一结果。为达到社会最优结果就产生了新问题：谁应当承担 -1 的代价来建造，而让另一方搭便车得到支付 6？

		邻居	
		建造	不建造
你	建造	2.3，2.3	-1，6
	不建造	6，-1	0，0

图 11-2 囚徒困境式集体行动博弈：版本 2

11.1.2 懦夫博弈式集体行动博弈

我们还可以变动一下图 11-1 中的囚徒困境式博弈中的数字，从而改变博弈的性质。假设建造的成本下降了，使得给定邻居不建造时则自己选择单独建造是更好的。具体来说，假设单人建造需要 4 周，因此 $C(1)=4$，而双人建造则各自只需要 3 周，因此 $C(2)=3$。收益则跟以前一样。图 11-3 展示了变化后的支付矩阵。现在你的最优反应是：若邻居建造则自己就偷懒，若邻居偷懒则自己就建造。正式地说，这是懦夫博弈，不建造是"径直向前"策略（勇敢或不合作），而建造是"转向"策略（妥协或合作）。

		邻居	
		建造	不建造
你	建造	5，5	2，6
	不建造	6，2	0，0

图 11-3 懦夫博弈式集体行动博弈：版本 1

如果博弈的结果是某个纯策略均衡，则两者支付总和是8，这比双方都建造的总支付要小。也就是纳什均衡策略向社会提供的收益没有比双方一同建造的结果来得好。社会最优的支付是10，如果懦夫博弈的结果是混合策略均衡，则结果更糟糕，两者的支付相加小于8。（准确地说为4。）

懦夫博弈式集体行动还有另外一种可能结构，只要对工程的收益做些改变即可。如同囚徒困境的版本2，假设两人共同建造的工程并不比单人建造的好多少。于是每个农夫从共同建造工程中的获益 $B(2)$ 仅为6.3，仍然从单独建造工程中获益 $B(1)=6$，请大家自己练习建立这个博弈的支付表。你会发现这仍是懦夫博弈——称为懦夫博弈版本2。两个纯策略纳什均衡还是一样，只有一个农夫建造，但双方同时建造的总支付只有6.6，而单独建造的总支付是8。社会最优结果是单独建造，但每个农夫都偏好他人建造的均衡，所以双方都在等待别人动手建造。或者农夫可以使用混合策略，但其期望支付会更低。

11.1.3 安全博弈式集体行动博弈

最后，我们还要改变一次囚徒困境的支付，保持双人建造的收益和成本不变，单独建造的收益减少为 $B(1)=3$，这会减少搭便车者的收益。此时，如果邻居选择建造，则你的最优反应也是建造。图11-4展示了该博弈的支付表。博弈就变成了有两个纯策略均衡的安全博弈：要么都参与，要么都退出。

		邻居	
		建造	不建造
你	建造	4，4	−4，3
	不建造	3，−4	0，0

图 11 - 4 安全博弈式集体行动博弈

如同懦夫博弈版本2，这里的社会最优结果是某个纳什均衡。但也有一个不同之处，在懦夫博弈版本2中参与人对两个均衡的偏好不同，其中一个均衡能达到社会最优，但在安全博弈中它们有相同的偏好，所以安全博弈比懦夫博弈更容易达成社会最优结果。

11.1.4 集体不行动

许多集体行动博弈的支付结构与我们在灌溉工程例子中多少有些不同。我们的农夫发现他们自己处在这么一种情境中，在这种情境下一般是工程中至少一个参与人导致社会最优，因此博弈是一个集体行动。其他多个参与人的博弈最好成为集体不行动博弈。在这种博弈中，社会作为一个整体偏好一些或所有个体参与人不参与或不行动。这种类型的例子包括高峰时间通勤路线、投资计划和渔场等的决策选择。

所有这些博弈都有参与人必须决定是否利用一些共有资源优势的属性，例如选择高速公路、投资高收益股票基金、选择一个大量放养的池塘。这些集体不行动博弈最好作为共有资源博弈；当所有参与人避免过度使用共有资源时所有参与人的总支付达到最大。这类支付不能达到社会最优的障碍被称为"公地悲剧"，该词来自加勒特·哈丁

(Garrett Hardin) 的《公地悲剧》。[2]

我们在上面假设灌溉工程对你和你的农夫邻居带来相同的收益。但是如果两个农夫建造工程使用如此多的水源以致只有很少的水喂养他们的牲畜会怎么样？于是相比于两人选择不建造，两人都选择建造的支付为负。这是我们在第11.1.1节中遇到的囚徒困境的另一个变形，在这种情形中社会最优结果要求所有农夫都不建造，尽管每人都有激励建造。如果阻止农夫灌溉的唯一方式是把水转移到另一农夫那里，这或许可以假设农夫的行动对另一农夫造成了伤害。于是如果每个参与人的邻居都选择建造，则他的支付将是负的。因此，另一个懦夫博弈的变形出现了。在这种变形中，当其他参与人选择不建造时，每个人都想要建造，然而所有参与人不行动是集体最优的。

以上这些例子指出的问题人们早已熟悉，处理这些问题的不同方法所遵循的一般原理也在早先的章节做过讨论。在转向解决方案之前，让我们先看看在现实的多人同时互动博弈中上述问题是如何显现出来的。

11.2 大群体中的集体行动问题

在本节我们扩展一下灌溉工程的例子。考虑有 N 个农夫必须各自决定是否参与工程建造。这里我们使用先前介绍的符号，用 $C(n)$ 代表当 n 个农夫选择参与建造时每个参与人的成本。同样地，无论是否参与，每人的收益是 $B(n)$。因此每个建造者的支付 $P(n)=B(n)-C(n)$，不参与建造者的支付 $S(n)=B(n)$。

假设你正在考虑是否加入，你的决定将取决于其他（$N-1$）个农夫的做法。通常，在 n 个人参与而（$N-1-n$）个人退出的情况下，如果你决定退出，参与人的数量仍为 n，而你得到支付 $S(n)$；如果你决定加入，则参与人数量变为 $n+1$，而你将得到 $P(n+1)$。因此你的最终决策取决于两种情况的支付比较：若 $P(n+1)>S(n)$，你就参与；若 $P(n+1)<S(n)$，你就退出。这个规则对于前一节所有版本的集体行动博弈都成立；不同的博弈有不同的行为是因为支付结构有所改变，影响了 $P(n+1)$ 和 $S(n)$。

我们可将第11.1节中双人集体行动博弈的例子纳入现在这个更为一般的框架。若仅有两人，$P(2)$ 就是对方建造自己也建造时自己获得的支付，$S(1)$ 就是对方建造而自己不建造时自己获得的支付，依此类推。从而我们可以将图11-1到图11-4的支付表写成一般化的代数形式。这种一般化的支付结构见图11-5。

		邻居	
		建造	不建造
你	建造	$P(2), P(2)$	$P(1), S(1)$
	不建造	$S(1), P(1)$	$S(0), S(0)$

图 11-5 双人集体行动博弈的一般形式

若以下所有不等式成立，则图11-5表示的博弈将是一个囚徒困境：

$$P(2)<S(1), P(1)<S(0), P(2)>S(0)$$

第一个不等式是说，如果对手选择建造策略，则己方的最优反应策略是不建造；第二个不等式是说，如果对手选择不建造策略，则己方的最优反应策略也是不建造；第三个不等式是说，（建造，建造）的联合支付比（不建造，不建造）高。如果 $2P(2) > P(1)+S(1)$，这就是第一类困境，都参与建造的总支付比只有一人建造的总支付要大。大家可以建立起类似的不等式组来考察第 11.1 节中其他类型博弈的支付。

现在回到 n 个参与人博弈的版本。给定两个行动的支付函数 $P(n+1)$ 和 $S(n)$，我们可以使用图形来帮助决定我们遇到的是哪一种类型的博弈及其纳什均衡。于是我们也可以比较博弈的社会最优结果的纳什均衡。

□ 11.2.1　多个参与人囚徒困境

考虑灌溉工程的一个特殊版本：整个村庄一共有 100 个农夫，他们必须决定是否采取行动。假设灌溉工程提高了每个农夫的土地生产效率；特别地，假设当 n 个人参与工程时每个农夫的收益是 $P(n)=2n$。同时假设当你不参与工程时，你也能获得这个收益并将你的时间用于其他职业并赚取额外的 4 单位收益，因此 $S(n)=2n+4$。我们在图 11-6 中对于每个单独的农夫分别画出这些函数的图像，图上的横轴是 n 从 0 到 $N-1$，纵轴是支付。如果当前只有很少的参与人（于是大部分是偷懒的），你的决策将依赖于图 11-6 中左边 $P(n+1)$ 和 $S(n)$ 的相对位置。类似地，如果已经有很多参与人，记得决策将依赖于图 11-6 右边 $P(n+1)$ 和 $S(n)$ 的相对位置。

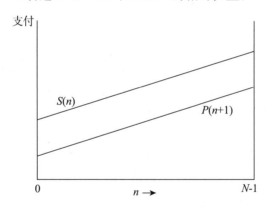

图 11-6　多个参与人的囚徒困境博弈支付图

由于 n 实际上只能取整数值，所以函数 $P(n+1)$ 和 $S(n)$ 应该是离散的点的集合而不是连续的平滑线。但是当 N 相当大时，这些离散的点靠得相当近，我们可以把它视为连续的线。为简化起见，我们把 $P(n+1)$ 和 $S(n)$ 视为直线，以后再讨论更复杂的情形。

回忆你通过考虑工程中当前参与人的数量 n 和与 n 人中每个参与人行动相关联的支付来决定你的行动策略。图 11-6 表示 $S(n)$ 完全在 $P(n+1)$ 之上的情形。因此无论多少人参加（也就是不论 n 有多大），退出比参与所得的支付更大；退出是你的占优策略。这些支付对所有参与人是一样的，因此每个参与人都有"退出"的占优策略。所以纳什均衡是每个人都不参与，并且工程不建造。

注意两条线都随 n 的增加而上升，无论采取什么策略，参与人越多则你得到的支付就越高。$S(n)$ 曲线的左截距比 $P(n+1)$ 的右截距要低，或 $S(0)=4 < P(N)=102$，

这表示每个人都参与建造时你得到的支付超过每个人都退出建造时你得到的支付。所以大家都参与，每个人的支付会比纳什均衡的支付高。这使得博弈成为囚徒困境。

使用图 11-6 中的曲线找到的纳什均衡与博弈的社会最优比较会怎么样？我们可用支付函数 $P(n)$ 和 $S(n)$ 来构造第三个函数，用以表示社会的总支付，记为 $T(n)$，也是 n 的函数。社会总支付由 n 个支付为 $P(n)$ 的参与人和（$N-n$）个支付为 $S(n)$ 的退出者的支付总和组成：

$$T(n) = nP(n) + (N-n)S(n)$$

当参与人与退出者之间的分配最大化总支付 $T(n)$，或参与人的数量，即 n 值最大化 $T(n)$ 时，社会达到最优。让我们改写 $T(n)$ 以便更好地理解这个问题：

$$T(n) = NS(n) - n[S(n) - P(n)]$$

这种形式的总社会支付函数显示，只要给定 N 个参与人中退出者的支付函数，然后减去退出者相对于 n 个参与人的额外收益 $[S(n) - P(n)]$，我们就可以计算出总社会支付函数。

在集体行动博弈中，与共有资源博弈相反，通常 n 增大 $S(n)$ 就会增大，所以第一项 $NS(n)$ 也会随着 n 的增大而增大。若第二项随 n 增大的速度很慢，也就是 $[S(n) - P(n)]$ 很小且增速很慢，则 $T(n)$ 主要受第一项影响。

这正是 100 个农夫例子中社会总支付函数发生的情况。这里 $T(n) = nP(n) + (N-n)S(n)$ 变为 $T(n) = n(2n) + (100-n)(2n+4) = 2n^2 + 200n - 2n^2 + 400 - 4n = 400 + 196n$。在这种情形中，$T(n)$ 随着 n 的增大而稳定增大，并在没人退出即 $n = N$ 时达到最大。

两人例子的大群体版本如上一样具有相同的提示。如果所有农夫都参与灌溉工程的建造，且 $n = N$，社会作为一个整体将会变得更好，但是支付的方式使得个人有激励选择退出。在 $n = 0$ 时，博弈的纳什均衡不是社会最优的。找出如何达到社会最优在集体行动中是一个最重要的主题，我们在本章的后面会回到这个主题。

在其他情形中，$T(n)$ 可以由 n 取其他不同值时达到最大，不仅是 $n = N$。也就是，社会的总支付最大化允许一些人退出。即使在囚徒困境的情形中，当 n 尽可能大时，总支付函数达到最大这种关系也不是自动成立的。如果 $S(n)$ 与 $P(n)$ 之差随着 n 增加变得充分大，则当 n 接近 N 时，$T(n)$ 表达式中第二项的负效应超过了第一项的正效应，于是最好让一些人退出，亦即社会最优化的 n 可以小于 N。这个结果是第 11.1 节囚徒困境式集体行动博弈版本 2 的镜像。

如果村庄中 $S(n)$ 是 $4n+4$ 而不是 $2n+4$，则这种类型的结果就会出现。于是 $T(n) = -2n^2 + 396n + 400$，它不再是 n 的线性函数。事实上，通过画图计算或简单微分会得出最大化 $T(n)$ 的 n 值是 99，而不是先前的 100。支付结构的改变产生了一个关于支付的不等式——退出者的福利好于参与人的，这增加了试图解决囚徒困境的又一个困难。例如，村庄如何准确地指派一个农夫成为一个退出者？

☐ 11.2.2 多个参与人的懦夫博弈

现在我们考虑其他支付结构。例如，当 $P(n) = 4n+36$ 时，$P(n+1) = 4n+40$，且 $S(n) = 5n$，两条支付曲线在图中相交。图 11-7 显示了这种情形。当 n 很小时，$P(n+1) >$

$S(n)$，所以若参与人数很少，你应该参加；而当 n 很大时，$P(n+1)<S(n)$，所以若参与人很多，你应该选择退出。注意这两种表述的思想等价于两人懦夫博弈中"如果你的邻居参与，你退出；如果他退出，你参与"。这种情形的确是懦夫博弈。更一般来说，当只有两个可选行动时懦夫博弈的情形出现，你倾向于其他人不喜欢的策略。

我们也可以使用图 11 - 7 来决定这个版本博弈中纳什均衡的位置。因为当 n 很小时你选择参与，当 n 很大时你选择退出，均衡必定是 n 的一些中间值。仅仅当 n 位于两条曲线的交点处时你在两个策略之间无差异。这个位置代表了均衡的 n 值。在图中，$4n+40=5n$ 或当 $n=40$ 时，$P(n+1)=S(n)$；这就是均衡时村庄中农夫参与灌溉工程的数量。

若两条线相交于某一点，则其对应的 n 的整数值就是纳什均衡的参与人数量。若不如此，则严格来讲该博弈没有纳什均衡。不过在现实中，如果目前的 n 值是交点左边靠近交点的整数，则会有一个人想参与；若目前的 n 是交点右边靠近交点的整数，则会有一个人想退出。因而参与人的数量会在这一交点附近的小范围内，而我们可大致说这一点就是均衡。

图 11 - 7 描画的支付结构显示两条线均有正斜率，尽管它们并不需要必定如此；因为随着参与人越来越多，有可能每个人得到的收益会越来越多，因此曲线的斜率可以为负。这个懦夫博弈式集体行动博弈有一个重要特性，就是当少数人采取行动时，任何一个人最好都采取该行动；当多数人采取该行动时，任何一个人最好都采取另外的行动。

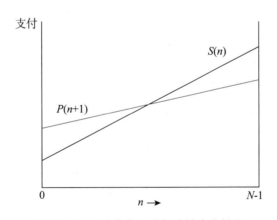

图 11 - 7　多个参与人的懦夫博弈支付图

在懦夫博弈式集体行动博弈中，何为社会最优结果？若每个参与人的支付 $P(n)$ 随参与人数量的增加而增加，且每个退出者的支付 $S(n)$ 不会变得显著比参与人的支付 $P(n)$ 大，则所有参与人都参与将会使总支付最大。这就是例子中 $T(n)=536n-n^2$ 的结果，总支付在 n 超过 N（这里是 100）时增加，因此 $n=N$ 是社会最优。

但一般来说懦夫博弈达到社会最优时最好让某些人退出。如果这群农夫的人数不是100 而是 300，这个例子的结果是一样的。利用图形计算器或微积分可以知道，最优的社会参与人数是 268。这正是第 11.1 节数字例子中，懦夫博弈式集体行动博弈版本 1 和版本 2 的差异。在一道练习中，你将会试图生成一个导致这个结果的支付结构。在此类博弈的更一般的例子中，最优的参与人数量有可能比纳什均衡时还要少。我们将在第

11.3 节中更详细地讨论所有版本博弈的社会最优问题。

□ 11.2.3　多个参与人的安全博弈

最后我们考虑集体行动博弈的第三种可能类型，安全博弈。图 11-8 表示安全博弈的支付线，其中我们假设村庄农夫 $P(n+1)=4n+4$ 和 $S(n)=2n+100$。当 n 很小时，$S(n)>P(n+1)$，所以若很少有人参与，则你应该退出；而当 n 很大时，$P(n+1)>S(n)$，所以若很多人参与，则你应当参与。换句话说，不像懦夫博弈，安全博弈是一个你想做出其他人也正做出此决策的集体行动博弈。

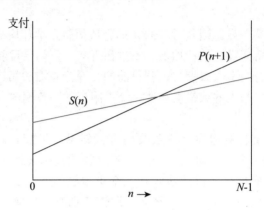

图 11-8　多个参与人的安全博弈

除了标志外，图 11-8 几乎与图 11-7 一模一样。然而纳什均衡的位置关键取决于两条曲线。在图 11-8 中，交点左边的每个 n 值，每个农夫都想要退出，纳什均衡是 $n=0$，每个人都选择退出。但是交点右边的情况恰恰相反，在该图像区域，每个农夫都想要参与，另一个纳什均衡是 $n=N$。

技术上，如果交点的 n 值如我们例子中一样是整数值，这个博弈仍存在第三个纳什均衡。我们发现当 $n=48$ 时，$P(n+1)=4n+4=2n+100=S(n)$。则如果 n 正好是48，我们将看到一些人参与一些人退出的结果。只有当 n 值完全正确时这种情形才是一个均衡。即使如此，这也是一种高度不稳定的情形。如果任意一个农夫偶然性地参与了一个错误的分组，他的决策将会改变每个人的激励，驱使博弈成为一个端点均衡。这些是博弈中两个稳定的纳什均衡。

博弈的社会最优在图 11-8 中相当容易看到。因为两条曲线是上升的，因此如果更多的人参与，则每个人情形变得更好，于是右端均衡对于社会明显是更好的。我们通过注意 $T(n)=2n^2+100n+10\,000$ 来确认这一点，这个式子关于所有正值 n 是递增的。于是社会最优的 n 是 n 的最大可能值，或 $n=N$。因此在安全博弈情形中，社会最优的结果实际上是一个稳定的纳什均衡。这样，这比在其他情形中更容易达到这一点。无论社会最优是否为当前博弈的纳什均衡，对待该问题的关键是如何达到它。

目前为止我们的例子聚焦于 2 到 100 的相对小的群体。当群体中人数 N 非常大时，任何人对博弈都不会有太大的影响，从而 $P(n+1)$ 几乎跟 $P(n)$ 一样大。这样一来，只要 $P(n)<S(n)$，则任何人都会退出，以收益和成本函数表示，亦即 $P(n)=B(n)-C(n)$ 且 $S(n)=B(n)$。我们发现 $P(n)$［不像 $p(n+1)$］会绝对小于 $S(n)$，所以只要

N 很大，每个人都想退出。这就是为什么大群体中公共工程的集体供给问题总是被视为囚徒困境。但是如同我们已经看到的，这种结果对于小团体不一定适用，对于其他一些大团体也不一定适用，我们将在本章的后面讨论这种情形。

一般而言，有必要赋予支付 $P(n)$ 和 $S(n)$ 更宽泛的意义，它们并非像在灌溉工程建造例子中那样仅代表成本和收益。例如，我们不能假设支付函数是线性的，事实上，在多数情形下我们允许 $P(n)$ 和 $S(n)$ 是关于 n 的函数，并可以多次相交。于是可以存在多个均衡，尽管每一个均衡可以代表我们之前提到的一种类型。[3] 一些博弈也是共有资源类型的，因此当我们考虑完全一般的博弈时，我们将提到标记为 P 和 S 的行动，但这不一定是指参与或退出，但支付符号会继续使用。所以，当 n 个参与人选择行动 P，$P(n)$ 就成为每个参与人采取行动 P 的支付，而 $S(n)$ 则成为每个参与人采取行动 S 的支付。

11.3 溢出或外部性

到目前为止我们已经看到了囚徒困境、懦夫博弈和安全博弈式的集体行动博弈。我们也看到了这类博弈中的纳什均衡很少导出社会最优的参与（或约束）水平。并且即使社会最优是一个纳什均衡，它通常只是多个均衡中的一个。现在我们进一步深入探讨这类博弈中个人（或私人）激励和群体（或社会）激励的差异。我们也更细致地描述每个参与人决策对于其他人及集体的影响。这些分析明确了激励存在差异的原因、它们如何表现和为了达到比纳什均衡更好的社会结果人们应如何行动。

□ 11.3.1 通勤与溢出

我们从考虑 8 000 名每日在郊区和市区之间往返的通勤者开始。作为一名通勤者，你可以选择走快线道路（行动 P）或地方道路（行动 S）。走地方道路需要消耗 45 分钟，不管有多少车辆在此道路上行驶。快线道路若无塞车只需 15 分钟，但每个人选择快线道路都会增加其他每个人的行车时间大约 0.005 分钟（大约 1/4 秒）。

用节约的时间来衡量支付，即比 1 小时节约多少分钟。这样，走地方道路的支付 $S(n)$ 是一个常数 $S(n)=60-15=45$，无论 n 为何值。但是走快线道路的支付 $P(n)$ 将取决于 n，特别地，若 $n=0$ 则 $P(n)=60-45=15$，但每增加一个通勤者 $P(n)$ 就降低 $5/1\,000$（或 $1/200$）。因此，$P(n)=45-0.005n$。我们在图 11-9 中画出两条支付曲线。

假设最初有 4 000 辆车在快线道路上行驶。这么多的车使得通勤耗时为 $15+4\,000\times0.005=15+20=35$ 分钟，每人得到的支付 $P(n)=25$〔即 $60-35$ 或 $P(4\,000)$〕。如图 11-9 所示，该支付优于地方道路行驶者得到的支付。现在考虑你作为一个地方道路行驶者，从地方道路转向快线道路的可能性。你的转换将使 n 的值加 1 并且影响所有其他通勤者的支付。则 4 001 名快线道路行驶者（包括你）将耗时 $35+1/200$ 分钟，即 35.005 分钟；每个快线道路行驶者的支付则变为 $P(n+1)=P(4\,001)=24.995$。这个支付高于走地方道路得到的支付 15。因此你有转向快线道路的私人动机，因为对于你来说 $P(n+1)>S(n)$（24.995>15）。

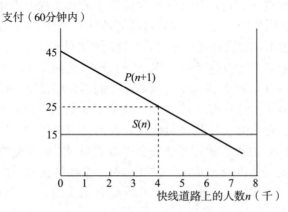

图 11-9 通勤路线选择博弈

你的转向导出一个私人获益，因为它由你私下拥有，它等于你转向前和转向后的支付之差，这个私人获益是 $P(n+1)-S(n)=9.995$ 分钟。因为你只是一个人且是整个群体的一小部分，你获得的支付获益相对于总体是很小的或边际的。于是我们称之为你转向的**边际私人获益**（marginal private gain）。

但是 4 000 名其他快线道路行驶者每人现在因你的决策而多耗费 0.005 分钟；他们每人的支付变化 $P(4\ 001)-P(4\ 000)=-0.005$。同样，在地方道路上行驶的通勤者面临的支付变化为 $S(4\ 001)-S(4\ 000)$，在我们的例子中为零。对其他司机的累积效应为 $4\ 000\times(-0.005)=-20$ 分钟。你的行动，从地方道路转向快线道路，已经对其他人的支付产生了这种影响。当一个人的行动如此一样影响其他人时，称之为**溢出效应**（spillover effect）**或外部效应**（external effect），或称**外部性**（externality）。再一次，因为你只是整个群体的一小部分，我们应该称你对其他人的影响为边际溢出效应（marginal spillover effect）。

合在一起考虑，边际私人获益和边际溢出效应是你转换通勤组的总效应，或在整个群体中或整个社会支付中总的边际改变。我们称其为你转向的**边际社会获益**（marginal social gain）。这个"获益"实际上可正可负，因此使用获益一词并不意味着所有转向对群体都是有益的。事实上，在我们的通勤例子中，总的边际社会获益是 $9.995-20=-10.005$ 分钟。于是，你转向的边际社会效应是不利的，总的社会支付减少了超过 10 分钟。

☐ 11.3.2 溢出：一般情形

我们现在回到社会总支付函数 $T(n)$，其中 n 表示选择 P 的人数，则 $N-n$ 表示选择 S 的人数，来更一般地描述我们在通勤例子中观察到的影响。假设刚开始时有 n 个人选 P，而有一个人从 S 转到 P，则选 P 的人数会增加到 $n+1$，选 S 的人数会减少到 $N-n-1$，所以社会总支付变成：

$$T(n+1)=(n+1)P(n+1)+[N-(n+1)]S(n+1)$$

$T(n)$ 和 $T(n+1)$ 之间的差异即为社会总支付的增加量：

$$T(n+1)-T(n)=(n+1)P(n+1)+[N-(n+1)]S(n+1)-nP(n)-(N-n)S(n)$$

策略博弈（第四版）

$$=[P(n+1)-S(n)]+n[P(n+1)-P(n)]+[N-(n+1)][S(n+1)$$
$$-S(n)] \tag{11.1}$$

以上是重新整理后得到的结果。

方程（11.1）描述了我们在先前看到的通勤例子中一个人从 S 转向 P 时各种不同影响的数学式。方程展示了边际社会收益是如何被分成子群体中的边际支付变化的。

方程（11.1）中的第一项，也就是 $[P(n+1)-S(n)]$，是转换策略者的支付的改变。如前所述，这一项即是驱动个人选择的原因，所有这类个人选择就决定了纳什均衡。

方程（11.1）中的第二项和第三项是一个人的转换溢出效应对其他人的影响。对于其他 n 个选择 P 的人，只要一个人转到 P，每人的支付改变量就是 $[P(n+1)-P(n)]$，这就是方程（11.1）的第二项；另外还有其他 $N-(n+1)$ 个人仍然选择 S，每个人的支付改变量就是 $[S(n+1)-S(n)]$，这就是方程（11.1）的第三项。当然，每人的行驶转换对于其他任意一个行驶者的影响是很小的，但若其他行驶者的数量很大（亦即 N 很大），总溢出效应将会很大。

因而，我们可以重写方程（11.1），无论对从 S 到 P 还是从 P 到 S 的转变都可适用：

边际社会获益＝边际私人获益＋边际溢出效应

例如，若一个人从 S 转向 P，则我们有：

边际社会获益＝$T(n+1)-T(n)$
边际私人获益＝$P(n+1)-S(n)$
边际溢出效应＝$n[P(n+1)-P(n)]+[N-(n+1)][S(n+1)-S(n)]$

使用微积分计算一般情况：在详细考察溢出效应并弄明白如何做才能达到社会最优结果之前，我们以微积分的语言来重新分析这些概念。如果你不懂微积分，可以跳过不读；但若你懂，你会发现这比代数方法更简单。

如果群体人数 N 很大，比如成千上万，则每一个人可看作群体中无限小的部分。这使得我们可将 n 看作连续型变量。如果 $T(n)$ 是社会总支付，我们就不再用从 n 到 $n+1$ 的一个完整单位增加来计算 $T(n)$ 的变化，而是计算 n 改变一个微小量 dn 后的效应。所以支付改变是 $T'(n)dn$，$T'(n)$ 是 $T(n)$ 对 n 的导数。社会总支付的表达式为：

$$T(n)=nP(n)+(N-n)S(n)$$

微分后我们得到：

$$T'(n)=P(n)+nP'(n)-S(n)+(N-n)S'(n)$$
$$=[P(n)-S(n)]+nP'(n)+(N-n)S'(n) \tag{11.2}$$

上式跟方程（11.1）是等价的。$T'(n)$ 表示边际社会获益。边际私人获益为 $P(n)-S(n)$，这是从 S 转到 P 的个人支付改变。在方程（11.1）中我们将支付改变表示为 $P(n+1)-S(n)$，而现在是 $P(n)-S(n)$，这是因为微小增加量 dn 并不显著改变每个选择 P 者的支付。但所有选择 P 者的支付加总 $nP'(n)$ 是很可观的，需要纳入溢出效应计算——这是方程（11.2）中的第二项。$(N-n)$个选择S者的支付改变也是如此，$(N-n)S'(n)$是方程（11.2）的第三项，而最后两项组成了边际溢出效应。

在通勤路线例子中，我们有$P(n)=45-0.005n$，以及$S(n)=15$。那么，若使用微积分，转向快线道路的通勤者的边际私人获益仍使用$P(n)-S(n)=30-0.005n$来计算；因为$P'(n)=-0.005$而$S'(n)=0$，溢出效应为$n\times(-0.005)+(N-n)\times0=-0.005n$，当$n=4\ 000$时溢出效应为$-20$。这个答案与先前的结果一样，但微积分简化了推导并有助于我们直接发现最优解。

☐ 11.3.3　重温通勤：负外部性

当一个人的行动降低其他人的支付时存在负的外部性。这对剩余的社会强加了一些额外的成本。我们在通勤的例子中看到了这一点，其中每人转换到快线道路的边际溢出效应是负的，对其他通勤者增加了额外的20分钟行驶时间。但是，个人在做出改变工作路线的决策时并没有考虑外部溢出效应。他只是被自己的支付所激励。（记住他从伤害别人中遭受的任何痛苦也应反映到他的支付中。）只要他从S到P的改变有正的边际私人获益，他就会改变行动。于是他的境况从这种改变中变得更好。

但是如果通勤者依据边际社会获益做出决策，社会的境况将会变得更好。在我们的例子中，边际社会获益是负的（-10.005），但是边际私人获益是正的（9.995），因此单个行动者做出转向，尽管他不这么做社会会变得更好。更一般地，在存在外部性的情况下，边际社会获益将小于边际私人获益。人们基于成本-收益计算而制定的决策从社会角度来看是错误的；相比于社会所期望的，个体参与人更为经常地选择具有负溢出效应的行动。

我们可用方程（11.1）来计算特定个人与整个社会可从行动转换中受益的精确条件。请回忆一下，若已经有n个人使用快线道路，而另一个人正在考虑从地方道路转换到快线道路，如果$P(n+1)>S(n)$，他就可从转换中得到好处，但若$T(n+1)-T(n)>0$，则总的社会支付将会增加。私人获益在以下条件成立时为正：

$$45-(n+1)\times0.005>15$$
$$44.995-0.005n>15$$
$$n<200(44.995-15)=5\ 999$$

社会获益为正的条件为：

$$45-(n+1)\times0.005-15-0.005n>0$$
$$29.995-0.01n>0$$
$$n<2\ 999.5$$

所以，如果允许自由选择，通勤者将拥挤到快线道路上，直到接近6 000个人为止，但只要超过3 000人总社会支付将会下降。所以快线道路上的驾驶者保持在3 000人以下对于社会来说是比较有利的。

我们用图11-10来表示上述结果。横轴自左至右衡量的是快线道路行驶的通勤者数量。纵轴衡量的是快线道路上有n个通勤者时，每个通勤者的支付。每个走地方道路者的支付是常数，无论n为多少其支付皆为15，以水平线$S(n)$表示。每个转换到快

线道路者的支付以 $P(n+1)$ 表示，n 每增加一单位则该支付下降 0.005，两条线在 $n =$ 5 999 处相交；即 $P(n+1) = S(n)$ 或在边际私人获益为零时的 n 值处相交。在交点左边的任何 n 值上，在地方道路上的每一个行驶者若转向快线道路都可获得正的收益。随着一些人的转换，快线道路上的人数增加，也就是 n 值增加。相反，在交点右边（即 $n > 5\,999$），$S(n) > P(n+1)$；在快线道路上 $n+1$ 个行驶者会因转到地方道路而获得好处。随着一些人的转换，快线道路上行驶者的数量 n 会减少。在交点左边，会收敛到 5 999，而在交点右边，会收敛到 6 000。

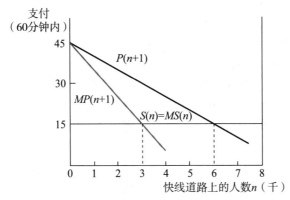

图 11 - 10　通勤路线选择博弈的均衡和最优结果

如果我们使用微积分方法，我们可把 1 视为非常微小的增加量，所以以 $P(n)$ 就取代 $P(n+1)$，而交点就是 6 000 而不是 5 999。你会发现，这实际上几乎没有差别，我们可把 $n = 6\,000$ 视为纯粹考虑个人情况下路线选择博弈的纳什均衡。给定自由选择，8 000 人中有 6 000 人将选择走快线道路，而只有 2 000 人走地方道路。

但我们也可以从整体社会的角度来解释博弈结果。当 $T(n+1) > T(n)$ 时，社会就会因快线道路行驶数量增加而获得好处。当 $T(n+1) < T(n)$ 时，社会就会有损失。为了用图形表示，我们将方程（11.1）分拆为两部分，一部分是 P 的函数，而另一部分是 S 的函数：

$$
\begin{aligned}
T(n+1) - T(n) &= (n+1)P(n+1) + [N-(n+1)]S(n+1) - nP(n) - (N-n)S(n) \\
&= \{P(n+1) + n[P(n+1) - P(n)]\} - \{S(n) + [N-(n+1)][S(n+1) - S(n)]\}
\end{aligned}
$$

上述表达式第一部分是选 P 者的支付效应，包含了转换者的支付 $P(n+1)$ 及溢出效应 $n[P(n+1) - P(n)]$，我们把这称为从 n 到 $n+1$ 时，P 子群的边际社会支付，或简称 $MP(n+1)$。同理，第二部分是 S 子群的边际社会支付，简称 $MS(n)$。如果 $MP(n+1) > MS(n)$，某人从 S 转向 P 会让社会总支付增加（或某人从 P 转向 S 会让社会总支付减少）；如果 $MP(n+1) < MS(n)$，某人从 S 转向 P 会让社会总支付减少（或从 P 转向 S 会让社会总支付增加）。

结合我们在通勤者例子中表示 $P(n+1)$ 及 $S(n)$ 的方法，我们有：

$$MP(n+1) = 45 - (n+1) \times 0.005 + n \times (-0.005) = 44.995 - 0.01n$$

而对于任何 n 皆有 $MS(n) = 15$。图 11 - 10 表示了 $MP(n+1)$ 和 $MS(n)$ 的关系。

注意 $MS(n)$ 与 $S(n)$ 永远重叠，原因是地方道路永远不会堵塞。但是 $MP(n+1)$ 曲线位于 $P(n+1)$ 曲线之下，原因是存在负的溢出效应，个人转到快线道路时社会获得的好处比转换者私人获得的好处要少一些。

$MP(n+1)$ 和 $MS(n)$ 两条曲线在 $n=2\,999$ 或近似 $3\,000$ 处相交。交点左边 $MP(n+1) > MS(n)$，社会将因多一个人转换到快线道路而获益；交点右边的情况则相反，社会将因多一个人从快线道路转换到地方道路而获益。所以社会最优配置是 $3\,000$ 个行驶在快线道路上，$3\,000$ 个行驶在地方道路上。

如果你愿意使用微积分，可以把快线道路行驶者的总支付写成 $nP(n)=n(45-0.005n)=45n-0.005n^2$，于是取导数可得到 $MP(n+1)=45-0.005\times 2n=45-0.01n$。剩下的分析跟以前一样。

社会如何达到行驶人数的最优配置？不同的文化和政治团体使用不同的方法，各有其优劣。社会可简单地将快线道路行驶人数限制在 $3\,000$ 人。但问题是如何选择这 $3\,000$ 人？可以采取先到先得的办法，但驾驶人员就会互相尽早占据快线道路，而这又会浪费时间。官僚社会可能会设立一些标准让有优先权的人士或有需要的人士走快线道路，但这样一来人们便会采取一些代价不菲的行动以达到标准。在政治化的社会，标准的选择可能会被利益团体所左右。在腐败的社会，官员及贿赂官员的人可以走快线道路。在平均主义社会可能由抽签决定，或是每月轮流。一个例子是依车牌的最后一个号码决定哪些天可以走快线道路，但这似乎也不公平，因为有钱人可以有好几辆车，这样他可以每天选择不同的车牌号走快线。

许多经济学家偏爱另外一种更为开放的收费制度。假设走快线道路的人要缴税 t，以时间衡量，则走快线道路者的个人获益变成 $P(n)-t$，n 是纳什均衡数量并由 $P(n)-t=S(n)$ 决定。[在此我们忽略 $P(n+1)$ 和 $P(n)$ 的微小差别，因为 N 很大。] 我们知道 n 的社会最优值是 $3\,000$。利用方程 $P(n)=45-0.005n$ 和 $S(n)=15$，并有 $P(n)-t=S(n)=15$，将 n 取 $3\,000$ 代入，可得到驾驶人员对快线道路和地方道路保持中立的条件：$45-15-t=15$，或 $t=15$。如果以最低工资每小时 5 美元衡量，15 分钟就值 1.25 美元。只要对快线道路行驶者征收 1.25 美元的税收或过路费，就可以将快线道路的行驶人数控制在社会最优数量。

注意，如果已经有 $3\,000$ 个人行驶在快线道路上，增加一个人将使每个人耗时增加 0.005 分钟，总共是 15 分钟。这正好就是每个上快线道路的驾驶员需要缴纳的过路费。换句话说，每个驾驶员都要承担自己给社会造成负溢出效应的代价，所以这会诱导他采取社会最优行动。经济学家把这称作**外部性内部化**（internalize the externality）。损害别人者，要承担损害的责任，这一思想很有吸引力。但是过路费不是用于补偿其他人的，如果这样的话，每个走快线道路的人都希望收到其他人的过路费，收费的初衷就变质了，所以过路费要缴入国库，用于有益于社会的用途。

其他一些偏爱用市场方式解决问题的经济学家则认为，如果道路是私人的，则他牟利的动机会令他对使用者征收费用，且会刚好让使用者数量达到社会最优标准。如果他对使用者收费 t，则使用者数量由 $P(n)-t=S(n)$ 决定，他的利益是 $tn=n[P(n)-S(n)]$，并且他试图最大化这一利益。在例子中，收益是 $n[45-0.005n-15]=n[30-0.005n]=30n-0.005n^2$；很容易知道 $n=3\,000$ 时收益达到最大。但在这种情况下，收益全部落进了私人的腰包；绝大多数人都认为这是一个不好的结果。

策略博弈（第四版）

□ 11.3.4　正溢出

关于正溢出或正外部性的诸多问题，可以视为负溢出的镜像（mirror）来了解。当个人的行动有正溢出效应时，他的边际私人获益就会比边际社会获益小，所以该行动不会被充分采取，而且他在纳什均衡状态下的收益也是不充足的。所以需要想办法增加激励——提供跟溢出效应相等的奖赏，就能达到社会最优结果。

的确，正溢出和负溢出的区别只是字面上的，是正溢出还是负溢出取决于哪个行动叫作 P，哪个行动叫作 S。在通勤者的例子中，若我们把地方道路叫作 P 而把快线道路叫作 S，则通勤者从 S 转到 P 会减少其他走快线道路者的时间，所以具有正溢出效应。另一个例子，考虑针对某传染病的疫苗，每个注射疫苗的人会降低得病的风险（边际私人获益），也会降低传染给其他人的风险（溢出）。如果没注射疫苗是 S，则注射疫苗就有正溢出效应；如果没注射疫苗是 P，则从 S 转到 P 有负溢出效应。这些都暗示了可以设计策略让个人行动符合社会最优结果，比如奖励注射疫苗的人，惩罚没注射疫苗的人。

但是，具有正溢出效应的行动跟具有负溢出效应的行动相比，有一个非常重要的特点，即**正反馈**（positive feedback）。假设你选择 P 的溢出效应会增加其他人选择 P 的支付，则你的选择增加了选择 P 的吸引力，引诱其他人也选择 P，而其他人选择 P 也引诱你选择 P，互相反馈的结果是每个人都选择了 P。相反，如果很少有人选择 P，没有吸引力的结果使其他人也放弃 P，最后造成所有人都选择了 S。换句话说，正反馈会产生多重纳什均衡。我们现在用一个实际例子来加以说明。

假设你要买一台计算机，你需要在 Windows 操作系统以及 Unix 操作系统之间进行选择。这个博弈有其必要的支付结构。若 Unix 的用户数量增加，购买 Unix 系统的计算机就更好——该系统的漏洞会更少，因为大量用户会觉察到漏洞的存在而加以弥补，也可以获取到更多的软件，而且出现问题时可以找到更多的专家来帮助解决。同样，Windows 的用户越多，则基于 Windows 系统的计算机就越来越有吸引力。当然，许多计算机迷可能认为 Unix 系统更优越，不过这不是我们所关心的问题，我们关心的是前述情况下究竟会发生什么，个人选择是否会导致社会最优结果。

用类似图 11-6 到图 11-8 的图可以表示出个人计算机购买者使用两个策略的支付，两个策略分别是购买 Unix 计算机和购买 Windows 计算机。如图 11-11 所示，购买 Unix 计算机的支付随 Unix 用户数量的增加而增加，而购买 Windows 计算机的支付随 Unix 用户数量的下降（Windows 用户数量的增加）而增加。正如我们已经解释过的，图中每个人皆为 Unix 用户时其支付（标记为点 U）比每个人皆为 Windows 用户时其支付（标记为点 W）要高。

若当前的人口中只有少数 Unix 用户，这种情况在图中表示为与两条支付线的交点对应的 I 点的左侧，每个用户都选择 Windows 操作系统是更优的。若 Unix 用户比较多，这种情况对应于 I 点的右侧，那么每个人选择 Unix 操作系统是更优的。因而在当前情况下，只有当 Unix 用户数量为 I 时，才会达成既有 Unix 用户又有 Windows 用户的均衡。只有在此时才没有人有动机转换其角色，但这种状态并不稳定。可以设想，刚好有一个人由于偶然做出了不同的选择，若他转向 Windows，他的选择就将使用 Windows 操作系统的人数推向了 I 的左边，而这又会刺激其他人也转向 Windows 操作系统。如果他转向 Unix 操作系统，使用 Unix 的人数将被推向 I 的右边，这会刺激人们转向 Unix 操作系统。这些转换的累积效应最终将把整个社会推向全部使用 Unix 操作系统或全部使用 Windows 操作系统的结果；这是两个稳定的均衡。[4]

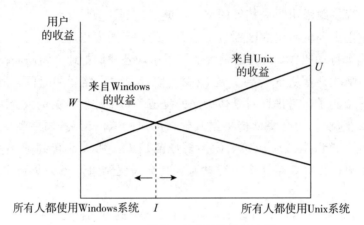

图 11 - 11　操作系统选择博弈的支付

　　但是哪个稳定均衡会产生？这取决于博弈的起点。如果你观察今日计算机的使用者，你会发现大部分人都使用 Windows 操作系统。因此，由于 Unix 用户太少了（或者由于个人计算机用户太多了），整个世界正向着全部使用 Windows 操作系统的均衡演进。仅仅由于机缘巧合，学校、企业以及个人用户都已经被锁定（lock in）在这个特定的均衡中。若每个人皆使用 Unix 操作系统的确可以给社会带来更大的收益，则我们应该使用的就是 Unix 操作系统而不是 Windows 操作系统；但不幸的是，没有一个人想改变这种状况。只有协调行动才能扭转到全部使用 Unix 操作系统的均衡，也就是有超过 I 的人使用 Unix 操作系统，才会让其他人也理性地选择 Unix 操作系统。

　　还有类似的由不同群体进行的习惯选择的例子。最有名的案例是那些做了错误选择的案例。有人倡导蒸汽机比汽车引擎的效率高——它当然会更干净。Dvorak 键盘的支持者认为他们的键盘比 QWERTY 键盘好。许多工程师认为 Betamax 视频录像机比 VHS 视频录像机要好。在这些情况中，人们一时的错误念头或天才的广告商会决定最后均衡的结果，但这一结果从社会整体角度来看可能是不好的。不过也有些情况的均衡结果是好的，例如很少有人会认为红绿灯的颜色有何不妥。[5]

　　正反馈以及锁定的思想在宏观经济学中非常重要。国民收入越高，需求就越大，而生产利润也就越高。反过来，当工厂生产增加时，就需要雇用更多的员工，国民收入就越高。这样的正反馈创造了多重均衡，高所得、高成本是社会的较佳结果，但个人决定将社会锁定在低收入、低生产的均衡。较佳的均衡可通过公开宣称"我们唯一害怕的事情就是'害怕'本身"来使之成为聚点，但政府也可适当地扩大政府支出规模来增加需求从而使社会趋向较佳的均衡。换句话说，总需求不足会导致失业——英国经济学家凯恩斯曾在 1936 年的巨著《就业、利息和货币通论》中用经济学理论中的供给需求模型讨论过；从博弈论的角度看，可将它视为解决集体行动问题失败的结果。[6]

11.4 思想简史

11.4.1 古典理论

很久以前，社会哲学家和经济学家就认识到了集体行动问题。17世纪英国哲学家霍布斯就曾经指出，除非被君主独裁或利维坦统治，否则社会就会在"一切人对一切人的斗争"中瓦解。100年后，法国哲学家卢梭在其《论人类不平等的起源和基础》（*Discourse on Inequality*）中描述了囚徒困境问题。捕捉一只鹿需要全部猎人合作，将鹿围起来才能杀掉，但任何看见野兔的猎人都会觉得放弃合作猎鹿而去追捕野兔是更划算的。卢梭认为此问题是文化的结果，而人类是作为"高尚的野蛮人"在自然界中和谐地生存的。同时，两位苏格兰人对此问题提出了令人振奋的解释：休谟在其著作《人性论》（*A Treatise on Human Nature*）中认为，对未来回报的期望可以维持合作；亚当·斯密在其《国民财富的性质和原因的研究》（*An Inquiry into the Nature and Causes of the Wealth of Nations*）中提出的关于经济的真知灼见，主张纯粹由私人利益带动的物品及服务的生产，将导致社会最优结果。[7]

许多人，尤其是经济学家乃至政治学家，都曾相信这个乐观的解释，认为若结果对团体有利，则团体成员的行动会自动导致这个结果。当20世纪60年代中期奥尔森出版著作《集体行动的逻辑》（*The Logic of Collective Action*）时，这一信仰受到了强烈冲击。他指出：若要达成集体最优结果，除非每个人所要履行的任务也可给他们带来个人利益，也就是它必须是一个纳什均衡。然而，他没有把集体行动讲得很清楚。虽然集体行动看起来像囚徒困境，但奥尔森坚持不一定是，当然我们已经知道，它还有可能是懦夫博弈和安全博弈。[8]

另一类主要的集体行动问题——共有资源消耗问题——也在同一时间受到了关注。若牧场和渔业等资源对所有人开放，人人皆可任意使用，则每个人都会尽其所能地使用，因为不用白不用。哈丁以此为主题写下了名篇《公地悲剧》。共有资源问题与我们的灌溉工程不同，在灌溉工程中每个人都有强烈的激励来搭其他人努力的便车。在我们的例子中，每个人都有不想参与的强烈动机，指望坐享其成。在共有资源问题中，每个人都有动机来榨干共有资源，但资源的耗竭会让其他人承担社会代价。

11.4.2 现代方法与解决途径

直到最近，许多社会科学家尤其是心理学家在共有资源问题上采取了霍布斯的路线，主张政府强制每个人合作是解决这个问题的唯一方式。而其他人，尤其是经济学家，仍旧认同亚当·斯密的乐观解释，主张对资源正确地界定私有产权，让资源拥有者从中获利，这会诱导资源所有者节制资源使用达到社会最优状态。因为他知道这些资源（草地或鱼类）在未来更不易获得，所以未来价值更高，有必要现在节制使用以便将来获利更多。

而今，各领域的思想家都已认识到集体行动问题有各种形式，而且没有唯一的最优解法。他们也明白社会面临这些问题时并非茫然无助，而是会设计不同的方法来应对。对重复进行的囚徒困境和类似博弈的理论分析宣告了在这方面已经做出许多工作。[9]

所有类型集体行动问题的解决方案需要诱导个人以合作的方式或对集体最优的方式行动，即便个人采取其他行动更符合自己的利益——比如利用他人的合作性行为。[10] 人类表现出了大量的合作行为方式。例如，互惠馈赠行为和防止欺骗的技巧在所有社会及人类历史上屡见不鲜，将其视为本能也是合理的。[11] 但人类在从个体成员中诱导集体行为时更加仰仗社会及文化习俗、**规范**（norm）与**制裁**（sanction）。这些刻意设计的方法的目的在于解决集体行动问题。[12] 我们从博弈形式的角度来分析解决这些问题的方法。

若集体行动问题是安全博弈式的，则解决方案比较简单。此时若预期他人会采取社会最优行动，则自己采取社会最优行动是符合个人利益的。换句话说，社会最优结果是纳什均衡。唯一的问题在于同样的博弈也有另外比较糟糕的纳什均衡。所以，唯一要做的是把最优纳什均衡变成一个聚点，也就是确保参与人的期望会收敛到聚点。这样的收敛可以来自社会**习俗**（custom）或**惯例**（convention），也就是自动接纳的行为，因为只要其他人也这么做，就符合每个人的利益。例如，如果某一地区的农夫、牧民、织工以及其他生产者想要聚在一起交换他们的器具，他们唯一要做的是确保找到要交易的人。逐渐地，每周在村子 X、日期 Y 开放市集的习俗形成之后，则在市集日聚在一起进行交易就成为每个人的最优选择。[13]

仍然存在一个问题。对于期望的结果成为一个聚点，每个人都必须自信其他所有人也明白这一点，这就反过来要求他们自信其他所有人都明白……换句话说，聚点必须是共有知识。通常为了确保这一点，一些社会前行动是必要的。每个人都熟知的媒体出版物可以充分广泛地被大家阅读，面向圈内人的讨论使得每个人都知道其他人的存在并在关注，这些都是用于此类目的的方法。[14]

但是第 11.2 节的分析已指出，个人的支付组合通常使得集体行动问题，特别是大群体集体行动问题，以囚徒困境的形式出现，所以处理此类问题的方法最受关注就不足为奇了。

最简单的方法是尝试改变人们的偏好使得博弈不再是一个囚徒困境。如果单个人从合作中得到充足的快乐，或当他们背叛时遭受足够的内疚和羞耻，他们将会合作以最大化自己的支付。如果从合作中获得的额外支付是有条件的——一个人从合作中获得快乐或从背叛中遭受内疚和羞耻，仅当许多其他人选择合作时——则博弈将会成为安全博弈。在其中一个均衡中，每个人合作是因为其他人也合作；在另一个均衡中，每个人不合作是因为其他人也不合作。于是集体行动问题是一个更简单的使得更好的均衡成为聚点的博弈。如果合作中获得的额外支付是有条件的，无论其他人怎么做，每个人从合作中得到快乐，从背叛中遭受内疚和羞耻，则博弈存在一个唯一的均衡，在均衡中每个人都选择合作。在多数情形中没必要每个人都达到这样的支付。如果有相当大比例的人如此做，则可充分达到期望的集体行动结果。

一些诸如利社会（prosocial）的偏好也许是天生的，很难与生物进化过程衔接，但它们更有可能是社会或文化的产物。多个社会在孩子的家庭和学校的社会化过程中植入这种利社会的思维。我们在第 3 章关于最后通牒和独裁者博弈的实验中已经看到了这种偏好的培养。当这些实验被应用于不同年龄段的儿童时，非常小的儿童也会有自私的行为。然而，当成长到8岁时，他们便具有了很强的平等意识。之后逐渐形成了利社会的偏好，经过一些反复，最终形成成年人的意识。于是长期的实践和教育逐渐把内化规范植入人们的偏好中。[15]

然而，人们对于内化利社会偏好的程度是不同的，且内化程序不足以解决许多集体行动问题。在多数情形下许多人能够理解社会合作行动是什么，但是个人保留着背叛的自私诱惑。于是，旨在维持合作行动的外部制裁或惩罚是必需的。我们称这些被广泛、充分理解但不自动遵循的行为规则为强制规范（enforced norms）。

在第10章我们详细介绍了在囚徒困境中达成合作的三种方法：重复博弈、惩罚（或奖励）、领导，那时只考虑了双人博弈，但同样的方法加上一些重要的修改和创新就可适用于大群体集体行动问题。

在第10章我们发现，重复博弈是解决此类问题的最好办法，所以我们对其给予了最大的关注。重复博弈可获得合作性的结果，并且这种合作性的结果就是双人囚徒困境重复博弈的均衡。在这一均衡下，所有参与人都持有这样的预期，即欺骗将导致合作的瓦解。更一般的情况是，维持合作真正需要的是每个参与人都有这样的预期：欺骗的收益是暂时的，它很快就会被比合作所能获得的收益更低的收益替代。参与人会相信，从长期来看，欺骗很快会被遏制，接踵而来的惩罚（未来支付的减少）是迅速、准确、残酷的。

从达成合作这一意义来看，集体博弈比双人博弈更有优势。同样的两个成员也许没有机会一直频繁互动，但是他们很有可能自始至终都与某个人在进行互动。因此，B也许有欺骗A的念头，但出于对将来遭遇其他人（比如C和D）惩罚的担心，这一念头就被打消了。尤吉·伯拉（Yogi Berra）有一句名言："记住参加别人的葬礼，否则没人参加你的葬礼。"这句名言正好描述了一种双方互动不能重复且惩罚必须由第三方实施的极端情形。

但在重复博弈中维持良好行为方面，群体较直接的二人互动具有补偿劣势。维持合作所要求的对欺骗行为的侦察速度和确定性以及惩罚力度都随成员数量增加而增加。人们看到的在乡村社区成功合作的许多例子，在大城市或州内是不可思议的。

首先，侦察欺骗行为其实并非易事。在很多现实情形中，参与人的支付并不完全取决于参与人的行动，还会受到某些随机波动因素的影响。即便是在两个参与人的情形下，若一方得到较少的支付，他也并不能因此确信对方在欺骗他；这也可能是随机冲击的恶果。若人数增加，则会出现另外的问题：如果有人欺骗，他是谁？惩罚一个无法确认其罪责的人不仅在道德上是为人们所排斥的，而且是不利于生产的——对合作的激励将变得钝化，若合作行为对错误的惩罚比较敏感的话。

其次，在存在大量参与人的情况下，即便欺骗被侦察到并确认出了欺骗者，这一消息必须非常迅速和准确地传达给群体其他成员。因此，群体必须很小，或者有非常良好的沟通或传播网络。而且，成员也不能错误地指控他人。

最后，即使欺骗被侦察到并且该消息可以迅速传遍整个群体，还必须安排对欺骗者的惩罚。而由第三方实施惩罚常常需要付出个人的成本——比如，若让C去惩罚先前欺骗过A的B，则C和B之间有利可图的生意就只好作罢，从而实施惩罚本身就是一个集体行动博弈，一样会承受卸责（shirk）之痛；也就是说，没有人去参与实施惩罚。一个社会可以构建一个对卸责者进行处罚的第二轮机制（second-round system），但是那有可能产生新的集体行动问题。然而，人类似乎获得了一种本能，即某些人可以从惩罚骗子中得到快乐，即便他们并不是特定欺骗行为的受害人。[16] 有趣的是，"应该对违反社会规范的人施加制裁，即使有个人成本"的主张似乎已经变成了内在规范。[17]

社会大众遵守规范则会使规范更有约束力，人们常常违反规范则会使规范丧失其效力。在福利国家出现之前，当经济处于困难时期时，人们只能依赖其家庭、朋友或社会团体的帮助。这种社会救助一旦成为一种规则就会让人产生惰性，成为依赖他人生活的搭便车者。而当政府发放失业补助时，这种社会救济的功能就会减弱。欧洲在20世纪80年代末90年代初失业率急剧上升，大部分失业人口依赖政府补助生活，使社会救助规则失去了作用。[18]

不同社会或文化团体会形成不同的习俗及规范来达到相同的目的。在一般层面上，每种文化都有自己的一套礼节——跟陌生人打招呼的方式、表达食物可口的用语，等等。当不同文化背景的两个人碰到一起，误会就可能因此产生。更重要的是，每个公司或机构各有其处理问题的方式，它们中的文化与规范的差异微妙且难以达成一致，正是这些"公司文化"冲突导致很多兼并失败。

接下来，考虑集体行动博弈的懦夫博弈形式。采取何种解决方法取决于最大社会总支付是在每个人都参与时（即第11.1.2节中的懦夫博弈式集体行动博弈版本1）取得，还是在一些人参与而其他人退出时（懦夫博弈式集体行动博弈版本2）取得。在懦夫博弈式集体行动博弈版本1中，每个人都想退出，这一问题与在囚徒困境中维持合作类似，所以解决方法也一样；但懦夫博弈式集体行动博弈版本2却不同，既简单又困难。一旦参与人和退出者的角色被定位，他们就没有改变的动机：如果另一人被定位为"径直向前"，则"转向"会让你有更高的支付，反之亦然。因此，若习俗创造了大家对均衡的预期，则该均衡无须进一步的社会干预如制裁就可以维持。然而均衡中退出者的支付比参与人高，这种不公平现象会造成博弈本身的问题。如果僵持与冲突很严重，会威胁整个社会结构。通常重复博弈能解决这些问题，请参与人和退出者轮流互换，平均起来支付就会相等。

有时，囚徒困境式集体行动博弈版本2或懦夫博弈式集体行动博弈中的支付差异问题不是通过平均支付来解决的，而是以**压迫**（oppression）或**强制**（coercion）的方式让社会中的弱势群体接受低支付，并允许优势群体享受高支付。在历史上，处理动物尸体的工作就是强迫由社会某些阶层来完成的；对少数民族以及妇女的不平等待遇也是生动的例子。一旦建立了这样的体制，受压迫群体中没有任何个体可以改变这种状况；受压迫者必须团结起来采取行动改变整个机制，这本身又是另一个集体行动问题。

最后，考虑如何用领导来解决集体行动问题。在第10章我们指出，若参与人的"规模"（size）相差悬殊，则囚徒困境会自动消失，因为对于大规模的参与人来说，允许小规模参与人欺骗并继续合作符合其利益。这里，我们还应承认另一种"大"的可能，即"大爱"之人。群体中不同人有不同的偏好，有些人乐于将自己的力量贡献给社会。如果社会上有足够多这样的人，则集体行动问题就会消失。大部分学校、教堂及医院等对社会有重要意义的事业需要这样博爱的人。而这一解决办法同样在小群体中比较有效，因为慈善家会比较容易看到施惠的果实，这样才能鼓励他们继续行善。

□ 11.4.3 应　用

埃莉诺·奥斯特罗姆（Elinor Ostrom）在其著作《公共事务的治理之道》（*Governing the Commons*）中介绍了几个解决共有资源问题的例子。大部分例子都是采用因地制宜的方法来建立侦察和惩罚机制。例如，土耳其海岸的一个捕鱼社区，其成员轮流在不同渔区捕鱼。某日，某人被分派到了多鱼区，很自然地当有人去侵犯他的地盘时就会被他察觉并举报。中世纪的英国，通过赋予私人详尽而明晰的权利来避免包括牧场在内的共有资源被过度利用。在某种意义上，这种做法实际上就是将资源分配给个人。

奥斯特罗姆这本书的最大特色就是例子的多样性。在她研究的关于共有资源利用的囚徒困境中，一些通过私营化得到了解决，另外一些则因外力或政府的介入而得到了解决。在某些情形下，囚徒困境根本无法解决，所有参与人都受困于互相推诿的僵局之中。虽然她列举的例子多种多样，奥斯特罗姆还是发现了几个使解决集体行动囚徒困境变得容易的共同特征：（1）要有明确且稳定的潜在参与人。（2）合作的利益要很大，这样监视及强制合作执行的代价才会值得。（3）团体中的成员要能够相互沟通。最后一个特点包含了几个方面：首先，它让规范变得清晰——每个人都知道什么行为是应该的，什么样的欺骗不会被容忍，什么样的制裁会施加到欺骗者头上；其次，它让大家知道侦察机制的效力，这样才能建立互信并消除每个参与人可能的疑虑，即我自己是遵守规则了，可其他人违反规则却逃脱了惩罚；最后，它让团体能监视目前安排的有效性，并根据需要进行改进。这些条件看起来跟我们在第 10 章有关囚徒困境的理论分析以及阿克塞尔罗德的竞赛观察所得到的条件一样。

奥斯特罗姆对捕鱼社区的分析也阐明了当集体最优需要不同人做不同的事，而一部分人的支付比其他人高时，可以做些什么。在重复博弈中，轮流交换有利地位，长期来说就是公平的。

奥斯特罗姆发现合作的外部强制实施者可能难以侦察到欺骗或实施足够明确迅速的惩罚，因而，依靠集权或政府政策来解决集体行动问题的惯常做法常常是错误的。一个例子来自 19 世纪晚期俄罗斯的乡村社区或"公社"。这些公社正是试图依靠这种方式来解决大量集体行动问题，比如灌溉、庄稼轮植、森林和牧场的管理、道路和桥梁建设与维护，等等。"村社……不是公共协调的港口，农夫的集体行动最符合其个人利益是简单明了的。"20 世纪早期沙皇政府的改革者似乎失败了，部分原因固然是农民头脑里坚持着旧的体制而拒绝一切新的东西，但也是因为改革者未能认识到解决集体行动问题的流行做法的作用，因而未能找出有效的方法去解决问题。[19]

阿夫纳·格雷夫（Avner Greif）对中世纪地中海沿岸国家的两个贸易群体进行了比较，揭示了小群体与大群体的差异。马格里布（Maghribis）是依赖于大家族和社会关系的犹太商人的社会组织。如果这个群体的某个成员欺骗了其他成员，受害人就会写信通知其他所有成员。一旦罪责被查实，则群体中就再也没人跟他做生意。这一体制在贸易规模较小时运行良好。但是，随着贸易在地中海沿岸扩张，群体就无法继续获得足够亲密和可靠的内部人到存在新的贸易机会的国家去做生意。

相反，热那亚商人建立了更正式的法律体制。交易合同必须在热那亚中央当局备案。任何遭遇欺骗或违约的受害人都必须向当局申诉，当局会展开调查并对实施欺骗者课以适当的罚金。这一体制及其全部的侦察困难，随着贸易扩张而轻易地扩张。[20] 随着经济的成长和世界贸易的扩张，我们可发现一些类似的转变，比如从紧密联系的群体向更松散的贸易关系转变，以及从基于重复互动的执行向基于官方法律的执行转变。

小群体能更成功地解决集体行动问题的思想，是奥尔森的《集体行动的逻辑》一书的主要议题，并且导致了政治学中的重要发现。在民主社会中，选民具有同等的政治权利，而且主流民意应当取得优势。但是，我们看到太多的例子并非如此。政策对某些群体会产生有利的影响，而对其他群体则会带来不利的影响。要让自己偏好的政策被采用，该群体必须游说、开记者会、营造声势等，而要这样做，该群体就必须解决集体行动问题，因为群体中每个成员可能都希望自己袖手旁观而享受他人努力的成果。如果小群体能解决这些问题，则政策就会偏向小群体一方，即使其他群体成员更多且遭受的损失超过小群体所得的利益。

政策反映组织群体偏好最具戏剧性的例子来自贸易政策领域。一国的进口限制会有助于本国产品与进口产品竞争，但这对消费该产品的国内消费者不利，因为进口限制会让产品价格更高。国内的生产者很少，而消费者却几乎占了所有人口，消费者福利的损失总额远大于生产者因此获得的福利总额。无论是从经济上考虑利益的得失还是从政治上考虑选民的多寡，进口限制都应该被取消，但我们看到的并不是这个结果。生产者人数少且关系密切，更容易促成政治行动；消费者人数多且分散，所以不易有集体行动。

70 多年前，美国政治家谢茨施奈德（E. E. Schattschneider）提供了大量文件并就高压政治如何影响贸易政策这一主题发起了广泛的讨论。他认为"群体的组织能力对它的活动有很大的影响"，但并没有发展出任何理论来确定群体组织能力。[21] 奥尔森和其他人的分析提升了我们对这一问题的理解，但是压力政治胜过经济的事实仍存在于当前的贸易政策中。例如在 20 世纪 80 年代晚期的美国，糖业政策让 2.4 亿美国人每人每年多付出 11.50 美元，总共是 27.5 亿美元，而使 1 万名甜菜农夫每人增加了 5 万美元的收入，以及 1 000 座甘蔗农场每座增加了 50 万美元的收入，总共是 10 亿美元，美国经济的净损失是 17.5 亿美元。[22] 每个消费者的损失为 11.50 美元，这对于他们的收入而言是微不足道的，许多消费者甚至不能察觉到。

如果说上述关于集体行动问题的理论和实践综述看起来太分散，并且缺乏一个简洁的总结性陈述，那是因为问题本身就相当分散，并且解决方案依赖于每个问题的具体情况。我们可以提供的一般经验是，让参与人充分意识到利用所处情况的本地信息、其近距离监督其他成员的优势、用不同的持续关系对骗子成员强制实施制裁的能力等设计解决问题办法的重要性。

最后，提醒一句，你可能会从本章关于集体行动问题的讨论中得出这样的结论：个人自由会导致不好的结果，而社会规范及制裁可以改良这一结果。然而，请记住，社会面临的问题不仅是集体行动问题，有些问题恰恰是因为发挥了个体能动性才得以解决，而并非由于集体的努力。社会常常因受困于规范和习俗而扼杀创新，变得落后和专制。集体行动可能会变成集体不行动，而创新往往是经济增长的关键。[23]

11.5　"救命!"：有混合策略的懦夫博弈

在前面的懦夫博弈式集体行动问题中，我们只讨论了纯策略均衡。但是我们从第 7 章知道这类博弈也存在混合策略均衡。在集体行动问题中，每个人都在想："等其他人参与建造，然后我就可以偷懒；但是他们可能不会参与建造，这样我就必须参与建造。"混合策略巧妙地抓住了犹豫的心态，下面有一个令人印象深刻的例子。

在 1964 年的纽约市（皇后区的 Kew 花园），一个叫姬蒂·吉诺维斯的妇女被歹徒杀害。残忍的袭击持续了半个小时，她一直在尖叫，很多人也听到了她的尖叫声，超过 3 人在命案现场，但没有人帮助她，也没有人报警。

这件凶杀案引起了轰动，并有几种理论对其进行解释。新闻界以及大部分公众都认为纽约人——或大城市居民，或美国人，乃至所有人——对他们的同胞冷漠无情。

然而，稍微观察一下就会让你相信，其实大家还是很关心自己的同胞的，即使是陌生人。社会学家对情况做了不同的解释，称为**多元无知**（pluralistic ignorance）。因为没有人知道发生了什么事、是否要帮助而又要帮助多少，他们互相看着对方寻找线索，并尝试解读其他人的行为。如果没有人去帮助，他们就解读成这个妇女不需要帮助，所以他们就不帮助她。这似乎有道理，却不能完全解释吉诺维斯这样的命案。尖叫的妇女需要帮助，这是非常合理的假设。旁观者究竟在想什么——在拍电影？如果是的话，那灯光呢？摄像机呢？其他演员呢？

有种解释比较好：每个旁观者会因吉诺维斯的受害而难过，也会因她获救而高兴，但帮助吉诺维斯要付出代价，比如报警时要出示身份证明，还要充当证人等，所以我们看到大家都宁愿等别人报警解救吉诺维斯，这样自己就能不付出任何代价，而得到高兴的收益。

社会心理学家对这种希望不付代价获益的思想有不同的解释。他们称之为**责任分散**（diffusion of responsibility），也就是大家都认为帮助是必要的，但他们彼此不沟通，无法协调出由谁来提供帮助，每个人都认为帮助是他人的责任，而且团体越大，每个人就越以为有其他人会出来帮忙，从而自己就可以省却麻烦。

社会心理学家做了一些实验来检验这一假说。他们在不同规模的人群中设计出某些需要他人帮助的情形，结果发现人群越大，就越得不到帮助。

责任分散的思想似乎可以解释这种情况，但也不尽然。它认为人数越多则大家越不可能提供帮助。不过虽然人多，但只需要一个人报警即可。所以要让帮助的可能性降低，必须让每个人帮助的概率加速减小，才能超过人数增加的效应。而要知道是不是如此，我们必须用博弈论来分析。[24]

我们只从责任分散的角度来看，也就是旁观者的行动并没有什么协调，并忽略其他信息的干扰，再假设每个人都相信帮助是必要且值得的。

假设有 N 个人，每个人皆可因为帮助而获得收益 B。只需要一个人提供帮助，多则无益。任何实施帮助的人都需要承担代价 C，我们假设 $B>C$，所以即使没有人愿意提供帮助，自己去帮助也是值得的，这样帮助行动才显得合理。

某个采取帮助行动的人会得到收益 B，付出代价 C，净支付是 $(B-C)$；如果是其他人行动，则他会得到更高的支付 B。所以每个人都希望其他人行动，这样他就可以白捡便宜得到更高的支付。但若所有人都这样想，均衡结果会是什么？

如果 $N=1$，就不算博弈，而只是一个单人决策问题。这个人采取行动会得到 $B-C>0$，不采取行动就什么也没有，所以他会行动。

如果 $N>1$，就变成了有多个均衡的策略互动博弈。我们可以先排除一些可能性。当 $N>1$ 时，不可能存在全部人都行动的纯策略均衡，因为一定有人变成旁观者等待不付出代价而获益。同样，也不可能有全部人都不行动的纯策略均衡，因为大家知道其他人都不行动后（请记住在纳什均衡假设下，每个参与人都把其他人的策略视为给定），一定会有人行动以获得支付。

所以只剩下一个人采取行动的纳什均衡，事实上有 N 个这样的均衡，因为每个人都可以是那唯一的采取行动者。但个人在孤立地做出个人决定时，无法协调指派谁采取行动。即便有这种协调，大家也可以相互推卸责任，达不成一致意见，或是一致意见尚未达成吉诺维斯就已遇害了。所以我们必须考察对称的均衡，其中每个人有相同的策略。

我们已经明白不可能存在 N 个人全部采取相同的纯策略的均衡，因此我们应看看能否寻找到每个人都采取相同混合策略的均衡。事实上，在这里很适合采用混合策略，每个人都是独立的，而且都在猜想其他人怎么行动：我是否应该报警？……不过别人可能会报警……但若他们不报警呢？……这一连串的想法在每个人的脑海中旋转，而他们的行动是最后闪过的念头，但我们无法预测是什么，所以用混合策略代表他们的随机决定。

假设 P 是任意某个人不行动的概率，如果某人使用混合策略，行动与不行动这两个纯策略对于他来说必须是无差异的。行动会让他得到 $(B-C)$；他不行动且其他 $(N-1)$ 个人也不行动则得到 0，其他 $(N-1)$ 个人至少有一个人行动则得到 B。既然每个人不行动的概率都是 P，而决定是独立做出的，那么其他 $(N-1)$ 个人都不行动的概率为 P^{N-1}，而其中至少有一个人行动的概率是 $(1-P^{N-1})$，因此某人不行动的期望支付是：

$$0\times P^{N-1}+B(1-P^{N-1})=B(1-P^{N-1})$$

而他对行动与不行动感到无差异的条件是：

$$B-C=B(1-P^{N-1}) \text{ 或 } P^{N-1}=C/B \text{ 或 } P=(C/B)^{1/(N-1)}$$

注意，这一特定个人的无差异条件也适用于决定其他参与人混合其策略的概率。

得到混合均衡概率后，我们现在看看概率如何随 N 的改变而改变。因为 $C/B<1$，所以随着 N 从 2 增加到正无穷，$1/(N-1)$ 就从 1 减到 0，P 就从 C/B 增加到 1。记住，P 是任意某个人不行动的概率，所以任意某个人行动的概率 $(1-P)$ 将从 $(1-C/B)=(B-C)/B$ 递减到 0。[25]

换句话说，旁观者越多，每个人就越不可能报警。这在直觉上是成立的，而且符合责任分散的思想。但还不能告诉我们是否越多旁观者在场，吉诺维斯就越不可能得到帮助。正如我们之前说过的，只需要有一人出面帮助即可，人越多每个人就越不可能提供帮助，但这不等于至少有一人提供帮助的概率也越小。我们需要更多的计算来说明。

由于在纳什均衡中，N 个人的决策是随机且独立的，则没有任何人帮助的概率 Q 是：

$$Q = P^N = (C/B)^{N/(N-1)}$$

随着 N 从 2 增加到正无穷，$N/(N-1)$ 从 2 减少到 1，从而 Q 也从 $(C/B)^2$ 增加到 C/B。相应地，至少有一人提供帮助的概率 $(1-Q)$ 会从 $1-(C/B)^2$ 减少到 $(1-C/B)$。[26]

我们用精确的计算证明了假说：群体越大，越不可能提供帮助。但是即使有非常多的人在场，得到帮助的概率也不会降低到 0，而是趋于一个正值，也就是 $(B-C)/B$，这取决于个人行动的利益与代价。

现在我们已明白博弈论分析如何深化了来自社会心理学的思想。责任分散理论部分地得到了我们的结论，即越大的群体中每个人越不可能提供帮助；但若要得到更进一步的结论——越大的群体中越不可能提供帮助——则需要更精确的概率计算，这是根据混合策略和互动均衡的分析得来的。

现在我们要问，吉诺维斯死有余辜吗？根据多元无知和责任分散的理论，在越大的城市中，每个人就越冷漠吗？搭便车的游戏会继续上演吗？也许不是。《纽约时报》（*New York Times*）的记者约翰·泰尔尼（John Tierney）公开撰文赞扬了"都市怪人"的美德[27]：有一些怪人会惩罚没有公德心的人——包括环境污染者、行为粗鲁者等，这些人本质上是社会规范的强制者，虽然社会上已经有这些怪人，但泰尔尼还是呼吁我们应加入怪人的行列。读他的文章可能没有意义，因为社会规范还是在四处被践踏，毕竟世界上并非只有你一人！你今天有没有迫使别人遵守规则呢？换句话说，我们需要社会规范，也需要有些人会因为规范的强制执行而从中获得支付。

11.6　总　　结

多人博弈通常牵涉到集体行动问题。集体行动博弈的一般结构可能表现为囚徒困境、懦夫博弈或安全博弈。在此类博弈中，任何形式的博弈的关键问题都是出于个人理性选择而导致达成的纳什均衡不一定是社会最优结果，也就是令所有参与人的支付总和最大的结果。

在集体行动博弈中，若某个人的行动对其他所有人的支付有影响，我们就说存在溢出或外部性。溢出可以是正的，也可以是负的，但都不能导致社会最优结果：当行动产生负溢出时，从社会的角度看该行动会被过度采取；当行动产生正溢出时，则该行动被过少地采取。另外，在存在正溢出时会产生正反馈，在这种情况下，博弈有多重纳什均衡。

很早以前，不同领域的学者就认识到并讨论了集体行动问题。刚开始时有人认为该问题无法解决，也有人提出了令人振奋的解决方案。最近人们则认为，集体行动问题来自各个领域，而且没有单一的最优解决方案。社会科学分析表明，社会习俗或惯例可以导致合作行为。其他的可能解决方案来自对可接受的行为规范的创造。一些这样的规范在个人支付中内生化，其他的必须使用制裁以作为对不合作行为的反应。大部分理论都同意小群体比大群体更能解决集体行动问题。

在大群体博弈中，责任分散会让人袖手旁观，等待别人行动，白捡便宜获得好处。在需要帮助的时候，群体越大似乎越不可能获得帮助。

关键术语

强制（coercion）

集体行动（collective action）

惯例（convention）

习俗（custom）

责任分散（diffusion of responsibility）

外部效应（external effect）

外部性（externality）

搭便车者（free rider）

外部性内部化（internalize the externality）

锁定（lock in）

边际私人获益（marginal private gain）

边际社会获益（marginal social gain）

非排他性收益（nonexcludable benefits）

非竞争性收益（nonrival benefits）

规范（norm）

压迫（oppression）

多元无知（pluralistic ignorance）

正反馈（positive feedback）

纯公共物品（pure public good）

制裁（sanction）

社会最优（social optimum）

溢出效应（spillover effect）

已解决的习题

S1. 假设有 400 人正在行动 X 和行动 Y 之间进行选择。两个行动的相对支付取决于 400 人中有多少人选择行动 X 和有多少人选择行动 Y。支付如下图所示，但是纵轴未做标记，所以你不知道纵轴表示的究竟是两种行动的收益还是成本。

（a）现告诉你有 200 人选择行动 X 是非稳定均衡。若现在有 100 人选择行动 X，则你估计选择 X 的人数会增加还是减少？为什么？

（b）为了与你在（a）中描述的行为保持一致，则纵轴应当标记为行动 X 和行动 Y 的成本还是收益？解释你的答案。

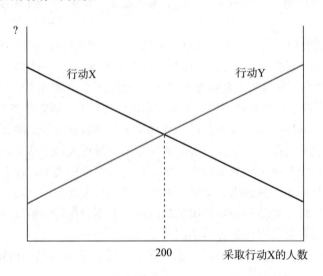

S2. 某团体有 100 个成员。每人都可以选择参加或不参加一个公益项目。若他们中有 n 人参加了一个公益项目，每个参加者所得支付为 $p(n)=n$，并且（100－n）个偷懒者每人所得支付为 $s(n)=4+3n$。

（a）这个例子是囚徒困境、懦夫博弈还是安全博弈？

（b）写出团体总支付的表达式。

（c）用图形或数学证明 $n=74$ 时会产生团体最大总支付。

（d）要让 74 人参加而剩余的 26 人退出，会遇到什么困难？

（e）团体要怎么克服这些问题？

S3. 考虑一个总人口为 100 万的小地区，每个人都可选择在阿尔法和贝塔两个城镇之一居住。对于每个人而言，居住在某个城镇的利益会随村镇人口数增加而增加（因为人越多则公共设施越多），但是当人口超过某一数量时，利益就会显著减少（因为拥挤）。如果 x 是跟你同住一城镇的人口比例，则你的支付是：

x，如果 $0 \leqslant x \leqslant 0.4$

$0.6-0.5x$，如果 $0.4 < x \leqslant 1$

（a）画出类似图 11-11 的图形，标出居住在两个城镇的收益，居住在一个城镇与另一个城镇的比例是 0 到 1 之间的连续型变量。

（b）均衡可以在两种情况下达到：两个城镇都住人，而他们的支付一样，或是某城镇（例如贝塔）完全没住人，而另一城镇（阿尔法）居民的支付会比第一个搬到贝塔居住者的支付高。在图上找出这两个均衡。

（c）现在考虑一个动态调整过程，因为某城镇居民的支付暂时较高，所以大家逐渐迁移到该城镇。在动态调整过程中在（b）中找到的均衡哪个是稳定的？哪个是不稳定的？

S4. 假设在某个有 100 人的城市建造一个游乐园，需要大家捐钱，要求每位市民捐 100 美元，捐得越多则游乐园可修得越大，每位市民的支付也就越大。但还是有些人偏就不捐，而且不捐者会得到好处。假设有 n 个捐献者，n 是从 0 到 100 中的任何数字，每位市民的利益等于 n^2，以金钱为单位来衡量。

（a）假设刚开始时没有人捐，而你是市长，想要每个人都捐钱。你可以游说某些人。请问你要说服多少人捐献，才能让其他所有人自愿捐献？

（b）找出此博弈的纳什均衡，在均衡中每个人都在犹豫是否捐献。

S5. 把第 11.3.4 节论及的凯恩斯就业思想放到一个合适的具体博弈中去考察，并用图形表示出多重均衡。将产出水平（国民产出，位于纵轴）表示为需求水平（国民收入，位于横轴）的函数。均衡在国民产出与国民收入相等时取得，即在函数通过 45°线时。何种形状的函数可取得多重均衡？你为什么认为这样的博弈是现实的？假设若当前产出水平超过当前收入，则收入增长；若当前产出水平少于当前收入，则收入减少。在这样一个动态过程中，哪一个均衡是稳定的？哪一个均衡是不稳定的？

S6. 描述一个你亲眼见到或参加过的策略博弈，要求在这个博弈中有大量参与人，而每个人的支付都依赖于其他参与人及其行动。如有可能，请用图形说明你的博弈。鉴于此类博弈大多数有无效率结果，请讨论该博弈的现实结果。你在其中发现了这类结果存在的证据吗？

未解决的习题

U1. 图 11-5 显示了一般的双人集体行动博弈的支付。在那里我们用代数支付给出了导致囚徒困境的各个不等式。现在请你找出与其他类型博弈相对应的不等式。

（a）在何种支付条件下，双人博弈是一个懦夫博弈？导致懦夫博弈式集体行动博弈版本 1（图 11-3）的进一步条件是什么？

（b）在何种支付条件下，双人博弈是一个安全博弈？

U2. 一个有 30 名学生的班级，布置了有 5 道问题的家庭作业。前面 4 道题普普通通，但第 5 道题是一个互动博弈。题目写道："你可以选择是否回答此题。如果选择回答，你只需写上'我以此方式回答问题 5'。如果你选择不回答问题 5，你的作业成绩将根据前 4 道题的表现打分。如果你选择回答问题 5，则你的得分如下：若全班少于一半的学生回答了问题 5，你从第 5 题得到 10 分；这 10 分将累加在前 4 道题作业的得分上。若超过一半的学生回答了问题 5，你将得到 -10 分，即从其他题目的得分中扣掉 10 分。"

（a）画图说明"回答问题 5"和"不回答问题 5"两种可能策略与回答问题人数相联系的支付。找出博弈的纳什均衡。

（b）若该博弈在大学教室里真正进行，你估计会产生什么结果？为什么？考虑两种情况：（ⅰ）每个学生不进行沟通各自选择；（ⅱ）学生各自选择，但选择前允许在班级网站上进行讨论。

U3. 从 A 到 B 有两条驾驶路线。一条是高速公路，一条是地方公路。使用高速公路的收益是常数，等于 1.8，不受走高速公路的人数影响；太多人走地方公路会比较拥塞，太少人走地方公路可能会被强盗劫持。假设走地方公路的人数比例是 x，则走地方公路的收益是：

$$1+9x-10x^2$$

（a）画图表示两条路线的支付，以函数 x 表示，x 是 0 到 1 之间的连续型变量。

（b）从（a）的图中确认所有可能的均衡交通状态。其中哪些均衡是稳定的？哪些均衡是不稳定的？为什么？

（c）哪个 x 值让全部人口的总支付最大？

U4. 假设一个班有 100 名学生，正在两种职业之间进行选择：律师或工程师。一个工程师每年可赚到手的钱是 100 000 美元，而不管多少学生选择了这个职业。律师每年赚到的钱随律师数量增加而增加，到达某个点后，随着竞争的增加收入会下降。具体来说，若有 N 个律师，则每个律师每年可获得 $1\,000(100N-N^2)$ 美元。提供法律服务的年成本（办公室租金、秘书薪水、助理律师薪水、互联网文献服务费用等）为 800 000 美元。所以每个律师每年可赚到手的钱是 $1\,000(100N-N^2-800)$。

（a）画图表示每个律师赚到手的钱（用纵轴表示）和律师的数量（用横轴表示），描绘出一些点，比如 0、10、20、…、90、100 个律师，并用计算机绘图程序（如果你有的话）拟合成一条曲线。

（b）如果职业选择在无协调的方式下进行，那么可能的均衡结果是什么？

（c）现在假设全班统一决定多少人从事律师职业以最大化全班学生每年赚到手的钱的总数，则从事律师职业的学生数量是多少？（如果可以，请使用微积分，视 N 为连续型变量。你也可以使用图形方法或者电子表格计算。）

U5. 由 12 个国家组成的群体正在考虑是否组成一个货币联盟。它们对于该行动的成本和收益的评估不同，但当其他更多国家选择加入时每个国家坚信联合获益更多，退出损失很大。国家依它们的联合意愿排名，1 有最高的联合偏好，12 有最低的联合偏好。每个国家有两个行动，IN 和 OUT。令：

$$B(i,n)=2.2+n-i$$

表示当 n 个其他国家选择 IN 时，排序为 i 的国家选择 IN 的支付。令

$$S(i,n)=i-n$$

表示当 n 个其他国家选择 IN 时，排序为 i 的国家选择 OUT 的支付。

（a）证明对于国家 1，IN 是占优策略。

（b）国家 1 已经剔除了策略 OUT，证明 IN 是国家 2 的占优策略。

（c）继续这样下去，证明所有国家都将选择 IN。

（d）对比这个结果与所有国家都选择 OUT 时的支付。有多少个国家在这种联盟中境况变得更糟糕？

【注释】

［1］有关公共物品的深入介绍可参见公共经济学方面的教科书，比如 Jonathan Gruber，*Public Finance and Public Policy*，4th ed.（New York：Worth，2012），Harvey Rosen and Ted Gayer，*Public Finance*，9th ed.（Chicago：Irwin/McGraw-Hill，2009），以及 Joseph Stiglitz，*Economics of the Public Sector*，3rd ed.（New York：W. W. Norton & Company，2000）。

［2］Garrett Hardin，"The Tragedy of the Commons," *Science*，vol. 162（1968），pp. 1243 - 1248.

［3］本章末的几道习题构造了一些非线性且有多重均衡情形的例子。若想知道这类均衡的一般理论分析，可参见 Thomas Schelling，*Micromotives and Macrobehavior*（New York：W. W. Norton & Company，1978），ch. 7。若允许参与人的选择为连续性的（例如参与建造的时间长度）而不是只有参与或退出二元选择，则该理论还可深入。许多关于集体行动的专门著述中讨论了很多这样的情况，例如 Todd Sandler，*Collective Action：Theory and Applications*（Ann Arbor：University of Michigan Press，1993），and Richard Cornes and Todd Sandler，*The Theory of Externalities*，*Public Goods*，*and Club Goods*，2nd ed.（New York：Cambridge University Press，1996）。

［4］词语正反馈可能给人它是一个好事物的印象，但是在专业语言中这个词语只是对过程进行刻画，不包括关于结果的一般价值判断。例如，同样的正反馈机制可能导致一个全 Unix 结果或一个全 Windows 结果，一个结果可能差于另一个结果。

［5］并不是每个人都认为 Dvorak 键盘和 Betamax 视频录像机都是优先选择。参阅 S. J. Liebowitz and Stephen E. Margolis 两位作者的文章，"Network Externality：An

Uncommon Tragedy," *Journal of Economic Perspectives*，vol. 8 （Spring 1994），pp. 146 - 149，and "The Fable of the Keys," *Journal of Law and Economics*，vol. 33 （April 1990），pp. 1 - 25。

［6］关于失业均衡的正式博弈论模型，参见 John Maynard Keynes，*Employment*，*Interest*，*and Money* （London：Macmillan，1936）。也可参见 John Bryant，"A Simple Rational-Expectations Keynes-type Model," *Quarterly Journal of Economics*，vol. 98 （1983），pp. 525 - 528，and Russell Cooper and Andrew John， "Coordination Failures in a Keynesian Model," *Quarterly Journal of Economics*，vol. 103 （1988），pp. 441-463。

［7］本段引述的经典巨著已经以不同版本再版过许多次。我们逐一列出每本书的原始出版年份，以及容易获得的再版信息。在每本书中，再版的编辑简单总结并介绍了其主要思想。Thomas Hobbes，*Leviathan，or the Matter，Form，and Power of Commonwealth Ecclesiastical and Civil*，1651 （Everyman Edition，London：J. M. Dent，1973）；David Hume，*A Treatise of Human Nature*，1739 （Oxford：Clarendon Press，1976）；Jean-Jacques Rousseau，*A Discourse on Inequality*，1755 （New York：Penguin Books，1984）；Adam Smith，*An Inquiry into the Nature and Causes of the Wealth of Nations*，1776 （Oxford：Clarendon Press，1976）。

［8］Mancur Olson，*The Logic of Collective Action* （Cambridge：Harvard University Press，1965）。

［9］这一领域的卓越文献来自 Michael Taylor，*The Possibility of Cooperation* （New York：Cambridge University Press，1987）；Elinor Ostrom，*Governing the Commons* （New York：Cambridge University Press，1990）；Matt Ridley，*The Origins of Virtue* （New York：Viking Penguin，1996）。

［10］需要达成合作的问题及其解并不只是存在于人类社会。动物王国中合作行为的例子已经由生物学家利用基因优势和本能进化的术语得到解释。更多内容参见第 12 章和 Ridley 的 *Origins of Virtue*。

［11］参见 Ridley 的 *Origins of Virtue* 的第 6 章和第 7 章。

［12］社会学家没有精确和广泛地接受类似风俗和规范的术语定义，也不认为这些术语之间的区别是清晰和确定的。我们在本节罗列几个定义，但必须意识到可能在其他书上发现不同的用法。我们的方法和以下文献类似：Richard Posner and Eric Rasmusen， "Creating and Enforcing Norms，with Special Reference to Sanctions," *International Review of Law and Economics*，vol. 19，no. 3 （September 1999），pp. 369 - 382，以及 David Kreps， "Intrinsic Motivation and Extrinsic Incentives," *American Economic Review*，Papers and Proceedings，vol. 87，no. 2 （May 1997），pp. 359 - 364；Kreps 对于我们在不同名称下分类的所有概念都使用规范的术语。

社会学家对于经济学家的规范有不同的分类，他们是基于事务的重要性（例如像餐桌礼仪的小事称为民风，重要事件称为习俗）和规范是否可以正规地编成法则。他们也注意到价值和规范的区别，认识到一些规范可能与人们的价值相违背，于是设置制裁来执行它们。执行规范（不是习俗或准则及内在规范）时可能会出现个人价值与社会目标之间的冲突。参见 Donald Light and Suzanne Keller，*Sociology*，4th ed. （New York：

Knopf，1987），pp. 57 – 60。

［13］进化生物学家 Lee Dugatkin 在其对合作的出现展开研究的著作 *Cheating Monkeys and Citizen Bees*（New York：Free Press，1999）中称这种情况为"自私的协作"。他指出：这类行为在发生危机时更容易出现，因为在那时人人都很关键。在一场危机中，即便只有一个人未能为团体走出危局努力，团体互动的结果也可能是灾难性的，因而每个人在他人努力时自己也会努力。

［14］关于这个问题的讨论、数字例子及应用，参见 Michael Chwe, *Rational Ritual：Culture，Coordination，and Common Knowledge*（Princeton，NJ：Princeton University Press，2001）。

［15］参阅 Colin Camerer, *Behavioral Game Theory*（Princeton，NJ：Princeton University Press，2003），pp. 65 – 67。也可以参阅有关不同人口和不同文化利他行为差异的统计（pp. 63 – 65）。

［16］关于这种利他惩罚本能，可参见 Ernst Fehr and Simon Gächter，"Altruistic Punishment in Humans," *Nature*，vol. 415（January 10，2002），pp. 137 – 140。

［17］我们的内在规范与强制规范的区别和 Kreps 在规范函数（ⅲ）和（ⅳ）中的区别类似（Kreps，"Intrinsic Motivation and Extrinsic Incentives"）。社会也奖励可取的行动，正如它惩罚不可取的行动那样。再一次，可以由外部给定奖励，无论是金钱的奖励还是其他奖励，或可以改变参与人的支付以便他们从做正确的事中获得快乐。两种类型的奖励可以相互作用，例如，对于英国慈善家和其他人做了有益于英国社会的事进行封爵和赐予爵位，这是一个外部奖励，但是个人重视这些，仅仅因为尊重骑士和伯爵是一种社会规范。

［18］Assar Lindbeck，"Incentives and Social Norms in Household Behavior," *American Economic Review*，Papers and Proceedings，vol. 87，no. 2（May 1997），pp. 370 – 377.

［19］Orlando Figes, *A People's Tragedy：The Russian Revolution 1891—1924*，New York：Viking Penguin，1997，pp. 89 – 90，240 – 241，729 – 730。也可参见 Ostrom, *Governing the Commons*，p. 23，提供了外部政府试图解决共有资源问题的做法实际上使事情变得更糟糕的另外一些例子。

［20］Avner Greif，"Cultural Beliefs and the Organization of Society：A Historical and Theoretical Reflection on Collectivist and Individualist Societies," *Journal of Political Economy*，vol. 102，no. 5，October 1994，pp. 912 – 950.

［21］E. E. Schattschneider, *Politics，Pressures，and the Tariff*（New York：Prentice-Hall，1935），see especially pp. 285 – 286.

［22］Stephen V. Marks，"A Reassessment of the Empirical Evidence on the U. S. Sugar Program," in *The Economics and Politics of World Sugar Policies*，ed. Stephen V. Marks and Keith E. Maskus（Ann Arbor：University of Michigan Press，1993），pp. 79 – 108.

［23］David Landes, *The Wealth and Poverty of Nations*（New York：W. W. Norton & Company，1998）。第 3 章、第 4 章提供了有关这种效应的一些生动活泼的例子。

［24］若要从社会心理学角度全面了解吉诺维斯命案以及对此类情形的分析，可参见 John Sabini, *Social Psychology*, 2nd ed., New York：Norton, 1995, pp. 39–44。我们的博弈论模型则基于 Thomas Palfrey and Howard Rosenthal, "Participation and the Provision of Discrete Public Goods," *Journal of Public Economics*, vol. 24, 1984, pp. 171–193。这个故事有很多传说部分，遭到 Kevin Cook 的 *Kitty Genovese：The Murder, the Bystanders, and the Crime that Changed America*（New York：W. W. Norton & Company, 2014）的质疑。但是它最初的版本仍然强烈地影响了美国人对于城市犯罪的看法，而且它仍然是博弈论分析的一个好例子。

［25］考虑 $B=10$、$C=8$ 的情况，则当 $N=2$ 时有 $P=0.8$，当 $N=100$ 时则 P 增加到 0.998，若 N 继续增加则 P 的值将逼近 1。当 N 从 2 向正无穷变化时，任何人采取行动的概率 $1-P$ 就从 0.2 下降到 0。

［26］同样假设 $B=10$，$C=8$，结果意味着 N 从 2 增加到正无穷会导致无一人实施帮助的概率从 0.64 增加到 0.8，至少有一人实施帮助的概率从 0.36 下降到 0.2。

［27］John Tierney, "The Boor War：Urban Cranks, Unite—Against Uncivil Behavior. Eggs Are a Last Resort," *New York Times Magazine*, January 5, 1997.

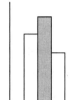

第 12 章

进化博弈

迄今为止，我们研究了具有许多不同特征的博弈——同时行动的与序贯行动的，零和支付的与非零和支付的，操纵博弈规则的策略性行动，一次性的与重复进行的，甚至是其中有许多人同时行动的集体行动博弈。在所有这些博弈中，常见的博弈论的基本规定保持不变——在所有这些博弈中所有参与人都是理性的：每个参与人都有着内在一致的价值判断尺度，能够计算其在不同策略选择下的后果，并做出最有利于其自身利益的选择。在我们的讨论中，尤其是在评估经验证据时，我们承认存在这样的可能性，就是参与人的价值体系包含对他人的考虑。而且有时候，比如说我们在第 5 章讨论量子反应均衡时，我们允许参与人认识到犯错的概率。但是我们还是假设每个参与人是在她自己的策略中进行计算并做出明智的选择。

然而，最近的理论研究质疑这一假设。最强有力的批评来自 2002 年诺贝尔经济学奖得主心理学家丹尼尔·卡尼曼（Daniel Kahneman）。[1] 他认为人们有两种不同的决策体系。体系 1 是快速的直觉，体系 2 是缓慢的计算。快速的直觉体系可能有部分是通过进化固定在大脑中，但主要是大量实践经验的结果，从而形成了直觉。这个体系很有价值，因为它节省了脑力和时间，而且在决策时它是经常首先被采用的。如果时间和注意力足够，那么缓慢的计算体系会补充或者取代它。当每次使用直觉体系时，它的结果都会累积到经验储备中，导致直觉的逐渐修改。

这意味着完全不同的博弈模式和博弈分析。参与人带着直觉体系 1 进入博弈，并且采用它给出的策略。这样做可能是最优的，也可能不是。如果是好的结果，它会强化直觉；否则它会导致直觉逐渐改变。当然，其结果取决于其他参与人采取的策略，而这又取决于他们的直觉状态，然后又取决于他们的经验，如此等等。我们需要找到这种直觉交互作用的动态结果。具体而言，我们需要确定它是否会收敛到某个固定的策略选择。如果是这样，这些选择是否符合缓慢计算体系所决定的选择。生物进化和动态进化理论给出了这种分析的方法；这是我们在这一章要阐述的主题。

12.1 研究框架

生物进化论依赖三个基础性假定：异质性（heterogeneity）、适应性和选择。出发点就是许多动物行为是由基因决定的；一个或几个基因（**遗传型**，genotype）的复合体控制着特定的行为模式，称为行为的**表现型**（phenotype）。基因库的自然多样性保证了种群中表现型的异质性。某些行为比其他行为更能适应当前的环境，并且表现型的成功可以被量化为**适应性**（fitness）。人们通常习惯于用众所周知但误导性的词汇"适者生存"去进行思考；然而，对生物学适应性的最终检验不仅要看生物能否成功地生存，而且要看生物能否成功地繁衍后代。那就是使得动物能够把它的基因传给下一代并且使其表现型能够世代传承的东西。于是，在下一代中更具适应性的表现型在数量上比起较不具有适应性的表现型来说就更多一些。这种**选择**（selection）过程是动态的，它改变着遗传型和表现型的组合结构，并且也许最终会达到一种**稳定状态**。

随着时间的推移，偶然的因素会带来新的**基因变异**（mutation）。许多这类变异产生了不适应环境的行为（即表现型），它们最终将消亡。但是偶尔有一种变异会带来一种较为适应环境的新的表现型，于是这样的一种变异基因就会成功地**侵入**（invade）一个种群，也就是说，它将扩散开来并且成为种群的一个重要的组成部分。

在任何时候，种群都可包含其一些甚至其全部的生物学上可想象到的表现型。那些比其他表现型更具适应性的表现型在数量上将会增加，一些不具适应性的表现型会消失，而且其他目前在种群中不存在的表现型会尝试着入侵它。当种群不能被任何变异成功地侵入时，生物学家就称该种群结构及其当前表现型是**进化稳定**（evolutionary stable）的。这是一种静态检验，但经常使用的是一种更加动态的标准：从种群中任何一个表现型的复合体出发，如果某个种群结构是动态选择的极限结果，那么该结构就是进化稳定的。[2]

表现型的适应性取决于个体或有机体与环境的关系。例如，一种特定鸟类的适应性就取决于它们翅膀的空气动力学特征。它同时还取决于存在于环境中的不同表现型的比例的复杂性——相对于整个物种中其余的种群来说，它的翅膀利用空气动力的程度。因此，一种特定动物的适应性以及它的行为特点，诸如攻击性和社会性，取决于种群中其他大多数成员是攻击性的还是温顺的，是群居的还是独行的，等等。从我们的研究角度来说，一个物种内部的不同表现型之间的这种相互作用是最令人感兴趣的方面。当然，有时一个物种中的个体也与其他物种中的成员发生相互作用，于是，比如说，一种特定类型的羊的适应性就取决于当地狼群的现有特征。我们也考虑这种类型的相互作用，但仅仅是在我们研究完种群内部的情形之后。

生物进化过程发现了与博弈论中十分相似的概念。一种表现型的行为可被看作动物在与其他动物相互作用中的一种策略——比如，是攻击还是退却。区别是这种策略的选择并非像在标准博弈论中那样是一种有目的的计算，相反，它是表现型的遗传性的先天本能。相互作用带给表现型支付。在生物学里，支付衡量进化或者繁殖的适应性。当我们在生物学之外应用这种思路时，它们在一些颇具争议的社会博弈、政治博弈和经济博弈中的成功便被赋予了新的意义。

支付或适应性的数值可表示在恰如标准博弈中那样的支付表中，某种动物的可想象出来的所有表现型按矩阵的各行排列，而其他动物的则沿矩阵的各列排列。倘若有更多的动物同时相互作用——在生物学中被称为**领地博弈**（playing the field），支付就可用第 11 章的集体行动博弈中的那种函数表示。我们将在本章的大多数地方考虑成对之间的匹配，并在第 12.7 节简要地考察其他情形。

　　因为种群是表现型的一种混合体，从中挑选出来的不同对表现型会给它们的互动带来不同的策略组合。表现型适应性的实际定量测度是其在与种群中其他表现型之间的所有相互作用中获得的平均支付。那些具有较强适应性的动物会有更大的进化成功机会。种群动态变化的最终结果将会是一种进化稳定的种群结构。

　　生物学家们非常成功地运用了这一方法。攻击性行为与合作行为的组合，巢穴的选址及其他无法用传统观点解释的更多的现象都可以理解为选择更具适应性的策略的一种进化过程的稳定结果。有趣的是，生物学家在使用已有的博弈论框架时发展了进化博弈的思想，他们沿用了博弈论的语言，但修改了参与人有意识地最大化以满足自身需求的假设。目前，博弈论专家们又反过来运用从生物进化博弈研究中所得到的启示来丰富他们自己的学科。[3]

　　的确，进化博弈论似乎为卡尼曼的两个决策体系的研究提供了现成的框架。[4] 动物采用遗传的固定策略，这一观点可以得到更广泛的理解，可以应用于生物学之外的其他领域。在人类的相互作用中，有许多理由使得策略是被嵌入参与人的大脑里的——不仅仅是由于遗传，还由于（并且可能是更加重要的）社会性、文化背景、教育及基于以往经验的归纳性法则。所有这些都属于卡尼曼的快速直觉体系 1。一种人群可能由具有不同背景或经验的不同个体的复合体组成，而这些个体先天性地被嵌入了不同的体系 1 的策略。所以有的政治家宁可放弃选举成功也要坚决地坚守一定的道德或伦理规范，而另外的政治家却更关心他们自己能否连任；类似地，某些公司只追求利润，而另外的公司追求的却是社会和生态的目标。我们可将那些按照这样的方式被牢牢固定下来的每一个可想象出来的策略称为这里所研究的参与人群体的表现型。

　　从具有先天性策略的异质性的种群中随机挑选出若干对表现型的组合与同一物种或不同物种的其他表现型组合重复地相互作用（进行博弈）。在每次相互作用中，参与人的支付取决于双方的策略；这种依赖性由通常的"博弈规则"支配，并且在支付表或博弈树中得到反映。我们可以将某一策略的适应性定义为该策略与种群中所有其他策略博弈时的平均支付或总支付。某些策略相比于其他策略具有更高水平的适应性；在种群的下一代即下一轮博弈中，那些适应性更强的策略将会被更多的参与人使用并繁殖扩散开来；适应性较低的策略则只有较少的参与人使用，然后就失去了活力且逐渐消失。有时，某些个体会尝试或者采用过去没有使用过的策略，而这些策略是逻辑上可想象出来的。这就对应于变异的产生。倘若这样的新策略要比当前采用的策略更具适应性，它就会开始被群体中更大比例的个体采用。核心的问题是种群中特定策略的选择性繁殖扩散、失去活力且消失以及变异的过程是否有一个进化稳定的结果，并且如果是这样，稳定的结果又是什么。对于我们刚才谈及的例子，社会是否最终会变成所有政治家只关心各自能否连任和所有企业都只关心利润的情形呢？在本章我们将提出用于回答这些问题的框架和方法。

　　尽管我们使用了生物学的类比，但在社会经济博弈中具有较强适应性的策略会被推广并扩散开来以及具有较低适应性的策略会消失的理由与生物学中严格的遗传机制不尽相同：在前一回合中混得好的参与人会将信息传递给下一回合中的朋友或同事，而在前一回合中混得不怎么样的参与人会对成功的策略进行观察，然后接着去模仿它们，于是在随后的博弈中，参与人开始进行一些有目的的思考和对先前的经验法则的修正。在大多数策略博弈中，这种"社会的"和"教育的"传递机制远比任何生物学遗传显得更为重要；的确，这就是立法者连任目标和企业利润最大化动机如何得以增强的过程。最后，新的策略的有意识的试验代替了生物学博弈中的偶然变异。根据结果逐渐修改，变成经验，然后再观察和实验，这就是卡尼曼缓慢的计算体系 2 的动态过程。

生物博弈的进化稳定结构可有两种类型。首先，某个表现型可比任何其他表现型更具适应性，并且种群会趋向于由其单独构成。这样一种进化稳定结果被称为**单态型**（monomorphism），即单一的形式。此时，这种唯一出现的策略被称为一种**进化稳定策略**（evolutionary stable strategy，ESS）。另一种可能性是两种或更多种表现型可能具有同样的适应性（并且比其他表现型更具适应性），故它们可以以一定比例共存。这时我们称种群表现出**多态型**（polymorphism），即形式的多样化。在这个种群中，如果没有新的表现型或可行的变异比现有多态型种群中的表现型更具适应性，那么这种状态就是稳定的。

多态型与博弈论中的混合策略概念密切相关。但是，也存在一个重要的区别。若要获得多态型，不需要个别参与人采用混合策略。每个参与人都选择纯策略，但是种群却会因不同参与人选择不同纯策略而呈现为一种混合策略。

种群及其可想象的表现型集合，表现型之间相互作用中的支付矩阵，以及在种群中占一定比例的各种表现型对进化的作用（当然，这与表现型的适应性相关）构成了一个进化博弈。种群的进化稳定结构即进行博弈的均衡。

在本章，像通常那样，我们将通过一系列说明性例子来提出某些思路。我们从对称博弈开始，其中两个参与人的地位是相同的——比如，同一物种中的两个成员为争夺食物或配偶而相互竞争；在社会科学的理解里，他们可以是为了在公共事务方面继续行使权力而竞争着的两个候选官员。根据博弈的支付表，每个参与人都可以被安排成行参与人和列参与人而并不影响最后的结果。

12.2 囚徒困境

假设一个种群由两种表现型组成。一种由那些天生就是合作者的参与人组成，他们的行为总是使得所有参与人联合最优的结果有可能出现。另一种由背叛者组成，他们的行为总是只顾及他们自己。作为一个例子，我们利用第 5 章描述过的餐馆定价博弈。关于这个例子，我们在第 10 章曾经给出了一个简化的版本。在这里，我们使用这个简化的版本，其中只有两种定价策略可供选择，即联合最优价格 26 美元或纳什均衡价格 20 美元。合作型餐馆老板总是选择 26 美元，而背叛型餐馆老板将总是选择 20 美元。图 12-1 给出了这种离散型囚徒困境的一次性博弈中每一种表现型的支付（利润），它是由图 10-2 得到的。在这里，我们简单地将参与人称为"行"和"列"，每个参与人都是从种群中随机挑选出来的。

		列	
		20 美元（背叛）	26 美元（合作）
行	20 美元（背叛）	288，288	360，216
	26 美元（合作）	216，360	324，324

图 12-1　定价的囚徒困境

回忆一下，在进化的情形里，没有人会在背叛与合作之间进行选择，每一个人都是"先天地"被赋予这一种或另一种天生的个性特点。哪一种会是更为成功的（更具适应性的）个性特点呢？

一个背叛型餐馆老板如果与另一个背叛型餐馆老板相遇，则得到 288 的支付（每月 28 800 美元）；当与一个合作型老板相遇时，则得到 360（每月 36 000 美元）的支付。合作型老板与背叛型老板相遇时，获得支付 216（每月 21 600 美元）；而与另外一个合作型老板相遇时，获得支付 324（每月 32 400 美元）。无论与哪种类型对手相遇，背叛型的支付都比合作型的要好。[5] 因此无论种群中两种类型的比例如何，背叛型都比合作型有着更高的期望支付（因而也更具适应性）。

稍微正规一点，设合作者的比例为 x。考虑任何一个特定的合作者。在一次随机抽取中，他遇到另外一个合作者（且得到 324）的概率为 x，而遇到一个背叛者（且得到 216）的概率为 $(1-x)$。因此，一个典型合作者的期望支付为 $324x+216(1-x)$。对于一个背叛者，遇到一个合作者（且得到 360）的概率为 x，而遇到另外一个背叛者（且得到 288）的概率为 $(1-x)$。所以一个典型背叛者的期望支付为 $360x+288(1-x)$。现在，立即就会有：

$$360x+288(1-x)>324x+216(1-x)$$

对所有在 0 和 1 之间的 x 都成立。

所以，背叛者有比较高的期望支付并且比合作者更具适应性。这将会导致背叛者的比例一代一代地增加（x 减少），直到整个种群都由背叛者组成。

如果种群最初全部由背叛者组成，会有什么事情发生呢？在这样的情形里，则不会有变异型（试验型）合作者生存下来并增加繁衍到取代整个种群；换句话说，变异型合作者不可能成功地侵入由背叛者组成的种群。即使 x 很小，即种群中合作者的比例很小，合作者的适应性仍不如现有的背叛者，并且其种群比例将不会上升而只会下降到 0；因而这种合作型变异品种就会消亡。

我们的分析表明背叛者比合作者有更强的适应性以及由背叛者组成的种群不能被变异型合作者侵入。因此，种群的进化稳定结构是单态型的，由单个的策略或表现型组成。我们因而称背叛为这种囚徒困境博弈中种群的进化稳定策略。要注意的是，背叛是同一博弈中的理性行为分析里的严格占优策略。该结果是非常具有一般性的：如果一个博弈有严格占优策略，那么该策略也是进化稳定策略。

□ 12.2.1　重复博弈的囚徒困境

我们在第 10 章已经看到重复进行的囚徒困境博弈是如何使得理性的参与人为了双

方的利益而有意识地维系合作的。让我们来看看在进化博弈中是否也存在类似的可能。假设被选出来的每一对参与人都接连不断地进行三轮囚徒困境博弈。每个参与人从这种互动中所得的总支付为他在三个回合中得到的支付之和。

每个个体仍然是既定地只使用一个策略，但这个策略必须是一种完整的行动计划。在有三个回合的博弈中，一个策略对第二个回合或第三个回合中的行动规定取决于第一个回合或第二个回合里所发生的情况。比如，"无论如何我都选择合作"和"无论如何我都选择背叛"都是有效的策略。但是"我开始时选择合作；如果你在前面回合合作的话，我将继续合作；如果你在前面回合背叛的话，我就会在随后一直选择背叛"也是一个有效策略。事实上，最后的策略正好就是以牙还牙策略（tit-for-tat，简写为 TFT）。*

为了使得初步的分析简单化，我们在本节假设种群中只可能存在两种类型的策略：总是背叛（A）和以牙还牙（T）。从种群中随机挑选出几对个体，每一对被挑选出来的个体都进行特定次数的博弈。每一个参与人的适应性就是其在与特定对手进行的所有重复博弈中得到的支付总和。我们来考察当每一对个体进行两次、三次以及更为一般性的 n 次这样的重复博弈时，将会发生什么。

1. 两次重复

图 12-2 给出了一个博弈的支付表，其中餐馆老板群体中的两个成员相遇且博弈两次。倘若两个参与人都是 A 类型的，则两个都背叛两次，并且图 12-1 表明每个人每一次都得到 288，总数为 576。如果两个参与人都是 T 类型的，则背叛就不会出现，每个人每一次都得到 324，总数为 648。如果一个是 A 类型的而另外一个是 T 类型的，则在第一个回合中，A 类型的背叛而 T 类型的合作；所以前者得到的是 360 而后者得到的是 216。在第二个回合中，双方都背叛并且得到 288。故 A 类型的总支付为 360+288＝648，且 T 类型的总支付为 216+288＝504。

单位：百美元/月

		列	
		A	T
行	A	576，576	648，504
	T	504，648	648，648

图 12-2　两次重复的囚徒困境中的结果

在两次重复的囚徒困境中，我们看到 A 类型仅仅是弱占优的。不难看出，如果种群中全部是 A 类型，则 T 类型变异不能侵入，且 A 类型就是一个 ESS。但是，如果种群中全部是 T 类型，则 A 类型变异不会比 T 类型做得更好。这是否就意味着 T 类型就一定是另外一个 ESS，正如在这个博弈的理性分析框架中它会是一个纳什均衡那样？答案是否定的。倘若种群最初都是由 T 类型组成的，并且有少量的 A 类型变异进入，则变异会在大多数时间里与占优势的 T 类型相遇，并进行对局。但是，有时 A 类型变异会与另外的 A 类型变异相遇，并进行对局，当然此时的 A 类型变异比 T 类型（当 T 类型与 A 类型对局时）更占优势。因此，变异具有比占优势的表现型稍微强一些的适应

性。这一优势就给种群中的变异在比例上带来一种增加，虽然只是慢慢地增加。所以，全部由 T 类型组成的种群会被 A 类型变异逐渐侵入，T 类型不是一个 ESS。

我们的推理依赖于关于 ESS 的两种检验。首先我们看看当与占优势的表现型相遇时，变异比占优势的表现型做得是更好还是更差。倘若这个基本的准则给出一个清晰的答案，问题就解决了。如果这个基本的准则给出的是一个不明确的回答，则我们就要用另一种方法去明确它，或者说是第二个准则：如果与变异相遇，变异比占优势的表现型做得更好还是更差？存在不明确答案的情形是罕见的，在大多数时候我们并不需要第二个准则，但正是在那里存在着如图 12-2 所示的那种情形。[6]

2. 三次重复

现在假定来自（A，T）种群的每一个匹配对将进行三次博弈。图 12-3 给出了每一种类型参与人在与每一种类型的对手相遇时的适应性结果，它是三次相遇的支付的加总。

单位：百美元/月

		列	
		A	T
行	A	864，864	936，792
	T	792，936	972，972

图 12-3　三次重复的囚徒困境中的结果

为了理解这些适应性数值是如何出现的，考虑两种情况。当两个 T 类型参与人相遇时，两人开始时是合作的，而且因此在第二次两人也合作以及在第三次也是如此；两人每次都得到 324，三个月每人总共得到 972。当一个 T 类型参与人与一个 A 类型参与人相遇时，后者开始时做得很好（A 类型参与人得到 360，T 类型参与人得到 216），但是随后 T 类型参与人也在第二次和第三次背叛，并且每人都在这两次中得到 288（A 类型参与人的总支付为 936，T 类型参与人的总支付为 792）。

两种类型的相对适应性依赖于种群的构成。如果种群整个都几乎是 A 类型的，则 A 类型要比 T 类型更具适应性（因为 A 类型在大多数时间会与 A 类型相遇且得到 864，而 T 类型则经常获得 792）。但是，倘若种群整个都几乎是 T 类型的，则 T 类型要比 A 类型更具适应性（因为 T 类型经常遇到 T 类型，得到 972，但 A 类型在这样的场合得到的是 936）。每一种类型在其已经在种群里占优势时都更具适应性。所以，T 类型在种群都是 A 类型时是不能成功侵入的，反之亦然。现在，种群存在着两种可能的进化稳定结构：在一种结构中，A 类型是 ESS；而在另一种结构里，T 类型是 ESS。

接着再考虑当初始种群由两种类型混合而成时的进化动态过程。种群的构成将如何随时间的推移而进化？假定种群中有 x 比例是 T 类型，余下的（$1-x$）是 A 类型。[7] 一个 A 类型参与人，在与从这样一个种群里挑选出来的各种各样对手的竞争中，当与 T 类型参与人相遇时获得 936，这种情形在 x 比例的时间里发生，而在与 A 类型参与人相遇时获得 864，这种情形在（$1-x$）比例的时间里发生。这样就给出了每一个 A 类型参与人的平均期望支付：

$$936x + 864(1-x) = 864 + 72x$$

类似地，一个 T 类型参与人的平均期望支付为：

$$972x+792(1-x)=792+180x$$

那么，一个 T 类型参与人会在获得更多平均期望支付情况下比一个 A 类型参与人更具适应性，即

$$792+180x>864+72x$$
$$108x>72$$
$$x>2/3$$

换句话说，如果种群中有 2/3 以上都是 T 类型参与人，则 T 类型参与人是更具适应性的，且其所占的比例会增加，直到达到 100％为止。如果种群开始时 T 类型参与人少于 2/3，则 A 类型参与人会更具适应性，且 T 类型参与人的比例会下降直到为 0 或者 A 类型参与人的比例为 100％为止。进化动态过程使得种群移向两种极端情形之一，两者都是可能的 ESS。动态过程带来了与变异入侵的静态检验相同的结论。这是进化博弈的一个一般的——虽然并不是放之四海而皆准的——特征。

这样，我们已经识别出了种群的两种进化稳定结构。在每一种情形中，种群都由一种类型组成（单态型的）。例如，倘若种群最初是由 100％的 T 类型组成，则即使在少量的 A 类型出现之后，种群复合体会仍然至少有 66.66％的 T 类型；T 类型仍然是更具适应性的类型，而且变异 A 类型将消亡。类似地，如果种群最初是由 100％的 A 类型组成，则少量的 T 类型变异会使得种群复合体中只有不超过 66.66％的 T 类型；所以 A 类型会更具适应性，且变异 T 类型将消亡。而且，恰如我们将在后面小节中看到的，类型 N 的实验性变异绝不能够在主要是 T 类型或者主要是 A 类型的种群中取得成功。

如果种群最初恰好有 66.66％的 T 类型参与人（并且有 33.33％的 A 类型参与人），则会发生什么呢？这时两种类型具有同样的适应性。我们可将其称为多态型。但它实际上并不是一种进化稳定结构的恰当的候选对象。种群仅仅能够在任何一种类型的变异出现之前维持这种微妙的平衡。有时，这种变异迟早必定会发生。这种变异的到来将使得适应性的计算反过来变得有利于变异的类型，且其优势会不断积累直到达到 100％的那种类型的 ESS 为止。这正是进化稳定的次生准则的一个应用。我们有时不严谨地把这样一种结构说成是一种非稳定均衡，这样就可以与通常的博弈论保持一种对应。在通常的博弈论中，变异并没有被考虑进去，并且微妙的平衡均衡是可以持续下去的。但是依照生物学过程的严格逻辑，它根本就不是一个均衡。

这种推理可用一种简单的图形来说明，它十分像我们在计算理性参与人混合策略均衡中的均衡比例时所画的那幅图。唯一的区别就是，在进化的场合里，其中分离性策略的比例并不是一个任何参与人的选择问题，而是整个种群的一种性质，如图 12 - 4 所示。沿着横轴，我们用 0 到 1 之间的数度量种群中 T 类型参与人的比例 x。我们沿纵轴度量适应性。每一条线都表示一种类型的适应性。T 类型的线开始时比较低（位于 792，与 A 类型线的 864 形成对比）并且终于较高的位置（972，与 A 类型线的 936 相对）。两条线在 $x=2/3$ 处相交。在该点的右端，T 类型更具适应性，所以其种群比例随着时间的推移而增加并且 x 增加到 1。类似地，在该点的左端，A 类型更具适应性，故其种群比例随着时间的推移而增加并且 x 下降到 0。这样的图形在直观上是很有用的，

策略博弈（第四版）

我们将广泛地使用它。[8]

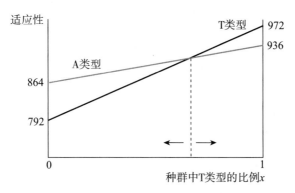

图 12 - 4　三次重复囚徒困境博弈的适应性及均衡

□ 12.2.2　多次重复博弈

倘若每一对个体进行某一非特定次数的重复博弈，会有什么事情发生呢？让我们来集中考虑一个种群，它仅仅由 A 类型和 T 类型组成，其中随机配对的相互作用进行 n 次（其中 $n>2$）。图 12-5 给出了进行 n 次重复博弈的总结果表。当两个 A 类型相遇时，他们总是背叛且每次都得到 288；故每人在 n 次博弈中共获得 $288n$。当两个 T 类型相遇时，他们以合作开始，没有人会首先背叛；所以他们每次获得 324，总共是 $324n$。当 A 类型与 T 类型相遇时，在第一回合里 T 类型合作但 A 类型背叛，所以 A 类型得到 360 且 T 类型获得 216；其后，T 类型在余下的回合里对 A 类型先前的背叛行为进行报复，并且在所有余下的 $(n-1)$ 个回合里每人都获得 288。因此，A 类型在 n 次应对 T 类型的过程中总共获得 $360+288(n-1)=288n+72$，而 T 类型在 n 次应对 A 类型的过程中总共获得 $216+288(n-1)=288n-72$。

		列	
		A	T
行	A	$288n$，$288n$	$288n+72$，$288n-72$
	T	$288n-72$，$288n+72$	$324n$，$324n$

图 12 - 5　n 阶段重复囚徒困境博弈的支付

倘若种群中 T 类型的比例为 x，则一个典型的 A 类型平均得到 $x(288n+72)+(1-x)288n$，并且一个典型的 T 类型平均得到 $x(324n)+(1-x)(288n-72)$。因此当下面的条件得到满足时，T 类型就更具适应性：

$$x(324n)+(1-x)(288n-72)>x(288n+72)+(1-x)288n$$
$$36xn>72$$
$$x>\frac{72}{36n}=\frac{2}{n}$$

再一次，我们获得两个单态型 ESS：一个 ESS 中全部是 T（或 $x=1$，即从 $x>2/n$

中任一点起，收敛于 $x=1$）；另一个 ESS 中全部是 A（或 $x=0$，即从 $x<2/n$ 中任一点起，收敛于 $x=0$）。如图 12-4 所示，在平衡点 $x=2/n$ 处还存在一个非稳定的多态型均衡。

要注意的是，在平衡点处 T 类型的比例依赖于 n；当 n 较大时它就比较小。当 $n=10$ 时，它等于 2/10 或 0.2。所以，如果种群最初有 20% 的 T 类型，那么博弈重复进行 10 次后，T 类型的比例将增加到 100%。回忆一下，当博弈只进行三次时（$n=3$），T 类型只需要在初始时占到 67% 以上的比例就可以达到同样的结果。而在两次重复博弈中，T 类型在初始时的比例必须为 100% 才可避免被淘汰。在 x 的临界值的表达式中，我们可以看到产生这种结果的原因。它表明，当 $n=2$ 且 T 类型尚未更具适应性时，x 必须大于 1。请记住，全部由 T 类型组成的种群会达成合作。因此，当博弈被重复多次时，较大范围的初始条件将会导致合作行为。从这个意义上讲，重复博弈次数越多，合作的可能性就越大。我们正看到这样的事实：相互作用的时间越长，达成合作的价值越大。

□ 12.2.3　进化博弈模型与理性参与人模型之间的比较

最后，让我们回到曾在图 12-3 中解释过的三次重复博弈，并且不使用进化模型，而考虑它是在两个有意识地进行理性决策的参与人之间进行的。纳什均衡是什么呢？这里有两个纯策略纳什均衡，其中一个是两者都选 A，另外一个是两者都选 T。还有一个混合策略均衡，其在 67% 时间里选 T，在 33% 时间里选 A。前面的两个恰好就是我们已发现的单态型 ESS，而第三个就是不稳定的多态型进化均衡。换句话说，进化与有意识地进行理性决策的观点之间存在着密切的关系。

这绝非偶然。一个 ESS 必定是由具有相同支付结构的有意识地进行理性决策的参与人所进行的博弈的一个纳什均衡。为了理解这一点，暂时假定结果是相反的。如果所有参与人都选择某些策略，比如说某一策略 S，它不是一个纳什均衡，那么，某个其他策略，不妨说策略 R，被参与人用来对付 S 时必然会带来一个更高的支付。在一个选择 S 的种群中，A 类型变异选择 R 策略将获得更强的适应性，从而会成功地侵入这个种群。因此，S 策略不可能是 ESS。换句话说，假如所有参与人都选择 S 不是一个纳什均衡，则 S 就不可能是一个 ESS。这就相当于说"如果 S 是一个 ESS，那么所有参与人都采用 S 必定是一个纳什均衡"。

因此，进化方法以一种迂回的方式为理性人方法提供了理由。即使当参与人并不是有意识地追求支付最大化时，假如更为成功的策略被更频繁地使用，而不太成功的策略逐渐消失，而且整个过程最终收敛于一个稳定的策略，那么结果就一定与有意识地选择最大化策略时得到的结果相同。

虽然一个 ESS 一定是对应的理性决策博弈的纳什均衡，但是反过来却并不成立。我们已经看到了两个这样的例子。在图 12-2 中的理性决策两次重复囚徒困境博弈里，T 会是这样一种比较弱的意义上的纳什均衡，即如果两个参与人都选择 T，没有人会在转而选择 A 中获得正的收益。但是在进化方法中，A 类型能够作为一种变异出现并且能够成功地侵入由 T 类型组成的种群。而且在图 12-3 和图 12-4 中的三次重复囚徒困境博弈里，理性决策将生成一个混合策略均衡。但这个混合策略均衡的生物学对应者——多态型的状态——可被变异成功地侵入，因此并不是一个真正的进化稳定结构。所以，生物学的稳定概念有助于我们从理性决策博弈的多重纳什均衡中进行挑选。

我们对重复博弈的分析存在着一种局限。在一开始，我们只考虑了两个策略——A和T，并假定不存在其他策略或者没有变异出现。在生物学上，出现的变异类型是由所考虑的基因决定的。在社会、经济或政治的博弈中，新的策略的产生大概是由历史、文化以及参与人的经验支配的，人们吸收、处理信息的能力以及尝试各种各样策略的能力也起着一定作用。然而，在我们的模型环境中，我们对特定博弈中可能存在的策略所施加的限制对于决定哪个策略（如果有的话）可能是进化稳定的有着重要意义。在三次重复囚徒困境博弈的例子里，如果我们允许这样一种策略 S——在第一轮中合作而在第二轮和第三轮里都是背叛，那么 S 类型的变异就能够成功地侵入全部由 T 类型组成的种群，所以 T 策略就不会是一个 ESS。我们将在本章末的习题中进一步讨论这种可能性。

12.3 懦夫博弈

回忆前面提到的 20 世纪 50 年代的年轻人驾驶着他们的汽车相向行驶，看看谁会为了避免相撞而首先转向的博弈。现在我们假设参与人在这种事情上是没有选择的：每个人生来就或者是懦弱的（总是转向逃掉），或者是具有大男子气概的（总是径直向前开）。种群由这两种类型混合而成。每周都随机性地挑选出一对参与人玩这种游戏。图 12-6 给出的就是对于任意两个这样的参与人比如 A 和 B 的支付矩阵（数字是我们在第 4 章表 4-13 中曾经使用过的数字）。

		B	
		懦夫	勇士
A	懦夫	0, 0	-1, 1
	勇士	1, -1	-2, -2

图 12-6　懦夫博弈支付表

这两种类型将会如何发展变化呢？答案依赖于最初种群中各类型所占的比例。如果种群中几乎全是懦夫，那么勇士的变异将会取胜并且在大部分时间里都得到支付 1，而所有懦夫在遇到与他们同样类型的人时得到支付 0。但是，如果种群几乎全部由勇士组成，则懦夫的变异得到支付-1，它看起来是很糟糕的，但却比所有人都是勇士时得到支付-2 要好。你可以用生物学和 20 世纪 50 年代的性别歧视方式来恰当地思考这一问题：在一个全是懦夫的种群中，一个勇士的出现会使所有其余的人都显得懦弱，并且会给所有女孩子都留下深刻的印象。但是如果种群中全部是勇士，他们在大多数时间里都会躺在医院里，女孩们将不得不去找那些少数的健康懦夫了。

换句话说，种群中那些相对稀少的类型将会更具适应性，因此它能成功地侵入由其他类型组成的种群。我们想看看种群在均衡中的两种类型，也就是说，我们预期有一个混合体的或多态型的 ESS。

为了找出在这个 ESS 中懦夫与勇士的比例，让我们先来计算一下在一般混合种群中不同类型的适应性。记 x 为勇士在种群中所占的比例，从而（$1-x$）为其中懦夫所占的比例。一个懦夫在（$1-x$）比例的时间内与另一个懦夫相遇并得到支付 0，在 x 比例的时间里遇到一个勇士并得到支付-1。因此懦夫的适应性为$0\times(1-x)-1\times x=-x$。类似地，勇士的适应性为$1\times(1-x)-2x=1-3x$。如果下面的条件成立，则勇士就更具适应性：

$$1-3x>-x$$
$$2x<1$$
$$x<\frac{1}{2}$$

如果种群中勇士的数量少于一半，那么勇士就更具适应性并且他们的比例会上升。相反，如果种群中勇士的比例大于一半，那么懦夫将会更具适应性并且勇士的比例会下降。不管怎样，种群中勇士的比例都会趋向$1/2$，并且这个50%对50%的混合体将是稳定的多态型 ESS。

图 12-7 给出了这一结果的图像。每一条直线都显示了一种类型的适应性（在与种群中的成员随机配对情况下的期望支付），此时勇士的比例为x。正如我们在前面所看到的那样，懦夫的适应性与勇士比例的函数关系是$-x$。这是一条缓慢下降的直线，它从$x=0$时高度为 0 的地方出发，并且在$x=1$时趋于-1。与勇士对应的函数为$1-3x$。这是一条迅速下降的直线，它从$x=0$时高度为 1 的地方出发，然后在$x=1$时下降到-2。当$x<1/2$时，勇士的直线位于懦夫的直线的上方；而当$x>1/2$时，勇士的直线就位于懦夫的直线的下方。这表明当x很小时，勇士就更具适应性；当x较大时，懦夫的适应性就更强。

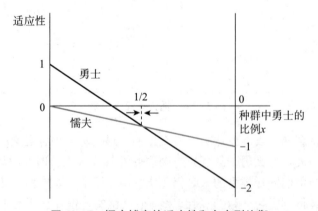

图 12-7　懦夫博弈的适应性和多态型均衡

现在我们可以把这个博弈的进化理论与早先在第 4 章和第 7 章基于参与人都是有意识进行理性策略计算这一假定上的理论进行比较。在那里我们发现有三个纳什均衡：两个是纯策略纳什均衡，其中一个参与人径直向前而另外一个转向；还有一个混合策略纳什均衡，其中每一个参与人都以$1/2$的概率径直向前，以$1/2$的概率转向。

如果种群全部由勇士组成，则所有参与人都具有同样的适应性。类似地，在一个全部是懦夫的种群中，所有参与人也都具有同样的适应性，但这些单态型结构是不稳定的。在一个全部由勇士组成的种群中，一个懦夫的变异将会比勇士更具适应性从而成功地侵入并存活下来。[9] 一旦一些懦夫站稳了脚跟，无论他们的数量多么少，我们的分析表明，他们的比例都会不可阻挡地上升到$1/2$。类似地，一个全部由懦夫组成的种群也易于受到勇士变异的成功侵入，并且这个过程再次向着同样的多态型进化。因此，多态型结构是唯一真正的进化稳定结果。

最为有趣的是理性博弈中的混合策略均衡与进化博弈中的多态型均衡之间的联系。前者均衡策略中的混合比例与后者的种群中不同表现型（类型）所占的比例完全相同，即50%的懦夫和50%的勇者，但在理解上却有所不同：在理性框架中，每个参与人混合运用他自己的策略；而在进化框架中，每个个体使用的是一种纯策略，但不同类型的个体使用的是不同的策略，所以我们在种群中见到的是一种混合体。[10]

理性博弈中的纳什均衡与具有相同支付结构并按照进化规则进行的博弈的稳定结果之间的对应关系是一个非常一般的命题，并且随后在第12.6节中我们还将进一步看到它的一般性。事实上，进化稳定性为我们在这样的理性博弈中的多重纳什均衡中选择一个均衡提供了一个额外的理由。

当我们从理性的角度看待懦夫博弈时，混合策略均衡看起来似乎令人费解。它可能导致很大的错误。每一个参与人在一半的时间里驾驶着车径直向前，所以在四分之一的时间里他们就会发生一次相撞；而纯策略均衡就避免了这种相撞。在那时你会感到混合策略是多么令人不快了，甚至会对我们花如此多的时间在这上面感到奇怪。现在你就看到其中的道理了。这个看起来很奇怪的均衡是作为一种自然动态过程的稳定结果而出现的，在这一过程中，每个参与人在应对所遇到的种群时，都试图改善他的支付。

12.4 安全博弈

关于第4章介绍的策略博弈重要类别，我们已从进化博弈的角度研究了囚徒困境和懦夫博弈，现在还剩下安全博弈。我们曾在第4章用两个大学生哈利与莎莉决定去哪里喝咖啡的故事来说明这类博弈。在进化理论里，每个参与人生来就喜欢星巴克或者是本地咖啡店，并且种群里包括了两种类型的参与人。我们在这里假定，这两种类型的配对——我们一般把这两种类型称为男人和女人，是每天随机地挑选出来进行博弈的。我们现在用S（星巴克）和L（本地咖啡店）表示策略。图12-8为该博弈中随机配对的支付表，支付与前面在表4-11中说明的一样。

		女人	
		S	L
男人	S	1, 1	0, 0
	L	0, 0	2, 2

图12-8 安全博弈支付矩阵

如果这是一个由理性地选择策略的参与人所进行的博弈，则会有两个纯策略均衡：(S，S) 与 (L，L)。对于两个参与人来说，后者都要好一些。如果他们直接进行通信和协调，可以十分容易地搞定。但是，倘若他们是独立地进行决策，他们就需要通过预期收敛——也就是说，通过找到一个聚点——来协调。

理性决策博弈有第三个均衡，是混合策略的，我们在第7章就发现了。在那个均衡中，每个参与人以概率2/3选择星巴克，以概率1/3选择本地咖啡店；每个参与人的期望支付都是2/3。恰如我们在第7章所说明的那样，这时的期望支付比他们达到稍欠吸引力的纯策略均衡（S，S）时所得到的支付少，因为独立地使用混合策略使得参与人在许多时候都做出冲突的或者是糟糕的选择。这里，糟糕的结果（支付为0）发生的概率是4/9——两个参与人都几乎在一半的时间里去了不同的约会地点。

如果是进化博弈，会出现什么情况呢？如果种群很大，每一个成员都有先天性的行为，或者是选择S，或者是选择L。从种群中随机选择两个人，要求他们约会一次。假定 x 是种群中S类型的比例，则（$1-x$）就是L类型的比例。那么，S类型的适应性——随机遇到某一类型的期望支付——是 $x \times 1 + (1-x) \times 0 = x$。类似地，每一个L类型的适应性是 $x \times 0 + (1-x) \times 2 = 2(1-x)$。因此，在 $x > 2(1-x)$ 或 $x > 2/3$ 时，S类型就具有更强的适应性。在 $x < 2/3$ 时，L类型具有更强的适应性。在平衡点 $x = 2/3$ 处，两种类型具有同样的适应性。

正如在懦夫博弈中那样，理性决策下的混合策略均衡中的概率再次在进化规则下以多态型均衡时的种群中不同表现型的比例出现了。但现在这个混合均衡是不稳定的。种群比例 x 对平衡点 $x = 2/3$ 哪怕是最轻微的偏离都会产生一种累积过程，这个过程将使得种群的混合体进一步远离平衡点。如果 x 从2/3处增加，S类型就变得更具适应性，并且会迅速地繁衍，将 x 增加得更多。倘若 x 从2/3处下降，L类型就变得更具适应性，并且迅速地繁衍，将 x 降低得更多。最终，x 将或者一直上升到1，或者一直下降到0，取决于出现什么样的扰动。区别是，在懦夫博弈中，每一种稀有的类型均会更具适应性，所以种群比例倾向于做偏离极端位置的运动，并且趋向于某个中间位置的平衡点。相反，在安全博弈中，每一种数量繁多的类型更具适应性；当种群中大多数其余的人都是和你一样的类型时，约会失败的风险就下降了，所以种群比例倾向于向着极端位置运动。

图12-9画出了适应性图像及安全博弈的均衡。该图十分类似于图12-7。这两条线表明了两种类型的适应性与种群比例的关系。两条线的交点给出了平衡点。唯一的区别是，在偏离了平衡点后，数量繁多的类型更具适应性，而在图12-7中，适应性强的却是数量较少的类型。

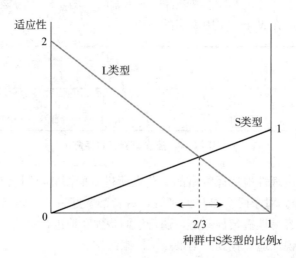

图12-9 安全博弈的适应性和均衡

因为每一种稀有的类型都会不太适应，所以唯有种群的两个极端的单态型结构才是可能的进化稳定结构。不难验证，根据静态检验，两种结果都是 ESS，另一类型的少量变异的入侵将会被消除，因为变异数量的稀少使得它们缺乏适应性。所以，在安全博弈或协调博弈中，与懦夫博弈不同，进化过程并不保留"坏的"均衡。所谓"坏的"均衡，意即参与人选择冲突策略的概率为正。然而，当从任意的初始表现型混合体出发时，动态过程并不能够确保收敛到两个均衡中较好的那一个——种群最后会达到哪一个均衡取决于它是从什么地方开始的。

12.5 种群中含有三种表现型

如果种群中只有两种可能的表现型（策略），我们就可以通过将所考虑的类型与唯一的变异类型进行比较来完成 ESS 的静态检验，并可用类似于图 12 - 4、图 12 - 7 和图 12 - 9 的图形来展现种群在一个进化博弈中的动态变化过程。现在，我们来说明如果种群中有三种（甚至更多种）可能的表现型，这种思路和方法如何能够加以利用，以及会出现什么样的新的考虑。

12.5.1 检验 ESS

让我们通过引入第三种可能的表现型来重新考察第 12.2.1 节和图 12 - 3 中的三次重复囚徒困境博弈。这种策略，用 N 表示，即绝不背叛。图 12 - 10 给出了三种策略 A、T 和 N 的适应性表。

为了检验任何一种这样的策略是否就是一个 ESS，我们考虑一个全部由一种类型组成的种群是否能够被其他类型的变异侵入。比如，一个全部由 A 类型组成的种群，是不会被 T 类型或 N 类型的变异侵入的，因此 A 类型是一个 ESS。而全部由 N 类型组成的种群会被 A 类型的变异侵入，所以 N 类型不是一个 ESS。

T 类型又怎么样呢？全部由 T 类型组成的种群不会被 A 类型的变异侵入，但当面对 N 类型的变异时，T 类型发现自己是旗鼓相当的；注意仅仅表示 T 类型和 N 类型相互竞争的四个单元格显示了两个表现型的相同支付。在这种情形中变异 N 类型将不会扩增，但也不会消亡。小比例的变异可以与（几乎）所有 T 种群共存。于是 T 类型不满足成为一个 ESS 的两个准则，但它的确对于入侵显示出了一些反抗。

我们通过在我们的例子中引入**中性 ESS**（neutral ESS）的概念认识到 T 类型展示的韧性。[11] 在标准的 ESS 中，主要种群的成员需要比小比例变异的种群具有更强的适应性，中性 ESS 与之相比，它的稳定性仅仅要求主要种群的成员至少与变异的适应性一样高即可，于是变异的比例并不增长，但可以停留在初始的低水平。这是所有 T 类型种群遭受小规模 N 类型变异入侵的情形。因此在图 12 - 10 描绘的博弈中，我们有一个标准的 ESS（策略 A）和一个中性的 ESS（策略 T）。

让我们来进一步考虑一个全部由 T 类型组成的种群被 N 类型的变异侵入的情形。如果变异比例足够小，两种类型可以愉悦地共存。但是如果变异的种群在所有种群中占有足够大的比例，则 A 类型变异就能够入侵；A 类型在应对 N 类型时表现较好，但在面对 T 类型时表现就比较糟糕。我们可以具体考虑这样一个种群，其中 N 类型的比例

为 x 而 T 类型的比例为 $(1-x)$。每一种类型的适应性皆为 972。在这个种群中 A 类型变异的适应性是 $936(1-x)+1\,080x=144x+936$。如果有 $144x>972-936=36$ 或 $x>1/4$，它就超过 972。因此，只要 N 类型的比例小于 25%，我们就有作为中性 ESS 的 T 类型可以与一些小比例 N 类型变异共存。

单位：百美元/月

		列		
		A	T	N
行	A	864，864	936，792	1 080，648
	T	792，936	972，972	972，972
	N	648，1 080	972，972	972，972

图 12-10　三种类型的三次重复囚徒困境博弈

□ 12.5.2　动态分析

为了展开对有三种可能表现型博弈的动态分析，我们转向另一著名博弈，即剪刀-石头-布（RPS）。在这种博弈的理性决策博弈论中，每一个参与人都在三种可选择的行动中选择一种，或是石头（出拳头），或是布（张开手掌），或是剪刀（用两根手指做出剪刀的模样）。该博弈的规则是：石头击败（"砸碎"）剪刀，剪刀击败（"剪破"）布，以及布击败（"包住"）石头；同样的行动就打个平手。倘若参与人选择的是不同的行动，赢家就得到支付 1 而输家获得支付 -1；平局使得两个参与人都得到 0。

关于进化的例子，我们讨论生活在加利福尼亚海岸的单面斑点蜥蜴（side-blotched lizard）所面临的情境。这一物种存在三种类型的雄性交配行为，每一种类型都有一种特定的颈前部颜色。蓝色颈前部的雄性保护着一小群雌性伴侣并抵挡来自那些偷偷地溜进来想与未得到保护的雌性进行交配的黄色颈前部的雄性的求爱。黄色颈前部雄性的溜进策略在与那些拥有许多配偶且经常出去进攻性地追逐更多伴侣的橙色颈前部雄性的争斗中会取胜。雌性单面斑点蜥蜴倾向于选择那些可以被橙色颈前部雄性的入侵所征服的蓝色颈前部的雄性。[12] 它们之间的相互作用可以用图 12-11 中的 RPS 博弈的支付结构来描述，这里只给出了行参与人的支付。在图中，我们设立了一列 q-混合，并由此考察该博弈混合策略均衡的进化等价（种群中各种类型按一定比例组合）。[13]

		列			
		黄色颈前部	蓝色颈前部	橙色颈前部	q-混合
行	黄色颈前部	0	-1	1	$-q_2+(1-q_1-q_2)$
	蓝色颈前部	1	0	-1	$q_1-(1-q_1-q_2)$
	橙色颈前部	-1	1	0	$-q_1+q_2$

图 12-11　三种类型进化博弈的支付

设 q_1 为种群中黄色颈前部蜥蜴的比例，q_2 为蓝色颈前部蜥蜴的比例，那么 $(1-q_1-q_2)$ 就是橙色颈前部蜥蜴的比例。支付表右边的一列为每个行参与人在与这个表现型混合体相遇时的支付，也就是说，正好是行的适应性。恰如在单面斑点蜥蜴种群中已经看到的那样，假定适应性为正的类型在种群中的比例会增加，而适应性为负的类型在种群中的比例会减少[14]，那么，

q_1 增加，当且仅当 $-q_2+(1-q_1-q_2)>0$ 或 $q_1+2q_2<1$

当 q_2 即蓝色颈前部类型的比例较小时，或者 $(1-q_1-q_2)$ 即橙色颈前部类型的比例较大时，种群中黄色颈前部类型的比例就会增大。这是合理的；因为黄色颈前部蜥蜴在与蓝色颈前部蜥蜴对局时会表现得很糟糕，而与橙色颈前部蜥蜴对局时会表现得很不错。类似地，我们知道：

q_2 增加，当且仅当 $q_1-(1-q_1-q_2)>0$ 或 $2q_1+q_2>1$

当黄色颈前部竞争者的比例较大或橙色颈前部类型的比例较小时，蓝色颈前部雄性就有好日子过了。

图 12-12 用几何图形显示出了该博弈的种群动态特征及所得到的均衡。图中的三角形区域由两轴及直线 $q_1+q_2=1$ 定义，它包含了所有可能的 q_1 和 q_2 的均衡组合。三角形内还有两条直线。第一条是 $q_1+2q_2=1$（较为平缓的那一条），它是 q_1 的平衡线。对于这条直线以下的 q_1 和 q_2 的组合，q_1（黄色颈前部类型的比例）增加；而对于在这条直线以上的组合，q_1 减少。第二条陡峭的直线是 $2q_1+q_2=1$，它是 q_2 的平衡线。在这条直线的右边（$2q_1+q_2>1$），q_2 增加，而在直线的左边（$2q_1+q_2<1$），q_2 减少。图中的箭头表明的是这些种群比例的变动方向，标有箭头的曲线则显示了典型的动态变化路径。一般性的思想与图 12-10 一样。

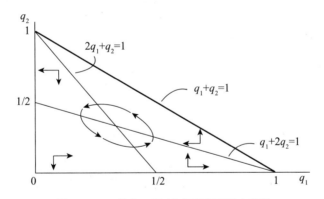

图 12-12　进化 RPS 博弈的种群动态变化

图中的两条直线都包括了 q_1 和 q_2 既不上升也不下降的点。因此，两条直线的交点代表了 q_1、q_2 从而 $(1-q_1-q_2)$ 都不变的点；这个点对应于一个多态型均衡。不难验证，这里有 $q_1=q_2=1-q_1-q_2=1/3$。这一比例与 RPS 博弈中的理性决策混合策略均衡中的概率相同。

这个多态型结果是稳定的吗？我们还不能肯定。动态变化路径是以该点为中心的一个圈（图 12-12 表明它是一个椭圆）。这条路径是绕着交点螺旋式地收缩（此时我们得到稳定的结果）还是螺旋式地从中心点向外扩展（此时该点就是不稳定的），取决于种群比例对于适应性的精确反应。所画的路径圈甚至可能既不趋近也不远离这个均衡点。

有关证据指出单面斑点蜥蜴种群结构是以各种类型等比例共存的那一点（即多态型均衡点）为圆心绕圈变化的，其中一种类型在一个为期若干年的周期里会稍微更常见，但随后就会被更强的竞争者超越。这样的循环是否趋于稳定均衡仍然是一个需要在未来进行研究的课题。在进化博弈中，另外一个 RPS 类型相互作用的例子涉及与大肠杆菌相关的三种食物中毒系。每一种都取代另一种但是又被第三种取代，正如前面在三种类型博弈中所描述的那样。研究这三种系之间相互作用的科学家已经证明，倘若每两种系之间的相互作用是局部的，并且每种系以小团块的形式连续地改变其位置，则一个多态型均衡就能够得以维持。[15]

12.6　鹰鸽博弈

鹰鸽博弈（hawk-dove game）是生物学家提出进化博弈论时所研究的第一个例子。它与对囚徒困境博弈和懦夫博弈到目前为止的分析有很多相同之处，因此这里我们将具体描述这个博弈，以增强和改善对这些概念的理解。

这个博弈并不是指这两个物种之间的博弈，而是指同一物种中两个个体之间的博弈，而鹰和鸽仅仅是对它们策略的命名。背景是对一种资源的竞争。鹰策略表示进攻，即为获得某种数量为 V 的整个资源而战斗。鸽策略表示愿意与别人共享但会逃避战斗。当两个鹰类型相遇时，它们之间就会发生战斗；每一个取胜并且获得 V 的概率均为 $1/2$，失败受伤得到 $-C$ 的概率也均为 $1/2$。于是双方的期望支付均为 $(V-C)/2$。当两个鸽类型相遇时，它们共享而非战斗，所以各自得到 $V/2$。如果一个鹰类型与一个鸽类型相遇，后者撤退并得到零支付，而前者得到 V。支付表如图 12-13 所示。

		B	
		鹰	鸽
A	鹰	$(V-C)/2$, $(V-C)/2$	V, 0
	鸽	0, V	$V/2$, $V/2$

图 12-13　鹰鸽博弈的支付表

我们对该博弈的分析类似于囚徒困境博弈和懦夫博弈的情形，所不同的是这里的支付是代数符号。我们将对这个博弈在两种情形下的均衡进行对比：其中一种情形是参与人理性地在鹰策略和鸽策略之间进行选择；另外一种情形是参与人机械地行动并在成功时会获得快速繁殖的奖赏。

□ 12.6.1　理性策略选择与均衡

若 $V>C$，则博弈就是囚徒困境博弈，其中鹰策略对应于"背叛"而鸽策略对应于"合作"。鹰策略是所有参与人的占优策略，但对所有参与人来说，（鸽，鸽）却是一个更好的结果。

若 $V<C$，则博弈是一个懦夫博弈。现在有 $(V-C)/2<0$，鹰策略不再是一个占优策略。而且，博弈有两个纯策略纳什均衡：（鹰，鸽）和（鸽，鹰）。还存在一个混合策

略均衡，其中 B 选择鹰策略的概率 p 使得 A 在鹰策略、鸽策略之间是无差异的，即

$$p\frac{(V-C)}{2}+(1-p)V=p\times 0+(1-p)\frac{V}{2}，得到 p=\frac{V}{C}。$$

□ 12.6.2 $V>C$ 时的进化稳定

我们从最初鹰类型占主导的种群开始，并且看看它会不会被一个变异的鸽类型侵入。我们用 d 代表变异的鸽类型所占的比例。鹰类型占种群的比例为 $(1-d)$。那么，在与随机抽取的对手的对局中，鹰类型将在 d 时间里遇到鸽类型，并且在每一次这样的场合里获得 V 单位的支付，在 $(1-d)$ 时间里遇到另外的鹰类型，并且在每一次这样的场合里获得 $\frac{(V-C)}{2}$ 的支付。因此鹰类型的适应性为 $\left[dV+(1-d)\frac{(V-C)}{2}\right]$。类似地，一个变异的鸽类型的适应性为 $\left[d\left(\frac{V}{2}\right)+(1-d)\times 0\right]$。由于 $V>C$，故 $(V-C)/2>0$。还有 $V>0$ 意味着 $V>V/2$。故对于任何 0 到 1 之间的 d 值，我们有：

$$dV+\frac{(1-d)(V-C)}{2}>d\left(\frac{V}{2}\right)+(1-d)\times 0$$

所以鹰类型更具适应性。鸽类型的变异不能成功地侵入种群。鹰策略是进化稳定的。该种群为单态型种群（全部由鹰类型构成）。

同样的结论对于所有 d 值，即任何鸽类型的种群比例来说，都是成立的。因此从任何初始的混合体出发，鹰类型的比例将增加并占据主导。另外，如果种群最初全部由鸽类型组成，鹰类型的变异将会侵入并且接管整个种群。因此，动态过程分析证实鹰策略是唯一的 ESS。这种代数分析证明并一般化了我们先前在餐馆定价囚徒困境博弈数字例子中的发现（见图 12-1）。

□ 12.6.3 $V<C$ 时的进化稳定

如果最初种群中鹰类型占主导，其中有一个很小比例 d 的鸽类型变异，则双方都有同第 12.6.2 节一样的适应性函数。然而，当 $V<C$ 时，$(V-C)/2<0$。我们仍然有 $V>0$，故 $V>V/2$。但是由于 d 很小，含有 $(1-d)$ 的比较项比起含有 d 的比较项来说是远为重要的，故

$$d\left(\frac{V}{2}\right)+(1-d)\times 0>dV+\frac{(1-d)(V-C)}{2}$$

因此鸽类型变异比占主导的鹰类型有较强的适应性，并且能成功地侵入种群。

但如果最初种群中几乎全部是鸽类型，则我们必须考虑是否一个小的比例 h 的鹰类型变异能成功侵入种群（注意，由于这里变异的是鹰类型，我们用 h 表示变异入侵者的比例）。鹰类型变异的适应性为 $[h(V-C)/2+(1-h)V]$，与之对照的是鸽类型的适应性为 $[h\times 0+(1-h)(V/2)]$。再一次，$V<C$ 意味着 $(V-C)/2<0$，且 $V>0$ 意味着 $V>V/2$。但当 h 很小时，我们有：

$$\frac{h(V-C)}{2}+(1-h)V>h\times 0+(1-h)\left(\frac{V}{2}\right)$$

该不等式表明鹰类型有较强的适应性，并且将能成功地侵入一个鸽类型的种群。所以每一种类型的变异都能成功侵入其他类型的种群。种群不可能是单态型的，且任何纯的表现型都不可能是一个 ESS。代数分析又证实了我们在前面的懦夫博弈例子中所获得的发现（见图 12-6 和图 12-7）。

当 $V < C$ 时种群会发生什么呢？有两种可能性存在。一种是每个参与人都遵循一种纯策略，但种群却是一个由遵循不同策略的参与人组成的一个稳定的混合体。这恰好是我们在第 12.3 节里通过对懦夫博弈的分析所得到的多态型均衡。另一种可能性就是每个参与人都采用一种混合策略。我们从多态型的情形开始。

☐ 12.6.4 $V < C$：稳定多态型种群

当种群中鹰类型的比例为 h 时，鹰类型的适应性为 $h(V-C)/2 + (1-h)V$，而鸽类型的适应性为 $h \times 0 + (1-h)(V/2)$。鹰类型更具适应性，如果

$$\frac{h(V-C)}{2} + (1-h)V > (1-h)\frac{V}{2}$$

将其进行化简得

$$\frac{h(V-C)}{2} + (1-h)\frac{V}{2} > 0$$

$$V - hC > 0$$

$$h < V/C$$

当 $h > V/C$ 或 $1-h < 1-V/C = (C-V)/C$ 时，鸽类型的适应性就更强。可见，每一种更加稀少的类型更具适应性。因此我们在平衡点得到一个稳定多态型均衡，其中种群中鹰类型的比例是 $h = V/C$。这恰好等于我们在第 12.6.1 节中曾计算过的理性行为假定下博弈的混合策略纳什均衡中每个个体选择鹰策略的概率。我们又一次从进化的角度对懦夫博弈中的混合策略结果给出了一个理由。

我们把对这种情形画一个类似于图 12-7 的图形的任务留给读者自己去完成。这需要读者首先弄清楚每种类型的种群比例收敛于稳定均衡混合体的动态变化过程。

☐ 12.6.5 $V < C$：每个参与人都采用混合策略

回忆第 12.6.1 节中计算出的理性决策博弈的均衡混合策略，其中 $p = V/C$ 是选择鹰策略的概率，而 $(1-p)$ 是选择鸽策略的概率。是否存在着进化版本的对应者，其中表现型用的是混合策略呢？让我们来考察一下这种可能性。我们仍然有采用纯鹰策略的 H 类型和采用纯鸽策略的 D 类型，但现在被称为 M 类型的第三种表现型可能存在，这样一种类型采用的是一种混合策略，其中鹰策略的概率为 $p = V/C$，鸽策略的概率为 $1-p = 1-V/C = (C-V)/C$。

若 H 类型或 D 类型遇到 M 类型，他们的期望支付取决于 p，即 M 类型选择鹰策略的概率，以及 $(1-p)$，即 M 类型选择鸽策略的概率。那么，每个参与人得到的支付为他对付 H 类型时的支付的 p 倍，加上他对付 D 类型时的支付的 $(1-p)$ 倍。所以当 H 类型遇到 M 类型时，其期望支付为：

$$p\,\frac{V-C}{2}+(1-p)V=\frac{V}{C}\frac{V-C}{2}-\frac{C-V}{C}V$$

$$=-\frac{1}{2}\frac{V}{C}(C-V)+\frac{V}{C}(C-V)$$

$$=V\frac{(C-V)}{2C}$$

并且当 D 类型遇到 M 类型时，他得到：

$$p\times0+(1-p)\frac{V}{2}=\frac{C-V}{C}\frac{V}{2}=\frac{V(C-V)}{2C}$$

这两个适应性是相同的。这不足为奇；混合策略的比例就是通过这个等式来决定的。因此，一个 M 类型遇到另一个 M 类型也得到同样的期望支付。为了后面在采用时方便简捷，我们把这个共同的支付称为 K，其中 $K=\dfrac{V(C-V)}{2C}$。

当我们从进化稳定性角度来考察 M 类型时，这些等式就凸显出一个问题。假设某种群完全由 M 类型组成并且有少量的 H 类型变异侵入，二者组成的总的种群中 H 类型占一个很小的比例 h，则典型的变异得到的期望支付为：

$$h(V-C)/2+(1-h)K$$

为了计算 M 类型的期望支付，注意，他会在相互作用的 $(1-h)$ 比例时间里遇到另一个 M 类型，并且每一次都获得支付 K。于是他会在 h 比例时间里遇到 H 类型；在这些场合他在 p 比例时间里采用鹰策略并得到 $(V-C)/2$，在 $(1-p)$ 比例时间里采用鸽策略并得到 0。因此，其总的期望支付（适应性）就为：

$$hp(V-C)/2+(1-h)K$$

由于 h 很小，M 类型与 H 类型的适应性几乎相等。要点是当只有很少变异时，H 类型和 M 类型在大多数时间里都只能遇到 M，所以在这种互动中恰如我们所看到的那样，两者有相同的适应性。

因此进化稳定性依赖于这样一种差别，即最初的种群中的 M 类型和 H 类型变异各自在与一种少量的变异对局时，前者的适应性是否强于后者。从代数上看，当 $pV(C-V)/2C=pK>(V-C)/2$ 时*，M 类型比起 H 类型来说在与其他 H 类型的变异相遇时要有更强的适应性。在我们这里的例子中，这个条件是成立的，因为 $V<C$（所以 $V-C$ 是负的）且 K 是正的。直观地看，该条件告诉我们一个 H 类型变异在应对另外一个 H 类型变异时总是比较糟糕的，这是由于战斗会付出很高的成本；而 M 类型只有一部分时间在战斗，且因此只在 p 比例时间里付出这种成本。总的来看，当与变异互动时，M 类型要表现得出色一些。

类似地，一种鸽类型的变异能否成功侵入 M 类型种群也取决于鸽类型变异的适应性与 M 类型的适应性之间的大小比较。如前所述，变异有 d 比例的时间遇到另外的 D 类型，在 $(1-d)$ 比例的时间里面临 M 类型。一个 M 类型也在 $(1-d)$ 比例的时间里

---

* 疑原书有误，M 类型与 H 类型相遇时其支付为 $p(C-V)/2$。——译者注

遇到另外一个 M 类型。但是在 d 比例的时间里，M 类型面临一个 D 类型，并且在这些时间内的 p 比例里采用鹰策略，因而得到 pV；在这些时间内的 $(1-p)$ 比例里采用鸽策略，因而得到 $(1-p)V/2$。鸽类型的适应性因此是 $[dV/2+(1-d)K]$，而 M 类型的适应性就是 $d\times[pV+(1-p)V/2]+(1-d)K$。在每一个适应性表达式中，最后一项都是相同的，所以仅当 $V/2$ 大于 $pV+(1-p)V/2$ 时，鸽类型的入侵才是成功的。这个条件是不成立的，因为后面的表达式包括 V 和 $V/2$ 的一个加权平均，而且一旦有 $V>0$，它必定大于 $V/2$。因此，鸽类型的入侵也不会成功。

这样的分析告诉我们，M 策略是一个 ESS。因此若有 $V<C$，种群就可以表现出两种进化稳定结果中的任何一种。一种稳定结果是种群中存在不同的类型（一种稳定的多态型）；另一种稳定结果是种群中只有一种类型，此类型以与多态型中不同类型的比例相同的概率选择纯策略。

□ 12.6.6 部分一般性理论

为了获得可以进一步应用的理论框架和研究方法，我们现在把前面第 12.6 节里所介绍的思路一般化。这就不可避免地需要运用一些稍微抽象一点的概念和一点点代数知识。因此，我们仅仅考虑单一物种内单态型均衡的情形。数学功底好的读者可以将此方法推广到两个物种的多态型情形。而对本节内容不感兴趣或者没有相应准备的读者可以跳过本节而不会失去连续性。[16]

我们来考虑某个单一物种内的随机配对，其中可供选择的策略有 I，J，K，…，其中一些可以是纯策略，另一些可以是混合策略。每一个个体成员都天生地只选择其中某个策略。我们设 $E(I, J)$ 表示 I 类型参与人在遇到 J 类型参与人时所获得的单阶段支付，那么 I 类型参与人遇到同类型参与人的单阶段支付就是 $E(I, I)$。我们记 $W(I)$ 为 I 类型参与人的适应性。当遇到某类参与人的概率恰好等于这类参与人在种群中的比例时，这也就是他随机地遇到其他对手时的期望支付。

假设种群中全是 I 类型的个体。我们来考察这种种群结构是否为进化稳定的。为此，我们想象一下种群被少量 J 类型变异侵入的情形，假定种群中变异的比例是一个非常小的数 m。现在 I 类型的适应性为：

$$W(I)=mE(I, J)+(1-m)E(I, I)$$

变异类型的适应性为：

$$W(J)=mE(J, J)+(1-m)E(J, I)$$

因此，种群中主要类型与变异类型的适应性之差为：

$$W(I)-W(J)=m[E(I, J)-E(J, J)]+(1-m)[E(I, I)-E(J, I)]$$

由于 m 很小，如果前面表达式中的第二部分为正，主要类型的适应性将会比变异类型的要强，即有

$$W(I)>W(J), E(I, I)>E(J, I)$$

所以，种群中的主要类型是不可能被侵入的；当与主要类型中的一个成员配对时，主要类型要比变异类型更具适应性。这就形成了进化稳定的**原生准则**（primary criterion）。相反，当 $E(I, I) < E(J, I)$ 时，$W(I) < W(J)$，J 类型变异就能够成功侵入，并且完全由 I 类型组成的种群不会是进化稳定的。

然而，可能有 $E(I, I) = E(J, I)$。如果种群最初由采用将策略 I 与策略 J 混合的策略的单个表现型组成（一个混合策略的单态型均衡），就的确会出现这种情况，就像鹰鸽博弈中的最后一种情形那样（见第 12.6.5 节）。这时 $W(I)$ 与 $W(J)$ 的差就由每种类型面对变异类型时的支付决定。[17] 当 $E(I, I) = E(J, I)$ 时，如果 $E(I, J) > E(J, J)$，我们得到 $W(I) > W(J)$。这是判断策略 I 的进化稳定性的**次生准则**（secondary criterion）。只有当原生准则不能给出结果时，即只有当 $E(I, J) = E(J, I)$ 时，才运用这个准则。

如果运用次生条件 ［由于 $E(I, I) = E(J, I)$］，也存在不能给出结果的可能性，当然也存在 $E(I, J) = E(J, J)$ 的情形。这就是我们在第 12.5 节中介绍的中性稳定性（neutral stability）情形。如果 I 类型进化稳定性的原生条件和次生条件都不能给出结果，则我们考虑 I 类型为中性 ESS。

原生准则是十分重要的。它说的是，如果策略 I 是进化稳定的，那么对于变异可能选择的所有其他策略 J，都有 $E(I, I) \geqslant E(J, I)$。这意味着策略 I 是对于自身的最优反应。换句话说，如果这个种群中的个体突然变成了理性计算者，那么每个个体都选择策略 I 将会是一个纳什均衡。因此进化稳定就意味着对应的理性决策博弈的纳什均衡！[18]

这是一个非常值得注意的结果。如果你对前几章纳什均衡理论中潜在的理性行为假设不满意，并且你试图在进化博弈论中寻找更好的解释，你将发现它带来的是相同的结论。这一非常有吸引力的生物学描述——提出非最大化行为的假设，但根据适应性进行选择——并未产生任何新的东西。即便有，那也只是为纳什均衡提供了一个支撑性的辩护而已。当一个博弈有几个纳什均衡时，进化博弈甚至会提供一个很好的理由去从中挑选出一个合理的均衡。

但是，你在对纳什均衡的信心得到增强的同时也要悠着点儿。我们关于进化稳定的定义是静态而不是动态的。它只考察了我们对之进行检验以确定其是否为均衡的种群结构（单态型或者按一定的正确比例组成的多态型）会不会被一小部分变异成功侵入，而没有考察从最初任意的类型组合开始，所有不需要的类型是否会衰亡以及种群能否达到均衡结构的状态。考察的对象也只包含逻辑上可能的变异类型；如果理论家们没有进行正确的分类并且被忽略了的某些类型的变异实际上会产生，这种变异类型就会成功地侵入并摧毁假定的均衡。我们在第 12.2.1 节分析两次重复的因徒困境博弈时最后所做的评论中，曾警告了这种可能性，并且本章习题表明了它会怎样产生。最后，在第 12.5 节中我们也曾指出过进化的动态过程可能会因某些原因而根本不会收敛。

12.7 群体互动与物种间互动

到目前为止，我们所考察的所有博弈都是从群体中随机选择的两个参与人进行的博弈。但是还有其他的情形：整个群体同时博弈或者不同物种之间相互作用。这种情形需要单独分析，这是这一节的内容。

□ 12.7.1 领地博弈

演化互动有可能需要整个群体参与，而不只是两个人。在生物领域，整个物种的所有动物，具有遗传决定的不同行为。它们可能会为了某种资源或某个领地而相互竞争。在经济或商务领域，一个行业内有很多企业，它们的经营策略会受到各自企业文化的影响。这些企业可能会相互竞争。

这种演化博弈与第11章集体行动的理性博弈的关系，等价于前面章节中一对一的演化博弈与第4章到第7章两人理性博弈的关系。就像我们将那些章节中的期望支付图转换成图12-4、图12-7和图12-9一样，我们也可以将集体行动博弈的图形（图11-6至图11-8）转换成适当的演化博弈的图形。

比如考虑某个动物种类，所有成员都处于同一个食物区。它们有两种表现形式：一种是为食物而主动攻击，而另一种是到处溜达然后偷偷进食。如果攻击型的比例小，那么它们的表现更好一点；如果攻击型的比例太高，偷摸型的表现会更好，它们不用理会争斗。这就成了集体懦夫博弈，它的图形与图11-7完全一样。由于不需要新的原理或技术，所以我们请读者自行完成这一分析。

□ 12.7.2 物种间互动

我们现在要考察最后一类演化互动。它发生在不同物种的成员之间，而不是同一物种的成员之间。在以前的所有分析中，既定的群体里参与人的偏好是完全相同的。例如在第12.4节的安全博弈中，L类型的参与人生性喜欢本地咖啡店，而S类型的参与人生性喜欢星巴克。但是如果在本地咖啡店相遇，双方都会更满意。有一种性别战的博弈结构是我们没有考虑到的，它可以给出另一种支付结构。虽然这个博弈中的参与人仍然希望在星巴克或本地咖啡店相遇（不相遇则每个人的支付是0），但是每个人偏好不同的咖啡店。这种偏好可以将两种类型区分开。用生物学的语言来说，他们不再是从同类型的种群中随机挑选出来的了。[19] 更确切地说，他们属于不同的物种。

要从进化的角度研究这种博弈，我们必须将研究方法加以拓展，使其可以运用于从不同物种或不同种群中随机抽取出来的个体间的配对的情形。我们假定有一个许多"男人"的种群和一个许多"女人"的种群。我们从每一个"物种"中随机挑选一个个体，然后要求他们尝试着去约会。[20] 所有男人在去星巴克、本地咖啡店和不约会上的评价（支付）是相同的。类似地，所有女人也如此。但是，在每一个种群里，某些成员是固执的而其他成员却是随和的。固执者总是去他或她所属的"物种"所偏爱的咖啡店。随和者承认其他"物种"有相反的需求，因此去其他"物种"愿意去的地方，与其和睦相处。

如果随机抽取恰好抽到一个"物种"的固执者和另外一个"物种"的随和者，那么结果就是固执者所属"物种"所偏好的结果。如果双方都是固执者，就不会有约会。奇怪的是，如果双方都是随和的，也是这个结果；因为他们都去了对方所偏好的咖啡店。（注意，他们的选择是独立进行的，并且不能够协商。即便他们在事前能够碰面，他们也会出现一种僵局，会说"不，我坚持要满足你的偏好"。）

我们修改表4-12中的支付表，见图12-14。之前的可选策略现在被解释为由类型所预先决定的行动（固执者或随和者）。

		女人	
		固执者	随和者
男人	固执者	0, 0	2, 1
	随和者	1, 2	0, 0

图 12-14　性别战博弈中的支付

与前面我们所研究过的所有进化博弈相比，这里出现的新特征是行参与人和列参与人是来自不同的"物种"。尽管每个"物种"都是由固执者和随和者混杂起来的，但两个"物种"内各类型的比例没有理由一定会相同。因此我们必须引入两个变量来表示这两个混合体，并且对两者的动态变化过程进行研究。

设 x 为男人中固执者的比例，而 y 为女人中固执者的比例。考虑一个特定的固执的男人。他会在 y 比例时间里遇到一个固执的女人并且得到一个零支付，以及会在其余时间里遇到一个随和的女人，并获得 2 个单位的支付。因此，其期望支付（适应性）为 $y \times 0 + (1-y) \times 2 = 2(1-y)$。类似地，一个随和的男人的适应性为 $y \times 1 + (1-y) \times 0 = y$。所以，在男人中，如果 $2(1-y) > y$ 或 $y < 2/3$，固执者的适应性会更强。固执的男人在他们更具适应性的时候会迅速增加，即当 $y < 2/3$ 时，x 会增加。注意，这一结果的新的、第一眼看起来令人十分惊奇的特征是：在给定"物种"内，每种类型的适应性取决于另一"物种"中各类型的比例。当然，这也是不足为奇的；记住，现在每一"物种"所进行的博弈都是对抗另一"物种"中的成员的。[21]

类似地，考虑另一"物种"，我们就有这样的结果，即当 $x < 2/3$ 时固执的女人是更具适应性的；所以当 $x < 2/3$ 时 y 增加。为了直观地理解这个结果，注意到它说的是当另一"物种"没有太多的固执者时，每一"物种"的固执者都要发展得更好一些，因为这时他会更加经常地遇到另一"物种"的随和者。

图 12-15 显示了两"物种"结构的动态变化。x 和 y 都在 0 到 1 之间变化；所以我们有一个单位正方形且 x、y 分别在横轴和纵轴上。其中，垂直线 AB 代表满足 $x = 2/3$ 的所有点，它们都是 y 既不增加也不减少的平衡点。如果当前男人中固执者的比例位于这条线的左边（即 $x < 2/3$），y 就增加（使女人中固执者的比例沿着垂直方向向上移动）。如果当前男人中固执者的比例在 AB 线的右边（$x > 2/3$），那么 y 就下降（垂直向下移动）。类似地，水平线 CD 代表满足 $y = 2/3$ 的所有点，CD 上的所有点都是 x 的平衡点。如果女人中固执者的比例位于这条线的下面（即 $y < 2/3$），则男人中固执者的比例 x 就会增加（水平向右）；当 $y > 2/3$ 时，这一比例就会下降（水平向左）。

当我们将 x 和 y 的变化结合起来考虑时，我们就能够循着它们的动态变化路径去确定种群均衡的位置。例如，从图 12-15 的左下象限中的点出发，动态过程让 x 和 y 都增加。这种联合运动（向着右上方）会持续到 $x = 2/3$ 并且 y 开始下降（现在向着右下方移动）或者 $y = 2/3$ 并且 x 开始下降（现在向着左上方移动）。在每一个象限中的类似过程都产生出图中所显示的弯曲的动态路径。这些曲线大多朝着图中的右下方或左上方移动，也就是说，它们收敛于（1，0）或者（0，1）。因此，在大多数情况下，进化动态过程会导致这样一个结构，其中一个"物种"内全是固执者而另外一个"物种"内全是随和者。最终哪一个"物种"包含的是哪种类型则取决于初始条件。要注意的是，

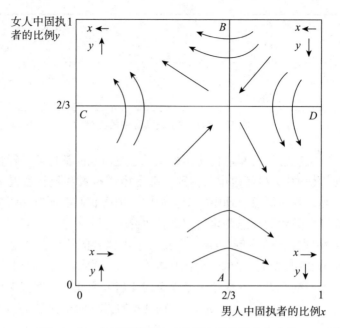

图 12-15　性别战博弈中"物种"结构的动态变化

如果最初 x 很小并且 y 很大，种群的结构很可能先越过 CD 线，然后向着（0，1）运动——都是固执的女人，$y=1$——而不是先碰到 AB 线然后再向着（1，0）运动；如果初始条件是 y 很小并且 x 很大，我们也可以得到类似的结论。最初有更多的固执者的种群将有终结于全部是固执者并获得 2 个单位支付的优势。

　　如果初始比例恰好是平衡的，动态变化将趋向一个多态型点（2/3，2/3）。但是与懦夫博弈中的多态型结果不同，性别战博弈中的多态型是不稳定的。大多数偶然的偏离都会带来一个累积性的运动并最终趋向两个极端均衡中的某一个：它们就是这个博弈的两个 ESS。这是一个一般性的性质——这样的多物种博弈存在对于每个物种都是单态型的 ESS。

12.8　合作与利他的进化

　　进化博弈论有两个基本思想：首先，单个生物是与同一物种中的其他生物或其他物种中的成员进行博弈的；其次，带来高支付（更具适应性）的策略的遗传型会不断增加，而其他遗传型在种群中的比例则会不断下降。这些思想令人联想到了某些达尔文的诠释者所说的那种为了生存而激烈斗争的原则，他们按照字面上的意思去理解"适者生存"，将"自然存在于牙齿与爪子之中"的图景呈现于人们脑海中。但事实上，自然界里也表现出许许多多合作的（其中动物个体的行为为种群中的其他每个个体带来很大的利益）甚至是利他主义的（其中动物个体牺牲自己的较大利益去给其他个体带来好处）行为。在动物界中，蜜蜂、蚂蚁就是最明显的例子。这样的行为能不能与进化博弈论的观点相协调呢？

　　生物学家们运用四重分类的方法对自利性动物（表现型或者遗传型）中可能出现的

合作和利他的方式进行了分类。李·杜盖金（Lee Dugatkin）命名了四种种类：（1）家族动力学；（2）互惠性交易；（3）自利性团队工作；（4）群体性利他主义。[22]

作为家族动力学的一个例子，蚂蚁和蜜蜂的行为大概是最容易理解的了。蚁群或蜂群中的所有个体是密切相关的，因此在很大程度上它们拥有相同的基因。蚁群中所有工蚁都是姊妹，它们有一半的基因相同；因此，从基因遗传的意义上来说，另外两只工蚁的生存与自己的生存同等重要。同一蜂房中所有工蜂之间都是半个姊妹的关系，它们有四分之一的基因相同。当然，单个蚂蚁或蜜蜂并不能计算出牺牲自己去保全两只同类的蚂蚁或四只同类的蜜蜂是否值得，但其成员有着这种行为（表现型）的群体的潜在基因将因此而繁衍不息。"进化最终是运行于基因水平上的进化"这一观点在生物学上有着巨大影响和深远的意义，尽管它曾经被许多人所滥用，就像达尔文"自然选择"的原初思想被人们所滥用了一样。[23] 有趣的是"自私的基因"可以通过其在一个更大的基因组织如细胞中表现出无私的行为而得以成功地存续。类似地，一个细胞和它的基因也可通过参与合作和接受它们在一个组织体内的指定任务而成功地存续下去。

互惠性的利他主义可以出现在相同或不同的物种里没有关系的个体成员之间。这种行为实质上是重复囚徒困境解的一个例子，其中参与人采用类似以牙还牙的策略。例如，一些以寄生虫为食的鱼虾常到大鱼的嘴里或腮中觅食；大鱼也由于这种"清洁服务"而让它们在自己的嘴里自由游动而不伤害它们。一个更有吸引力——虽然有些恐怖——的例子是吸血蝙蝠会与那些没有找到血的蝙蝠共同享用血液。在一个实验中，从不同的地方找来的蝙蝠被放在一起并且被挑选出来挨饿，只有那些即将饿死的蝙蝠（在24小时内不进食就会死亡）被实验中的其他蝙蝠给予了血液。然而关键的一点是，蝙蝠只是从它们的"老乡"那里得到血液，并且吸血蝙蝠更多地是将已咽下的血液吐出来再给予那些求助的个体。[24] 再次申明，我们并没有假设每只蝙蝠有意识地计算过是"继续合作"（给予血液）还是"背叛"（不给予血液）对自己更有利。相反，这一行为出于本能。

当所有其他个体都选择合作时，选择合作是符合每一个个体的利益的，此时，自利性团队工作就会出现。换句话说，这类合作行为适用于挑选出安全博弈中的好结果。杜盖金指出，种群在严酷的环境里倾向于比在不太严酷的环境中更加容易出现自利性团队工作。当条件很糟糕时，群体中任何一个个体因为偷懒而逃避工作都会给包括偷懒者自己在内的整个群体带来灾难。于是在这样的条件下，每个个体对于生存来说都是至关重要的，并且只要其他个体都在努力工作就没有个体会因为偷懒而逃避工作。在较好的环境里，每个个体都会希望成为其他个体努力的搭便车者，而这样的行为并不威胁到包括它自己在内的整个群体的生存。

接下来我们走出生物学到社会学中去：一个有机体（和它的细胞，最终它的基因）将获益于其在一个有机体集合内的合作性表现，这个有机体集合就是社会。这带给我们一种群体性利他主义的思想，说明即使在个体之间并非近亲关系的种群中我们也可看到某种合作行为。我们的确找到了这种例子。像狼那样的食肉动物群就是一个很好的例子，而大猩猩的群落常常表现得像一个大家庭。即使在作为被捕食者的种群中，在需要个体去轮流监视食肉猛兽的行踪时也会出现合作行为。不同物种间也会有合作。

一般来说，一个其中的成员表现出合作行为的群体在与其他群体进行相互作用时，要比其中的成员在群体中寻求搭便车的群体更加成功。倘若在进化动态演化的特定框架中，群体之间的选择是比群体内部的选择更加强烈的一种力量，则我们就会看到群体性利他主义。[25]

个体的本能是通过基因固定在个体大脑中的，但互利和合作也可能出现在种群内有目的的思考或尝试中，并通过社会化而传播开——这种传播不是通过基因，而是通过明确的指导和对年长者行为的观察来实现的。这两种渠道——养育和本性——的相对重要性因物种和环境的不同而不同。你可能认为社会化对于人类来说是更为重要的，但实际上，它对其他动物也非常重要。这里我们引用一个非同寻常的例子。1911—1912年，罗伯特·F.斯科特（Robert F. Scott）到南极探险时，使用了一群西伯利亚狗。这群狗是一起长大的并为了南极探险而接受过专门训练。在短短的几个月里，它们就建立了一种合作机制，靠惩罚来维持合作。"它们奋力合作并用巨大的努力去惩罚那些未尽力拉或者过分用力拉的同伴……它们惩罚的方法总是相同并且有效的，在它们看来是公平的惩罚在我们看来却是谋杀。"[26]

这是对合作行为如何与进化博弈论相一致的一个令人鼓舞的说明，并且可由此看出自私行为的困境是可以被克服的。事实上，研究利他行为的科学家们最近报告了在人类中存在利他性惩罚或强烈的互惠性（它区别于互惠性利他主义）的实验证据。他们的证据表明人们愿意去惩罚那些在群体中不努力的家伙，即使这样做代价高昂且不存在预期收益。如果具有这种特征的群体能够更好地在战争与灾难性事件中幸存下来，这种强烈的互惠性倾向将有助于解释人类文明的兴起。[27] 尽管有这些发现，强烈的互惠性并未在动物世界中广泛传播开来。"与解释了蚂蚁之间和会照顾其幼子的生物之间的合作的裙带关系相比较，互利行为被证明是稀缺的。这大概是由于这样一个事实，即互利行为不仅需要重复性的互动，而且需要识别及记住其他个体的能力。"[28] 换句话说，在第10.2.4节的理论分析中得到的解决重复性囚徒困境的必要条件看来在进化博弈中是起作用的。

12.9 总 结

生物学的进化论类似于社会科学家所使用的博弈论。进化博弈是在由基因事先决定的不同行为表现型之间而不是理性选择的策略之间进行的。在进化博弈中，具有较强适应性的表现型生存下来，在与其他表现型的重复性互动中不断繁殖，并在种群中增加它们的比例。一个由一种或者多种表现型以一定比例组成的种群被称为是进化稳定的，如果它不能被其他变异表现型成功入侵，或者如果它是更具适应性的表现型繁殖动态过程的极限结果。倘若一种表现型在面临一种变异表现型的侵入时仍能保持自己的主导性，我们就称这种表现型是进化稳定策略，而且称单独由它组成的种群表现出单态型特征。如果两种或更多种表现型共存于一个进化稳定的种群，它就被认为具有多态型特征。

当把进化博弈论更一般地应用于非生物博弈时，单个参与人所遵循的策略就被理解为经验法则，而不是由基因决定的。繁殖过程代表着更一般的传播方式，包括社会化、教育以及模仿；变异代表着新策略的尝试。

进化博弈具有类似于第4章和第7章所分析过的支付结构，包括囚徒困境和懦夫博弈。在每一种情形里，进化稳定策略折射出来的或者是由理性决策参与人所进行的同样结构的博弈的纯策略纳什均衡，或者是在这样一个博弈中的混合策略均衡中的比例。在囚徒困境中，"总是背叛"是进化稳定的；在懦夫博弈中，稀有的类型更具适应性，故存在着一种多态型的均衡；在安全博弈中，稀有的类型适应性较差，故多态型的结构是不稳定的，且均衡位于极端的位置。当博弈在两个不同物种的每一个中的两个不同类型成员之间进行时，可运用更为复杂但类似的结构分析去求解均衡。

鹰鸽博弈是经典的生物学例子。对此博弈的分析与对进化博弈的囚徒困境及懦夫博弈版本的分析相似；进化稳定策略依赖于支付结构的特征。当有两种以上类型相互作用时或在非常一般性的情况下，也能够进行分析。该理论表明进化稳定的要求产生出一种均衡策略，它等价于理性决策参与人所得到的纳什均衡。

■ 关键术语

进化稳定（evolution stable）

进化稳定策略（evolutionary stable strategy，ESS）

适应性（fitness）

遗传型（genotype）

鹰鸽博弈（hawk-dove game）

侵入（invade）

单态型（monomorphism）

变异（mutation）

中性 ESS（neutral ESS）

表现型（phenotype）

领地博弈（playing the field）

多态型（polymorphism）

原生准则（primary criterion）

次生准则（secondary criterion）

选择（selection）

■ 已解决的习题

S1. 两个旅客购买相同的手工纪念品并把它们放到各自返程航班的手提箱中。不幸的是，航空公司丢失了两个手提箱。因为航空公司不知道所丢失纪念品的真实价值，它要求每个旅客独立地报告价值。航空公司同意支付给每个旅客的数量等于两个报告中的最小值。如果一个报告高于另一个报告，航空公司从高报告的旅客中拿走 20 美元的罚金并送给低报告的旅客。如果两个报告的结果相等，则既没有奖励也没有惩罚。两个旅客都不记得纪念品的准确成本，因此价值与成本无关；每个旅客只是报告由他的类型决定的他应该报告的价值。

存在两种类型的旅客。高类型总是报告 100 美元，低类型总是报告 50 美元。让 h 表示高类型在人群中所占的比例。

（a）画出从人群中随机选出的两个旅客对于这个博弈的支付表。

（b）画出高类型的适应性，其中用横轴表示 h。在同一幅图上画出低类型的适应性。

（c）描述这个博弈所有的纳什均衡。对于每一个均衡，表述它是单态型的还是多态型的以及是否稳定。

S2. 在第 12.5.1 节中我们考虑了在三次重复的餐馆定价囚徒困境博弈中的 ESS

（进化稳定策略）检验。

(a) 完整地解释（使用图 12 - 10）为什么一个完全由 A 类型组成的种群不可能被 N 类型或 T 类型变异所入侵。

(b) 解释为什么一个完全由 N 类型组成的种群会被 A 类型入侵以及它被 T 类型入侵的程度。把这个解释与本章的中性稳定性概念相联系。

(c) 最后解释为什么一个完全由 T 类型组成的种群不会被 A 类型的变异所入侵但会被 N 类型的变异所入侵。

S3. 考虑一个种群，其中存在着两种表现型：天生的合作者（在审问下总是不会承认）和天生的背叛者（准备好要承认）。如果该种群的两个成员是随机地挑选出来的，他们在单轮博弈中的支付与第 4 章里的夫妻囚徒困境博弈中的支付相同，这里重新在下表列出来。在重复相互作用的种群中存在两个可利用的策略，如第 12.2 节中的餐馆囚徒困境博弈一样，两个策略是 A（总是承认）和 T（开始时不承认，选择以牙还牙）。

单位：年

行		列	
		承认	不承认
	承认	10，10	1，25
	不承认	25，1	3，3

(a) 假设一对参与人相继地进行两次囚徒困境博弈。画出这个两次重复囚徒困境博弈的支付表。

(b) 找出这个博弈的所有 ESS。

(c) 现在再增加第三个可能的策略 N，即绝不承认。画出这个具有三个可能策略的两次重复囚徒困境博弈的支付表，并且找出该博弈的这个新版本的所有 ESS。

S4. 在本章的安全（约会地点）博弈中，支付代表参与人在不同的结果下所获得的物质价值，例如，它可以是一次成功约会所给予的奖励。那么，种群中的其他人可观察到这两种类型的期望支付（适应性），看看孰高孰低，并逐渐地模仿适应性强的策略。因此，种群中的两种类型的比例会发生改变。但我们还可以从更加生物学的角度来解释这种结果。假设列参与人总为女性，行参与人总为男性，于是两类参与人因成功相遇而配对繁殖，并且他们的孩子是与父母相同类型的。因此，这些类型会作为相遇的一个结果而不断存续发展或者消亡。该博弈的这个新版本的正式数学描述使得其成为一种"双物种博弈"（虽然其在生物学上并非如此）。因此，种群中 S 类型女性的比例——称这个比例为 x——不需要等于种群中 S 类型男性的比例——称这个比例为 y。

(a) 试运用类似于性别战博弈中所应用的方法去研究 x 和 y 的动态变化。

(b) 找出稳定结果或该动态过程的结果。

S5. 回忆习题 S1 中旅客报告他们丢失的纪念品价值的问题。假设种群中存在第三种表现型。第三种表现型是混合型，他选择一个混合策略，有时报告 100 美元的价值，有时报告 50 美元的价值。

(a) 就像在理性决策博弈中找出混合策略一样，运用你的知识，为该博弈中使用混合策略的表现型设定一个合理的混合策略。

(b) 当采取混合策略的表现型采取了你在（a）里发现的混合策略时，画出该博弈

的 3×3 支付表。

（c）确定这种混合表现型是不是该博弈的一种 ESS。（提示：需要检验一个混合表现型种群会否被高类型或低类型变异成功地侵入。）

S6. 考虑每个人或者从太阳能获得电力或者从化石燃料中获得电力的简化模型，其中两者是相对无弹性的供给。（对于太阳能发电的情形，认为所需设备是相对无弹性的供给。）使用太阳能的前期成本很高，因此当化石燃料的价格低时（也就是很少有人使用化石燃料且对太阳能设备存在高的需求），太阳能的成本是相当高的。另外，当许多人使用化石燃料时，对化石的需求（因此价格）就很高，而对太阳能的需求（从而价格）相对很低。假设两种类型能源的消费者的支付表如下：

		列	
		太阳能	化石燃料
行	太阳能	2, 2	3, 4
	化石燃料	4, 3	2, 2

（a）使用太阳能使用者所占的比例 s 描述这个博弈所有可能的 ESS，并且解释为什么每一个 ESS 是稳定的或是不稳定的。

（b）假设生产太阳能设备存在重要的经济规模，比如成本节省使表中单元格（太阳能，太阳能）增加到 (y, y)，其中 $y>2$。多大的 y 值才能使多态型均衡的 $s=0.75$？

S7. 存在两种类型的比赛者，乌龟和野兔，随机抽取它们配对比赛。在这个世界中，野兔每次都能击败乌龟。如果两个野兔比赛则它们打成平手，它们经过比赛变得精疲力竭。当两个乌龟比赛时它们也打成平手，但它们沿路享受很愉悦的谈话。支付表如下（其中 $c>0$）：

		列	
		乌龟	野兔
行	乌龟	c, c	$-1, 1$
	野兔	$1, -1$	$0, 0$

（a）假设种群中乌龟的比例 t 为 0.5。什么样的 c 值会使乌龟比野兔具有更强的适应性？

（b）如果 $t=0.1$，什么样的 c 值会使乌龟比野兔具有更强的适应性？

（c）如果 $c=1$，单个兔子能成功地入侵到纯乌龟种群中吗？解释原因。

（d）用 t 表示的多大的 c 才能使乌龟比野兔具有更强的适应性？

（e）用 c 表示的多态型均衡中的 t 是多少？什么样的 c 值才能确保这个均衡的存在？请解释。

S8. 考虑一个有两种类型 X 和 Y 的种群，支付表如下：

		列	
		X	Y
行	X	2, 2	5, 3
	Y	3, 5	1, 1

(a) 找出 X 类型作为 X 在种群中所占比例 x 的函数的适应性，以及作为 x 函数的 Y 的适应性。

假设种群从一代到下一代的动态性符合如下模型：

$$x_{t+1} = x_t \times F_{Xt} / [x_t \times F_{Xt} + (1-x_t) \times F_{Yt}]$$

其中，x_t 是 X 种群在 t 期所占的比例，x_{t+1} 是 X 种群在 $t+1$ 期所占的比例，F_{Xt} 是 X 在 t 期的适应性，且 F_{Yt} 是 Y 在 $t+1$ 期的适应性。

(b) 假设 X 于 0 期在种群中所占的比例 x_0 是 0.2。F_{X0} 和 F_{Y0} 是多少？

(c) 使用 x_0、F_{X0}、F_{Y0} 和上边给定的模型找出 x_1。

(d) F_{X1} 和 F_{Y1} 是多少？

(e) 找出 x_2（四舍五入到五位小数）。

(f) F_{X2} 和 F_{Y2} 是多少（四舍五入到五位小数）？

S9. 考虑绿色类型和紫色类型之间的博弈，支付表如下：

		列	
		绿色	紫色
行	绿色	a, a	4, 3
	紫色	3, 4	2, 2

令 g 为绿色类型在种群中所占的比例。

(a) 用 g 表示的紫色类型的适应性是多少？

(b) 用 g 和 a 表示的绿色类型的适应性是多少？

(c) 对于绿色类型在种群中所占的比例 g，画出紫色类型的适应性。在同一幅图中，展示当 a 为 2、3 和 4 时绿色类型的三条适应性曲线。你能从这幅图中得出的确保一个稳定多态均衡的 a 值范围是多少？

(d) 假设 a 是在（c）中找到的范围。用 a 表示的在稳定多态均衡中绿色类型的比例 g 是多少？

S10. 证明下面的陈述："如果在理性参与人进行的博弈的支付表中，某策略是被严格占优的，则在同一博弈的进化版本中，无论最初的种群混合体如何，它最终都会消亡。如果该策略被弱占优，则它可以与某些其他类型共存，但不会存在于有所有类型的混合体中。"

未解决的习题

U1. 考虑一个有许多参与人的大型种群，其中存在两种可能的表现型。这些参与人相遇并且进行一场生存博弈，他们或者是进行战斗或者是共享同一食物源。一种表现型总是战斗，另一种总是共享；对于这个问题，假定在种群中没有其他变异会出现。假设食物源的价值为 200 卡路里，且卡路里的吸收决定了每个参与人的繁殖适应性。如果两种共享型相遇，则每一个都获得一半的食物。但是，倘若一个共享型与一个战斗型相遇，则共享型会立即将食物让给战斗型，战斗型获得所有食物。

（a）假设一次战斗的成本是 50 卡路里（对于每一个战斗型来说）且在两个战斗型相遇时，每一个都有同样的可能性（概率 1/2）赢得战斗和食物或失败且得不到食物。画出从这个群里随机挑选出来的两个参与人之间的博弈的支付表。找出该种群中的所有 ESS。此时进行的是什么类型的博弈？

（b）现在假设一次战斗的成本对于每一个战斗型来说是 150 卡路里。画出新的支付表并且找出此时该种群中的所有 ESS。在这里进行的是什么类型的博弈？

（c）运用第 12.6 节中的鹰鸽博弈概念，给出（a）和（b）中的 V 和 C 值，且证明你关于这些部分的答案与书中给出的分析是一致的。

U2. 假设一次性囚徒困境博弈的支付表如下：

		参与人 2	
		合作	背叛
参与人 1	合作	3, 3	1, 4
	背叛	4, 1	2, 2

在一个大型种群中，每个成员的行为均由基因决定。每个参与人要么是背叛者（即在任何一次囚徒困境博弈中总是背叛），要么是以牙还牙的参与人（在多轮囚徒困境博弈中，他在第一轮中合作；在之后的每一轮中，他将选择其对手在上一轮中所选择的策略）。从这个种群中随机挑选出来的若干对参与人进行若干"轮" n 次囚徒困境博弈（其中 $n \geqslant 2$）。参与人每轮（进行 n 次）的支付为他在 n 次博弈中的支付之和。

设种群中背叛者的比例为 p，则以牙还牙参与人的比例为 $(1-p)$。在每轮开始时，种群中的每个成员重复地进行若干轮囚徒困境博弈，在新的每一轮中都与随机挑选出来的新对手进行对局。一个以牙还牙参与人总是在其第一轮里以合作开始新的一轮。

（a）在一轮博弈里，当每个参与人与两种类型中的每一种对手相遇时，在一张 2×2 的表中表示出每种类型参与人的支付。

（b）计算背叛者的适应性（即参与人在整轮中与随机挑选出来的对手之间对局的期望支付）。

（c）计算以牙还牙参与人的适应性。

（d）利用（b）、（c）的答案证明：当 $p > (n-2)/(n-1)$ 时，背叛型的适应性更强；当 $p < (n-2)/(n-1)$ 时，以牙还牙型的适应性更强。

（e）如果进化导致种群中有较强适应性的类型比例逐渐增加，那么对于这道习题中所描述的种群来说，什么是该过程可能的最终均衡结果？（即什么是可能的均衡，以及哪一些是进化稳定的？）用适应性图形来说明你的答案。

（f）在什么样的意义上很多次的重复（n 的数值很大）会促成合作的进化？

U3. 假设在习题 S3 中的两次重复囚徒困境博弈中，存在着第四种可能的类型（类型 S），它也可以存在于种群中。该类型在第一轮里选择不承认，并且在与同样对手的相继两次对局中，每一次的第二轮都选择承认。

（a）画出这个博弈的 4×4 适应性表格。

（b）新假设的类型 S 能成为这个博弈的 ESS 吗？

（c）在习题 S3 的三个类型博弈中，A 和 T 两个都是 ESS，但 T 仅仅是中性稳定的，因为小规模的 N 变异可以与之共存。证明这里的四个类型博弈，T 不可能是 ESS。

U4. 依照习题 S4 的模式，分析网球博弈的进化版本（见表 4-14）。把进攻者和防守者当作两个种类，并且构建类似图 12-15 的图形。你如何评价 ESS 和其动态性？

U5. 回忆习题 U1 中为了价值为 200 卡路里的一种食物源进行战斗的一个种群。假定正如在习题 U1（b）中那样，每个战斗型一次战斗的成本是 150 卡路里。还假定在种群中存在着第三种表现型，它是一个混合体，所采取的是混合策略，有时战斗有时又与人共享。

（a）就像在理性决策博弈中找出混合策略一样，运用你的知识，为该博弈中使用混合策略的表现型设定一个合理的混合策略。

（b）当采取混合策略的表现型采取了你在（a）里发现的混合策略时，画出该博弈的 3×3 支付表。

（c）确定这种混合表现型是不是该博弈的一种 ESS。（提示：你一定要检验一个混合表现型种群是否会被战斗型或共享型变异所侵入。）

U6. 考虑来自第 10 章习题 U1 的贝克和卡特勒之间博弈的进化版本。这一次贝克和卡特勒不再是两个人，而是两个分离的种类。每次一个贝克遇到一个卡特勒，他们参与如下博弈。贝克选择总的奖金为 10 美元或 100 美元。卡特勒选择如何分配贝克选择的奖金：卡特勒可以依据自己的爱好选择 50：50 或 90：10 的分配比例。卡特勒首先行动，贝克然后行动。

种群中存在两种类型的卡特勒：类型 F 选择平均（50：50）分配，然而类型 G 选择一个贪婪的（90：10）的分配比例。同样存在两种类型的贝克：无论卡特勒做什么，类型 S 仅仅选择最大的奖金（100 美元）；然而如果卡特勒选择 50：50 的分配比例，类型 T 选择最大的奖金（100 美元），但是如果卡特勒选择 90：10 的分配比例，类型 T 选择小奖金（10 美元）。

让 f 表示在卡特勒种群中类型 F 的比例，因此 $1-f$ 代表类型 G 的比例。让 s 表示在贝克种群中类型 S 的比例，因此 $1-s$ 代表类型 T 的比例。

（a）找出用 s 表示的卡特勒类型 F 和类型 G 的适应性。

（b）找出用 f 表示的贝克类型 S 和类型 T 的适应性。

（c）使得类型 F 和类型 G 均等适应的 s 值是多少？

（d）使得类型 S 和类型 T 均等适应的 f 值是多少？

（e）使用你在上面的回答画出显示种群动态性的图形。指定 f 作为横轴，s 作为纵轴。

（f）描述这个进化博弈的所有均衡，并且预测哪些均衡是稳定的。

U7. 回忆习题 S7。结果证明野兔是非常无礼的获胜者。每当龟兔比赛时，野兔会毫不留情地嘲笑它们慢脚（且已被击败）的对手。可怜的乌龟不仅以失败离场，而且它们的柔情也被冷漠的野兔所粉碎。于是支付表如下：

		列	
		乌龟	野兔
行	乌龟	c, c	$-2, 1$
	野兔	$1, -2$	$0, 0$

（a）如果乌龟在种群中所占的比例 t 是 0.5，使得乌龟比野兔具有更强适应性的 c

值是多少？这个结果与习题 S7 中（a）的回答相比有何区别？

（b）如果乌龟在种群中所占的比例 t 是 0.1，使得乌龟比野兔具有更强适应性的 c 值是多少？这个结果与习题 S7 中（b）的回答相比有何区别？

（c）如果 $c=1$，单个野兔能成功地入侵到纯乌龟种群中吗？解释原因。

（d）用 t 表示的多大的 c 使得乌龟比野兔的适应性更强？

（e）用 c 表示的多态型均衡中的 t 是多少？什么样的 c 值才能确保这个均衡的存在？请解释。

（f）在（e）中找到的多态均衡是稳定的吗？为什么？

U8.（**需要使用电子表格软件**）这里彻底地探索我们在习题 S8 中看到的代际种群动态问题。由于数学瞬间变得复杂和乏味，借助电子表格使得分析变得更容易些。

再一次，考虑种群中有两种类型 X 和 Y，支付表如下：

		列	
		X	Y
行	X	2, 2	5, 3
	Y	3, 5	1, 1

回忆代际的种群动态方程给定为：

$$x_{t+1}=x_t \times F_{Xt}/[x_t \times F_{Xt}+(1-x_t) \times F_{Yt}]$$

其中，x_t 是 X 种群在 t 期所占的比例，x_{t+1} 是 X 种群在 $t+1$ 期所占的比例，F_{Xt} 是 X 在 t 期的适应性，且 F_{Yt} 是 Y 在 t 期的适应性。

使用电子表格延拓这些计算至多代。[提示：指定三个相邻的单元格为 x_t、F_{Xt} 和 F_{Yt} 的值，并且每个连续的行代表不同的时期（$t=0, 1, 2, 3, \cdots$）。使用电子表格公式表述 F_{Xt} 和 F_{Yt} 关于 x_t 以及 x_{t+1} 关于 x_t 的关系，F_{Xt} 和 F_{Yt} 的值依据上述给定的种群模型。]

（a）如果在第 1 期种群中的 X 和 Y 具有相等的比例（也就是，如果 $x_0=0.5$），在下一期 x_1 中 X 的比例是多少？F_{X1} 和 F_{Y1} 是多少？

（b）使用电子表格延拓这些计算到下一期、下下期，等等。精确到四位小数，x_{20} 是多少？F_{X20} 和 F_{Y20} 是多少？

（c）x 的均衡水平 x^* 是多少？

（d）初始值 $x_0=0.1$，回答（b）中的问题。

（e）重复（b），但是 $x_0=1$。

（f）重复（b），但是 $x_0=0.99$。

（g）这个模型可能存在单态均衡吗？如果存在，它们是稳态均衡吗？请解释。

U9. 考虑在绿色类型和紫色类型之间的进化博弈，其支付表如下：

		列	
		绿色	紫色
行	绿色	a, a	b, c
	紫色	c, b	d, d

使用参数 a、b、c 和 d，找出确保一个稳定多态均衡的条件。

U10.（选做，针对有数学功底的学生）在第 12.5 节图 12-11 中的三种类型进化博弈中，设 $q_3=1-q_1-q_2$ 代表橙色颈前部攻击类型的比例。那么，每一种类型蜥蜴的种群比例的动态过程可以表达为：

q_1 增加，当且仅当 $-q_2+q_3>0$

以及

q_2 增加，当且仅当 $q_1-q_3>0$

我们在书中没有明确把它说出来，但是对于 q_3 的一个类似的法则就是：

q_3 增加，当且仅当 $-q_1+q_2>0$

（a）更加明确地考察动态过程。设变量 x 随时间 t 的变化速度用导数 $\mathrm{d}x/\mathrm{d}t$ 表示。则假定有：

$$\mathrm{d}q_1/\mathrm{d}t=-q_2+q_3,\ \mathrm{d}q_2/\mathrm{d}t=q_1-q_3$$

以及

$$\mathrm{d}q_3/\mathrm{d}t=-q_1+q_2$$

验证这些导数与前面有关种群动态过程的陈述是一致的。

（b）假定 $X=(q_1)^2+(q_2)^2+(q_3)^2$，运用微积分知识证明 $\mathrm{d}X/\mathrm{d}t=0$，即证明 X 不随时间变化而变化。

（c）从题干的定义中我们知道有 $q_1+q_2+q_3=1$。将这一事实与（b）中的结果相结合，证明随着时间的推移，在三维空间中，点 (q_1, q_2, q_3) 沿一个圆周运动。

（d）在有色颈前部蜥蜴种群的进化动态过程的稳定性方面，由（c）的答案可以得出什么结论？

【注释】

[1] Daniel Kahneman, *Thinking, Fast and Slow* (New York: Farrar, Straus and Giroux, 2011).

[2] 表现型的动态变化由遗传型的潜在动态变化驱动，但是，至少是在初步水平上，进化生物学将其分析集中在表现型水平上并且忽略进化的遗传方面。我们对进化博弈的研究也采取类似的做法。在注释 [3] 引用的资料里我们可以找到遗传型水平上的一些理论。

[3] Robert Pool, "Putting Game Theory to the Test," *Science*, vol. 267 (March 17, 1995), pp. 1591-1593. 这是近来出现的一篇适合普通读者阅读的好文章，其中有许多来自生物学方面的例子。John Maynard Smith 在他的《进化遗传学》(*Evolutionary Genetics*, 2nd ed., Oxford: Oxford University Press, 1998, chap. 7) 和《进化与博弈论》(*Evolution and the Theory of Games*, Cambridge: Cambridge University Press, 1982) 中讨论了生物学中的这种博弈；前者还介绍了许多进化的背景知识。我们向高级读者推荐：Peter Hammerstein and Reinhard Selten, "Game Theory and Evolutionary Biology," in *Handbook of Game Theory*, vol. 2, ed. R. J. Aumann and S. Hart (Amsterdam: North Holland, 1994), pp. 929-993; Jorgen Weibull, *Evolutionary Game Theory* (Cambridge, Mass.: MIT Press, 1995)。

［4］事实上，进化论观点的应用不仅仅止于博弈论。下面这则笑话就给出了一种"引力的进化理论"来作为对牛顿或者爱因斯坦理论的一种替代。

问：为什么苹果会从树上掉到地上？

答：本来从树上掉下的苹果可以沿着任何方向飞出，但是只有那些遗传性地掉向地球的苹果才会再生出来。

［5］在前面的章节中所讨论的理性行为里，我们会说背叛是一个严格占优策略。

［6］该博弈只是两次重复博弈的一个例子。在基本博弈的其他支付下，两次重复不会有不明确的答案。第4章的夫妻囚徒困境就是如此。如果第一个准则与第二个准则均不明确，则没有类型满足 ESS 的定义，因此我们需要拓展在进化博弈中对于构成均衡的理解。我们将在第12.5节中考虑这种情形的概率并且在第12.6节中给出处理这种结果的一般化理论。

［7］精确地说，种群里任何特定类型的比例都是有限的，且仅仅能够取诸如 1/1 000 000 以及 2/1 000 000 这样的数值。但是，倘若种群足够大，并且我们在图 12 - 4 中用一条直线上的点来表示所有这样的数值，则这些点会非常紧密地聚集在一起，而且我们可将它们看成是一条连续的线。这就使得比例可取 0 到 1 之间的任何实数，从而我们就可考察特定行为类型在种群中的比例。根据同样的理由，某个成员如果入狱且被排除在种群之外，不会改变各种各样表现型在种群中的比例。

［8］你现在应该为两次重复的情形画出一个类似的图形。你会看到对于所有小于 1 的 x 值，A 类型线位于 T 类型线的上方，但两者在图的右边 $x=1$ 处相交。

［9］《懦夫变异的入侵》（*The Invasion of the Mutant Wimps*）将会是一部有趣的科幻喜剧电影。

［10］也可以存在这样的进化稳定混合策略，其中种群中的每一个成员都采用一种混合策略。我们在第 12.6.5 节中将进一步探讨这样一种想法。

［11］Weibull 在他的《进化博弈论》（*Evolutionary Game Theory*，p. 46）中把中性稳定描述为弱标准进化稳态准则。

［12］如果要了解有关单面斑点蜥蜴的更多信息，可参见 Kelly Zamudio and Barry Sinervo，"Polygyny，Mate-Guarding，and Posthumous Fertilizations As Alternative Mating Strategies，" *Proceedings of the National Academy of Sciences*，vol. 97，no. 26（December 19，2000），pp. 14427 - 14432。

［13］第 7 章的习题考虑了 RPS 博弈的一种版本的理性均衡。你应该能够相对容易地验证这样的结论，即该博弈没有纯策略均衡。

［14］要稍加注意以确保这三个比例的总和为 1，且在这个过程中，我们并不需要使用数学方法，而是用一种简单的方式表达我们的想法。本章习题要求那些具有充分数学训练的读者给出更加严格的动态分析。

［15］关于大肠杆菌的研究参见 Martin Nowak and Karl Sigmund，"Biodiversity：Bacterial Game Dynamics，" *Nature*，vol. 418（July 11，2002），p. 138。如果这三个种系在常规基础上被强制性地分散开，其中一个种系会在大约几天的时间里占据统治地位并繁衍出第二个种系，而第二种系将会迅速地杀死第三种系。

［16］相反，想要了解更多细节的读者可以读读 John Maynard Smith 的《进化与博弈论》（*Evolution and the Theory of Games*），特别是其中的第 14 页和第 15 页。John

Maynard Smith 是进化博弈论的先驱。

[17] 倘若种群最初是多态型的且 m 是 J 类型的比例，则 m 不会"很小"。然而，m 的大小不再是一个关键问题，因为 $W(I) - W(J)$ 中的第二项现在被假定为零。

[18] 事实上，原生准则要稍微强于纳什均衡的标准定义，纳什均衡的定义更接近于中性稳定性。

[19] 在进化生物学里，这种类型的博弈被称为"不对称博弈"。在对称博弈中一个参与人不能够简单地通过观察另外一个参与人的外部特征来区分其类型；在不对称博弈里，参与人相互之间都能够识别。

[20] 我们假设我们可以按照不同物种的方式来对男女进行分类。在生活中大家有时也是这样考虑的！

[21] 而且这个发现支持且为混合策略均衡的性质提供了一种不同的理解，每一个参与人的混合策略都使得其他参与人在其纯策略之间是无差异的。现在我们可以将其看作，比如说，在一个两物种博弈的一个多态型进化均衡中，每个物种类型的比例使得另一物种所有幸存类型具有相同的适应性。

[22] 参见他在 *Cheating Monkeys and Citizen Bees：The Nature of Cooperation in Animals and Humans*（Cambridge：Harvard University Press，2000）中的精彩阐述。

[23] 在此处非常简单的讨论中，我们不可能对所有议题和争论进行评论。一本非常流行的著作，也是本节里的许多例子的来源，是 Matt Ridley 的《美德的起源》(*The Origins of Virtue*，New York：Penguin，1996)。我们还要指出的是，我们既没有在任何细节上考察遗传型与表现型之间的联系，也没有考察性在进化中的角色。Ridley 所写的另外一本书《红色皇后》(*The Red Queen*，New York：Penguin，1995) 给出了对这个问题的一种非常精彩的处理。

[24] Dugatkin，*Cheating Monkeys*，p. 99.

[25] 根据强调基因水平上的选择的严格进化论，群体性利他主义通常被认为是不可能的，但是在更为复杂的情况下，这个概念是可以得到解释的。更详细的讨论可参见 Dugatkin，*Cheating Monkeys*，pp. 141 - 145。

[26] Apsley Cherry-Garrard，*The Worst Journey in the World*（London：Constable，1922；reprinted New York：Carroll and Graf，1989)，pp. 485 - 486.

[27] 关于利他性惩罚的证据，可以参见 Ernst Fehr and Simon Gachter，"Altruistic Punishment in Humans,"*Nature*，vol. 415（January 10，2002)，pp. 137 - 140。

[28] Ridley，*The Origins of Virtue*，p. 83.

第 13 章

机 制 设 计

詹姆斯·莫里斯（James Mirrlees）因在最优非线性收入税和相关政策问题上所做的开创性研究而获得了 1996 年的诺贝尔经济学奖。许多非经济领域的专家学者以及一些经济学家发现他的研究成果晦涩难懂。但是《经济人》杂志对这项研究成果广泛的重要性和相关性做出了精彩的描述，其中写道："莫里斯告诉我们如何与比我们有信息优势的人打交道。"[1]

在第 8 章，我们已经看到了信息不对称影响博弈分析的途径，但是莫里斯所考虑的根本问题与我们之前所研究的略有不同。在他的作品里，一个参与人（政府）需要制定一套规则，使得其他参与人（纳税人）有动机与第一个参与人的目标保持一致。在这个具有一般框架的模型中，信息劣势方要为信息优势方创造出动机从而使得信息优势方的行为有利于信息劣势方。现在，这个模型广泛存在并与大量社会经济交互行为相关。在一般情况下，我们称信息劣势方为委托人，称信息优势方为代理人，因而这类模型也就被称为委托-代理模型。委托人用来激励代理人正确动机的程序就是所谓的**机制设计**（mechanism design）。

在莫里斯的模型里，政府在寻求效率与公平之间的平衡。政府需要更多的高生产率的社会成员来努力提高总产出，然后它重新分配收入以补助贫困的社会成员。如果政府知道每个人的确切生产潜能，并且能够观察到每个人的努力程度和工作质量，那么它就能简单地根据每个人的能力来要求他们做出相应的贡献，也能根据人们的需求来重新分配他们的劳动成果。但是，像这样详细具体的信息，其成本是高昂的，甚至是不可能获取的，这样的重新分配方案也可能同样难以付诸实施。每一个人都非常清楚自己的能力和需求，选择自己的努力程度，但是，他会通过向政府隐藏这些信息来维护自身的利益。假装能力低、需求大将有助于缴纳更少的税而不受处罚或者得到政府更多的支票。如果政府拿走一部分收入，纳税人努力工作的动机就会减少。政府必须考虑到这些信息与动机问题，进而制定出自己的税收政策，或者财政机制。莫里斯的贡献就是解决了在委托-代理框架中这个复杂的机制设计问题。

经济学家威廉·维克里因其对信息不对称情况下机制设计的研究，与莫里斯分享了1996年的诺贝尔经济学奖。维克里因设计出一种能得到真实出价的拍卖机制而闻名。（关于拍卖这个话题我们将在第16章详细阐述。）然而，他的研究工作已经扩展到其他机制上，比如公路交通拥堵的定价问题。他和莫里斯为这个子领域的广泛研究奠定了基础。

确实，在最近三十年，机制设计的一般理论已经取得了巨大的进步。2007年诺贝尔经济学奖颁给了利奥尼德·赫维奇（Leonid Hurwicz）、罗杰·迈尔森（Roger Myerson）和埃里克·马斯金（Eric Maskin）。他们的工作，以及许多其他人的研究，把这些理论应用到大量特定的环境中，包括补偿金计划的设计、保险政策，当然还有税收方案和拍卖机制。在这一章，我们将使用常用的数据例子方法以及通过练习来提出一些著名的应用。

13.1 价格歧视

厂商通常会向不同的消费者出售产品，消费者对产品的支付意愿往往也不尽一致。在理想情况下，厂商想向每个消费者收取其所愿意支付的最大价格。如果厂商能够这么做——基于每个消费者的支付意愿制定价格，经济学家称之为完全**价格歧视**（price discrimination）（或一级价格歧视）。

由于多种因素，实施完全价格歧视是不可能的。最根本的原因是即使一个消费者愿意支付很多，他也更倾向于实际支付少。因此，消费者倾向于较低的价格，而且厂商可能不得不与其他厂商或者削弱高价的经销商进行竞争。然而，即使没有激烈的竞争者，厂商通常也不知道每一个消费者到底愿意支付多少，而且消费者会为了获得较低的价格尝试着假装不愿意支付高价。有时候，即使厂商能够了解到消费者的支付意愿，但基于消费者的身份实施一级价格歧视可能是不合法的。在这种情形下，厂商必须设计出一条产品线，制定相应的价格，使得消费者的购买选择——买什么，支付什么价格——与厂商通过价格歧视来提升利润的目标相一致。

用第8章非对称信息博弈的术语来讲，厂商从购买决策中识别消费者的支付意愿这个过程就是为了实现类型分离的甄别（通过自选择）。厂商不知道每个消费者的类型（即支付意愿），于是它试着从他们的行为中获取信息。航空公司的例子应该是大家最熟悉的。商务乘客愿意支付昂贵的票价，而一般乘客不愿意为机票支付太多。航空公司试着通过提供有诸多限制的低价机票来把商务乘客与一般乘客区分开来，而这些限制比如提前购买、最低住宿要求，商务乘客往往是不能接受的。[2] 我们来具体分析这个例子，明确和量化其中的含义。

我们考虑一家名为 Pie-In-The-Sky（PITS）的航空公司的定价决策，该公司提供从 Podunk 到 South Succotash 的飞行服务。乘坐这条航线的既有商务乘客，也有一般乘客。对任意座位，商务乘客都愿意比一般乘客支付更多。为了既能向一般乘客提供服务又能获得可观的利润，而不是以同样低的价位向商务乘客出售机票，PITS 必须制订一种方案，在同一航班提供不同的选择，然后针对这些选择制定不同的价格从而使得每一类型乘客都选择自己所需要的。就像上面所提到的，航空公司可以通过提供有限制的和无限制的机票来区分这两种类型的乘客。提供头等舱和经济舱是另外一种可用来区别这两种类型乘客的方式。接下来，我们将以后一种方式为例来进行分析。

假设 PITS 的乘客中有 30% 是商务乘客，有 70% 是一般乘客。图 13-1 展示了每种类型的乘客对每种等级服务的最大支付意愿，以及提供每种服务的成本和每种选择下可利用的潜在利润。

服务类型	PITS 的成本	预订价格		PITS 的潜在利润	
		一般乘客	商务乘客	一般乘客	商务乘客
经济舱	100	140	225	40	125
头等舱	150	175	300	25	150

图 13-1　航空公司的价格歧视

我们从设定一种从 PITS 的角度来看比较理想的机票方案开始。假设航空公司知道每个乘客的类型，例如，销售人员通过乘客预订机票时的穿着风格确定他们的类型。同时假设进行不同定价没有法律限制，并且低价票不可能转卖给其他乘客。（实际上，航空公司要求乘客购买时出示有效证件来阻止机票转售。）这样，PITS 能够实施完全价格歧视（一级价格歧视）。

PITS 会向每一类型的乘客收取多少费用呢？它可以向每一个商务乘客以 300 美元的价格出售头等舱机票，从而获得 300−150＝150 美元的利润，或者以 225 美元的价格向他出售经济舱机票，从而获得 225−100＝125 美元的利润。显然前者对 PITS 更有利，于是它愿意向商务乘客出售 300 美元的头等舱机票。它也可以向每一个一般乘客以 175 美元的价格出售头等舱机票，从而获得 175−150＝25 美元的利润，或者以 140 美元的价格向他出售经济舱机票，从而获得 140−100＝40 美元的利润。这里，后者对 PITS 更有利。因此，它愿意向一般乘客出售 140 美元的经济舱机票。在理想情况下，PITS 愿意只向商务乘客出售头等舱机票，只向一般乘客出售经济舱机票。在每种情况下，价格都等于相应类型乘客的最大支付意愿。采用这种策略，对于每 100 个乘客 PITS 的总利润是：

$$(140-100)\times70+(300-150)\times30=40\times70+150\times30=2\ 800+4\ 500=7\ 300$$

因此，PITS 的最优可能收入是为 100 人提供服务会为它带来 7 300 美元的利润。

现在转向更为现实的情形，PITS 不能识别每一个乘客的类型，或者不允许为了公开歧视而使用信息，那么它怎么使用不同类型的机票来甄别其乘客呢？

PITS 首先应意识到的事是在没有乘客识别信息的情况下，上面制订的定价方案将不再是利润最大化的。最重要的是，它不能向商务乘客以他们的最大支付意愿——300 美元出售头等舱座位，而只以 140 美元的价格出售经济舱座位。如果这样，商务乘客可能会购买他们最大支付意愿为 225 美元的经济舱座位，从而获得额外的收益 225−140＝85 美元，用经济学术语表述就是"消费者剩余"。他们可以将这些剩余用在比如旅途中更优质的食物或者住宿方面。选择最大支付意愿 300 美元的头等舱将会导致他们没有消费者剩余。因此，在这种情况下他们愿意转向经济舱，从而导致甄别失败。对于每 100 个

第 13 章

机
制
设
计

乘客 PITS 的总利润将降至（140－100）×100＝4 000 美元。

PITS 能向商务乘客收取头等舱座位的最大价格必须至少给予商务乘客 85 美元的收益，而这 85 美元正是他们能从购买经济舱机票中得到的。所以，头等舱机票的价格至多为 300－85＝215 美元。（也许价格应该为 214 美元，这样就让商务乘客有确定性的积极理由来选择头等舱机票，但是我们将忽略这个微小的差异。）PITS 仍然能以 140 美元的价格出售经济舱机票，尽可能地从一般乘客那里获取利润，于是在这种情况下它的总利润（来自 100 个乘客）是：

$$(140-100)\times70+(215-150)\times30=40\times70+65\times30=2\ 800+1\ 950=4\ 750$$

这个利润比 PITS 在信息有限情况下不成功地实施完全价格歧视所获得的 4 000 美元要多，但比它如果拥有完全信息并成功实施完全价格歧视所获得的 7 300 美元要少。

通过将头等舱座位的价格定为 215 美元，经济舱座位的价格定为 140 美元，PITS 能成功地进行甄别，并且能基于乘客对两种服务的自选择而将这两种类型的乘客区分开来。但是，PITS 必须牺牲一些利润来实现这种间接歧视。PITS 损失了这部分利润是因为它向商务乘客收取的费用必须小于他们的最大支付意愿。结果就是，它的每 100 人利润从它拥有充分完全信息时能得到的 7 300 美元，降至它通过基于自选择的间接歧视所能得到的 4 750 美元。这个差距，2 550 美元，正好是 85 乘以 30。其中，85 是头等舱机票价格从商务乘客的最大支付意愿下调的费用，而 30 就是每 100 个乘客中商务乘客的数量。

我们的分析表明，为了通过机票定价机制实现分离，PITS 不得不保持头等舱机票价格充分低从而给予商务乘客足够的激励去选择此项服务。如果经济舱机票能给予商务乘客更多的利益（或剩余），他们就会选择经济舱。PITS 必须确保他们不会转向选择PITS 本来打算提供给一般乘客的服务。甄别者策略中的这种要求或者约束，在所有机制设计问题中都出现了，并被称为激励相容约束。

PITS 能够向商务乘客收取高于 215 美元而不使得他们转向其他服务的唯一方式是提高经济舱机票的价格。例如，如果头等舱机票的价格是 240 美元，经济舱机票的价格是 165 美元，那么商务乘客从两种服务中得到了相等的消费者剩余，即从头等舱得到300－240 美元，从经济舱得到 225－165 美元，也即从每种服务中都得到 60 美元。在这种高价格情况下，商务乘客仍然（或者正好）愿意购买头等舱机票，而且 PITS 能够从出售每张头等舱机票中享受到更高的利润。

然而，将经济舱机票价格定为 140 美元已经是一般乘客支付意愿的极限了。如果PITS 把这个价格提高到 165 美元，它将会失去所有一般乘客。为了使一般乘客愿意购买机票，PITS 的定价机制必须满足另外一项要求，也就是所谓的一般乘客的参与约束。

因而，PITS 的定价策略受制于一般乘客的参与约束和商务乘客的激励相容约束。如果它对经济舱定价为 X，对头等舱定价为 Y，它必须使得 $X<140$，从而确保一般乘客仍然购买机票，而且它必须使得 $225-X<300-Y$，即 $Y<X+75$，从而确保商务乘客选择头等舱而不是经济舱。受制于这些约束，PITS 想尽可能地向乘客收取高价。因此，它的利润最大化甄别策略是让 X 尽可能地靠近 140，让 Y 尽可能地靠近 215。忽略这个使得＜号成立所需要的细微差异，让我们把价格定为 140 美元和 215 美元。那么，对头等舱座位收取 215 美元的费用，对经济舱座位收取 140 美元的费用，就是 PITS 机

制设计问题的解决方案。

这个定价策略成为 PITS 的最优解决方案依赖于我们这个例子中特定的数据。如果商务乘客的比例更高，比如说 50%，PITS 可能会修改它的最优机票价格。当 50% 的一般乘客变成商务乘客后，为了保留少数的一般乘客而在每个商务乘客身上损失 85 美元的牺牲就太大了。如果 PITS 不保留这些一般乘客，它有可能做得更好。也就是说，违反一般乘客的参与约束，并提高头等舱机票的价格。确实如此，在新的乘客比例下采用歧视策略导致 PITS 的利润（每 100 人）为：

$$(140-100)\times 50+(215-150)\times 50=40\times 50+65\times 50=2\,000+3\,250=5\,250$$

采用只向商务乘客以 300 美元的价格出售头等舱机票这种策略，将导致 PITS 的利润（每 100 人）变为：

$$(300-150)\times 50=150\times 50=7\,500$$

这一价格比甄别定价时的利润高。因而，如果只有相对较少的支付意愿低的消费者，厂商可能会发现不向他们提供服务或出售产品，要优于对大量有高支付意愿的消费者收取足够低的价格而防止他们转向低价服务或产品。

准确而言，在两种情况下，商务乘客比例的边界是多少？我们将这个问题作为本章结束的一个练习。我们将会指出在信息不对称情况下，一家航空公司向一般乘客提供低价服务的决定可能是利润最大化的，而不是度假者一些温情感伤情绪的表露。

13.2　一些术语

我们现在已经看到一个机制设计的例子。当然，还有很多其他的例子，在稍后的章节里我们将会看到其他例子。我们在这儿暂停一下，先阐明这类模型中广泛采用的特定术语。

广义上讲，机制设计问题分为两类。第一类与之前的价格歧视例子类似，一个参与人有信息优势（在之前的例子中，乘客知道自己的支付意愿），而且他的信息影响了另一个参与人的收益（在之前的例子中，航空公司的定价策略和利润）。处于信息劣势的参与人设计了一套机制，在这套机制下，信息优势方必须做出若干会披露信息的选择，尽管信息劣势方要为此付出代价。（在之前的例子中，航空公司不能向商务乘客收取等于他们最大支付意愿的费用。）

在机制设计的第二类问题中，一个参与人采取行动，但其他人观察不到。例如，雇主不能观察到一个雇员所付出努力的质量甚至数量。保险公司不能观察到投保司机或者投保房主分别为减少交通事故或盗窃案发生所采取的所有行动。用第 8 章的专业术语表述，此类问题是道德风险之一。信息劣势方设计出一套机制——比如说，与雇员分享利润，或者免赔额和共付保险——使得其他参与人的激励与机制设计者在某种程度上保持一致。

在每种情形中，都是信息劣势方设计机制；在策略博弈中信息劣势方被称为**委托人**（principal）。信息优势方被称为**代理人**（agent）。这种称谓在雇员这个例子中最为准确，在乘客和保险这两个例子中就不那么准确了。既然这些术语已经约定俗成，我们就采用这些术语。整个博弈就被称为**委托-代理问题**（principal-agent problem），或者**代理问题**（agency problem）。

在每种情形中，委托人设计机制来最大化他自己的收益，同时要受制于两类约束。首先，委托人知道代理人将利用这套机制来最大化自己的（代理人的）收益。换言之，委托人的机制必须与代理人的激励保持一致。正如我们在第8.4.2节中所看到的，这就是所谓的激励相容约束。其次，假定代理人尽全力对该机制做出反应，这种代理关系给予代理人的期望效用必须至少与他从其他地方（比如，在别处工作，或者开车出行而不是乘飞机）获得的相等。在第8章，我们把这种约束叫作参与约束。在前面的航空公司价格歧视这个例子中，我们看到了这两种约束的具体实例；在接下来的章节里我们将看到许多实例和运用。

13.3 成本加成与固定价格契约

当制定某些项目的收购契约时，也许是高速公路或者办公楼的建造，政府和厂商都会面临我们在本章描述过的机制设计问题。制定这类契约有两种常用的方法：成本加成和固定价格。在一份成本加成契约中，支付给服务供给方的金额等于他的成本加上对正常利润的一部分补贴。在一份固定价格契约中，服务的价格是事先约定好的，如果实际成本低于预期成本，服务供给方可以得到额外利润，但是如果实际成本高于预期成本，服务供给方要承担损失。

这两种契约各有利弊。一方面，成本加成契约似乎没有给予供给方过多的利润，这个特征在公共领域的采购契约中尤为重要，其中，公民是这些采购服务的最终支付方。但是，供给方通常在成本方面比购买方拥有更多的信息。所以，供给方可能为了从超额部分抽取利益，倾向于夸大成本或者虚增成本。另一方面，固定价格契约激励供给方最小化自己的成本，从而实现资源的充分利用。但是，像这种公共领域的契约，社会不得不支付既定价格，并让供给方得到超额利润。最优的采购机制应该平衡这两方面的考虑。

13.3.1 公路建设：完全信息

我们将考虑一个州政府设计一套公路建设项目的采购机制。具体而言，假设由州承包商建造一条主要公路。政府必须决定应该建造多少个车道。[3] 车道越多将会带来越多的社会福利，这种福利以更快捷的交通、更少的交通事故（至少到达某一点，超过该点对于乡村的危害将是巨大的）来体现。具体来说，我们假设一条 N 车道公路所带来的社会价值（以十亿美元计量）V 具有以下形式：

$$V = 15N - N^2/2$$

建造每个车道的成本，包括正常利润补贴，可能是 30 亿美元，也可能是 50 亿美元，这取决于建设区域内土壤和矿石的种类。现在，我们假定政府和承包商都能确定建造成本。于是，政府选择车道个数为 N，制定一份契约来最大化州的利益与支付给承包商的费用（F）之间的净值，也就是说，政府的目标是最大化净利益 G，其中 $G=V-F$。[4]

首先假设政府知道实际建造成本为 3（单位为十亿美元/车道）。在这个成本水平上，政府必须支付 $3N$ 给承包商。然后，如前面所述，政府选择 N 来最大化 G。在此情形下，G 的形式为：

$$G=V-F=15N-N^2/2-3N=12N-N^2/2$$

回忆一下第 5 章的附录，其中我们给出了此类函数最优解的正确形式。具体而言，选择 X 来最大化

$$Y=A+BX-CX^2$$

其解为 $X=B/(2C)$。在这里，Y 是 V，X 是 N，$A=0$，$B=12$，$C=1/2$。运用解的形式，得出政府的最优选择为 $N=12/(2\times1/2)=12$。所以，最优的公路建造方案是修建 12 个车道，这条 12 车道公路的成本为 360 亿美元。因此，政府提供这样一份契约："修建一条 12 车道的公路，支付 360 亿美元。"[5] 这个价格包括正常利润，于是承包商乐于签下这份契约。

类似地，如果每个车道的建造成本为 50 亿美元，最优的 N 将会是 10。政府将提供价值 500 亿美元的契约来修建一条 10 车道公路，而且承包商也会接受。

□ 13.3.2　公路建设：非对称信息

现在假设承包商知道怎样评估相关的地形以确定每个车道的建造成本，但是政府不知道。政府只能估计成本。我们假设政府认为有 2/3 的概率成本为 3（单位为十亿美元），有 1/3 的概率成本为 5（单位为十亿美元）。

如果政府试着继续采用之前的最优方案，提供两份契约："用 360 亿美元修建一条 12 车道的公路"和"用 500 亿美元修建一条 10 车道的公路"，结果会怎么样呢？如果成本确实为 30 亿美元，那么尽管第二份契约是为建造成本为 50 亿美元这种情形而设计的，承包商必定会选择第二份契约并从中获得更多利润。如果真实成本为 30 亿美元，建造一条 10 车道公路的真实成本就为 300 亿美元，承包商将获得 200 亿美元的超额利润。[6]

这个结果不尽如人意。这两份契约没有给予承包商足够的激励以基于成本差异来选择不同的契约，他始终会选择那份 500 亿美元的契约。对政府而言，一定有更好的方法来设计它的采购契约体系。

于是现在，我们让政府自由地设计一套更为一般性的机制来分离项目类型。假设政府提供两份契约："契约 L：修建 N_L 个车道，支付 R_L 美元"；"契约 H：修建 N_H 个车道，支付 R_H 美元"。如果契约 L 和 H 设计合理的话，当成本低（每车道 30 亿美元）时，承包商将选择契约 L（L 代表"low"）；当成本高（每车道 50 亿美元）时，承包商将选择契约 H（H 代表"high"）。记号 N_L、R_L、N_H 和 R_H 所代表的数字必须满足此甄别机制运行的特定条件。

首先，在每份契约里，承包商面临的相关成本（低成本对应契约 L，高成本对应契约 H）必须得到充分弥补（包括正常利润），否则，承包商不会同意契约事项，也不参

与该项目。因此，契约必须满足两个参与约束：当成本为 3（单位为十亿美元）时，$3N_L \leqslant R_L$；当成本为 5（单位为十亿美元）时，$5N_H \leqslant R_H$。

接下来，政府需要使得这两份契约能使承包商在知道自己的成本低时不会选择契约 H 并从中获利，反之亦然。也就是说，契约也必须满足两个激励相容约束。例如，如果真实成本低，契约 L 带来的超额利润为 $R_L - 3N_L$，契约 H 带来的超额利润为 $R_H - 3N_H$。注意：在后一表达式中，车道个数和支付的费用都是契约 H 中已经规定的，但承包商的成本仍然只是 3（单位为十亿美元），而不是 5（单位为十亿美元）。为了在低成本情形下实现激励相容，契约必须使得后一表达式的结果不超过前者。因此，$R_L - 3N_L \geqslant R_H - 3N_H$。与此类似，如果真实成本高，契约 L 所带来的超额利润必须小于或等于契约 H 所带来的超额利润。于是，为了实现激励相容，$R_H - 5N_H \geqslant R_L - 5N_L$。

政府希望最大化支付的净期望社会价值，以两种成本的发生概率作为权重来计算期望值。所以政府的目标是最大化：

$$G = (2/3)[15N_L - (N_L)^2/2 - R_L] + (1/3)[15N_H - (N_H)^2/2 - R_H]$$

这个问题看上去很棘手，有四个决策变量和四个不等式约束。但是它能极大地简化，因为有两个约束是多余的，并且另外两个必须以等式成立，这样我们就能解出并替换两个变量。

注意，如果成本高时的参与约束 $5N_H \leqslant R_H$ 和成本低时的激励相容约束 $R_L - 3N_L \geqslant R_H - 3N_H$ 同时成立，那么我们能得到以下一系列不等式关系（其中我们用到这样一个事实：N_H 为正）：

$$R_L - 3N_L \geqslant R_H - 3N_H \geqslant 5N_H - 3N_H \geqslant 5N_H \geqslant 0$$

第一个和最后一个表达式告诉我们 $R_L - 3N_L \geqslant 0$。所以，我们不需要单独考虑低成本时的参与约束 $3N_L \leqslant R_L$，当其他约束成立时，这个约束自动满足。

高成本承包商不愿意假装自己的成本低，这也是很直观的。如果它假装自己的建造成本低，那么它在付出高成本之后就只能得到低成本的补偿。然而，这个直觉需要严谨的逻辑分析的证实。因此，我们进行如下推导。一开始，忽略第二个激励相容约束，$R_H - 5N_H \geqslant R_L - 5N_L$，我们将利用剩余两个约束来解决这个问题。然后，我们会回过头来证实这两个约束问题的解满足被忽略的第三个约束。所以，我们的解也一定是三个约束问题的解。（如果有更好的可利用条件，对于更少约束问题的求解将会变得更好。）

这样，我们只用考虑两个约束：$5N_H \leqslant R_H$ 和 $R_L - 3N_L \geqslant R_H - 3N_H$。把这两个约束整理写为 $R_H \geqslant 5N_H$，$R_L \geqslant R_H + 3(N_L - N_H)$。观察 R_L 和 R_H，在政府的目标函数中，R_L 和 R_H 前的符号为负。政府希望在满足约束条件的同时，使得 R_L 和 R_H 尽可能小。当每个约束以等式成立时，这个结果就能实现。所以我们让 $R_H = 5N_H$，$R_L = R_H + 3(N_L - N_H)$。现在，将这些表达式代入目标函数 G，得到

$$G = (2/3)[15N_L - (N_L)^2/2 - 3N_L - 2N_H] + (1/3)[15N_H - (N_H)^2/2 - 5N_H]$$
$$= 8N_L - (N_L)^2/3 + 2N_H - (N_H)^2/6$$

目标函数现在明显分为两个部分：一部分（前两项）只包含 N_L，另一部分（后两项）只包含 N_H。我们可以对每一部分分别运用最大化解的形式来求解。在含 N_L 的部分，$A = 0$，$B = 8$，$C = 1/3$，于是，最优的 $N_L = 8/(2 \times 1/3) = 24/2 = 12$。在含 N_H 的

部分，$A=0$，$B=2$，$C=1/6$，于是，最优的 $N_H=2/(2\times1/6)=12/2=6$。

现在，我们可以利用 N_L 和 N_H 的最优值以及之前我们得到的 R_L 和 R_H 的形式来推出最优的支付费用 R 的值。将 $N_L=12$ 和 $N_H=6$ 代入这些公式中，得到 $R_H=5\times6=30$（单位为十亿美元），$R_L=3\times12+2\times6=48$（单位为十亿美元）。这样，我们就得出了政府目标函数中所有未知量的值。但是，记住我们忽略其中一个激励相容约束，所以我们现在需要回过头来验证。

我们必须确保所计算出的 R 和 N 的值使得被忽略的第三个约束——$R_H-5N_H\geqslant R_L-5N_L$——成立。事实上，它确实成立。不等式的左边等于 $30-5\times6=0$（单位为十亿美元），右边等于 $48-5\times12=-12$（单位为十亿美元），所以，这个约束确实成立。

我们的解表明政府应该提供以下两份契约："契约 L：修建 12 车道，支付 480 亿美元"；契约 H："修建 6 车道，支付 300 亿美元"。我们该怎么阐释这个解以最好地把握其中的直觉？当我们将这个解与在第 13.3.1 节中我们找到的完全信息下的最优解进行比较时，其中的直觉就再简单不过了。图 13-2 展示了最优 N 值和 R 值的比较。

单位：十亿美元

	N_L	R_L	N_H	R_H
完全信息	12	36	10	50
非对称信息	12	48	6	30

图 13-2　公路建造契约价值

非对称信息下的最优机制在两个重要方面与完全信息下的不同。首先，尽管如果承包商的建造成本低，被选择的契约与完全信息下的情形一致，都是修建 12 个车道，但是支付给承包商的费用在非对称信息情形下要高（480 亿美元而不是 360 亿美元）。其次，高成本非对称信息契约所规定的车道个数较少（6 个车道而不是 10 个），但是对该车道个数支付全部成本（$6\times50=300$ 亿美元）。这两方面的区别分离了成本类型。

在非对称信息下，当建造成本低时，承包商可能想假装建造成本很高。那么最优支付机制就包含了奖励真实承认低建造成本行为的胡萝卜和惩罚尝试假装高建造成本行为的大棒。胡萝卜就是来自承认行为的超额利润，$480-360=120$ 亿美元，是在选择契约 L 时所隐含的。大棒就是契约 H 中超额利润的减少，是通过减少车道个数来实现的。理想的高成本机制将是修建 10 个车道，支付 500 亿美元，真实建造成本低的承包商会从中得到 $500-30\times10=200$ 亿美元的超额利润。在非对称信息最优契约中，只修建 6 个车道，支付 300 亿美元。如果真实建造成本低，承包商会从中得到 $300-30\times6=120$ 亿美元。来自伪装的利益（在选择契约 L 时所隐含的，尽管承包商的真实建造成本低）就减少了。事实上，减少的数量正好等于这个机制所保证的承包商能得到的胡萝卜奖励部分的数量，从而正好抵消了承包商假装高建造成本的诱惑。

13.4　关于信息披露机制的例证

到目前为止，我们所讨论的机制都有一个共同点，就是代理人拥有私人信息，这在

第 13 章

机制设计

第8章被称为参与人的类型。更进一步，委托人要求代理人采取行动，旨在披露私人信息。用第8章的术语来讲，这些机制是通过自选择来实现类型分离甄别的例子。

这类机制无所不在。价格歧视机制是最常见的。消费者对所有厂商的产品都有不同的支付意愿。只要一个消费者愿意支付的价格比厂商所提供产品的成本高出一点，厂商就能通过与这个消费者交易而获取利润。然而，这个消费者的支付意愿与其他潜在买者相比可能较低。如果一个厂商必须对所有消费者收取相同的价格，包括那些支付意愿高于该价位的消费者，那么以这个消费者（低支付意愿的消费者）的支付意愿定价就意味着厂商不得不牺牲来自支付意愿高的消费者的利润。在理想情况下，厂商愿意实施歧视，给予支付意愿低的消费者一个价格折扣，而对支付意愿高的消费者不采取相同手段。

一个厂商实施价格歧视的能力可能受到非信息因素的限制。实施价格歧视有可能是违法的。来自其他厂商的竞争可能限制了厂商向某些消费者收取高价的能力。而且，如果产品在出售之后能被转售，这种来自其他买者的竞争对实施价格歧视的约束，可能与来自其他厂商的竞争同样有效。但是，这里我们关注价格歧视中的信息这一因素，其他因素不予讨论。

你当地的咖啡店可能提供积分卡。你每消费10杯咖啡就能得到1杯免费的咖啡。为什么厂商热衷于这样做呢？咖啡店的常客很有可能是当地人，而当地人有时间和动机在附近寻找最好的交易。为了吸引这些消费者，让他们远离其他竞争店铺，这家店必须提供能充分吸引人的价格。相反，偶尔光顾的消费者更有可能是非本镇人氏，或者只是匆匆路过，他们没有时间和动机去寻找最好的交易。当他们需要一杯咖啡并遇到一家咖啡店时，他们就愿意购买而不管价格是多少（在合理范围内）。所以，标高售价和赠送积分卡，让这家咖啡店能向对价格敏感的常客提供价格折扣，但同时对偶尔光顾的消费者不提供。如果你没有积分卡，你就是在披露你是后一类型的消费者，愿意支付高价。

用同样的方式，许多餐馆提供固定价格的三菜套餐（包含三道菜品）或者特价主菜，以及常点菜品。这种策略能让餐馆分离出不同类型的顾客，他们对汤品、沙拉、主菜、甜点等具有不同口味。

书籍出版商发售的新书都是精装版的，至少一年以后才发售平装版。这两种版本的价格差远远超过了其生产成本的差异。这个定价机制所隐含的思想就是要分离两种类型的消费者，即那些想立即阅读并且愿意支付高价以优先阅读的消费者，以及那些愿意等待直到他们能以更合理价格购买的消费者。

请你找找你自己购物中这类价格歧视甄别机制的其他例子。它们出现的方式多种多样。你也可以阅读关于这些实例的优秀书刊资料。一个好的来源就是蒂姆·哈福德（Tim Harford）的《看不见的经济学》(*Undercover Economics*)。[7]

关于我们在第13.3节讲到的采购机制，有大量研究文献可供参考。[8] 这些模型都属于这样一个情形：买方只能遇到一个卖方，卖方的成本是私人信息。这类相互作用准确地描述了有关主要防御武器系统或者专业设备契约是怎样设计的。通常只有一个可靠的供给方提供此类产品或服务。然而，在现实中，面对若干供给方，购买者经常有选择权，而且相应的机制让供给方相互竞争从而有利于购买者。很多此类机制采取拍卖的形式。例如，建设契约通常通过招标挑选出价最低的投标人（在调整好所承诺的工程质量、完工速度或者标书上其他相关的已知事项之后）这种方式来签订。我们将给出一些例子，并将在拍卖那一章讨论这种机制。

13.5 努力激励：最简单的情形

我们现在从第一类机制设计问题转向第二类。在第一类问题中，委托人的目标是实现信息披露，而在第二类问题中，存在道德风险。在这种情形下，委托人的目标是制定一份契约以诱导代理人最优的努力水平，即使对于该努力水平委托人是不可观测的。

□ 13.5.1 管理监督

假设你是一家公司的所有者，这家公司正在进行一个新项目。你有必要雇用一个经理来管理这个项目。这个项目成功与否是不确定的，但是好的管理能提高成功的概率。但是，经理也是人，他们会尽可能试图少努力且逃避责任。如果他们的努力是可观察的，你可以拟一份契约来补偿经理为了带来良好的监督所付出的努力。[9] 但是，如果你不能观察到努力水平，你就不得不试着基于成功的项目给他一些激励，比如奖金。然而，除非好的努力水平能绝对保证项目成功，否则此类奖金只能让经理的收入充满不确定性。而且，经理有可能是厌恶风险的，这样你将不得不弥补他所面临的风险。在意识到经理所选择的努力水平依赖于人的本性和所补偿的金额之后，你必须设计你的补偿政策以最大化你自己的期望利润。这是一个机制设计问题，其解能够用来应对经理偷懒的道德风险问题。

让我们来看一个数值实例。假设如果项目成功，它将会给公司关于材料和工资的付出带来 100 万美元的利润。如果项目失败了，利润将为 0。倘若有好的管理，项目成功的概率就是 1/2，但是假若管理很糟糕，那么成功的概率就只有 1/4 了。

如上所述，经理是风险厌恶的。在第 8 章附录中，我们已经看到了风险厌恶是如何由凹效用函数体现出来的。于是，让我们来看一个简单的例子。在这个例子里，经理的效用 u 依赖于收入 y（以百万美元计量），且函数形式为平方根函数：$u = \sqrt{y}$。同时假设每付出额外一单位好的管理所需要的努力，经理的效用会下降 0.1。最后，假设如果经理不为你打工，他能从事另一份工作而不需要付出任何努力，并且得到 90 000 美元，则所产生的效用为 $\sqrt{0.09} = 0.3$。这样，如果你想雇用这个经理并不要求好的管理，那么你不得不向他支付至少 90 000 美元。如果你想要他好好管理，你就必须保证经理的效用至少与他从事其他工作所得到的效用相等。你必须支付 y，确保 $\sqrt{y} - 0.1$ 至少等于 0.3，即 $\sqrt{y} \geq 0.4$，也即 $y \geq 0.16$，即 160 000 美元。

如果努力水平是可观察的，你可以制定以下两份契约中的一份：（1）我支付你 90 000 美元，而且我不在乎你是否偷懒；（2）我支付你 160 000 美元，你必须努力好好管理。第二份契约可以由法院强制执行，所以如果经理接受了这份契约，他在实际中会努力工作。来自每份契约的期望利润依赖于项目成功的概率以及具体的努力水平。因此，第一份契约的期望利润是 $(1/4) \times 1 - 0.09 = 0.16$，即 160 000 美元；第二份契约的期望利润是 $(1/2) \times 1 - 0.16 = 0.340$，即 340 000 美元。所以，付给经理补偿让其努力管理，你的境况会更好一些。在完全信息的理想世界里，你会采用第二份契约。

现在考虑更现实的情形，即经理的努力水平是不可观察的。倘若你认为经理付出的努力水平低，而且采用上述第一份契约，这种情形也就没有什么新的问题需要讨论。但是如果你想要经理好好管理，你必须利用建立在可观察因素，即项目的成功或失败之上的一套激励机制。于是，假设你提供一份契约，如果项目失败，支付给经理 x；如果项目成功，就支付 y。（注意，x 可能为 0，但是如果这是最优的，它应该出现在解中。事实上，它不会为 0，因为经理是风险厌恶的。）

为了引导经理付出高水平的努力，你必须确保他这样做的期望效用大于他偷懒的期望效用。如果付出高水平的努力，他能保证有二分之一的概率项目会成功，但有二分之一的概率项目会失败。如果只付出一般水平的努力，他确信只有四分之一的概率项目会成功（有四分之三的概率项目会失败）。所以，你的契约必须确保以下不等式成立：

$$(1/2)\sqrt{y}+(1/2)\sqrt{x}-0.1 \geqslant (1/4)\sqrt{y}+(3/4)\sqrt{x}$$

即

$$(1/4)[\sqrt{y}-\sqrt{x}] \geqslant 0.1$$

也即

$$\sqrt{y}-\sqrt{x} \geqslant 0.4$$

这就是该问题的激励相容约束。

接下来，你必须保证经理得到足够的期望效用，从而愿意以你想要的方式（付出高水平努力）为你工作，而不是接受其他地方的工作契约。所以，接受你的契约并且努力工作所带来的期望效用，必须大于其他工作给经理带来的效用。你的契约必须满足以下不等式：

$$(1/2)\sqrt{y}+(1/2)\sqrt{x}-0.1 \geqslant 0.3$$

即

$$\sqrt{y}+\sqrt{x} \geqslant 0.8$$

这就是旨在导出高水平监管努力的契约所要满足的参与约束。

受这些约束的限制，你想要最大化你的期望利润 Π。假设你在导出高水平监管努力的同时满足这些约束。在该假设下，计算你的期望利润。这样，你就假定项目成功的概率为 1/2，你的期望利润表示如下：

$$\Pi=(1/2)(1-y)+(1/2)(0-x)=(1-y-x)/2$$

如果我们计算 x 和 y 的方差而不是 x 和 y 本身，那么该问题涉及的数学就简单多了。（也就是说，我们计算收入所带来的效用而不是收入。）把这些效用重新写为：$X=\sqrt{x}$，$Y=\sqrt{y}$。于是，$x=X^2$，$y=Y^2$。那么，你就想要最大化

$$\Pi=(1-Y^2-X^2)/2$$

满足参与约束

$$Y+X\geqslant 0.8$$

和激励相容约束

$$Y-X\geqslant 0.4$$

X 和 Y 在期望效用的表达式中前面的符号都为负，所以你想在满足这些约束的同时使得 X 和 Y 尽可能小。当 X 和 Y 都很小时，参与约束最终以等式成立。那么激励相容约束会怎么样呢？如果它最终不是以等式成立，它就不会限制这些选择并可以被忽略。我们假定就是这种情形。然后，可以把参与约束中的 $X=0.8-Y$ 代入期望利润的表达式中，重新写为：

$$\begin{aligned}\Pi&=(1-Y^2-X^2)/2=[1-Y^2-(0.8-Y)^2]/2\\&=(1-Y^2-0.64+1.6Y-Y^2)/2\\&=(0.36+1.6Y-2Y^2)/2=0.18+0.8Y-Y^2\end{aligned}$$

为了最大化这个利润，我们再一次用到了第 5 章附录里的形式，其中 $B=0.8$，$C=1$。计算出最优的 $Y=0.8/(2\times 1)=0.4$，则 $X=0.8-0.4=0.4$。

这个解表明，如果激励相容约束被忽略，最优机制要求不论项目成功与否都要付给经理相同的费用。这个费用刚好足以给予经理 $0.3+0.1=0.4$（在其他地方轻松工作所带来的效用加上高质量管理所要求的额外努力所导致的效用下降）的效用以满足参与约束。这个结果是很直观的，而且与第 8 章第 8.1 节关于最优风险承受的内容中我们的讨论相一致。经理是风险厌恶的，而你是风险中性的（只与期望利润相关），所以，你承担所有风险并保持经理的收入是非随机的，这样做才有效。[10]

但是，如果不论项目成功与否，经理都得到相同收入，那么经理就没有激励来努力工作。所以，被忽略的激励相容约束是不会自动满足的，而且我们必须确保 X 和 Y 确实满足这个约束。因此，我们要求这两个约束都以等式成立：$X+Y=0.8$ 且 $Y-X=0.4$。同时加入这两个约束，我们得到 $2Y=1.2$，即 $Y=0.6$，而 $X=0.2$。把这些效用转化为美元，我们有 $x=X^2=0.04$，$y=Y^2=0.36$。这样，如果项目失败了，经理应该得到 40 000 美元；如果项目成功了，得到 360 000 美元。项目失败所得到的收入少于在完全信息下低努力水平的契约 1 所支付的 90 000 美元；项目成功所得到的收入多于在完全信息下高努力水平的契约 2 所支付的 160 000 美元。所以，经理面对的是胡萝卜（成功了就得到高收入）加大棒（失败了就得到低收入）组合，正如第 13.3 节公路建设例子中的承包商一样。

在这套机制下，你（所有者）的期望利润是：

$$\Pi=(1-0.36-0.04)/2=0.30$$

即 300 000 美元。当你制定一份能强制执行的契约，规定高水平努力时，这个金额小于在完全信息的理想状况下的 340 000 美元。40 000 美元的差距是信息非对称情况下不可避免的成本。

经理的补偿机制可以被描述为基本工资 40 000 美元加上成功奖励 320 000 美元，或等价地，40 000 美元的工资加上 1 000 000 美元运营利润的 32%。对你而言，不给经理基本工资只给予利润分成，这样做并不可取。为什么呢？如果工资部分为 0，那么在项目成功时，你必须支付给经理金额 y，其中 y 由 $(1/2)\sqrt{y}-0.1=0.3$ 决定。$y=0.64$，即 640 000 美元。你必须支付给经理 640 000 美元以确保他会参与。你的期望利润就变为：

$$\Pi=(1-0.64-0)/2=0.180$$

即 180 000 美元。

因此，你的利润在这种情况下就比你提供 40 000 美元基本工资加上奖励要少 120 000 美元（比完全信息情况下你能得到的收入要少 160 000 美元）。利润的减少是因为经理是风险厌恶的。一个纯奖金机制使得他的收入风险增加，所以为了保证他的参与，你不得不设立高额奖金以至它削减了你的利润。最优的非对称信息支付机制最优地平衡了胡萝卜和大棒，以提供足够激励让经理付出高水平监管努力，但并没有施加过多的风险或给予太多的收入。

□ 13.5.2 保险条款

道德风险除了存在于上述劳动市场上的雇主与雇员关系中外，也可能出现在其他关系中。尤其是保险市场经常遭遇道德风险问题的困扰，而且保险公司必须决定是否以及怎样提供合适的保险契约来激励客户采取恰当的行动以减少提出索赔的可能性。例如，保险人希望他的医疗保险投保人仍然定期去拜访医生，车险投保人坚持安全谨慎的驾车技术。[11] 因为保险公司不可能无时无刻观察其客户的行为，然而，制定恰当的保险政策需要对非对称信息情况下的机制设计理论有充分的理解。

在这里，我们回到农场主由于天气原因（比如干旱）而面临作物歉收风险的例子。我们最初在第 8 章第 8.1 节讨论过这个例子。在那里我们假设如果天气有利，则农场主的收入将是 160 000 美元；如果天气不利，则其收入为 40 000 美元。当这两种情况的概率相等，即为 0.5 时，农场主的期望收入就是 $0.5\times160\,000+0.5\times40\,000=100\,000$ 美元。然而，对于这个平均值，农场主面临着相当大的风险，而且如果他是风险厌恶的，他会关心结果的期望效用而不仅仅是期望收入。

那么就假设农场主确实是风险厌恶的。他的效用函数是 $u=\sqrt{I}$，其中 I 表示他的收入。因此，在天气有利（风调雨顺）时，农场主的效用为 $400=\sqrt{160\,000}$；在天气不利（干旱）时，农场主的效用为 $200=\sqrt{40\,000}$。他的期望效用就是 $0.5\times400+0.5\times200=300$。

如果这个农场主可以避免干旱的风险，将会发生什么？具体而言，如果他能确保他的收入是 100 000 美元（这里是指期望值），而不是有 0.5 的概率为 160 000 美元、有 0.5 的概率为 40 000 美元，那么他的处境将会是怎样的呢？暂时不管他是怎么做到这一点的，注意在这种情况下，农场主每年的效用都是 $316\approx\sqrt{100\,000}$。所以，农场主如果能找到一种方法来平滑他的收入（和他的效用）而不管每年天气有利与否，将会享受到更高的期望效用（316＞300）。

实现收入平滑的一种可能的方式就是保险。一家风险中性的保险公司可以向农场主提供这样一份契约：农场主在天气有利的年份向保险公司缴纳 60 000 美元，而在天气不利的年份保险公司支付给农场主 60 000 美元。由于每种结果的概率为 50%，保险公司从这份契约中取得的利润为 0，使得它正好愿意向农场主提供这份契约。但是，在签订这份契约后，农场主的境况严格地比以前好了，他的期望效用上升了。所以这样一份全面（完全包括了不好结果的成本）而又公平（其定价正好抵消农场主索赔的成本）的契约，对双方来说都是可以接受的。

到目前为止，这个例子没有信息方面的问题，但是，农场主可能采取各种行为来减少干旱带来低收入的可能性。比如，他可以修建一些蓄水池，这样除了在最干旱的时候，他都能进行灌溉。然而，蓄水池的建造和维护是有成本的。如果蓄水池的质量很好，而且得到良好的维护，它们就有助于农场主免受干旱所带来的损失。如果蓄水池漏水，并且没有进行修护，它们就起不到蓄水的作用，也不能减少干旱所引起的歉收风险。如果农场主得到良好的担保，而且蓄水池的质量和维护水平是不能通过简单检查观测到的，那么他就倾向于敷衍蓄水池的建造和维护工作以节省成本。这种敷衍的潜在性就是本例中道德风险的来源。

假设为建造和良好地维护蓄水池每付出额外一单位努力，农场主的效用损失是 25。[12] 如果蓄水池的质量很好而且得到良好的维护，农场主遭遇作物歉收的概率就降为 25％。那么农场主有蓄水池时的期望收入为 $0.75 \times 160\,000 + 0.25 \times 40\,000 = 130\,000$ 美元，他的期望效用（没有保险时）就是 $0.75 \times \sqrt{160\,000} + 0.25 \times \sqrt{40\,000} - 25 = 0.75 \times 400 + 0.25 \times 200 - 25 = 350 - 25 = 325$。农场主的期望效用在有蓄水池时比没有时要高（325＞300），所以如果没有保险也是可行的，农场主肯定想努力修建蓄水池以减少风险。

在这个例子中，农场主仍然可能从保险中获益。一种收入平滑政策如果能保证农场主每年有 130 000 美元的收入，将确保他的期望效用为 $360(\approx\sqrt{130\,000}) - 25 = 335$，甚至是在他建造和良好地维护了蓄水池的时候。这个效用要高于当他修建蓄水池但没有保险时所得到的 325，所以农场主肯定会偏爱这份保险。

假设可以制定一份全面且公平的契约，规定农场主要付出必要的努力以把不好结果的概率降为 25％。更进一步假定，保险公司可以通过派遣保险代理去农场检查蓄水池来验证农场主的努力程度。那么这份契约保证了农场主每年 130 000 美元的收入，并规定在天气好的年份，农场主支付给保险公司 30 000 美元；在天气不利的年份，保险公司支付给农场主 90 000 美元。与前面一样，保险公司从这份契约中得到的期望利润正好为 0（$=0.75 \times 30\,000 - 0.25 \times 90\,000$），但是农场主的期望效用增加了（增加到 335），所以双方都会同意签订此契约。

如果保险公司不能验证农场主所做出的努力，那么情况就有所改变。农场主可以欺骗保险公司，得到"天气好的年份支付 30 000 美元，天气不利的年份获得 90 000 美元"这样一份契约，但不付出契约所规定的努力（修建质量差的蓄水池且不进行维护）。这样，收成差的概率就回到 50％，但农场主的收入仍然是每年 130 000 美元。签订这份契约但不履约，他从中得到的期望效用为 360（$\approx\sqrt{130\,000}$），这是我们目前所讨论的所有可能性中效用最高的。当然了，在这种情况下保险公司的处境变差了。它的期望利润是 $0.5 \times 30\,000 - 0.5 \times 90\,000 = -30\,000$ 美元。假定存在道德风险问题，这份契约就让保险公司无法存活下去，所以它就不会向农场主提供此契约。

这是否意味着当农场主可以选择建造和维护蓄水池但保险公司不能验证蓄水池的质

量和维护水平时，他完全不能得到保险？答案是否定的。但这确实意味着他不能得到全面的保险。他可以选择一份部分保险契约，其中保险公司承担一部分但不是全部风险。

回忆一下，当农场主能建造和良好地维护蓄水池时，全面保险规定在天气好的年份，农场主支付给保险公司 30 000 美元；在天气不利的年份，保险公司支付给农场主 90 000 美元。这份契约实际上没有给予农场主激励来建造和维护蓄水池，还让保险公司的期望利润为负。为了设计最优的保险机制，保险公司需要决定合适的 X（即在天气有利的年份，农场主支付的保费 160 000－X 美元）和 Y（即在天气不利的年份，保险公司支付给农场主的补偿）的大小（把农场主的收入提高到 40 000＋Y 美元）。给定 X 和 Y，以及不同结果的概率，同时确保农场主有激励去建造和维护蓄水池，而且他愿意接受保险契约，这样最优的机制必须最大化保险公司的期望利润。

由于在这里计算 X 和 Y 的值非常复杂，取而代之，我们将考虑一组具体数字，满足以下条件：契约给予农场主部分保险，并让他有足够的激励来努力减少自己的风险，同时使保险公司保持盈亏平衡。假设保险公司提供一份保费和补偿只有全面保险契约金额三分之一的契约，其中规定：在天气好的年份，农场主向保险公司缴纳 10 000 美元（留给农场主 150 000 美元）；在天气不好的年份，保险公司补偿农场主 30 000 美元（使农场主的收入上升到 70 000 美元）。如果农场主确实建造和良好地维护了蓄水池，那么这份契约给保险公司带来的利润为 $0.75 \times 10\,000 - 0.25 \times 30\,000 = 7\,500 - 7\,500 = 0$，所以保险公司正好愿意提供这份契约。

但是农场主会按规定做出努力吗？换而言之，这份契约是激励相容的吗？如果农场主投保并做出努力所带来的期望效用超过了他投保但不努力所带来的期望效用，那么答案就是肯定的。也就是说，这份契约必须满足以下不等式[13]：

$$0.75 \times \sqrt{150\,000} + 0.25 \times \sqrt{70\,000} - 25 > 0.5 \times \sqrt{150\,000} + 0.5 \times \sqrt{70\,000}$$

计算出两边表达式的值，（近似地）331＞326，不等式成立。因此，部分保险契约是激励相容的，它将引导农场主做出适当的努力以减少不好结果发生的概率。

这份契约也满足参与约束吗？是的。它给予农场主的期望效用必须至少与农场主在没有保险时的相等。那个期望效用值我们之前计算过，是 325；而在这儿，他的期望效用为 331。农场主有部分保险时的境况比根本没有保险时要好，这样双方都同意签订这份契约。

在你的任何一份保险契约中，你都能找到证据来支持这个保险和道德风险理论。大多数政策都有关于免赔额和共付保险的各种规定和要求，使得投保人承担部分风险以减少道德风险。

13.6　努力激励：例子与扩展

第13.5.1节的经理努力激励机制的主题是以下两方面的权衡：给予经理强有力的激励以使其付出最优努力水平，以及要求他对公司利润承担更多风险。这个权衡在实践中是一项重要的考虑事项，但必须结合公司与雇员之间关系的其他特点来考虑。这些其他特点中的大多数都与公司内部正在进行的活动的多样性有关。努力的程度与多少不只是好与坏的问题，结果也不只是成功与否的问题。二者都可能有很多可能性，而且像时间和利润这样的因素可以连续变化。公司有许多雇员，公司的整体结果依赖于他们行为的综合。大多数公司都有多种产出，而且每个雇员从事多重任务。在长期内，公司与雇员之间相互作用，不只是针对某一项目或短暂共处。所有这些特点相应地要求更为复杂的激励机制。在这一节，我们概括讲述若干此类机制，并为了进一步的探索向你推荐丰富的参考文献。[14] 这些机制所涉及的数学也相应地复杂了，所以我们仅仅告诉你背后的直觉，而正规严密的分析就留到更高级的课程上学习讨论。

□ 13.6.1 非线性激励机制

最优经理努力激励机制总是基本工资加利润分成形式吗？当然不是。如果有三种可能的结果——失败、成功、巨大成功——那么从失败到成功的奖金比例可能并不等于从成功到巨大成功的奖金比例。于是，最优的机制可能是非线性的。

我们改动一下第 13.5.1 节的经理监督例子。假设有三种可能结果：除去材料成本和工资，项目利润为 0 美元、500 000 美元或者 1 000 000 美元。同时假设好的管理所付出的努力导致成功的概率分别为 1/6、1/3 和 1/2，按顺序分别对应着三个可能结果。不好的管理导致失败的概率分别为 1/2、1/3 和 1/6。与之前的思路一样进行计算（计算更为复杂，我们将其留做课后的选做题），其结果表明最优支付为：失败支付 30 625 美元，成功支付 160 000 美元，巨大成功支付 225 625 美元。如果我们把这个支付机制解释为 30 625 美元的基本工资加上成功奖金，那么取得 500 000 美元利润时奖金为 129 375 美元，取得 1 000 000 美元利润时奖金为 195 000 美元。这个奖金表明取得第一个层次成功时，分享利润的 26%；而取得第二个层次成功时，只分享了利润的 13%。

非线性机制的具体形式经常在实际中使用。最常见的这类机制是如果达到某一确定的定额指标，规定有一固定的奖金支付。为什么这样一套机制可能是可取的？

如果机制设计能让员工的努力程度和他们持续实现定额的概率高度相关，那么这个定额奖金机制就含有强有力的激励。为了解释这个例子，先考虑一家公司想要使它的每个销售人员实现 1 000 000 美元的销售额，而且它愿意为这个业绩支付高达 100 000 美元的奖励。如果它对每 100 000 美元销售额支付 10%（即 10 000 美元）的佣金，那么销售人员将销售额从 900 000 美元提升到 1 000 000 美元所付出的努力将会为他带来 10 000 美元的收入。但是，如果公司提供 60 000 美元的工资和当销售额达到 1 000 000 美元时的奖金 40 000 美元，则他剩余的努力将提高他的定额并为他带来额外 40 000 美元的收入。这样，定额就给予销售人员非常强烈的激励去多努力。

但是定额奖金机制也有缺点。设置的定额水平一定要精确判断。假设公司错误判断了定额并把它设定为 1 200 000 美元，而且销售人员知道即使是超人，达到那个销售水平的概率也是微乎其微，这样，销售人员可能就会放弃，几乎不努力工作，安于只挣基本工资。销售人员的业绩甚至可能与 1 000 000 美元都相去甚远。相反，纯粹定额奖金机制没有给予销售人员激励去超越 1 000 000 美元这一标准。最后，定额必须在特定的期限内使用，通常是一年。这个要求产生了更为反常的激励。如果一个销售人员在一年中的前几个月运气不佳，他会意识到自己将没有机会在这一年实现定额任务，于是，在剩余时间里他会变得懈怠，得过且过。另外，如果他在一年中的前几个月运气颇佳，截止到 7 月他就完成了定额，在剩余时间里他也没有动机去努力工作。此外，他有可能与客户串通，将销售任务从头一年转移到下一年以提高每年实现定额的机会，从而人为地操纵机制。像上述的利润分享线性机制就较少有这样的人为操纵。

因此，公司通常将定额机制与更多累进分段的线性支付机制结合起来。例如，销售人员可能得到一份基本工资，一份针对销售额在 500 000～1 000 000 美元的低比例佣金，一份针对销售额在 1 000 000～2 000 000 美元的高比例佣金，等等。

例如，共同基金的经理如果在一年的时间里表现不错，将得到奖励。这些奖励不仅来自公司颁发的奖金，当公众对特定的基金进行更多投资时也来自他们。如果这些奖励机制是非线性的，经理通过改变他们的基金组合风险状况作为回应。在第 8 章的附录里，我们看到了：如果一个人的效用函数是凹的，则他是风险厌恶的；如果一个人的效用函数是凸的，则他是风险偏好的。相比于安全的情境，一个风险偏好的个体更喜欢具有风险的情境，同样，当经理面临凸的奖励机制时，他将令其基金组合面临过度的风险。

□ 13.6.2　团队激励

一家公司的员工几乎不会在割裂的任务中单独工作。被派遣到不同区域工作的销售人员最接近于割裂状态，尽管在那种情况下，部门的其他人员的支持也会影响一个销售人员的业绩。通常人们以团队的方式工作，而且团队的工作成果和个人的工作成果依赖于所有人的努力。例如，一家公司的整体利润依赖于它所有员工和经理的表现。这种相互作用带来了激励设计的特殊问题。

当一个员工的收入依赖于公司的整体利润时，每一个员工将发现他的努力与总体利润之间只有微弱的联系，而且其所得将只占总利润的一小部分。这个比例对于员工来说是非常小的激励。甚至在一个小的团队中，每个成员都有偷懒、搭其他人便车的企图。这个结果反映了集体行为的囚徒困境，这在第 3 章和第 4 章的街心花园例子以及第 10 章都讨论过。如果团队在很长的时间内都保持小而稳定，我们可以期望它的成员通过设计像第 10 章第 10.3 节那样的内部且可能是非货币性的奖励和惩罚机制，以解决囚徒困境。

在另一种情况下，一个团队中存在许多成员会增强激励。假设一家公司有许多员工从事类似的工作，比如出售公司生产线的不同产品组件。如果每一个员工的销售额都有一个共同的随机部分（正相关），也许是基于基础经济的实力，则一个员工相对于另一个员工的销售额是他们相对努力水平的良好指标。例如，员工 1 和员工 2 的努力水平分别用 x_1 和 x_2 表示，且根据以下式子：$y_1=x_1+r$ 和 $y_2=x_2+r$，可能与他们的销售额 y_1 和 y_2 相关，其中 r 表示销售额中共同的随机误差（或者用第 8.1.3 节的术语，就是共同的运气因素）。在这个例子中，$y_2-y_1=x_2-x_1$，没有随机部分；即观察到的销售额的差距正好等于员工 1 和员工 2 的努力水平的差距。

雇用这些员工的公司可以根据他们的相关成果给予他们奖励。这个支付机制没有让员工承担风险。在第 13.5 节中我们所考虑的提供最优努力水平和分享公司利润之间的权衡消失了。现在，如果第一个员工有着不好的销售业绩记录，并将之归因于运气不佳，公司就可以这样回应："为什么另一个员工实现了如此高的销售额？运气对你们两个人都是相同的，所以你一定没有努力工作。"当然了，如果这两个员工可以合谋，他们就能粉碎公司的"阴谋"。但是如果公司能实行一套强有力的机制，让员工相互竞争，合谋就行不通了。关于这种机制的一个极端例子就是比赛，最优者得到奖品。

比赛也有助于减轻另一个潜在的道德风险问题。在现实中，成功的准则是不能轻易公开地观察到的。这样公司的所有者可能企图宣布没有人表现得好，而且没有人应该得到奖金。有奖品的比赛一定会有获胜者，或者说一个给定的总奖金池一定会分给员工，这样就在原则上消除了此类道德风险。

□ 13.6.3　多重任务与结果

雇员经常从事若干任务。这些不同的任务导致了雇员努力水平的若干可测结果。这样，为不同任务所付出的努力激励之间就会相互影响。这个影响使得公司的机制设计更为复杂。

一个代理人每一项任务的结果都部分依赖于他自己的努力，部分依赖于机遇。这就是为什么一套基于结果的激励机制一般都使得代理人的收益承担了一定的风险。如果机遇因素所起作用非常小，那么对代理人而言风险也小，而且相应的激励会很强烈。当然，不同任务的结果很可能在不同程度上受到机遇的影响。于是，如果委托人一次只考虑一项任务，他会在机遇因素较小的任务上采用强有力的激励，而在结果与代理人努力水平间关系不确定的任务上采用相对较弱的激励。但是，一项任务中强有力的激励会让代理人把努力转向另一项任务，进一步削弱后一任务中的业绩。为了避免这种在具有强有力激励任务中的努力替换，委托人不得不也削弱这项任务中的激励。

我们自己的生活中就有这样的例子。假设教授既做科研，也授课。关于科研有许多精确的指标：在有名望的期刊上发表文章或受到这些期刊约稿，被选入科学研究院，等等。相反，教课教得好观察起来就没那么精确了，而且有滞后性。学生需要几年的时间来意识到他们在大学里所学知识的价值。在短期，他们可能对演技高超的教师而不是学问渊博的教师印象深刻。如果教职人员的这两个任务分开考虑，大学行政人员将对科研施以强有力的激励，而对教学采取较弱的激励。但是，如果他们确实这样做了，教授们将会把努力从教学转移到科研上（甚至超过了他们在研究机构中已经达到的程度）。因此，对于教学结果不准确的观察强迫院长和校长只能对科研采取同样弱的激励。

最经常引用的一个关于多种任务和结果情形的例子就是学校教学。有一些教学结果，比如测试分数，是可以精确观测的，然而教育上其他有价值的方面，比如团队合作能力或公开演讲能力，不太容易精确测量。如果教师是基于学生的测试分数而得到奖励，他们会教学生考试，而学生教育的其他方面就被忽略了。此类激励机制也扩展到了运动领域。如果一名击球手因打出全垒打而得到奖励，他就会忽略其他方面的击打（投掷、牺牲触击等），而这些击打有时更有利于提高他的团队获胜的概率。与之类似，销售人员可能为了满足短期销售目标而急于达成一笔销售，而这有可能牺牲长期客户关系。

如果这个问题（即其他任务中激励所产生的非正常影响）太严重，可能需要奖励任务的其他体系。有可能要用到一个更具整体性但主观的表现度量，比如老板的整体评价。这个备选项自身也不是没有问题：员工们有可能把他们的努力转向老板所支持的任务！

□ 13.6.4　时间激励

许多雇佣关系都会持续很长一段时间，这就为公司设计工作在当期、报酬在后期这样的激励机制提供了机会。公司经常采用升职、基于资历的薪酬和其他形式的延迟补偿。实际上，员工在他们的职业生涯中的前面阶段所得到的报酬要少于他们所做出的贡献；而在后一段时间里，所得要多于所付出的。对未来报酬的展望激励着年轻人努力工作，也引导他们继续留在公司，从而得以减少工作调整。当然，公司在随后年份对其所承诺的支付有食言的诱惑。因此，如果想要这些机制有效运作，那么它们必须是可信的。它们更有可能被有效地应用于那些有稳定的长期记录和在对待高级员工方面有良好声誉的公司。

未来补偿展望的另一种方式是采用效率工资。公司支付给员工的薪酬比行业中的现行工资多，超额部分对员工来说是一种剩余，或者说是经济租金。只要员工努力工作，他就会继续获取这种剩余。但是一旦他对工作懈怠，他就有可能被发现并被辞退，不得不回到一般劳动市场，只能挣取现行工资。

当公司试着决定合适的效率工资水平时，在机制设计上它面临一个问题。假设现行工资是 w_0，公司的效率工资 $w > w_0$。假设员工努力工作的主观成本用等价的货币计量为 e。在每一个支付期内，员工都可以选择是否努力工作。如果员工不努力工作，他就节省了 e，但被发现的概率为 p。如果员工被发现不努力工作，他将失去剩余（$w - w_0$），从下一期支付开始并持续到无穷期。r 是从一期到下一期的利率。这样，如果员工今天不努力工作，那么他在下一个支付期的损失的期望折现值是 $p(w - w_0)/(1 + r)$。而且，员工在所有未来支付期损失 $w - w_0$ 的概率为 p。与第 10 章及其附录中的重复博弈计算类似，员工未来损失的总期望折现值是：

$$p\left[\frac{w - w_0}{1 + r} + \frac{w - w_0}{(1 + r)^2} + \cdots\right] = p(w - w_0)\frac{\frac{1}{1 + r}}{1 - \frac{1}{1 + r}} = \frac{p(w - w_0)}{r}$$

为了发现员工是否怠工，公司需要确保这个期望损失至少与员工从怠工中获得的即时收益 e 相等。因此，公司所支付的绩效工资必须满足：

$$\frac{p(w - w_0)}{r} \geq e，或 w - w_0 \geq \frac{er}{p}，或 w \geq w_0 + \frac{er}{p}$$

最少的绩效工资就是使得这个表达式以等式成立的值。而且，公司越能准确地发现怠工，也就是说 p 越高，绩效中需要超过现行工资的部分也就越小。

一个重复的关系也可能使公司用另外一种方式设计出一套更为强烈的激励机制。在任意一个时期，正如我们在前面所解释的，员工被观察到的业绩是员工的努力和机会因素的综合。但是，如果每年的业绩都很糟糕，那么员工不可能每年都可置信地抱怨运气不佳。所以，依据大数定律，长期的平均业绩可以被用来作为对员工平均努力的更为精确的测量，据此而定是奖励还是处罚。

13.7 总 结

对于机制设计的研究可以总结为学习"如何与比我们有信息优势的人打交道"。这种情形在很多环境中都会出现，通常在交互中信息优势方被称为代理人，信息劣势方被称为委托人，委托人想设计一套机制以给予代理人恰当的激励来帮助实现委托人的目标。

机制设计问题分为两种。第一种涉及信息披露。委托人设计出一套机制以甄别来自代理人的信息。第二种涉及道德风险。委托人设计出一套机制以引导出代理人可观测行为的最优水平。在这两种情形中，委托人想要最大化自己的目标函数，并满足代理人的激励相容约束和参与约束。

厂商运用信息披露机制，制定出能通过消费者的支付意愿将顾客分离的定价结构。购买契约通常也是依据不同的成本水平来分离不同的项目或承包商。价格歧视和购买契约甄别的实例都能在现实市场中找到。

当面临道德风险时，雇主设计的契约必须能够鼓励雇员提供最优努力水平。类似地，保险公司必须制定相关政策给予其客户恰当的激励来防止不良结果（投保范围内）的发生。在一些简单的例子里，最优契约是线性的激励机制，但在更为复杂的关系中，非线性机制有可能更为有利。针对团队成员或是持续关系的激励体系的设计相应地比简单情形更加复杂。

关键术语

代理问题（agency problem）

代理人（agent）

机制设计（mechanism design）

价格歧视（price discrimination）

委托人（principal）

委托-代理问题（principal-agent prob-lem）

已解决的习题

S1. 向客户提供盗窃险和交通事故险的保险公司一定很关注其客户的行为。概述一下激励机制的设计，让保险公司能发现并阻止其客户的欺骗和粗心行为。

S2. 有些厂商为了通过分离不同偏好的消费者来增加自己的利润，单独或打包提供产品和服务。

（a）列出三个厂商提供数量折扣的例子。

（b）数量折扣如何让厂商能够通过消费者的偏好来甄别其类型？

S3. Omniscient 无线有限（OWL）公司计划在下个月提供一套新的全国范围内的宽带无线电话服务。OWL 公司已经做了市场研究，知道了它的 10 000 000 个潜在客户可分为两个类型，L 型和 R 型。L 型客户对无线电话服务的要求比较少，特别地，他们每月的通话时长似乎不可能超过 300 分钟。R 型客户一般对移动电话服务的要求比较多，而且每月的通话时长超过了 300 分钟。OWL 公司的分析人员已经确定，最好的计划是分别向两类客户每月提供 300 分钟和 600 分钟的通话时长。他们估计有 50% 的客户为 L 型，有 50% 的客户为 R 型，而且每一类型的客户对每一类型的服务有以下支付意愿：

单位：美元

	300 分钟方案	600 分钟方案
L 型客户（50%）	20	30
R 型客户（50%）	25	70

OWL 公司每分钟无线服务的成本可以忽略不计，所以不管客户选择哪一种服务，其认购成本都是每个客户 10 美元。

每一个潜在客户都会计算他能从每种使用方案中得到的净收益（收益减去价格），并购买能给他较高净收益（只要这个收益不是负的）的使用方案。如果两个方案提供相同且非负的净收益，那么他选择 600 分钟；如果两个方案的净收益都为负，那么他就不购买。OWL 公司希望最大化每个潜在客户的期望利润。

（a）假设 OWL 公司只提供 300 分钟通话时长这一方案，而没有 600 分钟的方案。最优的价格将会是多少？平均每个潜在客户的利润将会是多少？

（b）相反，假设 OWL 公司只提供 600 分钟通话时长这一方案。最优的价格将会是多少？平均每个潜在客户的利润将会是多少？

（c）假设 OWL 公司提供两种方案。进一步假设 OWL 公司希望 L 型客户购买 300 分钟通话时长方案，而 R 型客户购买 600 分钟通话时长方案。写下 L 型客户的激励相容约束。

（d）与之类似，写下 R 型客户的激励相容约束。

（e）使用（c）和（d）中的结论，计算对 300 分钟和 600 分钟通话时长这两个方案的最优定价，使得每一类型客户将会选择 OWL 公司希望他们购买的方案。平均每个潜在客户的利润又将会是多少？

（f）考虑（a）、（b）和（e）中的结果。针对这三种结果中的每一种，描述一下它是分离的、混合的还是半分离的。

S4. Mictel 公司在个人计算机生产方面有世界范围内的垄断力。它能生产两种计算机：低端计算机和高端计算机。有五分之一的潜在买方是普通用户，其余的是专业用户。

下表给出了生产这两种计算机的成本，以及从以上两类买方的两种选择中获得的收益。所有数据均以千美元为计量单位。

单位：千美元

		成本	不同类型买方的收益	
			普通	专业
个人计算机类型	低端	1	4	5
	高端	3	5	8

每一类买方都要计算他从每种计算机中所能得到的净收益（收益减去价格），并购买将会给他们带来较高净收益的计算机（假设这个收益是非负的）。如果两种计算机提供相等的非负净收益，买方将选择购买高端计算机；如果两种计算机提供的净收益均为负，买方将不购买任何产品。

Mictel 公司希望最大化它的期望利润。

（a）如果 Mictel 公司是无所不知的，那么当一个买方出现时，Mictel 公司知道他的类型，并在接受或放弃的基础上，以公布的价格只出售给他一种类型的计算机。Mictel 公司将以什么价位向不同的买方提供哪种类型的计算机？

事实上，Mictel 公司并不知道买方的类型。它只是使得自己的价目表可供所有买方参考。

（b）首先，假设 Mictel 公司只生产低端计算机，并以价格 x 出售。x 取什么值时将最大化 Mictel 公司的利润？为什么？

（c）其次，假设 Mictel 公司只生产高端计算机，并以价格 y 出售。y 取什么值时将最大化 Mictel 公司的利润？为什么？

（d）最后，假设 Mictel 公司生产两种类型的计算机，以价格 x 出售低端计算机，并以价格 y 出售高端计算机。如果 Mictel 公司想让普通用户购买低端计算机，而让专业用户购买高端计算机，那么 x 和 y 必须满足的激励相容约束是什么？

（e）当普通用户愿意购买低端计算机而专业用户愿意购买高端计算机时，x 和 y 必须满足的参与约束是什么？

（f）当 Mictel 公司生产两种类型的计算机时，给定（d）和（e）中的约束，x 和 y 取什么值将最大化 Mictel 公司的期望利润？从这项政策中，Mictel 公司获得的期望利润是多少？

（g）综合以上各问，确定 Mictel 公司应生产的产量和应制定的价格策略。

S5. 假设 Mictel 公司的一半买方为普通用户，重做习题 S4。

S6. 运用在习题 S4 和 S5 中所得到的启示，在一般情形下，即一般用户的比例为 c，专业用户的比例为 $(1-c)$，计算习题 S4。答案将部分地取决于 c 的值。在这些例子中，列出所有相关的情况以及它们是如何取决于 c 的。

S7. 折扣电影院 Sticky Shoe 在自己的特许柜台出售爆米花和汽水。卡梅伦、杰西和肖恩是 Sticky Shoe 的老顾客，且他们每个人对爆米花和汽水的估值如下：

单位：美元

	爆米花	汽水
卡梅伦	3.50	3.00
杰西	4.00	2.50
肖恩	1.50	3.50

除了这三个人之外，Harkinsville 还有 2 997 名居民去 Sticky Shoe 看电影。他们中有三分之一的人与卡梅伦对爆米花和汽水的估值相同，有三分之一与杰西的相同，有三分之一与肖恩的相同。如果一个顾客对于买或不买没有差异，那么他会买。额外生产爆米花和汽水对 Sticky Shoe 来说没有什么实质成本。

（a）如果 Sticky Shoe 对爆米花和汽水分别定价，那么它将对每个柜台制定什么价位以最大化自己的利润？Sticky Shoe 分开出售爆米花和汽水会获得多少利润？

（b）当 Sticky Shoe 以利润最大化的分开销售价格出售爆米花和汽水时，每种类型顾客（卡梅伦、杰西和肖恩）的购买量是多少？

（c）与分开出售相反，Sticky Shoe 决定总是以套餐的形式一起出售爆米花和汽水，对两者收取单一价格。什么样的单一套餐价格会最大化它的利润？Sticky Shoe 只出售套餐会获得多少利润？

（d）当 Sticky Shoe 以利润最大化的单一套餐价格出售爆米花和汽水时，每种类型顾客将购买什么？这与（b）中答案相比较会怎么样？

（e）每类顾客更喜欢哪一种定价机制？为什么？

（f）如果 Sticky Shoe 既出售套餐，也分开出售爆米花和汽水，它想向每类顾客出售什么产品（爆米花、汽水还是套餐）？Sticky Shoe 应如何确保每类顾客正好购买它想向他们所出售的产品？

（g）Sticky Shoe（针对爆米花、汽水和套餐）制定什么样的价格能最大化自己的利润？Sticky Shoe 以这三种价格相应地出售三种产品时，会获得多少利润？

（h）本题中（a）、（c）和（g）的答案有何不同？阐述原因。

S8. 在本章第 13.5.1 节中，我们讨论了以下情形的委托-代理问题：一家公司决定是否以及如何引导经理付出高水平努力以提高项目成功的概率。一个成功项目的价值为 1 000 000 美元，付出高水平努力时项目成功的概率是 0.5，而付出低水平努力时项目成功的概率是 0.25。经理的效用函数是所得补偿（以百万美元计量）的平方根，付出高水平努力所带来的效用损失为 0.1。然而，经理现在的保留工资为 160 000 美元。

（a）如果公司只希望经理付出低水平努力，它将提供什么样的契约？

（b）当公司引导经理付出低水平努力时，它的期望利润是多少？

（c）为了引导经理付出高水平努力，公司应该提供什么样的契约组合 (y, x)？其中，y 是项目成功时的工资，x 是项目失败时的工资。

（d）当公司引导经理付出高水平努力时，它的期望利润是多少？

（e）公司想引导经理付出哪一种努力水平？为什么？

S9. 一家公司为它的主要工厂购买了一份火险。在没有防火规划的情况下，工厂发生火灾的概率为 0.01。在有防火规划的情况下，工厂发生火灾的概率为 0.001。如果发生了火灾，损失将达到 300 000 美元。运行一套防火规划将花费 80 美元成本，但是保险公司观测防火规划是否在执行需要成本。

（a）在这种情形下，为什么会出现道德风险？道德风险的来源是什么？

（b）保险公司能排除道德风险问题吗？如果能，怎样排除？如果不能，解释原因。

S10. 莫扎特在 1781 年从萨尔茨堡来到维也纳，希望在哈布斯堡法庭找到一个职位。他等待皇帝的召见而不去申请职位，因为"如果一个人自己去找活儿，那么他得到的收入就少"。运用非对称信息博弈论的理论，包括信号传递和甄别理论，来讨论这个情形。

S11.（选做，需用到微积分）你是大洋洲的和平部长，为你的国家购买作战物资是你的本职工作。从数量为 Q 的这些物资中所获得的净收益为 $2Q^{1/2} - M$（以大洋洲美元计量），其中 M 是购买物资所支付的货币数量。

只有一个供应商——Baron Myerson's Armaments（BMA）。你不知道 BMA 的生产成本。众所周知，BMA 的每单位产出的成本是固定的，而且有 $p=0.4$ 的概率为 0.10 和有 $1-p$ 的概率为 0.16。如果 BMA 的单位成本为 0.10，则称它是低成本的；如果 BMA 的单位成本为 0.16，则称它是高成本的。只有 BMA 确切地知道自己的真实成本。

以前，你所在的部门使用两种购买契约：成本加成和固定价格。但是成本加成契约让 BMA 有动机去夸大成本，而固定价格契约给予 BMA 的补偿可能超过了它所必要的。你决定提供一份有两种可能的契约：

契约 1：供应 Q_1，我们将支付货币 M_1。

契约 2：供应 Q_2，我们将支付货币 M_2。

思路就是设定 Q_1、M_1、Q_2 和 M_2，让低成本的 BMA 发现选择契约 1 更有利可图，而让高成本的 BMA 发现选择契约 2 更有利可图。如果另一份契约确实是有利可图的，那么低成本的 BMA 将选择契约 1，高成本的 BMA 将选择契约 2。更进一步，不管成本是多少，对于所签订的任何契约，BMA 需要得到至少为 0 的经济利润。

（a）当提供 Q 并得到 M 时，写出低成本 BMA 和高成本 BMA 的利润表达式。

（b）写出旨在引导低成本 BMA 选择契约 1、高成本 BMA 选择契约 2 的激励相容约束。

（c）写出每种类型 BMA 的参与约束。

（d）假设每种类型 BMA 都选择了为它设计的契约，写出大洋洲的期望净利润表达式。

现在，你的问题是选择 Q_1、M_1、Q_2 和 M_2 来最大化（d）中的期望净利润，并满足激励相容约束（IC）和参与约束（PC）。

（e）假设 $Q_1 > Q_2$，而且约束 IC_1 和 PC_2 是紧的，也就是说，它们将以等式成立。运用这些约束来推导出可行的 M_1 和 M_2 的下界，并以 Q_1 和 Q_2 表示。

（f）证明当 IC_1 和 PC_2 是紧的时，IC_2 和 PC_1 会自动满足。

（g）用（e）中所得到的表达式替换 M_1 和 M_2，用 Q_1 和 Q_2 表示你的目标函数。

（h）写出最大化问题的一阶条件，并解出 Q_1 和 Q_2。

（i）解出 M_1 和 M_2。

（j）提供这些契约，大洋洲的期望净利润是多少？

（k）在你所找到的契约菜单里，甄别的一般原理是什么？

S12.（**选做**）回顾一下习题 S11 中的大洋洲问题，将该习题中得出的最优契约与其他可选契约方案进行比较。

（a）如果你决定提供单一固定价格契约，只打算吸引低成本 BMA 的注意，那么这个契约是怎么样的？也就是说，如果你知道 BMA 是低成本的，最优的 (Q, M) 是多少？

（b）一个高成本的 BMA 会接受（a）中的契约吗？为什么？

（c）给定 BMA 是低成本的概率，大洋洲提供（a）中的契约所获得的期望净利润将是多少？这与习题 S11（j）中得到的期望净利润相比如何？

（d）你会向高成本的 BMA 提供什么样的固定价格契约？

（e）一个低成本的 BMA 会接受（d）中的契约吗？如果它接受了，那么 BMA 的利润是多少？

（f）给定你在（e）中的答案，大洋洲提供（d）中的契约所获得的期望净利润将是多少？这与习题 S11（j）中得到的期望净利润相比如何？

（g）考虑这样一种情况：一个 BMA 的行业间谍泄露了公司的真实单位成本，于是大洋洲可以针对 BMA 的真实类型提供最优的单一固定价格契约。如果大洋洲知道它将了解到 BMA 的真实类型，它的期望净利润将是多少？这与本习题（c）和（f）以及习题 S11（j）中得到的期望净利润相比如何？

未解决的习题

U1. 在你处理以下情形时，会出现什么样的道德风险和/或逆向选择问题？在每一种情形里，概述适当的激励机制和/或信号传递以及甄别策略以应对这些问题。不需要数学分析，但是你应清晰阐明你所提议的方法能够起作用的经济原因以及方法。

（a）你的财务顾问建议你买卖什么样的股票。

（b）当你出售房子时，你向房地产经纪人咨询。

（c）你去看医生，无论是例行检查还是治疗。

U2. MicroStuff 是一家软件公司，出售两款广受欢迎的应用软件：WordStuff 和 ExcelStuff。额外拷贝生产这两款应用软件并不会花费任何成本。MicroStuff 有三种类型的潜在客户，分别以英格丽、哈维拉和凯西为代表。每一类型都有 100 000 000 个潜在客户，他们对每一款应用软件的评价如下：

	WordStuff	ExcelStuff
英格丽	100	20
哈维拉	30	100
凯西	80	0

（a）如果 MicroStuff 对 WordStuff 和 ExcelStuff 分别定价，那么，为了最大化自己的利润，它应该对每一款应用软件制定什么样的价格？MicroStuff 能从这样的定价中得到多少利润？

（b）当 MicroStuff 制定了利润最大化时 WordStuff 和 ExcelStuff 的分开价格，每一类型的客户（英格丽、哈维拉和凯西）会分别购买什么软件？

（c）与分开出售软件不同，MicroStuff 决定总是捆绑出售 WordStuff 和 ExcelStuff，并对二者收取单一价格。什么样的单一捆绑价格会最大化公司的利润？当 MicroStuff 只进行捆绑销售时，它会从中获得多少利润？

（d）当 MicroStuff 制定了利润最大化时 WordStuff 和 ExcelStuff 的单一捆绑销售价格之后，每一类型的客户会分别购买什么软件？这个结果与（b）的相比如何？

（e）每一类型的客户偏好哪种定价机制？为什么？

（f）如果 MicroStuff 既分开出售这两款应用软件，也捆绑出售，那么它想向每一类客户分别出售哪一种产品（WordStuff、ExcelStuff 还是捆绑产品）呢？MicroStuff 怎样才能确保每一类客户所购买的产品正好是它想出售给他们的呢？

（g）为了最大化自己的利润，MicroStuff 将分别对 WordStuff、ExcelStuff 和捆绑产品制定什么样的价格？它会从中获得多少利润？

（h）（a）、（c）和（g）中的结果有什么不同？请解释原因。

U3. 考虑一个与第 13.5 节类似的管理努力例子。一个成功项目的价值是 420 000美元。如果有好的管理，项目成功的概率为 1/2；如果没有，则项目成功的概率为 1/4。经理是风险中性的，而不是如教材中所描述的那样是风险厌恶的，所以他的期望效用等于他的期望收入减去努力造成的效用损失。他从事其他工作能得到 90 000 美元的收入。为了好好管理项目，他努力工作所造成的效用损失为 100 000 美元。

（a）证明引导经理付出高水平努力将要求公司提供一个基本工资为负的补偿机制。也就是说，如果项目失败了，经理支付给公司该机制中所要求的一定金额。

（b）在现实中，一个基本工资为负的补偿机制可能怎样实施？

（c）证明如果负的基本工资不可行，那么公司接受低补偿、低水平努力的情形会更有利。

U4. Cheapskates 是一个小型联盟的专业冰球队。它的场地设施足够同时容纳 1 000名想观看主场比赛的球迷们。这个场地可以提供两种类型的座位：普通座和贵宾座。球迷们也有两类：有 60% 的球迷是蓝领阶层，另外 40% 的球迷是白领阶层。提供每种座位的成本和球迷们对每种座位的支付意愿（以美元计量）如下表所示。

		成本	支付意愿	
			蓝领	白领
座位类型	普通座	4	12	14
	贵宾座	8	15	22

依据从两种座位票价中所得到的消费者剩余（最大支付意愿减去实际支付的价格），每一名球迷至多只能购买一张门票。如果两种座位所带来的剩余都是负的，那么他将不购买任何门票。如果至少有一种座位给予他非负剩余，那么他将购买给他带来较大剩余的那种门票。如果两种座位带来相同非负剩余，那么蓝领球迷将购买普通座位票，而白领球迷将购买贵宾座位票。

球队的所有者们提供座位并对座位定价以最大化自己的利润（以 1 000 美元每场比赛计量）。所有者对每种座位定价，以这些价格出售门票，并且需要多少出售多少，然后提供已出售的门票的座位类型和号码。

（a）首先，假设球队的所有者们能区分每名前来买票的球迷的类型（可能根据衣领的颜色判断），并且能在接受或放弃的基础上向他以规定价格只提供一种类型的座位。在这个体系下，所有者的最大利润 π^* 是多少？

（b）现在，假设所有者们不能区分任何一名球迷的类型，但他们仍然知道蓝领球迷的比例。假设普通座的价格为 X，贵宾座的价格为 Y。为确保蓝领球迷购买普通座而白领球迷购买贵宾座所要满足的激励相容约束是什么？在 $X-Y$ 坐标平面图上画出这些约束。

（c）球迷们决定是否购买门票的参与约束是什么？把这些约束添加到（b）中的图里。

（d）给定（b）和（c）中的约束，在这个价格体系下，X 和 Y 取什么样的价格会最大化所有者们的利润 π_2？π_2 的值是多少？

（e）所有者们在考虑是否制定一种只有白领球迷会购买门票的价格。如果他们决定只迎合白领球迷，那么他们的利润 π_w 是多少？

（f）比较 π_2 和 π_w，决定所有者们将会制定的价格策略。从这项策略中所获得的利润与完全信息情形下的利润 π^* 相比如何？

（g）在（f）中，什么是"应对信息不对称的成本"？谁来承担这个成本？为什么？

U5. 假设蓝领球迷的比例为 10%，重做习题 U4。

U6. 运用在习题 U4 和 U5 中所得到的启示，假设在一般情形下，即蓝领球迷的比例为 B，白领球迷的比例为（$1-B$），计算习题 U4。答案将部分地取决于 B 的值。在这些例子中，列出所有相关的情况以及它们是如何取决于 B 的。

U7. 在很多情况下，代理人努力工作是为了能被提升到收入更好的职位上。支付给那个职位的薪酬是固定的，而代理人为这些职位相互竞争。比赛理论考虑了一群代理人为了一个固定奖项而竞争。在这种情况下，获胜的关键在于一个人相对于其他人的位置，而不是一个人表现的绝对水平。

（a）讨论一家公司可能希望采用上述比赛机制的原因。思考这个机制对公司和员工激励的影响。

（b）讨论一家公司可能不希望采用上述比赛机制的原因。

（c）陈述比赛理论的一个预测，并列举一个实证例子来支持你的预测。

U8. 由于一些最优秀的工程师的离职，在付出高水平努力时项目成功的概率只有 0.4，而在付出低水平努力时项目成功的概率下降为 0.24。根据以上调整，重新解答习题 S8。

U9. （选做）一个教师想知道学生对于自己的能力有多自信。他提出以下方案："在你回答这个问题之后，给出你估计你是正确的概率，然后我会检查你对于这个问题的回答。假设你已经给出估计的概率 x。如果你的回答确实是正确的，你的分数就是 $\log(x)$。如果不正确，那就是 $\log(1-x)$。"证明这个方案将会引导出学生自己真实的估计，也就是说，如果真实的概率是 p，证明一个学生给出的估计 $x=p$。

U10. （选做）假设 BMA 是低成本的概率为 0.6，重新计算习题 S11。

U11. （选做）假设一个低成本的 BMA 的单位成本是 0.2，一个高成本的 BMA 的单位成本是 0.38。假设 BMA 是低成本的概率为 0.4。重新计算习题 S11。

U12. （选做）回顾一下大洋洲从 BMA 那儿购买武器的情形。（见习题 S11。）现在考虑这样一种情况，BMA 有三种可能的成本类型：c_1、c_2 和 c_3，并且 $c_3 > c_2 > c_1$。BMA 的成本为 c_1 的概率为 p_1，成本为 c_2 的概率为 p_2，成本为 c_3 的概率为 p_3，并且 $p_1 + p_2 + p_3 = 1$。如果 BMA 的成本是 c_i，我们就称它是类型 i，其中 $i=1$，2，3。

你提供一个有三种可能的契约菜单："供应 Q_i，我们将支付 M_i"，其中 $i=1$，2，3。假设不止一份契约的利润是相等的，所以一个类型 i 的 BMA 将会选择契约 i。为了满足参与约束，契约 i 应该给予类型 i 的 BMA 非负的利润。

（a）当类型 i 的 BMA 提供 Q 并得到 M 时，写下它的利润表达式。

（b）写出每种类型 BMA 的参与约束。

（c）写出 6 个激励相容约束。即对于每个类型 i，分别写出相应的表达式，表明

BMA 在契约 i 下获得的利润高于或等于它从其他两个契约中所得到的利润。

（d）写出大洋洲的期望净利润的表达式 B。这就是（你想要最大化的）目标函数。

现在，你的问题是选择三个 Q_i 和三个 M_i 来最大化期望净利润，并满足激励相容约束（IC）和参与约束（PC）。

（e）仅以三个约束开始：针对类型 2 偏好契约 2 而不是契约 3 的 IC，针对类型 1 偏好契约 1 而不是契约 2 的 IC，以及针对类型 3 的参与约束。假设 $Q_1 > Q_2 > Q_3$。利用这些约束来推导 M_1、M_2 和 M_3 可行选择的下界，并用 c_1、c_2 和 c_3 以及 Q_1、Q_2 和 Q_3 表示。（注意两个或更多的 c 和 Q 可能出现在 M 的每一个下界表达式中。）

（f）证明这三个约束——（e）中的两个 IC 和一个 PC——在最优时是紧的。

（g）现在证明当（e）中的三个约束是紧的时，其他六个约束（剩余的四个 IC 和两个 PC）自动满足。

（h）替换掉 M_i，只用三个 Q_i 表示你的目标函数。

（i）写出最大化问题的一阶条件，解出每一个 Q_i。即得到三个偏导数 $\frac{\partial Q_i}{\partial B}$ 并让它们等于 0，从而求出 Q_i。

（j）证明当以下不等式成立时，以上假设 $Q_1 > Q_2 > Q_3$ 在最优情况下是正确的：

$$\frac{c_3 - c_2}{c_2 - c_1} > \frac{p_1 p_3}{p_2}$$

【注释】

［1］"Economics Focus: Secrets and the Prize," *Economist*, October 12, 1996.

［2］针对不同消费群体的不同偏好特征制定不同价格，这种定价策略类型称为三级价格歧视。因此前述的三级价格歧视是可微分的。当然也有二级价格歧视，它指厂商针对消费者购买产品数量的不同索要不同的价格。

［3］一般有数个承包商可能会对公路承建契约展开竞争。对于这个例子，我们假设只存在一个承包商。

［4］在现实中每个车道不可能只取两个不同值，它可以在一个连续区间取任何值。取每个值的概率相应地形成这个区间的概率密度函数。对于这个区间的任何可能取值，我们的理论并不总是导出一个整数解。所以我们把此情形留给高级博弈论处理并且在这个论述性例子中界定限制。

［5］在现实中存在许多条款，比如界定质量、时间、检验等的条款，我们忽略这些细节，只保留机制设计中最基本的思想。

［6］如果多个承包商对项目展开竞争，未中标的承包商难免会透露承包的真实成本。但是对于更大的公路工程（比如国防等国家其他大型工程），经常只存在潜在的几个承包商，它们可以通过相互合谋、不相互揭露私人信息做到更好。为了简化，我们限定只有一个承包商。

［7］参见 Tim Harford, *The Undercover Economist: Exposing Why the Rich Are Rich, the Poor Are Poor—and Why You Can Never Buy a Decent Used Car*!（New

York：Oxford University Press，2005）。前两章给出了定价机制的例子。

［8］Jean-Jacques Laffont and Jean Tirole，*A Theory of Incentives in Procurement and Regulation*（Cambridge，Mass：MIT Press，1993）是这类文章中的经典之作。

［9］更重要的是，如果出现争议，你或经理必须能够向第三方，比如仲裁人或法庭，证明经理是否努力工作或逃避责任。这是个比仅仅由合约双方（你和经理）依据合约去观察更严格的条件（常常称为可验证性）。当我们使用更常见的用语"可观察性"时，我们意指这种公共可观察性或可验证性。

［10］所有者也是风险厌恶的情形可以类似处理。

［11］的确，保险公司把投保人未能降低风险预警的行为看作不道德行为，这就是道德风险一词的来源。

［12］正式地，农场主的效用函数现在为 $u = \sqrt{I} - E$，其中 I 仍然是收入，E 是努力的效用减少。如果蓄水池质量良好，则效用为 25；如果质量低劣，则效用是 0。

［13］比较激励相容约束左边的第一项和右边的第一项。付出努力导致构建高质量蓄水池的更高效用 $\sqrt{150\,000}$，系数从 0.50 提高到 0.75。同样地，比较式子两边的第二项，懈怠努力导致低质量蓄水池的较低效用 $\sqrt{70\,000}$，系数从 0.50 降低到 0.25。这些差异与第 13.5.1 节中胡萝卜加大棒的激励机制类似。

［14］Canice Prendergast，"The Provision of Incentives in Firms，"*Journal of Economic Literature*，vol. 37，no. 1（March 1999），pp. 7-63，是一篇极好的激励机制理论和实践调查论文。Prendergast 给出本节提到的许多发现和轶事的原始文献出处，因此我们不再重复特定引用出处。James N. Baron and David M. Kreps，*Strategic Human Resources：Frameworks for General Managers*（New York：Wiley，1999）是一本涉及个人管理，同时结合了经济学、社会学和社会心理学视角的书。第 8 章、第 11 章、第 16 章、附录 C 与附录 D 最接近本章甚至本书的观点。

第 4 部分

在特定策略情形下的应用

第 14 章

边缘政策：古巴导弹危机

在第 1 章，我们解释过我们的基本方法既不是纯粹的理论也不是纯粹的案例研究，而是这样一种组合，其中理论的思想是通过利用特定的案例或者例子的特征而发展出来的。因此，我们将每一个案例中那些对于被发展起来的概念是偶然和次要的方面忽略。然而，在学习了理论思想之后，你就有了一种十分丰满的分析模型。在这种模型中，特定案例的事实性细节就更加紧密地与博弈论的分析整合在一起了，从而对于发生了什么和为什么发生达成一种充分的理解。这样的基于理论的案例研究（theory-based case studies）已经出现在如商业、政治科学以及经济史等许多领域中。[1]

在这里，我们提供一个来自政治和军事历史中的例子——发生于 1962 年古巴导弹危机中的核冒险政策。我们的选择是由下列因素促成的，即大量可以获得的事实信息，以及来自博弈论的一种重要概念的可应用性。

这场危机确实经常被作为边缘政策的经典例子，当时世界面临着前所未有的核战争。你可以认为核战争的风险随着苏联的解体而消失了，并且因此我们的案例是一种历史猎奇。但是，核军备竞赛继续出现在世界上的许多地方，并且像印度与巴基斯坦或者伊朗与以色列这样的竞争对手都可以从古巴导弹危机中吸取经验。对于你们中的大多数人来说，更重要的是，在许多场合里都需要运用边缘政策，从政治谈判到劳资关系到夫妻吵架。尽管在这些博弈中的赌注比起超级大国之间的核对抗来说要低得多，但同样的策略性原理是适用的。

在第 9 章，我们曾经将边缘政策概念作为一种策略性行动引入；这里只回顾一下这个分析。威胁是一种反应规则，并且这种威胁行动给做出威胁的参与人和威胁试图要去影响其行动的参与人两者都会带来成本。但是，如果威胁产生效力，则该行动实际上是不会被实施的。因此，对于威胁性行动的成本来说，是不存在明显的上限的。但出现错误的风险——威胁可能不能产生效力或者威胁性行动可能由于偶然因素而实际发生——迫使策略家运用能实现其目的的最小威胁。如果一个较小的威胁不是本来就有的，那么可以通过降低威胁实施的可能性将一个大的威胁变小一些。你可以率先行动创造一种可能（当然不是确定性），当对手违背了你的意愿时，对双方都有伤害的结果就会产生。如果这种需要实际出现了，当你有充分的选择自由时你也不会采取那个坏的行动。所以你要事先为事态在一定程度上失去控制做好安排。边缘政策就是要创造和开发这样一种概率威胁，方式是有意地失去对事态的控制。

我们将对古巴导弹危机进行深入的案例研究，详细解释"边缘政策"这一概念。在这个过程之中，我们将发现对这场危机的许多流行的理解及分析实在是过于简单化了。较深入的分析揭示出边缘政策是一种巧妙安排的和危险的策略。它也表明诸如罢工和关系破裂这样一些商业和个人之间的互动中的冲突都是边缘政策的运用出现错误的例子。因此，对于这种策略及其局限和风险的一种清晰的理解对于所有博弈参与人来说都是非常重要的。当然，这对于每一个人来说也是相当重要的。

14.1 对事件的一个简要叙述

我们从对该危机来龙去脉的简要描述开始。我们的材料来自几本书，包括一些利用由于苏联的解体而解密的文件和报告完成的著作。[2]我们并不期望能对细节做出公正的评价，而只是追随事件发展的脉络。肯尼迪总统在危机期间曾经说过"这是我挣得工资的一周"（This is the week when I earn my salary），但当时让事件处于平衡状态要比总统的薪水重要得多。我们建议你们读读生动描述这一危机的来龙去脉的书籍，并与"生逢其时"的亲戚们聊聊这一事件，以获取他们的"第一手"记忆。[3]

1962年夏末秋初，苏联（USSR）开始在古巴部署中程弹道导弹（MRBM 和 IRBM）。MRBM 有 1 100 英里的射程，可打到华盛顿特区；IRBM 的射程为 2 200 英里，能打击全美大多数主要城市和军事设施。部署导弹的阵地由最新式的苏式萨姆（SAM）地对空 SA-2 型导弹护卫，它能够击落美国的 U-2 高空侦察机。同时还部署了被称为 IL-28 的轰炸机和一种战术核武器。苏联人称这种战术核武器为 Luna，而美国人称其为青蛙（FROG，可地面移动的火箭）。古巴人可用这种武器抵挡入侵的军队。

这是苏联第一次试图把其导弹和核武器部署在领土之外的地方。倘若它成功了，将大大提高它对美国的攻击能力。现在已经清楚的是当时苏联境内可直接打到美国本土的已部署的洲际弹道导弹（ICBM）总共不超过 20 枚，甚至只有 2~3 枚（War，464，509-510）。他们最初在古巴部署了大约 40 枚 MRBM 和 IRBM，这是一个巨大数量的增加。但是，美国仍然在两个超级大国之间的核平衡上保持着巨大的优势。同时，由于苏联已经建造了自己的潜艇舰队，在美国本土附近部署陆基导弹的相对重要性已下降。但是，对于苏联来说，在古巴部署导弹的意义远远超出了直接的军事意义。成功地在如此接近美国本土的地方部署导弹对于苏联在全球范围内的声誉来说是一个巨大的提升，特别是在亚洲和非洲，两个超级大国在那里正在进行激烈的政治及军事影响的竞争。最后，苏联打算将古巴作为其"东方阵营"的一个桥头堡。通过在古巴部署导弹，以打消美国入侵古巴的念头，消除古巴所受到的来自美国的巨大威胁，同时，还抵消其他国家在古巴的影响，这在当时的苏联领导人尼基塔·赫鲁晓夫（Nikita Khrushchev）的盘算中具有十分重要的分量（对苏联动机的分析，参见 Gamble，182-183）。

1962 年夏末秋初，美国对古巴及海上行船航线进行监视的系统发现了一些可疑的活动。当美国外交官向苏联方面寻求这些疑问的答案时，苏联立即对在古巴部署导弹的任何意图进行了否认。随后，面对难以掩饰的证据，他们才说其意图是防守性的，是为了防止美国对古巴的侵略。尽管进攻性武器也可用于防卫性威慑，但这种解释显然不能令美方信服。

在 10 月 14 日和 15 日，即星期天和星期一，一架美国 U-2"间谍飞机"拍摄了古巴西部地区的照片。当把胶卷冲洗出来并且加以识别后，它们无可辩驳地显示出正进行着 MRBM 发射基地的建造（随后在 10 月 17 日又找到了 IRBM 的证据）。这些照片在随后（10 月 16 日）被提交给肯尼迪总统。他立即组建了一个特别顾问小组，这个小组后来被称为国家安全委员会执行委员会（Executive Committee of the National Security Council，ExComm）。他们开始讨论对策。在第一次会议（10 月 16 日上午）上，肯尼迪总统决定在他完全准备好应对方案之前，对这件事实行完全保密和消息封锁。他这样做的主要原因是如果苏联知道美国知道了古巴的事情，会赶在美国做出反应之前加快在古巴的导弹安装及部署。除此之外，这样做也可以在政府没有做出明确反应的情形下避免在美国境内造成大恐慌。

国家安全委员会执行委员会中积极参与对策建议的成员包括国防部长罗伯特·麦克纳马拉（Robert McNamara）、国家安全顾问麦克乔治·邦迪（McGeorge Bundy）、参谋长联席会议主席（Chairman of the Joint Chiefs of Staff）麦克斯威尔·泰勒将军（General Maxwell Taylor）、国务卿迪安·腊斯克（Dean Rusk）以及副国务卿乔治·波尔（George Ball）、首席检察官罗伯特·肯尼迪*（Robert Kennedy，他也是肯尼迪总统的兄弟）、财政部部长道格拉斯·迪隆（Douglas Dillon，他是内阁中唯一的共和党人），以及莱威林·汤普森（Llewellyn Thompson，他是不久前才从驻莫斯科大使任上返回美国的）。在随后的两个星期里，他们与其他一些重要官员一起商讨应对措施。这些官员包括美国驻联合国大使阿德莱·史蒂文森（Adlai Stevenson）、前国务卿和美国外交政策的高级发言人迪恩·艾奇逊（Dean Acheson），以及美国空军部长柯蒂斯·李梅将军（General Curtis LeMay）。

在这一周剩下的时间里（10 月 16 日到 21 日），国家安全委员会执行委员会进行了多次的集中讨论。为了保密，肯尼迪继续了他原有的正常计划日程，包括为即将参加在 1962 年 11 月举行的国会中期选举的民主党候选人做巡回演说。当然，他仍然暗地里保持着与国家安全委员会执行委员会的经常性接触。他躲避着报刊关于古巴问题的采访，并且劝说一两个可信的媒体老板或编辑保持一贯的经营状态。国家安全委员会执行委员会自身在试图在华盛顿保守秘密的做法上有时表现得接近于滑稽。比如有一次他们中的 12 个人像沙丁鱼一般挤在一辆轿车里，因为由几辆政府小车组成的长长的车队在护卫车的簇拥下从白宫向其他政府部门行驶的景象将会在媒体中引起猜测。

国家安全委员会执行委员会中的不同成员在对时局的估计上存在着广泛的分歧，各自支持采取不同的行动。参谋长联席会议主席认为苏联在古巴部署导弹大大打破了军事力量的平衡；国防部长麦克纳马拉认为它"根本"没有影响到军事平衡，并且仍然认为

---

* 文中单独出现的"肯尼迪"均指肯尼迪总统。为了避免混淆，每当肯尼迪总统的兄弟出现时皆用全称"罗伯特·肯尼迪"。——译者注

这只是一个纯政治的问题（*Tapes*，89）。肯尼迪指出，如果美国对苏联第一次导弹部署不做出反应，苏联将会在随后部署更多的导弹，并且苏联将会利用在美国的后院部署导弹所造成的威胁迫使美国将在西柏林驻守的美军、英军及法军撤出。肯尼迪也意识到了它是美苏之间地缘政治斗争的一个组成部分（*Tapes*，92）。

现在看来他的估计是非常正确的。苏联计划将它在古巴的存在进一步扩充为一个主要的军事基地（*Tapes*，677）。它打算在 11 月中旬之前就完成导弹的部署。赫鲁晓夫已经计划在 11 月下旬与卡斯特罗签订一个协议，然后就去位于纽约的联合国总部发表演讲，接着打算发出一个有关柏林问题的最后通牒（*Tapes*，679；*Gamble*，182），利用在古巴部署的导弹作为达到这一目的的要挟。赫鲁晓夫认为肯尼迪将不得不将已部署的导弹作为一个既成事实来接受。现在已清楚的是，赫鲁晓夫当年是私自制订这些计划的。他的一些高级幕僚私下认为他们已过于冒险了，但是苏联的最高政府决策团体苏联最高苏维埃主席团却支持他的决定，尽管它本身只是一个橡皮图章（*Gamble*，180）。卡斯特罗开始时并不愿意接受导弹部署，因为他害怕由此引起美国的入侵（*Tapes*，676 - 678），但后来他还是接受了，并且未来前景给予他自信心，让他在有关美国的演说中更加趾高气扬（*Gamble*，186 - 187，229 - 230）。

包括 10 月 18 日即星期四上午的那次会议在内，在之前的国家安全委员会执行委员会召开的所有会议上，每个人都认为美国的反应将会是单纯的军事行动。在此期间，他们认真研究过的全部选择是：（1）专门针对导弹阵地及邻近的萨姆导弹阵地（有可能存在）进行一次直接空袭；（2）对包括苏联和古巴停在机场上的所有飞机进行一次更广泛的空袭；（3）对古巴进行全面入侵。如果有必要，在获取了射程更远的 IRBM 存在的证据后，态度还可更强硬。事实上，在星期四的会议上，肯尼迪讨论了在周末开始进行空袭的时间表（*Tapes*，148）。

麦克纳马拉在 10 月 16 日星期二的会议结束前首次提到了军事封锁的计划，并且在正式的会议结束后在小范围内提出了这种思路（在实际行动将要发生时以一种神秘的方式）（*Tapes*，86，113）。波尔指出在没有预先发出警告的情况下进行空袭无异于另一次"珍珠港"事件，并且美国人是不愿干此勾当的（*Tapes*，115）；他得到了罗伯特·肯尼迪的强力支持（*Tapes*，149）。国家安全委员会执行委员会中的非军人成员在发觉参谋长联席会议成员需要的是一次大规模空中打击时，就进一步地倾向于军事封锁的选择；认为军方将目标仅限于对导弹阵地的有限打击是危险且无效的，以致"他们宁愿选择不采取任何军事行动也不愿采取有限打击的方式"（*Tapes*，97）。

在 10 月 18 日与 20 日之间，国家安全委员会执行委员会逐渐达成了一致意见，即先进行封锁，同时发出一个具有较短截止期限（48 小时到 72 小时）的最后通牒，在截止期限结束时，如果有必要，再采取军事行动。根据国际法，在实行封锁之前需要先宣战，但这一问题通过将行动命名为对古巴的"海上隔离"（naval quarantine）而巧妙地得到了解决（*Tapes*，190 - 196）。

在这些讨论（从 10 月 16 日到 21 日）中，一些人总是持有相同的立场（例如，军官们坚持进行一次大规模的空袭），但是其他人却随时都在改变他们的观点，有些时候甚至极富戏剧性。邦迪最初赞成"什么都不干"（*Tapes*，172），但后来却转向于一种先发制人的空中打击方案（*Tapes*，189）。肯尼迪总统本人的立场也从空袭转向军事封锁。他要求美国的反应是坚决的。虽然他的理由无疑主要是军事及地缘政治的，但作为一个成熟的国内政治家，他充分地意识到一种不够强硬的反应在即将举行的国会选举中将不利于民主党。另外，对启动一次可能导致核战争的行动所应负的责任使他深感压力沉重。中央情报局的评估认为一些导弹已经部署完毕。这就增长了任何空袭或入侵引发苏联人发射这些导弹并造成美国平民大量伤亡的风险（*Gamble*，235）。肯尼迪对此评估印象深刻。在危机持续到第二个星期（10 月 22 日到 28 日）时，他的决定看起来是坚持选择由国家安全委员会执行委员会讨论过的最保守的方案。

第一周的讨论结束之后，选择在军事封锁与空袭之间进行。持两种立场的报告都递交上来，并且在 10 月 20 日的一次非正式投票中，军事封锁建议以 11 比 6 取胜（*War*，516）。肯尼迪做出了抉择并且于 10 月 22 日在电视上发表演说，向全美公众宣布军事封锁行动开始了。他要求苏联向古巴运送导弹的船只立即停止航行，同时迅速撤除已经部署在古巴的导弹。

肯尼迪的演说将戏剧性的事件引发的紧张局势带入公共领域。联合国展开了几次充满戏剧性却无效的商讨和争论。其他的世界领导人和职业性的国际事务协调人也纷纷从中斡旋，并提出了若干建议。

从 10 月 23 日到 25 日，苏联人咆哮着试图恫吓和否认，赫鲁晓夫称军事封锁为"盗贼行为，是一种愚蠢的国际帝国主义行为"，并且声称他的船只将不会理睬它。苏联人在联合国或其他地方到处宣称他们的意图只是防御，并且发表了蔑视性的声明。但在私下里，他们却在寻找结束危机的渠道。赫鲁晓夫曾向肯尼迪直接发出过一些信息，此外苏联人还采用过一些间接和较低层次的沟通渠道。事实上，早在星期一，即 10 月 22 日，在肯尼迪发表电视演说之前，最高苏维埃主席团已决定不要将这次危机引向战争。直到星期四，即 10 月 25 日，他们才决定从古巴撤回导弹，但要求作为一种交换，美国要做出不入侵古巴的承诺。但是，他们也同意"再看一看"，以便寻求到更好的办法（*Gamble*，241，259）。当时美国并不知道苏联人的这种思想准备。

在公开场合以及私下的通信里，苏联人提及了用一种双方都做出让步的办法来解决危机的可能性，即美国从土耳其撤出导弹，苏联从古巴撤出导弹。在国家安全委员会执行委员会里也已对这种可能性进行了讨论。美国在土耳其的导弹是已经准备废除的设施，因为美国正打算将它们撤走并用游弋在地中海底下的北极星潜艇去取代它们。但是，可能土耳其人很难被说服接受这一改变，因为他们将美国导弹在其领土的存在作为对本国的一种保护性象征。（土耳其人的想法是正确的，因为固定在土耳其领土上的导弹是对其防卫的一种强大的承诺性象征，比起在其海岸线之外游弋的潜艇来说，其对土耳其防卫的承诺力量更大，因为潜水艇在很短的时间就可能逃之夭夭，参见 *Tapes*，568。）

在 10 月 24 日即星期三那一天，军事封锁开始发挥作用了。尽管苏联人在公共场合仍然表现得十分强硬，但在处理这一事件时开始变得小心翼翼。看来，他们对美国人能够在导弹部署安装全部完成之前就发现在古巴有导弹感到惊讶；苏联在古巴的工作人员已经发现了 U-2 飞机在飞越古巴领空，但他们并没有向莫斯科报告（*Tapes*，681）。最高苏维埃主席团下令让所有载有最敏感物质（实际上就是 IRBM 导弹）的船只停下来并调转方向返回，但他们又命令驻古巴的苏军司令伊萨·普利耶夫将军（General Issa Pliyev）下令让他的部队处于战斗准备状态，并且要求他使用除核武器外的所有可能的手段迎击来犯之敌（*Tapes*，682）。事实上，最高苏维埃主席团曾两次打算但又在发出命令之前取消授予他使用战术核武器迎击可能来犯的美军的权力（Gamble，242 - 243，272，276）。当然，美方仅仅看见几艘继续驶向军事封锁区的苏联船只，这些船只实际上运载的是油料和其他非军用货物。美国海军在执行其军事封锁任务时开始转向缓和。有一艘油船未经登船检查就让它通过了，而另一艘运有工业货物的不定期汽船经粗略登船检查之后就让其继续前行。但是，紧张的状态仍然在继续升级，并且双方的行为都比双方最高层政治家所希望的来得过火一些。

在 10 月 26 日即星期五的早晨，赫鲁晓夫私下给肯尼迪写了一封和解信，其中提出只要美国承诺不入侵古巴，他就将导弹撤出。但是，第二天他的态度又强硬起来。看来，他因所看到的两个现象壮了胆子。第一是美国海军在执行军事封锁时没有过于挑衅的行为。他们让一些显然是民用的货船通过了封锁区，只是登上一艘叫 Marucla 的船进行了检查，在进行大而化之的登船检查后就让它通过了。第二是在美国国内的报纸上出现了一些带有点鸽派味道的言论。其中最为引人注目的是由著名的专栏作家沃尔特·利普曼（Walter Lippman）所写的一篇文章。他在这篇文章中建议美国以在土耳其撤出其导弹来换取苏联撤出其在古巴部署的导弹（Gamble，275）。赫鲁晓夫于是在 10 月 27 日即星期六给肯尼迪写了第二封信，提出了这一主张，并且这一次他把信的内容公开了。这一封新的信大概就是最高苏维埃主席团所主张的最佳处理方式中的"再看一看"策略的一个组成部分。国家安全委员会执行委员会得出的结论是第一封信表达了赫鲁晓夫本人的想法，而第二封则是在最高苏维埃主席团中强硬派的压力之下写的——甚至可能是赫鲁晓夫此时已不再拥有控制权的证据（Tapes，498，512 - 513）。事实上，后来发现，两封信都是经最高苏维埃主席团讨论和批准之后发出的（Gamble，263，275）。

国家安全委员会执行委员会的成员们继续商讨对策，并且大家的态度也开始变得强硬起来。一种理由是大家逐步感觉到仅仅依靠封锁是不能解决问题的。肯尼迪的电视讲话没有给出一个明确的期限，并且，正如我们已知道的那样，一个没有规定明确期限的强迫性威胁是易于因对手故意拖延而被削弱的。肯尼迪早在 10 月 22 日即星期一就对此很清楚了。在肯尼迪发表演说之前的一次国家安全委员会执行委员会晨会上，他评论道："我不认为让他们一直待在那儿，我们的境况就会好起来"（Tapes，216）。但是，一个刚性的、很短时间的期限似乎又太缺乏灵活性了。到了星期四，国家安全委员会执行委员会中的其他人也开始意识到这一问题。例如，邦迪说道："等待是最危险的了"（Tapes，423）。苏联人的立场变得强硬起来，正如在私下发出的安抚性"周五信件"之后的公开性的"周六信件"所表明的那样，这是另外需要关注的问题。最为岌岌可危的是，在星期五，美国的情报部门已发现在古巴部署有战术核武器（FROG）（Tapes，475）。这一发现表明苏联在那儿的存在比早先所想象的还要严重得多，但这也使得入侵变得对美军十分不利和危险。还是在星期六，一架美国 U - 2 飞机在古巴上空被击落（现在已知道，这是地区司令官干的，他把上面的命令理解得比莫斯科的意愿宽泛得多了）（War，573；Tapes，682）。另外，古巴防空系统向低空飞行的美国侦察机开了火。国家安全委员会执行委员会在那个星期六的郁闷心情可用迪隆的一句话来概括："我们这一天什么也没有得到"（We haven't got but one more day）（Tapes，534）。

在星期六，一项导致紧张局势逐步升级的计划开始被付诸行动。在随后的星期一，或最迟是星期二，美国将实施空中打击，并且对空军预备队下达了动员令（Tapes，612 - 613）。局势发展的必然性终结点将是入侵（Tapes，537 - 538）。一封肯尼迪总统私下致赫鲁晓夫的强硬信件已经起草完毕，并且由罗伯特·肯尼迪直接送交到苏联驻华盛顿大使阿纳托利·多勃雷宁（Anatoly Dobrynin）手中。在这封信中，肯尼迪提出以下建议：

（1）苏联将部署在古巴的导弹和IL-28轰炸机撤出，并且要进行核查（且不许有新的船只驶入古巴）。

（2）美国承诺不入侵古巴。

（3）几个月后美国从土耳其撤出自己的导弹，但若苏联在公开场合提到它或者将此行动与古巴危机相联系，美国将放弃这一行动。他要求苏联在12~24个小时内给予答复，否则将会有灾难性的后果（*Tapes*，605-607）。

在10月28日即星期天上午，正当美国的许多教堂内挤满了祷告和祈求和平的人们时，苏联的无线电广播电台播送了赫鲁晓夫回复给肯尼迪的一封信的内容，其中他声明将立即停止导弹阵地的建造工作，并且将拆除已安装好的导弹并且装船运回苏联。肯尼迪立即对此做出回应，表示对此决定大加欢迎，这一回应由美国之音向莫斯科播送。现在已经清楚的是，赫鲁晓夫做出让步的决定实际上在他收到多勃雷宁转交的肯尼迪的信件之前就已做出了，但是这封信使得赫鲁晓夫更加毫不犹豫地做出了这一决定（*Tapes*，689）。

但这并未完全终止这场危机。美方的参谋长联席会议怀疑苏联不会如其所说的那样撤出古巴，并坚持空袭（*Tapes*，635）。事实上，在后来的几天里，古巴导弹阵地上的建造活动还持续了一阵子，而联合国的检查也是有问题的。苏联也试图将美方准备撤走部署在土耳其的导弹这一计划半公开化，它还打算让IL-28轰炸机继续留在古巴。直到11月20日，危机才最终了结，导弹开始被陆续撤出（*Tapes*，663-665；*Gamble*，298-310）。

14.2 一种简单的博弈论解释

初看起来，这场危机的博弈论解释十分简单。美国要求苏联从古巴撤出导弹；于是，美国人的目标是达到一种强迫性。为此，美国人有效地使用一种威胁：如果苏联人不顺从，将最终引发两个超级大国之间的一场核大战。军事封锁是这一必然过程的第一步，并且是证明美国人威胁的置信度的实际行动。换句话说，肯尼迪将赫鲁晓夫推向战争灾难的边缘。这就充分地震慑了赫鲁晓夫并迫使其就范。当然，核毁灭的可怕后果同样也会令肯尼迪感到恐怖，但这正是威胁的本质。必须满足的一点是威胁一旦实施，将使对方付出惨重代价，从而迫使他们按己方意图行事；这样，我们实际上并不必实施这种极糟糕的行动。

我们通过画出一棵博弈树就可以将上述论断正式地表达出来，见图14-1。苏联已经部署好了导弹，现在由美国首先行动。美国有两个选择：一是什么都不做（不威胁），二是发出威胁。倘若美国选择什么都不做，苏联将取得一个很大的军事及外交上的成就；故我们将美国此时的支付标记为-2，将苏联的支付标记为2。如果美国发出威胁，就轮到苏联做出行动选择了。苏联只有两个选择——撤出或者对抗。对于苏联来说，选择撤出是令人丢尽脸面的（一个很大的负数），并且对于美国而言，其军事优势再一次

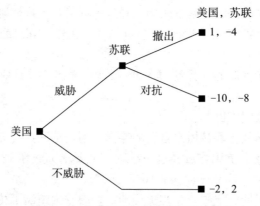

图 14-1　古巴导弹危机的简单威胁模型

得到证实（一个小的正数）；故我们将美国的支付记为 1，将苏联的支付记为 -4。如果苏联对抗美国的威胁，将会爆发一场核战争。这对于双方来说都是十分可怕的，但对于美国来说是更加恐怖的事，故将美国的支付记为 -10 而将苏联的支付记为 -8。这样的计算只是粗略的估算，但结论并不依赖于我们所选择的数字。如果你不同意我们选择的数字，你可以用任何你认为更具代表性的数字代替它们；只要结果的相对顺序不变，你就会获得同样的子博弈完美均衡。

现在，我们可以很容易地找出子博弈完美均衡。如果面对美国的威胁，苏联从撤出中获得的支付为 -4，从对抗中获得的支付为 -8，则它更加偏好于撤出。给定这种预期，美国盘算着若发出威胁将获得支付 1，否则获得支付 -2；因此，对于美国来说，最优的选择是发出威胁。美国最终获得支付 1，苏联获得支付 -4。

然而，稍微深入地思考就会发现这一解释并不令人满意。人们会问，如果苏联人预见到在随后的博弈中他们将成为输家，那么他们为什么还会在古巴部署导弹呢？更为重要的是，关于当时情形的一些事实以及博弈展开过程中的一些事件与该简单威胁的图示并不吻合。

但是，在对这种分析的不足做出说明并提出一种更好的解释之前，我们暂且离开主题去看看在危机期间发生的一个有趣的情节，它使得我们更加了解一个成功的强迫性威胁到底需要什么样的附加条件。正如在第 9 章所指出的那样，一个强迫性威胁必须有一个最后期限，否则对手就能通过拖延战术来使其无效。在 10 月 23 日即星期二的联合国秘书处的危机讨论会上，美国大使阿德莱·史蒂文森与苏联驻联合国代表瓦列里安·佐林（Valerian Zorin）发生了冲突。史蒂文森要求佐林直截了当地回答苏联是已经在古巴部署了还是正在部署核导弹——"'是'还是'不是'——不要等翻译——'是'还是'不是'？回答我！"他执着地要求道。佐林反驳道："我并不是站在美国的法庭上……你会随着事情的发展自然获得答案的。"史蒂文森又反击道："我打算等你的答复，一直等到世界末日。"这场争吵极富戏剧色彩。肯尼迪看着电视上的会议实况评论道："真棒！我还从来不知道阿德莱还真有一套"（*Profile*，406）。但是，这是一个可怕的策略。当苏联人正忙于建造其导弹阵地时，没有什么比让美国人"等着答复"更合苏联人的胃口了。对于强迫性威胁来说，"一直等到世界末日"并不是一个合适的期限。

14.3 考虑更多复杂性后的博弈

让我们回过头来构造一个更加令人满意的博弈论模型。正如我们在前面所指出的那样，一个威胁在其大小上仅有下限——它足够大且足以震慑对手——的思想仅仅在威胁者能够绝对肯定地保证所有事情都按照计划进行时才是正确的。但是几乎所有博弈都存在某些不确定的因素。你不可能确切地知道你的对手的价值观，也不可能完全肯定参与人打算采用的行动都会被准确无误地贯彻。因此，一个威胁会有两方面的风险。你的对手可能会对抗，使你不得不在蒙受很大损失的情况下执行威胁行动；或者你的对手会选择顺从，但威胁行动也可能由于失误而发生。当这种风险出现时，威胁行动给自己带来的成本将成为一个需要首先考虑的问题。

古巴导弹危机期间就充满着大量这类风险。任何一方都不能准确知悉另一方的支付，即另一方将核战争和在国际上丢脸的相关成本看得有多大。此外，选择"军事封锁"和"空袭"比简单的口头承诺要复杂得多，并且在华盛顿或莫斯科发出的指令与其在大西洋上或古巴的具体执行之间存在许多信息失真和随机效应。

格雷汉姆·阿里森（Graham Allison）写的一本十分优秀的著作《决策的本质》（*Essence of Decision*）曾对所有这些复杂性和不确定性加以概括。这使得他得出如下结论："古巴导弹危机不可能用博弈论来解释。"他考虑了两种可能的解释：一种是基于这样一个事实，即官僚政治有着自己的行事规则和程式；另一种则是基于美国的内部政治和苏联的政府控制与军事机器的特点。他由此认为，用政治来解释才是最合适的。

我们大体上同意他的观点，但对古巴导弹危机有着不同理解。并不是博弈论不能用来理解和解释古巴导弹危机，而是这次危机并不是一个二人博弈——美国与苏联或肯尼迪与赫鲁晓夫之间。双方本身其实都是一个由大量参与人组成的复杂联盟，这些成员都有着不同的目标、信息、行动和通信方式。双方内部的成员都卷入了其他博弈，并且某些成员也直接地与另一方的对手交手。换句话说，这次危机可被视为一个复杂的多人博弈，参加博弈的人来自两个不同阵营。可将肯尼迪和赫鲁晓夫视为这个博弈中的最高级参与人，他们都受到一种制约，即都不得不在自己阵营中那些持不同观点和拥有不同信息的人中进行协调，并且对对方的那些人的行动都没有完全的控制力。我们将表明，这个更加精致的博弈论视角不仅对于理解危机是一种很好的方式，而且对于理解如何操作实际的边缘政策（又称冒险主义）博弈来说也是一种基本的方法。我们从阿里森所强调的某些证据和来自其他作者的线索开始。

首先，每一方都有几种不同的建议。在美方，正如之前已经提到的，国家安全委员会执行委员会中的分歧很大。另外，肯尼迪发现有必要与诸如前总统艾森豪威尔及国会领导人等人商量。他们中的一些人有非常不同的看法。例如，参议员威廉·福尔布莱特（William Fulbright）在一次私下聚会中说军事封锁"在我看来是最糟糕的选择了"（*Tapes*，271）。媒体和政治对手们也不会给予总统持久的无保留的支持。倘若幕僚们和公众的立场变成鹰派味十足，肯尼迪就不能再继续他的稳健政策了。

在这两周内，成员们也开始改变他们的立场。例如，麦克纳马拉在开始时是十分鸽派的，提出在古巴的导弹无法显著增强苏联的威胁（*Tapes*，89），并且倾向于军事封锁和谈判（*Tapes*，191），但后来却十分鹰派，指出赫鲁晓夫在 10 月 26 日即星期五发出的和解信是"充满漏洞的"（*Tapes*，495，585），并且提出要入侵古巴（*Tapes*，537）。最为重要的是，美方的军事将领们总是倡议来一场大规模的攻击性空袭。即使在危机结束并且每个人都认为美国已在冷战中赢得了重要的一个回合之后，空军将领李梅仍然不满意，并要求展开行动。"我们失去了机会！我们今天应该已占领了那里并将他们干掉！"他说道（*Essence*，206；*Profile*，425）。

尽管赫鲁晓夫是苏联的独裁者，他仍然无法完全控制住局势。苏联一方内部的意见分歧没有被完好地记录下来，但值得一提的是，后来人们的回忆指出赫鲁晓夫几乎是单独决定在古巴部署导弹的，并且当他告知主席团成员时，他们认为这真是一场欠考虑的大赌博（*Tapes*，674；*Gamble*，180）。即使最高苏维埃主席团仅仅是一个橡皮图章，赫鲁晓夫跨越它进行决策在某种程度上也是受到一定的制约的。的确，在两年之后，灾难性的古巴冒险就成为最高苏维埃主席团解除他职务的主要指控之一（*Gamble*，353-355）。有人说赫鲁晓夫本来打算对抗军事封锁，并且只是由于第一副主席阿纳斯塔斯·米高扬（Anastas Mikoyan）的坚持才使他做出了一种谨慎的反应（*War*，521）。最后，在 10 月 27 日即星期六那一天，卡斯特罗命令他的防空部队向所有飞越古巴领空的美国飞机开火，并且拒绝了苏联大使要求他取消这一命令的请求（*War*，544）。

在美方，不同团体有着非常不同的信息和对时局的非常不同的理解。并且，这会经常地引发一些行动。这些行动与领导人的意图是不一致的，甚至有时直接违反上面的命令。以摧毁导弹为目的的"空中打击"的概念就是一个很好的例子。国家安全委员会执行委员会中的非军人成员认为它只是一个非常狭隘的目标，并且不会造成古巴和苏联的大量人员伤亡，但空军却要求展开更大规模的攻击。幸运的是，这些分歧出现得较早，从而国家安全委员会执行委员会决定放弃空袭且总统驳回了空军的提议（*Essence*，123，209）。至于军事封锁，美国海军为此已制定了行动。政治领导人要求一种不同且较为柔性的过程：包围古巴，让苏联有更多的时间重新考虑，让明显是载有非军用物资的船只安全通过，并且对敢于对抗的船只只是使其失去战斗力，并不将其击沉。然而，除了麦克纳马拉的指引外，海军主要是按照其标准程序行事的（*Essence*，130-132）。美国空军甚至制造了很大的险情。一架 U-2 飞机盲目地飞行并"偶然地"进入了苏联领空，几乎导致严重后果。李梅将军在没有总统的允许或者授权的情况下，下令美国战略空军的核轰炸机飞过其"返航点"并进入苏联领空中的一定距离去确定它们会在什么位置被苏联雷达探测到。幸运的是，苏联人的反应是冷静的，赫鲁晓夫仅仅是向肯尼迪提出了抗议。[4]

在苏方，在信息和通信方面也存在类似的不足，并且指令和控制链条也很脆弱。例如，导弹的建造需通过标准的官僚程序来完成。苏联总是在他们自己的国土里那些不易于受到空袭的地方建造 ICBM 阵地，他们在古巴也是这样干的，而在那里他们更易受到袭击。在危机达到白热化的时候，当苏联萨姆-2 导弹部队在 10 月 26 日即星期五看到头上飞过的美国 U-2 飞机时，普利耶夫当时暂时不在办公室，他的副手下令将 U-2 飞机打下来；这一意外事件引发了远高于莫斯科所期望的风险（*Gamble*，277-288）。在其他的很多时候——例如，当美国海军试图截住货船 Marucla 号并打算登船时——一些人采取的行动几乎导致了一起骇人听闻的"事故"。甚至更具戏剧性的是，10 月 27日，一艘苏联潜艇的水兵在接近隔离线时曾经向水面部队发出警告，声称将考虑发射其所携带的一枚载有核弹头的鱼雷（美国海军不知道该潜艇携带有这样的武器）。发射授权规则规定发射鱼雷需要三名军官达成一致意见，而其中只有两名军官同意，第三名军官阻止了一场核大战。[5]

所有这些因素都会使得双方最高领导的决策结果出现某种不可预测性。这就导致了"威胁走向错误"的巨大风险。事实上，肯尼迪认为军事封锁会引发战争的可能性位于 1/3 和 1/2 之间（*Essence*，1）。

正如我们已指出的那样，这类不确定性可能使一个简单的威胁变得太大以至对于威胁者来说是不可接受的。我们将考察不确定性的一种特定形式，即美国缺乏有关苏联真实动机的知识，并且对其效应进行正式分析。对于所有其他形式的不确定性，类似结论也成立。

重新考虑图 14-1 中的博弈。假设苏联从撤出和对抗中获得的支付与原来相反——撤出时为 −8，对抗时为 −4。在这样的情形里，苏联人持强硬态度。他们宁愿选择核大战带来的毁灭，也不愿意选择屈辱地撤退以及生活在由资本主义美国所主宰的世界中。他们的口号是："与其生活在星条旗下，还不如死去。"我们在图 14-2 中画出了此时的博弈树。现在，倘若美国发出威胁，苏联将选择对抗。所以，美国从威胁中获得支付 −10；当它不发出威胁并接受古巴导弹的存在时，可获得支付 −2。它会"两害相权取其轻"。该博弈的这个版本的子博弈完美均衡是苏联"取胜"而美国的威胁失效。

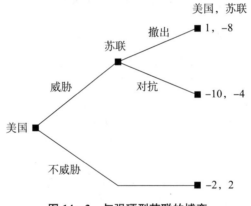

图 14-2　与强硬型苏联的博弈

在现实中，当美国人开始选择时，它并不知道苏联是如图 14-2 所示的那般强硬，还是如图 14-1 所示的那样较为软弱。美国可以试着估计这两种情况的概率，例如，通过研究苏联过去在不同场合的行为和反应。我们能将肯尼迪所说的封锁引发战争的可能性位于 1/3 和 1/2 之间这一概率估计视为苏联是强硬者的概率。由于估计是一个区间值，不够精确，我们用一个一般性符号 p 代表这个概率，并研究 p 取不同数值时的结果。

这个更为复杂的博弈的博弈树见图 14-3。在博弈开始时，由外部力量（这里标写为"自然"）先决定苏联的类型。在自然选择的上面一枝，苏联是强硬的。这导向其上方的决策结，此时美国人决定是否发出威胁且博弈树的其余部分与图 14-2 中的一样。在自然选择的下面一枝，苏联是软弱的。这引向其下方的决策结，此时美国决定是否发出威胁，并且博弈树的其余部分与图 14-1 中的一样。但是，美国人并不知道他们自己是在哪一个决策结上。因此，两个美国决策结被包含在一个"信息集"中。这就意味着美国在这个信息集中的不同决策结上不能选择不同的行动，如只在苏联是软弱的时发出威胁等。它在同一个信息集中的不同决策结上只能选择同样的行动，如在两个决策结上都选择威胁或者不威胁。它必须按照真实博弈中位于某一结点的概率来做出决策，也就是说，通过计算两种行动的期望支付来做出决策。

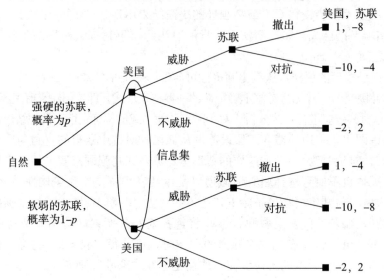

图 14-3　不知道苏联支付情形下的威胁

当然，苏联是知道自己的类型的，故我们能在博弈结束处展开逆向分析。在上面一枝，强硬的苏联将对抗美国的威胁；在下面一枝，软弱的苏联将在面临威胁时撤回导弹。因此，美国可以预见到，当博弈沿着上面一枝（概率为 p）进行时，选择"威胁"将使其获得支付 -10；而当博弈沿着下面一枝（概率为 $1-p$）进行时，选择"威胁"将使其获得支付 1。故美国选择"威胁"的期望支付为

$$-10p+(1-p)\times1=1-11p$$

若美国选择"不威胁"，它将在任一路径上获得支付 -2，故其期望支付也为 -2。比较一下两种选择的期望支付，我们看到美国将在 $1-11p>-2$、$11p<3$ 或 $p<3/11$ 时选择"威胁"。

若威胁一定会发挥作用，美国人不会顾及苏联人对抗时他们的支付有多么糟糕，无论是 -10 还是更大的负数。但是，苏联人持强硬态度并且因此而对抗威胁的风险会让美国有可能只得到 -10 的支付。仅当苏联人是强硬者的概率 p 充分小时，美国人才会发觉发出威胁是可以接受的。因此，给定我们选定的参数值，p 的上限 $3/11$ 也是美国人能容忍的 p 的上限。若我们选择不同的参数，我们将得到不同的上限。例如，若我们将核战争对美国的支付定为 -100，则 p 的上限就仅为 $3/101$。但是，如果威胁因失误而成为现实的概率超过了某个临界点，一般来说，大的威胁将因其结果过于严重而无法兑现。

在本例中，肯尼迪的估计是 p 位于 $1/3$ 到 $1/2$ 之间。不幸的是，该区间的下限 $1/3$ 正好大于我们的上限 $3/11$——它是美国人能接受的风险上限。因此，这样一种赤裸裸的简单的威胁——"如果你们选择对抗，则将遭遇一场核大战"，实在是太大了，也太冒险了，对于美国人来说代价也太大了。

14.4 概率威胁

如果无条件的战争威胁太大了以至让人无法接受，并且找不到其他的相对较小的威胁，你可通过这样一种方式将威胁变小一些，即创造一种当对方选择对抗时将发生非常可怕的结果的可能性而非必然性。然而，这并非是说你是在事实发生之后才决定是否采取灾难性行动。如果你有着这样一种自由，即你可以避开这种可怕的结果，你的对手将会了解这一点或假定如此，从而威胁一开始时就是不可置信的。你必须放弃某些行动的自由并做出一个可置信的承诺。在此情形下，你必须运用概率机制。

当做出一个简单威胁时，一个参与人对另一个参与人说："如果你不顺从我，一个对于你来说十分可怕的灾难就会必然发生。当然，这种灾难对我也是十分可怕的，但我的威胁是可置信的，因为我很重视我的声誉。"当做出一个**概率威胁**（probabilistic threat）时，一个参与人对另一个参与人说："倘若你不顺从我，一件对于你来说十分可怕的事可能会发生。当然，它对我来说也是一场灾难，但稍后我将无力减小它发生的风险了。"

打个比方，战争发生的概率威胁好比是俄罗斯轮盘赌（在这里真是个再恰当不过的比喻）。你把一粒子弹装入左轮手枪的某个弹膛里，然后旋转转轮。子弹就像会引发对双方都有损害的一场核大战的引爆物。当你扣动扳机时，你不知道位于射击道上的弹膛是否已装弹。如果是，你会希望你没有扣动扳机，但此时已太迟了。在扣动扳机之前，若你知道那个弹膛中已装弹，你将不会扣动扳机（即这一行动的后果是极其严重的）。但是，当你知道只有 1/6 的可能性装有子弹时，你是愿意扣动扳机的——此时威胁发生的概率减少到 1/6，现在到了可容忍的那一点上了。

边缘政策是对这种类型的恰当风险的一种创造和控制。它包含表面上看来相互不一致的两个方面。一方面，你必须让局势在一定程度上失控，以至你没有充分的自由度在启动了可怕行动之后又去抑制它的发展，从而你的威胁是可置信的。另一方面，你必须对行动发生的风险有足够大的控制力，使你能将风险控制在不会变得太大以至你的威胁过于耗费成本的范围内。这种"受控的失控"（controlled lack of control）看起来是难以实现的，事实上也的确如此。我们将在第 14.5 节中讨论其操作技巧。这里仅提示一下：判断的千差万别、信息的分散，以及执行命令的难度使得一个简单威胁变得极具风险，正是因为如此，制造战争的风险变得可能，并因此而使得边缘政策（冒险主义）变得可置信。实际上的困难不是如何失去控制，而是如何在一种受控的范围内使其失控。

我们先将注意力集中于边缘政策博弈的机制上。为此，我们将图 14-3 所示的博弈稍做改变，见图 14-4。这里，我们假设美国采取另一种威胁，即当苏联选择对抗时，战争将以概率 q 发生，从而 $(1-q)$ 是美国放弃战争并接受苏联在古巴部署导弹的事实的概率。请记住，当博弈进行到苏联对抗美国时，后者是没有选择的。俄罗斯轮盘赌已设定概率 q，以此概率决定在弹膛中是否装有子弹（即核大战是否发生）。

因此，若苏联对抗边缘政策威胁，没有人会准确知道最终将出现的结果和支付，但它知道战争发生的概率 q，也会依此计算期望支付。对于美国来说，结果是以概率 q 得到支付 -10，以概率 $(1-q)$ 得到支付 -2，故期望支付为

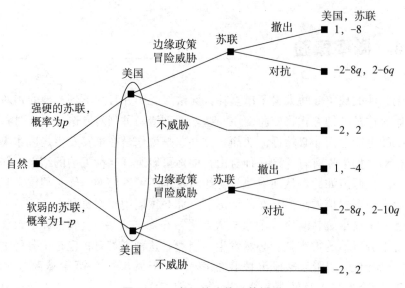

图 14-4 危机的边缘政策模型

$$-10q-2(1-q)=-2-8q$$

对于苏联，期望支付依赖于它是强硬的还是软弱的（它知道自己的类型）。若苏联是强硬的，它从开战中得到-4，以概率q发生；在美国放弃战争时得到支付2，发生概率为（1-q）。此时苏联的期望支付为$-4q+2(1-q)=2-6q$。当它选择撤出时，其支付为-8，无论q为0到1之间的任何数值——显然这是最糟糕的。故强硬的苏联将对抗边缘政策威胁。

如果苏联是软弱的，则有不同的计算。但推理和前面一样，我们知道苏联将从对抗中得到期望支付$-8q+2(1-q)=2-10q$，且若撤出，则肯定得到-4的支付。对于苏联，若$-4>2-10q$，$10q>6$ 或 $q>0.6$，撤出是较好的选择。故美国的边缘政策必须含有最少60％发生战争的概率；否则边缘政策威胁不会令苏联就范，即使苏联是软弱的。我们称概率q的这个下限为**有效条件**（effectiveness condition）。

将图 14-4 中的美国边缘政策和苏联对抗时的期望支付与图 14-3 中的简单威胁模型对比，可发现，图 14-3 现在可被视为图 14-4 中的一般性边缘政策威胁模型对应于$q=1$的特别情形的一种特例。

我们可以用通常的方法对图 14-4 中的博弈求解如下。已知沿上边路径苏联作为强硬者将对抗美国，并且沿下边路径软弱的苏联将在有效条件成立时顺从美国的要求。如果该条件不成立，则两种类型的苏联都将对抗美国，故后者最好不要发出这种威胁。所以，让我们继续假定软弱的苏联将选择顺从，我们看看美国的选择。根本问题是，美国的威胁的风险有多大以及多大的风险是美国可承受的。

倘若美国发出了威胁，它就必须冒着以概率 p 遭遇到强硬的苏联的对抗的风险。故正如前面所计算的，此时美国的期望支付为（$-2-8q$）。美国人遇到软弱型苏联的概率为（1-p）。我们假定苏联将顺从，则美国的支付为1。所以，美国从假定可以使软弱型苏联就范（顺从）的概率威胁中得到的期望支付为：

$$(-2-8q)\times p+1\times(1-p)=-8pq-3p+1$$

如果美国不发出威胁，它将得到 -2。故美国发出威胁的条件为：

$$-8pq-3p+1>-2$$

或者

$$q<\frac{3}{8}\frac{(1-p)}{p}=0.375(1-p)/p$$

也就是说，发生核战争的概率要足够小，使得它满足该不等式，否则美国根本就不会发出威胁。我们称 q 的这个上限为**可接受条件**（acceptability condition）。注意，在美国可接受的最大的 q 的公式中出现了 p；苏联对抗的可能性越大，美国可接受的核战争出现的风险就越小。

倘若概率威胁有效，它将既满足有效条件又满足可接受条件。我们能够通过图 14-5 决定战争发生的概率的适当水平。横轴为苏联为强硬型的概率 p，纵轴是当它对抗美国的威胁从而导致战争发生的概率 q。水平线 $q=0.6$ 给出了有效条件（下限）；要使苏联为软弱型时威胁有效，则与威胁相关的组合 (p,q) 必须位于这条水平线的上方。曲线 $q=0.375(1-p)/p$ 给出了可接受条件（上限）；假定苏联为软弱型时威胁有效，要想让美国人接受战争的风险，与威胁相关的组合 (p,q) 要位于该曲线的下方。因此，一个有效且可接受的威胁将位于这两条曲线之间的某个区域内，位于它们在 $p=0.38$ 和 $q=0.6$ 的交点的左上方（图 14-5 中的深灰色阴影区域）。

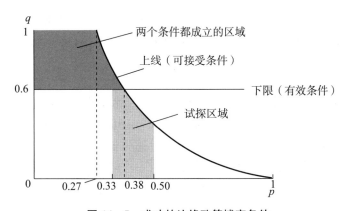

图 14-5　成功的边缘政策博弈条件

当 $p=0.27$ 时，曲线达到 $q=1$。对于小于这个数值的 p，灾难性的威胁（战争爆发的可能性）对于美国是可接受的，并能恫吓住苏联。这印证了我们在第 14.3 节中的分析。

对于在 0.27 和 0.38 之间的 p 值，以 $q=1$ 爆发战争的威胁将 (p,q) 置于可接受条件的右端，并且太大以至对于美国人来说是不能接受的。但可以找到小一点的威胁。对于这个区域的 p 值，存在对于美国人来说可接受的足够小的 q 值，同时这些 q 值又足够大，可以使软弱型苏联就范。边缘政策（使用概率威胁）在这种情形下可发挥其作用，而一种简单的灾难性威胁将过于冒险了。

如果 p 超过了 0.38，则不存在同时满足两个条件的 q 值。若苏联对抗的概率大于 0.38，则足以迫使软弱型苏联就范的足够大的威胁（$q\geqslant0.6$）将带来太大的风险，以至对于美国来说是不能接受的。当 $p \geqslant 0.38$ 时，美国就不可能通过边缘政策为自己带来任何好处了。

14.5 边缘政策博弈的操作

如果肯尼迪能准确估计出苏联是强硬者的概率 p 的值，并自信有能力控制因军事封锁而引发战争的风险 q，则他就能计算和实施他的最优策略。正如我们在第 14.3 节中所看到的，若 $p < 0.27$，肯尼迪能接受必然发生战争的灾难性威胁（当然，即使在这样的场合，他也偏爱于使用最小的有效威胁，即 $q = 0.6$）。如果 p 位于 0.27 到 0.38 之间，则他就不得不使用边缘政策。这样一种威胁带有灾难性结果的风险 $0.6 < q < 0.375 \dfrac{1-p}{p}$，且肯尼迪仍然偏爱这个区域的最小值，即 $q = 0.6$。若 $p > 0.38$，则他就只有放弃威胁了。

在实际操作中，肯尼迪不能准确知道 p 的数值，他仅仅能估计它位于 1/3 到 1/2 之间。类似地，他不能准确知道可接受条件中 q 的临界点的精确位置。对于苏联在各种情形下的支付的数值，如 -8（战争）和 -4（顺从），肯尼迪仅仅能做出一些估计。最后，他可能并不能对由他的边缘政策带来的风险进行十分精确的控制。所有这些不确定性都使得在控制局势和实施边缘政策时必须小心翼翼。

假定肯尼迪认为 $p = 0.35$，并发出了一个由某种行动所支持的威胁，这一行动将带来战争的风险为 $q = 0.65$。该风险大于有效条件的下限 0.6。可接受条件的上限为 $0.375 \times (1 - 0.35) / 0.35 = 0.7$，并且风险 $q = 0.65$ 是小于这个上限的。于是，根据肯尼迪的计算，这个风险同时满足两个条件——有效性和可接受性。然而，若假定肯尼迪犯了错误，比如，若他不知道李梅将军实际上可能违背了他的命令并采取了过激行动入侵苏联领空，则 q 实际上高于肯尼迪所设想的值，例如，q 可能等于 0.8，这对于肯尼迪来说风险太大。或者，假定 p 实际上为 0.4，则肯尼迪将认为 $q = 0.65$ 也太大了。又或者，肯尼迪的专家顾问们错误估计了苏联的支付。如果他们将撤出带来的羞辱视为 -5 而非 -4，则有效条件的临界值实际上将为 $q = 0.7$，并且肯尼迪以 $q = 0.65$ 发出威胁将出错。

肯尼迪所知道的是有效条件和可接受条件曲线的一般形状，如图 14-5 所示。他并不知道 p 的精确数值。因此，他无法准确知道为了保证两个条件都成立应选择什么样的 q 值。实际上，他甚至不知道对于未知的 p 值来说这样的区域是否存在：它可以大于或小于将 p 轴分为两个区域的边界值 0.38。并且，他不能十分精确地确定 q。所以，即使他知道 p，也不能凭自己接受战争风险的意愿去行事。

在这样的模糊环境下，信息不准确，控制不完全，风险大，肯尼迪该怎么办呢？他只有用试探的办法去寻找苏联和他自己承受风险的能力的边界。在开始试探时，不能在 q 太大的情形下进行。相反，肯尼迪必须从"下方"开始试探边界线。他必须在十分安全的情况下开始试探，并且逐渐地增大风险以便看看"谁将首先眨眼"（who blinks first）。这就是边缘政策在实践中的操作过程。

我们用图 14-5 来说明这一过程。看看图中的浅灰色阴影区域。它的左右两边的边

界 $p=1/3$ 和 $p=1/2$ 分别对应于肯尼迪估计的 p 值的区间端点。较低的边界是横轴（$q=0$），较高的边界是由两段曲线组成的。对于 $p<0.38$，该段边界对应于有效条件；对于 $p>0.38$，该段边界对应于可接受条件。回忆一下，肯尼迪不知道这些边界的精确位置，但必须从下向上摸索着找到它们。因此，浅灰色阴影区域就是他必须开始进行试探的位置所在。

假定肯尼迪从一个十分安全的行动开始，如 q 近似等于 $0.01(1\%)$。在古巴导弹危机案例中，我们将其看成是他的电视演说，这一演说声明要求苏联的船只立即停下来接受检查。此时，组合点（p，q）位于邻近于浅灰色阴影区域的底部边界的位置。肯尼迪不能精确地知道它位于何处，因为他不知道 p 的精确值。但是，有一点是肯定的，即在该点威胁是十分安全但也是无效的。因此，肯尼迪开始逐步升级他的风险，即他将点（p，q）垂直向上移动。这就是停船检查的实际开始。如果此时仍然是安全但无效的，他就将风险再提高一些。这就是将有关轰炸古巴的计划的信息透露出去一些。

随着按此方式不断进行试探，他最终会碰到图 14-5 中浅灰色阴影区域的一个边界，并且到底碰到哪一个边界取决于 p 的数值。下面两种情形必然会出现。其中一种情形是威胁会变得很大，并足以威胁到苏联。如果 p 值小于其临界值——这里是 0.38，这种情形就出现了。在图中，我们可发现这种情形发生在从浅灰色阴影区域移出并进入威胁既可接受又有效的区域时。此时，苏联选择退让而肯尼迪获得胜利。另一种情形是威胁对于美国来说过于冒险了——这在 $p>0.38$ 时发生。肯尼迪的这种方式的试探将他推向可接受条件之上。此时肯尼迪决定退让，并且赫鲁晓夫取胜。我们再次指出：由于肯尼迪不知道 p 的准数值，从而不能在事前知道到底哪一种结果会发生。随着他逐步升级他的风险，他可能会从苏联的行为表现中获取一些线索，这些线索使他对 p 的估计会逐渐变得精确一些。最后，他会充分准确地知道他位于哪一个边界的下方，并且因此会充分地预知苏联是否会退让或美国应如何行动。

实际上，当肯尼迪通过战争风险逐渐增大的军事行动选择不断试探时，只要灾难性冲突没有发生，就存在两种可能的结果。然而，还存在第三种可能，即在一方认识到已到了风险承受的极限并采取妥协行动之前战争就发生了。持续提升一种很糟糕的结果的风险使得边缘政策成为一种十分敏感且危险的策略。

因此在实践中，边缘政策就是一种**相互损害风险的逐步升级**（gradual escalation of the risk of mutual harm）。它可以被生动地想象成**择时躲避的懦夫博弈**（chicken in real time）。在第 4 章对懦夫博弈进行的分析中，我们简单地假定每个参与人有两种选择：径直向前或者转向。在现实中，选择通常是一个时机问题。两车相向疾驶，每个参与人都可在任何时刻选择转向。当两车相距较远时，转向可以确保安全。随着两人之间的距离愈来愈近，他们俩面临的风险不断增大，因为相撞的可能性愈来愈大了。当相距十分近时，即使转向也无法避免相撞了。当他们俩继续向对方驶去时，每一参与人都在试探对方愿意承受这种风险的极限，并且也许同时也在寻找自己的极限。第一个达到极限的人将率先转向。但是，总存在这样的风险，即两人到达各自极限的时间都太长，最后他们相距太近以致即使选择转向，仍无法避免相撞。

现在，我们来看为何在古巴导弹危机中，那种使其不能用二人博弈来分析的特征却正好可使边缘政策更易于实施。相对于立即展开一场核大战而言，军事封锁是一种威胁力度较小的行动。但是，一旦肯尼迪开始了军事封锁，它的运行、逐步升级以及其他一些方面的变化就不完全在他的控制之中了。因此肯尼迪并不是对赫鲁晓夫说："如果你对抗（跨过战争边缘），我就将毫不留情地、必然地发动一场核战争，它将毁灭我们两个国家的人民。"相反，他是说："军事封锁的车轮已经启动起来了，并在聚集自己的能量。你对抗我们的时间越长，对抗的行为越多，就越可能导致局势失控。或者我受到的政治压力将达到这样的一点，它使我退却下来，或者也可能某些鹰派将发动攻击。倘若这一风险不能得到控制，我将不能阻止核战争的爆发，无论对此我会感到多么内疚。现在，只有你顺从我的命令并从古巴撤出导弹，才能缓和紧张的局势，将'嘀嗒'作响的炸弹引信拆除。"

我们相信这一视角比建立在简单威胁基础上的大多数分析能给出对危机更好和更深入的理解。它告诉我们为何战争的风险在所有讨论中扮演着重要的角色。它也使阿里森提出的有关双方的官僚程序及内部分歧的强有力的论述变成了这个图景中的一个组成部分：这些特征让双方的最高级参与人可置信地对下属失去一些控制，即玩起边缘政策博弈。

还有一个重要条件需要讨论。在第9章，我们看到每一个威胁都有一个与之相关的潜在的承诺，即倘若你的对手顺从你的愿望，就不会出现灾难性的结果。对于边缘政策也同样是这样。倘若在你提升风险水平时，你的对手顺从了你，你应该能立即排除灾难发生的可能。如果随着你增大战争的风险，你的对手屈服了，你必须能"逆向操作"（go into reverse）——立即开始减小风险并将其最终排除。否则，对手从屈服中将一无所获。这在古巴导弹危机中是一个问题。如果苏联人害怕肯尼迪不能控制像李梅将军这一类鹰派人士（"我们今天应该已占领了那里并将他们干掉"），他们即使选择屈服也将一无所获。

重新强调和加以总结一下，边缘政策是一种将你的对手和你自己置于灾难发生的可能性逐步增大的风险中的一种策略。灾难结果实际发生与否并不全在威胁者的控制之中。

照此看来，边缘政策博弈随处可见。在大多数冲突中，例如，公司与工会间的谈判、夫妻间的争执、父母与子女间的争吵，以及总统与国会间的角力，一方往往不能准确了解对方的目标和能力。因此，大多数威胁都伴随着犯错误的风险，并且每一个威胁都必然含有一种边缘政策的要素。我们希望我们已经给予了你某些关于这种策略的理解，并且我们也让你对它所带来的风险留下了深刻的印象。不成功的边缘政策会导致工人罢工、夫妻离婚。2011年美国总统奥巴马与国会议员就提高国债限额展开辩论，随后导致美国国债降级。在个人生活以及职业生涯里，你会在许多场合里不得不面临边缘政策或者是由你自己实施边缘政策。请慎用边缘政策，要对其作用和风险有清晰的了解。

为了帮助你谨慎使用边缘政策，我们现在概括一下古巴导弹危机里获取的重要经验，并将之应用于这样一个例子中——一个工会领袖正在酝酿发起一次旨在增加工资的罢工，但并不清楚该罢工是否会导致工厂倒闭。

第一，开始时要寻找小的和安全的威胁。你的第一步不是立即走出去；应先安排一个持续几天或几周的高层会议，同时与企业主进行谈判。

第二，逐步增大风险。公开或私下声称要罢工，让工人们群情激奋起来。这将诱使管理层相信劳工们接受其当前的低工资的可能性愈来愈小了。如果有可能，制造一些小的意外事件,如只持续几天的罢工或局部的上街游行。

第三,随着这个过程的持续,从管理层的行动中解读出一些信号,找出企业是否有足够的潜在利润负担劳工们较高的工资要求。

第四,保持对局势发展足够的控制力,即保持引导你的伙伴们批准你与管理层达成协议的权力,否则管理层会认为即使满足了你的要求也不能减小风险。

14.6　总　　结

在某些情形下,在实施威胁的过程中存在着犯错误的风险,这就要求用尽量小的威胁。当一个大的威胁不能通过其他方式减小时,则可以通过降低实施威胁的可能性达到减小威胁的目的。概率威胁的策略式应用,就是让你和你的对手都面对一场风险不断增加的灾难,此即"边缘政策"。

边缘政策要求参与人有所保留地放弃对博弈结果的控制。你必须发出一个具有适当风险水平的威胁——它既是足够大的,能有效迫使你的对手就范;又是足够小的,使得自己也能接受。为了达到这一目的,你必须通过逐步升级相互损害的风险来确定双方的风险承受水平。

1962 年的古巴导弹危机,就肯尼迪而言,是运用边缘政策的一个案例。将该危机作为一个美国以对古巴进行军事封锁建立置信度的简单威胁例子进行分析是不全面的。更恰当的分析是将局势中存在的许多复杂性和不确定性纳入考虑范围,而且需要考虑到简单威胁存在着风险过大的可能性。因为真实的危机涉及大量的政界和军方人士,肯尼迪通过军事封锁,逐步让意外事件和紧张状态升级,做到了"受控的失控",最后赫鲁晓夫在逐渐增大的核战争风险面前屈服了。

关键术语

可接受条件 (acceptability condition)
择时躲避的懦夫博弈 (chicken in real time)
有效条件 (effectiveness condition)

相互损害风险的逐步升级 (gradual escalation of the risk of mutual harm)
概率威胁 (probabilistic threat)

已解决的习题

S1. 考虑这样一个博弈,它在一个工会与一家公司之间进行。公司雇用该工会的成员。工会能够以罢工相威胁(或不罢工)来迫使公司满足它的工资和利益要求。当面临一个罢工的威胁时,公司能够选择满足工会的要求或者对抗其罢工威胁。然而,工会在决定是否要发出威胁时不知道公司的利润潜力,它不知道公司是否有充分的利润潜力来满足其要求(并且公司在这方面的强硬陈词是不可信的)。自然决定公司是否有利润潜力，公司不具有相应利润潜力的概率为 p。支付结构如下：

（i）当工会不发出威胁时，工会获得支付 0（不管公司的盈利能力如何）；并且当公司具有利润潜力时公司得到的支付是 100，而当公司不具有利润潜力时公司得到的支付是 10。一个温和的工会会给公司留下较多的利润，如果存在利润的话。

（ii）如果工会威胁要罢工并且公司退却，工会得到 50（不管公司利润潜力的概率如何）；并且当公司具有利润潜力时公司得到的支付是 50，否则其支付为−40。

（iii）当工会威胁要罢工并且公司对抗工会的威胁时，工会一定会罢工且得到−100（不管公司的盈利能力如何）；并且当公司具有利润潜力时公司得到的支付是−100，而当公司不具有利润潜力时公司得到的支付是−10。对于一个具有利润潜力的公司来说，对抗会带来巨大的损失，但对于一个不具有利润潜力的公司来说，损失没有那么大。

（a）假设工会将采用罢工这一纯威胁，除非公司满足工会的要求。此时会发生什么？

（b）假设工会造成这样一种局势：在公司对抗工会的威胁之后，以概率 $q<1$ 存在工会罢工的风险。这种风险来自工会的领导人在维持其成员步调一致上的欠完善的能力。为这个博弈画一棵类似于图 14 - 4 的博弈树。

（c）假设工会采用边缘政策，以某个未知的概率 q 威胁要罢工，除非公司满足工会的要求。此时会发生什么？

（d）导出这个博弈的有效条件和可接受条件，并且确定 p 和 q 的数值，并分析在什么情况下工会能够采用一种纯威胁、边缘政策，或者根本就不进行威胁。

S2. 许多电影情节都演绎过边缘政策。从这个视角分析下列描述。双方所面临的风险是什么？在这种边缘政策威胁的实施过程中它们是如何增大的？

（a）在 1980 年的电影《上帝必定疯狂》（*The Gods Must Be Crazy*）的一个情节中，一个被逮捕的试图暗杀一位非洲国家总统的反叛者正在被审讯。他被蒙住双眼，背对着一架直升机敞开着的门站立着，在直升机螺旋桨的噪声中，一位官员大声地询问他："谁是你的领导？哪里是你们的藏身之处？"这个男人没有回答，官员就把他推出门外。在下一个画面里，我们看到这架直升机，尽管它的发动机仍然在运转，实际上是在地面上，而且这个男人仰面朝天地跌落了 6 英尺。那位官员出现在门边并且笑着说道："下一次，它会稍微高一点。"

（b）在 1988 年的电影《简单计划》（*A Simple Plan*，又名《绝地计划》）中，有两兄弟搬走了他们在一架失事飞机上发现的 440 万美元的赎身金。在许多饶有趣味的命运曲折之后，幸存的劫机者汉克发现自己在与一位联邦调查局的人商谈。这个特工怀疑但不能证明汉克拥有一些丢失的钱，在告知汉克关于这笔巨款的原委后，还告诉他联邦调查局掌握了那些赎身金中大约十分之一的钞票的序列号。这个特工对汉克说的最后一句话是："现在，事情很简单，就只是等待数字出现了。你不可能花出 100 美元的钞票而最终不给某些人留下印象。"

S3. 在这道习题里，我们提供两个成功运用边缘政策的例子，其中"成功"是指双方都做到了相互可接受。对于每一个例子，（i）识别出参与人的利益；（ii）描述出在每种情形下内在的不确定性的本质；（iii）给出参与人用来使得灾难风险逐步升级的策略；（iv）讨论这样的策略是否为好的策略；（V）（**选做**）如果你能够做到，为本章的内容建立一个小小的数学模型。在每一种情形里，我们都提供一些读物让你阅读；你应该通过运用图书馆的资源和诸如 Lexis-Nexis 这样的互联网资源来找到许多相关内容。

（a）从 1986 年开始并且导致 1994 年形成世界贸易组织的乌拉圭回合国际贸易谈判。读物：John H. Jackson，*The World Trading System*，2nd ed. (Cambridge：MIT Press，1997)，pp. 44 – 49 and Chaps. 12 and 13。

（b）1978 年以色列与埃及之间的《戴维营协议》。读物：William B. Quandt，*Camp David*：*Peacemaking and Politics*（Washington，DC：Brookings Institution，1986)。

S4. 在这道习题中，我们提供一个未能成功运用边缘政策的例子。这里，当对双方都有害的结果（灾难）发生时，边缘政策就被认为是不成功的。在下列情形中回答习题 S3 中提出的问题：

1991 年到 1998 年的卡特彼勒公司罢工。读物："The Caterpillar Strike：Not Over Till It's Over," *Economist*，February 28，1998；"Caterpillar's Comeback," *Economist*，June 20，1998；Aaron Bernstein，"Why Workers Still Hold a Weak Hand," *BusinessWeek*，March 2，1998。

S5. 对于下面在未来可能成为边缘政策的例子，给出习题 S3 中所列问题的回答。

例如，太空军事化，在太空部署武器或击落卫星。读物："Disharmony in the Spheres," *Economist*，January 17，2008。可以浏览 www.economist.com/node/10533205。

▍未解决的习题

U1. 在本章，我们指出，当每一种类型的苏联对抗美国的威胁时，美国的支付是 −10；图 14−3 标示出了所有这些支付。现在假定该支付事实上是 −12 而不是 −10。

（a）在类似图 14−4 那样的博弈树中标示出变化后的支付。

（b）利用（a）所得到的博弈树中的支付，找出美苏边缘政策博弈的这个版本的有效条件。

（c）利用（a）中的支付，找出这个博弈的可接受条件。

（d）画一幅类似于图 14−5 的图，说明在（a）和（b）中获得的有效条件和可接受条件。

（e）对于什么样的 p 值，即苏联是强硬者的概率，纯威胁（$q = 1$）是可接受的？对于什么样的 p 值，纯威胁是不可接受的但边缘政策仍然是可能的？

（f）肯尼迪认为 p 位于 1/3 到 1/2 之间。如果这一估计是正确的，你对该博弈的这个版本的分析可以得出一个有效且可接受的概率威胁存在的结论吗？用这个例子去解释博弈论理论家关于参与人支付的假定是如何对基于理论模型的预测产生重大影响的。

U2. 对于下面的电影，回答习题 S2 中的问题：

（a）在 1941 年的经典电影《马耳他之鹰》（*The Maltese Falcon*）中，英雄萨姆·斯佩德［Sam Spade，汉弗莱·博加特（Humphrey Bogart）饰］是唯一一知道镶有宝石饰钉的价值连城的猎鹰图藏在什么地方的人，而恶棍卡斯帕·古特曼［Caspar Gutman，悉尼·格林斯特里特（Sydney Greenstreet）饰］正在威胁要使用酷刑让他说出来。斯佩德指出，除非有死亡威胁，酷刑是没有用的，而且古特曼是不敢杀死他的，否则秘密就会随他而去；所以他根本不害怕酷刑。古特曼指出："那是一种态度，先生，那需要彼此间有精妙的判断，因为正如你所知道的那样，人们在行动过火时往往会忘记他们的利益所在，最后难免感情用事。"

（b）在 1925 年的苏联经典电影《战舰波特金号》（*The Battleship Potemkin*）（以 1905 年夏为背景）中，战舰波特金号靠近一艘来自沙皇黑海舰队的中队舰队，它被用来追逐波特金暴动和反叛的全体船员。随着船的逐渐靠近，气氛也变得骤然紧张起来。每一方的人均在他们的位置上加载和瞄准了巨型枪，并且紧张地等待着向同胞开火的命令。没有一方想要袭击另一方，但是没有一方想要后退或不反抗而死亡。沙皇的船队有以任何必要方式逮住波特金的命令，并且全体船员知道如果他们投降将以叛国罪受审。

U3. 对于下面这些成功边缘政策的例子，回答习题 S3 中的问题。

（a）1989—1994 年南非种族隔离政权与非洲国民大会之间为建立一个多数人规则的新的宪法体制所进行的谈判。读物：Allister Sparks，*Tomorrow Is Another Country*（New York：Hill and Wang，1995）。

（b）北爱尔兰的和平：2005 年 7 月爱尔兰共和国解除武装，2006 年 10 月签订《圣安德鲁斯协议》（St. Andrews Agreement），2007 年 3 月举行选举，且伊恩·佩兹利（Ian Paisley）和马丁·麦吉尼斯（Martin McGuinness）共同执政。读物："The Thorny Path to Peace and Power Sharing," CBC News，March 26，2007。可浏览网站 www. cbc. ca/news2/background/northern-ireland/timeline. html。

U4. 依据下列情形，回答习题 S3 中提出的问题：

（a）在美国，1995 年克林顿总统与共和党控制的国会之间的预算案冲突。读物：Sheldon Wolin，"Democracy and Counterrevolution," *Nation*，April 22，1996；David Bowermaster，"Meet the Mavericks," *U. S. News and World Report*，December 25，1995-January 1，1996；"A Flight That Never Seems to End," *Economist*，December 16，1995。

（b）发生于 2007—2008 年的电视编剧罢工事件。读物："Writers Guild of America," 可上网浏览《纽约时报》获取关于编剧罢工的更多信息。网址为：http://topics. nytimes. com/top/reference/times-topics/organizations/w/writers _ guild _ of _ america/index. html；"Writers Strike：A Punch from the Picket Line"。也可浏览网站 http://writers-strike. blogspot. com。

U5. 对于下面这些在未来可能成为边缘政策的例子，回答习题 S3 中的问题。

（a）修建在波兰的反弹道导弹发射基地以及附属的在捷克的雷达基地的美国驻军，表面上是为了拦截来自伊朗的导弹，却激怒了俄罗斯。读物："Q&A：US Missile Defence," BBC News，August 20，2008。可浏览网站 http://news. bbc. co. uk/2/hi/europe/6720153. stm。

（b）阻止伊朗获得核武器。读物：James Fallows，"The Nuclear Power Beside Iraq," *Atlantic*，May 2006。来源于以下网站：www. theatlantic. com/doc/200605/fallows-iran；可参见：James Fallows，"Will Iran Be Next?" *Atlantic*，December 2004。也可浏览网站 www. theatlantic. com/magazine/archive/2006/05/the-nuclear-power-beside-iraq/304819。

【注释】

[1] 两个十分优秀的基于理论的案例研究的例子是 Pankaj Ghemawat 的《商业博弈：案例与模型》（*Games Businesses Play：Cases and Models*，Cambridge，Mass.：MIT Press，1997），以及 Robert H. Bates，Avner Greif，Margaret Levi，Jean-Laurent Rosenthal 和 Barry Weingast 的《讲故事》（*Analytic Narratives*，Princeton：Princeton University Press，1998）。更多的分析参见 Alexander L. George and Andrew Bennett，*Case Studies and Theory Development in the Social Sciences* (Cambridge，Mass.：MIT Press，2005)。

[2] 我们的资料来源包括 Robert Smith Thompson 的《十月的导弹》（*The Missiles of October*，New York：Simon & Schuster，1992）；James G. Blight 和 David A. Welch 的《在深渊的边缘：美国和苏联重新审视古巴导弹危机》（*On the Brink：Americans and Soviets Reexamine the Cuban Missile Crisis*，New York：Hill and Wang，1989）；Richard Reeves 的《肯尼迪总统：权力的历程》（*President Kennedy：Profile of Power*，New York：Simon & Schuster，1993）；Donald Kagan 的《论战争的起源与维持和平》（*On the Origins of War and the Preservation of Peace*，New York：Doubleday，1995）；Aleksandr Fursenko 和 Timothy Naftali 的《赌博的地狱：古巴导弹危机秘史》（*One Hell of a Gamble：The Secret History of the Cuban Missile Crisis*，New York：W. W. Norton & Company，1997）；以及最后的、最近的和最为直接的《肯尼迪的录音带：在古巴导弹危机期间的白宫》（*The Kennedy Tapes：Inside the White House During the Cuban Missile Crisis*，ed. Ernest R. May and Philip D. Zelikow，Cambridge，Mass.：Harvard University Press，1997）。Graham T. Allison 的《决策的本质：解释古巴导弹危机》（*Essence of Decision：Explaining the Cuban Missile Crisis*，Boston：Little Brown，1971）是重要的，不仅仅由于 Allison 叙述的故事，而且因为其分析和理解。我们与他在某些重要的方面存在着观点上的分歧，但是我们受益于他的洞察力。我们依据并扩充了 Avinash Dixit 与 Barry Nalebuff 的《策略思维》（*Thinking Strategically*，New York：W. W. Norton & Company，1991）第 8 章的思想。

当我们引用这些资料去证明特定的论点时，均在本章做了标注。标注由书名关键词以及相关页码构成。

[3] 对于那些不能获得第一手信息或者想寻找关于这次导弹危机的戏剧性故事和细节的初步介绍的人，我们推荐电影《十三天》（*Thirteen Days*，2000，New Line Cinema）。Sheldon Stern 的一本比较薄的新书用肯尼迪政府的录音带做证据，最准确地阐述了这场危机的过程以及事后的分析。他的书最适用于快速了解利益相关各方。参见 Sheldon Stern，*The Cuban Missile Crisis in American Memory：Myths versus Reality* (Stanford，Calif.：Stanford University Press，2012)。

[4] 参见 Richard Rhodes，*Dark Sun：The Making of the Hydrogen Bomb* (New York：Simon & Schuster，1995)，pp. 573-575。李梅其人，因其极端观点和不停地咀

嚼没有点燃的雪茄烟而闻名，被认为是 1963 年拍摄的电影《奇爱博士》中的 Jack D. Ripper 将军的原型。这位将军命令他的轰炸机飞到苏联去发动一场突然袭击。

［5］在 2002 年 10 月于古巴哈瓦那举行的纪念导弹危机 40 周年的一次会议上，这一事件被公开了。参见 Kevin Sullivan，"40 Years After Missile Crisis，Players Swap Stories in Cuba," *Washington Post*，October 13，2002，p. A28。Vadim Orlov 是苏联潜艇部队的一员，他认识那位拒绝发射鱼雷的军官 Vasili Arkhipov。Vasili Arkhipov 于 1999 年逝世。

第 15 章

策略与投票

当大家考虑投票问题时，可能首先想到的是美国总统大选，然后可能是地方市长选举，甚至可能是学校里的班长选举。但是可能有人还会想起去年的海斯曼奖（大学橄榄球获奖运动员），或者最新的奥斯卡金像奖（获奖电影），或者最近的最高法院的判决。所有这些情形都涉及投票，虽然它们的投票人数不同，选票的长度或投票者可选项的数量不同，计算选票以及确定最后获胜者的程序不同。在每种情形下，策略思维可能会影响选票的标注方式。在选择投票和计票的方法时，策略思维具有决定性作用。

投票程序多种多样，这不是因为选奥斯卡获奖者与选总统存在差别，而是因为在特定的情形下，某种程序会令他们变得更好（更差）。比如在过去的 10 年里，基于简单多数规则（得票最多的候选人获胜）的选举导致两党政治体系的出现。对这一情形的忧虑导致美国十多个城市的选举规则发生变化。[1] 在某些情况下，这些变化已经使得选举结果不同于老的简单多数规则的结果。比如，加州奥克兰市的市长关丽珍（Jean Quan）在 2010 年 11 月当选，当时只有 24% 的选民将她排在第一位，而最终的亚军候选人获得 35% 的第一位选票。在该市最后一轮排位投票选举中，关丽珍赢得 51% 的选票，而亚军候选人获得 49%。我们会在本章的第 15.2 节研究这个矛盾的结果。

不同的投票程序会产生不同的结果。基于这个事实，我们需要直接了解策略行为在选择程序时发挥的作用，使得该程序可以产生我们希望的结果。这时你可能还会想到一种场景：投票者会发现，如果投票支持某人或某事，虽然这不是他们最想选的一位，但是为了不让绝对不想选的对象获胜，这样做是对的。当投票程序允许这样做时，这种策略行为会经常发生。作为一个投票者，你应该意识到这种策略性虚假陈述偏好的好处，以及其他人也会采取这种方式对付你的可能性。

接下来，我们会首先介绍现有的投票程序，以及使用具体程序时可能会出现的矛盾结果。然后我们会判断这些程序的好坏，描述投票者的策略行为以及结果的可操作范围。最后，我们将会介绍著名的中位投票者定理（median voter theorem）的两种不同版本——具有离散性策略和具有连续性策略的二人零和博弈。

15.1　投票规则与程序

许多选举程序都可以用来帮助人们从备选项（也可以说，候选人或者议题）中做出选择。在只有三个备选项的情形中，选举设计就会变得十分有趣而复杂。在本节中我们将对三种投票或投票统计方法的各种各样的程序进行描述。可能的投票程序的数量是巨大无比的，如果允许选举建立在程序组合的基础上，我们在这里所提供的简单分类就可大大地扩大。在经济学和政治科学中有相当可观的文献就正好是处理这种问题的。我们不打算给出一个关于此类文献的详尽综述，只是稍加提及。如果你有兴趣，我们建议你查阅有关该主题的更详细文献。[2]

☐ 15.1.1　二元法

投票统计方法可以按照由选民在任何给定时间所考虑的保留权及候选人的数量进行分类。**二元法**（binary method）要求选民每次只能在两个候选人中做选择。在刚好只存在两个候选人的选举中，选票的统计方法就是非常著名的**绝对多数规则**（majority rule）。这一规则简单地规定拥有过半数选票者获胜。当有超过两个候选人时，可以使用**配对投票**（pairwise voting）——这一方法要求一直重复以二元法进行选举。配对程序是**多阶段的**（multistage），选民必须不断地确定谁是赢家。

有这样一个配对程序，其中每个候选人在遵循绝对多数规则的循环选举中都被提名反对其他每一个候选人，这一规程被称作**孔多塞方法**（Condorcet method），这一理论由 18 世纪法国理论家孔多塞最先提出。他认为在一系列一对一竞赛中击败每一个对手的候选人，应该获得整场选举的胜利；这样一个候选人，现在被称为**孔多塞赢家**（Condorcet winner）。其他配对规程会得出一个"得分"，例如**柯普兰指数**（Copeland index），这一指数被用来统计在循环竞赛中所取得的输赢成绩。世界杯足球锦标赛第一轮确定一组当中的哪个队可以参加下一轮的比赛时使用的就是一种柯普兰指数。[3]

另外一个有名的配对规程适用于存在三个候选人时。这一规程就是**修正程序**（amendment procedure）。当对某项法案采用投票这一形式进行表决时，美国国会就要求使用该程序。在国会通过某一法案之前，任一法案的修正案都必须首先赢得对法案原始版本的胜利，然后再和现行法案配对，议员们通过投票来确定是否采用第一轮中胜利的法案的版本。绝对多数规则被用于决定胜者。修正程序被用于考察任何三个候选人，它首先在第一回合的选举中将两个候选人配对，然后在第二轮投票中把第三个候选人和第一轮中的胜者进行比较。

☐ 15.1.2　相对多数方法

相对多数方法（plurative method）允许选民同时考虑三个甚至更多的选择。一种相对多数投票方法根据候选人在选民选票上的位置对候选人进行评分，这种分数在计算总得分时使用；这种投票方法就是著名的**定位方法**（positional method）。常见的**相对多**

数规则（plurality rule）是定位方法的一种特殊形式，其中每个投票者为他所最偏爱的选择投出单一的一张选票，当加总票数时，该选择就被赋予 1 分；获得最多票数（或分数）者取胜。要注意的是，那些相对多数方法里的胜者并不需要获得绝对多数或超过 51％的票数。因此，举个例子来说，在 2012 年墨西哥的总统选举中，候选人恩里克·培尼亚·涅托（Enrique Peña Nieto）仅仅获得了 38.2％的票数就当选为总统，他的对手们各自获得了 31.6％、25.4％和 2.3％的选票。定位方法的另一种特殊形式是**反相对多数方法**（antiplurality method），要求投票者投票反对某个候选人，或等价地说是投票支持除了某个人外的其他人。为了进行计算，被投反对票的候选人被分配－1 分，或者除那个人之外的所有其他候选人得到 1 分而被投反对票的人得到 0 分。

最为有名的一种定位方法是**博尔达计数法**（Borda count），它是以让-查尔斯·德·博尔达（Jean-Charles de Borda）的名字来命名的。博尔达是一个乡下小伙子，与孔多塞是同时代的人。博尔达将这一程序描述为对相对多数规则的一种改进。博尔达计数法要求投票者把选举中所有可能的候选人进行排名，把这种排名写在他们的选票上，并根据每个候选人在选票上的位置来给他们评分。在三人选举中，在选票上排名第一的候选人获得 3 分，排名第二的候选人获得 2 分，排名第三的候选人获得 1 分。在收集了选票之后，每个候选人的得分被加总，分数最高的候选人赢得选举。博尔达计数法在许多与体育运动有关的比赛中被采用，包括职业棒球赛赛扬奖（Cy Young Award）以及大学橄榄球锦标赛。

可以通过改变对候选人的评分规则来简单设计许多其他的定位方法，而这种评分是基于候选人在选民选票上的位置进行的。评分时可能会采用这样的方法，即给予选票上排名最高的候选人比其他候选人高得多的得分，比如，在有三个候选人的选举中，给排名第一者记 5 分，而给排名第二和第三者分别记 2 分和 1 分。在有众多候选人（比如 8 个）的选举中，位于选票上前两名的候选人会被区别对待，分别获得 10 分和 9 分，而其余候选人则都得到 6 分或更少。

可取代定位相对多数方法的另一种方法是近年来发明的**赞成投票**（approval voting）方法，该方法允许投票者给他们所"赞成"的候选人中的每一位投出一票。[4] 与定位方法不同的是，赞成投票方法并不会基于候选人在选票上的位置而对不同候选人有所不同。相反，所有赞成票都被平等地对待，且收到最多赞成票者获胜。如果选举允许不止一个候选人胜出（例如选举学校董事会成员），那么赞成票数的一个阈值水平会被提前设置好，那些获得超过所要求的最小赞成票数的候选人将被选中。这种方法的倡导者指出，与处于两头位置的候选人相比，这种方法更有利于处于中间位置的候选人；反对者则声称，易受欺骗的投票者有可能在他们的选票上给予太多的"鼓励性"赞成票，从而选出某个他们并不想支持的新候选人。尽管存在这些不一致的意见，一些职业性社团已经采用赞成投票方法来选举他们的官员，一些州已经使用或正在考虑采用这种方法来进行公共选举。

□ 15.1.3 混合方法

一些多阶段投票程序将相对多数方法与二元法加以组合以形成**混合方法**（mixed method）。例如，**过半数决胜**（majority runoff）程序就是一种二阶段方法，可被用来把多种可能性减少为二元决策。在第一阶段选举中，投票者投票给他们最偏好的候选人，并且投票情况被记录下来。如果某个候选人在第一个阶段得到了大部分选票，他将赢得选举。然而，如果没有候选人得票过半数，则在第二个阶段的选举中，两个支持率最高的候选人进行比赛，由过半数规则选出胜者。法国总统选举使用的就是过半数决胜竞选程序。假如有三个或四个强有力的候选人在第一回合中分享选票，那么这一方法可以产生意想不到的结果。例如，在 2002 年春天，极右派候选人勒庞（Le Pen）在第一轮总统选举中遥遥领先于法国社会党总理若斯潘（Jospin），从而进入了第二轮。这个结果在法国人民中引起了惊恐和不安，30％的公民甚至在选举中都没有打算去投票，其中有些人把第一轮当作表达其对左翼候选人的偏好的一种机会。勒庞进入决胜局在政坛上激起了轩然大波，虽然最后他没有登上总统宝座。

另一种混合程序涉及连续多轮的投票。投票者在每一**轮**（round）中对众多候选人进行投票，表现最差的候选人将被剔除。投票者在下一轮中继续对剩下的候选人进行投票。剔除的过程一直持续到仅剩下两个候选人为止，此时，通过二元法和过半数决胜程序来决定最后的胜者。这种多轮程序被用于选择奥林匹克运动会的主办地点。

人们可以通过让选民在第一轮所投的选票上表达出他们的偏好顺序来消除对连续多轮投票的需要，**单一可传递投票**（single transferable vote）方法在后面的回合中可用来统计投票数。使用单一可传递投票方法时，每个投票者在开始的选票上表达出他们对所有候选人的偏好顺序。如果没有候选人在第一轮投票中获得过半数的选票，排名最后的候选人则要被淘汰，所有将该候选人列在第一位的选票就被转移给选票上排名第二的候选人；随着更多的候选人被剔除，类似的重新分配发生在后面的选举轮次中，直到某个获得过半数选票的胜者出现为止。现在，这一方法通常被称为**即时决胜**（instant run-off），正被应用于包括奥克兰和旧金山在内的十几个美国城市当中。由于选民对"即时"结果的期望，一些城市开始将其称为**排序复选投票**（rank-choice voting），因为该程序实际上需要多达两到三天才能完成完整的点票。

单一可传递投票方法，在选举中有时与**比例代表**（proportional representation）方法联合使用。例如一个州的选民中有 55％的人是共和党人，有 25％的人是民主党人以及有 20％的人是独立候选人，比例代表方法意味着它将产生出一个反映该州选民党派组成的代表性团体。这种结果与相对多数方法形成强烈的对比，相对多数方法选举出的可能全部是共和党人（假设在每个地区不同党派选民的比例与整个州中不同党派选民的比例一致）。获得一定份额选票的候选人都被选出，且其他没有达到一定份额的候选人则被淘汰，这都取决于投票程序中具体的规定。按照投票者对候选人的排序，将被淘汰的候选人的选票转移。这种程序继续进行下去直到来自每个党派的适当数量的候选人被选出为止。

很显然，在投票统计方法的选择上，存在着相当大的可进行策略性思维的空间。即使统计规则已被选定，策略也仍然是很重要的。我们将在下一节中考察一些与规则制定和议程有关的问题。进一步，投票者的策略性行为——常常被称为**策略性投票**（strategic voting）或**不实的偏好策略性陈述**（strategic misrepresentation of preferences），能够在任何规则下影响选举结果。在本章后面的章节中，我们将会看到这一点。

15.2 投票悖论

即使人们是根据他们个人真实的偏好进行投票的，投票者偏好以及投票程序上的特定条件也可能产生出不可思议的结果。另外，选举结果关键性地依赖于票数统计中所用的程序类型。本节将介绍一些最为有名的不可思议的结果——所谓的投票悖论——以及一些这样的例子，即在投票者偏好不变和不存在策略性投票时，不同的票数统计方法是如何改变选举结果的。

15.2.1 孔多塞悖论

孔多塞悖论（Condorcet paradox）是最著名和最重要的投票悖论之一。[5] 就像前面所提及的，孔多塞方法所产生的胜者是在两人配对竞赛轮次中每一轮均获得过半数选票的那一个候选人。当没有孔多塞赢家从这一过程中产生时悖论就出现了。

为了说明这一悖论，我们构造一个例子，其中三个投票者使用孔多塞方法对三个可选择的结果进行投票。考虑三个城市议员（"左""中""右"），他们被要求对三个可供选择的福利政策的偏好进行排序。其中一个政策是要扩大当前可获得的福利利益（称其为慷慨的，或者记为 G），另一个则是减少可获得的福利利益（称其为减少的，或者记为 D），再一个则为维持现状（称其为一般的，或者记为 A）。然后要求他们就每一对政策进行投票，以建立一种议会排序，或**社会排序**（social ranking）。这种排序意味着对议会作为一个整体怎样判断可能的福利制度的优劣进行描述。

假设议员"左"倾向于尽可能地维持高福利，而议员"中"则最愿意维持现状，但也关注城市的预算情况，且最不愿意增加福利。最后，议员"右"最愿意减少福利但倾向于现有福利有所增加，他预期增加福利将会引起一场严重的预算危机，它会剧烈地扭转公众对于福利的意见，从而使得一种更加持久的低福利状态由之产生，而这种现状可无限期地持续下去。我们用图 15-1 来说明这些偏好排序，其中弯曲的"大于"号"＞"被用来表示一个备选项优于另一个备选项。（从技术上来说，"＞"指一种二元关系。）

有了这些偏好，如果 G 与 A 配对，则 G 将取胜。在接下来的配对中，是 A 与 D 配对，A 赢。在最后 G 与 D 的配对中，比分再一次是 2 比 1，这时有利于 D。所以，如果议员对可选择的政策对进行投票，过半数的是 G 胜过 A，A 胜过 D，以及 D 又胜过 G。没有一项政策会同时过半数胜过另外两项。群体所表现的偏好是循环的：G＞A＞D＞G。

"左"	"中"	"右"
G＞A＞D	A＞D＞G	D＞G＞A

图 15-1 议员对福利政策的偏好

这种偏好循环是**不可传递偏好顺序**（intransitive ordering of preference）的一个例子。理性概念通常意味着个人偏好顺序是**可传递的**（transitive）。如果一个人被给定有 A、B、C 三种选择，并且你知道他喜欢 A 超过 B，喜欢 B 超过 C，则可传递意味着他喜欢 A 超过 C。（该术语来自数学中的数字大小的传递性，例如，如果 3＞2 并且 2＞1，那么我们知道有 3>1。）与从我们的城市议会例子中导出的那个社会偏好顺序不一样，一种可传递的偏好顺序并不会循环。所以，我们说，这样一种顺序是不可传递的。

注意，所有议员对三种可供选择的福利政策都有可传递的偏好，但是议会却没有。这就是孔多塞悖论，即使所有个人的偏好顺序都可以传递，这并不能保证由孔多塞投票程序所产生的社会偏好顺序是可传递的。这种结果对于公众服务者以及普通公众来说有着非常深远的意义。它使"公共利益"这一基本概念存在问题，因为这些利益并不能简单地加以定义，甚至可能是不存在的。我们的城市议会在福利政策上并没有任何定义完好的群体偏好集。其教训是，社会、机构或者其他大型的人民群体并不总是可以被解读成像个人那样行动。

孔多塞悖论甚至可能会以更加一般的形式出现。不能确保由任何规范的群体投票过程产生的社会偏好顺序会因个人偏好顺序可传递而可传递。然而，一些估计表明，在大型群体对大量候选人做出选择时，这种悖论最有可能出现。较小的群体考虑较少数量的候选人时，更容易对这些候选人有类似的偏好，在这种情况下，这种悖论则很少出现。[6] 事实上，在我们的例子中，这种悖论会产生是因为议会不仅在哪个候选人最好上而且还在哪个候选人最糟糕上完全存在分歧。在越小的群体中这种结果越不太可能出现。

□ 15.2.2 议程悖论

我们所考虑的第二个悖论也涉及一种二元投票程序，但是它考虑了该程序中备选项的顺序。在设有一名对存在三个备选项的选举有决定投票顺序的权力的委员会主席的议会中，该主席在最后结果上有巨大的权力。最后结果的实际决定权掌握在主席手上，事实上，他可以利用产生于某些个人偏好集合的不可传递的社会偏好顺序，通过选择一种适当的议程，以他需要的任何方式去操纵选举结果。

再次考虑城市议员"左""中""右"，他们必须在 G、A 和 D 三个福利政策中做出决策。议员们对备选项的偏好如图 15-1 所示。现在让我们假设其中一位议员被市长任命为议会主席，且主席有权决定先对哪两个福利政策进行投票，哪个政策可以在第二轮投票中再和在第一轮投票中获胜的政策对决。在给定议员偏好及偏好顺序的共同知识的情况下，主席可以获得任何他想要的结果。例如，如果议员"左"被选为主席，他就可以安排 A 和 D 在第一轮中对决而胜者再和 G 在第二轮中对决，以此得到 G 取胜的结果。**议程悖论**（agenda paradox）指的就是这样一种结果，即任何最终排序都可通过选择适当的程序得到。

在这样一个市议会的案例中，决定结果的唯一因素就是议程的顺序。在这里议程的设定才是真正的博弈。由于主席能够设定议程，主席的委派或选举才是策略性行为的关键所在。此时，如同其他许多策略性情形一样，看起来是博弈的（在这个案例中，是福利政策的选择），其实并不是真正的博弈；反而那些稍早参加策略性游戏（决定谁是主席）和最后根据在最终选举中设定的偏好进行投票的人，才是真正参与博弈的人。

然而，我们在前面对议程设定者的力量的说明中假定，在第一轮中，投票者在两个备选项（A 和 D）中做出选择，这种选择仅仅基于他们对这两个备选项的偏好，并不考虑程序的最后结果。这样一种行为被称为**诚实投票**（sincere voting），实际上，短视的或非策略性投票可能会是一个更好的名称。如果议员"中"是一个策略性博弈参与人，他应该会意识到，如果他在第一轮中投 D 的票（即使在那个阶段所提名的两个备选项中他更喜欢 A），则 D 将在第一轮中胜出，并在第二轮中，将会由于得到议员"右"的支持而击败 G。议员"中"更希望 D 而不是 G 成为最后的结果，所以他应该做逆推分析且在第一轮中进行策略性投票。但如果其他每一个投票者也都进行策略性投票，他会这样做吗？我们将会在第 15.4 节中考察策略性投票博弈并寻找其均衡。

□ 15.2.3　颠倒悖论

定位方法同样也可以导致自相矛盾的结果。例如，当公开给投票者的候选人名单发生变化时，博尔达计数法可带来**颠倒悖论**（reversal paradox）。选票已全部提交之后剔除其中一个候选人时，这种悖论会产生于至少有四个候选人的选举中，使得有必要进行重新计算。

假设有四个候选人竞争专门颁给退休的大联盟棒球投手的特别纪念赛扬奖。候选人分别是史蒂夫·卡尔顿（SC）、桑迪·科法克斯（SK）、罗宾·罗伯茨（RR）以及汤姆·西弗（TS）。七位著名的体育专栏作家应邀在他们的投票卡上对这些投手进行排名。在每张投票卡上排名第一的候选人会获得 4 分；第二名、第三名和第四名候选人将会依次获得 3 分、2 分和 1 分。

通过七位专栏作家的投票，产生了对候选投手的三种不同的偏好顺序。这些偏好顺序以及拥有每一种偏好顺序的作家的数量，见图 15-2。当所有选票被计分后，西弗得到 $2×3+3×2+2×4=20$ 分；科法克斯得到 $2×4+3×3+2×1=19$ 分；卡尔顿得到 $2×1+3×4+2×2=18$ 分；罗伯茨得到 $2×2+3×1+2×3=13$ 分。所以，西弗赢得选举，接下来则依次为科法克斯、卡尔顿和罗伯茨。

现在假定我们发现罗伯茨是不具有参赛资格的，因为他实际上从未赢得过赛扬奖，他的职业顶峰所出现的年份早于该奖设立的 1956 年。这一发现要求在排除罗伯茨的得票后重新计算得分。现在在每一张投票卡上排名第一者获得的是 3 分，而排名第二和第三者分别得到 2 分和 1 分。例如，从具有偏好顺序 1 的体育专栏作家那里得到的投票，现在分别给予科法克斯和西弗 3 分和 2 分，而不是在第一次统计时的 4 分和 3 分；在最后的位置，这些投票同样给卡尔顿 1 分。

顺序 1（2 个投票者）	顺序 2（3 个投票者）	顺序 3（2 个投票者）
科法克斯＞西弗＞罗伯茨 ＞卡尔顿	卡尔顿＞科法克斯＞西弗 ＞罗伯茨	西弗＞罗伯茨＞卡尔顿 ＞科法克斯

图 15-2　体育专栏作家对投手们的偏好

在重新计分后，卡尔顿获得 15 分，科法克斯获得 14 分，而西弗获得 13 分。这种结果将输家变成了赢家，把第一次的选举排名颠倒过来了。专栏作家并没有改变其偏好顺序，却出现了这种奇怪的结果。两次投票中唯一的不同就是候选人的数目。在第 15.3 节，我们会讨论最重要的投票加总原则。博尔达计数法违背了该原则，就会导致相反的悖论。

□ 15.2.4　改变投票方式就改变了投票结果

就像在前面的讨论里所说明的那样，在不同的投票规则下投票结果很可能是不同的。举例来说，假设有 100 名投票者，根据他们对三个候选人（A、B 和 C）所持有的不同偏好将他们分成三组。图 15－3 显示了三种不同的偏好。这三个候选人中的任意一个都能赢得投票，取决于所采用的投票加总方法。

在简单相对多数规则下，候选人 A 以 40％的选票获胜，尽管有 60％的投票者将其置于三个候选人中的最后一位。候选人 A 的支持者显然将偏爱这种类型的投票。如果他们有权选择投票方法，那么简单相对多数规则这一看似"公平"的程序将会使得 A 赢得投票，尽管大多数人强烈地不喜欢该候选人。

第一组（40 个投票者）	第二组（25 个投票者）	第三组（35 个投票者）
A＞B＞C	B＞C＞A	C＞B＞A

图 15－3　对候选人的群体偏好

然而，采用博尔达计数法，将会产生一种不同的结果。在博尔达规则中，最受欢迎的候选人可得 3 分，中间者得 2 分，最不受欢迎的得 1 分。候选人 A 在 40 张选票里获得第一，在 60 张选票里获得第三，总计为 $40 \times 3 + 60 \times 1 = 180$ 分。候选人 B 在 25 张选票里获得第一，在 75 张选票里获得第二，总计为 $25 \times 3 + 75 \times 2 = 225$ 分。候选人 C 在 35 张选票里获得第一，在 25 张选票里获得第二，在 40 张选票里获得第三，总计为 $35 \times 3 + 25 \times 2 + 40 \times 1 = 195$ 分。在这种程序下，候选人 B 获胜，C 居第二，A 排在最后。在反相对多数投票规则下，候选人 B 也会赢，其中投票者将投票支持除其最不喜欢的候选人外的所有候选人。

那么对于候选人 C 又怎么样呢？如果采用过半数决胜规则或者即时决胜规则，他将会赢得投票。在任何一种方法中，候选人 A 和 C 在第一轮各赢得 40 张和 35 张选票，得以幸存下来进入决胜局。过半数决胜规则会要求选民再次考虑候选人 A 和 C 并进行投票；即时决胜规则会剔除候选人 B，然后把候选人 B 的得票（来自第二组的投票）分配给其第二偏好的候选人 C。那么，由于候选人 A 被 100 个投票者中的 60 个排在最不喜欢的位置上，候选人 C 将会在决胜局中以 60 比 40 取胜。

另一个例子是本章开头描述的 2010 年奥克兰市长选举，同样可以说明不同的程序是如何导致不同的结果的。现在挑选奥林匹克主办地的投票程序采用的是即时决胜而不是通过几轮的简单多数规则进行逐步淘汰。此前在投票决定 1996 年和 2000 年奥运会主办城市时都出现了异常的结果。简单多数赢家赢了倒数第二轮之前的几轮，在最后一轮输给了剩下的其中一个竞争对手城市。1996 年的奥运会，雅典输给亚特兰大；2000 年的奥运会，北京输给悉尼。

15.3　投票制度的评估

上一节对各种各样的投票悖论的讨论说明投票方法可能由于许多瑕疵而产生不寻常的、未曾预料到的甚至是不公平的结果。另外，这也引起我们的疑问：是否有某种投票规则能满足一定的规定性条件，包括传递性，并且是最为"公平的"，也就是说，最为准确地表达出投票者的偏好？肯尼斯·阿罗（Kenneth Arrow）的**不可能性定理**（impossibility theorem）告诉我们，对这个问题的答案是：没有。[7]

虽然阿罗不可能性定理的技术内容使得进行完全的证明超出了我们的讨论范围，但是该定理的含义却是很容易把握的。阿罗指出不存在满足他所提出的所有下列 6 项关键性原则或者准则的偏好加总方法：

（1）社会或群体排序必须能将所有候选人进行排序（完备的）。

（2）它是可传递的。

（3）它要满足被称为"正反应"（positive responsiveness）或帕累托性质（Pareto property）的条件。给定两个候选人 A 和 B，如果投票者一致地表现出偏好 A 胜于偏好 B，则加总后的排序应将 A 放在 B 之前。

（4）排序不能是由独立于社会中个体成员的偏好的外部因素（如习俗）所强加的。

（5）它一定不能由独裁决定——任何单个的投票者均不能够决定群体的偏好顺序。

（6）它应独立于无关候选人，也就是说，候选人集合的变化（加入或退出）不应该引起对未受影响的候选人的排序的变化。

通常，该定理的前四个条件会被精简掉，而把重点放在同时满足最后两个条件的困难上。简化形式的定理指出，偏好加总排序不可能在没有独裁的情况下独立于无关候选人（IIA）。[8]

你能立即看到前面所考虑的某些投票方法并不能满足阿罗不可能性定理的所有原则。例如，条件 IIA 就被单一可传递投票程序以及博尔达计数法所违反。然而正如我们在第 15.2.3 节中所看到的，博尔达程序是非独裁和一致的，并且它满足帕累托性质。我们所考虑的所有其他投票规则都满足 IIA，却违反了其他原则中的某一个。

阿罗不可能性定理激起了人们对改变潜在假设后其结论的稳健性的广泛研究。经济学家、政治科学家以及数学家们都在研究减少准则数目或将阿罗原则放松至最小从而找到一种可在不牺牲核心原则的情况下满足这些准则的程序的方式。他们的努力大部分都是不成功的。大多数经济学家和政治科学家现在都接受这样一个观点，即当选择一种投票或偏好的加总方式时，某种形式的妥协是必要的。这里有一些著名的例子，每个都代表了一个特定领域——政治科学、经济学和数学——的方法。

15.3.1 布莱克条件

正如在第 15.2.1 节中所表明的那样，配对投票程序在社会偏好顺序的传递性上并不满足阿罗不可能性定理中的条件，甚至当所有个人偏好顺序都可传递时也是如此。克服这一障碍以满足阿罗不可能性定理条件的一种方法是在单个投票者的偏好顺序上施加限制，这一方法同样可以避免孔多塞悖论。这样一种限制条件，被称为**单峰偏好**（single-peaked preference）的必要条件，是由政治科学家邓肯·布莱克（Duncan Black）于 20 世纪 40 年代末提出的。[9] 布莱克论述群体决策的开创性论文实际上早于阿罗不可能性定理，且表述中也包含了孔多塞悖论的思想，但是投票理论自那时起便显示了它与阿罗工作的相关性；事实上，单峰偏好的必要条件有时就被称作**布莱克条件**（Black's condition）。

对于单峰偏好顺序来说，一定是这样的，被考虑的选项可以沿着某一特定维（例如，与每一政策相联系的支出水平）进行排序。为了说明这一条件，在图 15-4 中我们画出了这样一幅图，横轴上是特定维（政策），纵轴上是投票者偏好（或支付）的排序。

为使单峰偏好成立，每个投票者必须有一个单一的最理想或最为偏好的候选人，并且"远离"最偏好点的候选人一定提供稳定的较低支付。图 15-4 中的两个投票者"左"先生和"右"女士在政策主张上有着不同的最理想点，但对每一投票者而言，当政策远离他或她的最理想点时，其支付都会稳定地下降。

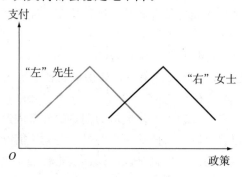

图 15-4 单峰偏好

布莱克指出，如果每个投票者的偏好都是单峰的，那么配对（过半数）投票程序一定会产生出一种可传递的社会偏好顺序。从而孔多塞悖论得以避免，并且配对投票满足阿罗的可传递条件。

15.3.2 稳健性

有一种另外的选择，它来自由经济理论家帕萨·达斯古普塔（Partha Dasgupta）和埃里克·马斯金（Eric Maskin）所提出的一种更为现代的对于阿罗不可能性定理的妥协方法。[10] 他们提出用一种新的准则——**稳健性**（robustness）准则来评判投票方法。稳健性是这样测度的：考察一个非独裁且能满足 IIA 以及帕累托性质的投票程序同时满足其社会偏好顺序的可传递性要求的频率，即对于多少个投票偏好顺序的集合来说这种程序满足可传递性的要求。

通过采用稳健性准则，可以证明简单绝对多数规则是最为稳健的，也就是说，它是非独裁的，满足 IIA 和帕累托性质，且对于最大可能的投票者偏好顺序集合来说提供了可传递的社会偏好顺序。从稳健性来看，其他的投票程序比绝对多数规则差，包括博尔达计数法和相对多数规则。这种稳健性准则因其在将一种最常用的投票程序设立为最好的加总程序的备选方案方面的能力而十分具有吸引力——这种程序最为经常地与民主过程相联系。

15.3.3 强度排序

另外一类理论为避免得出阿罗的负结果，把关注点放在了满足阿罗 IIA 要求的困难上。最近的一种这类理论来自数学家唐纳德·萨里（Donald Saari）。[11] 他建议投票加总方法应更多地利用有关投票者偏好的信息，而非仅限于他们对任何一对候选人 X、Y 的排序中包含的信息，可把每个投票者对候选人 X、Y 的偏好强度也考虑进来。这种强度可以通过计算一个投票者置于 X 与 Y 之间的其他候选人 Z、W、V 的数目来加以测量。萨里因此用一种不同的准则取代了 IIA 条件，即用他标记为 IBI（二元独立强度）的准则取代了阿罗的第 6 条原则，我们将其记为第 6′条原则：

（6′）任何两个候选人的社会相对排序都可以仅由每个选民在该对中的相对排序和这种排序的强度来加以确定。

这个条件要比 IIA 弱一些，因为它看来是把 IIA 仅仅应用于"不相关"候选人的增加或剔除上，并不改变人们在"相关"候选人之间偏好的强度。经过这种修改，博尔达计数法就能满足修正过的阿罗不可能性定理了，并且它是唯一能满足修正过的阿罗不可能性定理的定位投票方法。

萨里把博尔达计数法视为唯一恰当地对投票计数内部平局加以评价的程序，他认为它对于一种好的加总规则来说是应满足的一种基本准则。平局会以两种方式发生：在投票者偏好中通过**孔多塞意义**（Condorcet term）或通过**颠倒意义**（reversal term）。在有三个候选人 A、B、C 的选举中，孔多塞意义是偏好顺序 A＞B＞C、B＞C＞A 以及 C＞A＞B。有着这些偏好的三种投票的集合的一次性投票结果表达在逻辑上是相互抵消的，从而形成一个平局。颠倒意义是这样一种偏好顺序，它包括一对候选人位置上的颠倒。在同样的投票中，具有 A＞B＞C 和 B＞A＞C 这样一种偏好顺序的两种投票结果在逻辑上可导致在 A 和 B 的成对对决中产生平局。只有博尔达程序才能将这种投票结果加总——有着孔多塞意义或者颠倒意义——处理成为平局。就像在前面章节中所看到的那样，虽然博尔达计数法可能导致颠倒悖论，但它仍有许多倡导者。博尔达程序仅当选票收拢后再从中剔除某些候选人的时候才产生自相矛盾的结果。因为当对所有最终候选人采用唯一的一次投票时，这种结果就可以避免，所以博尔达程序在一些循环中被视为最好的选票加总方法之一而受到青睐。

对于一个好的加总规则应该满足的准则，其他一些研究者提出了不同的建议。他们中的某些准则包括孔多塞准则（Condorcet criterion）（如果存在的话，孔多塞赢家应该可以通过一种投票规则而被选出来）、一致性准则（在一个包括所有投票者的选举中当选者应与将全体投票者任意划分成两部分后所举行的两次选举的当选者是同一人）以及无操纵性准则（投票规则不应该在投票者中鼓励策略性投票）。我们不可能长篇大论地考察这些建议中的每一种，但我们要在下面两节中讨论投票者的策略性操纵行为。

15.4 投票的策略性操纵

我们已考察过的若干投票规则对于投票者来说存在着策略性且不实地陈述其偏好的较大余地。在第 15.2.2 节中，我们已经分析了议员"中"为淘汰他最不喜欢的候选政策，并将他更喜欢的候选政策送进第二轮，是如何在第一轮投票中违背自己真实的偏好挑战设定议程的主席"左"的权威的。更为一般地，如果投票者可以通过某些行为按照其意愿改变最终的投票结果，那么投票者就会投票给之前选举中出现的并非他们所最喜欢的候选人。在本节中，我们将考察策略性投票行为影响投票的诸多方式。

15.4.1 相对多数规则

相对多数规则选举尽管常被许多选民认为是最为公平的，也仍然提供了策略性行为的机会。例如，在总统选举中，通常有两大主要候选人展开竞争。当其支持度相对接近时，很有可能会有第三个候选人加入竞争并将领先者的选票分走。若第三个参与人的加入真的威胁到领先者赢得这场选举的机会，那么这个后来的进入者就被称为**分肥者**（spoiler）。

分肥者一般被认为没有多大机会赢得整个选举，但其在改变选举结果中所起的作用却是无可争议的。在存在分肥者的选举中，那些最偏好分肥者、其次偏好目前领先的主要候选人、最后才偏好目前掉尾的候选人的选民，最好策略性地不实地陈述其偏好，以避免他们最不偏好的候选人当选。也就是说，在这种情况下，即使你比较喜欢分肥者，但由于分肥者不大可能获得多数票，因此你应该将票投给目前领先的候选人；将票投给目前领先的候选人可以阻止你最不喜欢的，也就是目前掉尾的候选人当选。[12] 在 1992 年美国总统大选中，罗斯·佩罗（Ross Perot）扮演了非常重要的角色，他的失败可能是因为不实地陈述其偏好。《新闻周刊》（*Newsweek*）上的一份调查声称，如果更多的选民相信佩罗有实力在选举中获胜，他可能最终就会获胜；接受调查的选民中有 40% 的相对多数说，如果他们认为佩罗会获胜，他们都会投佩罗（而不是布什和克林顿）的票。[13]

拉尔夫·纳德（Ralph Nader）在 2000 年的总统竞选中也扮演过类似的角色。只是纳德更为关心的是能否获得 5% 的大众选票而不是能否取得这场总统竞选的胜利，因为如果获得 5% 的选票，他的绿党就有资格获得联邦竞选基金（federal matching election funds）。由于纳德在竞选操作中从戈尔阵营里拉来所需的选票，有几个组织（以及许多网站）提出了旨在使纳德在不会造成戈尔在其任何关键州丢失选票的情况下获得其所需选票的"选票交换"（vote swapping）计划。在戈尔的关键州（如宾夕法尼亚州、密歇根州和缅因州）中支持纳德的选民们被要求与在那些注定会支持乔治·布什的州（如得克萨斯州或怀俄明州）中的戈尔支持者"交换"他们的选票——密歇根州的纳德支持者投戈尔的票，而戈尔支持者在得克萨斯州投支持纳德的选票。有关这些策略是否灵验的证据是模糊不清的。我们知道的是纳德没有赢得 5% 的大众选票但戈尔拿走了宾夕法尼亚州、密歇根州和缅因州的所有选票。

在立法机构的选举中，要挑选出很多候选人，第三方在全民普选比例代表制下的表现与在分立选区多数代表制下的表现有很大不同。在英国采取的是选区制和相对多数代表制。在过去的 50 年中，工党和保守党一直是轮流坐庄。自由党虽然在竞选中获得了第三高的支持率，却一直以来是策略性投票的受害者，且因此在议会中得到与其地位不相称的很少席位。意大利实行的是全民普选制和比例代表制。在此规则下并不需要进行策略性投票，并且即使小的政党也有可能在立法机构中获得不少席位。通常是没有党派拥有明显多数的席位，且小党可通过讨价还价进行结盟而对政策产生影响。

如果在影响国家的政治选择方面非常缺乏效率，一个政党是无法兴旺发达的。因此，我们往往看到在使用相对多数代表制的国家里仅产生两个主要政党，而在那些使用比例代表制的国家里会有好几个政党。政治学家将此现象称为杜弗杰法则（Duverger's law）。

在立法机构里，选区制倾向于产生仅仅两个主要政党——经常出现的情形是其中一个政党拥有明显过半数席位从而政府有较大决定权。但是会存在少数党的利益被忽视的风险，也就是说，会产生"多数人专制"的风险。比例代表制则给予了少数党更好的发出声音的机会。然而，它会产生对于权力的没完没了的讨价还价式的角逐和立法僵局。有趣的是，每个国家都认为其自身的制度表现欠佳并且在考虑向另一种制度规则转变：在英国，有很大的呼声要求实行比例代表制，而意大利则一直在认真地考虑是否要实行选区制。

15.4.2 配对投票

当你知道你只能使用诸如修正程序那样的配对方法时，你就可以采用你对第二轮结果的预测来决定你在首轮中的最优投票策略。在第一轮中，对某一候选人或者政策做出承诺是符合你的利益的，甚至在它并非你最为偏好的选择时也是如此，这样你最不喜欢的选择就不会在第二轮中赢得整个投票了。

在这里，我们回到城市议员的例子中去，其中有一个有权设定议程的议会主席。再一次强调，我们假设整个议会都已知道所有关于三个候选政策的偏好顺序。假设最偏好 G 的议员"左"被任命为主席，并将 A 和 D 安排在第一轮中进行投票相互对决，其中的获胜者于再第二轮中迎战 G。若三个议员都严格按照如图 15-1 所示的偏好进行投票，A 将会在第一轮投票中击败 D，而 G 会在第二轮投票中赢定 A；主席所最为偏好的结果就会被选出。然而，议员们看来都是一些训练有素的策略家，他们都会预见到最终一轮的投票，并且会运用逆推法决定他们在前面回合中应采取的投票方式。

在刚才所描述的情形里，在投票过程中，议员"中"所最不偏好的政策将会获胜。因此，逆推分析表明，他应该在第一轮投票中进行策略性投票，以影响投票结果。若议员"中"在第一轮投票中将票投给他最偏好的政策，他就会投 A 的票，而 A 会在这一轮中击败 D 并在第二轮投票中输给 G。然而，在第一轮投票中，他也能够策略性地投 D 的票，这样就会将 D 在第一轮中提升到 A 之上。然后，在第二轮投票中，D 会被安排与 G 进行对抗，G 就会输给 D。议员"中"在 A 和 D 上不诚实地陈述其偏好顺序有助于其将赢家从 G 改变为 D。尽管 D 并非他最偏好的结果，但从他的角度看，D 也比 G 要好。

如果议员"中"能够肯定在该投票中不存在其他策略性投票，那么这种策略就很有用。所以我们需要全面分析两轮投票，来验证对于这三个议员而言的纳什均衡策略。我们通过对在该投票中两个同时进行的投票回合使用逆推法，并从两种可能的第二回合竞争——A 对 G 或者是 D 对 G——出发，来完成这一工作。

图 15-5 分析了每一种可能出现的第二轮投票结果。图 15-5（a）中的两个表格表示当 A 赢得第一轮而要与 G 决胜时的获胜政策（并不是参与人的支付）；图 15-5（b）中的表格表示当 D 赢得首轮胜利时的获胜政策。在这两种情形里，议员"左"选择最后结果的行，议员"中"选择列，而议员"右"则选择表格（左边的或者右边的）。

你可以知道，每一个议员在每一种第二轮投票中都有一个占优策略。在 A 对 G 的投票中，议员"左"的占优策略是将票投给 G，议员"中"的占优策略是投给 A，而议员"右"的占优策略是投给 G；所以 G 会赢得这次投票。如果议员们考虑 D 对 G 的投票，议员"左"的占优策略仍然是投给 G，议员"中"和议员"右"的占优策略都是投给 D；在这场投票中，D 获胜。快速的验证表明，在这一轮里所有议员都是按照他们的真实偏好进行投票的。因此这些占优策略都是"投我所偏好的候选人的票"。由于在第二轮投票里不必考虑未来，议员们也只是简单地投在他们自己的偏好顺序中排位较靠前的政策的票。[14]

我们现在可以使用我们对图 15-5 的分析结果来考虑第一轮投票中的最优策略，其中议员们在政策 A 和 D 之间进行选择。因为我们知道在下一轮议员们会如何投票，哪一项政策会获胜，所以我们就能够在图 15-6 的表格中表示出整个投票的结果。

我们以图 15-6 中位于下边表格左上方栏中的 G 为例来说明是如何得到这些结果的。当议员"左"和议员"中"都在第一轮中投给 A 而议员"右"投给 D 时，就得到这个单元格中的结果。因此，A 和 G 就会在第二轮中被配对投票，如图 15-5 所示，G 获得胜利。其他结果也可以用类似的方法得到。

给定图 15-6 中所示的结果，议员"左"（其为主席，并已设定议程）在这一轮中的占优策略是投 A 的票。同样，议员"右"的占优策略是投票给 D。没有任何一个议员在任一轮中颠倒其偏好或进行策略性的投票。然而对于议员"中"来说，在这里即使他对 A 的偏好严格超过对 D 的偏好，投票给 D 也是占优的策略。正如在前面的讨论中所显示的那样，他在第一轮投票中有强烈的动机去颠倒其偏好，并且他是唯一进行策略性投票的人。议员"中"的行为改变了投票的结果，使得获胜者由 G（不存在策略性投票时的赢家）变成 D。

(a) A 对 G 的投票

"右"投票：
A

		中	
		A	G
左	A	A	A
	G	A	G

G

		中	
		A	G
左	A	A	G
	G	G	G

(b) D 对 G 的投票

"右"投票：
D

		中	
		D	G
左	D	D	D
	G	D	G

G

		中	
		D	G
左	D	D	G
	G	G	G

图 15-5　两种可能的第二轮投票中的投票结果

"右"投票：

A

		中	
		A	D
左	A	G	G
	D	G	D

D

		中	
		A	D
左	A	G	D
	D	D	D

图 15 - 6　基于第一轮投票的投票结果

　　回忆一下那个主席，议员"左"，他设定议程是为了让他最为偏好的候选政策获胜。然而，投票结果却是他最不偏好的候选政策获胜了。看起来设定议程的权力根本就没有多大用处。但是，议员"左"会预期到策略性行为，那么，他就可以利用对策略博弈的理解挑选议程。事实上，若他在第一轮中安排 D 对 G，其获胜者再挑战 A 的话，则纳什均衡结果就会是 G，即主席最偏好的结果。在这种议程中，议员"右"为了阻止他最不喜欢的 A 获胜，会在第一轮中颠倒他的偏好，将票投给 G，而非 D。可以验证，这就是议员"左"的最佳议程设定策略。在整个博弈中设定议程被看作初始的、先于投票的一轮博弈，我们可以预料到在议员"左"是主席时，G 会得到采纳。

　　当我们更加仔细地审视投票的策略性版本中的投票行为时，就能够发现出现了一种有趣的模式。有成对的议员在两轮投票中都"一起"投票（大家投的票都一样）。在原有的议程下，议员"右"和"中"在两轮中都是"一起"投票的，而在建议的议程（第一轮是 D 对 G）下，议员"右"和"左"在两轮中都是"一起"投票。换句话说，在两种情形下，在两位议员之间形成了一种长期持续的联盟。

　　国会中在许多场合里都发生过这种类型的策略性投票。一个例子是 1956 年的联邦学校建设基金的提案。[15] 在提交国会就不建立基金而维持现状进行投票之前，众议院对提案进行了修改，要求只为没有种族隔离学校的州提供资助。在国会的投票规则下，首先进行的投票是决定是否接受所谓的鲍威尔修正案，之后再考虑胜出的提案版本。研究这个提案的历史的政治科学家们指出，学校基金的反对者们为了击败原有的提案而在对修正案的投票中策略性地不实陈述了他们的偏好。一个关键性的代表集团开始投票赞成修正案，但是随后在最终的投票中又加入了种族融合反对者的阵营而投票反对整个提案，所以这个法案最终没有获得通过。该集团的投票记录表明，其中有许多人在其他场合里曾经投票反对种族融合，这意味着他们投票赞成种族融合仅仅是一种暂时的策略性投票行为，并不代表他们对学校种族融合的真实看法。

□ 15.4.3　不完全信息下的策略性投票

　　前面的分析表明，有时委员会的成员们有动机采取策略性的投票方法来阻止他们最不喜欢的候选人赢得投票。我们的例子假定议员们知道可能的偏好顺序以及有多少其他议员具有这样一些偏好。现在假定信息是不完全的：每个议员都知道可能的偏好顺序、他自己的实际偏好顺序，以及其他议员具有特定的偏好顺序的概率，但并不知道其他议员中的不同偏好顺序的真实分布。在这种情况下，每一个议员的策略需要依他对此分布的信念以及他对其他人会在多大程度上按照他们自己的真实意愿进行投票的信念的具体情况而定。[16]

举个例子来说，假定我们仍然有一个有三个成员的议会，他们在考虑三种可选择的福利政策。这些政策就是在前面按照议员"左"所设定的（原有的）议程所描述的那种。也就是说，议会在第一轮中考虑政策 A 与 D，再由胜出者与 G 在第二轮中对决。我们假定仍然存在三种不同的可能偏好顺序，如图 15-1 所示，并且议员们知道这些顺序是全部的可能性。不同的地方在于，没有人确切地知道各个偏好集有多少个议员。然而，每一个议员都知道他自己的类型以及观察到其他类型（"左"、"中"或"右"）的概率，设 P_L、P_C 及 P_R 分别为其观察到议员类型为"左""中""右"的概率，它们之和为 1。

我们在前面已经看到，在最后一轮投票中，三个议员的投票都是按照其真实意愿进行的。我们还看到，议员"左"和议员"右"在第一轮中的投票也是真实的。这种结果在不完全信息的情形下仍然成立。右类型市议员乐于看到 D 赢得首轮投票；给定这一偏好，议员"右"投票给 D 而不是 A 总会做得一样好（如果其他两个议员也按照同样的方式投票），有时通过这种方式做得更好（如果其他两个议员分别投 D 和 A 的票）。类似地，左类型市议员更乐于看到 A 避免被淘汰而能够在第二轮中与 G 对决；这些议员总是能够做到与其他做法至少一样好，并且有时会做得更好——通过投票给 A 而不是 D。

问题仅在于中类型议员身上。因为他们并不知道其他议员的类型，而他们又有动机根据某些偏好分布进行策略性投票——特别是在肯定知道每一种类型只有一个投票者的情形下，他们的行为将依赖于议会中各种投票者类型出现的概率。我们在这里考虑两种极端情形中的一种，其中有一个中类型议员相信其他中类型议员将会按照其真实的意愿进行投票，此时我们将发现一个对称的、纯策略的纳什均衡。在他相信其他中类型议员将策略性地进行投票的情形下，他将采取本章习题中的投票策略。

为了能对结果进行比较，我们将对中类型议员与可能赢得投票的政策相联系的支付指定特定的数值。中类型议员的偏好是 A>D>G。假定，如果 A 取胜，中类型会得到支付 1；如果 G 赢了，中类型会得到支付 0；如果 D 赢了，中类型会得到某一中间水平的支付，把它记为 u，其中 $0<u<1$。

现在，假定我们的中类型议员相信不管其他市议员的类型如何，其他两个议员都会按照其真实意愿进行投票，因此，其必须决定在第一轮中（A 对 D）怎么投票。如果其他两个议员选择的是同一政策，要么是 A，要么是 D，则中类型市议员的投票对于最终结果是不重要的；他在 A 与 D 之间是无差异的。但是，如果其他两个议员将选票分别投给不同的政策，则中类型议员就可以影响最后的投票结果。他的问题是需要决定是否要按其真实的意愿进行投票。

如果其他两个投票者分别把票投给 A 和 D 并且他们都是按照自己的真实意愿进行投票的，则 D 的得票必然来自右类型议员，但是 A 的得票既可能来自左类型议员，又可能来自（按照真实意愿投票的）中类型议员。如果 A 的得票来自左类型议员，则中类型议员就知道每一种类型中都有一个议员。如果在这种情形下他按照其真实意愿投票给 A，A 就会赢得第一轮但在后来会输给 G；中类型议员的支付将会是 0。如果中类型议员策略性地把票投给 D，D 就会击败 A 和 G，且中类型议员的支付为 u。另外，如果 A 的得票来自中类型议员，则中类型议员就知道在议会中有两个中类型议员和一个右类型议员却没有左类型议员，此时，对 A 进行按照真实意愿的投票有助于 A 赢得首轮投票，并且在随后的第二轮中 A 也将以 2 比 1 的票数击败 G；中类型议员获得其最高支付 1。如果中类型议员策略性地把票投给 D，D 将会再次赢得两轮投票并且中类型议员将得到 u。

为了确定中类型议员的最优策略，我们需要对其从按照真实意愿进行投票中所得到的期望支付和从策略投票中所得到的期望支付进行比较。按真实意愿投票给 A 时，中类型议员的支付取决于 A 的另一张得票有多大可能是来自左类型议员或者右类型议员。这些可能性很容易计算出来。A 的另一张得票来自左类型议员的可能性就是左类型议员作为剩下的投票者中的一员的概率，或 $p_L/(p_L+p_C)$；类似地，A 的票来自中类型议员的概率是 $p_C/(p_L+p_C)$。于是中类型议员从真实意愿投票中获得的支付就以概率 $p_L/(p_L+p_C)$ 取 0，以概率 $p_C/(p_L+p_C)$ 取 1，所以期望支付是 $p_C/(p_L+p_C)$。在对 D 进行策略性投票时，不管第三个议员是什么类型，D 都将获胜，因此中类型议员的期望支付就恰好是 u。只要 $p_C/(p_L+p_C)>u$，中类型议员最终的决策就是按照其真实意愿进行投票。

注意，中类型议员的决策制定条件在直观上是合理的。如果有更多中类型议员的可能性比有一个左类型议员的可能性更大，则中类型议员就会按照其真实意愿进行投票。仅当他是议会中属于其类型的唯一投票者时，对于中类型议员来说进行策略性投票才是有用的。

我们对不完全信息的存在以及其对策略性行为的潜在影响再做两点评论。首先，如果议员的数目 n 大于 3 并且是奇数，那么中类型议员从策略性投票中得到的期望支付将仍然是 u，且从按照真实意愿进行投票中得到的期望支付为 $[p_C/(p_L+p_C)]^{(n-1)/2}$。[17] 所以，仅当 $[p_C/(p_L+p_C)]^{(n-1)/2}>u$ 时，中类型议员才会按照其真实意愿进行投票。由于有 $p_C/(p_L+p_C)<1$ 以及 $u>0$，对于足够大的 n 来说，该不等式绝不会成立。这个结果告诉我们在一个足够大的议会中，一种对称的按照真实意愿进行投票的均衡绝不可能持续下去！其次，有关其他议员偏好的不完全信息，为策略性行为创造了额外的机会。在有多于两轮投票的议程中，议员们可以通过他们在前面几轮里的投票来传递有关其类型的信号。剩下几轮就给予了其他议员更新其对概率 p_C、p_L、p_R 的先验信念的机会和在这样的信息基础上采取行动的良机。在仅有两轮的成对投票中，在第一轮里没有时间利用任何获得的信息，因为在最后一轮里对于所有议员来说，按照其真实意愿进行投票都是占优策略。

☐ 15.4.4　可操纵的空间

一种投票程序易于受到偏好的策略性不实陈述或者上面所说明的不同类型的投票者的策略性操纵所影响的程度，是在投票理论家中已经引起广泛注意的另外一个话题。阿罗在他的理论中并不要求非操纵性，但是在他的文章中，他也考虑了这样一种需求如何与阿罗条件相关联的问题。类似地，理论家们已经考察过在各种各样的程序中可以进行操纵的可能性，并且由此对投票方法进行了排序。

经济学家威廉·维克里，或许因其对拍卖的研究而更为人所知（见第 16 章），做了一些有关投票者的策略性投票行为的早期研究工作。他指出，满足阿罗 IIA 假设条件的程序，是最不容易受到策略性操纵影响的。他也设定了一些条件，在这些条件下，策略性行为更易发生并取得成功。他特别注意到给定投票方法本身是可操纵的，拥有较少知情选民和较小可选择候选人集合的情形，可能是最容易受到操纵影响的。然而，这个结果意味着，为了使得投票程序满足阿罗条件而弱化 IIA 假设条件会导致更多的操纵性程序。特别地，在第 15.3.3 小节里所提到的萨里的 IIA 假设条件的强度排序版本（称为 IBI），可能会允许更多的程序满足阿罗定理的一种修正版本，但是可能同时也会允许更多具有可操纵性的程序去满足这一定理。

正如阿罗在偏好加总的不可能性上的一般性结果一样，在操纵性上的一般性结果是一个负结果。具体地说，**吉巴德-萨特斯韦特定理**（Gibbard-Satterthwaite theorem）表明，如果所要考虑的候选人有三个或更多，唯一可阻止策略性投票的选举程序是独裁：某个选民被指定为独裁者，并且其偏好决定了选举结果。[18] 将吉巴德-萨特斯韦特定理与维克里关于 IIA 的讨论结合起来，就可以帮助读者理解为什么阿罗不可能性定理经常被简略为考虑何种程序能够满足非独裁性和 IIA 条件。

最后，某些理论家指出，不应该根据其满足阿罗条件的能力，而应该根据其鼓励操纵的倾向性来对投票规则进行评估。一种投票规则的相对可操纵性可以由关于其他选民偏好的信息数量来决定，这些信息是选民们成功地操纵一场选举所需要的。基于这种准则的某些研究表明，就目前所讨论的程序来说，相对多数规则是最易进行操纵的（也就是说，只需要最少的信息）。接下来按其可操纵性的递减顺序排列的程序分别是赞成投票、博尔达计数法、修正程序、绝对多数规则以及仿真兔程序（Hare Procedure）（单一的可传递投票）。[19]

按可操纵性的水平来对程序所进行的分类，仅仅取决于操纵一种投票规则所必需的信息数量，而并不是对该信息的充分利用，或者个人或集团是否能易如反掌地进行操纵。实际上，单个选民操纵相对多数规则是相当困难的。

15.5 中位投票者定理

我们在前面所有的章节里讨论的都是在存在多个候选人的选举中投票者的行为、策略及其他方面。然而，策略性分析也可应用于这类选举中候选人的行为上。例如，给定选民的特定分布和选民的偏好，候选人就需要决定提出其政治纲领时的最优策略。当在选举中只有两个候选人时，选民们沿着政治光谱按照一种"合理的"方式分布，并且每一个选民都有"合理的"一致性（意味着是单峰）的偏好时，**中位投票者定理**（median voter theorem）告诉我们，两个候选人都会将他们自己置于政治光谱中与中位投票者相同的位置上。**中位投票者**（median voter）就是在那个分布中处于"中间"位置的投票者——更确切地说，就是位于百分之五十位置的那个投票者。

在这里，一个完整的博弈包括两个阶段。在第一个阶段，候选人选择他们各自在政治光谱中的位置。在第二个阶段,选民投票选出一位候选人。一般的两阶段博弈是允许之前所讨论的各种各样偏好的策略性不实陈述的。因此,对于我们的分析来说,为了避免在均衡中出现这样的行为,我们把候选人的数目减少到两个。在只有两个候选人的情况下,两阶段投票才会直接地对应于选民的偏好,而候选人在第一个阶段的位置决策仍然保留了大博弈里真正有意思的那一部分。正是在那一个阶段中,中位投票者定理限定了纳什均衡行为。

□ 15.5.1 离散的政治光谱

让我们首先来考虑一场有着 9 000 万个选民的选举,其中每个选民都在一种上面有五个点的政治光谱上有一个最偏好的位置(即政治立场):极左(FL)、左(L)、中(C)、右(R)和极右(FR)。我们假设这些选民围绕政治光谱的中心位置对称分布。他们的位置的**离散分布**(discrete distribution)由图 15-7 中的**柱状图**(histogram)或条形图表示。每个柱状图的高度表示分布在那个位置上的选民的数量。在本例中,我们假定在 9 000 万个选民中,4 000 万在左的位置上,2 000 万在极右的位置上,在极左、中和右等位置上的选民都各为 1 000 万。

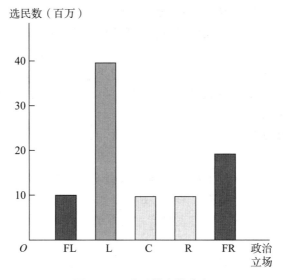

图 15-7 选民的离散分布

在选举中,选民会投那些公开地将自己置于与他们在谱系中的位置较近的候选人的票。若两个候选人都与一群有着相同政治看法的选民等距离,则每个选民就通过抛硬币的方式来决定选择哪一个候选人。这一过程给予每个候选人该人群中一半的选票。

现在假定,一场总统竞选即将到来,候选人为克劳迪娅和多洛蕾丝,现在她们各自在竞选总统。[20] 在图 15-7 所示的选民组成情况下,我们可以为两个候选人构造一个支付表,以说明每个候选人在所有政治纲领选择的不同组合下各自预期能获得的票数。该 5×5 表格如图 15-8 所示,以百万选票数为单位。候选人将会选择她们的最优位置策略来使她们所得到的选票数最大化(从而增加胜出的机会)。[21]

		多洛蕾丝				
		FL	L	C	R	FR
克劳迪娅	FL	45，45	10，80	30，60	50，40	55，35
	L	80，10	45，45	50，40	55，35	60，30
	C	60，30	40，50	45，45	60，30	65，25
	R	40，50	35，55	30，60	45，45	70，20
	FR	35，55	30，60	25，65	20，70	45，45

图 15-8 候选人的政治立场博弈的支付表

　　下面对选票是如何配置的加以说明。当两个候选人都选择相同的位置时（沿着表中的左上角到右下角的对角线的五个单元格），每个候选人都将得到恰好一半的选票；因为所有选民与两个候选人都是等距离的，因此他们都通过抛硬币的方式来决定其选择，并且每个候选人都获得 4 500 万张选票。当两个候选人选择不同的位置时，位置较左的候选人会得到其位置上和其位置左边所有的选票，而位置较右的候选人会得到其位置上和其位置右边所有的选票。此外，每个候选人会获得相比于其对手更加靠近自己的中间位置的选票，而她们将平分与她们俩等距的中间位置的选票。所以，如果克劳迪娅将自己定位于 L，而多洛蕾丝将自己定位在 FR，则克劳迪娅会在 L 上获得 4 000 万张选票，在 FL 上获得 1 000 万张选票，在 C 上获得 1 000 万张选票（因为 C 比较靠近 L 而不是接近 FR）。多洛蕾丝则会在 FR 上获得 2 000 万张选票，在 R 上获得 1 000 万张选票（因为 R 比较靠近 FR 而不是接近 L）。支付为（60，30）。类似的计算决定了支付表中其他单元格中的结果。

　　虽然图 15-8 看起来很大，但这个博弈却能很快地被求解。我们从现在已熟悉的二人博弈的占优策略或者劣策略的寻找开始。我们立即会看到，对于克劳迪娅来说，FL 劣于 L，并且 FR 劣于 R。而对于多洛蕾丝也有 FL 劣于 L 和 FR 劣于 R。剔去这些极端的策略后，对于每个候选人来说，R 劣于 C。当把这两个 R 剔除后，C 对于每个候选人来说都是劣于 L 的。支付表中唯一剩下的单元格就是（L，L）；这就是纳什均衡。

　　我们现在注意到候选人的立场定位博弈的均衡的三项重要特性。第一，两个候选人在均衡时都位于相同的位置。这说明了**最小差别原则**（principle of minimum differentiation），它是所有两人立场定位博弈中的一般性结果，不管是总统候选人的政治纲领选择，是街头小贩对热狗车位置的选择，还是电器制造商对产品特色的选择，都是如此。[22] 当投你票的人或者是向你购买货物的人可以被安排在某个指定的偏好光谱上时，你最好尽量采取与你的对手完全一样的策略。这就解释了政治候选人的行为和商业行为趋于集中的事实。比如，它有助于你理解为何在繁忙的交通十字路口绝不会只有一家加油站，为什么即使每个牌型的车商都声明要推出"新款"车型，但所有牌子商家的四门箱式小客车（或迷你厢型车或运动休闲车）看起来都是一样的。

　　第二，可能也是更为关键的是，两个候选人都位于中位投票者的位置。在我们的例子中，总共有 9 000 万个选民，无论你从哪一端开始，中位投票者都是第 4 500 万个。处于某个位置上的选民数可以任意地赋值，但是中位投票者的位置是清楚的。在这里，中位投票者位于政治光谱上的 L 位置，所以那就是两个候选人将他们自己设定的位置，这是由中位投票者定理所预测的结果。

第三，我们观察到，中位投票者的位置并不一定要与光谱的几何中心相一致。如果选民的分布是对称的，这两个位置会一致；如果选民的分布偏向左边，则中位投票者将位于几何中心的左边（如图 15 - 7 所示）；如果该分布偏向右边，那么中位投票者将位于几何中心的右边。这有助于解释，比如，为什么马萨诸塞州的州政治候选人比在得克萨斯州或加利福尼亚州的处于类似位置的候选人更具自由倾向。

中位投票者定理可以用不同的方式来表达。一种版本将之简单地阐述为，中位投票者的位置就是有两个候选人的竞选中的候选人的均衡位置。另一种版本的表达则是，中位投票者最为偏好的位置将会是孔多塞赢家；该位置将会在配对对决中击败每一个其他位置。例如，如果 M 为中位位置，L 为 M 左边的任何位置，则 M 将会得到所有那些其最偏好位置位于 M 和在 M 右边的人们的选票，再加上部分在 M 左边但是距离 M 较近而距离 L 较远者的选票。因此 M 将获得 50% 以上的选票。两种版本都会产生相同的结果，因为在有两个候选人的选举中，两个试图赢得过半数选票的候选人都会选择孔多塞赢家位置。这些理解是完全相同的。另外，为保证该结果对于特定选民群体是成立的，该定理（不管是哪一种表达形式）要求每个选民的偏好都是"合理的"，正如前面所要求的那样。在这里，所谓"合理的"意味着"单峰的"，正如在第 15.3.1 节和图 15 - 4 中所描述的布莱克条件里的"单峰"概念一样。每个选民在政治光谱上都有唯一的最偏好的位置，而其效用（或支付）在任意一个方向上随着离此位置距离的增加而递减。[23] 在实际的美国总统竞选中，主要候选人都会向选民做出非常类似的承诺，这一倾向证实了中位投票者定理。

□ 15.5.2 连续的政治光谱

中位投票者定理也可以在连续的政治立场分布下得到证明。**连续分布**（continuous distribution）假定有效地存在着无限多种政治立场，而不是只有 5 种、3 种或者任何有限数目的立场可供选择。这些政治立场与数轴上从 0 到 1 之间的位置相联系。[24]

选民依然和前面一样是沿着政治光谱分布的，但由于现在的分布是连续而非离散的，所以我们使用选民**分布函数**（distribution function）而不是柱状图来表示选民的位置。两种常见的分布——**均匀分布**（uniform distribution）与**正态分布**（normal distribution）——如图 15 - 9 所示。[25] 每条曲线下的区域代表可获得的选票总数；在 0 到 1 区间中的任何给定点上，比如图 15 - 9（a）中的 x，计算出 0 到 x 之间分布函数曲线下面的面积，就可知道直到此点为止的选票数量。很显然，每一种分布的中位投票者都位于光谱的中心位置，即位于 0.5 处。

在连续光谱情形里，我们不可能为两个候选人构造一张支付表。这样的表格只能是有限维的，从而不能为参与人提供无限多可能的策略。然而，我们却可以用在第 15.5.1 节中所讨论过的曾用于离散（有限）情形的同样的策略逻辑来求解该博弈。

考虑克劳迪娅和多洛蕾丝在思考所面临的可能的政治立场时的选择。每一个人都知道她必须找到其纳什均衡策略，也就是对其对手的均衡策略的最优反应。尽管可能的策略的完备集合是不可能加以描述的，但我们可以轻易地定义作为最优反应的一个策略集合。

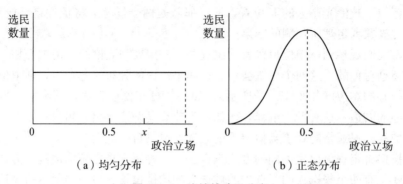

（a）均匀分布　　　　　　　　　（b）正态分布

图 15 - 9　连续的选民分布

假设多洛蕾丝位于政治光谱上的一个随机位置，比如图 15 - 9（a）中的 x，那么克劳迪娅就可以计算出在她的所有可能位置上选票将如何分配。若她选择 x 左边的位置，则她能够获得所有位于其左边的选票，以及位于她的位置与 x 之间的一半选票。若她选择 x 右边的位置，则她能够得到所有位于其右边的选票，以及位于她的位置和 x 之间的一半的选票。最后，若她也选择位于 x 的位置，则她将与多洛蕾丝平分选票。给定多洛蕾丝的选择位于 x，则这三种可能性有效地归纳出了克劳迪娅所有的位置选择。

但是，刚才提出来的策略中的哪一个是克劳迪娅的"最优"反应呢？答案取决于 x 相对于中位投票者的位置。如果 x 在中位投票者的右边，则克劳迪娅知道其最优反应会最大化其所获得的选票的数量，她可以通过无限接近于 x 的左边来做到这一点。[26] 此时，她有效地获得了从 0 到 x 的所有选票，而多洛蕾丝则得到所有从 x 到 1 的选票。如图 15 - 9（a）所示，当 x 位于中位投票者的右边时，则从 0 到 x 的分布曲线下面的面积所表示的选民数量据定义是大于从 x 到 1 分布曲线下的面积所表示的选民数量的，所以克劳迪娅会赢得选举的胜利。类似地，若 x 位于中位投票者的左边，克劳迪娅的最优反应将是定位在 x 右边非常近的位置上，并且获得从 x 到 1 的所有选票。当 x 刚好是在中位投票者的位置上时，克劳迪娅最好也选择 x。对于多洛蕾丝来说，其最优反应策略可以完全按照相同的方法来构造，并且给定其对手的位置，多洛蕾丝的最优反应策略与已经描述的克劳迪娅的最优反应策略一样。在几何上，最优反应曲线围绕在 45°线周围并经过中位投票者的位置，在该点上，这些最优反应曲线恰好位于 45°线上（当多洛蕾丝位于中位投票者的位置时，克劳迪娅对多洛蕾丝位置的最优反应就是定位于同一位置；相同的结论对于多洛蕾丝也同样成立）。超出中位投票者位置，最优反应曲线将转向 45°线的另一边。

我们现在完成了对两个候选人最优反应策略的描述。纳什均衡出现在最优反应曲线的交点处，这种交点位于中位投票者的位置。通过以下方式，你可以很直观地得到这个结论。任意挑选一个候选人，将其置于任意一个开始位置，然后反复运用最优反应策略，每个候选人最终会达到一个最优位置。这个最优位置即其应对其对手选择的位置的最优反应位置。如果多洛蕾丝考虑定位于图 15 - 9（a）中的 x 处，那么克劳迪娅就会选择恰好在 x 左边的位置上，但是这时多洛蕾丝又会选择刚好在克劳迪娅左边的位置上，如此等等。只有当两个候选人都刚好位于分布的中间位置上时（无论分布是均匀的、正态的还是其他某种类型的），她们才会发现她们的决策对于彼此都是最优反应。我们再一次看到，纳什均衡就是两个候选人都选择中位投票者的位置。

对于真正的数学家来说，证明连续版本的中位投票者定理还需要更加复杂的数学方法。然而，就我们的目的来说，这里所给出的讨论会使得你相信该定理在离散和连续情况下都是成立的。中位投票者定理最重要的局限是，它只适用于只有一个议题的情形，或只适用于政治差异的一维光谱情形。如果存在着二维或者更多维——例如，在社会议题上保守派与自由派的对抗以及在经济议题上保守派与自由派的对抗并不一致时，人群就会分布于二维的"议题空间"中，而中位投票者定理也就不再成立。每一个个体投票者的偏好可以是单峰的，也就是说每个个人有其唯一的最偏好点，并且其支付值由此点沿着各个方向都是递减的，如同高度由山顶开始下降一样。但是，我们却无法在二维的情形里找出一个中位投票者来，使得在中位投票者的位置的一边与另一边有同样数量的选民有其最偏好点。在二维的情形里，没有"边"的唯一概念，并且位于两边的选民数量可以变化，该变化取决于我们是如何定义"边"的。

15.6　总　　结

选举可以采用各种各样的不同投票程序进行，这些不同的投票程序可以改变议题被考虑的顺序，或改变选票的统计方法。投票程序被分类为二元法、相对多数方法或混合方法。二元法包括绝对多数规则和配对程序，如孔多塞方法和修正程序。相对多数规则、博尔达计数法和赞成投票这样的定位方法都属于相对多数的方法。而过半数决胜投票、即时决胜方法和比例代表投票法都是混合方法。

投票悖论（如孔多塞悖论、议程悖论与颠倒悖论）阐明了违反直觉的结果是如何产生的。悖论的产生或是由于加总偏好的困难，或是由于所考虑的议题列表的微小变更。另外一种矛盾结果是在任何给定的选举中给定的选民偏好集可改变的情形下所产生的结果，它取决于所使用的投票程序。虽然阿罗不可能性定理表明没有一个规则能够同时满足所有准则，但描述评估投票方法的一定原则还是可行的。来自许多领域的研究者们都考虑过针对阿罗所给出的原则提出其他替代方案。

选民们在选择投票程序的博弈中或在选举本身中有许多机会通过不实陈述其偏好做出策略性行为。偏好可以被策略性地加以不实陈述以获得选民最偏好的结果或者避免其最不偏好的结果出现。在存在不完美信息的情形下，选民可以决定是否在其关于其他人的行为的信念以及他们对偏好分布的知识的基础上进行策略性投票。

候选人在提出政治纲领时也可以表现出策略性行为。一个被称为中位投票者定理的一般结果表明，在仅有两个候选人的选举中，两个候选人都位于中位投票者的偏好位置。当选民沿偏好光谱离散或连续地分布时，该结果都成立。

关键术语

议程悖论（agenda paradox）　　　　　反相对多数方法（antiplurality method）
修正程序（amendment procedure）　　赞成投票（approval voting）

二元法（binary method）

布莱克条件（Black's condition）

博尔达计数法（Borda count）

孔多塞方法（Condorcet method）

孔多塞悖论（Condorcet paradox）

孔多塞意义（Condorcet term）

孔多塞赢家（Condorcet winner）

连续分布（continuous distribution）

柯普兰指数（Copeland index）

离散分布（discrete distribution）

分布函数（distribution function）

吉巴德-萨特斯韦特定理（Gibbard-Satterthwaite theorem）

柱状图（histogram）

不可能性定理（impossibility theorem）

即时决胜（instant runoff）

不可传递偏好顺序（intransitive ordering of preference）

绝对多数规则（majority rule）

过半数决胜（majority runoff）

中位投票者（median voter）

中位投票者定理（median voter theorem）

混合方法（mixed method）

多阶段程序（multistage procedure）

正态分布（normal distribution）

配对投票（pairwise voting）

相对多数规则（plurality rule）

相对多数方法（plurative method）

定位方法（positional method）

最小差别原则（principle of minimum differentiation）

比例代表（proportional representation）

排序复选投票（rank-choice voting）

颠倒悖论（reversal paradox）

颠倒意义（reversal term）

稳健性（robustness）

轮（rounds）

诚实投票（sincere voting）

单一可传递投票（single transferable vote）

单峰偏好（single-peaked preference）

社会排序（social ranking）

分肥者（spoiler）

不实的偏好策略性陈述（strategic misrepresentation of preferences）

策略性投票（strategic voting）

可传递偏好顺序（transitive ordering of preference）

均匀分布（uniform distribution）

已解决的习题

S1. 住在一个三人间宿舍里的三个室友 A、B 与 C 之间进行一次投票。他们想决定这个学期要一起选修三门选修课程中的哪一门（每个人的专业都不相同，而每个人必须选几门专业课）。他们的选择有哲学、地质学和社会学，而他们对这三门课的偏好如下表所示。

A	B	C
哲学	社会学	地质学
地质学	哲学	社会学
社会学	地质学	哲学

他们已经决定要举行两轮投票，并以抽签方式来决定由谁来设定议程。假定由 A 来设定议程，而他想选择哲学课程。若他知道大家都会在每一轮中按真实意愿投票，那

么他应该如何设定议程以获得他想要的结果？若他知道大家都会进行策略性投票，那么他又应该采用什么样的议程呢？

S2. 假定从选民 1 到选民 4 都被要求在一次博尔达计数法选举中对三位不同候选人 A、B 和 C 进行投票。他们的偏好如下表所示。

1	2	3	4
A	A	B	C
B	B	C	B
C	C	A	A

假定选民会按照其真实意愿进行投票（没有策略性投票）。试找出一种博尔达计数规则使 A 获胜。（在 A 获胜的情况下，第一、第二和第三偏好的候选人分别被分配到多少分？）

S3. 考虑有 50 个居民出席在马萨诸塞州举行的一个小镇会议。他们必须在三种解决小镇垃圾问题的建议之间做出选择。建议 1 要求小镇把提供垃圾收集的服务作为其应该提供的服务之一；建议 2 要求小镇雇用私人垃圾收集者来提供垃圾收集服务；建议 3 要求居民自己负责自家的垃圾收集。存在着三种类型的投票者。第一种类型偏好建议 1 胜于偏好建议 2，偏好建议 2 胜于偏好建议 3；这样的投票者有 20 个。第二种类型偏好建议 2 胜于偏好建议 3，且后者又胜于建议 1；这样的投票者有 15 个。第三种类型偏好建议 3 胜于偏好建议 1，且后者又胜于建议 2；这样的投票者有 15 个。

（a）在相对多数投票规则下，何种建议会赢？

（b）假定在投票的过程中采用了博尔达计数法，其中投票者按照其偏好的顺序将建议列在其选票上。选票上排在最前面（或顶端）的建议获得 3 分；列于第二位的获得 2 分；而列在最后的得 1 分。在这种情况下，如果没有策略性投票，每种建议可分别获得几分？哪种建议会赢？

（c）第二种与第三种类型的投票者可以运用什么样的策略，从而改变（b）中博尔达计数投票结果，将其变成两种类型投票者都偏好的结果？若他们运用此策略，每种建议分别会得到多少分？哪种建议会赢？

S4. 在古巴导弹危机期间，关于为约翰·肯尼迪总统提供咨询的国家安全委员会执行委员会内部所出现的严重意见分歧，我们在这里归纳如下。存在着三种选择：温和的反应（封锁）、中度的反应（有限度的空袭）以及强硬的反应（大规模的空袭或入侵）。在国家安全委员会执行委员会中有三个集团。鸽派认为最好的选择是温和的反应，其次才是中度的反应，排在最后的是强硬的反应。鹰派最偏好中度的反应，其次是强硬的反应，排在最后的是温和的反应。军方最偏好强硬的反应，但是他们觉得"有限度的空袭"所带来的危险太大，以致他们宁可不采取任何军事行动，也不愿采取"有限度的空袭"（Ernest R. May and Philip D. Zelikow, eds., *The Kennedy Tapes: Inside the White House During the Cuban Missile Crisis*, Cambridge, Mass.: Harvard University Press, 1997）。换句话说，他们将温和的反应置于第二位，将中度的反应置于最后。每个集团大约占了国家安全委员会执行委员会全部成员的三分之一，因此，任何两个集团都可以形成多数。

（a）如果在国家安全委员会执行委员会中由绝对多数规则来决定做何选择，并且其中的成员都诚实地投票，那么什么样的选择——如果有的话——会胜出呢？

（b）如果成员们进行策略性投票，会出现什么样的结果？如果有一个集团有设定议程的权力，又会出现什么样的结果？（阅读第 15.2.2 节和第 15.4.2 节中的分析之后，对你在这两个案例里的讨论建模。）

S5. 约翰·鲍罗斯（John Paulos）在其著作《读报的数学家》（*A Mathematician Reads the Newspaper*）中，基于 1992 年民主党总统初选会议做出了如下夸张性描述。有 5 个候选人欲代表民主党角逐总统大选：杰里·布朗（Jerry Brown）、比尔·克林顿（Bill Clinton）、汤姆·哈金（Tom Harkin）、鲍勃·克里（Bob Kerrey）与保罗·桑加斯（Paul Tsongas）。有 55 个投票者，各自对所有候选人有着不同的偏好顺序。存在着 6 种不同的偏好顺序，我们以 I 到 VI 表示。下表给出了偏好顺序（从最好的 1 到最差的 5）以及每一种顺序的选民数目；候选人以姓氏的第一个字母来表示。[27]

		I 18	II 12	III 10	IV 9	V 4	VI 2
		\multicolumn{6}{c}{投票方案及投票者数量}					

投票方案及投票者数量

		I 18	II 12	III 10	IV 9	V 4	VI 2
	1	T	C	B	K	H	H
	2	K	H	C	B	C	B
排序	3	H	K	H	H	K	K
	4	B	B	K	C	B	C
	5	C	T	T	T	T	T

（a）首先假定所有选民都诚实地依其偏好进行投票，考虑几种不同选举规则下的结果。试给出下列每一种结果：（i）在相对多数方法下（最为偏好的那一位），桑加斯赢。（ii）在对决方法下（最偏好的前两位进入第二轮），克林顿赢。（iii）在剔除方法下（剔除每一轮中偏好序位最低者，剩下的进入下一轮），布朗赢。（iv）在博尔达计数法下（最偏好者可获得 5 分，第二可获得 4 分，依此类推；获最高分的候选人赢），克里赢。（v）在孔多塞方法下（配对比较），哈金赢。

（b）假设你就是布朗、克里或哈金的支持者。在相对多数方法下，你会得到最糟糕的结果。你是否能从策略性投票中获得好处？如果能，应该怎样做？

（c）在每一种其他方法下，也存在进行策略性投票的机会吗？如果存在，试说明谁能从策略性投票中获利以及他们如何去实施。

S6. 如本章所提到的，一些地区（比如旧金山）为了省时和省钱已经用即时决胜投票取代了决胜选举甚至初选。大部分司法管辖区已经实施了两阶段选举体系，如果候选人在第一轮不能获得过半数投票，数周后在获得最多投票的两个候选人之间举行第二阶段的选举。

例如，法国对于总统选举启用两阶段选举体系。没有初选，然而，依据选票产生来自所有政党的所有候选人，这通常确保了第二轮的选举，因为在如此大的区域内有单个候选人获得半数投票是困难的。尽管法国总统选举的决胜总是可以预期的，但这并不意味着总统选举总是没有偶然意外。在 2002 年，当右翼候选人勒庞击败社会党候选人若斯潘获得第二名，且与第一轮的获胜者希拉克晋级到决胜选举阶段时，引起了举国震惊。大家广泛认为若斯潘将获得第二名，设定的是若斯潘和希拉克之间的决胜选举。即时决胜可以用五个步骤解释：

（1）依据偏好投票排序所有的候选人。

（2）计算票数。

（3）如果有一个候选人获得过半数投票，则这个候选人获胜。如果没有，进入到第（4）步。

（4）剔除得票最少的候选人。（只有当多于一人打成平手并获得最少选票时才会同时剔除多于一人。）

（5）重新分配已剔除候选人的选票使之进入下一步排名的决策中。一旦完成，回到第（2）步。

（a）即时决胜投票正在逐步普及。它已被用于半打美国城市并正考虑用于多于一打（在2008年）。给定潜在的时间和金钱节约，这个制度不被广泛接受或许是令人惊讶的。为什么一些人反对即时决胜选举？（提示：哪一个候选人、政党和利益群体会从两阶段体系中获益？）

（b）对于即时决胜投票的其他关注点或批评是什么？

S7. 一次选举中有三个候选人且该选举采用的是相对多数规则。存在着大量的投票者，从左到右分布在一种意识形态光谱上。用一条从0（左）到1（右）的水平直线来表示这一分布。投票者沿此光谱均匀地分布着，所以在该直线上的任意区间的投票者数量就与该区间的长度成正比。所以有1/3的投票者分布在0到1/3的线段上，有1/4的投票者分布在1/2到3/4的线段上，依此类推。每个投票者都会投票给其宣称的立场最接近投票者自己立场的那个候选人。候选人没有自己的意识形态追求，他们可以采取直线上的任何立场，每一个都仅仅寻求最大化其选票份额。

（a）假定你是三个候选人中的某一个。在其他两个候选人中，最左边者位于 x，最右边者位于 $(1-y)$，其中 $x+y<1$（所以最右边者离1有 y 的距离）。试证明在给定条件下你的最优反应就是采取下列立场：

（ⅰ）若 $x>y$ 且 $3x+y>1$，稍微靠近 x 的左边；

（ⅱ）若 $y>x$ 且 $x+3y>1$，稍微靠近 $(1-y)$ 的右边；

（ⅲ）若 $3x+y<1$ 且 $x+3y<1$，刚好位于其他两个候选人的中间。

（b）在以 x 和 y 为坐标轴的图上，标示出表示你每个最优反应规则〔（a）中的（ⅰ）到（ⅲ）〕的区域（x 与 y 值的组合）。

（c）依据你的分析，关于三个候选人每人都选择立场的博弈的纳什均衡，你可以得出什么样的结论？

未解决的习题

U1. 若由B负责设定议程而他又想要保证让社会学胜出，在这样的情况下重做习题S1。

U2. 在候选人B获胜的情形下，请重做习题S2，找出一个博尔达计数规则。

U3. 每年的大学生足球海斯曼杯使用博尔达计数体系进行奖励。每个投票者提交第一、第二或第三名选票，分别价值3分、2分和1分。于是博尔达计数体系可以称为3-2-1体系，其中第一个数字是第一名选票的价值，第二个数字代表第二名选票的价值，第三个数字给出的是第三名选票的价值。在 2004 年，博尔达计数体系下总投票的前五名如下：

参与人	第一名	第二名	第三名
雷汉特（南加州大学）	267	211	102
彼得森（俄克拉何马）	154	180	175
怀特（俄克拉何马）	171	149	146
史密斯（犹他）	98	112	117
布什（南加州大学）	118	80	83

（a）比较雷汉特和彼得森的博尔达得分。雷汉达获胜的边际博尔达得分是多少？

（b）公平的得分制度似乎应当是，给予第一名的选票至少与第二名的选票同样的权重，给予第二名的选票至少与第三名的选票同样的权重。亦即，对于得分制度（x-y-z），我们应该有 $x \geqslant y \geqslant z$。给定这个公平性约束，是否存在一种使得雷汉特失败的得分制度？如果存在，给出这种制度。如果不存在，解释原因。

（c）尽管怀特比彼得森有更多的第一名选票，但彼得森具有更多的总博尔达计数法得分。如果第一名选票的权重足够大，怀特在第一名的选票可以让他有更高的博尔达计数法得分。假设第二名选票的价值是 2 分，第三名选票的价值是 1 分，因此得分制度是（x-2-1）。使得怀特比彼得森具有更高的博尔达计数法得分的最小的整数值 x 是多少？

（d）假设上面的投票数据代表真实的投票。为了简化起见，假设投票采用简单的相对多数方法而不是博尔达计数法。注意雷汉特和布什两个人来自南加州大学，然而彼得森和怀特两人来自俄克拉何马州。假设由于对俄克拉何马州的忠诚，所有偏好怀特的投票者都会把彼得森作为第二选择。如果这些投票者在相对多数投票中策略性地投票，他们能改变投票的结果吗？请解释。

（e）类似地，假设由于对南加州大学的忠诚，所有偏好布什的投票者都会把雷汉特作为他们的第二选择。如果所有四个投票组（雷汉特、彼得森、怀特和布什）在相对多数投票中都策略性地投票，海斯曼杯的赢家是谁？

（f）2004 年有 923 个投票者。在实际的 3-2-1 体系中，第一名的选票就可以确保获胜的最小整数值是多少（也就是，不需要进行第二名或第三名的投票）？注意参与人的名字也许只出现在选票中一次。

U4. 奥林匹克滑冰选手在其比赛中要完成两个项目，一个是短跑道比赛，另一个是长跑道比赛。在每一个项目中，滑冰选手都被评分并且由 9 人裁判组进行排名，并且他们在排名中的位置被用于确定其最终得分。一个滑冰选手的排名取决于有多少个裁判把其放在第一名（或第二名或第三名）；如果大多数裁判认为某个滑冰选手是最好的，那么该选手将排名第一，依此类推。在统计滑冰选手的最后得分时，短跑道项目的权重为长跑道项目权重的一半。也就是说，最后得分＝0.5×短跑道中的排名＋长跑道中的排名。得到最低最终得分的滑冰选手将赢得金牌。在平局的情况下，在长跑道项目中被最多裁判评定为最佳的滑冰选手将拿到金牌。在 2002 年盐湖城女子花样滑冰比赛中，在短跑道项目结束之后，关颖珊（Michelle Kwan）排在第一名，紧随其后的是伊里娜·斯鲁茨卡娅（Irina Slutskaya）、莎莎·科恩（Sasha Cohen）以及萨拉·休斯（Sarah Hughes），她们分别处于第二、第三和第四名。在长跑道项目中，裁判给这四个选手的评分如下表所示。

		\multicolumn{9}{c}{裁判编号}								
		1	2	3	4	5	6	7	8	9
关颖珊	分数	11.3	11.5	11.7	11.5	11.4	11.5	11.4	11.5	11.4
	名次	2	3	2	2	2	3	3	2	3
斯鲁茨卡娅	分数	11.3	11.7	11.8	11.6	11.4	11.7	11.5	11.4	11.5
	名次	3	1	1	1	4	1	2	3	2
科恩	分数	11.0	11.6	11.5	11.4	11.4	11.4	11.3	11.3	11.3
	名次	4	2	4	3	3	4	4	4	4
休斯	分数	11.4	11.5	11.6	11.4	11.6	11.6	11.3	11.6	11.6
	名次	1	4	3	4	1	2	1	1	1

（a）在奥林匹克竞赛中，斯鲁茨卡娅是顶级滑冰选手中的最末一位。使用从裁判卡片中得到的信息在斯鲁茨卡娅滑冰之前决定裁判们在长跑道项目中给关颖珊、科恩和休斯的项目排名。然后，使用从短跑道中已经给定的排名，结合你已经计算出来的长跑道项目排名，试决定在斯鲁茨卡娅滑冰之前，其他三个选手的最后得分以及排名顺序。（注意关颖珊在短跑道项目中的排名是 1，故她在短跑道项目后的部分的得分是 0.5。）

（b）给定你对（a）的答案，如果裁判们在长跑道项目中把斯鲁茨卡娅排在其他三名选手之前，那么比赛的最终结果会是怎样的？

（c）在斯鲁茨卡娅滑冰之后，使用裁判的卡片来确定所有四个选手最终的实际得分。每块奖牌分别由谁获得？

（d）在阿罗所给出的原则中，在奥林匹克花样滑冰计分规则中违反了什么样的重要原则？试做出说明。

U5. 2008 年总统候选人提名的季节见证了 21 次共和党的初选和在总统竞选日那天（2008 年 2 月 5 日）的预选。那天有超过一半的共和党竞争者退出竞赛，这仅仅发生在艾奥瓦州党团启动程序的一个月后，只留下了四个参与人：麦凯恩（John McCain）、罗姆尼（Mitt Romney）、赫卡比（Mike Huckabee）和保罗（Ron Paul）。麦凯恩和赫卡比先前已经至少赢了一个州。麦凯恩于大选日之前的那一周在佛罗里达已经击败了罗姆尼。从这一点看他们中只有两人有赢得提名的现实机会。在预选季节，如共和党一样典型，几乎每一次共和党的较量（无论初选还是预选）都是赢者通吃，于是赢得一个给定州的候选人将获得由共和党全国委员会指定给该州的所有代表名额。

西弗吉尼亚的预选是在超级星期二得出结论的第一场竞赛，因为预选发生在下午，它是短暂的且该州处于东部时区。在多个州投票当天的民意调查结束之前有数小时的消息结果可以利用。

下边的问题是基于西弗吉尼亚预选的结果。如我们所期望的，参加预选的选民对于候选人并不具有相同的偏好。一些人支持麦凯恩，然而其他人喜欢罗姆尼或赫卡比。如果选民支持的候选人没有获胜，他们对想要谁取胜的偏好当然也不同。对现实情况进行明显简化（但基于实际投票），假设那天西弗吉尼亚存在七种类型的选民，他们的普遍偏好如下表所示。

	Ⅰ（16%）	Ⅱ（28%）	Ⅲ（13%）	Ⅳ（21%）	Ⅴ（12%）	Ⅵ（6%）	Ⅶ（4%）
第一轮	麦凯恩	罗姆尼	罗姆尼	赫卡比	赫卡比	保罗	保罗
第二轮	罗姆尼	麦凯恩	赫卡比	罗姆尼	麦凯恩	罗姆尼	赫卡比
第三轮	赫卡比	赫卡比	麦凯恩	麦凯恩	罗姆尼	赫卡比	罗姆尼
第四轮	保罗	保罗	保罗	保罗	保罗	麦凯恩	麦凯恩

首先，没有人知道参加预选的人的偏好分布，于是每个人真实地投票。因此罗姆尼在第一轮以 41% 的可能性获得相对多数选票。

在这个预选后的每一轮，如果没有候选人获得超过半数选票，获得最少选票的候选人将从被考虑对象中剔除，并且他的支持者的票将在后面的几轮中投给其他候选人。

（a）对于剩下的三个候选人真实（非策略性）投票的第二轮结果是什么？

（b）如果西弗吉尼亚在四个候选人之间配对投票，哪一个将是真实投票下的孔多塞赢家？

（c）现实中预选的第二轮结果如下：

赫卡比：52%；

罗姆尼：47%；

麦凯恩：1%。

给定支持麦凯恩的选民的偏好，为什么这种情况会发生？（提示：如果西弗吉尼亚在超级星期二最后投票，结果会有什么不同？）

（d）事后，罗姆尼的竞选团队强烈抗议并且指控麦凯恩和赫卡比的支持者做了内部交易。（参见 Susan Davis，"Romney Cries Foul in W. Va. Loss," *Wall Street Journal*，February 5，2008。可浏览网站 http://blogs.wsj.com/washwire/2008/02/05/huck-abee-wins-first-super-tuesday-contest/?mod=WSJ-Blog。）在这个案例中罗姆尼的竞选团队应该怀疑麦凯恩和赫卡比之间存在合谋吗？解释原因。

U6. 回到习题 S6 中有关即时决胜投票的讨论。

（a）考虑如下五个投票者的即时决胜投票：

	安娜	伯纳德	辛迪	德斯蒙德	伊丽莎白
第一轮	杰克	杰克	凯特	洛克	洛克
第二轮	凯特	凯特	洛克	凯特	杰克
第三轮	洛克	洛克	杰克	杰克	凯特

五个投票者中哪一个或几个（如果存在）有激励来进行策略性投票？如果存在，是谁？为什么会进行策略性投票？如果不存在，解释原因。

（b）考虑如下表格，它给出了一个小镇中七个市民对由市长提出的五个政策建议进行即时决胜投票的情况：

	安德森	布朗	克拉克	戴维斯	埃文斯	福斯特	加西亚
第一轮	V	V	W	W	X	Y	Z
第二轮	W	X	V	X	Y	X	Y

	安德森	布朗	克拉克	戴维斯	埃文斯	福斯特	加西亚
第三轮	X	W	Y	V	Z	Z	X
第四轮	Y	Y	X	Y	V	W	W
第五轮	Z	Z	Z	Z	W	V	V

假设一起获得最少投票的所有候选方案（或政策）同时被剔除，则确保一个最终过半数赢家的条件是什么？换一种说法，在什么条件下不存在一个明确的过半数赢家？（提示：对于埃文斯、福斯特和加西亚，完全填写他们的投票有多重要？）如果哈里斯搬到该镇并且投票，这些条件会如何变化？

U7. 回忆在第 15.4.3 节中所讨论的三人议会考虑三个可选择的福利政策的例子。在那里，三个议员（"左""中""右"）在第一轮投票中考虑政策 A 和 D，其胜出者则会在第二轮投票中与 G 对决，但是没有人确切地知道每一个可能的偏好集有多少个议员；可能的偏好顺序在图 15-1 中已经给出。每一个议员都知道他自己的类型并且知道观察到其他议员的类型（"左""中""右"）的概率 p_L、p_C 和 p_R（且 $p_L + p_C + p_R = 1$）。在第一轮投票中，中类型议员的行为在这种情况下是唯一不为人所知的，并且它取决于各种偏好类型出现的可能性。这里假定中类型议员相信（与正文中所考虑的情形相反）其他中类型议员将会进行策略性投票；进一步假定，中类型议员的支付如第 15.4.3 节所述：如果 A 赢就为 1，如果 G 赢就为 0，如果 D 赢就为 $0 < u < 1$。

（a）在其他两张选票的什么样的配置下，中类型议员的第一轮投票会影响投票结果？给定他对其他中类型议员行为的假定，他会如何识别出首轮选票的来源？

（b）根据第 15.4.3 节中的分析，试确定中类型议员诚实投票时的期望支付。将其与他进行策略性投票时的期望支付进行比较。在什么条件下，中类型议员会进行策略性投票？

【注释】

[1] 这个结论在政治科学中被称为"杜瓦杰法则"（Duverger's law），我们会在第 15.3.1 节做详细讨论。

[2] 关于该主题的经典教科书，是曾被用于在政治科学中普及博弈论工具的由威廉·瑞克尔（William Riker）所著的《自由主义与平民主义》（*Liberalism Against Populism*，San Francisco：W. H. Freeman，1982）。一般性的综述见《投票经济学》（"Economics of Voting," *Journal of Economic Perspectives*，Vol. 9，no. 1，Winter 1995）。一个重要的早期贡献是迈克尔·杜梅特（Michael Dummett）的《投票程序》（*Voting Procedures*，Oxford：Clarendon Press，1984）。唐纳德·萨里（Donald Saari）的《混乱的选择》（*Chaotic Elections*，Providence，RI：American Mathematical Society，2000），提出了我们在本章随后要用到的一些新思路。

[3] 注意，这种指数或得分一定要有精确的机制去处理平局。世界杯足球赛采用了一种低估平局价值的规则，以鼓励更具进攻性的比赛。参见 Barry Nalebuff and Jona-

than Levin，"An Introduction to Vote Counting Schemes，" *Journal of Economic Perspectives*，vol. 9，no 1 (Winter 1995)，pp. 3 – 26。

［4］不像其他许多需回溯过去好几个世纪历史的方法，赞成投票方法是由当时的在读研究生罗伯特·韦伯（Robert Weber）在 1971 年设计和命名的。韦伯现在是西北大学管理经济学与决策科学方面的专家，擅长博弈论。

［5］它是如此有名，以至人们都知道经济学家称其为"投票悖论"（voting paradox）。政治科学家似乎知道得更多，因为他们更为经常地使用其正式名称。正如我们所看到的那样，存在大量的投票悖论，不仅仅限于用孔多塞的名字命名的这一个。

［6］Peter Ordeshook，*Game Theory and Political Theory* (Cambridge：Cambridge University Press，1986)，p. 58.

［7］该定理的完整表达，通常被称为"阿罗一般可能性定理"（Arrow's General Possibility Theorem），可参见 Kenneth Arrow，*Social Choice and Individual Values*，2nd ed. (New York：Wiley，1963)。

［8］参见 Nicholson 和 Snyder 在其《微观经济理论》(*Microeconomic Theory*，11th ed.，New York：Cengage Learning，2012，ch. 19，) 中对阿罗不可能性定理更为详细的论述，适合中级经济学水平的学生阅读。

［9］Duncan Black，"On the Rationale of Group Decision-Making，" *Journal of Political Economy*，vol. 56，no. 1 (Feb. 1948)，pp. 23 – 34.

［10］Partha Dasgupta and Eric Maskin，"On the Robustness of Majority Rule，" *Journal of the European Economic Association*，vol. 6 (2008)，pp. 949 – 973.

［11］关于萨里在阿罗不可能性定理上的工作的更多具体信息，参见 D. Saari，"Mathematical Structure of Voting Paradoxes I：Pairwise Vote，" *Economic Theory*，vol. 15 (2000)，pp. 1 – 53。关于这个结果和博尔达计数法的稳健性的信息可参见 D. Saari，*Chaotic Elections* (Providence，R. I. ：American Mathematical Society，2000)。

［12］请注意，赞成投票的方式就不会面临与此相同的问题。

［13］"Ross Returns，" *Newsweek*，Special Election Recap Issue，November 18，1996，p. 104.

［14］在关于投票的文献中，有一个一般性的结果，即投票者在面对成对的候选政策时，将在投票的最后一轮中总是进行不带欺骗性的真实的投票。

［15］对于这种情形的更为完整的分析可参见 Riker，*Liberalism Against Populism*，pp. 152 – 157。

［16］这种结果参见 P. Ordeshook and T. Palfrey，"Agendas，Strategic Voting，and Signaling with Incomplete Information，" *American Journal of Political Science*，vol. 32，no. 2 (May 1988)，pp. 441 – 466。这个例子的结构基于 Ordeshook 与 Palfrey 的分析。

［17］仅仅当其他所有投票者都平均地在 A 和 D 之间分配其票数时，中类型才能够影响投票的结果。因此，在第一轮中一定要恰好有 $(n-1)/2$ 个右类型投票者选择 D，并且有 $(n-1)/2$ 个其他投票者选择了 A。如果那些选择 A 的投票者为左类型，则 A 就不能够赢得第二轮投票而中类型就会得到零支付。为使中类型得到支付 1，就必须要

求所有支持 A 的其他投票者均为中类型。这种情况发生的概率为 $[p_C/(p_L + p_C)]^{(n-1)/2}$。此时中类型按照其真实意愿进行投票时所得到的期望支付就是如这里所述的式子。参见 Ordeshook and Palfrey，p. 455。

[18] 有关该结果的理论细节，参见 A. Gibbard，"Manipulation of Voting Schemes：A General Result," *Econometrica*，vol. 41，no. 4（July 1973），pp. 587 - 601，以及 M. A. Satterthwaite，"Strategy-Proofness and Arrow's Conditions," *Journal of Economic Theory*，vol. 10（1975），pp. 187 - 217。该定理使用了他们两人的名字是由于两人都各自独立地证明了这个结果。

[19] H. Nurmi 的分类可以在其所著的 *Comparing Voting Systems*（Norwell，Mass.：D. Reidel，1987）一书中找到。

[20] 我们假定的候选人与美国过去实际上或是将来可能的候选人之间的相似性并不意味着暗含了对她们的表现与纳什均衡关系的一种分析或预测。而我们的选民分布也不意味着是对美国选民偏好的典型刻画。

[21] 为了简化分析，我们忽略了由选举团所造成的复杂性，并假设只考虑大众投票。

[22] 经济学家们在关于空间区位竞争的 Hotelling 模型中推导了这一结论。参见 Harold Hotelling，"Stability in Competition," *Economic Journal*，vol. 39，no. 1（March 1929），pp. 41 - 57。

[23] 然而，选民沿着政治光谱的理想点分布不一定是"单峰"的，如图 15 - 7 中的柱状图就不是单峰的，它在 L 和 FR 处共有两个峰值。

[24] 这种构造分布与第 11 章和第 12 章分析由大量个体成员组成的人群时所采用的构造分布相同。

[25] 我们不去深入探究分布理论的潜在机制，或用于计算位于连续的政治光谱上任何特定位置的左边或右边的投票者的精确比例所需的积分方法。这里我们仅给出足够的信息让你相信，在连续的情形里，中位投票者定理仍然成立。

[26] 在连续的情形里，这样一种位置，无限小地从 x 处移到左边是可行的，而在我们离散的例子中，候选人必须刚好处于相同的位置。

[27] John Allen Paulos，*A Mathematician Reads the Newspaper*（New York：Basic Books，1995），pp. 104 - 106.

第 16 章

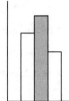

投标策略与拍卖设计

以拍卖的方式出售商品和服务，可以追溯到古希腊和古罗马时代，当时的奴隶和妇人通常都是在公开拍卖场所里买卖的。在罗马帝国衰落之后，拍卖作为一种销售机制消失了几个世纪。但是在 18 世纪的英国它再次受到欢迎，并且从那时起成为一种常见的（如果不是普遍的）贸易方式。现在每天有很多人在拍卖网站上购买商品，还有的人们购买其他东西所使用的机制还没有被认为是拍卖。

尽管历史悠久，对拍卖的正式研究却只始于 1961 年，由诺贝尔经济学奖获得者威廉·维克里（William Vickrey）完成开创性的工作。在此后的几十年里，经济学家做出了相当大的努力，分别从买方角度（投标策略）和卖方角度（拍卖设计）来深入研究拍卖。我们在这一章会讨论这两个话题，并且初步介绍拍卖规则和环境。

从技术上说，"拍卖"一词指的是任何一种通过竞价得到标的的交易。很多交易方式都满足这种定义。比如，历史上著名的波士顿菲林地下商场就采用了非常聪明的定价策略，让消费者回头买更多的东西：它每周都会逐渐降低货架上的商品的价格，直到商品被卖光，或者若价格太低，它就会将商品直接捐给慈善团体。购物者很喜欢这种方式。他们没有意识到他们是在参与所谓的降价拍卖或荷兰式拍卖。本章将会详细介绍这种拍卖方式。

即使你没有亲自参加拍卖，拍卖还是会深深地影响你的生活。自 1994 年以来，美国联邦通信委员会（FCC）进行了 75 场以上的不同拍卖，拍卖了大部分电磁波频段。这些拍卖为政府带来了大约 800 亿美元的收入。由于这笔收入为联邦预算带来了很大的贡献，其对宏观经济总量已产生重大影响，比如在利率方面。国际经济不仅受到美国电磁波频段拍卖的影响，而且受到至少六个欧洲国家以及澳大利亚与新西兰的类似拍卖的影响。明确拍卖如何进行，有助于你了解这类重要的事件及其可能产生的影响。

从策略的视角看，拍卖具有若干个有趣的特征，最关键的是买卖双方之间以及投标者之间存在信息不对称，这样，信号传递和甄别机制就成为买卖双方策略中的重要部分。此外，买卖双方的最优策略将依赖于他们的风险规避程度。我们也将发现在某些特殊情况下，对于若干类型的拍卖而言，卖方以及投标赢家的期望支付是相同的。虽然正式拍卖理论需要用到高等微积分来推导结果，但是在这里我们会跳过大部分困难的数学计算，而利用直觉说明最优行为与策略的选择。[1]

16.1　拍卖的类型

不同类型的拍卖在喊价的方式及投标赢家最终付款的标准上各不相同。拍卖的这些方面提前由卖方设定，并作为拍卖规则为大家所熟知。此外，拍卖还可以按照被拍卖品的种类和价值进行分类，这取决于拍卖环境。在这里我们区分各种拍卖规则和环境，并描述其特性与机制。

□ 16.1.1　拍卖规则

卖方通常决定拍卖的规则。他必须在对投标者的支付意愿仅有有限了解的情况下设计规则。于是在第 13 章，卖方与试图实行价格歧视的企业或试图找出承包商成本的政府采购员大致处于相同的地位。换句话说，卖方选择将要设计的拍卖机制的规则。这个机制设计方法可以发展为最优拍卖理论，并且告诉我们何时两个或更多这种机制是等价的。我们把一般的理论留给更高级的教材。这里我们学习和比较几个在现实中最常见和最突出的机制。[2]

四种主要拍卖类型可以归结为两大类。第一大类称为**公开喊价**（open outcry）。在这种拍卖中，投标者在公开场合喊价，所有投标者都能够观察到投标价。这种类型的拍卖也许最符合流行的对拍卖的理解。在人们看来，拍卖总是与狂热的投标者与拍卖者联系在一起的；但是，公开喊价又可以分为两种方式，只有其中之一才可能出现"狂热"的投标。

升价拍卖（ascending auction）或**英式拍卖**（English auction）是公开喊价拍卖中最符合一般人对拍卖的印象的一种拍卖方式，是在英式拍卖会场（如佳士得或苏富比）中举行的标准式拍卖的别称。依惯例，英式拍卖会场中会有一个拍卖者，他会从一个低价开始进行拍卖，接着会喊出越来越高的价格。在继续喊出下一个价格之前，拍卖者会等待是否有投标者要投标。当没有投标者继续出价时，该拍卖品就由最后出价最高的投标者获得。这样，虽然只有出价最高的投标者能获得出售的物品，任何投标者都可参与英式拍卖。投标过程不必如实公开喊价，因为点头或手腕轻敲一下都可被视为拍卖中的叫价行为。现在，在互联网上，也有大量网站以类似英式拍卖的方式拍卖你能想象的几乎任何商品。

另一种公开喊价拍卖是**荷兰式拍卖**（Dutch auction）或**降价拍卖**（descending auction）。荷兰式拍卖因郁金香等花卉在荷兰采用这种方式拍卖而得名。它与英式拍卖进行的方向相反，拍卖者以一个非常高的价格开始，然后喊出越来越低的价格，一直到有投标者接受该价格并进行投标，从而获得拍卖品。出于拍卖速度的需要，荷兰式花卉拍卖，与其他农产品或易腐商品的拍卖（如悉尼每天市场上鱼的拍卖）一样，会使用"时钟"对每个投标价进行倒计时，一直到有人"停住时钟"并取走商品为止。在许多情况下，拍卖时钟会泄露出相当多有关当前出售的商品及降价的信息。不同于英式拍卖，荷兰式拍卖过程中没有狂热的喊价，原因在于只有一个投标者会最终"停住时钟"并取走商品。

第二大类拍卖是密封投标（sealed bid）拍卖，投标秘密进行，投标者不能观察到其他人的投标价，在许多情况下，只宣布赢家的投标价。这种密封拍卖，如同荷兰式拍卖一样，投标者只有一次投标机会。（在技术上，你可以多次喊价，但只有最高价才与拍卖结果有关。）密封式拍卖不需要拍卖者，只需要一个监督员公布投标价并确定谁是赢家。

在密封投标拍卖下，决定中标者支付的价格的方法有两种：在**第一高价**（first-price）密封投标拍卖下，出价最高的投标者赢得商品并按其投标价支付；在第二高价密封投标拍卖中，出价最高的投标者赢得拍卖品，但是仅需支付第二高的投标价。**第二高价**（second-price）密封投标拍卖的安排可引出诚实的投标，这将在第 16.4 节中讨论。这样的拍卖称为**维克里拍卖**（Vickrey auction）。维克里是第一个发现这种特性的获得诺贝尔奖的经济学家。我们也将看到上述密封投标拍卖在拍卖策略与期望支付上分别类似于某一种公开喊价拍卖：第一高价密封投标拍卖与荷兰式拍卖相似，而第二高价密封投标拍卖与英式拍卖相似。

其他不太常见的制度也可以用于拍卖商品。例如，你可以设定一种拍卖制度使得出价最高的拍卖者获胜但是出价最高的前两者为拍卖支付，或者出价最高的拍卖者获胜但是所有投标者为拍卖支付，这是我们在第 16.5 节讨论的程序。尽管我们在本章不打算考虑所有可能的组合，但我们通过使用引出重要策略概念的例子来分析一些最重要的拍卖制度。

□ 16.1.2 拍卖环境

最后，投标者可以利用多种方法来评估拍卖品的价值，在这种拍卖环境中最重要的区别在于共同价值物品和私有价值物品之间的差异。在**共同价值**（common value）或**客观价值**（objective value）拍卖中，拍卖品对于所有投标者而言，其价值是相同的，但是每个人都只知道一个不准确的估计值。投标者对其可能的分布有所了解，但每个投标者都必须在投标之前做出自己的评估。例如，一块蕴藏固定石油量的油田对于所有公司而言，收益应该是相同的，但是每家公司对该油田所蕴藏的石油量却有各自专业的评估。同样地，每个债券交易者对未来利率也只有自己的估计值。在这种情况下，信号传递与甄别机制就显得举足轻重；每个投标者都清楚，其他投标者会有一些关于拍卖品价值的信息（即使是不完全的），而他应该从对手的行为中推测其拥有的信息内容。另外，他还需意识到他的行动也会把自己的私人信息传递给其他投标者。

在共同价值拍卖中，每一个投标者都应该意识到其他投标者拥有一些（然而只是粗略的）关于拍卖品价值的信息，并且他应该尝试从竞争对手的投标行动中推断这些信息。此外，他也应该意识到他自己的行动也可以把自己的私人信息传递给那些竞争投标者。当投标者对于拍卖品价值的评估受他们对其他投标者估值的信念影响时，则会有一个彼此相互关联的投标环境。我们将在本章的后面看到这种情形对于买方和卖方的蕴含意义。

在**私人价值**（private value）或**主观价值**（subjective value）拍卖中，投标者各自

决定拍卖品对他们的价值。在这种情况下，针对同一件拍卖品每个投标者会给出不同评价。例如，对于某些投标者而言，黛安娜王妃的一件礼服或第一夫人贾桂琳用过的一件首饰具有情感上的价值。投标者只知道在这种拍卖环境下，该物品在自己心中的价值，但并不知晓其在别人心中的价值，同样地，卖方也无法知道投标者对该物品的估价，买卖双方可能彼此推测对方的估价，再利用信号传递与甄别机制修改他们的出价。信息问题不仅会影响到私人价值拍卖中买方的投标策略，也会影响到卖方的策略——如何设计拍卖形式以辨别最高估价并取得好的价格。

16.2 赢家的诅咒

共同价值的拍卖会引起一项常被忽略的标准结果。请回忆之前曾提到的一类拍卖，其中拍卖品对于所有投标者而言价值完全相同且固定，然而每个投标者只能估计其价值。**赢家的诅咒**（winner's curse）就是对投标者的警告，因为他们一旦赢得了拍卖品，就很可能付出了大于其价值的价格。

假设你是一个竞标塔吉可公司的外部并购者。你的专家已经对塔吉可公司进行了研究并对其价值做出了估计，在目前的经营状况下，该公司的价值界于 0 至 100 亿美元之间，所有在此范围内的值都具有同等可能性。目前经营者知道其真正价值，他们却不会告诉你。你相信，无论塔吉可公司的价值在目前经营状况下为多少，在你的经营下其价值将会提升 50%，那么你该出价多少来投标呢？

你或许会认为，塔吉可公司在目前的经营状况下，其平均价值为 50 亿美元，而在你的经营下，其平均价值将会达到 75 亿美元，那么界于 50 亿美元和 75 亿美元之间的投标价应该是有利可图的；然而，此投标策略没有考虑目前经营者对你的投标价的反应，若塔吉可公司的实际价值大于你的投标价，则该公司目前的所有者是不会接受你的投标价的。只有在其实际价值接近你的投标价范围的下限时，你才可能中标。

假如你的投标价为 b，在目前的经营状况下，只有在塔吉可公司的价值界于 0 和 b 之间时，你的投标价才会被接受而你才能接手该公司的经营权；平均而言，若目前所有者接受你的投标价，你就可以估计此公司目前的价值是 $b/2$。在你的经营下，其平均价值将会比目前提升 50%，即 $1.5 \times (b/2) = 0.75b$。由于此价值小于 b，因此只有在不值得获胜的时候，你才会赢得其经营权！许多外部并购者发现这个事实时，都已经为时已晚。

这个结果与我们在第 8 章讨论的二手车市场的购买者没什么不同。信息不对称市场的逆向选择理论可以直接应用到这里描述的共同价值拍卖中。正如二手车市场的平均价值总是低于好车的价格，于是在你手中塔吉可公司的平均价值总是低于你的投标价。

外部并购者经常会与目标公司进行一对一的谈判，这很类似于只有一人在进行投标。其实，并非只有外部并购者会被赢家的诅咒所影响，当你与其他投标者在共同价值的拍卖中竞争，而各自对拍卖品做出独立估价时，也会产生相同的问题。

以一片油田（或蕴藏油气的海域）的勘探权租约为例。[3] 在这场拍卖中，只有在对手对油田的估计价值比你低时，你才会赢。你必须认清这一点并从中得到教训。

假设没有任何投标者知道油田的真正价值为 10 亿美元。（在本例中卖方也可能不知道油田的真正价值。）假定有 10 家石油公司准备参与投标。每家公司的专家对该油田的估计误差都为±1亿美元，所有在此范围内的数字都是等可能的。若对 10 家公司的估计值求平均值，则此值比起任何其他单一估计值都会更准确。然而当每个投标者只专注于自身的估计值时，大部分估计值都会有偏差。这时的估计值平均而言为 10.8 亿美元，非常接近估计值的上限。[4] 因此，获胜的公司可能就多付了很多，投标公司只有认清问题，并将其投标价向下调整到抵消误差处，才能解决这个问题。正确的计算必须能确保你即使将投标价向下调整也不会失去这场拍卖，但是，这很困难，因为你必须意识到所有其他投标者也正在做相同的调整。

我们不会在共同价值的拍卖中运用高等数学来寻找最优的投标策略，但是，我们可以提供给你一般性的建议。若你对某拍卖品进行投标，则请注意下面两个问题是完全不同的："在投标以前，根据我所掌握的信息，我会以 10.8 亿美元购买这块油田吗？""在投标以前，根据我所掌握的信息，且已知只要没有其他人愿意投标 10.8 亿美元，我就能够购买它，我还是愿意以 10.8 亿美元购买这块油田吗？"[5] 即使是在密封拍卖中，第二个问题还是显示了正确的策略性思考，因为只有其他人的投标价都比你低——只有其他人对拍卖品的估价都比你的估价低时，你才能获胜。

若你的投标行为没有考虑到赢家的诅咒，你应该想到你将会损失一些钱。之前对投标塔吉可公司所做的计算就说明了赢家的诅咒。实际上，这种危险真的会发生吗？理查德·泰勒（Richard Thaler）以许多事实证明了这种危险的确存在。[6]

我们可以利用拍卖一整罐硬币来进行赢家的诅咒的简易实验。价值是客观的，但是每个投标者要各自对两个问题形成主观上的估计：罐子里有多少枚硬币？总价值为多少？这是个共同价值拍卖的例子。许多教师都会引导学生做类似的实验，都发现有出价过高的情况发生。在一个相似且相关的例子里，一群 MBA 学生被要求对一家虚拟公司进行投标，而不是一罐硬币。在每一个回合后，学生们都会得到关于公司的真正价值的反馈信息。博弈会一直重复进行。而 69 个学生里只有 5 个学生的出价会每次都低一点，因此，越到后面的回合，平均的投标价格越高。

对实际现象的观察证实了这些发现。有证据证明油田勘探权的拍卖得主在租约上其实是有损失的。我们发现，比较转会到新球队的棒球选手与继续和球队续约的棒球选手，前者往往会得到超额的支付。

"考虑到赢家的诅咒，投标价要向下调整多少才合理？"回答这个问题超出了本书的范围；第 16.7 节所引用的文章则提供了所需的数学分析，供你参考。我们在此仅指出问题的所在，并强调其重要性。特别是当你的支付意愿取决于你对交易获利能力的预期或者你对拍卖品再次售出时的价值的估计时，你就需要谨慎考虑。

本节的分析显示了博弈论预测作用的重要性。通过观察和实验证明，我们知道有很多人陷入赢家的诅咒中，因而损失了大笔金钱。学习基本的博弈论有助于认识赢家的诅咒，并避免损失。

▊ 16.3 投标策略

我们现在转向私人价值拍卖，并讨论最优的投标策略。假设你对 1952 年酿制的法国葡萄酒特别感兴趣，请设想一下你可以利用哪些可能的拍卖程序来销售葡萄酒。

□ 16.3.1 英式拍卖

假设你正在参加一场标准的英式拍卖。在你知道你本身对拍卖品的估价为 V 的情况下，你的最优投标策略就很明确了。你可以从投标过程的任何一步开始。若上一个投标价是由对手所提出的 r，而 r 刚好为 V 或者比 V 高，则你绝对不会想提出更高的投标价，因此你也不会关心任何进一步的投标状况。只有在上一个投标价仍然比 V 低时，你才会继续进行投标。在这个例子中，你可以增加一分钱（或者是拍卖会允许的最小增加额），以 r 再加上一分钱的价格进行投标。若拍卖在此价格结束，你就能以投标价 r（或者是实际价格 r）购得该葡萄酒，而你能够获得 $V-r$ 的有效利润。若投标继续进行，你可以重复此步骤，一直在 r 的基础上提高投标价。在此类拍卖中，出价最高者会以第二高价者的估计价格获得该葡萄酒，最终价格接近第二高价的程度取决于拍卖规则中所规定的最小增加额。

□ 16.3.2 第一高价密封投标拍卖：价格递减的激励

现在假设葡萄酒拍卖为第一高价密封投标拍卖，而你是一个估价很高的投标者。你需要决定是以 V 还是以其他价格进行投标。你是否应该以对拍卖品足额估价作为投标价格？

请记住，在这种拍卖中，中标者需要支付其投标价格。因此在本例中，你不应该以 V 来投标。这样的投标价格会让你无法获得任何利润，所以你应该降低投标价。但是，若你以略低于 V 的价格投标，而你的对手却以低于 V 但高于你的投标价的价格投标，那么你会有投标不中的风险。然而，只要你的投标价不是太低以致你无法中标，你还是有很大可能获得利润的。你的最优投标策略就是**递减**（shading）投标价。描述这一策略需要用到微积分，但是直观上理解这一结果也很简单。对于你而言，从 V 开始递减你的投标价有利有弊：若你获得葡萄酒，它就会增加你的利润，但是它同时也会降低你中标的机会，从而减少你获得葡萄酒的可能性。当递减到最后的投标价恰好平衡上述两种作用时，该投标价就是最理想的。

若以荷兰式拍卖的方式进行，结果会如何呢？在这种情况下，你的投标策略会类似第一高价密封投标拍卖时的情形。请试想你的投标概率。当拍卖者喊出的价格比 V 高时，你会选择不再继续投标。当没有人以低于 V 的价格进行投标时，你也不会参与投标。但是，正如在密封投标拍卖中，你会有两种选择。你可以现在投标，而得不到任何利润，或是等价格低一点时再投标。再等待久一点，可以增加你从投标品中得到的利润，但同时也会增加失去葡萄酒的风险。因此，你的利益在这里也跟着递减，而确切的递减值取决于前一段所描述的成本-收益分析。

16.3.3 第二高价密封投标拍卖：维克里说真话规则

最后，讨论采用第二高价密封投标拍卖时的情形。这时，关于递减投标价的成本-收益分析不同于前面三种拍卖。这个结果源于如下事实，从递减投标价中获得的利润为零，依靠递减投标价你不会获得利润，因为你的利润取决于第二高价，而不是你自己的喊价。

从卖方的角度而言，这个结果令人鼓舞。在其他条件不变的情况下，卖方会偏好未经递减的投标价格，于是他们在想要诱导信息披露的机制设计中面临一个问题：如何诱导投标者在投标中泄露其真实估价。

在以密封投标方式拍卖一项私人价值物品时，维克里表示，如果卖方使用修改后的标准的第一高价密封投标方式进行拍卖，那么投标者将会有可能泄露其真实估价；他建议修改密封投标拍卖的规则，使其更类似于公开喊价拍卖。[7] 也就是说，出价最高的投标者以次高的投标价获得拍卖品，即第二高价密封投标拍卖。维克里认为若按这些规则进行拍卖，每个投标者的占优投标策略都是以真实估价进行投标。因此我们将其戏称为**维克里说真话规则**（Vickrey's truth serum）。

我们在第 13 章曾提到过使用机制获取信息的成本问题。在拍卖中也不例外。买方在使用维克里方案的拍卖中会泄露其真实估价，这是因为第二高价密封投标拍卖机制会让买方获得利润，而将减少卖方的利润，如同在第一高价密封投标拍卖中递减投标价格一样，也正如我们在第 13 章那些情形中研究的委托的信息披露机制。对卖方而言，这两种方式的优劣根据在哪种方式下利润会递减较多而定。我们将稍后于第 16.5 节讨论这一问题，现在，我们先解释维克里方案起作用的原理。

假设你是一个古陶器的收藏者，正在某处的拍卖会中投标一套 19 世纪的茶具，拍卖是以第二高价密封投标的方式进行的。由于你对古陶器很了解并且你的收藏中恰好缺一套茶具，你对该茶具的估价为 3 000 美元，但是你并不知道其他投标者的估价。如果他们不了解古陶器，他们就可能不明确其巨大价值；如果他们对它有情感上的迷恋，他们的估价就会比你的估价高得多。

拍卖的规则允许你对此套茶具以任何价格投标，我们将你的投标价记为 b 美元，并考虑其所有可能的值。由于没有小额投标值的限制，我们无法针对此博弈列出有限的支付矩阵，但是我们能够从逻辑上推导出最优投标价。

显然，你投标成功与否有赖于其他投标者的出价，这是因为你必须考虑你是否会中标。虽然投标结果要视所有其他对手而定，但是只有其中最高出价者才能影响你的结果。我们将这一最高投标价记为 r，并忽略低于 r 的其他投标价。

你的最优投标价 b 为多少呢？你的真实估价是 3 000 美元，我们考察一下比 3 000 美元高或低的投标价，看它们是否会比 3 000 美元的投标价给你带来更好的结果。

我们从 $b > 3\,000$ 美元开始。有三种情况需要考虑：（1）若你的对手的投标价低于 3 000 美元（$r < 3\,000$），则你就能以价格 r 获得该套茶具，你的利润就是你的投标价格与你的真实估价之差，即（$3\,000 - r$）美元。这同样也是当你的投标价为 3 000 美元时所获得的结果。（2）若你的对手的投标价介于你的实际投标价与你的真实估价之间（$3\,000 < r < b$），你如果仍想赢得茶具，将不得不给出高于你对它的估价的投标价。此时，你最好出价 3 000 美元；虽然你无法获得该套茶具，但是你也不会损失（$r - 3\,000$）美元。（3）若你的对手的投标价高于你的投标价（$b < r$），你还是无法得到茶具；然而，在此情况下，即使你以真实估价来投标，也是无法获胜的。因此，归纳上述三种情况，以真实估价投标永远不会是差的方式，有时候甚至比出价过高更好。

将投标价递减至 $b < 3\,000$ 时可能的结果又会如何呢？同样地，这里也有三种情况：（1）若你的对手的投标价比你的低（$r < b$），那么你就是出价最高的投标者，则你会以 r 获得茶具。你也可以投标 3 000 美元而得到同样的结果。（2）若你的对手的投标价介于 3 000 美元与你的实际投标价之间（$b < r < 3\,000$），则你的对手会获得茶具。在这

情况下，若你投标 3 000 美元，则你会获得茶具，支付 r，仍然可以获得（3 000－r）美元的利润。（3）若你的对手的投标价高于 3 000 美元（$r>3 000$），那么你就无法获得茶具。在这种情况下，你即使以 3 000 美元来投标，还是无法获得投标品，所以你就算投标 3 000 美元也无妨。因此，以真实估价来投标总不会是个坏办法，有时候比投标过低要好得多。

如果说诚实地投标永远不会是太差的方法，有时候还会比以低于或高于真实估价的价格投标来得好，那么你最好选择诚实地投标。也就是说，无论你的对手如何出价，诚实总会是上策。换言之，无论是在连续的投标中，还是在离散的投标中，你的占优策略都是以真实估价来投标。

根据维克里说真话规则，在第二高价密封投标拍卖中，以诚实投标作为占优策略还有许多其他的应用。例如，若团体中的每一个成员都被问到愿意对有益于整个团体的公共计划资助多少钱，每个人都会尽量少报自己愿意贡献的数目——让自己成为占其他人贡献便宜的"搭便车者"。我们已经在第 11 章的集体行动博弈中讨论过这样的实例了。维克里方案的变形在这些博弈中也可以引出真实想法。

16.4 全部投标者都要支付的拍卖

在第 16.1 节中，我们已经讨论过大部分标准的拍卖类型，但是还没有讨论过可能发生的比较有创意的情况。这里我们要讨论的是这样一种共同价值第一高价密封投标拍卖，其中，所有投标者，无论是输还是赢，都要支付其投标价给拍卖者。这种连输家也要支付投标价的拍卖似乎不太常见，但是实际上，许多竞赛都会导致这类结果。在政治角逐中，所有候选人都花费了大量金钱和时间，付出了巨大的努力来筹措经费和展开竞选运动。落选的候选人并不会得到退款。同样地，数百名体育选手花费四年的时间来准备奥林匹克运动会，但仅有一个能够得到金牌、名声与大家的认可，还有其他两个能够得到银牌与铜牌，所有其余选手的努力都白费了，这与我们在第 13.6.2 节中讨论的竞赛类似。一旦你开始沿着这条思路思考，你就会了解到何为全部投标者都要支付的拍卖；在实际生活中，全部投标者都要支付的情形比只有胜者支付的标准的正式拍卖多得多。

在**全部投标者都要支付的拍卖**（all-pay auction）中，你应该如何投标呢？（也就是说，对于时间、努力与金钱的花费，你应采取什么策略？）一旦你决定参加这类拍卖，除非你获胜，不然你的投标就是白费，所以你要有强烈的动机，非常积极地投标。在实验中，所有投标的总和通常大大超过拍卖品的价值，故拍卖者能够获得极大的利润。[8]在每个人都很积极投标的情况下，这还不算是均衡的结果；比较明智的做法似乎就是置身于这种毁灭性竞争之外。但是如果每个人都如此做的话，那么就会有一个投标者，几乎不需要竞争就能够得到拍卖品；不参与投标也不能算是均衡策略。上述分析让我们知道均衡存在于混合策略之中。

考虑一场有 n 个投标者的拍卖。为使标记简单，我们使用测度单位来衡量，设共同价值拍卖品的价格为 1。投标价若高于 1，一定有损失，所以我们将投标价限制在 0 和 1 之间。让投标价成为连续的变量 x，x 可以是（0，1）范围内的任何（实）数。

由于均衡存在于混合策略中，因此每个人的投标价 x 将会是连续的随机变量。只有当其他投标者的出价都比你的低时，你才会赢得拍卖品。我们将你的均衡混合策略以 $P(x)$ 表示，代表你的投标价低于 x 的概率。例如，$P(1/2)=0.25$，表示你的均衡策略是，在 1/4 的时间里以低于 1/2 的价格进行投标（并在 3/4 的时间里以高于 1/2 的价格进行投标）。[9]

照例，我们可通过无差异条件找出混合策略均衡。当其他投标者都选择均衡的混合策略时，任一特定的 x 值对于每个投标者来说必须是无差异的。假设你是 n 个投标者其中之一，投标价为 x。当其他 $(n-1)$ 个投标者的投标价都低于 x 时，你就赢了。其他任何一人的投标价低于 x 的概率为 $P(x)$，任何两个投标价都低于 x 的概率为 $P(x)P(x)$，或 $[P(x)]^2$，其他所有 $(n-1)$ 人的投标价都低于 x 的概率为 $P(x)P(x)\cdots P(x)$（相乘 $n-1$ 次，或为 $[P(x)]^{n-1}$。因此，你赢得拍卖品获得收益 1 的概率为 $[P(x)]^{n-1}$。请注意，无论在什么情况下，你都要支付 x。因此，你对投标价 x 的期望支付净值为 $[P(x)]^{n-1}-x$。但是如果你以 0 投标，你就一定会得到 0 支付。由于任何 x 的选择都必须是无差异的，这也包括选择 0，因此定义均衡的条件是 $[P(x)]^{n-1}-x=0$。在混合策略均衡中，对于所有的 x 而言，此条件必须成立。所以，混合策略均衡的投标价为：

$$P(x)=x^{1/(n-1)}$$

下面举两个实例说明此式代表的意义。首先，请试想 $n=2$ 的情况。对于所有的 x 而言，$P(x)=x$。因此，投标价在已知的 x_1 和 x_2 之间的概率为 $P(x_2)-P(x_1)=x_2-x_1$。由于投标价位于该范围内的概率就等于该范围的长度，因此每个投标价都具有同样的可能。也就是说，你的混合策略均衡的投标价应该是在 0 至 1 之间随机均匀分布。

其次，我们令 $n=3$，则 $P(x)=\sqrt{x}$。在 $x=1/4$ 的情况下，$P(x)=1/2$，所以投标价为 1/4 或更低的概率为 1/2。投标价不再服从位于 0 至 1 间的均匀随机分布，其更可能分布于该范围内数值较小的一端。

随着 n 的取值的增大，这种趋势会愈加明显。例如，若 $n=10$，则 $P(x)=x^{1/9}$，且当 $x=(1/2)^9=1/512=0.001\,95$ 时，$P(x)=1/2$。在此情况下，你的投标价可能会低于 $0.001\,95$，也可介于 0 至 $0.001\,95$ 之间。因此你的投标价会很接近于 0。

n 越大，你的平均投标价应该会越小。事实上，准确的数学计算显示，若每个人都依此策略进行投标，每个投标者的平均或期望价会刚好为 $1/n$。[10] 当 n 个投标者进行投标时，平均每人的投标价为 $1/n$，所以总投标价为 1，而拍卖者所得的期望利润为零。这表明使用均衡策略可避免过度投标。

当投标者众多时，你的投标价应该更接近于 0 的观点在直觉上是很合理的；使用均衡投标策略可避免过度投标的发现，使得理论分析家对上述观点更有信心。不幸的是，处于全部投标者都要支付的拍卖之中的人们，并不知道或者忘记了此理论，从而导致过度投标。

有趣的是，慈善家已经知道如何利用过度投资的趋势并使之有益于社会。在 1919 年一家纽约酒店经营者对第一个横跨大西洋的航班提供奖励（于 1927 年由查尔斯·林德伯格获得），甚至更早，在 1714 年，英国政府对精确测量海上航行经度的方法提供奖励（最终在 18 世纪 70 年代授予约翰·哈里森），一些美国和国际基金会从这些历史中吸取经验，已经开始对社会上各种各样有价值的创新提供激励奖金。尤其一个基金会，X 奖基金会（X Prize Foundation），唯一的目的就是提供激励奖；它的第一个奖于 2004 年授予第一次私人空间飞行。最近 22 个团队为对第一次机器人登月所授予的 3 000 万美元奖金展开竞争。这些团队到 2015 年年末必须申请奖项。一些基金会的专家估计，在设立有可供人们追逐的激励奖时，将有花费在一个特定创新奖上的 40 倍的金额投入。于是在全部投标者都要支付的拍卖中过度投标的趋势实际上是有益于社会的（如果不是花在个人追逐奖金上）。[11]

16.5　如何在拍卖中进行销售？

投标者并不是拍卖中唯一需要考虑最优策略的参与人。拍卖是一种连续性博弈，第一步要设定规则，第二步才开始进行投标。在卖方选择特定的投标方式之后，拍卖规则或机制就随之确定了。

在拍卖中，若你想要卖出你的艺术收藏品或房屋，你要决定将使用的最优拍卖机制或规则。显然，为确保你能从交易中获得最大利润，在做出决定前你必须先考虑到各种机制的拍卖将产生的结果。很多卖方担心的是，投标者会以低于卖方给出的价格获得拍卖品。针对这一点，大部分卖方都坚持设定拍卖品的**保留价格**（reserve price）。若投标者的出价低于保留价格，卖方则有权从交易中撤回拍卖品。

此外，卖方如何决定拍卖机制以获得最大的净利润？一种可能方式是使用维克里的建议方案，即第二高价密封投标拍卖。根据他的结论，这类拍卖会引出潜在买方的真实投标价。从卖方的角度出发，此作用会让交易变得对其有利吗？

就某种意义来说，在第二高价的拍卖中，卖方会给予投标者适当的利润空间以打消投标者递减投标价以获得高额利润的企图。然而，此举动会减少卖方的收益，类似于在第一高价密封投标拍卖中递减投标价所造成的结果。哪种类型的拍卖最终会对卖方有利，其实是根据投标者对拍卖品风险的态度与对拍卖品价值的信念而定的。现实中不同机制的相对优点也依赖于诸如投标者之间合谋可能性的问题，且当出售例如电波频道或开采权等具有公共性质的商品时，决策也要考虑政治因素。因此，拍卖环境对于卖方的收入是至关重要的。[12]

□ 16.5.1　风险中性的投标者与独立估计

当投标者为风险中性（非风险规避）者，且当投标者间各自独立估计拍卖品的价值时，投标者对风险的信念与态度的结构的复杂性是最小的。第 8 章的附录曾提到，风险中性的个人只关心结果的期望货币价值，而不管这些结果的不确定性程度。估计的独立性是指，一个投标者在估计拍卖品的价值时，不会受到其他投标者的估计的影响；该投标者会独立地决定究竟此拍卖品对他的价值如何。在这种情形中，不存在赢家的诅咒问题。倘若维持这些对投标者的假定，则卖方通过四种主要拍卖类型的任一类型均可期望获得同样的平均收益（在多次尝试后）：英式拍卖、荷兰式拍卖、第一高价密封投标拍卖与第二高价密封投标拍卖。

收益等价（revenue equivalence）并不表示在所有拍卖中，每一件拍卖品都能产生同样的收益，而是说，经过多场拍卖后，平均而言会产生相同的售价。在第二高价密封投标拍卖与英式拍卖中，我们能够很容易地见到这样的收益等价。在第二高价密封投标拍卖中，每个投标者的占优策略都是以其真实的估价投标。出价最高的投标者以次高价获得拍卖品，而卖方所得到的价格则等于出价次高者的真实估价。同样地，在英式拍卖中，当价格超过投标者的估价时，他就会退出拍卖，而拍卖一直进行到只剩下最后两个投标者（真实估价最高者和次高者）。当价格增加到次高估价时，次高估价的投标者就会退出，此时，最高估价的投标者只需多出 1 分钱就能得到拍卖品。再次强调，卖方所得到的价格就是出价次高者的真实估价。

运用高等数学技巧可以证明收益等价的思想能被扩展到荷兰式拍卖与第一高价密封投标拍卖中。在所有四种类型的拍卖中，由于投标者为风险中性者，最高估价的投标者会赢得拍卖，而所支付的平均价格等于第二高的真实估价。若卖方想要重复使用某一特定类型的拍卖，那么他就不需要过度考虑欲选择的拍卖结构，因为这四种类型的拍卖都会产生相同的期望价格。

在实际拍卖中，实验性证据已经验证了收益等价定理的有效性。实验结果显示，对相同的拍卖品与投标者而言，平均来看，荷兰式拍卖价比第一高价密封投标拍卖价更低，这可能是由于荷兰式拍卖存在某种与不确定性因素相关的正效用。这些实验也表明，过高出价（出价高于你所知道的价值）出现在第二高价密封投标拍卖中，但是并不出现在英式拍卖中。这一行为说明，当投标者必须明确某种价格时，他们会喊价更高，就如同在密封拍卖中那样，在这类拍卖中投标者似乎更看重投标价与最终获取拍卖品的概率之间的关系。而基于互联网的拍卖的实际证据却发现了截然相反的结果，荷兰式拍卖的平均收益比第一高价密封投标拍卖高出 30%。荷兰式拍卖中额外的投标者利益或在长达 5 天的拍卖中的不耐烦可以解释这一反常现象。基于互联网的拍卖的实际证据还发现其他两种类型的拍卖也存在收益等价。

□ 16.5.2　风险规避的投标者

我们继续假设投标价与信念无关，而拍卖结果却受投标者对风险的态度影响。特别是假设在投标者为风险规避者的情况下，他们更关心出价过低导致的损失——失去拍卖品，而较少关心与投标相关的成本或他们的真实估价。因此，一般而言，如果可能，风险规避型投标者尽量想在没有过度投标的情况下赢得拍卖品。

在第一高价与第二高价（密封投标）拍卖中，各自的投标结构会产生什么影响？再次将第一高价拍卖等同于荷兰式拍卖。这里，风险规避的特性使得投标者宁可早一点投标而不愿意晚一点投标。当投标价落在略高于投标者的估价处时，等待投标变得越来越有风险。对于风险规避型投标者，我们预期他们会很快地投标，而不会因为想要多赚一点利润而稍加等待。将此道理应用于第一高价密封投标拍卖中，我们预期他们投标价递减的幅度会小于他们不是风险规避型投标者时其投标价递减的幅度——太大幅度地递减价格会增加失去拍卖品的风险，这正是风险规避型投标者想要避免的。

将此结果与第二高价拍卖（获胜的投标者支付次高的投标价）的结果相比较。投标者在第二高价拍卖中以其真实估价进行投标，而支付较少的价格。若他们只在第一高价拍卖中稍微降低其投标价，则投标价会趋近于投标者的真实估价，而投标者将支付其投标价。虽然投标价将会下降一点，但是在第一高价拍卖中最后支付的价格可能会高于在第二高价拍卖中支付的价格。因此，当投标者是风险规避者时，卖方最好选择第一高价拍卖，而不是第二高价拍卖。

在风险规避与密封投标的情况下，卖方最好使用第一高价拍卖。若拍卖形式为公开喊价（英式），那么投标者对风险的态度与结果无关。因此，在这种情况下，对于卖方而言，风险规避并不会改变结果。

□ 16.5.3　相关的估计

假设在决定对拍卖品的真实估价时，投标者会受到其他投标者的估价的影响（或是受到估价信念的影响）。这种情况与共同价值的拍卖是相关的，例如第 16.2 节中的油气田勘探实例。假设你的专家尚未给出关于油田未来利润的明确的测算结果，你正对其潜在利润感到悲观，于是你得出了能够反映你的悲观感觉的估计值 V。

在这种情况下，你可能会猜想，你的对手或许也从他们的专家那儿得到了负面的报告。当投标者相信他们的估价都相似时，比如都同样相对地高或低，我们称这些对价值的信念或估计为正相关。因此，你的对手的估价也不高的可能性，进一步扩大了悲观对你的估价的影响。若你参与的是第一高价密封投标拍卖，此时相比于投标者的估价相互独立时，你降低投标价的幅度会更大。当然，若投标者对油田的利润前景持乐观态度，对其的估价一般也较高，此时与投标者的估价相互独立时相比，投标者估价间的相关性会使得投标价下降的幅度较小。

然而，在第一高价密封投标拍卖中，随着低价（或悲观的）投标而来的投标价递减，对于卖方而言是个警醒。由于投标者信念的正相关性，卖方可能想避免使用第一高价密封投标拍卖方式，而想使用维克里所推崇的第二高价密封投标拍卖方式。我们刚才谈到此类型的拍卖能够鼓励诚实投标，当投标者对拍卖品价值的估计存在相关性时，卖方通过避免采取能导致投标者降低投标价的拍卖方式可获得更大的利益。

英式拍卖的最后结果与第二高价密封投标拍卖的结果一样，荷兰式拍卖的结果与第一高价密封投标拍卖的结果相同。因此，当面对一群对投标品价值的估计存在相关性的投标者时，卖方应该偏好英式的公开喊价拍卖，而不是荷兰式的公开喊价拍卖。假设你在公开喊价的英式拍卖中竞标一块油田，目前投标价非常逼近你的估计值，而你的对手仍然狂热地持续投标，你可以推测他们对油田价值的估计值至少和你的一样高——可能比你的还高很多。观察对手的投标行为而得到的信息可能会让你相信，你的估价太低，因此，你可能在投标过程中提高你对油田的估价。而你持续投标的行为可能会成为其他投标者继续投标的动力，这一过程还会持续一阵。如果这样的话，卖方会得到利润。更普遍的是，当投标者间的估计是相关的时，卖方能够预测，英式拍卖中的销售价格将高于第一高价密封投标中的销售价格。然而，对于投标者而言，公开投标的作用则是传递额外的信息及降低赢家的诅咒。

以上在假设有众多投标者参与的情况下对相关估计进行了讨论。然而，若只有两个人参与拍卖，则公开喊价的英式拍卖有利于卖方，因为投标者都会特别狂热地竞标该标的物。他们会尽可能地持续相互竞标，一直在较低估价的基础上提高价格，所以双方的价格比起价高很多。然而，当其中一个投标者的估价很低时，同样的拍卖方式就可能对卖方很不利，因为另一个投标者的投标价格很可能大大高于前者的投标价格。在这种情况下，我们称这两个投标者的估价负相关。当买方人数很少且估价差异可能很大时，我们建议卖方选择荷兰式拍卖或第一高价密封投标拍卖的方式。这两种方式都可以降低高估价的投标者以低于其真实价格赢得拍卖品的可能性，也就是说，这两种方式将利润从买方转移给卖方。

16.6 需要思考的其他问题

□ 16.6.1 多个投标品

当考虑拍卖多件物品时，例如银行拍卖未如期偿还贷款的车辆，或房地产销售人员拍卖房屋，你可能想象拍卖者将拍卖品一件件拿到拍卖台上，然后分别卖给出价高的投标者。当每个投标者对不同拍卖品的价值有各自独立的估计时，这一过程是正确的。然而，在对投标者的估价进行建模时，假设投标者对拍卖品价值的估计是独立的，并非总是合适的。若投标者对整套拍卖品的估价高于其对所有单件拍卖品的估价之和（整套包括许多单件），则逐件拍卖或一次性拍卖将会有不同的投标策略，也会有不同的结果。

试想，一家名为瑞德的房地产开发商想购买一大片土地，建造一处针对专业人士的住宅社区。C 与 M 两个小镇拍卖的土地都符合其要求。两块土地都是 4 英亩的正方形土地。C 镇镇长指示拍卖者，一次卖出一小块面积为 1/4 英亩的土地，由边缘向中间将土地卖出，先卖出角落的土地，然后依次卖出北边、南边、东边与西边的土地。同时，M 镇镇长指示拍卖者一次性拍卖一整块面积为 4 英亩的土地。但是，如果投标者没有超过保留价格，那就将土地分成两块较小的面积为 2 英亩的土地分别拍卖；若还是没有售出，再将土地分成更小的四块面积为 1 英亩的土地分别拍卖。

根据大规模的市场分析，对于瑞德而言，C 镇和 M 镇上的两大块土地的价值是相同的。然而，它必须得到任何一个镇里 4 英亩的土地才会有足够的空间建造新住宅区。两个镇里的拍卖都在同一天举行。它应该参加哪一场呢？

我们清楚地看到，在 M 镇会比在 C 镇有更多的机会以合理价格——低于或等于它的真实估价的价格——购得 4 英亩土地。在 M 镇的拍卖中，它只要观察拍卖进行的过程，当第二高价仍低于它的真实估价时，就以最高价格投标。而在 C 镇的拍卖中，它必须赢得标售 16 块土地的每一场拍卖才能获得 4 英亩土地。在这种情况下，它必须估计到，在拍卖过程中，当小块土地数目不断减少时，对 C 镇土地有兴趣者就都会变得更急切地想要得到该镇的土地——甚至会使用暴力。当瑞德在前几场小块土地的拍卖中积极出价时，他同时也要保守计算以确定在拍卖结束前，其所有投标价格之和将不会超过它对所有小块土地的真实估价的总和。在这种拍卖中设计投标策略是很不容易的，而且在有利润的状况下获得所有土地的可能性不大，因此瑞德偏好参加 M 镇的拍卖。

请注意，站在卖方的角度，在有相当数量的投标者对小块土地有兴趣的情况下，C 镇的拍卖方式会比 M 镇的拍卖方式获得更多利润。但是，若只有像瑞德一样的开发商参与土地的拍卖，那么这些开发商甚至会犹豫是否要参加 C 镇的拍卖，因为它们担心会因在任何仅仅一场小块土地的拍卖上的失误而遭受重大损失。在这种情况下，M 镇的拍卖就比较有利于卖方。

C 镇可以通过修改拍卖规则以消除房地产开发商的担忧。特别是它不必逐块拍卖每块土地，而是采用某种可让所有土地同时被获得的简单的拍卖方式。下面的拍卖方式是可行的，它可使各个投标者能够确定其所需要的土地数目以及愿意对每块土地所支付的价格。出价总额最高的投标者将赢得所希望数目的土地，而这种出价总额等于所需要的土地数目与每块土地单价的乘积。如果在中标者获得其所需要的土地后还有土地剩余，那么，其余土地可以按类似方式出售，直到所有土地被售完。这种机制会给对大片土地感兴趣的投标者中标机会，使其为了数块土地而暗中相互进行出价竞争。因此，C 镇可能发现这种拍卖最终更有利可图。

□ 16.6.2　系统缺陷

前面我们讨论了在已知投标者对风险的态度与他们的估计是否相关的条件下，哪种拍卖结构最有利于卖方。然而，投标者永远都想利用投标策略击败卖方。一项设计完善且能够获利的拍卖计划，总是会被一个——在更多的情况下是一群——同等聪明的投标者击败。

若一场拍卖只有很少的投标者参加，他们就能够通过合谋击败卖方，就算是卖方采用维克里的第二高价密封投标拍卖方式仍会如此。合谋的投标者会提出一个高价（第一高价）与一个很低的第二高价，然后他们就能够以很低的第二高价获得拍卖品。此结果成立的条件是，必须没有其他投标者以中间价投标，或是此合谋团体必须有能力防止其他人以中间价投标。虽然在本例中，保留价格只抵消了卖方的一部分损失，然而合谋的可能性凸显了卖方设置保留价格的必要性。

第一高价密封投标拍卖更能防止投标者合谋，理由如下。当投标者都不想诚实投标时，潜在的合谋团体会陷入多人的囚徒困境博弈，在此博弈中，每个投标者都有欺骗的动机，在这种动机的驱使下，他们会以高价投标赢得拍卖品而违反协定不与合谋团体的其他成员分享利润。因此，在这种拍卖中，很难维持投标者间的合谋，因为欺骗行为很容易发生（也就是说，所提出的投标价不同于合谋团体所协议的价格），但是被欺骗者却很难察觉。因此，密封投标拍卖的特性就是，一直要到拍卖结果公布后，才能察觉到欺骗行为，也才能处罚欺骗者，但是已经为时太晚。然而，若某团体连续参与数场类似的拍卖，他们将有更多机会进行合谋，从而在重复的博弈中达成均衡。

可以根据投标者个人或团体在特定拍卖中的需要来设计投标方案。一个非常聪明的例子是美国联邦通信委员会（FCC）拍卖美国电磁波频段的实例，特别是个人移动电话服务频段的拍卖（第 11 场拍卖，1996 年 8 月至 1997 年 1 月）。在观察到前几场拍卖中价格不断飙升后，投标者明显地渴望压低中标价。其中三家公司（后来受到司法部起诉）使用 FCC 代码或特定地区的电视区号作为其投标价的最后三位，通过这种方式传递其真实的意图，以获得这些特定地区的执照。FCC 已宣称这种做法显著地降低了这些地区的执照的最后价格。此外，在此之前的几场宽带拍卖中，显然它们都使用了传递信号的其他机制。有些厂商明白地表示它们想获得特定的执照，有些厂商则运用各种策略性投标技巧，向大家表明它们在特定执照上的利益，或劝阻对该种执照也有兴趣的其他厂商的投标行动。例如，在一场宽带拍卖中，美国通用电话电子公司（GTE）和其他厂商都明显地使用了代码投标技巧——其投标价以可以通过按键式电话的数字键显示其名字的数字结尾。

这里我们简要提出一点，即欺骗行为并不仅仅限于拍卖中的投标者，卖方也可能使用狡诈的做法去抬高他们想拍卖的物品的最后价格。比如，当卖方能够在自己的拍卖中虚假竞标（做手脚）时，"托"的**欺骗**（shilling）就会发生。只有在英式拍卖中，骗子才有可能雇用一个为卖方工作的代理人，他假装成一个平常的拍卖投标人。在互联网拍卖中，欺骗实际上很容易进行，因为卖方可以在自己的拍卖中再登记一个人，并让此人参与投标。所有网上拍卖都有规则与监督机制来阻止这种行为。如果第二高价密封投标拍卖的卖方（不公开地）提高第二高价水平，他们也能获利。

□ 16.6.3　信息披露

最后，我们来考虑这样一种可能性——卖方拥有关于拍卖品的某些私人信息，这些信息能够影响投标者对拍卖品的估价。当买方很重视拍卖品（例如汽车、房屋或电器）的品质或耐用性时，就会发生这种情况。卖方过去关于此类物品的经验，是获胜的投标方的未来利润的一个很好的预测指标。

正如我们在第8章所看到的，在信息不对称博弈中信息优势方必须决定是披露还是隐藏他的私人信息。在拍卖过程中，卖方必须仔细考虑任何隐藏信息的企图。当投标者知道卖方拥有某些私人信息时，如果卖方未能披露这些信息，投标者就可能会将之视为表明这些私人信息是不利信息的一个信号。即使卖方的信息是不利的，他最好也披露这些信息，因为投标者对这些信息的评价可能比真实信息更糟。因此，诚实总是上策。

诚实有利于卖方，还有另外一个原因。当卖方拥有共同价值物品的私人信息时，他应该披露信息，以提升投标者对物品的估价。投标者对估价的正确性越有信心，则他们的投标价越可能高于其估价。因此在共同价值物品的拍卖中，披露卖方的私人信息，不仅有助于卖方减小投标者的价格递减幅度，而且有助于买方降低赢家的诅咒效应。

□ 16.6.4　互联网上的拍卖

网上拍卖站点的存在只有十余年。在 Onsale.com 于 1995 年 5 月出现后不久，1995 年 9 月 eBay 站点开始运行。[13] 现在已有大量拍卖站点——约 100 个不同的有效站点，同时由于新站点不断出现，现存有些站点进行合并以及无利润的小站点关闭，因此站点的准确数目在不断变化。这些站点，无论大小，都以很多方式出售大量物品。

在一些较大的网站上，如 eBay 和 uBid，大部分拍卖物品都被分类归入"收藏品"。还有一些特殊的拍卖网站处理邮票、酒和烟、警察从搜捕中取得的财产、医疗设备、较大的建筑设备。无论什么类型的站点，其拍卖的大部分物品都被认为是用过的，这样，消费者只需用手指点击，就有机会进入世界上最大的旧货销售地。这个信息与文献中的一个假设是吻合的。这一假设认为对于销售数量有限的物品而言，网上拍卖是最有效的，因为对这些物品的需求是未知的，且卖方也不容易决定一个适当的价格。拍卖过程能够有效地找出这些物品的"市场价格"。这些物品的出售方在网上可以有最好的获利机会，那里有大量旁观者能够提供以往未知的需求参数。消费者也能够获得渴望获得但不了解的物品，同时还可能获得利润。

除了出售许多不同类型的商品外，网上拍卖还制定了多种拍卖规则。很多网站实际上提供了若干种拍卖类型，当一个卖方打算出售一件物品时，允许他选择自己的拍卖规则。最普遍使用的规则是英式拍卖和第二高价密封投标拍卖。绝大多数拍卖站点都提供一种或两种拍卖方式。

提供真正英式拍卖的若干网站在获悉高价后会将其公布，并在拍卖结束时，获胜者支付其喊价。此外，还有很多网站使用英式拍卖形式但允许进行所谓的**代理投标**（proxy-bidding）。代理投标实质上使得英式拍卖变成了第二高价密封投标拍卖。当进行代理投标时，投标者申报他愿意支付某件物品的最高价（**保留价格，** reservation price）。买者不需出示最高价格，而是在最接近的高价上，拍卖网站显示一个单位喊价增量，然后代理拍卖系统为买者出价，每次高于其他投标者一个单位喊价增量，直到达到买方申报的最高价格为止。这个系统允许拍卖获胜者支付比第二高价多一个单位增量的喊价，而非支付他自己的喊价。

荷兰式拍卖网站很少。只有少数几个零售站点还在提供类似荷兰式拍卖的拍卖，如 Lands' End 每周末在自己网站的某个特定的地方公布一些过多的存货——这些物品的价格会在下周降低三次——并在周末撤下未被购买的物品。有一些站点提供荷兰式拍卖，这些拍卖和配套的拍卖类型**扬基拍卖**（Yankee auction）实际上就是在单场拍卖中提供多个（相同）单位拍卖品。类似于前面提到的C镇的土地拍卖，这种拍卖提供给投标者对一个或多个单位拍卖品出价的选择。术语"扬基拍卖"其实就是我们所叙述的城镇土地拍卖这种拍卖。投标总价（含价格与数量）最高的投标者赢得物品而且投标者按各个单位拍卖品的投标价进行支付。"荷兰式拍卖"这一名称被保留下来，用以指称这样一种拍卖，其中投标价按总额排序，到拍卖结束时，所有中标者按最低的中标价进行支付。[14]

互联网也使得创造和应用先前不切实际的拍卖规则变得可能。最新的这类拍卖是最低且不重合的投标者价格获胜，拍卖品以获胜投标价格交易。卖方如何提供这类拍卖？他可以通过简单地提供一个相当有价值的项目，比如一块房地产或一根够分量的金条，并对每个投标者索要很少的费用来做到这一点。投标继续直到达到某个具体的投标数值，在该点上最低且不重合的投标赢得拍卖品。这类网上拍卖的成功有待观察。一个最初很成功的网站，humraz. com，已经关闭了。其他的，比如 winnit. com，虽然还在盈利，但是这些所谓的"一分钱拍卖"未能迎合大众。

尽管互联网的确允许创新，但多数网上拍卖的规则和结果与现实中的传统拍卖类似。本章前面所论述的策略性问题在网上拍卖中也存在。网上拍卖对于买方而言是好的，因为他们容易"参与"，而且为了找到自己感兴趣的商品，只需要简单地使用搜索引擎；同样地，卖方也非常容易找到大量买方，且能够较方便地选择自己偏好的拍卖规则。美国很多县支持 RealAuction. com 提供在线服务，拍卖丧失抵押品赎回权和课税留置权。以前这些是现场进行的。然而，网上拍卖也有欠妥的一面，由于在投标前买方不能检查物品，因此买方与卖方必须相信对方会按照既定的承诺进行支付或递送。

然而，现实拍卖与网上拍卖最大的不同在于拍卖结束方式，在现实中（英式或荷兰式）拍卖在没有其他投标者喊价时停止，网上拍卖则需要制定一个特殊的结束规则。两种最常用的规则是规定固定的时间，或规定最新一次报价之后的分钟数（在预先确定的一段时间之后）。阿尔文·罗斯（Alvin Roth）和阿克塞尔·奥肯费尔斯（Axel Ocken-fels）收集的证据表明：eBay 的硬性结束时间方式使得投标者可因晚投标获利。这种行为被称为"阻击"，出现在私人价值拍卖和共同价值拍卖中。从策略上看，晚投标者可通过避免同其他投标者——这些投标者不使用代理投标系统，在整个拍卖过程中也不更新自己的投标价——发生投标战而获益。此外，通过保护好他们关于商品的共同价值的

第 16 章

投标策略与拍卖设计

私人信息，晚投标者也可以获利。在延长结束时间的拍卖中没有这样的好处。这时投标者在整个拍卖期间可以更安全地进行代理投标。

在 2014 年年底，最初大受欢迎的二手商品在线拍卖网站突然衰落了。虽然 eBay 仍然是网购者的宝藏，但是只以拍卖形式存在的商品数量从 2003 年年初的 95％以上下降到 2012 年年初的 15％。在很多拍卖网站上，拍卖式销售已经被固定价格以及"一口价"取代。对这一现象的最新研究表明，这可能是因为购买者不喜欢比较冒险的、浪费时间的拍卖机制，更喜欢传统的消费体验。[15]

16.7　其他读物

很多关于拍卖理论的文献应用了相当复杂的数学知识。一些关于拍卖行为与结果的富有见地的内容可以在如下论文中找到：Paul Milgrom 的 Auctions and Bidding：A Primer；Orley Ashenfelter 的 How Auctions Work for Wine and Art；John G. Riley 的 Expected Revenues from Open and Sealed Bid Auctions。这些论文都刊登在 *Journal of Economic Perspectives*（vol. 3，no. 3，Summer 1989，pp. 3 - 50）上。这些论文都极具可读性，你可以获得有关微积分方面的丰富的背景知识。

关于本主题的更多的复杂信息也可以得到。R. Preston McAfee 和 John McMillan 有一篇综述性文章 Auctions and Bidding，发表在 *Journal of Economic Literature*（vol. 25，June 1987，pp. 699 - 738）上。更新的文献还有 Paul Klemperer 的 Auction Theory：A Guide to the Literature，发表在 *Journal of Economic Surveys*（vol. 13，no. 3，July 1999，pp. 227 - 286）上。这些文献都应用了与拍卖理论相关的高深的数学知识，同时还给出了综合性的参考文献。Klemperer 的拍卖理论书籍 *Auctions：Theory and Practice*（Princeton：Princeton University Press，2004）第 1 章提供了更新的拍卖理论，而且未使用复杂的数学知识。

维克里关于第二高价拍卖中真实投标的详细论述参见发表在 *Journal of Finance*（vol. 16，no. 1，March 1961，pp. 8 - 37）上的 Counterspeculation, Auctions, and Competitive Sealed Tenders。这篇文章是最早注意到收益等价存在的文章之一。更多研究拍卖类型收益结果的成果可参见 J. G. Riley and W. F. Samuelson, "Optimal Auctions," *American Economic Review*, vol. 71, no. 3 (June 1981), pp. 381 - 392。关于维克里第二高价拍卖的可读性强的历史文献介绍可参见 David Lucking-Reiley, "Vickrey Auctions in Practice：From Nineteenth-Century Philately to Twenty-First-Century E-commerce," *Journal of Economic Perspectives*, vol. 14, no. 3 （Summer 2000）, pp. 183 - 192。

关于拍卖行为的实验性证据可参见 John H. Kagel, "Auctions：A Survey of Experimental Research," in *The Handbook of Experimental Economics*, ed. John Kagel and Alvin Roth （Princeton：Princeton University Press, 1995）, pp. 501 - 535。另有一姊妹篇，参见 Dan Levin, "Auctions：A Survey of Experimental Research, 1995 - 2007," 即将作为前述手册的第二卷出版。另外一些关于网上拍卖行为的研究可参见 Alvin Roth and Axel Ockenfels, "Late and Multiple Bidding in Second-Price Internet Auctions：

Theory and Evidence Concerning Different Rules for Ending an Auction," *Games and Economic Behavior*, vol. 55, no. 2 (May 2006), pp. 297 – 320。

关于拍卖与拍卖设计的问题，详见 Paul Klemperer，"What Really Matters in Auction Design," *Journal of Economic Perspectives*, vol. 16, no. 1 (Winter 2002), pp. 169 – 189。关于网上拍卖的文献综述可参见 David Lucking-Reiley，"Auctions on the Internet：What's Being Auctioned，and How?" *Journal of Industrial Economics*, vol. 48, no. 3 (September 2000), pp. 227 – 252。

16.8 总　结

除了标准第一高价公开升价拍卖或英式拍卖外，还有荷兰式降价拍卖，以及第一高价与第二高价密封投标拍卖；拍卖品对于每个投标者而言，可能有唯一共同价值或诸多不同的私人价值。在共同价值拍卖中，投标者通常仅当他的喊价过高时才能获胜，并陷入赢家的诅咒之中；在私人价值拍卖中，最优投标策略，包括关于何时从自己的真实估价出发递减喊价的决策，依赖于采用的拍卖类型。在常见的第一高价拍卖中，存在一种压低喊价的策略动机。

维克里认为卖方可以通过使用第二高价密封投标拍卖诱导出投标者的真实信息。一般而言，卖方可以选择拍卖机制以确保自己获得最大利润，这种选择将依赖于投标者对风险的态度与对拍卖品价值的估计。若投标者是风险中性的，并独立地对拍卖品的价值进行估计，则所有拍卖类型都将产生相同的结果。

如何拍卖大量物品——采用单个拍卖方式还是成套拍卖方式？是否披露信息？对上述问题做出决定并非易事，卖方必须警惕投标方的合谋与欺骗行为。在线拍卖站点使用各种拍卖机制，出售不同类型的物品。这种网上拍卖对于投标者而言，主要不同之处在于很多些站点设置了硬性结束时间。

关键术语

全部投标者都要支付的拍卖（all-pay auction）

升价拍卖（ascending auction）

共同价值（common value）

降价拍卖（descending auction）

荷兰式拍卖（Dutch auction）

英式拍卖（English auction）

第一高价拍卖（first-price auction）

客观价值（objective value）

公开喊价（open outcry）

私人价值（private value）

代理投标（proxy-bidding）

保留价格（reservation price）

（卖方）保留价格（reserve price）

密封投标（sealed bid）

第二高价拍卖（second-price auction）

递减（shading）

欺骗（shilling）

主观价值（subjective value）

维克里拍卖（Vickrey auction）

维克里说真话规则（Vickrey's truth

serum）

扬基拍卖（Yankee auction）

赢家的诅咒（winner's curse）

■ 已解决的习题

S1. 一名油漆工在替建筑商工作时签有正式合同。一般而言，他对工作成本的估计都是很准确的：有时会偏高一点，有时会偏低一点，但是平均来说是准确的。在工作淡季时，他会投标以争取其他工作。他说："这两种工作不同，因为后者的工作成本总是高于我的预期。"假设他的估计技巧并没有因为工作不同而改变，那么如何解释这一差异现象呢？

S2. 请试想有一场拍卖要卖出 n 件完全相同的物品，有 $(n+1)$ 个投标者。每件物品的实际价值都是一样的，对于所有投标者而言也都相同；在存在误差的情况下，每个投标者对物品的共同价值只有一个独立的估计值。这场拍卖采用密封投标方式。出价最高的 n 个投标者，每人各得到一件拍卖品，并支付其投标价。在这种情况下，什么因素会影响投标者的投标策略？怎样影响？

S3. 你在二手车市场中看到了合意车型的广告。车主并没有设定价格，但欢迎有兴趣的买家出价。你在购买前的市场调查只让你对其价格有了一个粗略的概念：你认为价格可能为 1 000～5 000 美元（所以你计算出的平均价格为 3 000 美元）。目前的车主知道车子的确切价值，若你的出价超过该值，他就接受。当他接受你的出价而你获得车子后，你就会知道车子的真实价值。由于你了解一些修车技术，所以知道一旦获得这辆车子，不论车子当时价值为多少，你都会对车子进行修护，从而使其价值提升 1/3。

（a）若你出价 3 000 美元，你的估计期望利润为多少？应该以此价格投标吗？

（b）在没有损失的情况下，你的最高投标价为多少？

S4. 在这道习题中，我们考虑第一高价密封投标拍卖的一个特殊情形，并展示递减投标价的均衡数量是多少。考虑有 n 个风险中性投标者的第一高价密封投标拍卖。每一个投标者都有一个私人价值，独立地服从 $[0,1]$ 上的均匀分布。也就是，对于每个投标者，在 0 和 1 之间的所有值的概率相等。每一个投标者的完整策略是一个投标函数，它告诉我们对于每一个值 v，投标者将要选择的投标数量是 $b(v)$。导出均衡的投标函数需要求解微分方程，但是这里并不要求你使用微分方程导出均衡，而是给出一个均衡并要求你验证它确实是一个纳什均衡。

对于两个投标者中的每一个，对于 $n=2$ 的均衡投标函数是 $b(v)=v/2$。也就是，如果有两个投标者，每人的投标价格应该是其估计值的一半，该估计值代表显著的递减投标价。

（a）假设你正在投标，仅仅面临一个对手，他的估计值是 $[0,1]$ 上的均匀分布且投标价格总为估计值的一半。如果你投标 $b=0.1$，你获胜的概率是多少？如果 $b=0.4$，你获胜的概率是多少？如果 $b=0.6$ 呢？

（b）把（a）中的回答放到一起。你获胜的概率 $\mathrm{Pr(win)}$ 作为你的投标 b 的函数的正确数学表达式是什么？

（c）给定你的对手的投标价为其估计值的一半，当你的估计值是 v、投标为 b 时，

策略博弈（第四版）

找出你的期望利润的函数。记住存在两种情形：要么你赢得投标，要么你输掉投标。你需要找出这两种情形之间的平均利润。

（d）最大化你的期望利润的 b 值是多少？该值应该是你的估计值 v 的函数。

（e）使用你的结果说明，对于两个投标者遵循相同的投标函数 $b(v)=v/2$，这是一个纳什均衡。

S5.（**选做**）该题寻找所有投标者都要支付的拍卖的投标策略均衡，其中投标者对于商品有私人价值，这正好与我们在第 16.4 节中讨论的所有投标者都要支付的拍卖中对于商品具有一个公开知道的价值问题相反。在所有投标者都要支付的拍卖中，其私人价值是 0 到 1 之间的均匀分布，纳什均衡投标函数是 $b(v)=[(n-1)/n]v^n$。

（a）画出情形 $n=2$ 和 $n=3$ 的函数 $b(v)$ 的图像。

（b）投标价格随着投标者的数量增加还是减少？你的回答也许依赖于 n 和 v。也就是，投标有时随着 n 增加，有时随着 n 减少。

（c）证明上面给出的函数确实是一个纳什均衡投标函数。使用与习题 S4 中相同的方法。记住在所有投标者都要支付的拍卖中，即使你投标失败，你也要支付，因此当你获胜时你的支付是 $v-b$，当你失败时你的支付是 $-b$。

未解决的习题

U1."当投标者为风险规避型的时，一个通过拍卖方式出售自己房屋的人，通过采用第一高价密封投标拍卖方式，将获得更高的期望利润。"这一论断是对还是错？请给出你的答案并解释原因。

U2. 假设有三个风险中性的投标者，皆有兴趣购买一顶王妃无檐小帽。投标者（编号从 1 到 3）分别估价 12 美元、14 美元、16 美元。投标者将以如（a）～（d）所描述的方式参与竞拍。在每种情况下，投标者可以在 5 美元到 25 美元的任何价格上以 1 美元的增量进行投标。

（a）哪个投标者将在公开喊价英式拍卖中获胜？赢家最后支付的价格为多少？利润为多少？

（b）哪个投标者将在第二高价密封投标拍卖中获胜？赢家最后支付的价格为多少？利润为多少？将之与（a）所得到的结果进行比较。在这两种情况下，利润差异的原因是什么？

（c）假设采取第一高价密封投标拍卖，所有投标者的出价都低于其真实估价若干正的增量（至少 1 美元）。这种拍卖可能的结果是什么？将之与（a）和（b）所得的结果进行比较。卖方有任何明确的理由选择这些拍卖机制中的一个吗？

（d）在（c）中，风险规避型投标者将降低其投标价的递减幅度。假设他们的投标价一点都不递减，（c）中获胜的价格（和投标者的利润）是多少？卖方会关心采用哪种类型的拍卖吗？为什么？

U3. 你的专业是确认表现不佳的企业，收购它们，提高它们的经营和股票价格然后出售它们。你已经发现了一个有前景的公司 Sicco。这家公司的营销部门很普通，你坚信如果你接手这家公司，你可以使其价值增加 75%。但它的会计部门很优秀，它可以隐瞒资产、负债和交易，使得公司的真实价值很难由外人确认。（但是内部人员完全知道真相。）你认为在目前的管理层手中公司的价值在 1 000 万美元和 1.1 亿美元之间服从均匀分布。当且仅当你的投标价格超过当前管理者掌握的真实价值时，他们才会把公司出售给你。

（a）如果你对这家公司的投标价格是 1.1 亿美元，你的投标将确定成功。你的期望利润为正吗？

（b）如果你对这家公司的投标价格为 5 000 万美元，你投标成功的概率是多少？如果你成功收购了这家公司，你的期望利润是多少？于是，在你将投标价格设定为 5 000 万美元这个时间点上，你的期望利润是多少？（注意：在计算期望利润时，不要忘记你得到该公司的概率。）

（c）如果你想要最大化你的期望利润，你的投标价格应该是多少？〔提示：假设它是 X 百万美元，进行与（b）中相同的分析，找出你正在做出投标价格决策的时间点上你的期望利润的代数表达式。于是选择 X 以最大化这个表达式。〕

U4. 赢家的诅咒可以应用不同于本章的方法来解释："只有当你中标时，你的投标才有作用；也只有当你的估值高于其他所有投标时，你才会赢。因此，你应该注意这一事实。也就是说，你应该把所有其他投标者的估计值都当作比你的估值低，并使用这一'信息'来修正你本身的估计值。"请将该思想运用到一个非常不同的情况。

有一个由 12 人组成的陪审团，他们聆听和观察在审判中呈现的证据并集体地得出有罪或无罪的判决。简化审判程序，假设陪审员持有一张同时决定审判的投票。每个陪审员都会被要求投下"有罪"或"无罪"的一票。若陪审团投下 12 张"有罪"票，被告就会被判有罪；若有任何一人或一人以上投"无罪"票，则被告就会被释放，这就是我们所熟知的全体一致规则。每个陪审员的目标是根据证据做出最准确的裁决，但是每个陪审员依据自己的思考和经验来解读证据。于是，每个陪审员单独和私自得出被告有罪或无罪的估计。

（a）如果陪审员真实地投票，也就是依据他们对于有罪的被告的单独私人估计，裁决在全体一致规则下或绝对多数规则下（如果有 7 个陪审员投"有罪"票，则被告被认定有罪）被告更有可能被判无罪吗？请解释。在这种情形下我们所称的"陪审员的诅咒"是什么？

（b）现在考虑每个陪审员都策略性地投票的情形，考虑可能的陪审员诅咒问题和使用我们已经学过的所有信息推断的知识。当真实地或策略性地投票时，在全体一致规则下单个陪审员更有可能投"有罪"票吗？请解释。

（c）你认为对于陪审员诅咒的策略性投票计数将会产生太多的有罪裁决吗？为什么？

U5.（选做）这道习题是习题 S4 的继续。它考虑当 n 是任意整数的一般情形。对于 n 个投标者的均衡投标函数是 $b(v)=v(n-1)/n$。对于 $n=2$，我们已经在习题 S4 中探讨了该情形：每个投标者的投标是其估计值的一半。如果存在 9 个投标者（$n=9$），则每人的投标应该是其估计值的 9/10，等等。

（a）现在除你之外还有 $n-1$ 个其他投标者，每人使用投标函数 $b(v)=v(n-1)/n$。现在让我们仅仅聚焦于你的一个投标对手。他将要提出小于 0.1 的投标的概率是多少？提出小于 0.4 的投标的概率是多少？提出小于 0.6 的投标的概率是多少？

（b）使用上面的结果，找出其他人的投标小于你的投标 b 的概率的表达式。

（c）记住存在 $n-1$ 个其他投标者，所有人都使用相同的投标函数。你的投标 b 大于所有其他人的投标的概率是多少？换句话说，找出以你获胜的概率 $\Pr(\text{win})$ 作为你投标 b 的函数的数学表达式。

（d）当你的估计值是 v、投标为 b 时，使用上面的结果找出你的期望利润的表达式。

（e）最大化你的期望利润的 b 值是多少？

使用你的结果说明，对于所有 n 个投标者来说，遵循相同的投标函数 $b(v)=v(n-1)/n$ 是一个纳什均衡。

【注释】

[1] 关于拍卖理论与实践的其他文献可参见本章最后一节。

[2] Roger Myerson 的论文 "Optimal Auction Design" [*Mathematics of Operations Research*，vol. 6，no. 1（February 1981）] 对拍卖的一般理论做出了先驱性的贡献并因其重要工作获得了 2007 年的诺贝尔奖。Paul Klemperer 的 *Auctions：Theory and Practice*（Princeton：Princeton University Press，2004）展示了极其精彩的现代拍卖理论。

[3] 例如，美国把近海石油勘探权以拍卖方式租给公司，包括墨西哥湾和阿拉斯加海岸等地的石油勘探权。2002 年宾夕法尼亚州则一直在考虑对其近 25 万英亩森林陆地天然气勘探权进行拍卖。这也是第一个在线、实时、匿名拍卖。

[4] 这 10 个估计值平均而言会分布在 9 亿美元至 11 亿美元之间（10 亿美元的左边或右边）。最高或最低的估计值，平均而言，都会落在分布区域的两个极端值处。

[5] 参见 Steven Landsburg，*The Armchair Economist*（New York：Free Press，1993），p. 175。

[6] 参见 Richard Thaler，"Anomalies：The Winner's Curse," *Journal of Economic Perspectives*，vol. 2，no. 1（Winter 1988），pp. 191 - 201。

[7] 维克里是过去 40 年中在经济学上富有原创性的思考者之一。1996 年他以对拍卖与披露真实估价的过程的研究获得诺贝尔经济学奖，但不幸的是，他在奖项宣布三天后与世长辞。

[8] 本书作者之一迪克西特曾在博弈论课堂中拍卖 10 美元的钞票，并从一个有 20 位学生的小组中获利 60 美元。在普林斯顿大学里有一个传统，在学期末的最后一堂课中学生会持续鼓掌向教授表达敬意。有一次，迪克西特提供 20 美元给鼓掌最久的学生。这是一场公开喊价且全部投标者都要支付（以鼓掌形式）的拍卖。当大部分学生都在 5～20 分钟后放弃后，仍有三位学生持续鼓掌了 4.5 小时。

[9] $P(x)$ 称为随机变量 x 的累积概率分布函数。对 x 而言，较熟悉的概率密度函数来自对 x 的导数，$P'(x)=p(x)$。$p(x)\mathrm{d}x$ 代表变量位于 x 和 $x+\mathrm{d}x$ 之间的概率。

[10] 每位参与人的期望投标价相当于 x 的期望值，请用概率密度函数 $p(x)$ 来计算。在本例中，$p(x)=P'(x)=(1/n-1)x^{(2-n)/(n-1)}$，而 x 的期望值为 $xp(x)\mathrm{d}x$ 从 0

到 1 的总和 $\int_0^1 x(x)\mathrm{d}x = 1/n$。

[11] 对于更多的激励奖项，参见 Matthew Leerberg，"Incentivizing Prizes：How Foundations Can Utilize Prizes to Generate Solutions to the Most Intractable Social Problems，" Duke University Center for the Study of Philanthropy and Voluntarism Working Paper，Spring 2006。关于 X 奖基金会的信息可浏览网站：www. xprize. org。

[12] Klemperer 的著作，尤其是第 3 章和第 4 章，有关于所有这些问题的详细讨论和警示。

[13] Onsale. com 与 Egghead. com 于 1999 年合并，Amazon 于 2001 年末收购了该合并公司的资产，这三个拍卖站点简称为 "Amazon Auctions"。现在它们已被亚马逊公司的固定价格销售渠道 Maketplace 取代。

[14] 这种"荷兰模式"机制同样被用于联邦储备系统拍卖短期国库券。

[15] 关于在线销售拍卖机制的消亡，更多内容参见 Liran Einav，Chiara Farronato，Jonathan D. Levin，and Neel Sundaresan，"Sales Mechanisms in Online Markets：What Happened to Internet Auctions?" NBER Working Paper No. 19021，May 2013。

第 17 章

谈　判

在日常生活中，处处都涉及谈判。孩子从小就开始和其他小朋友通过谈判分享玩具和参与游戏。夫妻之间通过谈判解决房屋归属、养育孩子以及为彼此事业所做的调整等问题。买卖双方谈判价格，劳资双方商议薪金。国家之间谈判自由贸易政策，强权国家之间谈判裁减武器议题。本书最初的两位作者也得谈判——通常是以和平的方式进行——哪些章节要增添内容或省略内容，以及如何展开本书的论述等主题。在谈判中欲获得好结果，参与人必须设计良好的策略。本章将提出并解释这些思路与策略。

所有谈判都有两个相同点。第一，谈判中双方达成协议所得的总支付应大于双方各自处理事件而得到的支付总和，即整体必须大于部分的和。若不存在此超额价值（或称为"剩余"），谈判就没有意义。比如两个小孩正在考虑是否一起玩耍，如果一起玩耍无法让他们玩到更多的玩具，或无法玩到对方正在玩的玩具，那么他们最好还是拿着自己的玩具独自玩耍。当然，世界上充满了太多不确定性，可能无法具体化期望利润。然而，假如要从事谈判，就要使参与人至少有"获得"的感觉：当浮士德与撒旦谈判时，浮士德就觉得从撒旦那儿得到的知识与力量，比起他最后必须付出的灵魂更有价值。

第二个重要的相同点由第一点产生：谈判并非零和博弈。当剩余存在时，谈判就是解决如何分配剩余的问题。每个谈判者都试图多为己方争取一点好处，而给对方少留一点。这看起来或许是零和博弈，但是这存在着一种危险：若无法达成协议，将没有人能够得到剩余。存在对双方都有害的选择，以及双方都试图逃避这种选择，正是威胁可能存在的原因。这种威胁可能是明确的，也可能是隐含的。不论是明确的还是隐含的，它都使谈判成为一种策略性的活动。

在博弈论出现以前，一对一的谈判被视为是困难的，而且是永无止境的，因为一些相似的情况会产生各不相同的结果。理论家无法系统地说明为什么一方比另一方获得更多，他们将此结果归因于不明确且难以理解的"谈判力量"差异。

即使是简单的纳什均衡理论也无法对此做出更多解释。假设两人要瓜分 1 美元。让我们来建构一个博弈，其中每个人都要同时说出自己想要的数目。若两人说出的数目 x 与 y 的总和刚好为 1 或者小于 1，那么他们就能得到各自说出的数目的钱。若两人说出的数目总和超过 1，则他们什么也得不到。所以加总为 1 的任何（x，y）组合就是本博弈的纳什均衡——在给定另一参与人说出的数目的情况下，每个参与人都最好坚持自己说出的数目。[1]

博弈论的进一步发展产生了两条差异很大的研究思路，每一条研究思路都运用了特定的博弈论推理方法。在第 2 章我们区别了合作与非合作的博弈论：在合作博弈中，参与人共同采取行动；在非合作博弈中，参与人独立采取行动。谈判理论的进一步发展也沿着这两条思路：或运用合作博弈论，或运用非合作博弈论。其中一种将谈判视为合作博弈，谈判中的各方共同找出解决方法，或者经由中立的第三方（如仲裁者）来解决。另一种则将谈判视为非合作博弈，其中谈判各方独立选择他们的策略，然后达到其均衡。与前面的同时说出自己想要的钱数的简单博弈不同，此处的均衡是不明确的，因此我们得使用更多的方法，进行连续出价和反出价的博弈，使其均衡变得明确。正如第 2 章所强调的，"合作"与"非合作"是指共同行动和独立行动，并非好的行为和坏的行为，也不是妥协和决裂。非合作谈判均衡的达成需要很多的妥协。

17.1 纳什的合作解

本节将讨论有关谈判的纳什合作博弈。我们首先利用一个数字实例来介绍这一概念，然后用代数方法进一步阐述一般理论。[2]

□ 17.1.1 数字实例

假设现在有两个硅谷的企业家安迪与比尔。安迪所生产的微晶片每组以 900 美元卖给计算机制造商。比尔开发的套装软件以 100 美元零售。二者会面后得知他们的产品能够彼此组合，只要进行细微的调整就可以生产一套硬件与软件的组合系统，每套售价为 3 000 美元。因此，若他们一起生产，每套将可增加 2 000 美元的价值，而他们预期每年能够销售数百万套产品。这样，财富路上唯一的障碍就是该如何分配这些利润。在每套产品获得的 3 000 美元的收益中，安迪和比尔各该分配到多少钱？

比尔认为，若没有他的软件，安迪的微晶片只是一堆金属与沙粒罢了，所以安迪只应获得 900 美元，而自己则应得到 2 100 美元。安迪反驳说，若没有他的硬件，比尔的软件只是纸上的一堆符号或是磁片上的一些磁性信号罢了，所以比尔只应获得 100 美元，而自己则应获得 2 900 美元。

对他们两人的争论，你可能会建议他们"瓜分差额"。然而这个建议还是不够清楚明确。比尔或许会提议与安迪平分每套产品的利润。在此方案下，每人可获得 1 000 美元的利润，这表示将每套产品收入额的 1 100 美元分配给比尔，将 1 900 美元分配给安迪。安迪或许认为所得利润要根据贡献的比例来分配。这样的话，安迪会得到 2 700 美元，而比尔可获得 300 美元。

若他们直接谈判，那么最后协议就会取决于二人的坚持与耐心。若他们试着将争端交由第三方仲裁，则最后的决定会依据仲裁者对软件与硬件相对价值的感觉以及双方向仲裁者陈述时所使用的修辞技巧而定。为了明确起见，我们假设仲裁者所决定的分配比例为4∶1；也就是说，安迪得到4/5的剩余，而比尔获得1/5，或者说安迪获得的剩余为比尔的4倍。在这种方案下，总收入如何分配呢？假设安迪总共获得x，而比尔则总共获得y，因此，安迪的利润为（$x-900$），比尔的利润为（$y-100$）。根据仲裁者的决定，安迪的利润应该为比尔的4倍，所以$x-900=4(y-100)$，或者$x=4y+500$。双方可获得的总收入共为3 000美元，因此$x+y=3\,000$，或$x=3\,000-y$。那么$x=4y+500=3\,000-y$，或$5y=2\,500$，或$y=500$，从而$x=2\,500$。在这种分配方式下，安迪获得的利润为2 500-900=1 600美元，比尔获得的利润为500-100=400美元。这就是基于仲裁者主张的有利于安迪的分配比例4∶1的结果。

上面我们用代数方程式分析了一个简单的数字实例，这种方法在许多实际应用中非常有用。接下来，我们将继续考察更多的具体例子，分析决定谈判中利润分割比例的因素。

□ 17.1.2 一般理论

假设两个谈判者A和B要瓜分总价值v，当且仅当他们就某种特定分配方案达成共识时，才能达到目的。若没有达成协议，双方将独自行动，或是采取其他的行动，从而A将得到a，B将得到b。我们称此为他们的最后底线或者在哈佛谈判项目的术语中称为"**谈判协议的最佳替代**"（best alternative to a negotiated agreement，BATNA）。[3] 通常a与b皆为零，但一般而言，我们只需假设$a+b<v$，从而从协议得到的会是正**剩余**（surplus）（$v-a-b$）；若并非如此，那么这个谈判就会没有结果，因为双方都会运用其外部机会来获得其BATNA。

考虑以下规则：每个参与人都会获得其BATNA加上一部分剩余，A得到的剩余的比例为h，B得到的剩余的比例为k，而$h+k=1$。以x表示A最后所得到的数量，以y表示B最后所得到的数量，我们可得出：

$$x=a+h(v-a-b)=a(1-h)+h(v-b)$$
$$x-a=h(v-a-b)$$

以及

$$y=b+k(v-a-b)=b(1-k)+k(v-a)$$
$$y-b=k(v-a-b)$$

我们称这些式子为纳什方程。也可以这样来看这一问题，将剩余（$v-a-b$）以$h∶k$的比例分配给谈判者，也就是

$$\frac{y-b}{x-a}=\frac{k}{h}$$

或是以斜率截距式表示为：

$$y=b+\frac{k}{h}(x-a)=\left(b-\frac{ak}{h}\right)+\frac{k}{h}x$$

为了将剩余分配完，x和y必须满足$x+y=v$。关于x和y的纳什方程实质就是上

面联立方程的解。

图 17-1 是**纳什合作解**（Nash cooperative solution）的几何图形。点 P 为最后底线或 BATNA，坐标为 (a, b)。所有能将双方剩余以 $h:k$ 比例进行分配的点 (x, y) 形成一条通过 P 的直线，其斜率为 k/h；这就是我们刚刚提到的直线 $y = b + (k/h)(x - a)$。所有将全部剩余分配完的点 (x, y) 都在连接点 $(v, 0)$ 和 $(0, v)$ 的直线上；这条直线就是我们上面推导出的第二个方程 $x + y = v$。纳什均衡解会出现于两线的交点 Q 处。该点的坐标就是双方达成协议后各自的支付。

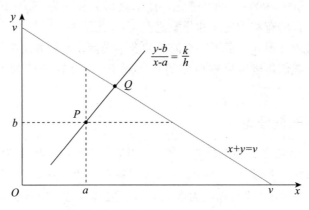

图 17-1　简单例子中的纳什合作解

当然，纳什方程并没有说明此解产生的原因与产生的过程。然而，这种模糊性也正是其优点——它可以被用来简单概括不同的观点和理论。

最简单地说，你可能觉得纳什方程就是谈判过程的简略表示。h 和 k 能够代表双方相对的谈判实力。这个简单的表达式只是权宜之计。完整的理论应该能解释谈判实力是从何而来与为何一方实力大于另一方。我们将在稍后对此加以探讨。我们可以利用此方程作为工具，扼要说明代表谈判力的参数 h 和 k。

纳什使用了不同于到目前为止本书所介绍的博弈论方法，因此需要对此做更多说明。到现在为止在我们所介绍的博弈中，参与人都各自选择与运用不同的策略。在已知对手的策略的情况下，我们寻找每个参与人获取最优利益时的均衡点。这样的结果对于一些参与人是非常不利的，甚至对于全体参与人都是不利的，囚徒困境就是最明显的例子。在这种情况下，参与人有机会对共同采取的策略进行协商。但是在我们的框架下，他们无法确保协议能够维持。参与人在达成协议后解散，当轮到该参与人行动时，他仍会采取最符合他自己利益的行动。在面临这样的诱惑时，共同行动的协议往往就会瓦解。的确如此！在第 10 章对重复博弈的讨论中，我们发现关系破裂的潜在威胁可能会维系协议，而在第 8 章，我们确实考虑了信号的传递。然而，重点在于各自行动，只有相互利益不成为各自行动中利己主义的牺牲品时，双方才可以共同获利。在第 2 章，我们称此博弈为非合作的，用以强调采取行动的方式，而非共同行动的结果（结果对大家都有利）。因此，此类博弈重要的一点是，各自行动的均衡结果是对大家都有利的结果。

假如共同行动是可能的，又会如何呢？例如，在达成协议后，参与人全部当场采取行动。他们把共同协议或者委托给中立的第三方执行，或者交由仲裁者处理。换句话说，博弈可能是合作的，即共同行动。纳什将谈判视为合作博弈。

共同行动以执行共同协议的团体的思维方式完全不同于一群知道他们正在进行策略性互动却采取不合作行为的个体。若以均衡的观点讨论后者，则结果的好坏根据他们是否满意其结果而定；至于前者，他们会先思考什么是好结果，然后考虑要如何达成这样的结果。合作博弈的结果是根据理论家认为的合理的普遍原则或特性来定义的。

纳什提出了一整套谈判原则，并证明了每条原则产生的结果都是独特的。他的原则大致是：（1）若支付呈线性变化，其结果应该不变；（2）其结果应该是**有效的**（efficient）；（3）如果行动选用可能性的降低是由排除无关因素造成的，那么其结果不会受到影响，因为这些行动无论如何都不会被选用。

第一条原则符合期望效用理论，我们曾在第 8 章附录中扼要讨论过期望效用理论。支付的非线性变化表示参与人对风险改变的态度及其行为上的真正改变；内凹的排列意味着风险规避，外凸的排列则意味着风险偏好，介于这两者之间的线性变化则代表对风险的态度不变。因此，它应该不会影响期望支付的计算，也不会影响期望支付的结果。

第二条原则表示可获得的共有利润应该被获得。在我们所举的简单例子中，A 和 B 要分配总价值 v，亦即意味着 x 和 y 的总和要等于总额 v，而非其他较小的总额。换句话说，图 17-1 中的解必须落在直线 $x+y=v$ 上。一般而言，谈判的所有可能协议处于所有共同利益都被获取了的子集合中或左下方。此子集合并不需要落在如同 $x+y=v$（或 $y=v-x$）的直线上，它可以落在任何如 $y=f(x)$ 的曲线上。

在图 17-2 中，所有在曲线 $y=f(x)$ 上及下方的点组成了完整的可行结果。曲线本身由有效结果组成；没有任何其他可行结果比曲线 $y=f(x)$ 包含的 x 和 y 的组合更有效，所以在曲线 $y=f(x)$ 上不会存在未被获取的共同利润。因此，我们称曲线 $y=f(x)$ 为谈判问题的**有效边界**（efficient frontier）。

我们可以使用第 9.1.1 节中有效风险分配的例子来说明有效边界曲线。两个农场主，每人都有一个平方根效用函数，以相同的可能性面临使他们的收入为 160 000 美元或 40 000 美元的有利或不利的天气。得出每人的期望效用是：

$$1/2 \times \sqrt{160\,000} + 1/2 \times \sqrt{40\,000} = 1/2 \times 400 + 1/2 \times 200 = 300$$

但他们的风险是完全负相关的。当一个人遭遇不利天气时另一人将会遇到有利天气，因此无论他们遇到什么天气，他们的联合收入总是 200 000 美元。如果他们谈判使得第一个人得到联合收入中的 z 且另一个人得到剩下的（200 000－z），他们各自的效用 x 和 y 将是：

$$x = \sqrt{z}, \ y = \sqrt{(200\,000-z)}$$

于是我们通过下面的方程描述风险共担结果的可能集：

$$x^2 + y^2 = z + (200\,000-z) = 200\,000$$

这个方程在第一象限中定义了四分之一的圆弧并且表示了农场主谈判问题中的有效边界。如果两个农场主不能达成任何协议，则每个农场主的 BATNA 是他将会得到的期望效用 300。把这个值代入上边的方程得到 $300^2 + 300^2 = 90\,000 + 90\,000 = 180\,000 <$ 200 000。因此农场主的 BATNA 点位于四分之一圆弧的有效边界内部。

第三条原则似乎也很引人注目。若一个谈判者没有选择图中的任何一点，那么结果

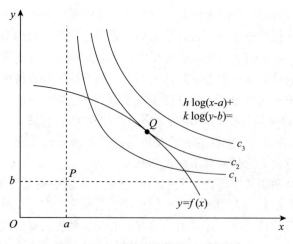

图 17 - 2 纳什合作解的一般形式

应该怎样？这个假设与第15.3节阿罗不可能性定理中"独立于无关候选人"的假设紧密相连，但是我们必须用较高深的方法分析这种联系。

纳什证明了符合此三条原则的合作结果可以用数学上的最大化方法来刻画：求解 x 和 y，使之

$$\text{在满足 } y=f(x) \text{ 的情况下，最大化}(x-a)^h(y-b)^k$$

这里 x 和 y 皆为结果，a 和 b 是最后底线支付，h 和 k 是总和为 1 的正数，类似于纳什方程中的谈判实力。仅靠纳什的三条原则并不能决定 h 和 k 的值，因此在理论与结果中都有某种程度的弹性。实际上，纳什在问题中加入了第四条原则——两个参与人之间具有对称性。这个额外的假设使得 $h=k=1/2$，并决定了唯一解。我们已经给出了一个具有一般性的方程，它后来在博弈论和经济学中会广泛地出现。

图 17 - 2 也对最大化的目标进行了几何阐释。标记为 c_1、c_2、c_3 的曲线是被最大化的函数的无差异曲线；沿着每一条这样的曲线，$(x-a)^h(y-b)^k$ 的值都是固定的，而且如图所示，在 $c_1<c_2<c_3$ 的情况下，$(x-a)^h(y-b)^k$ 会等于 c_1、c_2 或 c_3。整个空间有无限多条类似 c_1、c_2 和 c_3 的曲线，每条都有其固定值，而且越靠近右上方的曲线，其固定值越大。

很明显，函数可能的最大值在有效边界与其中一条无差异曲线相切时取得。[4] 切点的位置由过该切点的与有效边界相切的等高线的性质决定。通常都是以此切点对纳什合作解进行几何说明。[5]

在图 17 - 2 中，我们也可利用数学方法推导纳什解。然而此处要表达的目的却比其他方法更重要——至少在博弈论的学习上是这样。为了方便，令 $X=x-a$，$Y=y-b$，其中 X 为 A 的剩余，Y 为 B 的剩余。鉴于结果的有效性，有 $X+Y=x+y-a-b=v-a-b$，这就是总剩余，我们以 S 表示，即 $Y=S-X$，且

$$(x-a)^h(y-b)^k=X^hY^k=X^h(S-X)^k$$

在纳什解中，X 取最大化此函数的值。基本计算告诉我们，若令方程中关于 X 的导数为零，就能找到解。所以我们得到：

$$hX^{h-1}(S-X)^k - X^h k(S-X)^{k-1} = 0$$

当我们消去公共因子 $X^{h-1}(S-X)^{k-1}$ 后，就得到：

$$h(S-X) - kX = 0$$
$$hY - kX = 0$$
$$kX = hY$$
$$\frac{X}{h} = \frac{Y}{k}$$

最后，以原来的变量 x 和 y 表示方程，可得 $(x-a)/h = (y-b)/k$，这正是纳什方程。关键之处在于，从纳什的三条原则所推导出的式子就是分配谈判剩余的最简单的方法。

用来决定纳什合作解的三条原则或三个性质是简单而醒目的。但是，由于缺乏完善的监督机制来保证各方按照协议的规定采取行动，因此这些原则可能会无效。参与人若能以策略行动而达到比纳什解更好的结果，他们就会放弃这些原则。若仲裁者强制执行纳什合作解，参与人就可能会干脆拒绝仲裁。因此，若纳什合作解能够解释谈判的非合作博弈，它将会更令人信服。这是有可能的，我们将在第 17.5 节中介绍一个重要的特例。

17.2 可变威胁的谈判

在本节中，我们将纳什合作解应用于特定博弈中，也就是序贯博弈的第二阶段。我们在第 17.1 节中曾假设参与人的最后底线（或 BATNA）a 和 b 都是固定的，但是现在假定在谈判博弈的第一阶段，参与人能够在一定限度内采取策略性行动以操纵其 BAT-NA。在他们完成此行动后，由 BATNA 产生的纳什合作结果就会出现在第二阶段。这种类型的博弈称为**可变威胁谈判**（variable-threat bargaining）。在这种类型的博弈中，参与人应如何操纵 BATNA 才符合其利益？

我们用图 17-3 说明操纵 BATNA 的可能结果。原来已知的最后底线（a 和 b）为博弈最后底线点 P 的坐标；具有这一最后底线的纳什解落在点 Q。若参与人 A 为了将博弈最后底线点移至点 P_1 而提高其 BATNA，则从该处产生的纳什解将位于点 Q'，如此将对 A 更为有利（而对 B 更不利）。因此，提高自身的 BATNA 的策略性移动是令人满意的。例如，若你已拥有一个好的工作机会——具有较高的 BATNA，当你再到其他公司面试时，与尚未获得第一份工作时相比，此时你对第二家公司的要求会更高。

提高 BATNA 可以明显改善最后的结果，然而下一步分析就没有这么明显了。结果表明，如果 A 能够采用降低 B 的 BATNA 的策略性行动，而将博弈的最后底线点移至点 P_2，则从该处产生的纳什均衡就会落在点 Q'，这和 A 为增加其利益而使最后底线达到点 P_1 时的结果相同。因此，与前一种情况相比，这一操作能同样地增加 A 的利益。关于降低对手的 BATNA 的例子，请试想一种情况：你正在工作并想要升职。若你把自己变成公司里必不可少的人，少了你，公司的前景将受到影响，如此你的升职机会就会大增；如果达不成协议，即公司不升你的职，你就会离开公司——这样可能会让公司利

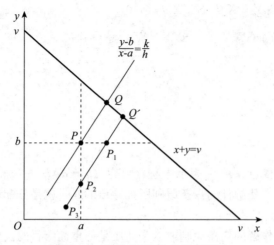

图 17 - 3　操纵 BATNA 的谈判博弈

益受损，也就能促使公司同意你的要求。

最后，也是更戏剧化的是，若参与人 A 采取行动同时降低两个参与人的 BATNA，从而使得博弈的最后底线点移至点 P_3，则又会得到和之前的操作相同的结果。这种移动如同使用威胁："它伤害你会多于它伤害我。"

一般来说，对于 A 而言，其关键是将博弈的 BATNA 点移至低于 PQ 线的某处。BATNA 点的位置向右下方移动得越远，A 的最后结果就会越好。事实上，威胁并不是要造成低支付，而只是以其作为带来更好结果的杠杆。

以这种方式操纵 BATNA 的可能性要根据其背景而定。这里有个实例——1980 年的一场棒球运动员罢工，它呈现出非常复杂的形式。运动员们在春季训练时罢工，然后在 4 月正常赛季开始时恢复打球，而在战争纪念日当天又再度开始罢工。对于劳资双方而言，罢工成本都是巨大的，但是双方成本是不同的。在春季训练期间，球员并没有领薪，而雇主可让球迷参观球员训练而获利。4 月及 5 月正常赛季开始后，球员开始领薪，但是由于天气寒冷，所以赛季尚未真正到来，观众仍然很少，因此雇主的罢工成本还是不高。观看球赛的观众从战争纪念日后开始增多，所以虽然球员损失的是相同的薪水，然而雇主的成本却提高了。因此，这种两阶段罢工是相当聪明的设计，它尽可能地将雇主的 BATNA 降至比球员的 BATNA 还低的水平。[6]

还有一件难以理解的事：究竟为何会发生罢工呢？根据此理论，大家都应该知道发生了什么事；解决方式对球员越有利，则越没有罢工的必要。实际中罢工的发生是威胁"走偏"的结果。一些不确定性——非对称信息或边缘政策——应该是罢工发生的原因。

17.3　轮流出价模式一：总价值的损失

我们将研究方向转向更为现实的非合作博弈论，并思考可能产生均衡的个人实施策略的过程。一种**轮流出价**（alternating offer）模式就是此过程的标准写照。一个参与人 A 先提出一个价格，另一个参与人 B 接受或提出另一个价格，若是后者，则 A 可以接受此价格或再提出另一个价格，依此类推。这样，就有一个序贯行动博弈，我们将用逆推法找出其均衡。

在用逆推法求解均衡时，我们必须从末端开始往回推。那么哪里是末端呢？为何出价与对手还价的过程最后会停止呢？或者更彻底地问，为何会轮流出价呢？为什么两个谈判者不坚持他们最初的价格，并拒绝改变意见呢？当然，倘若他们无法达成协议，双方都将付出相当大的代价；但是，对于先做出让步或做出较大让步者而言，他从协议中获得的好处总是较小。任何人做出让步的原因，一定都是继续坚持会造成更大的损失。这种损失有两种主要形式：可获得的剩余随着每次出价而**递减**（decay）。这是本节讨论的一种可能性。另一种可能性是，时间具有价值，而**不耐烦**（impatience）在此过程中也扮演了重要角色，故拖得越久协议越没有价值。我们将在第17.5节中考察此种可能性。

考虑下面剩余不断递减的例子。一个球迷抵达了一场职业球赛赛场门口，但是他没有球票。他最多愿意付25美元观看每节比赛。他发现球场外有个票贩在倒卖球票。票贩向他提出一个价格，球迷若不愿意支付此价格就会转身到附近的酒吧里，在大屏幕电视上观看第一节球赛。等这节结束时，他走出酒吧，发现票贩还在那里，于是球迷就出了另一个价格。若票贩不同意，球迷就会回到酒吧里。到第二节结束时，他会再度走出酒吧，而票贩会提出另一个价格。倘若球迷还是无法接受此价格，他会再次回到酒吧，并在第三节结束时再向票贩出价。当然，现场观看球赛的价值会随着所剩节数减少而降低。[7]

逆推分析可让我们预测这种轮流出价谈判的结果。在第三节结束时，球迷知道此时若他不买球票，票贩的球票将会变成一张废纸。所以即使球迷所提出的价格非常低，票贩还是会把票卖给他，因为聊胜于无。因此在球迷最后出价时，他几乎可以免费获得球票。反推在第二节结束时，票贩握有出价的主动权。但是他必须考虑到后来的情况，并认清一个事实——他无法从球迷那儿获得剩余两节球赛的完全价值。若票贩的出价高于25美元（球迷对第三节球赛的评价），球迷就会拒绝票贩的价格，这是因为球迷知道他将可以用几乎为0的价格观看第四节的球赛，所以，票贩的最高出价只能是25美元。现在考虑第一节球赛结束时的情况。球迷知道若他现在不买下球票，之后票贩的期望价格仅为25美元，所以球迷只要出价25美元就可获得球票。最后，在比赛正式开始前，票贩会考虑到后来所有的状况并出价50美元。此50美元代表的是，球迷对第一节球赛25美元的评价与对剩余三节球赛25美元的评价。因此，两者会立刻达成协议，以50美元成交，这个价格是完全由逆推法得出的。[8]

我们可以将这个例子简单地抽象成两个谈判者A和B间的一般情况。假设A首先出价要瓜分价值为v的总剩余。若B拒绝此价格，那么可获得的剩余就减少x_1从而降至$(v-x_1)$；然后由B出价。若A拒绝B的出价，那么可获得的剩余就减少x_2从而降至$(v-x_1-x_2)$；再由A出价。然后彼此再继续出价，一直到最后，我们假设10个回合后博弈就结束了，即$v-x_1-x_2-\cdots-x_{10}=0$。如同一般序贯行动博弈，我们从博弈结束处开始进行分析。

当博弈进行到只剩下x_{10}的剩余时，B可以提出最后价格，将"几乎所有的"剩余留给自己，只分极小部分给A。此时由于除此之外别无选择，因而A不得不接受这种出价。为避免斤斤计较几分几厘，让我们称这个结果为"B获得x_{10}，A获得0"。我们将对前面的回合进行相同的分析。

知道了博弈的第 10 个回合发生了什么事，我们再来考察第 9 个回合。在第 9 个回合的博弈中，是由 A 出价，而此时剩余为 (x_9+x_{10})。A 知道他至少要对 B 出价 x_{10}，不然 B 会拒绝其价格，从而进入第 10 个回合。当然，A 不愿意给 B 更多的剩余。所以在第 9 个回合，A 的出价会使他本身能保留 x_9，而留 x_{10} 给 B。

所以在更早的一个回合，当剩余为 $x_8+x_9+x_{10}$ 时，B 的出价会使 A 得到 x_9，让自己能获得 (x_8+x_{10})。再逆推回去，在第 1 个回合，A 的出价会使他自己能获得 $(x_1+x_3+x_5+x_7+x_9)$，而留下 $(x_2+x_4+x_6+x_8+x_{10})$ 给 B。这样的出价是会被接受的。

你可以用简单的技巧记住这个例子。假设有这样一种结果，即所有的出价都被拒绝（当然这不可能真的发生），然后，加总所有被某一参与人拒绝的价格，所得到的总数就是在真正均衡时，另一参与人会得到的剩余。如上例所示，当 B 拒绝了 A 的第一次出价时，B 可获得的剩余就会减少 x_1，而 x_1 就会成为博弈均衡时 A 可获得的剩余的一部分。

若每个参与人都有一个正的 BATNA，则应将其纳入考虑之中，分析也因而必须加以修正。在最后一个回合，B 向 A 的出价至少必须等于其 BATNA（即 a）。若 x_{10} 比 a 大，那么这会让 B 获得 $(x_{10}-a)$；若 x_{10} 比 a 小，那么博弈就会在达到这一回合之前结束。在第 9 个回合，A 向 B 提出的价格必须是 B 在第 10 个回合能得到的（$x_{10}-a$）和不能达成协议时 B 所能获得的 BNTNA（即 b）这两个值中较大的一个。可以利用这种方法一直逆推回第一个回合；我们将剩下的工作留给你，请你完成其余的逆推。

我们已经找到了轮流出价谈判博弈的逆推均衡，而在推导结果的过程中，我们也说明了存在于均衡后面的策略——其实是完整而有条件的行动，也就是若博弈在之后的回合达成协议，每个参与人会怎样做。实际上，真正的协议在一开始出价时就会立刻达成。所以之后的回合根本无法达成协议，它们是均衡点外的节点与路径。和逆推法一样，对理性行为者在其将会达到的节点上的行动的预想催生了最初的行为。

另一个重点是剩余的逐渐减少（在数个回合的出价后），这比突然减少（只有一个回合的谈判）公平。在后者中，若 B 拒绝 A 的第一次出价，协议就无法达成；而在逆推均衡中，A 会企图将（几乎）所有的剩余都留给自己，而向 B 下达"最后通牒"，要 B 接受极少甚至为 0 的剩余。然而，连续回合的出价让 B 有能力拒绝不公平的第一次出价。

17.4 实验证明

此类谈判程序很简单，实验室或课堂实验通常通过构造总剩余递减的条件来观察实验主体的真正行为。在第 3 章，我们在讨论逆推法的有效性时就已扼要提及了相关内容，而现在我们要在谈判的背景下，更详细地考察这些例子。[9]

最简单的谈判实验是**最后通牒博弈**（ultimatum game），这是仅有一个回合的博弈：由参与人 A 出价，若参与人 B 不接受其价格，谈判就结束了，结果双方都没有获得任何东西。这个博弈的一般情形如下。将一群参与人置于同一间教室里，或是置于同一网络中，并两两配对；然后指定每一对中的一人为出价者（提出价格的人，或制定价格的卖方），指定另一人为选择者（接受价格或拒绝出价的人，或决定是否以该价格购买的顾客）。每一对的固定剩余为1美元或其他数目，而他们要瓜分剩余。

逆推法表明，A向B的出价应为最小的货币单位，比如1美分，而B应该接受此价格。然而，真正的结果完全不同。在本例中，由于将实验对象聚集在同一间教室里，并随机指定出价者，因此最常见的出价为以50∶50的比例平分剩余，很少会有比75∶25的比例更糟糕的状况（出价者得75%，而选择者得25%）。如果这种状况真的发生，选择者通常是不会接受的。

对这项发现有两种解释。参与人可能无法进行逆推法必需的计算或没有进行此计算，或者他们的支付包含了此回合博弈以外的东西。当然，最后通牒博弈的计算很简单，每个人都能计算，因为这些实验的主角大部分都是大学生。一种较可能的解释即我们曾在第3.6节和第5.3节阐述的理论。这一理论假设支付仅为从该回合谈判中获得的收益，过于简单。

参与人的支付还可能包含其他东西。他们可能由于自尊而不愿意接受很不公平的分配方案。即使出价者A并没有将这个因素纳入对自己的支付的考虑之中，但若他觉得B可能会受此影响，那么A最好还是将价格提高到B能够接受的范围。向B提出较低的出价会抵消A的高支付，因为B会拒绝接受太不公平的出价从而使得A什么也得不到。

第二种可能的解释是，由于实验中的参与人都在同一间教室，从而无法保证匿名配对。若参与人是来自同一群体的大学生或是同一个社区的居民，则他们都会有博弈以外的关系，那么他们可能会考虑这些关系。因此，出价者会担心他们在博弈中的出价过于不公平将会损害他们在博弈以外的关系。所以，比起简单的博弈来，此时的出价者就会大方得多。倘若这就是解释，那么可以肯定更多的匿名者将使得出价更不公平。实验的确证实了这一点。

最后，人们在成长或受教育的过程中会被灌输公平的观念。公平的观念对于整个社会而言具有演化价值，也可能因此而变成社会规范。无论其根源如何，也无论其是否会被拒绝，出价者的出价都变得相对大方。作者之一（斯克丝）曾在教室内进行过几种最后通牒博弈的实验。在彼此认识的学生间进行瓜分谈判时，谈判结果都明显较公平。此外，有些学生用特定文化背景解释了异于理论预测的行为。

我们已经进行了许多基本博弈的变化形式的实验以区别不同解释。博弈外的关系可用严格的匿名程序来规范。这样做虽然会影响结果，却不会产生像纯粹自私的逆推理论所预测的那样极端的结果。我们特别挑出"担心被拒绝"及"根深蒂固的公平观念"这两种情况来加以讨论。

考虑一种变异的专制博弈，这种博弈消除了担心被拒绝的顾虑。参与人再一次被配对，我们指定A来分配，而另一个参与人B则为被动的接受者。现在的分配会明显地更不公平，但大多数A分配给自己的仅仅为70%。这样的结果令人联想到根深蒂固的公平观念。

然而，这种观念有其局限性。在一些实验中，公平观念只会产生于随机指定出价者与选择者的时候。现在稍加变化，比如规定参与人参加一个简单测验，表现较佳者会成为出价者。这个测验使参与人产生"出价者"的身份是竞争而得的感觉，而实验结果也的确会产生更不公平的分配。当专制博弈的实验是在赢的前提与严格匿名条件下进行的时，大部分 A 都保留所有的剩余，只有一些（大概 5%）A 仍然会以 50∶50 的比例进行分配。

作者之一迪克西特曾经做过一项实验，他将 20 名学生聚集于计算机教室里，并将他们随机匿名地配对，每对学生都就如何分配 100 分进行谈判。他并不指定出价者与选择者的角色；任何一方都可以出价，也都可以接受对方的分配。他们随时都能出价或改变价格。每一对学生都能利用计算机即时地与另一同组对手交换信息。谈判随机于 3～5 分钟后结束；若双方没有在这一时间内达成协议，则两人都获得 0 分。他以不同的随机配对进行了 10 个回合这样的博弈，这样参与人不会因为反复博弈而有合作的机会。在教室实验中，学生们都会有课堂以外的私人关系；但是在这种实验里，虽然并非匿名配对，学生们却无法得知或猜到他们在每个回合中将扮演的角色。在整个博弈中，每个学生的得分就是 10 个回合所得分数的总和。因为这一数值太高了，所以将总和的 5% 列为本科目的学科成绩。

最高的总分为 515。表现最好的是很快达成以 50∶50 的比例分配的协议的参与人，而那些企图获得不公平的分数的学生、拒绝分配差异在 10 分之内的学生，或者考虑太久而逾时者，都表现得很差。[10] 就一方的支付而言，似乎中庸与公平者的表现较佳。

17.5　轮流出价模式二：不耐烦

在本节中，我们将讨论另一种因延迟达成协议而产生的成本问题。假设用于进行分配的利益本身的货币价值并不会递减，但是参与人有"货币的时间价值"，他们偏好较早一点达成协议。与第 17.3 节描述的一样，他们轮流出价，但是现在他们都偏好早一点得到钱甚于晚得到钱。具体而言，就是谈判双方都相信，现在的 95 美分好过晚一点的 1 美元。

偏好马上获得好于晚一点获得的行为，就是不耐烦，即现在的重要性比未来大。我们在第 11.2 节讨论过此概念，并提及了两个原因。第一，假设参与人 A 投资 1 美元，收益率为 r，因此下一期（明天、下个星期、明年或任何时间够长的一期）的所得总额为 $(1+r)$。第二，风险的存在会让博弈可能在本期与下一期出价之间结束（如同在之前的教室实验中，博弈会随机于 3～5 分钟内结束）。若 p 为博弈继续进行的可能性，则现在对下一回合能够获得的 1 美元的期望值为 p。

假设谈判双方的 BATNA 皆为零。让我们由其中一个参与人开始这个博弈，令 A 先出价分配 1 美元。若另一参与人 B 拒绝 A 的出价，则 B 有机会在下一回合里出价。在出价时，双方的情况是完全相同的，因为要分配的总额一直都是 1 美元。因此无论是 A 还是 B，在均衡时，出价者获得的都是一样的（称为 x）。我们可以利用逆推法找出能解出 x 的方程。

假设轮流出价的程序由 A 开始。他知道当下一回合由 B 出价时，B 将可以得到 x。因此，A 对 B 的出价，其大小至少要等于下一回合的 x，所以 A 现在至少要给 B $0.95x$。（请记住，对于 B 而言，在本回合获得的 95 美分等于下一回合所得的 1 美元，因此现在的 $0.95x$ 等于下一回合的 x。）当然，A 不会提供更多给 B 以引诱他接受。所以 A 对 B 的出价为 $0.95x$，A 本身留下 $(1-0.95x)$，但是当 A 出价时，其所得刚好就是我们前面所提到的 x。因此 $x=1-0.95x$，或 $(1+0.95)x=1$，或 $x=1/1.95\approx0.513$。

在计算时，请你注意两件事。第一，虽然此过程允许无限次的出价与还价，但在均衡状态下 A 第一次出价时，B 就会接受该价格，博弈因此结束。因为时间是有价值的，所以这是一个有效结果。延迟的成本将根据 A 要给 B 多少钱以引诱 B 接受其出价而定。这会影响到 A 的逆推过程。第二，先出价者能够获得一半以上支付，即为 0.513，而不是 0.487。因此，任一参与人自己率先出价时的所得都高于对方率先出价时的所得。但是，在最后通牒博弈中没有还价的机会，因此，与之相比，此时这一优势小得多。

现在假设两个参与人并非一样有耐性（或不耐烦）。B 还是认为下一回合的 1 美元和现在的 95 美分具有同等价值，但是 A 却将下一回合的 1 美元当作现在的 90 美分。因此 A 愿意接受更少的钱以求得快点达成协议；换言之，A 比较没有耐性。这种耐性上的差异可以解释谈判的均衡支付的不平等。为找出此例的均衡点，我们以 x 表示 A 首先出价时所获得的总额，而用 y 表示 B 首先出价时所获得的总额。

A 知道他对 B 的出价至少要为 $0.95y$，不然 B 就会拒绝接受，因为他知道当轮到 B 出价时，他能够获得 y。因此，A 所得的 x 必须为 $1-0.95y$；故 $x=1-0.95y$。同样地，当由 B 开始出价时，他知道他对 A 的出价至少要为 $0.90x$，所以 $y=1-0.90x$，经由这两个方程，可以解出 x 和 y：

$$x=1-0.95(1-0.9x) \qquad\qquad y=1-0.9(1-0.95y)$$
$$(1-0.95\times0.9)x=1-0.95 \qquad (1-0.9\times0.95)y=1-0.9$$
$$0.145x=0.05 \qquad\qquad\qquad 0.145y=0.10$$
$$x=0.345 \qquad\qquad\qquad\qquad y=0.690$$

以及（置于两组方程中间）

请注意，x 和 y 加起来并不等于 1，因为这两个值都是每个参与人率先出价时的支付。因此，当 A 率先出价时，A 得到 0.345，而 B 得到 0.655；当 B 率先出价时，B 得到 0.69，而 A 得到 0.31。也就是说，每个参与人在他自己率先出价时的所得会多于在对手率先出价时的所得，但是差异很小。

参与人不耐烦程度不相同时的结果与参与人不耐烦程度相同时的结果大相径庭。当不耐烦程度不相同时，较没有耐性的 A 所得会较少，即使是他率先出价。所以一个愿意接受较少利益以快点获取这一利益者，最后的所得一定较少，并且差异是很大的。上例中 A 对 B 的比例接近 1：2。

如前所示，我们可根据这些例子推导出更一般化的代数式。假定 A 将立即得到的 $1/(1+r)$ 美元和之后得到的 1 美元视为具有相等价值，在计算中我们以 a 替代 $1/(1+r)$。同样地，B 将立即得到的 1 美元的价值视为等于之后得到的 $(1+s)$ 美元，我们以 b 替代 $1/(1+s)$ 美元。若 r 比较大（或若 a 比较小），那么 A 就是相当不耐烦的。类似地，如果 s 较大（或若 b 较小），B 就是不耐烦的。

我们现在来看看轮流出价时的情况。两位谈判者要分配 1 美元，两者的 BATNA 皆为零。（若你了解此例，你就能够使用更一般的例子。）本例的逆推均衡是什么？

我们可以扩展稍早使用的简单论点以找出均衡时的支付。假设当 A 率先出价时，其逆推的均衡支付为 x；当 B 率先出价时，其逆推的均衡支付为 y。我们若能找到关于 x 和 y 的方程，就可以解方程，求出均衡支付。[11]

当 A 率先出价时，他知道给 B 的价格必须等于下一回合的 y。这一价格为 $by=y/(1+s)$。在出价后，A 可以保留 $x=1-by$。

同样地，当 B 率先出价时，他知道给 A 的价格必须等于下一回合的 x，即 ax。因此 $y=1-ax$。现在不难解这两个方程。所以我们得到 $x=1-b(1-ax)$，或（$1-ab$）$x=1-b$。将其以 r 和 s 表示，有

$$x=\frac{1-b}{1-ab}=\frac{s+rs}{r+s+rs}$$

同样地，$y=1-a(1-by)$，或（$1-ab$）$y=1-a$，则有

$$y=\frac{1-a}{1-ab}=\frac{r+rs}{r+s+rs}$$

虽然求解需要一些技巧，但这与之前使用的步骤是一样的，我们随后将会用另一种推导方式得到同样的答案。先让我们考察这个答案的一些特性。

请注意，在先前不耐烦程度不相等的例子中，x 和 y 的总和大于 1：

$$x+y=\frac{r+s+2rs}{r+s+rs}>1$$

请记住 x 是 A 有权率先出价时所得到的支付，而 y 则是当 B 有权率先出价时所得到的支付。当 A 率先出价时，B 得到比 y 小的（$1-x$）；这显示出 A 率先出价时的优势。同样地，当 B 率先出价时，B 得到 y 且 A 得到比 x 小的（$1-y$）。

然而，通常 r 和 s 都很小，当出价可以在很短的时间内（例如一周、一天或一小时）完成时，参与人获得的利润就会非常小，而且博弈恰好在下一个回合结束的可能性也是非常小的。例如，若 r 是 1%（或 0.01），而 s 是 2%（或 0.02），则由方程可得 $x=0.668$ 与 $y=0.337$，所以第一次出价的好处仅为 0.005。（A 在自己率先出价时获得 0.668，而在 B 率先出价时获得 $1-0.337=0.663$；所以差异仅为 0.005。）更正式地说，与 1 相比，当 r 和 s 的值很小时，rs 也会非常小，因此，我们可以将 rs 忽略，从而得出一个近似解，这一解与谁率先出价无关：

$$x=\frac{s}{r+s}\text{ 和 }y=\frac{r}{r+s}$$

现在 $x+y$ 等于 1。

最重要的是，近似解里的 x 和 y 就是双方的剩余占有率，而且 $y/x=r/s$，也就是说，参与人的剩余占有率，与以 r 和 s 所衡量的不耐烦程度成反比。若 B 的不耐烦程度为 A 的 2 倍，则 A 所得到的剩余会是 B 的 2 倍，所以占有率分别为 1/3 和 2/3。因此，耐性是谈判中的重要优势。正式的分析支持如下观点：若你很没有耐性，另一个参与人就会非常干脆地提出一个较低的出价，并且知道你会接受它。

不耐烦令美国政府机构和外交官在与他国的许多谈判中吃了大亏。美国政治程序强调速度。媒体、利益团体与政敌都会要求得到结果，它们往往都习惯于因延迟而批评行政当局或外交官。在这种压力下，谈判者都想快点得到结果。从美国长期的经验来看，这样得到的结果都是未经深思熟虑的，他国的让步通常都是有漏洞的，因此承诺的置信度也就不高。美国行政当局却把这种交易当作胜利，但通常在数年以后就不了了之。2008 年的金融危机则提供了另一个戏剧性的案例。当房地产繁荣崩盘后，一些主营住房抵押贷款的金融机构面临破产风险，而这进一步遏制了它们的信用，从而把美国经济

推入更深的衰退之中。危机爆发在 9 月，正值总统竞选之际。财政部、美国联邦储备系统和国会都希望能行动迅速。这种不耐烦导致它们提供远超金融机构所需的援助，然而一个更缓慢的程序将会达到这样一个结果：花费更少纳税人的钱并且提供给他们分享所援助资产预期未来增值的收益。整体来说遭受损失的个人与保险公司在谈判时处于弱势。

一个相似而更生活化的例子是：保险公司常给予遭受重大损失的保险人很低的补偿额，因为它们知道客户都急于得到结果，因此都很没有耐性。

就概念上而言，方程 $y/x = r/s$ 将非合作博弈的谈判方式与第 17.1 节的纳什合作方法联系在了一起。关于可获得的剩余的占有率的方程，在 BATNA 等于零的情况下为 $y/x = k/h$。在非合作方法中，双方的占有率与他们的谈判实力成正比，然而实力被假设是由外在方式决定的。现在，以参与人的基本特性来解释谈判实力时，k 和 h 与双方不耐烦程度 r 和 s 成反比。换句话说，我们可以用参与人的特性（如不耐烦）正确解释纳什合作解中抽象地表征谈判实力的参数，纳什合作解可以被看成非合作轮流出价逆推均衡的一种解释，且这种解释是较令人满意的。

最后，请你注意协议是即时达成的——最初的出价将会被接受。整个逆推分析必须符合第一次出价的特性，即率先出价者要知道，对手一定会拒绝太低的出价。

我们利用另一种方式来推导稍早获得的出价均衡方程，并以此结束本节的阐述。考虑一个有 100 个回合的讨价还价过程，其中 A 为先出价者，而 B 为后出价者。从第 100 个回合开始进行逆推分析，此时 B 会保留全部的 1 美元。因此，在第 99 个回合，A 对 B 的出价，其价值要等于在第 100 个回合的 1 美元，即 b，而 A 将保留 $(1-b)$。依此逆推这一过程：

在第 98 个回合，B 对 A 的出价为 $a(1-b)$，而 B 保留 $1-a(1-b)=1-a+ab$。

在第 97 个回合，A 对 B 的出价为 $b(1-a+ab)$，而 A 保留 $1-b(1-a+ab)=1-b+ab-ab^2$。

在第 96 个回合，B 对 A 的出价为 $a(1-b+ab-ab^2)$，而 B 保留 $1-a+ab-a^2b+a^2b^2$。

在第 95 个回合，A 对 B 的出价为 $b(1-a+ab-a^2b+a^2b^2)$，而 A 保留 $1-b+ab-ab^2+a^2b^2-a^2b^3$。

以此方式逐步逆推，我们将看到在第 1 个回合，A 会保留：

$$1-b+ab-ab^2+a^2b^2-a^2b^3+\cdots+a^{49}b^{49}-a^{49}b^{50}=(1-b)\left[1+ab+(ab)^2+\cdots+(ab)^{49}\right]$$

很明显，还可以进行更多回合的博弈，并会得到越来越多包含 ab 的项。为了找出 A 作为这场无限轮流出价博弈中的率先出价者时的支付，我们必须先找出此无穷几何级数的极限。第 11 章附录说明了如何求级数的和。根据此处我们所得到的方程，可得到结果如下：

$$(1-b)\left[1+ab+(ab)^2+\cdots+(ab)^{49}+\cdots\right]=\frac{1-b}{1-ab}$$

这刚好就是我们稍早所得到的关于 x 的解答。同样道理，你也可以得到当 B 为率先出价者时的支付。在进行这种推演时，请同时加强你的理解和计算技巧。

17.6 在谈判中操纵信息

我们已知道谈判结果主要依赖于双方不同的特性，特别是他们的 BATNA 和不耐烦的程度。我们继续假设参与人都了解对方与自己的特性。并且，我们假设每个参与人都知道对方知道自己知道对方的状况，也就是说，特性是大家的共同知识。实际上，我们常在不了解对方的 BATNA 或其不耐烦程度的情况下参与谈判，有时候我们甚至无法准确得知自身的 BATNA。

我们在第 8 章知道，具有不确定性或信息不对称的博弈与用于操纵信息的信号传递和甄别策略有关。谈判中恰恰充满了这样的策略。拥有颇高的 BATNA 或有耐性的参与人会传递信号告诉大家其特性，然而不具备这些良好特性的参与人也会模仿这样的行为，因此其他人便会产生怀疑，从而严格检验该信号的置信度。因此，各方都会试着利用策略与甄别机制来使他方采取行动，借此识别其真实特性。

在本节中，我们考察卖方和买方在房地产市场中运用的策略。大部分美国人一辈子会数次积极投入房地产市场，因此许多人都是经验丰富的专业房地产代理人或经纪人。房地产是美国仍然在期望价格与接受价格之间进行讨价还价的少数市场之一，因此，我们从中可以获得丰富的策略经验。我们可以将这些经验用于其他例子，并以博弈论的观点来进行说明。[12]

当你考虑在一个陌生的地区购买房屋时，你不太可能知道你中意的房屋的一般价格范围。你应该先找出价格范围，然后才能决定你的 BATNA。这并不表示你要阅读报纸上的广告或查看房地产商的清单，因为上面有的仅是要价。地方性报纸或网站则会列出最近交易的实际价格。你应该查询针对相同房屋的要价的还价，以了解市场状况以及可能的谈判范围。

下一步就是要找出（甄别）另一方的 BATNA 与不耐烦程度。若你是买家，你要知道该房屋被出售的理由，以及该房屋在市场上停留了多久。若其为空屋，原因是什么？该房屋被闲置了多久？若房主是由于离婚或搬家至其他地区而空下此房，并正在偿还另一栋房屋的巨额贷款，则他的 BATNA 可能较低或他相当不耐烦。

你应该找出关于另一方偏好的其他特性，即使这些偏好是非理性的。例如，有些人会把低于要价太多的出价视为侮辱，所以无论之后该买方提出任何价格，他都不可能买到该房屋。这类行为因地区和时间变化而改变。花点时间找出具有普遍性的做法是值得的。

更重要的一点是，与其他方式相比，接受出价更能够准确暴露参与人的真正意愿，因此这可让对手利用。我们有个聪明的朋友，他是位博弈论专家，刚好经历过一件事。他为一盏立灯而与卖方讨价还价。开始时卖方要价 100 美元，当谈判进行到我们的朋友出价 60 美元时，卖方说"卖了"。这时他想："这家伙愿意以 60 美元把立灯卖给我，那么他的底线一定会更低。让我来找出他的底线究竟在哪里。"所以他说："55，怎么样？"卖方变得很生气，且拒绝以任何价格卖出立灯，接着他就要求我们的朋友离开这家店，并且永远都不要再回去。

卖方的行为遵从这样的准则：在谈判中，任何一方出尔反尔都会造成严重的信用危机。这成为社会中谈判博弈的准则是有其合理性的。若一方的公开出价无法让另一方恪守承诺，也就是谈判无法在不用担心被试探的情况下（如我们的朋友）进行，那么每个谈判者就会在等待对方接受价格时泄露其真实的底线，然后整个谈判过程就会突然停止。因此，这种行为要被禁止，而且要像本例中的卖方一样主动地制止这种不讲诚信的行为，并使这样的制止行为成为一种社会准则，从而形成良好的社会风尚，这才是实现社会目标的最佳方式。

当然，出价可能仅在指定或有限的时间内公开，这项规定可以是出价本身的一部分。招聘通常会有接受简历的截止时间；商店的拍卖也是在某一特定时间之内进行的。然而当出价是价格与时间的组合时，任何方面的出尔反尔都会引起愤怒。例如，顾客在促销期间到商店里消费，却找不到宣传单上的特价物品，他们一定会很生气。因此，商家必须确保下次以一般价格进货时，这些顾客还是能以特价购买该商品；就算这种安排会引起不便，或冒商誉受损的风险，商家还是要这样做。或者这家商店事先在促销宣传单上注明"商品数量有限，售完为止"；即使如此，顾客在发现商店已卖完特价商品时，还是会很沮丧。

接下来要介绍的是用于一对一谈判的策略，类似于在房地产市场上，你可以传递出表示你有高的 BATNA 或有耐性的信号。表现有耐性的最好方式就是显得有耐性，不要太快回应对手的出价。"让卖方觉得已失去你这位买主。"这是一个可信的信号，因为不是真正有耐心的人会觉得模仿这种从容方式的成本太高了。同样地，你可以就这么走开，来表示你有高的 BATNA，这是在其他国家的市场与美国的跳蚤市场中常用的策略。

即使你的 BATNA 很低，你仍可以不接受某个水平以下的价格。这样的限制就像是具有高 BATNA，因为对方无法让你接受任何太低的出价。在房屋买卖谈判中，你可以借口小气的父母不愿意垫付更多的首付款或你的配偶不喜欢这间房屋而不让你多出价，用以表示你无法再做出让步了。卖方也能够采用相同的策略。薪资谈判之前的一个程序是授权谈判。工人召开会议，以通过授权决议案的方式批准工会领袖代表劳方与资方进行协商，而决议案规定工会领袖不能接受低于某个底线的提议。所以在与资方协商时，工会领袖可以说劳方立场是一致的，没有时间回去问劳方成员他们是否接受任何更低的提议。

大部分策略都伴随着某些风险。当你正以等待表示你有耐心时，卖方可能会找到另一个有意愿的买主。当雇主与工会都在等待对方让步时，紧张情绪会上升而使罢工爆发，这对于双方而言都是成本高昂却又无法事先预防的情况。换句话说，许多操纵信息的策略都是边缘政策的例子。第 14 章谈到这种博弈结果不利于双方，在谈判中也是一样。以谈判破裂或罢工作为威胁，都是策略性的行为，都是企图较快达成协议，或是促使参与人采取行动达成较佳的交易，然而，真正的谈判破裂或罢工都是这种威胁"出错"的结果。当然，做出威胁的参与人（即实施边缘政策的一方）在决定是否要继续走这条路且走多远时，必须评估风险与可能的收益。

17.7 多项议题的谈判与多边谈判

迄今为止，我们讨论的博弈仅限于典型的情况，也就是双方对剩余进行分配的谈判。但是实际生活中的谈判，大多同时有多方参与，或是涉及多项议题。虽然博弈会变得复杂，然而参与人或议题的增加往往使得达成协议更为容易。在本节中，我们将扼要地讨论此主题。[13]

17.7.1 多项议题的谈判

从某种意义来说，我们已经思考过涉及多项议题的谈判。买方与卖方对价格的谈判永远会涉及两件事：（1）买卖双方交易的物品；（2）钱。当买方对物品的估价大于卖方时，那么潜在的共同利益会提升，也就是买方愿意用来交换此物品的钱数高于卖方愿意接受的数额。双方可以获得较佳的协议结果。

相同的原则可以更广泛地使用。国际贸易就是典型的例子。请试想有两个国家：F国和I国。若F国可以用1条面包交换2瓶酒，而I国可以用1瓶酒交换1条面包，它们就可以"无中生有"地"制造"一些物品。例如，假设F国少生产100条面包，它就可以多生产200瓶酒；而I国少生产150瓶酒，它就可以多生产150条面包。与两国原本的产量相比较，此资源效用的转换创造了额外的50条面包与50瓶酒。若两国能够就如何分配达成协议，那么这些面包与酒就是它们能够创造的"剩余"。例如，假设F国给I国175瓶酒，而得到125条面包，则两国各会比以前多出25条面包与25瓶酒。存在一个对应于各种交换的可能范围。在其中一种极端情况下，F国会放弃它生产的全部200瓶酒以交换I国的101条面包，在这种情况下，I国就几乎获得了交易中全部的收益。在另一种极端情况下，F国可能只会放弃151瓶酒以交换I国的150条面包，这时F国就能够获得几乎所有收益。[14] 在这两种情况之间，两国可以对贸易收益的分配方案进行谈判。

一般原则现在就变得清楚了。当谈判桌上同时有两个或两个以上的议题，而双方也愿意以不同比例来交换自身较为富余的商品时，互惠的交易就会达成。只要交易比例介于双方的意愿比例之间，双方就能够共同获利。剩余的分配是根据交易比例而定的。交易比例越靠近哪一方的意愿比例，哪一方赚取的收益越少。

现在你可以明白增加议题是如何同时增加互利交易成交的可能性的了。议题越多，你越有可能发现双方在不同议题上的比例差异，也越容易找到共同获利的可能性。在房屋的例子中，对于要搬家的卖方而言，许多房屋设备及家具或许都没有什么用处了，但是对于买方而言，这些东西可能是他们所需要的。所以，若卖方不愿降低房屋售价，为了成交，卖方或许可以让其售价包含这些物品。

然而，增加议题并非只有好处。若你对某物估价很高，你可能不愿将其置于谈判桌上；你会担心对方因为知道你想要维护该物品的价值而使你做出太多让步。最糟糕的状况就是，一方利用新增的谈判议题来进行威胁，以降低另一方的BATNA。例如，正在从事外交谈判的国家，可能会因经济封锁而遭受重大影响，因此其必然偏好将政治议题与经济议题分开讨论。

17.7.2 多边谈判

多方同时参与的谈判比较容易达成协议，这是因为各方可以找到让步的循环，而不用找出刚好配对的交易。还是以国际贸易为例。假定美国小麦的生产能力较强，但是汽车的生产能力较弱；日本对于生产汽车很有效率，却没有石油；沙特阿拉伯拥有大量石油，但没有小麦。若以两两配对谈判，它们想达成协议必定很困难，但若三方共同谈判，就有可能获得共同利益。

在多项议题的情况下，将双边谈判变成多边谈判会有点复杂。结果是，美国给予沙特阿拉伯协议数量的小麦，沙特阿拉伯给予日本协议数量的石油，而日本给予美国协议数量的汽车。如果后来美国违约，沙特阿拉伯却无法对美国报复；因为在这种情况下，沙特阿拉伯无法对美国停止提供任何物品，只可能中断对日本的石油输出。所以，多边协议的实施可能会遇到问题。1946—1994 年的关税及贸易总协定（General Agreement on Tariffs and Trade，GATT）及后来的世界贸易组织（World Trade Organization，WTO），都发现实施协议与处罚违反规则的国家是很困难的。

17.8 总 结

若能够达成协议，则可通过谈判分配剩余（即超额价值）。谈判可被当作各方一起找出解决方法并共同执行的合作博弈，或各方独自选择策略并达成均衡的非合作博弈。

纳什合作解以支付线性变化不影响结果、结果有效性、剔除无关因素对结果无影响等三条原则为基础。此解说明了这样一条规则，即各方获得的超过自身底线支付水平（也称 BATNA）的剩余的比例，是根据其相对的谈判实力而确定的。策略性地操纵底线可增加某一方的支付。

在轮流出价的非合作规则之下，逆推法可以用来找出均衡点；一般而言，这会推导出这一结论，即第一个回合的出价就被立刻接受。若剩余会随着出价被拒绝而递减，那么因其中一个参与人的拒绝而减少的总额就是另一个参与人在均衡时获得的支付。若由于不耐烦而增加了延迟达成协议的成本，那么在均衡时剩余的分配比例将与各方不耐烦的程度成反比。实验证明，博弈中参与人的出价往往高于达成协议所需的价格，这种结果被认为与参与人匿名参与博弈和相信公平有关。

谈判博弈中信息的非对称使得信号传递与信息甄别变得非常重要。有些参与人会传递信号来表明他们具有高 BATNA 或具有较强的耐性。另一些参与人则希望获得关于上述特性的真实信息。当愈来愈多的议题或谈判者被引入谈判时，达成协议便变得更为容易，但是谈判也会变得更有风险，实施起来也更困难。

关键术语

轮流出价（alternating offer）

谈判协议的最佳替代（best alternative to a negotiated agreement，BATNA）

递减（decay）

有效边界（efficient frontier）

有效结果（efficient outcome）

不耐烦（impatience）

纳什合作解（Nash cooperative solution）

剩余（surplus）

最后通牒博弈（ultimatum game）

可变威胁谈判（variable-threat bargaining）

已解决的习题

S1. 考虑康柏计算机公司与一个拥有网站 www. altavista.com 的加利福尼亚企业家间的谈判。最近接管了数字设备公司的康柏想要使用这个企业家的网站作为数字设备公司的网络搜索引擎的地址。数字设备公司的原网址是：www. altavista. digital. com。[15] 针对此网址，康柏和该企业家在 1998 年夏天举行了一场历时既漫长又艰难的谈判。虽然在此博弈中，这个企业家始终是处于弱势的参与人，但是最后他却以 335 万美元的价格达成了协议。康柏在 8 月确认了这笔交易，并在 9 月开始使用此网址，然而康柏却拒绝透露任何关于金钱的细节。在已知这些信息的情况下，请就下列项目提供意见：双方 BATNA 的可能值、他们的谈判实力或不耐烦程度，以及博弈是否达到了合作的结果。

S2. A 与 B 正就 100 美元的分配进行谈判。A 先出价，提出这 100 美元在他们之间如何分配。如果 B 接受此出价，则博弈结束。如果 B 拒绝，那么总价值将减少 1 美元而变成 99 美元，然后轮到 B 出价。如此轮流出价，在一方拒绝对方出价后总价值就会损失 1 美元。A 的 BATNA 为 2.25 美元，B 的 BATNA 为 3.5 美元，那么博弈的均衡结果是什么？

S3. 假设有两个国家 E 国和 M 国正在就一项争议进行谈判。它们从 1 月开始每个月都要召开一次会议，轮流出价。假设总价值为 100。E 国政府正面临 11 月的改选，除非 E 国政府能够在 10 月的会议中达成协议，否则它将会败选。而败选对于 E 国政府而言，和在谈判中一无所获一样糟糕。而 M 国的政府并不在乎是否可以达成协议，也就是说，对于 M 国而言，无论是谈判延长或是开战，或是获得少于 100 的结果，都是一样的。

　　（a）这场谈判的结果将会如何？谁先行动会造成结果上的差异吗？

　　（b）根据（a）的答案，请讨论为什么实际谈判常会持续到最后期限。

未解决的习题

U1. 请考虑第 11 章习题 U2（b）中比萨价格博弈的变形，其中一家店唐娜深盘比萨的规模比另一家店皮尔斯比萨大得多。请参考下面的支付表：

		皮尔斯比萨	
		高价	低价
唐娜深盘比萨	高价	156，60	132，70
	低价	150，36	130，50

非合作式占优策略的均衡为（高价，低价），所产生的利润唐娜深盘比萨得到 132，而皮尔斯比萨获得 70，总额为 202。若两者采取（高价，高价）策略，则其总利润将是 156＋60＝216，然而皮尔斯比萨不同意这样的安排。假设若唐娜深盘比萨另外付给皮尔

斯比萨一笔钱，两家店便可以达成都采取高价策略的协议。另一种解决办法就是非合作式占优策略的均衡。它们就协议内容进行谈判，唐娜深盘比萨的谈判实力为皮尔斯比萨的 2.5 倍。在最后的协议中，唐娜深盘比萨要付给皮尔斯比萨多少钱？

U2. 考虑两个参与人，他们使用轮流出价方式对一个总数量等于 V 的剩余进行谈判。也就是参与人 A 在第 1 个回合出价；如果参与人 B 拒绝这个出价，则参与人 B 在第 2 个回合出价；如果参与人 A 拒绝这个出价，则参与人 A 在第 3 个回合出价，如此等等。假设可获得的剩余在每个回合中以固定的常数 $c＝1$ 递减。例如，如果参与人在第 2 个回合达成协议，他们平分的剩余是 $V-1$；如果他们在第 5 个回合达成协议，他们平分的剩余是 $V-4$。这意味着博弈将在 V 个回合之后结束，因此在那一点没有什么东西可谈判了。（为了比较，回忆球赛门票的例子，门票对于球迷的价值开始时是 100 美元，且在四节比赛中的每节以 25 美元递减。）在这道习题中，我们将要首先解出这个博弈的逆推均衡，然后求解这个博弈中两个参与人具有 BATNA 的推广版本的均衡。

（a）我们先从一个简单的版本开始。当 $V＝4$ 时逆推均衡是什么？参与人 A 收到的支付 x 是多少？参与人 B 收到的支付 y 是多少？

（b）当 $V＝5$ 时逆推均衡是什么？

（c）当 $V＝10$ 时逆推均衡是什么？

（d）当 $V＝11$ 时逆推均衡是什么？

（e）现在我们准备进行概括。对于任意的整数值 V 的逆推均衡是什么？（提示：你可以分开考虑 V 为奇数和偶数的情况。）

现在考虑 BATNA。假设如果在 V 回合结束后没有达成任何协议，参与人 A 得到支付 a，参与人 B 得到支付 b。假设 a 和 b 为整数且满足不等式 $a+b<V$，因此相比于不达成协议，参与人从达成协议中获得更高的支付。

（f）假设 $V＝4$。对于任意可能的整数值 a 和 b 的逆推均衡是什么？〔提示：正如你在（e）中所做的，你可能需要写出不止一个方程。如果你受阻，尝试假设 a 和 b 为一个特定的数值，然后改变这些数值看看会发生什么。为了进行逆推分析，你需要找出 V 递减到两个谈判者达成协议将会无利可图的那一点。〕

（g）假设 $V＝5$，对于任意可能的整数值 a 和 b 的逆推均衡是什么？

（h）对于任意可能的整数值 a、b 和 V，逆推均衡是什么？

（i）放宽 a、b 和 V 为整数值的假设：让它们为任意非负的数值且 $a+b<V$。同样放宽 V 在每期正好以 1 递减的假设：让 V 每期递减的数值为某个常数 $c>0$。这个一般问题的逆推均衡是什么？

U3. 在一场不耐烦的轮流出价谈判中，当第一次出价时，假设 x 为参与人 A 所要求的总额，而 y 为参与人 B 所要求的总额。他们不耐烦的系数分别为 r 和 s。

（a）若使用近似的公式以 $x＝s/(r+s)$ 表示 x，以 $y＝r/(r+s)$ 表示 y，且 B 的不耐烦程度为 A 的 2 倍，则 A 会获得 2/3 的剩余，而 B 会获得 1/3 的剩余。请检验此结果的正确性。

（b）令 $r＝0.01$，$s＝0.02$，请比较下列两组的 x 和 y 值：使用近似公式 $x＝s/(r+s)$ 和 $y＝r/(r+s)$ 所求得的 x 和 y 值；使用由文中导出的更准确的公式 $x＝(s+rs)/(r+s+rs)$ 和 $y＝(r+rs)/(r+s+rs)$ 所得到的 x 和 y 值。

【注释】

[1] 在第 5.3.2 节中，该博弈被用作支持纳什均衡不准确的论据。在涉及谈判的情形下，我们认为多重均衡点正式地表达出了之前所做的分析所声称的不确定性。

[2] John F. Nash, Jr., "The Bargaining Problem," *Econometrica*, vol. 18, no. 2 (1950), pp. 155 – 162.

[3] 参见 Roger Fisher and William Ury, *Getting to Yes*, 2nd ed. (New York: Houghton Mifflin, 1991)。

[4] 只有一条凸向原点的曲线会和凹向原点的有效边界相切，在图 17 - 2 中，这条曲线为 c_2。所有比该条曲线低的其他曲线（如 c_1）都会和有效边界交于两点；所有比该条曲线高的其他曲线（如 c_3）都不会和有效边界相交。

[5] 若你已学习过基础微观经济学，你就了解了经济学中生产可能性边界和社会无差异曲线的切点所说明的社会福利最大化的概念。图 17 - 2 也具有类似的意义：谈判中的有效边界就如同生产可能性边界，而表征最大化目标的曲线则类似于社会无差异曲线。

[6] 参见 Larry DeBrock and Alvin Roth, "Strike Two: Labor-Management Negotiations in Major League Baseball," *Bell Journal of Economics*, vol. 12, no. 2 (Autumn 1981), pp. 413 – 425。

[7] 为了使该论点简单一些，我们将这个过程想象为一对一谈判。实际上一定会存在数个球迷与票贩，而整个状况会变成一个市场。你可以在本书的网站上看到我们关于互动的补充章节。

[8] 为使得分析容易理解，我们忽略了球赛变得非常扣人心弦从而门票价值会随着节数减少而升高的可能性。不确定性让问题变得更复杂，但是获取处理这种可能性的能力的愿望应变成你学习更高级博弈论的动机。

[9] 欲获得更多相关资料，请参见 Douglas D. Davis and Charles A. Holt, *Experimental Economics* (Princeton: Princeton University Press, 1993), pp. 263 – 269, 以及 *The Handbook of Experimental Economics*, ed., John H. Kagel and Alvin E. Roth (Princeton: Princeton University Press, 1995), pp. 255 – 274。

[10] 擅长博弈论的数学方面的学生，其表现都在平均以下，这可能是因为他们都努力获取额外的利润，所以都遭遇了抵制，而女性的表现比男性略佳。

[11] 我们使用一种便捷的方法。我们简单地假设唯一的均衡支付是存在的。更严谨的理论会证明这些。想要获得更多有关这方面的资料，请参见 John Sutton, "Non-Cooperative Bargaining: An Introduction," *Review of Economic Studies*, vol. 53, no. 5 (October 1986), pp. 709 – 724。更严谨的理论（较难），请参见 Ariel Rubinstein, "Perfect Equilibrium in a Bargaining Model," *Econometrica*, vol. 50, no. 1 (January 1982), pp. 97 – 109。

[12] 有关此实务的观点，我们取自 Andrée Brooks, "Honing Haggling Skills," *New York Times*, December 5, 1993.

［13］想要获得更充分的论述，请参见 Howard Raiffa，*The Art and Science of Negotiation* (Cambridge，Mass.：Harvard University Press，1982)，Parts Ⅲ and Ⅳ。

［14］经济学使用交换率或交换价格概念，此处用所交易的酒的瓶数与面包的条数来表示。重点是两国的可能收益会发生在任何介于 F 国刚好可以将面包交换成酒的交换率 2∶1 与 I 国可以进行同样行为的交换率 1∶1 之间。在接近交换率 2∶1 时，F 国会将其所有的 200 瓶酒拿来交换比 100 条多一点的面包，而不从事额外酒的生产；所以 I 国几乎获得所有的收益。相反，在接近交换率 1∶1 时，F 国会获得几乎全部的收益。谈判的主题就是如何分配收益，因而双方就是要在该交换率或交换价格上进行谈判。

［15］关于该博弈的详细资料，请参阅下列报道："A Web Site by Any Other Name Would Probably Be Cheaper,"*Boston Globe*，July 29，1998，以及 Hiawatha Bray，"Compaq Acknowledges Purchase of Web Site,"*Boston Globe*，August 12，1998。

译后记

《策略博弈》已再版多次，与第三版相比，第四版的主要创新是混合策略。第四版将简单主题与复杂主题中的一些基本概念合并成有关混合策略的一章；改善并简化了博弈信息的处理方法；增加了对廉价磋商的阐述和例证；厘清了利益同盟与真诚交流之间的关系。第四版将信号传递和甄别的案例分析放在更靠前的章节，从而可以让读者更好地明白这个主题的重要性，并且为更正式的理论学习做好准备。其他章节也大都做了更新、完善、重新组织以及合理化。蒲勇健、姚东旻、冯丽君、胡安荣负责第三版的修订及校对工作，王新荣、马牧野、刘兴坤、张伟、顾晓波等对第四版进行了修订和校对。

策略博弈（第四版）

序号	书名	作者	Author	单价	出版年份	ISBN
			经济科学译丛			
57	用Excel学习中级微观经济学	温贝托·巴雷托	Humberto Barreto	65.00	2016	978-7-300-21628-7
58	国际经济学:理论与政策(第十版)	保罗·R·克鲁格曼等	Paul R. Krugman	89.00	2016	978-7-300-22710-8
59	国际金融(第十版)	保罗·R·克鲁格曼等	Paul R. Krugman	55.00	2016	978-7-300-22089-5
60	国际贸易(第十版)	保罗·R·克鲁格曼等	Paul R. Krugman	42.00	2016	978-7-300-22088-8
61	经济学精要(第3版)	斯坦利·L·布鲁伊等	Stanley L. Brue	58.00	2016	978-7-300-22301-8
62	经济分析史(第七版)	英格里德·H·里马	Ingrid H. Rima	72.00	2016	978-7-300-22294-3
63	投资学精要(第九版)	兹维·博迪等	Zvi Bodie	108.00	2016	978-7-300-22236-3
64	环境经济学(第二版)	查尔斯·D·科尔斯塔德	Charles D. Kolstad	68.00	2016	978-7-300-22255-4
65	MWG《微观经济理论》习题解答	原千晶等	Chiaki Hara	75.00	2016	978-7-300-22306-3
66	现代战略分析(第七版)	罗伯特·M·格兰特	Robert M. Grant	68.00	2016	978-7-300-17123-4
67	横截面与面板数据的计量经济分析(第二版)	杰弗里·M·伍德里奇	Jeffrey M. Wooldridge	128.00	2016	978-7-300-21938-7
68	宏观经济学(第十二版)	罗伯特·J·戈登	Robert J. Gordon	75.00	2016	978-7-300-21978-3
69	动态最优化基础	蒋中一	Alpha C. Chiang	42.00	2015	978-7-300-22068-0
70	城市经济学	布伦丹·奥弗莱厄蒂	Brendan O'Flaherty	69.80	2015	978-7-300-22067-3
71	管理经济学:理论、应用与案例(第八版)	布鲁斯·艾伦等	Bruce Allen	79.80	2015	978-7-300-21991-2
72	经济政策:理论与实践	阿格尼丝·贝纳西-奎里等	Agnès Bénassy-Quéré	79.80	2015	978-7-300-21921-9
73	微观经济分析(第三版)	哈尔·R·范里安	Hal R. Varian	68.00	2015	978-7-300-21536-5
74	财政学(第十版)	哈维·S·罗森等	Harvey S. Rosen	68.00	2015	978-7-300-21754-3
75	经济数学(第三版)	迈克尔·霍伊等	Michael Hoy	88.00	2015	978-7-300-21674-4
76	发展经济学(第九版)	A.P.瑟尔沃	A. P. Thirlwall	69.80	2015	978-7-300-21193-0
77	宏观经济学(第五版)	斯蒂芬·D·威廉森	Stephen D. Williamson	69.00	2015	978-7-300-21169-5
78	资源经济学(第三版)	约翰·C·伯格斯特罗姆等	John C. Bergstrom	58.00	2015	978-7-300-20742-1
79	应用中级宏观经济学	凯文·D·胡佛	Kevin D. Hoover	78.00	2015	978-7-300-21000-1
80	现代时间序列分析导论(第二版)	约根·沃特斯等	Jürgen Wolters	39.80	2015	978-7-300-20625-7
81	空间计量经济学——从横截面数据到空间面板	J·保罗·埃尔霍斯特	J. Paul Elhorst	32.00	2015	978-7-300-21024-7
82	国际经济学原理	肯尼思·A·赖纳特	Kenneth A. Reinert	58.00	2015	978-7-300-20830-5
83	经济写作(第二版)	迪尔德丽·N·麦克洛斯基	Deirdre N. McCloskey	39.80	2015	978-7-300-20914-2
84	计量经济学方法与应用(第五版)	巴蒂·H·巴尔塔基	Badi H. Baltagi	58.00	2015	978-7-300-20584-7
85	战略经济学(第五版)	戴维·贝赞可等	David Besanko	78.00	2015	978-7-300-20679-0
86	博弈论导论	史蒂文·泰迪里斯	Steven Tadelis	58.00	2015	978-7-300-19993-1
87	社会问题经济学(第二十版)	安塞尔·M·夏普等	Ansel M. Sharp	49.00	2015	978-7-300-20279-2
88	博弈论:矛盾冲突分析	罗杰·B·迈尔森	Roger B. Myerson	58.00	2015	978-7-300-20212-9
89	时间序列分析	詹姆斯·D·汉密尔顿	James D. Hamilton	118.00	2015	978-7-300-20213-6
90	经济问题与政策(第五版)	杰奎琳·默里·布鲁克斯	Jacqueline Murray Brux	58.00	2014	978-7-300-17799-1
91	微观经济理论	安德鲁·马斯-克莱尔等	Andreu Mas-Collel	148.00	2014	978-7-300-19986-3
92	产业组织:理论与实践(第四版)	唐·E·瓦尔德曼等	Don E. Waldman	75.00	2014	978-7-300-19722-7
93	公司金融理论	让·梯若尔	Jean Tirole	128.00	2014	978-7-300-20178-8
94	公共部门经济学	理查德·W·特里西	Richard W. Tresch	49.00	2014	978-7-300-18442-5
95	计量经济学原理(第六版)	彼得·肯尼迪	Peter Kennedy	69.80	2014	978-7-300-19342-7
96	统计学:在经济中的应用	玛格丽特·刘易斯	Margaret Lewis	45.00	2014	978-7-300-19082-2
97	产业组织:现代理论与实践(第四版)	林恩·佩波尔等	Lynne Pepall	88.00	2014	978-7-300-19166-9
98	计量经济学导论(第三版)	詹姆斯·H·斯托克等	James H. Stock	69.00	2014	978-7-300-18467-8
99	发展经济学导论(第四版)	秋山裕	秋山裕	39.80	2014	978-7-300-19127-0
100	中级微观经济学(第六版)	杰弗里·M·佩罗夫	Jeffrey M. Perloff	89.00	2014	978-7-300-18441-8
101	平狄克《微观经济学》(第八版)学习指导	乔纳森·汉密尔顿等	Jonathan Hamilton	32.00	2014	978-7-300-18970-3
102	微观银行经济学(第二版)	哈维尔·弗雷克斯等	Xavier Freixas	48.00	2014	978-7-300-18940-6
103	施米托夫论出口贸易——国际贸易法律与实务(第11版)	克利夫·M·施米托夫等	Clive M. Schmitthoff	168.00	2014	978-7-300-18425-8
104	微观经济学思维	玛莎·L·奥尔尼	Martha L. Olney	29.80	2013	978-7-300-17280-4
105	宏观经济学思维	玛莎·L·奥尔尼	Martha L. Olney	39.80	2013	978-7-300-17279-8
106	计量经济学原理与实践	达摩达尔·N·古扎拉蒂	Damodar N. Gujarati	49.80	2013	978-7-300-18169-1
107	现代战略分析案例集	罗伯特·M·格兰特	Robert M. Grant	48.00	2013	978-7-300-16038-2
108	高级国际贸易:理论与实证	罗伯特·C·芬斯特拉	Robert C. Feenstra	59.00	2013	978-7-300-17157-9
109	经济学简史——处理沉闷科学的巧妙方法(第二版)	E·雷·坎特伯里	E. Ray Canterbery	58.00	2013	978-7-300-17571-3
110	微观经济学原理(第五版)	巴德、帕金	Bade, Parkin	65.00	2013	978-7-300-16930-9

经济科学译丛

序号	书名	作者	Author	单价	出版年份	ISBN
111	宏观经济学原理(第五版)	巴德,帕金	Bade,Parkin	63.00	2013	978 - 7 - 300 - 16929 - 3
112	环境经济学	彼得·伯克等	Peter Berck	55.00	2013	978 - 7 - 300 - 16538 - 7
113	高级微观经济理论	杰弗里·杰里	Geoffrey A. Jehle	69.00	2012	978 - 7 - 300 - 16613 - 1
114	高级宏观经济学导论:增长与经济周期(第二版)	彼得·伯奇·索伦森等	Peter Birch Sørensen	95.00	2012	978 - 7 - 300 - 15871 - 6
115	微观经济学(第二版)	保罗·克鲁格曼	Paul Krugman	69.80	2012	978 - 7 - 300 - 14835 - 9
116	克鲁格曼《微观经济学(第二版)》学习手册	伊丽莎白·索耶·凯利	Elizabeth Sawyer Kelly	58.00	2013	978 - 7 - 300 - 17002 - 2
117	克鲁格曼《宏观经济学(第二版)》学习手册	伊丽莎白·索耶·凯利	Elizabeth Sawyer Kelly	36.00	2013	978 - 7 - 300 - 17024 - 4
118	微观经济学(第十一版)	埃德温·曼斯费尔德	Edwin Mansfield	88.00	2012	978 - 7 - 300 - 15050 - 5
119	卫生经济学(第六版)	舍曼·富兰德等	Sherman Folland	79.00	2011	978 - 7 - 300 - 14645 - 4
120	现代劳动经济学:理论与公共政策(第十版)	罗纳德·G·伊兰伯格等	Ronald G. Ehrenberg	69.00	2011	978 - 7 - 300 - 14482 - 5
121	宏观经济学:理论与政策(第九版)	理查德·T·弗罗恩	Richard T. Froyen	55.00	2011	978 - 7 - 300 - 14108 - 4
122	经济学原理(第四版)	威廉·博伊斯等	William Boyes	59.00	2011	978 - 7 - 300 - 13518 - 2
123	计量经济学基础(第五版)(上下册)	达摩达尔·N·古扎拉蒂	Damodar N. Gujarati	99.00	2011	978 - 7 - 300 - 13693 - 6
124	《计量经济学基础》(第五版)学习题解答手册	达摩达尔·N·古扎拉蒂等	Damodar N. Gujarati	23.00	2012	978 - 7 - 300 - 15080 - 8
125	计量经济分析(第六版)(上下册)	威廉·H·格林	William H. Greene	128.00	2011	978 - 7 - 300 - 12779 - 8

金融学译丛

序号	书名	作者	Author	单价	出版年份	ISBN
1	金融衍生工具与风险管理(第十版)	唐·M·钱斯	Don M. Chance	98.00	2020	978 - 7 - 300 - 27651 - 9
2	投资学导论(第十二版)	赫伯特·B·梅奥	Herbert B. Mayo	89.00	2020	978 - 7 - 300 - 27653 - 3
3	金融几何学	阿尔文·库鲁克	Alvin Kuruc	58.00	2020	978 - 7 - 300 - 14104 - 6
4	银行风险管理(第四版)	若埃尔·贝西	Joël Bessis	56.00	2019	978 - 7 - 300 - 26496 - 7
5	金融学原理(第八版)	阿瑟·J·基翁等	Arthur J. Keown	79.00	2018	978 - 7 - 300 - 25638 - 2
6	财务管理基础(第七版)	劳伦斯·J·吉特曼等	Lawrence J. Gitman	89.00	2018	978 - 7 - 300 - 25339 - 8
7	利率互换及其他衍生品	霍华德·科伯	Howard Corb	69.00	2018	978 - 7 - 300 - 25294 - 0
8	固定收益证券手册(第八版)	弗兰克·J·法博齐	Frank J. Fabozzi	228.00	2017	978 - 7 - 300 - 24227 - 9
9	金融市场与金融机构(第8版)	弗雷德里克·S·米什金等	Frederic S. Mishkin	86.00	2017	978 - 7 - 300 - 24731 - 1
10	兼并、收购和公司重组(第六版)	帕特里克·A·高根	Patrick A. Gaughan	89.00	2017	978 - 7 - 300 - 24231 - 6
11	债券市场:分析与策略(第九版)	弗兰克·J·法博齐	Frank J. Fabozzi	98.00	2016	978 - 7 - 300 - 23495 - 3
12	财务报表分析(第四版)	马丁·弗里德森	Martin Fridson	46.00	2016	978 - 7 - 300 - 23037 - 5
13	国际金融学	约瑟夫·P·丹尼斯等	Joseph P. Daniels	65.00	2016	978 - 7 - 300 - 23037 - 1
14	国际金融	阿德里安·巴克利	Adrian Buckley	88.00	2016	978 - 7 - 300 - 22668 - 2
15	个人理财(第六版)	阿瑟·J·基翁	Arthur J. Keown	85.00	2016	978 - 7 - 300 - 22711 - 5
16	投资学基础(第三版)	戈登·J·亚历山大等	Gordon J. Alexander	79.00	2015	978 - 7 - 300 - 20274 - 7
17	金融风险管理(第二版)	彼德·F·克里斯托弗森	Peter F. Christoffersen	46.00	2015	978 - 7 - 300 - 21210 - 4
18	风险管理与保险管理(第十二版)	乔治·E·瑞达等	George E. Rejda	95.00	2015	978 - 7 - 300 - 21486 - 3
19	个人理财(第五版)	杰夫·马杜拉	Jeff Madura	69.00	2015	978 - 7 - 300 - 20583 - 0
20	企业价值评估	罗伯特·A·G·蒙克斯等	Robert A. G. Monks	58.00	2015	978 - 7 - 300 - 20582 - 3
21	基于Excel的金融学原理(第二版)	西蒙·本尼卡	Simon Benninga	79.00	2014	978 - 7 - 300 - 18899 - 7
22	金融工程学原理(第二版)	萨利赫·N·内夫特奇	Salih N. Neftci	88.00	2014	978 - 7 - 300 - 19348 - 9
23	投资学导论(第十版)	赫伯特·B·梅奥	Herbert B. Mayo	69.00	2014	978 - 7 - 300 - 18971 - 0
24	国际金融市场导论(第六版)	斯蒂芬·瓦尔德斯等	Stephen Valdez	59.80	2014	978 - 7 - 300 - 18896 - 6
25	金融数学:金融工程引论(第二版)	马雷克·凯宾斯基等	Marek Capinski	42.00	2014	978 - 7 - 300 - 17650 - 5
26	财务管理(第二版)	雷蒙德·布鲁克斯	Raymond Brooks	69.00	2014	978 - 7 - 300 - 19085 - 3
27	期货与期权市场导论(第七版)	约翰·C·赫尔	John C. Hull	69.00	2014	978 - 7 - 300 - 18994 - 2
28	国际金融:理论与实务	皮特·塞尔居	Piet Sercu	88.00	2014	978 - 7 - 300 - 18413 - 5
29	货币、银行和金融体系	R·格伦·哈伯德等	R. Glenn Hubbard	75.00	2013	978 - 7 - 300 - 17856 - 1
30	并购创造价值(第二版)	萨德·苏达斯纳	Sudi Sudarsanam	89.00	2013	978 - 7 - 300 - 17473 - 0
31	个人理财——理财技能培养方法(第三版)	杰克·R·卡普尔等	Jack R. Kapoor	66.00	2013	978 - 7 - 300 - 16687 - 2
32	国际财务管理	吉尔特·贝克特	Geert Bekaert	95.00	2012	978 - 7 - 300 - 16031 - 3
33	应用公司财务(第三版)	阿斯沃思·达摩达兰	Aswath Damodaran	88.00	2012	978 - 7 - 300 - 16034 - 4
34	资本市场:机构与工具(第四版)	弗兰克·J·法博齐	Frank J. Fabozzi	85.00	2011	978 - 7 - 300 - 13828 - 2
35	衍生品市场(第二版)	罗伯特·L·麦克唐纳	Robert L. McDonald	98.00	2011	978 - 7 - 300 - 13130 - 6

图书在版编目（CIP）数据

策略博弈：第四版/（ ）阿维纳什·迪克西特（Avinash Dixit），（ ）苏珊·斯克丝（Susan Skeath），（ ）戴维·赖利（David Reiley）著；王新荣等译. --北京：中国人民大学出版社，2020.4
（经济科学译丛）
书名原文：Games of Strategy (Fourth Edition)
"十三五"国家重点出版物出版规划项目
ISBN 978-7-300-28005-9

Ⅰ.①策… Ⅱ.①阿… ②苏… ③戴… ④王… Ⅲ.①博弈论 Ⅳ.①O225

中国版本图书馆 CIP 数据核字（2020）第 054426 号

"十三五"国家重点出版物出版规划项目
经济科学译丛
策略博弈（第四版）
阿维纳什·迪克西特
苏珊·斯克丝 　　　著
戴维·赖利
王新荣　马牧野　等译
Celüe Boyi

出版发行	中国人民大学出版社		
社　　址	北京中关村大街 31 号	邮政编码	100080
电　　话	010 - 62511242（总编室）	010 - 62511770（质管部）	
	010 - 82501766（邮购部）	010 - 62514148（门市部）	
	010 - 62515195（发行公司）	010 - 62515275（盗版举报）	
网　　址	http://www.crup.com.cn		
经　　销	新华书店		
印　　刷	涿州市星河印刷有限公司		
开　　本	787 mm×1092 mm　1/16	版　次	2020 年 4 月第 1 版
印　　张	32.75　插页 2	印　次	2024 年 5 月第 4 次印刷
字　　数	778 000	定　价	85.00 元
